T0324720

Das Phänomen Leben

Heinz Penzlin

Das Phänomen Leben

Grundfragen der Theoretischen Biologie

2., aktualisierte und erweiterte Auflage

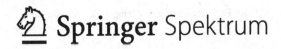

Springer Spektrum

Professor i. R. Dr. Dr. h. c. Heinz Penzlin
Allgemeine Zoologie und Tierphysiologie
Friedrich Schiller Universität Jena
Jena, Deutschland

ISBN 978-3-662-48127-1   ISBN 978-3-662-48128-8 (eBook)
DOI 10.1007/978-3-662-48128-8

Die Deutsche Nationalbibliothek verzeichnet diese Publikation in der Deutschen Nationalbibliografie;
detaillierte bibliografische Daten sind im Internet über http://dnb.d-nb.de abrufbar.

Springer Spektrum
© Springer-Verlag Berlin Heidelberg 2013, 2016

Gedruckt auf säurefreiem und chlorfrei gebleichtem Papier.

Springer-Verlag GmbH Berlin Heidelberg ist Teil der Fachverlagsgruppe Springer Science+Business
Media
(www.springer.com)

Vorwort

Schau mit offnen Augen nur
In die lebende Natur!
Findest Stoff für alle Zeit
Und Du lernst: Bescheidenheit
(Karl von Frisch, Nobelpreis 1973).

Die Biologie hat in der zweiten Hälfte des vergangenen Jahrhunderts mit der Entstehung der Molekularbiologie eine ähnlich rasante Entwicklung und Wandlung in ihren Grundlagen durchgemacht, wie die Physik im Zusammenhang mit der Teilchenphysik, Quantenmechanik und Relativitätstheorie in der ersten Hälfte desselben Jahrhunderts. Sie hat allerdings nicht dazu geführt, dass die Biologie zur Physik geworden ist, sondern im Gegenteil, dass die Spezifik der Biologie gegenüber den „exakten" Naturwissenschaften stärker und eindeutiger zum Vorschein gekommen ist.

Diese Entwicklung hat den Menschen schon jetzt ungeahnte Möglichkeiten des gezielten Eingriffs in die „Schöpfung" beschert, die in der Medizin und in der Landwirtschaft zum Wohl der Menschheit und der Natur eingesetzt werden können. Sie hat uns aber auch das Fürchten gelehrt. Das Klonen von Menschen rückt ebenso in den Bereich des Machbaren wie die gezielte Veränderung von Genomen und die Schaffung einer künstlichen Biodiversität. Die Gefahr einer „genetischen Verschmutzung" der Umwelt durch horizontalen Gentransfer von genetisch veränderten Organismen auf natürliche ist schon jetzt real. Der moderne Mensch schickt sich an, „Gott" zu spielen und seine eigene Evolution in die Hand zu nehmen. Es bleibt nur zu hoffen, dass mit dieser gewachsenen Machtfülle auch die Bereitschaft des Menschen gewachsen ist, die Vernunft zum alleinigen Prinzip seines Handelns zu machen und Missentwicklungen bereits im Keim zu ersticken. Sicher kann man aus den Erfahrungen der Vergangenheit heraus allerdings keineswegs sein. Die Zukunft ist offen!

Mit diesem Buch habe ich versucht, die theoretischen Grundfragen der wissenschaftlichen Biologie, wie sie sich gegenwärtig darstellen, für alle Interessierten aus den verschiedenen Fachdisziplinen innerhalb und außerhalb der Biologie in übersichtlicher Form aus *biologischer Sicht* abzuhandeln. Dass dazu einige naturwissenschaftliche, mathematische und philosophische Kenntnisse vorausgesetzt werden mussten, erfordert leider das

Thema. Dass damit ein großes Wagnis angesichts der raschen Entwicklung der Biologie verbunden ist, war dem Autor nur zu gut bekannt. Aus der Tatsache, dass das Buch trotzdem entstanden ist, mag der geneigte Leser entnehmen, für wie notwendig der Autor eine solche Zusammenschau in der Gegenwart erachtet hat. Das besonders auch deshalb, weil man leider feststellen muss, dass das Interesse, über solche übergreifenden Fragen nachzudenken, unter Biologen eher ab- als zunimmt. Das mag zum Teil daran liegen, dass für diejenigen, die in vorderster Front in die aktuelle Forschung eingebunden sind und es auch bleiben möchten, kaum Zeit für solche Dinge bleibt. Daraus hat sich allerdings ergeben, dass die zur Diskussion stehenden Fragen in stärkerem Maße von Physikern und Philosophen bearbeitet werden, die naturgemäß in vielen Fällen eine andere Sichtweise auf die Fragen haben als die Fachbiologen selbst.

Sicher ist dem Autor sein Vorhaben nicht vollends gelungen, vielleicht gehen aber gewisse Impulse von diesem Buch aus, sich weiter mit solchen Fragen auseinanderzusetzen Der Verkauf meines Buches gestaltete sich überraschend gut, sodass bereits heute nach etwa 2 Jahren eine überarbeitete, berichtigte und durch 7 Abschnitte (Zytoskelett, Zytokinese, Sexualität, Evolutionismus, Leben auf anderen Planeten?, Fragen der Reversibilität sowie Altern und Tod) ergänzte Auflage vorgelegt werden kann, von der ich hoffe, dass sie auch wieder ihre Interessenten finden wird.

Möge der Leser bei der Lektüre dieses Buchs wenigstens ansatzweise etwas von der erstaunlichen Harmonie und wunderbaren Einzigartigkeit, die das „Phänomen Leben" vor allem anderen, was uns die Welt sonst noch bietet, auszeichnet, empfinden, die den Autor zeitlebens bei der Beschäftigung mit dem Lebendigen immer wieder von Neuem und in wachsendem Maße fasziniert haben. Ich denke, dass sich keiner, der sich sein natürliches Empfinden bewahrt hat, dieser Faszination wird entziehen können. „Das Schönste, was wir erleben können", schrieb Albert EINSTEIN im Kriegsjahr 1943 in „Mein Weltbild", „ist das Geheimnisvolle. Es ist das Grundgefühl, das an der Wiege von wahrer Kunst und Wissenschaft steht. Wer es nicht kennt und sich nicht mehr wundern, nicht mehr staunen kann, der ist sozusagen tot und seine Augen sind erloschen."

Zum Schluss bleibt dem Autor nur noch, dem Springer Verlag in der Person von Frau Stefanie WOLF, die in hervorragender Weise das Projekt begleitet und gefördert hat, Dank zu sagen. Mein Dank gilt auch Herrn Dominik MÄRKL von der le-tex publishing services GmbH (Leipzig) für seine gewissenhafte und gründliche Bearbeitung des Textes. Nicht zuletzt danke ich meiner lieben Frau Hannelore, die wieder einmal verständnisvoll auf manche gemeinsame Unternehmung verzichtet hat, um mir Zeit und Ruhe zum Schreiben zu lassen. Beim Korrekturlesen war sie mir, wie bereits bei allen vorangegangenen Projekten auch, eine ganz besondere Hilfe. Ohne sie wäre das Buch nie entstanden.

Jena, den 1. Juli 2015   Heinz Penzlin

Inhaltsverzeichnis

Einleitung

*Alle gegenwärtigen Formen des Lebens zeigen eine überwältigende
Einheit in ihrer chemischen Organisation. Aber ein riesiger Graben
trennt alle Kreatur von der unbelebten Materie
(Max Delbrück, 1986).*

An der Schwelle vom 19. zum 20. Jahrhundert herrschte in der Physik – und nicht nur dort – eine Euphorie vor. Man war mit Recht stolz auf das Erreichte und wiegte sich in einem Gefühl der Selbstgefälligkeit. Viele bedeutende Vertreter ihres Fachs vertraten die Ansicht, dass man in der Physik einen Abschluss erreicht habe und zukünftig keine wirklich bedeutsamen Fragen zu beantworten mehr übrig blieben. Der französische Chemiker Marcelin P. E. BERTHELOT verkündete 1885: „Die Welt hat jetzt keine Geheimnisse mehr" (zitiert bei Čapek 1961). Ernst HAECKEL stimmte in diesen Chor ein und schrieb in seinem Buch „Welträthsel", dass „die großartigen und für unsere ganze Weltanschauung bedeutsamen Entdeckungen, welche die Astronomie und Geologie im 19. Jahrhundert gemacht haben, noch weit übertroffen werden von denjenigen der Biologie. [...] Die Zahl der Welträtsel hat sich durch die [...] Fortschritte der wahren Naturerkenntnis im Laufe des 19. Jahrhunderts stetig vermindert; sie ist schließlich auf ein einziges allumfassendes Universalrätsel zurückgeführt, auf das Substanz-Problem" (Haeckel 1899).

Diese euphorische Stimmung legte sich schnell, denn das 20. Jahrhundert wartete sowohl auf dem Gebiet der Physik als auch auf dem der Biologie mit wahrhaft revolutionären Umgestaltungen auf. Waren es in der ersten Hälfte des Jahrhunderts die Quanten- und Relativitätstheorie, so war es in der zweiten die **Molekularbiologie**. Der Begriff „Molekularbiologie" tauchte erstmals im Jahr 1938 in einem Report der „Rockefeller Foundation" auf. Warren WEAVER, der Direktor der „*Natural Sciences Section*" innerhalb der Foundation, kennzeichnete ihn damals als einen „neuen Zweig der Wissenschaft", „der sich als ebenso revolutionär erweisen könnte [...] wie die Entdeckung der lebenden Zelle". Diese Prognose des Mathematikers WEAVER war ebenso weitsichtig wie berechtigt.

© Springer-Verlag Berlin Heidelberg 2016
H. Penzlin, *Das Phänomen Leben*, DOI 10.1007/978-3-662-48128-8_1

Durch die Molekularbiologie wurde sozusagen „über Nacht" eine neue „Dimension" in die biologische Diskussion eingeführt, nämlich die der Information. Begriffe wie genetisches Programm, Informationsweitergabe durch Transkription und Translation, Code und Codierung sind inzwischen zum festen Bestand der Biologie geworden und nicht mehr aus ihr wegzudenken. Es ist in diesem Zusammenhang schwer nachvollziehbar, wenn ausgerechnet Francis CRICK, der bekanntlich zu den Begründern der Molekularbiologie zählt, trotzdem auf dem Standpunkt verharrte, dass „das letzte Ziel der modernen Bewegung in der Biologie [...] die Erklärung der gesamten Biologie auf der Grundlage von Physik und Chemie" sei (Crick 1987). Er sagte allerdings nicht, *welche* Physik und *welche* Chemie er bei seiner These im Auge hatte, die zeitgenössische oder die zukünftige.

Mit Recht hat sich der Begriff der Molekularbiologie für die neue Sichtweise eingebürgert, womit eine Abgrenzung von der bereits vorher existierenden Biochemie vorgenommen wurde. Nicht mehr chemische Reaktionen und die damit verbundenen Energie- und Stofftransfers stehen im Brennpunkt des Interesses, sondern nichtkovalente Interaktionen zwischen den Molekülen im Sinne eines Informationstransfers. Man interessiert sich weniger dafür, wie die Gene strukturiert sind, sondern wie sie ihre Information speichern und weitergeben, wie ihre Aktivitäten kontrolliert und geregelt werden.

Die Kluft zwischen „lebendig" und „nichtlebendig" ist – obwohl immer wieder gerne ignoriert oder kleingeredet – nach wie vor deutlich. Sie ist durch die neuen molekularbiologischen Erkenntnisse nicht schmaler, eher breiter geworden. Das Leben ist eine neue Qualität, die erst auf einem bestimmten Niveau komplexer Wechselwirkungen in Erscheinung tritt, aber keiner einzelnen Systemkomponente allein zukommt. Es gibt kein mehr oder weniger an „Leben", es gibt nur lebendig oder nichtlebendig. Leben lässt sich nicht allein aus „Kraft und Stoff", aus Physik plus Chemie, erklären. Es ist das Produkt aus der Dreiheit von Energie, Stoff und Information.

Das größte Hindernis in der langen Geschichte der Lebenswissenschaft auf dem Weg zu einer theoretischen Biologie, die ihren Namen verdient, war und ist das Phänomen des **Plan- und Zweckmäßigen** in allen lebendigen Entitäten. Seine Anerkennung fiel und fällt auch heute noch vielen Biologen schwer, weil sie sich Planmäßiges ohne einen Planenden, Zweckmäßiges ohne einen Zwecksetzer nicht vorstellen können. Den Ausweg aus diesem Dilemma sahen die Mechanisten in der (vorläufigen?) Verdrängung des Problems, während die Vitalisten Zuflucht in einen hypothetischen Naturfaktor suchten, auf dessen Wirken das Plan- und Zweckmäßige im Organischen zurückzuführen sei. Es ist deshalb nur folgerichtig, wenn sich in erster Linie Vitalisten mit den theoretischen Fragen der Biologie beschäftigten. Der Kieler Botaniker Johannes REINKE (Reinke 1911) und der Zoologe Jacob VON UEXKÜLL (Uexküll 1928) schrieben Anfang des 20. Jahrhunderts eine „Theoretische Biologie" und der Heidelberger Entwicklungsphysiologe Hans DRIESCH (Driesch 1909) eine „Philosophie des Organischen". Alle drei Autoren erhoben die Zweckmäßigkeit zu einem konstitutiven Prinzip, wodurch – nach Einschätzung UEXKÜLLS – die „Schwierigkeit beseitigt" worden sei, was ein schwerer Irrtum war.

Immanuel KANT, auf den sich sowohl REINKE als auch UEXKÜLL explizit berufen, hatte mehr als ein Jahrhundert zuvor in seiner „Kritik der Urteilskraft" den Weg zur Überwindung dieses Zwiespalts geebnet, indem er in der Zweck- und Planmäßigkeit des Organischen „nur ein Prinzip der reflektierenden und nicht der bestimmenden Urteilskraft" sah, sie als „regulativ und nicht konstitutiv" einordnete (Kant 1968). Dieser positive Ansatz KANTs für eine neue philosophische Biologie wurde von KANT selbst nicht konsequent weiter verfolgt. Ihm lag die Newtonsche Physik wesentlich näher als die zeitgenössische Biologie. So geschah es, dass schon in der nachfolgenden Epoche des deutschen Idealismus, das Zweckmäßige wieder zum konstitutiven Prinzip erhoben, oder sollte man besser sagen: „verfälscht" wurde.

Erst in der Mitte des vergangenen Jahrhunderts – noch vor der Begründung der Kybernetik durch Norbert WIENER – löste sich der jahrhundertelang geführte, aber völlig ergebnislos gebliebene Streit zwischen Vertretern des Mechanismus und Vitalismus langsam auf und wich systemtheoretischen Denkansätzen jenseits dieser Denkrichtungen. In diesem Zusammenhang können die Namen Ludwig von BERTALANFFY (v Bertalanffy 1932, 1951, 1969), Karl Eduard ROTHSCHUH (Rothschuh 1936), Emil UNGERER und Paul Alfred WEISS u. a. genannt werden. Als „Wegbereiter" dieser neuen Entwicklung innerhalb der Biologie hat sich der Berliner Anatom Oscar HERTWIG (Hertwig 1906) mit seiner Monographie „Allgemeine Biologie" ein Denkmal gesetzt.

Die notwendigen philosophischen Grundlagen lieferte – wieder an KANT anknüpfend – Nicolai HARTMANN. Er wies bereits 1912 als erster Philosoph in seiner Frühschrift (Hartmann 1912), die er zu Unrecht in überhöhter Selbstkritik später als „ein etwas vorschnelles Produktchen" (zit. bei M. Hartmann 1952) bezeichnete, mit Nachdruck darauf hin, dass das Phänomen „Leben" in seinem *Wesen* weder im Rahmen linearer Kausalnexus mechanistisch noch durch Einführung besonderer Lebenskräfte vitalistisch erfasst werden könne. Die lebende Form ist für HARTMANN „von dem physisch dynamischen Gefüge dadurch radikal unterschieden, dass sie die ununterbrochen zerfallende und ebenso sich ununterbrochen wiederbildende Form ist. Es gibt an ihr keine bloß energetisch verstehbare Formträgheit, kein passives Bestehenbleiben". Das Wesen des Lebendigen ist für ihn „im Gegensatz zu den bloß dynamischen Gefügen das sich selbst erbauende Gefüge, [...] die im Prozess entstehende, von ihm gebildete und aufrechterhaltene Form", wie er später in seiner „Philosophie der Natur" (N. Hartmann 1950) genauer ausführte und ausführlich begründete. Der Biologe Max HARTMANN beurteilte dieses Buch, das wenige Monate vor dem Tode Nicolai HARTMANNs erschienen ist, als wohl „das bedeutendste, das auf dem Gebiet der Naturphilosophie seit KANT geschrieben wurde" (Hartmann 1951).

„Leben", d. h. das Lebendigsein, ist eine *Leistung* dynamischer *Systeme* ganz besonderer Art, denn sie zeichnen sich durch eine interne *funktionelle* und damit *teleonome* Ordnung, d. h. eine **Organisation**, aus. Man bezeichnet die Lebendigen deshalb auch gerne **Organismen**. Diese interne Organisation wird *selbsttätig* herbeigeführt und aufrechterhalten. Durch diese **Autonomie** unterscheiden sich alle Lebewesen von den anorganischen dissipativen Strukturen, die sich zwar „von selbst" aber nicht „selbsttätig" unter dem Einfluss überkritischer, von außen angelegter „Zwangsbedingungen" aufbauen (Nicolis und Prigogine 1987). Diese verschwinden, sobald die Zwangsbedingungen aufhören zu wirken, und können jederzeit wieder künstlich hervorgebracht werden. Die biologische

Organisation verschwindet dagegen, einmal zerstört, irreversibel. Deshalb kann Lebendiges auch immer wieder nur aus Lebendigem entstehen (*omne vivum e vivo*).

Lebendige Systeme bestehen aus einer einzigen oder mehreren bis sehr vielen Zellen. Die **Zelle** ist die niedrigste Einheit des Lebendigen, ein sog. „Elementarorganismus". Unterhalb des Zellniveaus ist kein selbständiges Leben auf die Dauer möglich. Weder die Nukleinsäuren noch die Proteine, weder die Enzyme noch die Transkriptionsfaktoren sind für sich bereits lebendig. Lebendigkeit tritt erst auf der Stufe der Zellen als „emergente" Eigenschaft entgegen.

Voraussetzung für die Herausbildung und Erhaltung organisierter Systeme ist nicht nur ihre Offenheit, d. h. ein Austausch von Energien und Stoffen mit der Umgebung über die Grenzen hinweg, sondern auch ihre durchgängige Strukturiertheit auf allen Ebenen ihrer Existenz, von der äußeren Gestalt bis hinab zu den Makromolekülen (Abb. 1.1). Organisierte Systeme sind ohne **Information** nicht denkbar, die sich zu den Komponenten Energie und Materie als dritte, essenzielle hinzugesellt. Die niemals unterbrochene Kontinuität des Lebendigen basiert auf den in den **Nukleinsäuren** gespeicherten und von Generation zu Generation weitergegebenen Informationen.

Man könnte, solange es keine experimentellen Daten gibt, die dagegen stehen, aus dem Gesagten zusammenfassend folgende drei **Hauptsätze der Biologie**, die in dem Buch weiter zu untermauern wären, formulieren:

1. Alles Lebendige entsteht wieder aus Lebendigem (*omne vivum e vivo*). Es gibt keine „Urzeugung" (s. Abschn. 2.6).
2. Die Grundeinheit des Lebendigen ist die Zelle (Elementarorganismus). Es gibt kein selbständiges Leben auf Dauer unterhalb des Zellniveaus (s. Abschn. 3.1).
3. Die Kontinuität des Lebendigen wird durch die in den Nukleinsäuren niedergelegten und von Generation zu Generation weitergegebenen Informationen garantiert (s. Abschn. 9.2)

Der zentrale Gegenstand einer „**Theoretischen Biologie**", die die *allgemeinsten* Prinzipien und Gesetzmäßigkeiten lebendiger Systeme zum Gegenstand hat, kann deshalb nur die Organisation der lebendigen Systeme sein. Die theoretische Biologie ist eine zutiefst *biologische* Disziplin, was keineswegs ausschließt, dass sie physikalische, chemische oder auch philosophische Zusammenhänge in ihre Betrachtungen einschließt. Sie sind aber nicht ihr Ziel. Deshalb darf man sie auch nicht mit einer philosophischen, mathematischen oder physikalischen Biologie verwechseln oder gleichsetzen (Penzlin 1993). Die theoretische Biologie baut zwar auf den anorganischen Naturwissenschaften auf, geht aber in ihrer Begrifflichkeit und Gesetzlichkeit weit über sie hinaus, da sie eine besondere *ontische Stufe* im Sinne Nicolai HARTMANNs zum Gegenstand hat, die in ihrer Spezifik nicht auf die anorganische Ebene reduzierbar ist. Sie ist, um es mit den Worten Emil UNGERERs zu sagen, die „letzte und umfassendste Zusammenhangswissenschaft", die „Krönung der biologischen Erfahrungswissenschaften" (Ungerer 1965). Ob sie einst in eine mathematisch formalisierte „Lebenstheorie" einmünden wird, muss heute noch offen bleiben.

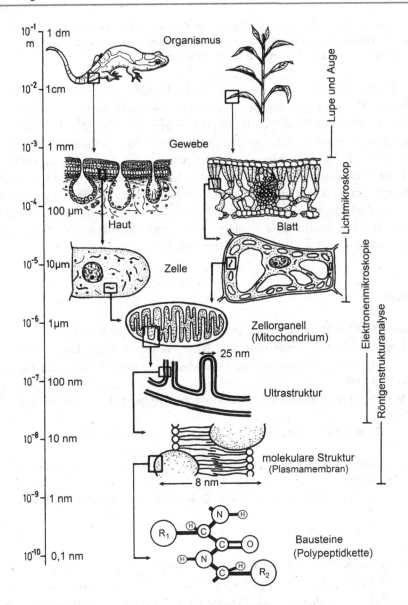

Abb. 1.1 Die durchgängige Strukturiertheit des Lebendigen bis in den molekularen Bereich hinein

Hintergrundinformationen

Der **Begriff** „*he theoria*" wird hier in ursprünglichem Sinn verwendet. Er bedeutete früher einfach „Zuschauen", „Anschauen", z. B. einer Kultfeier oder eines Schauspiels, oder allgemeiner: das Betrachten, „in Augenschein nehmen". Erst seit PLATON wurde dieser Begriff speziell auf das geistige Anschauen übertragen im Sinn wissenschaftlicher Betrachtung, Untersuchung oder auch wissenschaftlicher Erkenntnis. Schließlich wurde er synonym mit „wissenschaftlicher Behandlung" gebraucht, überhaupt als Wissenschaft: Theorie im Gegensatz zur Praxis. Bei ARISTOTELES ist „*theoria*" Erkenntnisse um ihrer selbst, also keines praktischen Nutzens willen. Sie stellt das Höchste dar, dessen der denkende Mensch teilhaftig werden kann.

Es wird Zeit, dass die Forderung des großen englischen Biologen John Scott HALDANE (Haldane 1922) vor nunmehr fast 100 Jahren, dass die Biologie ihren *eigenen* Platz als exakte unabhängige Wissenschaft mit *eigener* Sprache im Reigen der Naturwissenschaften einnehmen müsse, zielstrebig gegen die immer noch vorhandenen Widerstände umgesetzt wird. Es ist das Anliegen des Autors gewesen, mit diesem Buch einen bescheidenen Beitrag auf diesem Weg zu liefern. Vielleicht wird der Prognose KANTs zum Trotz doch einmal „ein NEWTON aufstehen, der [...] die Erzeugung eines Grashalms nach Naturgesetzen, die keine Absicht geordnet hat, begreiflich machen" wird (Kant 1968). Dahin ist es aber mit Sicherheit noch ein langer und steiniger, aber dennoch sehr spannender Weg, der nicht *eines* NEWTON, sondern derer viele bedarf.

Literatur

v Bertalanffy L (1932) Theoretische Biologie, 1. Bd. Verlag Borntraeger, Berlin

v Bertalanffy L (1951) Theoretische Biologie, 2. Bd. A. Francke AG Verlag, Bern

v Bertalanffy L (1969) General system theory. Foundation, development, application. George Braziller, New York

Čapek M (1961) The philosophical impact of contemporary physics. van Nostrand, New York, S XIV

Crick F (1987) Die Natur des Vitalismus. In: Küppers B-O (Hrsg) Leben = Physik + Chemie? Piper, München

Delbrück M (1986) Wahrheit und Wirklichkeit. Über die Evolution des Erkennens. Rasch & Röhring, Hamburg

Driesch H (1909) Philosophie des Organischen. Gifford Vorlesung. Wilhelm Engelmann, Leipzig (2 Bde)

Haeckel E (1899) Die Welträthsel: gemeinverständliche Studien über monistische Philosophie. Strauß, Bonn

Haldane JS (1922) Respiration. New Haven, London, Oxford

Hartmann M (1951) Die Philosophie der Natur Hartmanns. Die Naturwissenschaften 38:468–471

Hartmann M (1952) Die Philosophie des Organischen im Werke von Nicolai Hartmann. In: Nicolai Hartmann. Der Denker und sein Werk. Vandenhoeck & Ruprecht, Göttingen

Hartmann N (1912) Philosophische Grundfragen der Biologie. Vandenhoeck & Ruprecht, Göttingen

Hartmann N (1950) Philosophie der Natur. Walter de Gruyter, Berlin, S 533–538

Hertwig O (1906) Allgemeine Biologie. G. Fischer Verlag, Jena

Kant I (1968) Kritik der Urteilskraft. Verlag Philipp Reclam, Leipzig (§ 67, 68, 75)

Nicolis G, Prigogine I (1987) Erforschung des Komplexen. Piper Verlag, München, S 88

Penzlin H (1993) Was ist Theoretische Biologie? Biol Zentralbl 112:100–107

Reinke J (1911) Einleitung in die theoretische Biologie, 2. Aufl. Verlag Gebr. Paetel, Berlin

Rothschuh KE (1936) Theoretische Biologie und Medizin. Junker und Dünnhaupt Verlag, Berlin

v Uexküll J (1928) Theoretische Biologie, 2. Aufl. Springer Verlag, Berlin, S 198

Ungerer E (1965) Die Erkenntnisgrundlagen der Biologie. In: v Bertalanffy L, Gessner F (Hrsg) Allgemeine Biologie. Handbuch der Biologie, Bd. I. Akademische Verlagsgesellschaft Athenaion, Konstanz, S 69

Individualität

2

Naturwissenschaft war immer die Kunst, das Komplizierte zu vereinfachen, und oft ist sie höchst erfolgreich gewesen; aber es gibt komplizierte Systeme, die durch Unterteilung nicht vereinfacht werden können, und das schwierigste, das am wenigsten reduzierbare System ist wahrscheinlich das Leben selbst (Erwin Chargaff, 1989).

Inhaltsverzeichnis

„Leben" tritt uns auf der Erde ausschließlich in Form lebendiger Wesen entgegen, die wir kurz als **Lebe-Wesen** bezeichnen. Jedes Lebewesen existiert als einmalige, einzigartige, raum-zeitlich begrenzte Entität mit – in der Regel – einem Beginn und einem Ende. Es gibt kein „Leben" außerhalb und unabhängig vom Lebewesen.

© Springer-Verlag Berlin Heidelberg 2016
H. Penzlin, *Das Phänomen Leben*, DOI 10.1007/978-3-662-48128-8_2

Abb. 2.1 Die Kreideküste Rügens mit bis zu 120 m
hohen, 68–70 Mio. Jahre
alten Steilufern. Die Krei-
desedimente aus der oberen
Kreideformation beste-
hen – neben vielen anderen
Formen, wie Bryozoen, Kalk-
schwämmen, Foraminiferen
etc. – hauptsächlich aus den
Schalenschuppen der Coccolithophoriden

Coccolithophorida

Rügen, Kreideküste

Jedes Lebewesen repräsentiert ein dynamisches System mit einer internen funktionellen (teleonomen) und ganzheitsorientierten Ordnung, die man in Anlehnung an die ursprüngliche Bedeutung des griechischen Worts *organon* als **Organisation** (s. Abschn. 7.6)
bezeichnet. Kurz gefasst sind Lebewesen organisierte Systeme, die ihre interne Organisation *selbsttätig* aufrechterhalten und vermehren – also selbstorganisierend sind. Man
bezeichnet die Lebewesen deshalb auch mit Recht als **Organismen**. Die Organisation
lebendiger Systeme ist weder das Produkt des „Lebens", noch eine Eigenschaft neben anderen, sondern das Leben, der lebendige Zustand, selbst. Letztes Ziel einer „Theoretischen
Biologie" kann deshalb nur darin bestehen, diese Organisation in ihrer Eigendynamik und
Spezifik richtig zu erklären und in ihrem Wesen zu verstehen.

Auf der Erde hat sich das Leben früh entwickelt. Das Alter unseres Sonnensystems
wird von den Kosmologen mit etwa 4,6 Mrd. Jahren (4,6 Ga) angegeben. Die **ältesten
Lebensspuren**, die bisher bekannt geworden sind, haben ein Alter von 3,85 Ga. Das
bedeutet, dass unsere Erde vielleicht nur knapp 800 Mio. Jahre, das wären etwa 17 %
ihrer bisherigen Geschichte, unbewohnt geblieben ist, was darauf hindeutet, dass beim
Ursprung des Lebens die Rolle des Zufalls gegenüber der der Notwendigkeit nicht extrem
hoch gewesen sein kann.

Heute wird das Oberflächenbild unserer Erde vom Leben geprägt. Leben ist nahezu
allgegenwärtig und hat in der langen Erdgeschichte unsere Atmosphäre mit Sauerstoff angereichert und riesige Sedimentschichten aufgetürmt. Die 68–70 Mio. Jahre alte Schreib-
kreide Rügens ist nahezu rein biogen. Sie besteht zum größten Teil (etwa 75 %) aus den

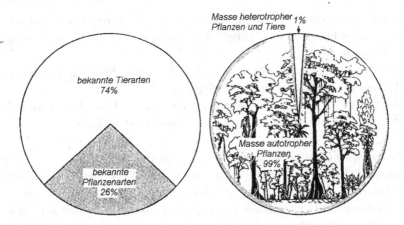

Abb. 2.2 Die Biomasse der grünen Pflanzen im Verhältnis zur Biomasse der heterotrophen Pflanzen und Tiere auf unserer Erde

nur wenige Mikrometer großen Kalkscheibchen (Coccolithen), die einst die Oberfläche pelagisch lebender, einzelliger, photosynthetisierender Kalkalgen von nur 25 µm Größe (Coccolithophoriden) bedeckten (Abb. 2.1).

Die **Biomasse** der Biosphäre wird heute auf $1,85 \cdot 10^{12}$ t geschätzt. Davon macht die autotrophe Phytomasse etwa 99 % aus (Abb. 2.2). Den Rest bilden die heterotrophen Pflanzen, Pilze und Tiere. Auf die tierischen Organismen entfallen nur etwas mehr als 0,1 %. Dabei bleiben die Mikroorganismen allerdings noch weitgehend unberücksichtigt. Nach neueren Schätzungen anhand des in der Biomasse gebundenen Kohlenstoffs (Schleifer und Horn 2000, S. 1–6) machen die Mikroorganismen mehr als die Hälfte der auf der Erde vorhandenen Biomasse aus. Die Anzahl der auf der Erde vorkommenden Prokaryoten wird insgesamt auf $4–6 \cdot 10^{30}$ geschätzt. Der größte Teil (90–95 %) von ihnen befindet sich im Sediment (Inagaki et al. 2006, S. 2815–2820).

2.1 Der Lebensbegriff und die Biologie

Der Begriff „**Leben**" wird in unserer Umgangssprache mit unterschiedlichem Inhalt verwendet:

1. Wenn Zeitungen darüber berichten, dass der Verunglückte „mit dem Leben davongekommen" sei, oder, dass eine Mutter gesunden Zwillingen „das Leben geschenkt" habe, bezeichnet man mit „Leben" den *Zustand* des Lebendigseins.
2. Wenn Joseph VON EICHENDORFF „Aus dem Leben eines Taugenichts" oder Karl VON FRISCH „Aus dem Leben der Bienen" (Frisch 1941) berichtet, so betrifft der Lebensbegriff die Lebens*umstände*.

3. Wenn vom „Leben im All" oder vom „Leben des Weltmeeres" (Hentschel 1929) die Rede ist, bezeichnet man mit „Leben" die *ontologische Schicht* des Lebendigen im Kosmos bzw. im Meer.

4. Albert SCHWEITZER gebraucht in seiner Lehre von der „Ehrfurcht vor dem Leben" den Lebensbegriff synonym zur *„Schöpfung Gottes"*.

5. Friedrich NIETZSCHE schließlich verwendet in seiner These „Leben ist Wille zur Macht" den Lebensbegriff im Sinn eines allgemeinen *Lebensprinzips*.

Aus biologischer Sicht ist der Lebensbegriff insofern problematisch, weil es gar keinen Gegenstand „Leben" gibt, den wir isolieren und zum Objekt unserer Untersuchungen machen könnten. „Leben" tritt uns ausschließlich als das **Lebendigsein** diskreter Wesenheiten, der Organismen, entgegen. Außerhalb der Organismen und unabhängig von ihnen gibt es kein Leben. Deshalb ist die Biologie auch nicht, wie in direkter Übersetzung des Begriffs oft gesagt wird, die „Wissenschaft vom Leben", sondern die „Wissenschaft von den lebendigen Naturgegenständen" in allen ihren Aspekten. Die in Büchern und Artikeln oft gestellte Frage „Was ist Leben?" ist im strengen Sinn gar nicht beantwortbar, weil es kein Objekt „Leben" gibt. Sie müsste eigentlich lauten: „Was ist das Wesen des Lebendigen?"

Hintergrundinformationen

Der Lebensbegriff in der Biologie deckt sich eher mit dem Begriff *zōē* bei ARISTOTELES, als mit dem Begriff *bios*, mit dem ARISTOTELES artspezifische Lebens*weisen* kennzeichnete (Höffe 2005). Der dritte Lebensbegriff in der Antike, der der *psychē* – oft, aber unzutreffend, als „Seele" übersetzt – wird von ARISTOTELES nicht im Sinn eines Körper-Seele-Dualismus benutzt. Mit ihm bezeichnete er vielmehr das allen Lebewesen gleichermaßen eigene „Prinzip" oder „Wesen", durch das sie sich in ihrer Einheit von Körper und Seele von allem rein Materiellen unterscheiden.

Die **Biologie** als Wissenschaftsdisziplin in modernem Sinn tauchte begrifflich erst zwischen 1797 und 1805 bei verschiedenen Autoren gleichzeitig und unabhängig voneinander mit jeweils unterschiedlicher Inhaltsgebung auf (Jahn 2000, S. 274–301). Man begann damit, hinter der Diversität der Organismen das Gemeinsame zu suchen, mit dem Ziel, das Lebendige in seiner Einheit und Spezifik und in seiner Wesensverschiedenheit zu allem Nichtlebendigen zu erfassen. Hatte man im 18. Jahrhundert noch alle Objekte der „drei Naturreiche" von den Erdarten und Mineralien über die Pflanzen und Tiere bis zum Menschen als „Krönung der Schöpfung" in linearer, lückenloser Folge abgestufter Vollkommenheit anzuordnen versucht (*Scala naturae*, Abb. 2.3), so trat jetzt das Einigende *alles* Organischen und das Trennende des Organischen gegenüber dem Anorganischen stärker in den Fokus. Es gab nicht mehr drei, sondern nur noch zwei Naturreiche, die anorganischen, nichtlebendigen und unbeseelten Entitäten auf der einen und die organischen, lebendigen, stoffwechselnden und sich reproduzierenden auf der anderen Seite. Charles DARWIN war auch hier voll auf der Höhe seiner Zeit, wenn er betonte, dass „alle lebenden Wesen sehr vieles gemeinsam in ihrer chemischen Zusammensetzung, ihrem Zellenbau,

IDÉE D'UNE ÉCHELLE

DES ETRES NATURELS.

L'HOMME.	PLANTES.
Orang-Outang.	Lychens.
Singe.	Moisissures.
QUADRUPEDES.	Champignons, Agarics.
Ecureuil volant.	Truffes.
Chauvesouris.	Coraux & Coralloïdes.
Autruche.	Lithophytes.
OISEAUX.	Amianthe.
Oiseaux aquatiques.	Talcs, Gyps, Sélénites.
Oiseaux amphibies.	Ardoises.
Poissons volans.	PIERRES.
POISSONS.	Pierres figurées.
Poissons rampans.	Crystallisations.
Anguilles.	SELS.
Serpens d'eau.	Vitriols.
SERPENS.	METAUX.
Limaces.	DEMI-METAUX.
Limaçons.	SOUFRES.
COQUILLAGES.	Bitumes.
Vers à tuyau.	TERRES.
Teignes.	
INSECTES.	
Gallinsectes.	
Tenia, ou Solitaire.	
Polypes.	
Orties de Mer.	
Sensitive.	
PLANTES.	

TRAITÉ

D'INSECTOLOGIE;

OU

OBSERVATIONS

SUR LES

PUCERONS.

Par M. CHARLES BONNET, *de la Société Royale
de Londres, & Correspondant de l'Académie
Royale des Sciences de Paris.*

PREMIERE PARTIE.

A PARIS,

Chez DURAND, Libraire, rue Saint Jacques, à
S. Landry & au Griffon.

M. DCC. XLV.
Avec Approbation & Privilege du Roy.

Ch. de Bonnet 1786

Abb. 2.3 Charles Bonnets Anordnung der Naturobjekte von den Gesteinen über die Pflanzen und Tiere zum Menschen in Form einer geradlinigen und lückenlosen Folge abgestufter Vollkommenheit: *Scala naturae.* (Aus seinen „Insektenstudien", J. J. Gebauer, Halle 1773)

ihren Wachstumsgesetzen und ihrer Empfindlichkeit gegen schädliche Einflüsse" besitzen (Darwin 1980, S. 533).

Populär wurde der Begriff der Biologie erst in der zweiten Hälfte des 19. Jahrhunderts, woran die Philosophen Auguste COMTE und Herbert SPENCER sowie der Biologe Thomas Henry HUXLEY wesentlichen Anteil hatten. Zur Kennzeichnung dieses generalisierenden Aspekts innerhalb der Biologie setzte sich die Bezeichnung „**Allgemeine Biologie**" (Laubichler 2006, S. 185–206) durch, als deren Begründer Oscar HERTWIG neben anderen gelten kann. Die Biologie begann langsam, sich aus ihrer jahrhundertelangen Bevormundung durch die Physik zu befreien, und die ihr zustehende Rolle als eigenständige naturwissenschaftliche Disziplin mit eigener Terminologie, Methodik und Gesetzlichkeit selbstbewusst wahrzunehmen.

2.2 Die animistische Weltsicht

Unseren frühen Vorfahren war das allgegenwärtige und ihnen in vielfacher Hinsicht ähnelnde Lebendige in seinem ständigen Werden und Vergehen wesentlich vertrauter als die bedrohliche Welt „da draußen" mit ihren reißenden Bächen und Flüssen, Stürmen und Gewittern, Regen und Hagel, mit ihrer Kälte und Hitze. Diese unberechenbaren Naturereignisse dachte man sich in Analogie zum eigenen Wollen und Handeln als von menschenähnlichen und unsichtbaren Göttern oder Dämonen gesteuert und getrieben, um deren Wohlwollen man sich mit allen zur Verfügung stehenden Mitteln bemühen müsse.

Die Welt wurde anthropomorph als beseelt gedeutet. Nicht nur sie selber, auch die Pflanzen und Tiere, sogar die Steine, Werkzeuge und Waffen ihrer Umgebung wurden als beseelt angesehen. Unsere frühen Vorfahren hatten Furcht vor all diesen Dingen. Sie „verspürten das *Tremendum* vor dem *Faszinosum*, denn das *Faszinosum* setzt eine gewisse Sicherheit beim Individuum voraus, die es ihm gestattet zu reflektieren", schrieb der Theologe Frederic SPIEGELBERG (Spiegelberg 1977, S. 105). Im Rahmen dieser **animistischen Weltsicht** war es nicht die Erscheinung des Lebendigen, sondern die des Todes, die einer besonderen Erklärung bedurfte (Jonas 1973, S. 20). Er wurde nicht als ein unvermeidliches, natürliches Ereignis am Ende eines Lebens angesehen. Auch er konnte – in ihren Augen – nur das Werk eines bösen Geistes sein. Jeder Todesfall konnte in ihren Augen nur Mord bedeuten.

Auch die ionischen Naturphilosophen in Milet waren Animisten. Man bezeichnet sie als „**Hylozoisten**" (he *hýle* = das Holz, der Stoff, die Materie; he *zōē* = das Leben). Ihr „Urstoff" (*archē*) war gleichzeitig Materie, Kraft und Leben, also beseelt. Die Anziehungskraft des Magneten konnte für THALES nur dahingehend gedeutet werden, dass er eine Seele besitze. Die Auffassung, dass der Welt ein lebendiges Prinzip zugrunde liege, zieht sich, von Ausnahmen (DEMOKRIT u. a.) abgesehen, mehr oder weniger vordergründig durch die gesamte griechische Philosophie bis in die Neuzeit hinein. Noch Johannes KEPLER gestand in seinem vor nun 400 Jahren erschienenen Hauptwerk, dass er früher geglaubt habe, „dass die Kraft, die die Planeten bewege, wirklich eine Seele ist" (Kepler 1609).

Die animistische Weltsicht hat bis in unsere Tage nichts an ihrer Attraktivität verloren, stellt sie doch in angenehmer Weise ein inniges Band zwischen der Natur und dem Menschen her, während umgekehrt der Bruch mit ihr den Menschen in eine Abseitsposition der Kälte und Verlassenheit manövriert. Wie wäre es sonst zu erklären, dass die Philosophie Pierre TEILHARD DE CHARDINs im vergangenen Jahrhundert nochmals ein so breites Echo gefunden hat. Für diesen französischen Denker strebt die Welt aufgrund „eines innerlichen Prinzips [...] nach immer höheren psychischen Formen" (Teilhard de Chardin 1983, S. 149; s. Abschn. 2.7).

2.3 Die Entdeckung des Organischen: Aristoteles

Das „Leben" zu erklären, entstand erst dann als ein besonderes Anliegen der Wissenschaft, als das Phänomen nicht mehr als ein Attribut des Urstoffs „*Archē*" wie bei den ionischen Naturphilosophen, nicht mehr als Teil einer allgemeinen Harmonie wie bei den Pythagoreern oder als Teil einer Weltordnung wie bei PLATON betrachtet wurde, sondern als ein spezifisches, eigenständiges Phänomen wie bei ARISTOTELES. Hier in der Betrachtung des Organischen „ist ARISTOTELES' eigentliches Feld, in dem er seinen Zeitgenossen in vieler Hinsicht weit voraus war, hier setzen seine reichen Kenntnisse, seine scharfe Beobachtung, ja mitunter tiefe Einsicht, in Erstaunen", wie Arthur SCHOPENHAUER es formulierte (Schopenhauer 1988, S. 400).

In ARISTOTELES' Metaphysik existiert alles Seiende in der unzertrennbaren Einheit von „Stoff" und der ihn bestimmenden „Form" (*Eidos, Morphe*) als „Substanz". Der Stoff ist lediglich „Potenzialität" (Möglichkeit), die Form dagegen „Aktualität" (Wirklichkeit). Es gibt keinen Stoff ohne Form, wie es keine Form ohne Stoff gibt. Erst das Zusammen von Stoff und Form bildet die *Unio substantialis*, die letztendlich wirkliche Wesenheit.

Alle Objekte unserer Welt lassen sich nach ARISTOTELES klar zwei Reichen zuordnen, dem „organischen" und dem „unorganischen": „Von den natürlichen Körpern haben die einen Leben, die anderen nicht" (Aristoteles 1995, B 1.412a). Alles was lebt, was „das Prinzip der Bewegung und Ruhe in sich besitzt" (Aristoteles 1995, B 1.412b) – Pflanzen, Tiere wie Menschen – hat nach ARISTOTELES **Seele**. Sie verhält sich zum Körper wie die „Form" zum „Stoff". Seele und Körper bilden eine *untrennbare* Einheit, das Lebewesen. Im Gegensatz zu seinem Lehrer PLATON ist die Seele bei ARISTOTELES keine selbständige Entität, die unabhängig vom Körper existieren kann, sondern Ursache und „gleichsam *Prinzip* der Lebewesen" (Aristoteles 1995, A 1.402a). Sie ist die Wesensform und Vollendung (*Entelecheia*) des natürlichen Körpers, der seiner Möglichkeit nach Leben besitzt. Damit ist die Seele die „erste Aktualität eines natürlichen, organischen Körpers", „das wesensmäßige Sosein und der *Begriff* von einem natürlichen [...] Körper." (Aristoteles 1995, B 1.412b). Seele bedeutet bei ARISTOTELES Zweckzusammenhang, die Ganzheit des Körpers.

Man muss sich davor hüten, den Seelenbegriff ARISTOTELES' so zu interpretieren, wie wir es heute tun würden. Er wird von ihm in sehr naturwissenschaftlicher Weise zur Kennzeichnung des *Wesens* lebendiger Naturgegenstände benutzt. In dieser *Wesens*bestimmung übertrifft ARISTOTELES alles, was vorher über das Leben in seiner Integrität, Autonomie, Funktionalität und Teleonomie gedacht worden ist. Man bezeichnet ARISTOTELES deshalb gerne mit vollem Recht als den „Entdecker des Organischen".

ARISTOTELES beschäftigte sich in seinem zoologischen Hauptwerk „*De partibus animalium*" ausführlich mit den „Funktionen" der einzelnen Organe und Gewebe, d. h. auch mit den „Zwecken", die sie „im Dienste für das Ganze" erfüllen. Bei diesen „teleologischen" Betrachtungen und Erklärungen bezieht er sich, wie Wolfgang KULLMANN (Kullmann 1979, S. 1–72) überzeugend herausgearbeitet hat, immer auf die *einzelnen* Individuen. Niemals geht er darüber hinaus in der Weise, dass eine Art dazu da sei, anderen Arten als Futter zu dienen. Seine **Teleologie** bleibt eine *immanente*. Alles, was im Lebewesen ist, ist „um des Ganzen willen" da, dient als „Werkzeug" (*Organon*) dem Ganzen. Deshalb sagt er: „Es ist deutlich, [. . .] dass der Körper, irgendwie um der Seele willen ist und die Teile um der Funktion willen, zu denen ein jeder von Natur aus bestimmt ist" (Aristoteles 1959).

Das *Telos* ist bei ARISTOTELES immanent und nicht von außen gesetzt. Auch hier stellt er sich gegen seinen Lehrer PLATON, für den die ganze Welt in einem teleologischen Zusammenhang existiert. Man findet bei ARISTOTELES keine Äußerungen, die im Sinn einer durchgängigen, letztlich göttlich bestimmten Zweckbestimmtheit innerhalb des Kosmos gedeutet werden könnten oder müssten. Den physikotheologischen Schluss von der Zweckmäßigkeit der Welt auf einen zwecksetzenden „Weltbaumeister" (transzendente Teleologie), der in Thomas VON AQUIN, für den Gott „erster Beweger" und „Endzweck", *causa efficiens* und *causa finales*, gleichzeitig ist, seinen hervorragendsten Vertreter fand, vermied er. Er sagt immer, worauf SCHOPENHAUER (Schopenhauer 1988, S. 399) aufmerksam machte, „die Natur schafft" (*natura facit*), aber niemals „die Natur wird geschaffen" (*natura facta est*).

Mit dieser Auffassung vom Lebendigen in seiner Spezifik als dynamische, teleonomisch orientierte und sich selbst erhaltende Ganzheiten kommt ARISTOTELES den modernen Auffassungen vom Lebendigen erstaunlich nahe. Nach Jacques MONOD verwirklichen alle Lebewesen in ihren Strukturen und Leistungen ein „teleonomisches Projekt", das der Erhaltung des lebendigen Zustands dient (Monod 1975). Max DELBRÜCK sieht im *eidos* den „unbewegten Beweger" und vergleicht ihn mit der DNA, die gleichermaßen Form und Entwicklung schafft, ohne dabei selbst Veränderungen zu erfahren (Delbrück 1971, S. 50–55). Ernst MAYR interpretierte in Übereinstimmung mit Max DELBRÜCK *eidos* als „teleonomisches Prinzip, das in seinem Denken genau dasselbe leistete wie das genetische Programm des modernen Biologen" (Mayr 1984, S. 73). Nach Ansicht von MORENTO und UMEREZ könnte man im DNA-Molekül die „Formursache" im aristotelischen Sinn für die Proteine sehen, „weil deren spezifische Nucleotidsequenz die Idee oder Form der Proteine übermittle" (Moreno und Umerez 2000, S. 99–117). Auch Ingrid CRAEMER-RUEGENBERG mutmaßt, dass ARISTOTELES bei seiner Theorie vom „Naturzweck" bereits „so etwas wie ein Programm (im modernen Sinne) im Auge gehabt" haben könnte (Craemer-Ruegenberg 1981, S. 17–29).

2.4 Der kartesianische Schnitt und seine Folgen

Die organisch-teleologische Weltauffassung ARISTOTELES' stand im krassen Gegensatz zur mechanistischen DEMOKRITS. Sie genoss weit über seinen Tod hinaus hohe Autorität. Seine Schriften gelangten im 12. und 13. Jahrhundert in lateinischen Übersetzungen über Spanien und Frankreich auch ins christliche Abendland, wo seine Gedanken durch Albertus MAGNUS und besonders durch Thomas von AQUIN im christlichen Sinn uminterpretiert wurden. Für THOMAS VON AQUIN stand fest, dass Wissen zwangsläufig zur Gotteserkenntnis führen müsse. Aber schon zu Lebzeiten dieses Gelehrten regte sich erster Zweifel an dieser Vision. In der Schule von Oxford, weniger in Paris, beschäftigten sich Männer wie Robert GROSSETESTE und Roger BACON intensiv mit der Mathematik und der Physik. Letzterer erkannte bereits die hervorragende Rolle der Mathematik als *porta et clavis scientiarum* und forderte die Einführung des Experiments. Die Wissenschaft müsse, so Roger BACON, dem praktischen Leben dienstbar gemacht werden. Er träumte von Apparaten, mit denen man sich fortbewegen, in die Lüfte erheben oder auf den Meeresboden absteigen könnte.

Der letzte große Versuch zur Bewahrung der Einheit der geistigen Welt des Abendlands, von Glauben und Wissen, von Theologie und Philosophie in ihrer Abhängigkeit von dem über alle Gegensätze liegenden Göttlichen durch Nikolaus von CUSANUS scheiterte. Dabei ist bemerkenswert, dass dieser große Theologe und Philosoph des Spätmittelalters mit starkem Interesse für die Mathematik und die Naturwissenschaften bereits 150 Jahre vor Francis BACON und Galileo GALILEI die große Bedeutung des Messens und Wägens für die Medizin (Puls, Atmung, Harnausscheidung) durchaus erkannt hatte.

Der definitive, insbesondere von der aufblühenden Naturforschung herbeigeführte Bruch mit der in der Scholastik vorherrschenden qualitativen, organisch-teleologisch orientierten Naturphilosophie des ARISTOTELES erfolgte im 17. Jahrhundert, das der englische Philosoph Alfred N. WHITEHEAD als „Jahrhundert der Genialität" charakterisierte (Whitehead 1988). Das trifft auf Italien, Frankreich, Holland und England zu, weniger auf Deutschland, das unter dem Dreißigjährigen Krieg und seinen furchtbaren Folgen litt. Nicht mehr das scholastische Studium alter Quellen, der deduktive Rationalismus der Scholastik, sondern der lebendige „experimentelle Dialog" mit der Natur, die Methode der induktiven Beweisführung, wurde zum Königsweg, Erkenntnisse über die Natur zu gewinnen. Nicht mehr im Klassifizieren, wie es ARISTOTELES gefordert hat, sondern im Messen sah man das vornehme Ziel der Wissenschaft. An die Stelle einer vornehmlich qualitativ-eidetisch, d. h. dem „Geschauten" und dem „Wesen" verhafteten Seinsbetrachtung trat eine quantitativ-mechanistische. Glauben und Wissen gingen seither getrennte Wege, wobei sich die Naturforscher nur langsam der Bevormundung durch die Kirche entziehen konnten.

DISCOURS
DE LA METHODE
Pour bien conduire fa raifon & chercher
la verité dans les fciences.
PLUS
LA DIOPTRIQVE.
LES METEORES.
ET
LA GEOMETRIE.
Qui font des effais de cete METHODE.

A LEYDE
De l'Imprimerie de IAN MAIRE.
cIↃ IↃc xxxvII.
Auec Priuilege.

René Descartes (1596-1650)
(nach Franz Hals 1648)

Abb. 2.4 René Descartes: Das Titelbild seines Hauptwerks „*Discours de la methode*", Leiden 1637. Mit einem Anhang über die Theorie der Lichtbrechung („*La dioptrique*"), die Erklärung des Regenbogens („*Météores*") und die analytische Geometrie („*La géometrie*")

Der einflussreichste Denker dieser Epoche war René DESCARTES (Abb. 2.4). Er war metaphysischer Dualist und trennte die Welt nicht mehr, wie bisher üblich, in eine unorganische und organische, sondern in die Welt der ausgedehnten Körper (*res extensa*) und die des Geistes und Denkens (*res cogitans*). Die Wissenschaft nahm sich fortan der objektiven Welt der Körper, die Philosophie der subjektiven Welt des „Denkens" an. Durch diesen „**kartesianischen Schnitt**" wurde der Wissenschaft erstmalig der Weg geebnet, ihre empirische Forschung zielstrebig zu verfolgen, ohne gleichzeitig über Gott und uns selbst reflektieren zu müssen.

DESCARTES' Naturphilosophie war nach DEMOKRIT wieder der erste große Versuch einer umfassenden, rein mechanischen Naturerklärung unter Ablehnung jeglicher Zweckerklärungen. Darin liegt ihre große Bedeutung für die anorganischen Naturwissenschaften, deren alleiniger Gegenstand von nun an die materielle Wirklichkeit, alleiniges Ziel die mechanische, d. h. kausalanalytische Erklärung der in ihr ablaufenden Vorgänge war. Diese selbst auferlegte Beschränkung führte in der Folgezeit zu den beeindruckenden Fortschritten auf dem Gebiet der Physik und, in deren Gefolge, auch der Chemie und Physiologie, während die klassischen Disziplinen der Zoologie und der Botanik noch für lange Zeit weiterhin ihr Hauptziel im Sammeln, Ordnen, Vergleichen und Beschreiben der organischen Mannigfaltigkeit sahen.

Die Biologie, die naturgemäß in beiden „Welten" des DESCARTES' wurzelt, war in besonderer Weise vom „kartesianischen Schnitt" betroffen und ist es bis heute geblieben. Das Organische, jeder einzelne Organismus – zumindest der höher organisierte! – wurde durch den kartesianischen Schnitt folgenschwer in zwei Hälften zerteilt, mit der einen beschäftigt sich fortan die Wissenschaft, mit der anderen die Philosophie. Das Nachdenken über das Seelische wurde aus der naturwissenschaftlichen Biologie verbannt, deren Gegenstand fortan nur noch die *res extensa* und deren Methode nur noch die empirisch-kausalanalytische zu sein hatte.

Die von GALILEI und KEPLER eingeleitete „Mechanisierung unseres Weltbilds" erreichte mit Isaac NEWTONs *Principia* (1687) ihren ersten und – exakt hundert Jahre später – mit LAGRANGES *Mécanique Analytique* (1787) ihren zweiten Höhepunkt. Sie war deshalb so erfolgreich, weil sie in enger Verflechtung mit der Mathematik ablief. Während René DESCARTES, Girard DESARGUES und Blaise PASCAL die Geometrie weiterentwickelten, verdanken wir Isaac NEWTON und Gottfried Wilhelm LEIBNIZ die Begründung der Differenzialrechnung. Die mechanische Naturerklärung verhärtete sich in der Folgezeit zu einem wissenschaftlichen Dogma (Whitehead 1988). Die Erklärung der Welt und ihre Vorhersage im Rahmen von Bewegungen und Kräften galten als anzustrebendes Ziel *jeder* Wissenschaft und das Experiment als einzige Methode, dieses Ziel zu erreichen. Man sah in der Mechanik nicht nur das Paradigma für eine zukünftige Einheit der Physik, sondern für eine „universelle Ontologie" (Weizsäcker 1984, S. 185).

Die **Newtonsche Mechanik** kannte nur vier Entitäten, nämlich Körper, Kräfte, Raum und Zeit, und nur eine Veränderung, die Bewegung als „Veränderung des absoluten Ortes in der absoluten Zeit" (Weizsäcker 1984, S. 185 f.). Sie prägte fast zwei Jahrhunderte lang die Physik und ihre Teildisziplinen. Daran änderte sich auch dann noch nichts Grundsätzliches, als die Dynamik und Mechanik der „älteren" Physik im 19. Jahrhundert durch Akustik, Optik, Wärmelehre, Elektrizitätslehre und Magnetismus erweitert wurde. Erste Schwierigkeiten entstanden erst im Zusammenhang mit der Entwicklung der Theorie elektromagnetischer Felder durch FARADAY und MAXWELL. Während für NEWTON die Gravitationskraft etwas Gegebenes war, das keiner weiteren Untersuchungen bedurfte, wurde jetzt das Kraftfeld in seinen zeitlichen und räumlichen Änderungen selbst zum Gegenstand weiterführender Untersuchungen (Heisenberg 1959, S. 82). Man versuchte, den aufgetretenen Schwierigkeiten zunächst mit der, wie wir heute wissen, irrigen Annahme eines deformierbaren und elastischen Mediums, das man als „Äther" bezeichnete, zu begegnen. Die Unhaltbarkeit dieser Hypothese wurde erst durch die spezielle Relativitätstheorie zwingend nachgewiesen.

Die Physik in ihrer mathematischen Fundierung und inneren Stringenz wurde in Verbindung mit der Astronomie zur Leitwissenschaft schlechthin und löste darin die Philosophie ab. Immanuel KANT schwärmte davon, „dass in jeder besonderen Naturlehre nur so viel eigentliche Wissenschaft angetroffen werden könne, als darin Mathematik enthalten sei" (Kant 1964, Bd. 5, S. 12, 14), gab allerdings völlig zu Recht auch schon zu bedenken, „dass wir die organisierten Wesen und deren innere Möglichkeit nach bloß mechanischen

Abb. 2.5 Eine Seite aus Giovanni Borellis Buch „*De motu animalum*" (1680). Der Neapolitaner und Schüler Galileis nahm seinerzeit unter den sog. Iatromechanikern eine führende Position ein

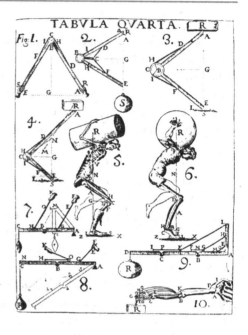

Prinzipien der Natur nicht einmal zureichend kennenlernen, viel weniger uns erklären können" (Kant 1790, § 75). Gegen den Trend, das mathematische Wissen zur einzigen Art des Wissens zu erheben, stellten sich nur wenige. Der erste war wahrscheinlich der Philosoph der französischen Frühaufklärung Pierre BAYLE.

Auch auf die **Physiologie** übte das Beispiel der klassischen Mechanik von Anbeginn eine starke Anziehungskraft aus (Abb. 2.5). Man ignorierte die Tatsache, dass der imponierende Siegeszug der Physik über die Jahrhunderte nur dadurch möglich geworden war, dass er mit einer tiefgreifenden Einengung des Gegenstands und der zulässigen Fragestellungen einherging (s. Abschn. 11.4), was der Erforschung der Lebensleistungen zwangsläufig enge Grenzen setzte. Dessen ungeachtet erhielt die Denk- und Arbeitsweise mathematisch-physikalisch orientierter Physiologen durch den Schulterschluss der Chemie mit der Physik im 19. Jahrhundert nochmals einen starken Impuls, auf dem von ihnen einmal eingeschlagenen, erfolgreichen Weg der experimentellen Analyse einzelner Kausalzusammenhänge und kurzer Kausalketten fortzuschreiten.

Hermann VON HELMHOLTZ, Emil DU BOIS-REYMOND, Ernst Wilhelm VON BRÜCKE und Carl LUDWIG schwebte in Parallele zur organischen Chemie eine noch zu entwickelnde „**organische Physik**" vor. Fragen nach der ganzheitlichen Ordnung im Organischen, der durchgehenden funktionalen Zweckmäßigkeit und Kooperativität wurden gar nicht erst gestellt. Die Physiologie isolierte sich von der Biologie. Dennoch gab es auch andere Stimmen. Dem Begründer des Kaiser-Wilhelm-Instituts für Arbeitsphysiologie in Berlin, Max RUBNER, war es beispielsweise „unverständlich, wie man in der Neuzeit immer wieder das Bestreben betont, das Lebende ausschließlich der Erscheinungsweise des Leblosen unterzuordnen und in dessen Formen zu zwängen. Wozu ist es notwendig, *in infinitum* nach Parallelen aus dem Gebiet der unbelebten Natur zu suchen? Auch wer das Walten von Kraft und Stoff gelten lässt, darf in dem Lebenden eine Naturerscheinung für sich sehen" (Rubner 1909, S. 170).

Spätestens mit der molekularbiologischen Revolution und der Begründung der Kybernetik, einer allgemeinen Systemtheorie und Informatik in der Mitte des vergangenen Jahrhunderts begann sich die Situation langsam zu ändern. Es traten Fragen der Integration, des zweckmäßigen Zusammenwirkens, der Steuerung und Regelung und des ganzheitlichen Verhaltens stärker in das Zentrum der Aufmerksamkeit und des wissenschaftlichen Interesses (Penzlin 2009, S. 233–243).

2.5 Lebendiges ist allgegenwärtig

Leben in seiner wunderbaren Vielfalt von Formen ist in einer dünnen Oberflächenschicht unseres Planeten Erde zum prägenden Element geworden. Dort gibt es nur wenige Orte, die frei von Leben geblieben sind. Die sog. **Biosphäre**, der Raum, in dem man auf unserer Erde Leben findet, umfasst die Hydrosphäre, die oberen Schichten der Lithosphäre sowie die unteren Schichten der Troposphäre unseres Erdballs. Sie reicht von 12 km Tiefe des Meeres bis zu Höhen von 9 km. In der Tiefe der Lithosphäre wird die steigende Temperatur, in der Höhe der Atmosphäre die Verdünnung der Luft und das Fehlen der die kurzwelligen Strahlen abschirmenden Ozonschicht zum lebensbegrenzenden Faktor.

Leben hat die tiefsten Gräben der Ozeane von etwa 11.000 m bei ständiger Finsternis, einem Druck von etwa 10^8 Pa und Temperaturen nur wenig über 0 °C ebenso erobert wie die Höhen der Gebirge. Leben tritt uns auf den Gletschern der Hochgebirge und den polnahen Gewässern bei ständigen Temperaturen um oder unter dem Gefrierpunkt ebenso entgegen wie in Thermalquellen von mehr als 50 °C oder in den Wüsten unseres Globus. Es fehlt nicht im Toten Meer, nicht in den Kläranlagen und auch nicht in den vulkanischen Schwefelquellen des Yellowstone-Parks. Ziehende Wildgänse sind noch in Höhen von 9500 m über dem Meeresspiegel beobachtet worden.

Die Entdeckung der „unsichtbaren Welt" der **Mikroben** ist bis heute nicht abgeschlossen. Sie sind in unglaublicher Besiedlungsdichte allgegenwärtig. Unter einer Fläche von einem Quadratmeter fruchtbaren Bodens leben neben vielen anderen Organismen nicht weniger als $2{,}7 \cdot 10^{12}$ Bakterien. Jeder gesunde Mensch wird von 10^{14} bis 10^{15} Bakterien besiedelt; das ist das 10- bis 100-Fache seiner Körperzellen und mehr als das 10.000- bis 100.000-Fache der Erdbevölkerung, die gerade die 7-Milliarden-Grenze überschritten hat! Das Gewicht aller uns Menschen besiedelnden Mikroorganismen wird auf 2–3 kg geschätzt (Schumann 2011, S. 182–189). Auf viele dieser Bakterien können wir gar nicht verzichten.

Eine unerwartet reichhaltige Fauna mit vorher völlig unbekannten Arten (Krabben, Garnelen, Muscheln) fand man in der Nachbarschaft submariner „**schwarzer Raucher**" (*black smoker*) auf dem ostpazifischen Rücken bei völliger Dunkelheit in 2600 m Tiefe. Unter diesen extremen Bedingungen existiert ein komplexes Ökosystem, dessen Primär-

produzenten chemosynthetische Bakterien sind, die die aus den heißen Quellen entwei-
chenden Sulfide oxidieren (Laubier und Desbruyères 1985, S. 67–76; Dover 2000).

Im Jahr 2000 wurde ein zweiter Typ von Hydrothermalquellen, das „**Lost City-System**", entdeckt, das für den Biologen noch interessanter ist, weil aus ihm nicht, wie beim
schwarzen Raucher, sehr saures (pH 2–3) modifiziertes Meerwasser von bis zu 400 °C,
sondern alkalisches (pH 9–11) mit einer Temperatur zwischen 40 und 90 °C sprudelt. Am
Anfang der Nahrungskette des unter diesen Bedingungen gedeihenden Ökosystems stehen
chemolithoautotrophe Mikroorganismen (s. Abschn. 6.1), die den dort reichlich austretenden molekularen Wasserstoff (H_2) als chemischen Energieträger nutzen können. Das
Leben unter diesen extremen Bedingungen ist besonderes bei den Überlegungen zum Ursprung des Lebens auf unserer Erde auf großes Interesse gestoßen (Martin 2009, S. 166–
174).

Manche Organismen, besonders unter den Prokaryoten, sind wahre „Überlebenskünstler". Sie tolerieren extreme Lebensbedingungen, weshalb MARCELROY für sie den Begriff
Extremophile eingeführt hat (Marcelroy 1974, S. 74–75). Einige Archaebakterien, Cyanobakterien und die Grünalge *Dunaliella salina* überleben Perioden in gesättigter Koch-
salzlösung. Verschiedene einzellige Eukaryoten leben bei pH-Werten unter 1, drei Pilze
(*Acontium cylatium, Cephalosporium* sp., *Trichosporon cerebriae*) tolerieren sogar noch
pH-Werte um 0 (Schleper et al. 1995, S. 741–742). *Ferroplasma acidarmanus* lebt in
Bergwerksdränagen Kaliforniens in einem sauren (pH 0) Gebräu von Schwefelsäure mit
einem hohen Gehalt an Kupfer, Arsen, Cadmium und Zink.

Die Vulkangebiete des Festlands und der Tiefsee weisen extrem hitzeliebende Bakterien und Archaeen auf (sog. **Hyperthermophile**), die bei Temperaturen zwischen 80
und 113 °C ihre optimalen Lebensbedingungen finden. Manche überlebten sogar Stunden
im Autoklaven bei 121 °C. Tom BROCK isolierte ein Archaebakterium (*Sulfolobus acido-
caldarius*) aus einem Geysirbecken des Yellowstone-Parks mit einem durchschnittlichen
pH-Wert von 3 und einer durchschnittlichen Temperatur von 80 °C (Rothschild und Mancinelli 2001, S. 1092–1101). Ein anderes, neu entdecktes Archaebakterium (*Pyrolobus
fumarii*), ein nitratreduzierender, chemolithotropher Organismus, wächst bei Temperaturen um 106 °C am besten, ist aber auch noch bis zu Temperaturen von 113 °C lebensfähig
(Blochl et al. 1997, S. 14–21; Stetter 2006, S. 1837–1843). Diese hyperthermophilen
Organismen zeigen einen äußerst anpassungsfähigen Energiestoffwechsel. Sie können
aus Wasserstoffgas, Schwefel-, Eisen- und Stickstoffverbindungen, aber auch aus organischem Material ihre Energie gewinnen. Sie haben sich im universellen Stammbaum
des Lebendigen (Abb. 4.20) sehr frühzeitig von den beiden Hauptlinien der Archaeen
abgezweigt, sodass sie für die Evolution der Archaeen interessant sind. Die obere Tempe-
raturgrenze, bei der Leben noch möglich ist, hängt von der Stabilität organischer Moleküle
ab. Adenosintriphosphat beginnt bei 100 °C zu zerfallen, Aminosäuren allerdings erst bei
200 °C. Der Schmelzpunkt der DNA liegt umso höher, je mehr Guanin und Cytosin (drei
Wasserstoffbrücken!) sie enthält.

2.6 *Omne vivum e vivo*

Unter den heutigen Bedingungen entsteht auf unserer Erde kein Lebewesen spontan aus Unbelebtem (sog. Urzeugung), sondern nimmt immer wieder seinen Ursprung aus Lebendigem: *omne vivum e vivo* (Lorenz OKEN; Oken 1805, S. 8). Das bedeutet, dass jeder heute lebende Organismus durch eine niemals unterbrochene Kette von Generationen mit dem Ursprung des Lebens auf unserer Erde verbunden sein muss. Es ist keine Ausnahme bekannt. Man kann in dieser zentralen Aussage mit all ihren Konsequenzen einen **Hauptsatz der Biologie** sehen, der unter den heute herrschenden Bedingungen überall gültig ist, vergleichbar mit den Hauptsätzen der Thermodynamik in der Physik. Diesen Gedanken äußerte bereits 1871 der englische Physiker William THOMSON (Lord Kelvin) in ähnlicher Weise. Er prophezeite, dass man nach den Versuchen PASTEURS die Unmöglichkeit einer Urzeugung irgendwann und irgendwo als ebenso feststehend wie das Gesetz der Schwerkraft wird ansehen müssen (Thomson 1871).

Die **Biologen** sind in der Frage eines solchen Hauptsatzes für die Biologie bis auf den heutigen Tag wesentlich zurückhaltender, weil sie mehrheitlich davon ausgehen, dass ein solcher Satz im Widerspruch zum Ursprung des irdischen Lebens vor 3,8 Ga auf unserer Erde stehen *müsse*. Das braucht aber nicht der Fall zu sein. Nach allem, was wir heute wissen (s. Abschn. 4.11–4.13), ist die Entstehung von Lebendigen aus Anorganischem unter den damaligen Bedingungen nicht in einem, sondern in vielen kleinen Schritten erfolgt und hat einen relativ langen Zeitraum in Anspruch genommen. Der Hauptsatz bringt lediglich zum Ausdruck, dass *unter den heute herrschenden Bedingungen* Leben *ausschließlich* wieder aus Lebendigem hervorgeht. Und das wahrscheinlich deshalb, weil die für ein ungestörtes Hervorbringen von Organischem aus Anorganischem notwendigen Bedingungen und erforderlichen Zeiträume heute nicht mehr zur Verfügung stehen. Man könnte im einfachsten Fall z. B. daran denken, dass heute unter der Allgegenwart des Lebendigen bereits die allerersten Vorstufen, sollten sie einmal entstanden sein, gleich wieder von Feinden „weggefressen" werden würden.

Hintergrundinformationen

Dieser Hauptsatz der Biologie kann und darf nicht dahingehend missinterpretiert werden, dass am Ursprung des Lebendigen auf unserer Erde oder anderswo ein **Schöpfungsakt** gestanden haben muss. Das ist mit Sicherheit nicht der Fall gewesen. Ebenso darf die Gültigkeit dieses Hauptsatzes nicht als Beweis für die Existenz eines nur den Lebewesen zukommenden, nichtmateriellen „vitalen Prinzips" (**Vitalismus**, s. Abschn. 2.14), das von Generation zu Generation weitergegeben wird, missbraucht werden.

Es hat sehr lange gedauert, bis sich diese Erkenntnis, dass alle Lebewesen ohne Ausnahme wieder von Lebewesen abstammen, dass es keine spontane Entstehung von Lebewesen, keine **Urzeugung** gibt, gegen alle Widerstände generell durchgesetzt hat. Der italienische Arzt und Naturforscher Francesco REDI hatte bereits 1668 die weit verbreitete

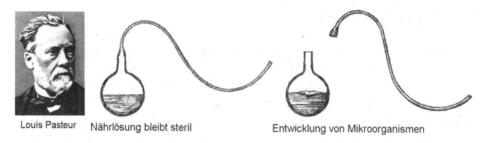

Louis Pasteur   Nährlösung bleibt steril   Entwicklung von Mikroorganismen

Abb. 2.6 Pasteurs berühmter Versuch (1861) zum Nachweis, dass es keine Urzeugung gibt. Nach Abkochen des Kolbeninhalts entwickelten sich trotz offener Verbindung zur Luft keine Mikroorganismen

Vorstellung, dass die Fliegenmaden spontan in verdorbenem Fleisch entstehen, durch Experimente als nicht haltbar gebrandmarkt. Trotzdem hielt man – insbesondere im Hinblick auf die neu entdeckten *animalcula infusoria* – weiterhin an der Annahme einer Urzeugung (**generatio spontanea**, LAMARCK 1801) fest (Corsi 1988). Es war Louis JOBLOT, der 1711 als erster durch Abkochen eines Heuaufgusses und anschließendem luftdichten Abschluss des Gefäßes zeigen konnte, dass unter diesen Bedingungen die „Aufgusstierchen" oder „Infusorien", wie sie LEDERMÜLLER (1763) bezeichnet hatte, nicht auftraten.

Damit war der Streit um die Urzeugung aber immer noch nicht beigelegt. Die hartnäckigen Verteidiger einer Urzeugung argumentierten, dass die Luft für eine Urzeugung nötig sei und durch das Kochen in irgendeiner Weise verändert worden sei. Diesem Argument Rechnung tragend, erfand Louis PASTEUR die „Schwanenhalskolben" (Abb. 2.6). Nach dem Abkochen des Kolbeninhalts entwickelten sich in ihm trotz erhaltener Luftverbindung über den „Schwanenhals" nach außen keine Mikroorganismen, denn die „Keime" blieben am untersten Punkt des Schwanenhalses zurück und konnten nicht bis in den Kolben vordringen. Noch drei Jahre später (1864) hielt es die französische Akademie der Wissenschaften für nötig, eine Kommission einzusetzen, die sich nochmals mit der Frage der Urzeugung befassen sollte, deren Beantwortung von so zentraler Bedeutung für die Biologie war.

Dieser Hauptsatz der Biologie hat noch einen anderen, sehr wichtigen Aspekt: Wenn „Leben" immer wieder nur aus „Leben" entsteht, heißt das mit anderen Worten, dass Anorganisches niemals durch ein besonderes „Agens" lebendig gemacht werden kann. Der Satz wendet sich also auch gegen jene **dualistischen Weltsichten**, die von einer Zweiheit von Geist und Materie, Leib und Seele ausgehen. Mit dem Tod soll die „Seele" den Körper als Hauch aus dem Mund oder aus einer Wunde verlassen und ein mehr oder weniger selbständiges und unabhängiges Leben führen können (Abb. 2.7). Durch Einnistung dieser Seelen in Gegenstände sollen umgekehrt diese zum Leben erweckt werden können.

Hintergrundinformationen

Als Beispiel für diese Auffassung kann die **Seelenlehre** PLATONS herangezogen werden. Sie ist stark von der orphisch-pythagoreischen Mystik beeinflusst. Die Seele sei göttlichen Ursprungs, lehr-

Abb. 2.7 Mit dem Ableben eines christlichen Menschen entweicht seine Seele, um von Gott in die Ewigkeit aufgenommen zu werden. (Holzschnitt aus einer Bibel des 18. Jahrhunderts)

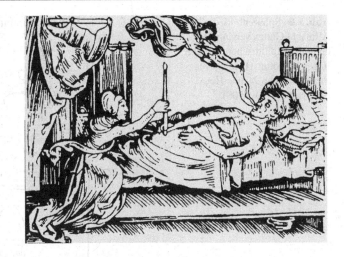

te dieser große Philosoph, und – wie bereits „in den Dionysischen Mysterien als Glaubenslehre und tröstliche Botschaft verkündet" (Messer 1918, S. 57) – unsterblich. Leben auf Erden bedeute Vereinigung von Seele und Leib, Tod die Trennung beider. Im Körper sei die Seele gewissermaßen „Gefangener", aus ihm könne sie nur durch den Tod wieder „befreit" werden. Ihr weiteres Schicksal hänge dann von ihrem Verhalten in diesem Leben ab. Das wahre Ziel des Menschenlebens sei die „Reinigung" der denkenden Seele.

Lebewesen verdanken ihr Lebendigsein nicht dem Wirken einer Seele oder eines anderen „Faktors", der in ihnen wirkt. „Leben" ist überhaupt nicht auf *einen* Faktor – sei er nun physischer oder psychischer Natur – zurückführbar. Es ist immer die **Leistung eines Systems** besonderer Art. Es ist, wie in diesem Buch weiter auszuführen sein wird, die Leistung *organisierter* Materie. Leben geht nicht der Organisation voraus, wie Herbert SPENCER vermutete, sondern *ist* Organisation.

Jeder Organismus ist eine Singularität. Er existiert als selbständige Einheit und unterscheidet sich in spezifischer Weise von allem, was uns in der anorganischen Natur entgegentritt, und das nicht nur graduell aufgrund eines hohen Komplexitätsgrads, sondern prinzipiell. Lebewesen haben Eigenschaften und entwickeln Fähigkeiten, die einzigartig für sie sind, und nur für sie. Jeder Organismus verkörpert eine ganzheitlich agierende und reagierende, d. h. *organisierte* Einheit. Die einzelnen Vorgänge sind und werden in der Weise aufeinander abgestimmt, dass sie kooperativ im Sinn der Erhaltung des Gesamtsystems arbeiten.

2.7   Das teleologische Denken

Das teleologische Denken, das Denken in Zwecken und Zielen, die Interpretation der Naturgewalten als das von Absichten und Zielen geprägte Werk höherer „Mächte" ist so alt wie das menschliche Denken überhaupt. Es zieht sich wie ein roter Faden durch die

Abb. 2.8 Sphärenbild, die
Allmacht Gottes versinnbildli-
chend: „Alle irdischen Zwecke
liegen in Gottes Hand". (Aus
Prognostica ab Jacobo Hen-
richmanno, o. O. 1508)

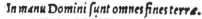

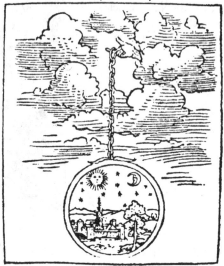

Geistesgeschichte bis in unsere Tage (Penzlin 1987, S 7–26). Der Philosoph Wolfgang
STEGMÜLLER bezeichnete es einmal als einen „ebenso altehrwürdigen wie fast undurch-
dringlichen Urwald" (Stegmüller 1969).

Zweckmäßiges kannte man nur als das Resultat geplanter, schöpferischer Tätigkeit. Ein
zufälliges Entstehen von Zweckmäßigem aus Zwecklosem hielt man *a priori* für ausgeschlossen. So lag nichts näher, als in anthropomorphistischer Weise *alles* Geschehen in der
Welt als das Werk „überirdischer" Mächte, einer oder vieler Gottheiten zu betrachten, die
uns eine gute Ernte oder ein gesundes Kind bescheren, aber auch mit Unwetter und Krankheit bestrafen können. Alles liegt in ihren Händen und in ihrem Ermessen (Abb. 2.8). So
galt es, sich mit ihnen gut zu stellen und gegebenenfalls bei ihnen um Hilfe zu bitten. Der
Mensch übertrug die ihm aus eigenem Erleben so vertrauten Fähigkeiten zum Denken
und absichtlichen Handeln auf die über ihn waltenden Mächte, womit die ihn umgebende
Welt etwas von ihrer Unberechenbarkeit und teilnahmslosen Kälte verlor und ihm insgesamt vertrauter, „menschlicher" wurde.

PLATON entwickelte eine kosmische, **transzendente** (externe) **Teleologie**. Für ihn
stand fest, dass Ordnung nur durch ein ordnendes Wesen zustande kommen könne, das
er sich als lebendiges Prinzip (Weltseele, Gottheit) vorstellte. Da der Demiurg selber gut
war und wollte, „dass alles ähnlich werde so sehr wie möglich ihm selbst" (Platon 1942),
entstand auf diese Weise ein wohlgeordneter, harmonischer und schöner Kosmos. Die
Teleologie PLATONs fand in der älteren Stoa und später im Christentum ihren nachhaltigen Niederschlag. Die Welt wurde von den Vertretern der älteren Stoa durchgehend
in Zweckzusammenhängen interpretiert. So seien, „abgesehen vom Weltall, alle übrigen
Dinge für andere Zwecke entstanden. So die unterschiedlichen Früchte, welche die Erde
hervorbringen, für die Tiere, die Tiere aber für den Menschen, das Pferd zum Reiten, der

Ochs zum Pflügen, der Hund zum Jagen und Wachhalten. Der Mensch selbst ist jedoch erschaffen, um das Weltall zu betrachten und nachzuahmen" (zit. aus Chrysipps II 641 bei Cicero 1955, II. Buch 37). Für THOMAS VON AQUIN war – ganz in diesem Sinn – Gott „erster Beweger" und „Endzweck", *causa efficiens* und *causa finalis* zugleich.

ARISTOTELES, Schüler PLATONs, folgte dem physikotheologischen Schluss seines Lehrers von der Ordnung in dieser Welt auf eine ordnende Entität nicht. Sein Standpunkt war nicht der einer transzendenten, sondern der einer internen oder **immanenten Teleologie** (s. Abschn. 2.3). Der Zweck wurde zu einem konstitutiven Prinzip erhoben (Gotthelf 1976, S. 226–254). Man verlegte die Wirkung, das Ziel, bereits als „Anlage" in die Ursache, sodass das Bewirken kein Hervorbringen, sondern nur noch das „Entwickeln" eines schon Vorbestehenden ist. Damit wird, wie Nicolai HARTMANN analysierte, die „Erklärung" des Zweckmäßigen zur Tautologie: „Man erklärt die Wirkung aus der Vorwegnahme des Bewirkten" (Hartmann 1966, S. 103).

In der **Neuzeit** erfuhr die transzendente Teleologie in der Metaphysik LEIBNIZ' eine Weiterentwicklung. In der Epoche der bürgerlichen Aufklärung machte das teleologische Denken, die „Lehre von der durchgängigen, geistig, ideell und letztlich göttlich bedingten Zweckbestimmtheit aller Bewegungen und Entwicklung in der Welt" (Klaus und Buhr 1969, S. 1184), eine nochmalige Blütezeit durch, deren Exponent Christian WOLFF war. Immanuel KANT ließ den **physikotheologischen Schluss**, den der „große Führer der Aufklärung" und Freigeist VOLTAIRE noch für „eine Wahrscheinlichkeit" hielt, „die größter Gewissheit nahekommt" (Voltaire 1984, S. 140), „jedes Werk beweise einen Urheber" (Voltaire 1981, Bd. 3, S. 295), nicht gelten. KANT schrieb: „Wenn man also für die Naturwissenschaft den Begriff von Gott hineinbringt, um die Zweckmäßigkeit in der Natur erklärlich zu machen, und hernach diese Zweckmäßigkeit wiederum braucht, um zu beweisen, dass ein Gott sei: so ist in keiner von beiden Wissenschaften innerer Bestand" (Kant 1968, S. 68). Ebenso distanzierte sich KANT von der „konstitutiven" Teleologie ARISTOTELES'. Die Teleologie als konstitutives Prinzip anzusehen würde bedeuten, „eine neue Kausalität in die Naturwissenschaft einführen, die wir doch nur von uns selbst entlehnen und anderen Wesen beilegen, ohne sie gleichwohl mit uns gleichartig annehmen zu wollen".

KANT ließ die Teleologie nur als Beurteilungsweise gelten, die unserer Erfahrung als Richtschnur diene. „Das spekulative Interesse der Vernunft", so führte er aus, „macht es notwendig, alle Anordnung in der Welt so anzusehen, *als ob* sie aus der Absicht einer allerhöchsten Vernunft entsprossen wäre". Der Zweck ist bei KANT „Idee", er ist nicht konstitutiv, sondern nur regulativ. Ernst HAECKEL (Haeckel 1900, S. 300) hat KANT in dieser Beziehung missinterpretiert als er ihm unterstellte, er habe „die verwickelten Erscheinungen in der organischen Natur" mithilfe einer „zweckmäßig wirkenden Endursache" erklären wollen, KANTs Teleologie also konstitutiv-erklärend und nicht regulativ-heuristisch auffasste. KANTs Verdienst besteht darin, zumindest die Möglichkeit aufgezeigt zu haben, dass Zweckmäßiges auch ohne einen Zwecksetzer bestehen könne. Er hat damit den Weg in eine neuzeitliche Philosophie des Organischen geebnet, aber leider nicht konsequent weiter verfolgt. Newtons Physik lag ihm wesentlich näher als die zeitgenössische Biologie. Schon im auf KANT folgenden „deutschen Idealismus" in seinem Bemühen, die Welt umfassend nicht nur in ihrem Dasein, sondern auch in ihrem Sosein, in ihrem Wert und Sinn zu begreifen, wurde der Zweck wieder zum konstitutiven, alles beherrschenden Prinzip in der Natur gemacht.

Im 19. Jahrhundert gewann die sog. natürliche Theologie oder **Naturtheologie** des Theologen William PALEY (Paley 1802) insbesondere in England – weniger in Deutschland und Frankreich – vorübergehend einen nicht unerheblichen Einfluss auf das naturwissenschaftliche Denken seiner Zeit. Sein 1802 veröffentlichtes Buch „*Natural Theology*" erreichte bis 1820 bereits 20 Auflagen. Keinem Geringeren als Charles DARWIN selbst hat seine Logik „ebenso viel Freude wie Euklid" bereitet. PALEY argumentierte mit ehrlicher Leidenschaftlichkeit und verfügte über ein fundiertes biologisches Wissen. Ein zentrales Argument für seinen teleologischen Gottesbeweis war, dass keiner, der eine Uhr finde, daran zweifeln werde, dass sie das Werk eines Uhrmachers sei (Uhrengleichnis). Ebenso käme man bei der Betrachtung eines komplizierten Organismus mit all seinen sehr zweckdienlichen Organen nicht um den Schluss herum, dass er das Werk eines Schöpfers sei. Dieses „*design argument*" war ein wesentlicher Punkt in der Kritik an DARWIN durch die „viktorianischen" Physiker, darunter so illustre Namen wie der Astronom John HERSCHEL, der Universalgelehrte William WHEWELL, der Physiker William THOMSON u. a. Das Prinzip Zufall hatte in der physikalischen Gesetzlichkeit keinen Platz. Das Organische war für die Physiker zum letzten Refugium für das Eingreifen göttlicher Macht in das Naturgeschehen geworden (Pulte 1995, S. 105–146).

Im Rahmen des im 19. Jahrhundert verbreiteten Fortschrittsglaubens und wissenschaftlichen Optimismus gingen verschiedene europäische Denker, darunter Henri BERGSON und Pierre TEILHARD DE CHARDIN in Frankreich, Herbert SPENCER in England sowie Karl MARX und Friedrich ENGELS in Deutschland, unter falscher Auslegung der Darwinschen Lehre davon aus, dass nicht nur im Organischen, sondern generell in der Natur *und* Gesellschaft ein **durchgängiges Prinzip der Höherentwicklung** vorherrsche. Herbert SPENCER sah beispielsweise in der Evolution das Walten eines teleologischen kosmischen Prinzips, das nicht nur das Organische, sondern auch das Anorganische beherrsche. Jedes Dasein, so SPENCER, sei Entwicklung. In der Evolution gehe die Materie unter „Integration" und gleichzeitiger „Dissipation" von Bewegung „von einer unbestimmten, inkohärenten Homogenität in eine bestimmte, kohärente Heterogenität" über. Diese weitschweifige physikalistische Interpretation der Evolution hatte, wie Ernst MAYR einmal zutreffend feststellte, mit Biologie aber so gar nichts mehr zu tun (Mayr 1984, S. 307)! SPENCERs Bedeutung für die Biologie muss heute sehr kritisch gesehen werden, und das nicht nur, weil er ein vehementer Verfechter der Vererbung erworbener Eigenschaften war. Er neigte zu weitreichenden abstrakten Schlüssen, die nur noch wenig mit der Realität zu tun hatten.

Hintergrundinformationen
Besondere Aufmerksamkeit hat in dieser Beziehung der **dialektische Materialismus** von MARX und ENGELS gefunden. MARX, der einerseits eine große Sympathie für DARWIN empfand, ihm

sogar sein „Kapital" widmen wollte, musste auf der anderen Seite DARWIN kritisieren, weil sich für ihn eine „Höherentwicklung" nicht „notwendig" ergab, worin er DARWIN durchaus richtig interpretiert hatte. MARX konnte jedoch auf eine solche Notwendigkeit in der gesellschaftlichen Entwicklung im Sinn eines Fortschritts von der Urgesellschaft über den Feudalismus und Kapitalismus zum Sozialismus und Kommunismus nicht verzichten. Ging es doch darum, den „Sieg des Sozialismus" als wissenschaftlich zwingend darzustellen. MARX übernahm die These von einer bevorzugten Richtung jeglicher Entwicklung vom „Niederen" zum „Höheren" von seinem akademischen Lehrer HEGEL. Diese These hatte im Rahmen des absoluten Idealismus, der Naturdialektik HEGELs eine gewisse logische Berechtigung, im Materialismus, der keinen „selbsttätigen Geist" zulässt und keinen „Weltorganismus" kennt, muss sie dagegen wie ein Fremdkörper wirken.

Im vergangenen Jahrhundert hat der französische Jesuitenpater und Paläontologe Pierre TEILHARD DE CHARDIN mit seiner teleologisch-evolutionistischen Weltsicht (s. Abschn. 4.10), in der er eine umfassende Synthese zwischen dem Christentum und den modernen wissenschaftlichen Erkenntnissen anstrebte, nochmals – allerdings nur vorübergehend – eine breite Aufmerksamkeit gefunden. Seine zentrale Botschaft war, dass es eine „bestimmte Orientierung und eine bevorzugte Achse der Evolution gibt" (Teilhard de Chardin 1983, S. 141), die auf einem „**innerlichen Prinzip**" (Teilhard de Chardin 1983, S. 149) beruhe. Nach ihm besteht die lebende Welt „in ihrem tiefsten Innern [...] aus Bewusstsein" (Teilhard de Chardin 1983, S. 151). Evolution ist demzufolge für ihn „Aufstieg zum Bewusstsein", das „am Ende in irgendeinem höchsten Bewusstsein" gipfelt, eines „einzigen Brennpunktes" als Krönung und Abschluss, den er mit Omega bezeichnete. Die Existenz des Lebens selbst hält er nicht für einen Zufall, sondern als etwas, „das überall vorhanden ist und [...] bereit, an jeder beliebigen Stelle im Kosmos [...] hervorzuquellen", vom Atom zur Zelle und von der Zelle bis zum denkenden Lebewesen. Dieser ungemein kühne, aus biologischer Sicht aber unhaltbare Entwurf, der von TEILHARD in missionarischer Form vorgetragen wird, besteht aus einer bunten Mischung aus Wahrem, Halbwahrem und Spekulativem, ohne dass das jeweils deutlich gemacht wird.

2.8 Das Faktum des Zweckmäßigen

Dem verbreiteten anthropomorphistisch-teleologischen Denken wurden in der Geschichte zweimal Ansätze des kausalen Denkens entgegengesetzt. Das erste Mal in der vorsokratischen Philosophie durch die mechanistische Welterklärung der Atomisten LEUKIPP und DEMOKRIT, für die die Natur ein einziger Kausalnexus war. Das zweite Mal im 17. Jahrhundert im Zusammenhang mit dem Aufblühen der modernen Naturwissenschaft und Technik und der damit verbundenen Einführung der quantitativ-mechanistischen Naturbetrachtung durch Galileo GALILEI und Pierre GASSENDI. Die Revolte der „neuen Wissenschaft" in der Renaissance war zum großen Teil eine Auflehnung gegen ARISTOTELES, aber einen aus christlicher Perspektive durch Albertus MAGNUS, Thomas von AQUIN und andere interpretierten ARISTOTELES. Man verzichtete auf den Zweck als Mittel zur Erklärung und forderte eine Trennung des Zwecks von den Ursachen.

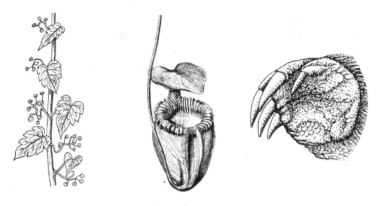

„Haftscheiben"   „Kanne" der fleischfressenden   „Grabschaufel" des
beim Wilden Wein   Pflanze *Nepenthes*   Maulwurfs (*Talpa*)

Abb. 2.9 Beispiele zweckmäßiger Anpassungen im Pflanzen- und Tierreich

Dieser Prozess der **Zweckverbannung** aus der Wissenschaft erfolgte nicht abrupt, selbst in der Physik nicht. Er setzte sich nur Schritt für Schritt gegen einen oft nicht unerheblichen Widerstand durch. Man trennte sich nur zögerlich vom „*horror vacui*" und der „*lex continui*". Am Ende wurde die kausale Erklärung zu der *einzigen* Erklärungsform in der Physik, man fragte nur noch nach dem „Was" oder „Wie", aber nicht mehr nach dem „Warum" und „Wozu". In der Biologie war die Situation eine andere. Sie enthält bereits, wie der Philosoph Nicolai HARTMANN betonte, „in ihrem rein deskriptiv vorliegenden Problemgehalt das Faktum der Zweckmäßigkeit, welches sich weder schmälern noch wegdeuten" lässt. Man kann deshalb in der Biologie – neben der kausalen Erklärung – auf teleologische Formulierungen und Erklärungen nicht völlig verzichten. Die biologischen Objekte und ihr Verhalten tragen – vom „einfachen" Bakterium bis zum Menschen – deutlich den Stempel des Zweckmäßigen, was man nicht ernsthaft leugnen kann, obwohl es auch an solchen Versuchen in der Geschichte nicht gemangelt hat. Zweckmäßig können nicht nur Strukturen (Abb. 2.9), sondern auch Verhaltensweisen sein. So ist es beispielsweise außerordentlich zweckmäßig, dass wir bei der körperlichen Arbeit schwitzen, weil wir mit dem Schweiß bei seiner Verdunstung den entstandenen Wärmeüberschuss an die Umwelt abführen können.

Schon der Begriff des „Organischen", der sich von „*to órganon*", das Werkzeug, ableitet, deutet auf den Sachverhalt der **Funktionalität** hin, denn Werkzeuge werden mit der Absicht hergestellt, mit ihnen eine bestimmte Funktion durchzuführen, d. h. einen Zweck zu erfüllen. Nach KANT wird in einem Organismus „ein jeder Teil, so, wie er nur durch alle übrigen da ist, auch als um der anderen und des Ganzen willen existierend, d. i. als Werkzeug (Organ) gedacht" (Kant 1790, A 288). Der große Charles BONNET schrieb 1769: „Es gibt in der Natur Zwecke (*fins*), welche die Vernunft nicht verkennen sollte. [...] Die Physiologie ist in gewisser Weise die Wissenschaft von den Zwecken. Man braucht nur einen Blick auf die Bildung des Körpers und der Schwimmflossen der Fische zu werfen, um überwältigt zu sein von der wunderbaren Anpassung an das Element, welches diese Tiere bewohnen" (Bonnet 1769).

Die Zweckmäßigkeit im Organischen ist oft von so hoher Vollkommenheit, dass Ingenieure frühzeitig – spätestens seit den Zeiten Leonardo DA VINCIs – damit begonnen haben, die Vorbilder aus der Natur genauer zu studieren, um sie für ihre eigenen Zwecke zu nutzen. Der Schiffsingenieur Sir Matthew BAKERS konstruierte um 1586 für die Flotte der Queen Elizabeth Galeonen, die leichter und manövrierfähiger waren als die spanischen Konkurrenten, indem er die Körperformen vom Dorsch und der Makrele nachzuahmen versuchte.

Heute ist die **Bionik** zu einem blühenden Wissenschaftszweig herangewachsen, in dem Techniker, Biologen und Biophysiker erfolgreich zusammenarbeiten. Die strömungsgünstige Körperform der Pinguine ist dabei ebenso interessant wie die Selbstreinigungseigenschaft der Delphinhaut. In der Flugzeugindustrie stehen schwungfederähnliche Flügelspitzen in der Erprobung. Den in den Korallenriffen und Lagunen tropischer Meere beheimateten Kofferfisch benutzten die Ingenieure des Mercedes-Benz Technology Centers und der Daimler-Chrysler-Forschung kürzlich als Vorbild bei der Konstruktion eines neuen Modells mit hervorragenden aerodynamischen Eigenschaften (Abb. 2.10). Man erreichte mit ihm einen Cw-Wert (dimensionsloser Koeffizient für den Strömungswiderstand) von 0,19. Zum Vergleich: Der Cw-Wert des Porsche 911 beträgt 0,3, der des Kofferfischs 0,06 und des Pinguins sogar 0,03.

Hat man die Lebewesen in ihrer Prozesshaftigkeit, nämlich in ihrem kontinuierlichen Verfall und Wiederaufbau, erst einmal richtig begriffen, so steht fest, dass die Zweckmäßigkeit nichts Akzidentelles, sondern zutiefst Immanentes für das „Leben" sein muss, nichts dem Leben „Aufgepfropftes", sondern ein entscheidendes Merkmal des Lebens selbst ist. „Gehört [...] die Selbsterhaltung" zum Begriff des Lebendigen, „so müssen auch die Mittel der Selbsterhaltung zu ihm gehören", schrieb Nicolai HARTMANN (Hartmann 1912, S. 88). Selbsterhaltung setzt Zweckmäßigkeit der selbsterhaltenden, systemerhaltenden Prozesse voraus. Das Phänomen des Zweckmäßigen ist nicht ein Merkmal des Lebendigen unter anderen, es ist seine zentrale *conditio sine qua non* schlechthin. Ohne eine durchgängige Zweckmäßigkeit der Formen und Funktionen würde kein Lebewesen auf die Dauer existieren können. Es wäre früher oder später aus der weiteren Evolution ausgeschlossen worden. Für Nicolai HARTMANN besitzt die Zweckmäßigkeit deshalb den Rang einer Kategorie im Kantschen Sinn, einer ersten Voraussetzung alles Erklärens, die erst in der Daseinsschicht des Organischen als „Novum" auftritt (s. Abschn. 11.2) und den nur physischen Körpern noch fehlt (Hartmann 1966, S. 23 ff., 103). Das bedeutet keineswegs, dass *alles*, was wir an Strukturen, Funktionen und Verhaltensweisen bei Lebewesen vorfinden, optimal ist. Im Gegenteil: man findet auch Unvollkommenes, weniger Zweckmäßiges, Nutzloses in der Natur vor, wofür Ernst HAECKEL den Begriff der „**Dysteleologien**" eingeführt hat (Haeckel 1988; s. Abschn. 2.9).

Abb. 2.10 Der neue „Mercedes-Benz Bionic Car" zeigt bei hoher Steifigkeit und Leichtigkeit hervorragende aerodynamische Eigenschaften. Sein Kraftstoffverbrauch wird mit 4,3 l/100 km angegeben. Bei der Formgebung hat der Kofferfisch Pate gestanden. (Image.jpg; bionic-car.jpg)

In jedem Organismus erkennen wir nicht nur eine Hierarchie der Strukturen, sondern auch eine **Hierarchie der Zwecke** (Riedl 1981). So haben die Myofibrillen den Zweck, die Muskelzelle, diese den Muskel und dieser beispielsweise den Brustkorb zu bewegen, um für eine hinreichende Atmungsventilation zu sorgen. Der höchste und Endzweck aller Strukturen und Verrichtungen ist letztlich, die „Betriebsfähigkeit" des Organismus aufrechtzuerhalten. Alle anderen Zwecke sind diesem untergeordnet. Der zentrale Zweck ist damit die Organisation des lebendigen Systems, also das „Leben" selbst. Der Begriff der Organisation (s. Abschn. 7.6) – und hier schließe ich mich voll John VON NEUMANN (zit. bei Mayr 1991, S. 86) und vielen anderen an – schließt das Prinzip des Zweckmäßigen notwendig mit ein. Ohne das Prinzip des Zweckmäßigen ist „Leben" nicht denkbar.

Der Begriff des Zweckmäßigen ist ein **Relationsbegriff**, Aussagen zur Zweckmäßigkeit sind Relationsaussagen. Keine Struktur, keine Handlung ist an sich bereits zweckmäßig, sondern nur in Bezug auf etwas anderes, nur in einem bestimmten Kontext. Es ist außerordentlich zweckmäßig, dass Bienen und andere Insekten im Flug einen bestimmten Winkel zur Sonneneinstrahlung beibehalten, denn nur so können sie ihren geradlinigen Kurs fortsetzen (Sonnenkompass-Orientierung). Es ist für die Tiere allerdings tödlich, wenn sie dasselbe Verhalten im radiären Lichtfeld einer Straßenlaterne beibehalten, weil sie sich dann auf einer logarithmischen Spirale der heißen Lichtquelle nähern und schließlich verbrennen. Eine Struktur oder ein Verhalten kann erst dann als „zweckmäßig" eingestuft werden, wenn wir wissen, wozu die Struktur oder das Verhalten „dient" oder dienen könnte. Daraus allerdings ableiten zu wollen, dass „das Urteil über die Zweckmäßigkeit [. . .] vollständig vom metaphysischen Standpunkt des Beurteilers" abhänge, „und zwar bezüglich aller biologischen Leistungen, auch der Regelvorgänge", wie es der Physiologe H. SCHAEFER versucht hat (Schaefer 1964, S. 101–103), ist nicht zutreffend. Man kann völlig objektiv ohne Metaphysik beurteilen, dass die Anlage eines subkutanen Fettgewebes bei den Meeressäugern dem Zweck dient, den Körper thermisch zu isolieren.

Der Relationsbegriff Zweckmäßigkeit ist nicht irrelevant in Bezug auf die Richtung der Beziehung. Es ist eine sinnvolle Aussage, wenn man feststellt, dass das Auge der Tiefseefische in mehrfacher Hinsicht sehr zweckmäßig an die geringen Lichtintensitäten ihres Lebensraums angepasst ist. Es wäre aber wenig sinnvoll zu sagen, dass das Licht in seiner Zusammensetzung und Intensität an die Augen der Tiefseefische angepasst sei. Nicht die Lebensverhältnisse sind zweckmäßig für die Existenz von Leben, sondern das Lebendige hat sich diesen Bedingungen im Verlauf der Evolution in zweckmäßiger Weise angepasst.

2.9   Der Ursprung des Zweckmäßigen

Die Akzeptanz des Faktums von Zweckmäßigem im Organischen bedeutet keineswegs bereits dessen Erklärung, sondern bedarf erst einer Erklärung. Das Faktum *ist* das Problem. Es ist kein konstitutives, sondern – wie oben bereits betont – lediglich ein heuristisches, regulatives Prinzip, das uns neue Fragestellungen eröffnet und Hinweise gibt, die nur im Rahmen der Forschung verfolgt und beantwortet werden können.

Die Erklärung des Zweckmäßigen musste solange spekulativ bleiben, bis man lernte, dass das Organische etwas, in einer langen Evolution „Gewordenes" und nichts Unveränderliches, Statisches ist. Es war kein Geringerer als Charles DARWIN, der uns zeigte, wie eine natürliche, objektive Erklärung des Zweckmäßigen rational möglich ist. Er befreite die Teleologie von ihrem Transzendentalismus. Karl MARX, der ein großer Verehrer DARWINs war, schrieb 1861 an seinen Freund Ferdinand LASSALLE: Durch das Werk DARWINs wurde der Teleologie „in der Naturwissenschaft nicht nur der Todesstoß gegeben, sondern der rationale Sinn derselben empirisch auseinandergelegt" (Marx-Engels-Werke 1957 ff., Bd. 30, S. 578). DARWIN hat das uralte Rätsel, wie zweckmäßige Einrichtungen ohne zwecktätige Ursachen entstehen können, gelöst. Die Zweckmäßigkeit wird nicht mehr als letztlich göttlich bedingte Zweckbestimmtheit, nicht mehr als ursprünglich und absolut, sondern als historisch im Evolutionsprozess entstanden betrachtet. Sie ist nicht mehr eine gewollte, sondern eine gewordene.

DARWIN hat das Zweckmäßige keineswegs aus der Biologie verbannt, sondern – im Gegenteil – zum Gegenstand rationaler Analyse und wissenschaftlicher Aussage erhoben. Dieser Aspekt der Darwinschen Theorie ist mindestens ebenso hoch einzuschätzen wie seine Theorie der gemeinsamen Abstammung (s. Abschn. 4.3). Colin S. PITTENDRIGH hatte in gewisser Weise schon recht, als er äußerte, dass der Titel von DARWINs Werk vielleicht treffender „*The origin of organization*" hätte heißen sollen (Pittendrigh 1993, S. 17–54), denn die eigentliche Darwinsche Revolution bestand in der nichttheologischen und nichtteleologischen Erklärung der funktionellen Ordnung jedes Organismus.

Wenn wir in der Biologie von „Zweckmäßigem" sprechen, dann nicht in dem Sinn, dass es seine Entstehung der Erfüllung eines Plans oder einer Absicht verdanke, weil „man" sich von ihm einen Nutzen verspreche. Nein, im Gegenteil: Nicht die Erwartung eines Nutzens war das Primäre, dem die Ausbildung des Zweckmäßigen folgte, sondern das Zweckmäßige war zuerst aufgrund eines „glücklichen" Zufalls vorhanden, und ihm folgte erst die Nutzanwendung. Das Zweckmäßige entsteht im Organischen ohne vorangegangene Zwecksetzung. Das planmäßige und *absichtliche* Verfolgen von Zielen kennen wir nur in unserem Denken, Handeln und Wollen. Eine Übertragung auf das Biologische ist unzulässig. Ein „Wollen können wir in der Außenwelt nicht erkennen", schrieb der Pflanzenphysiologe Erwin BÜNNING einmal (Bünning 1945). In der lebendigen Natur geschieht alles im Wechselspiel von Zufall und Notwendigkeit. Alles Zweckmäßige in der Natur ist eine Zweckmäßigkeit *a posteriori*, das Resultat vorangegangener Selektion, die die Fortpflanzungschance derjenigen Lebewesen mit zufällig zweckmäßigeren Eigenschaften begünstigt und Unzweckmäßigem eine geringe Chance gibt, fortzubestehen.

Da die Zweckmäßigkeit nach DARWIN das Produkt eines langen Optimierungsprozesses durch Mutation, Rekombination und Selektion ist, ist sie i. d. R. auch nicht vollkommen, sondern nur relativ. Die Zweckmäßigkeit wird nicht so weit wie *möglich*, sondern immer nur so weit wie *nötig* für den Weiterbestand des Individuums oder der Art entwickelt. Auf Schritt und Tritt begegnet der Biologe „Irrtümern der Evolution", „Fehlkonstruktionen" oder, wie sie Ernst HAECKEL bezeichnet hat, „**Dysteleologien**". Sie sind nur aus ihrer Phylogenie heraus verständlich.

All das hat auch schon DARWIN in voller Klarheit gesehen. „Die natürliche Zuchtwahl", so schrieb er, „will keine absolute Vollkommenheit schaffen, sowenig wir in der Natur absolut Vollkommenes finden" (Darwin 1980, S. 216 f.). Als Beispiel führte er die nach Johannes MÜLLER sehr mangelhafte Beseitigung der Aberration des Lichts im menschlichen Auge an und zitierte Hermann VON HELMHOLTZ, der im Hinblick auf das menschliche Auge gesagt haben soll: „Was wir an Ungenauigkeit und Unvollkommenheit im optischen Apparat und im Bild der Netzhaut entdecken, ist nichts im Vergleich zu der Ungenauigkeit, denen wir auf dem Gebiet der Empfindungen begegnen. Man könnte glauben, die Natur gefalle sich darin, Widersprüche zu häufen, um alle Grundlagen für die Theorie der präexistierenden Harmonie zwischen der äußeren und der inneren Welt zu beseitigen."

Man muss heute zur Kenntnis nehmen, dass alle wissenschaftlichen Erkenntnisse der letzten hundertfünfzig Jahre DARWIN darin Recht gegeben haben, dass der evolutive Wandel weder geradlinig noch planmäßig und schon gar nicht zielgerichtet verläuft, dass ihm das „*télos*" im Begriff Teleologie schlechterdings fehlt (s. Abschn. 4.4). Es gibt keine Entität, die Ziele setzen könnte. „Die Natur zielt nicht, sie spielt", schrieb Otto RENNER

einmal (zit. bei Heberer 1962, S. 93–108). Der Mensch ist weder das Ziel noch der Endpunkt der Evolution. – Die Zukunft ist offen.

Das Fehlen jeglicher **Finalität** im Sinn von Zweckbestimmtheit oder Zweckgerichtet-
heit in der organischen Welt zu akzeptieren, fiel und fällt vielen Wissenschaftlern und
Philosophen schwer. Es hat deshalb in der Geschichte nie an Versuchen gefehlt, dem evolutiven Prozess Richtung und Ziel zu unterstellen. Der Neurobiologe und Nobelpreisträger
John ECCLES gestand noch 1982 freimütig zum Abschluss seiner „*Gifford-Lectures*" (Eccles 1982, S. 10): „Darüber hinaus bin ich Finalist in dem Sinne, dass ich an die Existenz
einer Absicht, eines Plans in den biologischen Evolutionsvorgängen glaube, der schließlich zu uns selbstbewussten Wesen mit unserer einzigartigen Individualität geführt hat."

2.10   Die Teleonomie und Zielgerichtetheit

Der Teleologiebegriff ist in seiner langen Geschichte stark in Misskredit geraten, weil
er oft mit irrigen vitalistischen (s. Abschn. 2.14) oder naturtheologischen Interpretationen (s. Abschn. 2.7) in Verbindung gebracht worden ist. Viele Biologen hegen deshalb
verständlicherweise eine tief verwurzelte Abneigung, Ziele und Zwecke in unserer natürlichen Welt anzuerkennen, können andererseits auf teleologische Formulierungen aber
kaum verzichten. John Scott HALDANE beschrieb die Situation einmal so: „Die Teleologie ist wie eine Mätresse für den Biologen, er kann ohne sie nicht leben, möchte aber nicht
in der Öffentlichkeit mit ihr gesehen werden."

Um den notwendigen Abstand zu der „alten" Teleologie auch begrifflich zu manifestieren, schlug Colin S. PITTENDRIGH im Jahr 1958 den neutralen Ausdruck **Teleonomie**
mit folgenden Worten vor (Pittendrigh 1958, S. 390–416): „Man könnte die altherge-
brachte Verwirrung der Biologen ein für alle Mal aus der Welt schaffen, wenn man alle
zielgerichteten Systeme mit irgendeinem anderen Ausdruck, beispielsweise dem Wort
‚teleonomisch' beschreiben würde, um hervorzuheben, dass das Erkennen und Beschreiben des Endgerichtetseins keine Verpflichtung gegenüber der aristotelischen Teleologie
als eines effizienten Kausalprinzips impliziert." PITTENDRIGH unterließ es leider, diesen
Begriff klar zu umreißen. Dessen ungeachtet wurde er von vielen Biologen – weniger
allerdings von Philosophen! – begeistert aufgegriffen, ohne dass damit eine klare Begriffsbestimmung einhergegangen ist, was zwangsläufig zu erneuten Diskussionen und
Missverständnissen führen musste und auch geführt hat. Man kann heute leider nicht erkennen, dass die „Verwirrung der Biologen" über die Bedeutung von Zweck und Ziel in
ihrer Wissenschaft nach Einführung des Teleonomiebegriffs „ein für alle Mal aus der Welt
geschafft" worden ist.

Mit Sicherheit trägt es nicht zur Klärung bei, wenn man den neuen Begriff „Teleonomie" sofort wieder undifferenziert auf alles bezieht, wie es D. L. HULL getan hat:
Teleonomie bezieht sich auf „alle Zustände, die sich hinter den Begriffen Ziel, Zweck
und Funktion verbergen" (Hull 1974). PITTENDRIGH selber wollte seinen Begriff auf
„zielgerichtete Systeme" bezogen wissen, und Ernst MAYR pflichtete dem im Grunde

genommen bei, ergänzte aber, dass diese Systeme ihr Gerichtetsein dem Wirken eines **Programms** verdanken müssen (Mayr 1979, S. 207–217). Da das Programm, genetisch verankert oder durch Lernen erst erworben, bereits vor dem Beginn des teleonomischen Vorgangs besteht, ist es auch, wie MAYR fortfährt, „mit einer kausalen Erklärung durchaus vereinbar". Im Gegensatz zu willentlichen, gezielten Akten menschlichen Handelns wird das Programm nicht erst durch das angestrebte Ziel bestimmt, sondern das Ziel ist im Programm bereits von vornherein enthalten. Teleonomie bedeutet in der Biologie „zielgerichtet" aber niemals „zielbeabsichtigt" oder „zielintendiert". Teleonomie ist Zielgerichtetheit ohne Kenntnis des Ziels.

Man sollte, wie es Ernst MAYR vorgeschlagen hat, den Teleonomiebegriff der Zielgerichtetheit nicht auf **Strukturen** ausdehnen. Wo ist das „*telos*", auf das sich eine Struktur hinbewegt? Eine Struktur kann zweckmäßig für die Erfüllung einer Aufgabe sein, sie ist aber nicht selber die Aufgabe, der Zweck und hat auch kein Ziel. Das „Ziel" des Hammers ist es nicht, dass man mit ihm einen Nagel in die Wand schlägt. Man sollte deshalb im Sinn einer klaren Nomenklatur zwischen funktionalen bzw. zweckmäßigen Eigenschaften von Strukturen und der Teleonomie bzw. Zielgerichtetheit von Abläufen trennen. Teleonom können vererbte oder erworbene Handlungen sein. Der augenfälligste und zentralste teleonome Vorgang im Organischen ist zweifellos die Entwicklung eines neuen Organismus aus einer befruchteten Eizelle (s. Abschn. 10.1). Er verläuft zwar zielgerichtet, aber in keiner Weise vom Ziel her bestimmt.

Vielfach wird der Ausdruck „teleonomisch" synonym mit „**angepasst**" oder „adaptiert" gebraucht. So bezeichnet beispielsweise B. DAVIS „die Entwicklung wertvoller Strukturen und Mechanismen" im Prozess der Evolution auf der Grundlage einer natürlichen Auslese als Teleonomie (Davis 1961, S. 1–10). Auch Francisco J. AYALA kann hier angeführt werden, der meinte, dass der Teleonomiebegriff eingeführt worden sei, „um die Adaptation in der Natur als Resultat der natürlichen Auslese zu erklären" (Ayala 1970, S. 1–15). Ganz davon abgesehen, dass ein Begriff niemals etwas „erklärt", kann hier mit Ernst MAYR entgegnet werden: „Wenn das so wäre, dann wäre der Ausdruck recht unnötig" (Mayr 1979, S. 207–217). Niemals verlaufen die Anpassungen in der Evolution aufgrund eines Programms zielgerichtet, können also auch nicht als teleonomisch bezeichnet werden. Ob ein Merkmal besser „angepasst" ist oder nicht, ist niemals eine Entscheidung *a priori*, sondern immer eine solche *a posteriori*. Jacques MONOD sagte einmal: „Die Selektionstheorie macht die Teleonomie zu einer sekundären Eigenschaft" (Monod 1975, S. 38).

Der Teleonomiebegriff nahm bei Jacques MONOD (Monod 1975, S. 27 ff.) eine gegenüber Ernst MAYR andere, wieder wesentlich weitergefasste Form an. Mit ihm kennzeichnete MONOD die zentrale Eigenschaft, durch die sich alle Lebewesen von „allen anderen Strukturen aller im Universum vorhandenen Systeme" unterscheiden. Die Objektivität zwinge uns, so MONOD, „den teleonomischen Charakter der Lebewesen anzuerkennen und zuzugeben, dass sie in ihren Strukturen und Leistungen ein Projekt verwirklichen und verfolgen." In diesem Sinn bezeichnet MONOD *alle* Strukturen, Leistungen und Tätigkeiten, die zum Erfolg dieses einmaligen Projekts beitragen, das in der Erhaltung und Vermehrung der Art besteht, als „teleonom". Dieses **teleonomische Projekt** selbst besteht nach MONOD „im Wesentlichen in der Übertragung des für die Art charakteristischen Invarianzgehaltes von einer Generation auf die nächste", kurz: in der „invarianten Reproduktion". Die „hauptsächlichen molekularen Träger der teleonomischen Leistungen" sind nach MONOD die Proteine, während die „genetische Invarianz ausschließlich an die [...] Nucleinsäuren gebunden ist." Im Gegensatz zu MAYR dehnt MONOD den Teleonomiebegriff auch wieder auf Strukturen aus, stimmt aber andererseits mit MAYR darin weitgehend überein, dass dem Teleonomischen ein Programm (MONOD nennt es „Projekt") zugrunde liegen müsse.

Diese berechtigte Betonung der Notwendigkeit eines genetischen Programms oder Projekts für die teleonomen Leistungen darf nicht dahingehend missverstanden werden, dass man in der DNA die „Ursache" für die Leistungen sieht, was falsch wäre. Die DNA kann ihre wichtigen Steuerfunktionen nur in Zusammenarbeit mit vielen anderen Zellkomponenten erfüllen. Allein vermag sie so gut wie nichts (s. Abschn. 9.5). Sie schafft weder Zwecke noch Ziele. Hinsichtlich der Problematik um den Begriff „genetisches Programm" sei in diesem Zusammenhang auf Mario BUNGE verwiesen (Mahner und Bunge 2000, S. 275 ff.). Das genetische Programm ist „eine mit exekutiver Kraft ausgestattete Entität, die gar nicht existiert" (Moss 1992, S. 335–348).

2.11 Die Frage nach dem „Wozu"

Wozu-Fragen sind Fragen nach dem Zweck. Sie können nur mit einem „Damit" oder „Um-zu" beantwortet werden (Mahner und Bunge 2000, S. 353), sonst sind es keine echten Wozu-Fragen. Da die Existenz von Zweckmäßigem in organischen Systemen unübersehbar und notwendig ist, sind in der Biologie – im Gegensatz zu den anorganischen Naturwissenschaften – Wozu-Fragen nicht nur zulässig, sondern auch zum vollständigen Verständnis lebendiger Systeme unverzichtbar.

Auf die Frage, warum wir schwitzen, gibt es grundsätzlich zwei Antworten, eine unmittelbare („proximate") und eine mittelbare („ultimate"; MAYR 1991, S. 41). Die unmittelbare Antwort lautet: Wir schwitzen, *weil* unsere Körpertemperatur infolge unserer körperlichen Aktivität ansteigt. Das ist die „hier-und-jetzt"-Erklärung der Funktionsbiologen (Physiologen), die sich auf experimentelle, kausalanalytische Untersuchungen beruft (**kausal-analytische Erklärung**). Die mittelbare Antwort lautet: Wir schwitzen, *um* den Überschuss an Wärme an die Umgebung abzuführen. Diese Erklärung bezieht sich auf den in langer Evolution durch Mutabilität, Selektion und Rekombination herausgebildeten adaptiven Nutzen des Ereignisses für den betreffenden Organismus (**teleonome Erklärung**).

Für den Biologen sind beide Antworten gleichermaßen wichtig und interessant. Eine teleonome Erklärung macht die kausalanalytische in keiner Weise überflüssig, sondern, im Gegenteil, fordert diese heraus und ergänzt sie. Eine ist durch die andere nicht ersetzbar. Jeder Versuch, teleonome Erklärungen in kausale zu „übersetzen", muss fehlschlagen. Eine teleonome Erklärung setzt keine vitalen Kräfte im Sinn eines *élan vital* (BERGSON) oder einer Entelechie (DRIESCH) voraus, auch keine Finalursachen (*causae finales*), sondern verweist auf das Ende, das Ziel des Prozesses, betrachtet die Funktion, die der Vorgang im Gesamtgefüge der wechselseitigen Abhängigkeiten zu erfüllen hat. Die Frage, die zur Beantwortung ansteht, ist, wie sich der betreffende Prozess in die biotische Organisation einfügt.

Während die teleonome Erklärung aus einem *Top-down*-Ansatz in der Forschung resultiert, verweist der *Bottom-up*-Ansatz einer kausalanalytischen Erklärung auf den Ursprung des Prozesses. Die zu beantwortende Frage lautet jetzt, durch welche Faktoren und auf welche Weise der Prozess ausgelöst und gesteuert wird. Ein biologischer Prozess kann aber erst dann als voll verstanden gelten, wenn beide Fragen, die aus dem *Top-down*- und diejenige aus dem *Bottom-up*-Ansatz, befriedigend beantwortet worden sind. Darin unterscheidet sich die Forschungsstrategie in der Biologie grundsätzlich von derjenigen in den anorganischen Naturwissenschaften. Der Biologe würde sehr viel verlieren, wenn er auf teleonome Formulierungen verzichten würde, was in letzter Konsequenz gar nicht möglich ist.

Im Gegensatz zur Physik sind in der Biologie Fragen nach dem Zweck nicht nur legitim, sondern auch von großem heuristischem Wert. Es wird berichtet, dass William HARVEY zur Entdeckung des Blutkreislaufs geführt wurde, als er begann, sich über den Zweck der Klappen in den Adern Gedanken zu machen. Deshalb ist es schlicht falsch, wenn der Belgische Biochemiker Ernest SCHOFFENIELS in seinem auch in anderer Hinsicht sehr fragwürdigen Buch „Anti-Zufall" behauptet, dass die Biologie sich nur bereichern könne, „wenn sie von der finalistischen und teleologischen Denkweise ganz ablässt", und wenn weiter behauptet wird, dass man „den finalistischen Sprachgebrauch ohne jeden Verlust für die Wissenschaft eliminieren" könne (Schoffeniels 1984, S. 25). Das hieße in der Konsequenz, in der Biologie nicht mehr von Funktionen sprechen, nach Funktionen suchen und Funktionen experimentell erforschen zu dürfen. Es ist, im Gegenteil, keine Übertreibung, wenn Ernst MAYR schreibt, „dass viele große Fortschritte in der Biologie dadurch möglich geworden seien, dass die Frage nach dem Zweck gestellt wurde" (Mayr 1979, S. 221).

Das bedeutet jedoch nicht, dass die kausalanalytische Forschung für den Biologen und sein Objekt irrelevant ist, wie E. S. RUSSELL behauptete (Russell 1945, S. 4). Im Gegenteil, biologische Objekte sind extrem komplexe Systeme, in dem die Teile untereinander in kausaler Abhängigkeit voneinander existieren. Es ist die Aufgabe der Physiologen, Biochemiker und Biophysiker, diese Relationen im Detail und auf allen Ebenen der hierarchischen Struktur zu analysieren. Die beeindruckenden Fortschritte, die auf diesem Feld in den letzten Jahrzehnten erzielt worden sind, machen sehr deutlich, wie erfolgreich ein solches *Bottom-up*-Vorgehen auch in der Biologie war und bleiben wird.

2.12 Teleonomie und Kybernetik

Als im Jahre 1943 A. ROSENBLUETH, N. WIENER und J. BIGELOW das Programm der neuen Wissenschaft, der sie den Namen „Kybernetik" gaben, vorstellten, gaben sie ihrer Publikation den vielsagenden Titel *„Behavior, Purpose, and Teleology"* (Rosenblueth et al. 1943, S. 18–24). Sie kamen zu dem Schluss, dass „teleologisches Verhalten [...] gleichbedeutend" sei „mit Verhalten, das durch negative Rückkopplung gesteuert wird". Dieser Gleichsetzung schlossen sich verschiedene Autoren an. Beispielsweise schrieb der Philosoph Georg KLAUS (Klaus 1960, S. 1266–1277): „Systeme mit Rückkopplung verhalten sich ‚zielstrebig'. Wer den jeweiligen Regelmechanismus nicht kennt und nur die einwirkenden Ursachen und das Resultat beobachtet, muss den Eindruck gewinnen, als strebe das System einem bestimmten Ziel zu, und zwar relativ unabhängig von Zahl und Stärke der einwirkenden Ursachen." Die Mikrobiologen DEAN und HINSHELWOOD (Dean und Hinshelwood 1959, S. 311–328) gingen sogar so weit, dass sie in unzulässiger Weise den *Tatbestand* des Zweckmäßigen mit der *Fähigkeit* zur Anpassung und beide mit der *Wissenschaftsdisziplin* Kybernetik gleichsetzten. Weiter kann man die Begriffsverwirrung wohl kaum noch treiben! Demgegenüber fällt auf, dass in dem Hauptwerk Norbert WIENERs mit dem Titel *„Cybernetics"* die Begriffe Teleologie und Zweckmäßigkeit als Stichworte überhaupt nicht mehr auftauchen (Wiener 1963).

Eine Identifizierung der Teleonomie mit dem Rückkopplungsphänomen ist aus zweierlei Gründen unzulässig:

1. Nicht in jeden organischen teleonomischen Vorgang sind Rückmeldekreise integriert.
2. Für die Zielstrebigkeit teleonomischer Vorgänge sind nicht Rückkopplungseinrichtungen, die lediglich die Zuverlässigkeit und Präzision des Vorgangs verbessern, sondern Programme unerlässlich.

Wie Erich VON HOLST zeigen konnte, kommen eine Reihe zweckmäßig und zielgerichtet ablaufender Bewegungen, sog. **Erbkoordinationen** oder *„field motor pattern"*, allein aufgrund eines im Zentralnervensystem präformierten Programms, d. h. zentralnervöser Automatismen, zustande und bedürfen keinerlei Rückkopplung. Beispielsweise produziert ein völlig desafferenziertes Rückenmark des Aals immer noch rhythmische Aktivitäten in solcher zeitlichen Ordnung, dass ohne jegliche Rückmeldung normale Schwimmbewegungen in ihrer „arterhaltend sinnvollen Form" zustande kommen.

In den Verhaltenswissenschaften unterscheidet man zwischen ausgelösten, gesteuerten und geregelten Verhaltensweisen (Flechtner 1969, S. 289; Tembrock 1980, S. 28). Ein durch die Untersuchungen von Horst MITTELSTAEDT gut analysiertes Beispiel für ein **gesteuertes Verhalten** ist der „Fangschlag" der Fangheuschrecke *Mantis* mit ihrem zu einem Fangbein umgestalteten Vorderbein auf eine Beute (Fliege). Diese Bewegung erfolgt so schnell, dass eine Korrektur während ihres Ablaufs unmöglich ist. Die Zielsteuerung geschieht über die Augen und Propriorezeptoren am Hals (Mittelstaedt 1962, S. 177–198). Ein anderes eindrucksvolles Beispiel liefert das motorische Programm des

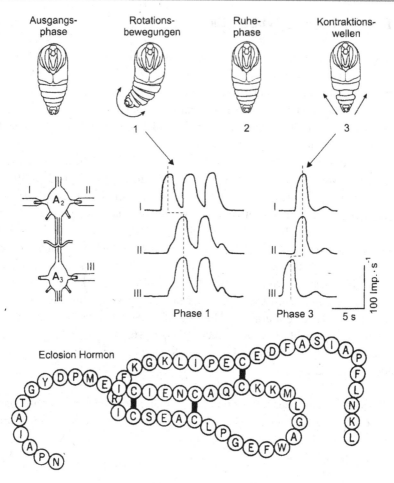

Abb. 2.11 Das vom Eclosionshormon ausgelöste Schlupfverhalten der Puppe vom Riesenseiden-spinner (*Hyalophora cecropia*) setzt sich aus Rotationsbewegungen des Abdomens (Phase 1) gefolgt von einer Ruhephase (Phase 2) und einer sich anschließenden 3. Phase mit von hinten nach vorn fort-schreitenden Kontraktionswellen zusammen. Die von den Nerven I, II und III der isolierten zweiten und dritten Abdominalganglien 20–40 Minuten nach Zugabe des Eclosionshormons *in vitro* ab-leitbaren elektrischen Aktivitäten während der Phasen 1 (Rotationen) und 3 (Kontraktionswellen) spiegeln exakt die motorischen Aktivitäten der intakten Puppe *in vivo* wider. (Nach Truman und Riddiford; Gersch und Richter zusammengestellt)

zielgerichteten Vorschlupf- (heftige Rotationsbewegungen des Abdomens) und Schlupf-verhaltens (peristaltische Kontraktionsbewegungen) der Puppe des Riesenseidenspinners (*Hyalophora cecropia*) (Abb. 2.11). Das gesamte Programm in seiner natürlichen zeit-lichen Abfolge liegt in den abdominalen Ganglien gespeichert vor und kann durch eine Hormongabe (Eclosionshormon) aktiviert werden. Selbst die isolierte Ganglienkette des Abdomens spiegelt in ihrer neuronalen Aktivität die Verhaltensphasen der intakten Puppe *in vivo* exakt wider, ohne dass eine Rückmeldung von den Muskeln eintreffen kann (Truman 1978, S. 151–173). Solche Beispiele sind keineswegs auf Insekten oder niedere Tiere beschränkt. Man findet sie genauso bei Primaten, bei denen viele der oft stark differenzierten Bewegungskoordinationen unabhängig von jeder Steuerung über äußere und innere Rezeptoren ablaufen (Taub et al. 1965, S. 593–594).

In diesem Zusammenhang sind auch die sog. **Leerlaufreaktionen** interessant. Es handelt sich dabei um den Ablauf vollständiger Erbkoordinationen, ohne dass der normalerweise für sie notwendige auslösende Reiz aufgetreten ist. So berichtet Konrad LORENZ, dass ein Webervogel (*Auelia*) „die ganze komplizierte Bewegungsabfolge, die beim Nestbau zum Befestigen eines Grashalms an einem Zweig dient, auch ohne Grashalm oder irgendein ähnliches Objekt ausführt. Der Ablauf sieht dann so aus, als ‚halluziniere‘ der Vogel das Objekt" (Lorenz 1982, S. 79 f.). Ebenso wie die „Kettenreflextheorie" nicht ausreicht, alle Instinktbewegungen zu erklären, reicht das Rückkopplungsprinzip nicht aus, alle zweckmäßigen, zielgerichteten Prozesse im Organischen zu erklären.

Wassili F. SERSHANTOV schätzte mit Recht ein, dass das „Hauptergebnis in der Wissenschaftsgeschichte, mit dem die Rückkehr der materialistischen Philosophen und Biologen zum teleonomen Prinzip begann, wahrscheinlich die weite Verbreitung der Methoden und Denkweisen der Kybernetik" war, gibt dann aber zu bedenken, dass „dadurch auch eine gewisse Enge in der Stellung und Lösung des eigentlichen Problems bedingt sei, da die Zweckmäßigkeit häufig auf den Mechanismus der Rückkopplung reduziert wird" (Sershantov 1978, S. 150). Eine genauere Abgrenzung der Begriffe ist hier dringend erforderlich. Die Identifikation von Zweckmäßigkeit mit der Rückkopplung ist schon deshalb nicht zulässig, weil Zielgerichtetheit und Zweckmäßigkeit systemische Begriffe sind, die Rückkopplung dagegen ein kausaler Begriff ist.

Teleonomische Vorgänge zeichnen sich dadurch aus, dass sie – erstens – durch ein Programm gesteuert werden (s. Abschn. 2.10) und – zweitens – einen Zielpunkt aufweisen, bei dessen Erreichen der Vorgang beendet ist. Dabei können Rückkopplungsmechanismen integriert sein, der Regelkreis selbst stellt jedoch nur ein Hilfsmittel dar, um die Zuverlässigkeit und die Präzision teleonomischer Vorgänge sowie deren Sicherheit gegenüber eventuellen Störungen zu erhöhen. Der Vorgang selber verdankt seinen teleonomischen Charakter nicht dem Regelkreis, sondern einer nach Programm sich ändernden oder auch konstanten **Führungsgröße**, die den Regelkreis von außen steuert.

Ursächlich verantwortlich für den teleonomischen Prozess ist ein internes Programm, das genetisch fixiert oder auch erlernt sein kann. Ebenso wenig, wie der Thermostat die Temperatur bestimmt, die in der Wohnung herrschen soll, sondern der Mensch, der den „Sollwert" einstellt, bestimmt auch nicht der Dehnungsreflex die Länge des Muskels, sondern die zentral gesteuerte γ-Efferenz. Sinkt diese, wie beispielsweise beim Einschlafen, so kommt es folgerichtig zur Erschlaffung des betreffenden Muskels, der Kopf fällt im Sitzen nach vorn auf die Brust („Einnicken"). „Wenn man teleonomische Vorgänge im Sinne der Existenz von Regeleinrichtungen definiert, so legt man [...] den Nachdruck auf den falschen Punkt", betonte Ernst MAYR. „Sie sind Vermittler des Programms; soweit es aber um das Grundprinzip geht, darum, dass das Ziel überhaupt angestrebt wird, sind sie von untergeordneter Bedeutung" (Mayr 1979, S. 207–217).

Die für das Lebendige so charakteristische Erscheinung der **Homöostase** selbst ist kein teleonomischer Vorgang, sie ist überhaupt kein Vorgang, sondern ein (Ziel-)Zustand. Als teleonomisch sind nur diejenigen Vorgänge zu bezeichnen, die „selbsttätig" zu diesem Zustand hin- bzw. nach einer Störung auf ihn zurückführen. Sie können sich dabei eines „Feedback-Mechanismus" (Regelkreises) bedienen, der aber selbst wiederum nicht teleonomisch ist. Man muss stets zwischen der Teleonomie eines Vorgangs und den diese Teleonomie ermöglichenden Mechanismen unterscheiden. Man kann Eve-Marie ENGELS nur zustimmen, wenn sie schreibt: „Für sich betrachtet, läuft der kybernetische Prozess blind und unteleologisch ab. Seine reine Struktur oder Gestalt lässt sich daher auch ganz unteleologisch beschreiben. Die Finalität des Prozesses kommt erst durch dessen Einbettung in intentionale bzw. intentionalitätsanaloge Zusammenhänge zustande". Sie hat aber nicht mehr recht, wenn sie fortfährt: „Für den Biologen in seiner Eigenschaft als Naturwissenschaftler stellt sich das Problem teleologischer Erklärungen daher nicht mehr oder noch nicht wieder" (Engels 1982, S. 151).

2.13   Der ontologische Reduktionismus (Physikalismus)

Strenggenommen ist über dieses Thema schon so unendlich viel geschrieben und gesprochen worden, dass es schwerfällt, noch mit Neuem aufzuwarten. Man wird an die in Anlehnung an den Prediger SALOMO von dem spanischen Philosophen George SANTAYANA formulierten Worte erinnert: „Es gibt nichts Neues unter der Sonne, außer das Vergessene." Nur allzu gern werden die triftigen Einwände gegen den ontologischen Reduktionismus ignoriert. Dagegen sind, wie die Vergangenheit uns lehrt, leider auch wiederholende Bekräftigungen oft machtlos.

Es geht längst nicht mehr um die Frage, ob die physikalisch-chemische Gesetzlichkeit auch im Bereich des Organischen uneingeschränkte Gültigkeit hat. Sieht man von unbelehrbaren Verfechtern vitalistischer oder spiritualistischer Denkrichtungen ab, so wird niemand mehr bestreiten, dass alle Materie einschließlich der Organismen aus Atomen besteht. Es wird auch keiner bestreiten, dass alle physikalischen Gesetze auch im Organismus ihre volle Gültigkeit behalten. Bisher ist jedenfalls kein einziger Fall beschrieben worden, der nachweislich gegen die physikalisch-chemischen Gesetze der anorganischen Natur verstoßen hätte, und so ein Fall wird wahrscheinlich auch nie auftreten.

Es geht auch nicht um die Frage, ob das in der Physiologie seit GALILEIS Zeiten praktizierte analytisch-summative Forschungsprogramm in der Biologie seine Berechtigung hat. Es hat uns ein beeindruckendes Gebäude an Wissen über Zusammenhänge und Gesetzmäßigkeiten im Organismus geliefert. Zwischen der Physiologie eines Hermann BOERHAAVE und eines Hermann VON HELMHOLTZ liegen Welten! Es kann kein Zweifel darüber herrschen, dass die analytische Methode – oft sehr unglücklich als „pragmatischer" oder „methodischer" Reduktionismus bezeichnet (Ayala 1974, S. VII–XI) –

ein wichtiges Element auch der biologischen Forschung ist und auch weiterhin bleiben wird. Es würde die Reduktionismusdebatte wesentlich entlasten, wenn man diese äußerst erfolgreiche und unerlässliche Form wissenschaftlichen Progresses nicht länger als „reduktionistisch" brandmarken würde (Mayr 1984, S. 51), denn es handelt sich dabei um eine anerkannte *Forschungsstrategie*, aber nicht um eine ontologische Position.

Eine ganz andere Frage ist, ob das analytisch-summative Forschungsprogramm mit ihrem Denken in linearen Kausalabhängigkeiten bereits *ausreicht*, das Phänomen des Lebendigen, d. h. seine **Organisation** hinreichend zu erklären, ob uns die physikalisch-chemische Detailanalyse in der Summe über die einzelnen Befunde hinaus schließlich auch das *Wesen* des Lebendigen in seiner Eigenart wird verständlich machen können. Hier müssen erhebliche Zweifel angemeldet werden, weil das „Leben" eine Systemleistung ist, die nicht auf linearen Kausalketten, sondern auf netzartig miteinander verknüpften Abhängigkeiten und Bedingtheiten, einer „organisierten" Komplexität, beruht. In den physikalischen Theorien spielen dynamische Systeme mit einem internen teleonomen Programm keine Rolle, kennt man den Tatbestand des Zweckmäßigen und den für die Biologie so zentralen Begriff der Funktionalität ebenso wenig wie eine Evolution durch Mutation, Rekombination und Selektion.

Dem radikalen **Physikalismus** liegt die These zugrunde, „Leben" sei *restlos* im Rahmen der Begriffe und Gesetze zu verstehen, wie wir sie aus den anorganischen Naturwissenschaften kennen. Die Dinge unterscheiden sich nur hinsichtlich ihrer Komplexität, aber nicht prinzipiell. Den Physikalisten schwebt als nahes oder fernes Ziel die Schaffung einer „Einheit aller Naturwissenschaften" vor, ein Programm, das sich auch die Neopositivisten auf die Fahne geschrieben hatten (Causey 1977; Rosenberg 1994). Francis CRICK, ein prominenter Vertreter dieser Richtung, ging davon aus, dass „das letzte Ziel der modernen Entwicklung in der Biologie darin bestünde, alle Biologie in Begriffen der Physik und Chemie zu erklären" (Crick 1966, S. 10). Leider hat uns CRICK nicht verraten, *welche* Physik er dabei im Auge hatte, die Physik, wie sie uns heute vorliegt, in der weder der Begriff der Organisation noch der der Information oder der Funktion eine Rolle spielen, oder eine zukünftige Physik, die in weiter Ferne liegt.

Ein wesentliches Merkmal des Physikalismus ist die **Leugnung jeglicher Sondergesetzlichkeit** (Gross 1930) im Reich des Lebendigen. Die Vertreter glauben, dass sich die natürlichen Objekte lediglich in ihrem Grad an Komplexität unterscheiden, sodass das Ganze vollständig aus seinen Teilen heraus verstanden werden könne. Sie betrachten den Übergang von der unbelebten zur belebten Materie als ein Kontinuum. Wenn es gegenwärtig noch gewisse Schwierigkeiten im physikalischen Verständnis des Lebendigen gäbe, so die Vertreter dieser Denkrichtung weiter, seien das lediglich temporäre, aber keine prinzipiellen Hindernisse. Es wird schließlich sogar das Bewusstseinsphänomen als prinzipiell physikalisch-chemisch lösbar betrachtet. Sehr deutlich hat das der Philosoph Bertrand RUSSELL (Russell 2007, S. 225) zum Ausdruck gebracht: „Für den modernen Wissenschaftler ist der Tierkörper eine äußerst durchdachte Maschine von ungeheuer komplizierter physikalisch-chemischer Struktur; jede neue Entdeckung dient dazu, die sichtliche Kluft zwischen Tier und Maschine zu verringern." Dazu ist allerdings anzumerken, dass das Gegenteil eingetreten ist: Jede neue Entdeckung auf dem Feld der Biologie macht die Kluft deutlicher, tiefer und prinzipieller.

Die Position des Physikalismus liefert die Basis für den sog. **ontologischen Reduktionismus** (Ayala 1974, S. VII–XVI), dessen Ziel darin besteht, alle biologischen Phänomene auf das Wirken und Zusammenspiel „letzter" physikalischer Einheiten zurückzuführen, d. h. auf sie zu „reduzieren". Ein prominenter Vertreter dieser Richtung ist James WATSON. Als er seine These, dass „nichts über das Atom" gehe, am Londoner „*Institute of Contemporary Arts*" vorgetragen hatte, antwortete er auf den Einwand Andrew HUXLEYs, dass er doch sicher Zellen zulassen würde, mit einem klaren „Nein, nur Atome" (zit. bei Rose 2000, S. 105). Man kann die Situation, in der sich die gegenwärtige Biologie befindet, mit der Physik in der Zeit nach NEWTON vergleichen. Die gegenwärtige Biologie hat wie die damalige Physik große Erkenntnisfortschritte erzielt, die universelle Gravitation und das Sonnensystem in dem einen und die DNA-Doppelhelix und Molekulargenetik im anderen Fall. Beide Male glaubte man, mit dem Neuentdeckten alles erklären zu können. Die Physik musste bald erkennen, dass die Welt wesentlich komplexer und subtiler ist. Es ist zu vermuten, dass die Biologen in absehbarer Zeit eine ähnliche Erfahrung werden machen müssen (Polkinghorne 2001, S. 75).

Hintergrundinformationen

Ein anderer, ebenfalls sehr prominenter Vertreter des ontologischen Reduktionismus ist der Physiker Richard P. FEYNMAN. Er schrieb in seinem Lehrbuch, dass „alles, was lebendige Dinge tun, [. . .] aus dem Zittern und Zappeln der Atome" verstanden werden könne (Feynman et al. 1987, S. 53). Es wird aus der Tatsache, dass alle Dinge aus Atomen bestehen, der Schluss abgeleitet, dass auch alles aus dem Zusammenspiel der Atome erklärbar sein müsse. Das trifft schon für die Hebelgesetze nicht zu. Keiner wird versuchen, sie aus dem „Zittern und Zappeln der Atome" ableiten zu wollen. Noch weniger trifft das auf die von Menschenhand und -geist gefertigten Maschinen und schon gar nicht auf die Organismen zu. Die Feynmansche Behauptung bleibt auch dann falsch, wenn man das Wort „Atome" durch „Moleküle" ersetzt.

Solche und ähnliche enthusiastischen Äußerungen hochrangiger Wissenschaftler, die weit über das Ziel hinausschießen, sind in der Geschichte der Wissenschaften gar nicht so selten, wie der Züricher Physikochemiker Hans PRIMAS – mit vielen Beispielen unterlegt – einmal herausgearbeitet hat (Primas in Atmanspacher et al. 1995, S. 228). Sie zeugen nach seiner Meinung davon, „dass Faszination auch besessen, rücksichtslos und blind machen kann. Sie ist wie eine Droge, sie vernebelt vielen erfolgreichen Forschern die Sicht auf das Ganze." Scheinbar hat FEYNMAN selber seinen Standpunkt gar nicht so ernst genommen, denn in einem anderen Zusammenhang hört es sich ganz anders an. Dort wird von ihm gefordert, „dass wir die ganze Struktur mit sämtlichen verbindenden Teilen betrachten müssen, dass alle Wissenschaften [. . .] danach trachten müssen, die Verbindungen zwischen den Hierarchien oder Ebenen herauszufinden. [. . .] Geschichte mit der Psychologie verbinden, die Psychologie wieder mit der Wirkungsweise des Gehirns, das Gehirn mit den Nervenimpulsen, die Nervenimpulse mit der Chemie und so weiter [. . .], von oben nach unten und umgekehrt. Bis jetzt sind wir außerstande von einem Ende zum anderen eine durchgehende Linie zu ziehen, denn wir haben diese relative Hierarchie erst seit kurzem in den Blick bekommen." (zit. bei Edelman 1995, S. 7)

Die Position des physikalischen Reduktionismus findet häufig in **Nichts-anderes-als-Behauptungen** ihren nachhaltigen Niederschlag. Sie sind zwar griffig, aber i. d. R. unzutreffend. So wird behauptet, ein Lebewesen sei nichts anderes als eine Anhäufung von Elementarteilchen, Atomen bzw. Molekülen, die miteinander in Wechselbeziehungen stünden, nichts anderes als eine Maschine (Maschinentheorien des Lebens; Schultz 1929), nichts anderes als eine Verstärkeranordnung (Jordan 1958) oder nichts anderes als die Summe seiner Elementarteilchen (Jacob 1972, S. 199). Auf die Biologie bezogen heißt es dann, sie sei nichts anderes als Physik plus Chemie, der Stoffwechsel nichts anderes als Umsatz an freier Energie (Küppers 1986, S. 202), die biologische Strukturbildung nichts anderes als Selbstorganisation, die Urzeugung nichts anderes als ein einzelner, individueller Quantensprung (Jordan 1955, S. 109–122) und du selbst „nichts anderes als ein Bündel von Neuronen" (Crick 1994, S. 3). Der Bestsellerautor Richard DAWKINS, dessen Vorliebe für reißerische, aber leider oft auch unzutreffende Kurzformeln bekannt ist, verstieg sich zu der Behauptung, dass „Leben" „schlicht aus Bytes und Bytes und Bytes digitaler Information" bestehe (Dawkins 1997, S. 31). Theodosius DOBZHANSKY sprach in diesem Zusammenhang mit vollem Recht von „Nichts-anderes-als-Trugschlüsse", für die Julian HUXLEY den schönen Begriff „*Nothingelesebuttery*" erfunden hat. Sie haben bis heute ihre mehr oder weniger vehementen Anhänger, selbst die lange Zeit als überwunden betrachtete Maschinentheorie des Lebens lebt in unseren Tagen weiter.

Der britische Mathematiker und Philosoph Alfred North WHITEHEAD schätzte mit Recht ein: „Die Neigung zu übertriebenen Behauptungen ist schon immer eines der Grundlaster der Wissenschaft gewesen, und so hat man denn zahlreichen innerhalb strikter Grenzen unzweifelhaft wahren Aussagen dogmatisch eine nicht bestehende universelle Gültigkeit beigemessen." (Whitehead 1974, S. 26). Das hier zum Ausdruck kommende Streben nach Vereinheitlichung unseres Wissens („Einheitsstreben der Erkenntnis", N. HARTMANN) ist in den Wissenschaften verbreitet und durchaus legitim, bedarf aber in jedem Einzelfall einer gewissenhaften und gründlichen Absicherung. Es gibt in der Biologie viele Beispiele voreiliger **Homologisierungen** von Strukturen oder Vorgängen aufgrund oberflächlich ähnlicher Eigenschaften, ohne dass in jedem Fall entsprechende Prüfungen unternommen wurden, ob ein solcher Schluss gerechtfertigt ist, d. h. auf übereinstimmenden oder ähnlichen Mechanismen beruht.

Bekannt ist seit alters her das Beispiel des **Kristallwachstum**s (Abb. 2.12), das gerne mit dem Wachstums- und Regenerationsvermögen von Organismen homologisiert wurde (Przibram 1926) und wird, obwohl offensichtlich und allgemein bekannt ist, dass beide Vorgänge auf völlig anderen Prinzipien beruhen und verschieden ablaufen, Apposition bei den Kristallen und Intussuszeption bei den Lebewesen. Ernst HAECKEL (Haeckel 1917, S. 7, 10) sah die Kristallisation als „wirkliche Lebenserscheinung" an, die allerdings „in dem endlich erstarrten Gebilde erlischt." Noch in den 80er Jahren des vergangenen Jahrhunderts schlussfolgerte der Jenaer Philosoph Bernd-Olaf KÜPPERS, dass die Kristalle alle, für die Lebewesen charakteristischen Kriterien erfüllen, die er in Übereinstimmung mit OPARIN und EIGEN in ihrem Metabolismus, ihrer Fähigkeit zur Selbstreprodukti-

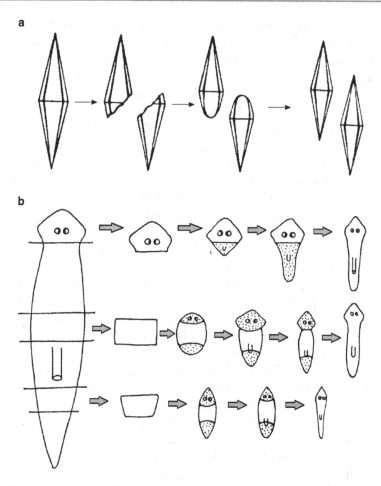

Abb. 2.12 Die Regeneration einer Planarie aus Teilstücken (**b**) ist nicht mit der „Regeneration"
eines Kristalls (**a**) zu homologisieren, da beide Erscheinungen auf völlig verschiedenen Prozessen
beruhen. (Aus Lima-de-Faria 1990)

on und in ihrer Mutabilität sah: Die „Kristallisation in einer gesättigten Lösung" sei, so
der Autor, bereits „eine einfache Form der Selbstreproduktion", den damit verbundenen
„Energieumsatz" könne man als „Metabolismus bezeichnen" und die dabei auftretenden
„Fehler im Kristallaufbau" seien so etwas wie „Mutationen" (Küppers 1986, S. 198 f.).
Alle drei Schlüsse sind unzutreffend und deshalb unzulässig. Auch hier schießt Richard
Dawkins in seiner Vorliebe für plakative Formulierungen weit übers Ziel hinaus, wenn
er die Kristalle als „einfache Replikationsstrukturen" einstuft, die „mit einigen Merkma-
len der Replikation, Multiplikation, Vererbung und Mutation" versehen seien, „die für den
Start einer kumulativen Selektion nötig gewesen wären." (Dawkins 1987, S. 181)

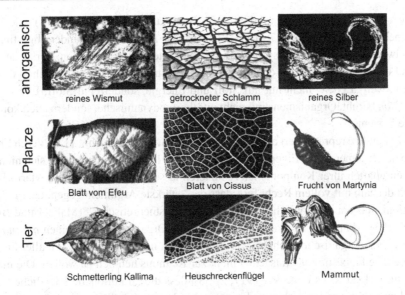

Abb. 2.13 Willkürliche (deshalb unzulässige) Homologisierungen von biologischen Strukturen untereinander und mit anorganischen Strukturen. Erläuterungen im Text. (Aus Lima-de-Faria 1990)

Hintergrundinformationen

Wieweit man solche Homologisierungen treiben kann, soll folgendes Beispiel illustrieren (Abb. 2.13): Nach Antonio LIMA-DE-FARIA (Lima-de-Faria 1990, S. 105–122), Biochemiker an der Universität Lund, entstehen neue Formen und Funktionen in der Evolution nicht durch Auslese, sondern durch „Autoevolution". Für ihn gibt es keine Zufälle und Analogien in der Evolution, sondern nur Homologien unterschiedlichen Ausmaßes, d. h. „jede biologische Gestalt und jede biologische Funktion hat einen Vorläufer in der Welt der Mineralien, der Chemikalien und der Elementarteilchen." So ist das „Blattmuster" keine „Erfindung" der Pflanzen, sondern schon „auf der atomaren Ebene" (reines Wismut) vorhanden und auch bei den Tieren (Schmetterling) anzutreffen. Dasselbe gilt für die „Stützstrukturen" (Bruchstellen bei Trockenheit im Boden – Blattadern – Skelettstäbe im Heuschreckenflügel) oder für die „gebogenen Fortsätze" (gediegenes Silber – Frucht von *Martynia lutea* – Stoßzähne des Mammuts).

Die fundamentalen Gesetze der Physik und Chemie bestimmen zweifellos auch das Geschehen in den Organismen. Sie reichen aber nicht aus, das Phänomen biotischer Organisation, wie Autonomie, Funktionalität, Teleonomie etc., hinreichend zu erklären. Mit vollem Recht folgerte Werner HEISENBERG (Heisenberg 1959, S. 81) aus seinen Überlegungen über das Lebendige, dass „den physikalischen und chemischen Gesetzmäßigkeiten etwas hinzugefügt werden müsse, bevor man die biologischen Erscheinungen vollständig verstehen" könne. Die wunderbaren Silikatskelette der Radiolarien, die einst Ernst HAECKEL so begeisterten, bestehen alle aus demselben Stoff. Die artspezifischen „Kunstformen der Natur" haben ihre Ursachen nicht im Physikalischen oder Chemischen allein,

sind auch keine „kristallinischen Arbeiten der Radiolarien-Seele" (Abb. 2.14), wie HAE-
CKEL spekulierte (Haeckel 1917, S. 67), sondern das Resultat aufeinander abgestimmter
Wechselwirkungen des Gesamtsystems Zelle, ihrer internen Organisation. Versuche, „Leben" auf einfache physikalisch-chemische Prozesse zu „reduzieren" muss schon deshalb
scheitern, weil „Leben" nicht nur auf Stoff und Energie, sondern auf Stoff, Energie und
Information beruht. Organismen sind nicht nur thermodynamische, sondern auch kommunikative Systeme.

Das Lebendige repräsentiert eine eigene **ontische Stufe** (s. Abschn. 11.2), deren Entitäten sich durch „emergente" Eigenschaften (s. Abschn. 11.3) auszeichnen, die sich nicht auf
die Eigenschaften ihrer Komponenten reduzieren lassen. Der Biophilosoph Mario BUN-
GE stellt deshalb mit vollem Recht fest, dass das „stärkste Argument gegen den radikalen
Reduktionismus ein ontologisches ist, kein erkenntnistheoretisches" (Mahner und Bunge
2000, S. 193). Man muss anerkennen, dass sich das Organische durch einen *qualitativen*
Sprung vom Anorganischen abhebt, wie groß er auch immer sein mag. Ihn allerdings zu
ignorieren, heißt, bestimmte Tatsachen nicht zur Kenntnis nehmen zu wollen. Die mutige
Behauptung HAECKELs (Haeckel 1917, S. 38), dass die „traditionelle künstliche Schei-
dewand zwischen anorganischer und organischer Natur endgültig aufgehoben" sei, traf
schon damals nicht zu, und so ist es bis heute geblieben. Der alte Satz der antiken Philosophie *natura non facit saltus* gilt heute bereits in der Physik nicht mehr und erst recht
nicht beim Übergang vom Anorganischen zum Organischen.

Der **radikale Reduktionismus** ist zum Scheitern verurteilt und muss durch einen „mo-
deraten" (Mario BUNGE; Mahner 2000, S. 111) ersetzt werden. Das bedeutet, die Reduktion dort, wo sie angebracht und nützlich ist, so weit wie möglich voranzutreiben, dabei
aber niemals aus dem Auge zu verlieren, dass es Zusammenhänge und Erscheinungen im
Bereich des Lebendigen gibt – und das sind nicht gerade die unwichtigsten –, die nur
auf der höheren Ebene verstanden und erklärt werden können und sich nicht auf die physikalisch-chemische Ebene unserer Wirklichkeit zurückführen lassen. Deshalb forderte
der große französische Physiologe Claude BERNARD bereits 1865 (Bernard 1967): „Die
Physiologen müssen [. . .] immer den Organismus als Ganzes und im Detail zur gleichen
Zeit betrachten, ohne jemals die besonderen Bedingungen der vielen speziellen Phänomene, deren Resultante das Individuum ist, aus dem Blick zu verlieren." Ein radikaler
Reduktionist ignoriert das „Bios" in der Biologie, wie es der amerikanische Zoologe und
Paläontologe George Gaylord SIMPSON einmal formulierte (Simpson 1963, S. 81–88).

Einer der bedeutendsten theoretischen Biophysiker des vergangenen Jahrhunderts, Nicholas RASHEVSKY, startete seine Karriere einst in dem festen Glauben, man könne den
Organismus in beliebig viele Teilsysteme aufgliedern und diese versuchen, im Detail mit
traditionellen physikalischen Methoden zu verstehen. Die ursprüngliche biologische Organisation, zu der diese Teilsysteme gehörten, würde dann, so seine Meinung, von selbst
wieder in Erscheinung treten. Am Ende seines arbeitsreichen Forscherlebens musste er re-
signierend feststellen, dass das nicht eingetroffen ist. Er warf deshalb die berechtigte Frage
auf (Rosen 1991): „Warum beginnen wir nicht mit der Organisation, warum abstrahieren
wir nicht von aller Physik und Chemie und beschränken uns auf die reine Organisation,

Kristallinische Arbeiten der Radiolarien-Seele

aus: Ernst Haeckel "Kristallseelen, Studien über das anorganische Leben, Alfred Körner Verlag, Leipzig 1917

Abb. 2.14 Kieselskelette verschiedener Radiolarien. (Aus Haeckel 1917)

die wir formalisieren und in allgemeinen abstrakten Begriffen studieren können?" Sein Schüler Robert ROSEN ergänzte, „dass der Übergang von der Einfachheit zur Komplexität nicht nur eine technische Angelegenheit ist, die im Rahmen des Newton'schen Paradigmas zu behandeln sei. Komplexität ist nicht bloß Komplizierung, die durch eine andere Anzahl von Dimensionen des Zustandsraumes oder durch ein längeres Rechnerprogramm beschrieben werden müsste, sondern eine ganz neue theoretische Welt mit einer damit verbundenen ganz neuen Physik" (Rosen 1985, S. 171).

2.14 Die Konzepte einer Lebenskraft (Vitalismus)

Die Galileische Neuorientierung der Wissenschaft am Beginn der Neuzeit, die mit DES-CARTES' Spaltung unseres Weltbilds (s. Abschn. 2.4) einherging und uns ein mechanistisches Weltbild unter Führung der Physik bescherte, war eine Revolte gegen ARISTOTE-LES. Das hatte zur Folge, dass zeitweilig der Blick für das spezifisch Lebendige, das einst ARISTOTELES zum Mittelpunkt seiner Überlegungen gemacht hatte (s. Abschn. 2.3), in der erfolgreichen Analyse von Einzelprozessen verloren zu gehen drohte. Der Biologiehistoriker Emanuel RADEL schätzte mit Recht ein, dass dem Biologen unter der Herrschaft der Mechanik „niemals ganz wohl gewesen" sei (Radel 1970, S. 156 f.). Der Evolutionsbiologe Ernst MAYR sprach sogar davon, dass der Mechanismus wie „ein Mühlstein um den Hals des Biologen" gewesen sei (Mayr 1984).

Früh regte sich ernster Widerstand gegen die mechanistische Theorie des Organischen, die mit der Verbannung jeglicher Zweckbetrachtung aus der Naturforschung verbunden gewesen war; ein Prozess, der in der anorganischen Wissenschaft notwendig und nützlich war, aber selbst dort nicht reibungslos ablief. In der Biologie ist es, wie bereits betont, prinzipiell anders. Der durchgängige Tatbestand von Zweckmäßigem im Organischen ist ein Faktum, das nicht mehr bestritten werden kann (s. Abschn. 2.8). Im Protest gegen den alles, also auch das Lebendige, beanspruchenden Mechanismus entstand im 17. Jahrhundert der neuzeitliche **Vitalismus**. Er bestand in der Formulierung besonderer „Prinzipien", die zu den im Anorganischen uneingeschränkt waltenden Gesetzen hinzutreten und diesen eine Richtung zu geben oder gar außer Kraft zu setzen in der Lage waren. Diese „vitalen Faktoren", „Kräfte" oder „Prinzipien" erhielten in der Geschichte vielfältige Namen und Kennzeichnungen: *spiritus seminalis* (William HARVEY), *anima* (Georg Ernst STAHL), *impetus faciens* (Herrmann BOERHAAVE), *vis vitalis* (Albrecht von HALLER), *nis formativus* (Johann Friedrich BLUMENBACH), *élan vital* (Henri BERGSON), *Entelechie* (Hans DRIESCH) oder „innere Antriebskraft" (TEILHARD DE CHARDIN).

Ihren ersten Höhepunkt erreicht diese Strömung mit Georg Ernst STAHL. Ihm verdanken wir nach ARISTOTELES erstmalig wieder einen Versuch, der Wissenschaft vom Lebendigen ein theoretisches Fundament zu verleihen, das er in seinem großen Werk *Theoria medica vera* (1708) niederlegte. Diese animistische Lehre STAHLs von der Seele als letzte Ursache, letzter Grund und letztes Ziel aller Lebenserscheinungen fand besonders an der Universität in Montpellier in Frankreich durch Théophile BORDEU, Paul Josef BARTHEZ

und Marie François Xavier BICHAT Beachtung und weiteren Ausbau, während LEIB-
NIZ zu seinen schärfsten Kritikern gehörte. In der zweiten Hälfte des 18. Jahrhunderts im
Zusammenhang mit den Auseinandersetzungen zwischen Präformisten und Anhängern
der Epigenese (s. Abschn. 10.1) formulierten Caspar Friedrich WOLFF, Johann Friedrich
BLUMENBACH u. a. nochmals vitalistische Theorien.

Im Gegensatz zu den Physikalisten wurden die Vitalisten niemals müde, die **besonderen Eigenschaften und Fähigkeiten** lebendiger Wesen, wie ihre Planmäßigkeit (Uexküll
1928), Zweckmäßigkeit (Teleonomie) und Autonomie sowie ihren ganzheitlichen Charakter, hervorzuheben. Noch im Jahre 1936, so schätzte es Max HARTMANN ein, war „die
allgemeinbiologische Literatur zum größten Teil vitalistisch eingestellt" (Hartmann 1937).
Hans DRIESCH, der Begründer der von Emil DU BOIS-REYMOND als Neovitalismus bezeichneten Lehre, beginnt sein geistreiches Buch über den Vitalismus (Driesch 1905) mit
der durchaus berechtigten Feststellung: „Nicht die Frage, ob Lebensvorgänge das Beiwort
zweckmäßig verdienen, macht das Problem des Vitalismus aus, sondern die Frage, ob das
Zweckmäßige an ihnen einer besonderen Konstellation von Faktoren entspringe, welche
aus den Wissenschaften vom Anorganischen bekannt sind, oder ob es Ausfluss ihrer Eigengesetzlichkeit sei." Er beantwortete diese Frage zugunsten der Eigengesetzlichkeit und
definierte deshalb den Vitalismus folgerichtig als „die Lehre von der Selbstgesetzlichkeit
des Lebendigen" (Driesch 1928, S. 46 ff.).

Dieser Quintessenz DRIESCHs, dass das Zweckmäßige im Organischen „Ausfluss ihrer
Eigengesetzlichkeit" sei, kann und muss man beipflichten, ohne gleichzeitig ins vitalistische Fahrwasser abgleiten zu müssen, denn wer wollte bestreiten, dass das Organische
zu der physikochemischen auch noch eine Eigengesetzlichkeit aufweist. Es besteht allerdings keine zwingende Notwendigkeit, diese Eigengesetzlichkeit auf das Wirken einer
einzigen, nur dem Lebendigen zukommenden „Kraft", eines „teleologischen Naturfak-
tors" (Entelechie) zurückzuführen. Insofern ist auch der Vitalismus reduktionistisch. Als
die „wichtigste ontologische Eigenschaft der Entelechie" bezeichnete DRIESCH ihre „Fähigkeit zur temporären Suspension anorganischen Geschehens" (Driesch 1909, Bd. 2,
S. 181 f.).

Alle vitalistischen Theorien, gleich welcher Prägung, kommen um zwei **kardinale
Fehlschlüsse** nicht herum, weil sie Vitalismus-immanent sind. Sie müssen – erstens – ihren hypothetischen „Vitalfaktor" mit Eigenschaften ausstatten, um in irgendeiner Weise in
die physikalische Gesetzlichkeit gezielt eingreifen zu können (energetisch-physikalischer
Aspekt der Vitalismuskritik). Und sie müssen – zweitens – dem Faktor ein Vermögen
zugestehen, selbständig beurteilen und entscheiden zu können, was „ihren Zwecken" entspricht und was nicht (psychologisch-teleologischer Aspekt der Vitalismuskritik), was
letztendlich in einen Psychismus und Mystizismus münden muss, wie wir es selbst noch
bei Hans DRIESCH beobachten konnten. Die vitalistischen Theorien waren und sind eher
Ausdruck unseres Unwissens als Bereicherung unseres Wissens. Mit dem Einsetzen besonderer vitaler Kräfte in das Naturgeschehen wird im Prinzip nichts „erklärt", sondern
das zu erklärende Problem lediglich ins Metaphysische transferiert.

Immanuel KANT hat in der Zweck- und Planmäßigkeit des Organischen „nur ein Prinzip der reflektierenden und nicht der bestimmenden Urteilskraft" gesehen, sie als „regulativ und nicht konstitutiv" eingeordnet (Kant 1968, § 67,68; s. Abschn. 2.7). Dagegen erhoben die Vitalisten die Planmäßigkeit zu einer konstitutiven Eigenschaft, womit – nach Einschätzung UEXKÜLLs – die „Schwierigkeit beseitigt" worden sei (Uexküll 1928, S. 144,199). UEXKÜLL sah in der Planmäßigkeit eine „Naturkraft", ohne die „die Biologie ein leerer Wahn" bliebe. Mit diesem entscheidenden Schritt trennte er sich deutlich von KANT, auf den er sich sonst sehr gerne berief. KANT war – entgegen anderslautenden Interpretationen (Ungerer 1922, S. 107) – kein Vitalist (Bauch 1917), denn er wehrte sich entschieden dagegen, „absichtlich wirkende Ursachen" zuzulassen: „Würden wir der Natur absichtlich wirkende Ursachen unterlegen, mithin der Teleologie nicht bloß ein regulatives, [...] sondern ein konstitutives Prinzip der Ableitung ihrer Produkte von ihren Ursachen zu Grunde legen: so würde der Begriff eines Naturzwecks [...] als Vernunftbegriff eine neue Kausalität in die Naturwissenschaft einführen, die wir doch nur von uns selbst entlehnen."

Es wäre allerdings falsch, wie es oft geschehen ist, die **Rolle der Vitalisten** in der Geschichte der Biologie in Bausch und Bogen zu verdammen. Den Vitalisten gebührt Anerkennung und Dank dafür, dass sie dafür gesorgt haben, dass die Sonderleistungen der Organismen, ihre spezifische Organisation, und dazu gehören Autonomie, Harmonie, funktionelle Zweckmäßigkeit und Planmäßigkeit, niemals ganz aus dem Bewusstsein verschwunden sind, dass das „Bios" in der Biologie erhalten geblieben ist. Sie haben zwar die im Rahmen der zeitgenössischen Physik und Chemie „fremdartigen" Wesenszüge der Organismen immer wieder herausgearbeitet und die wichtigen Fragen gestellt, konnten aber keine Antwort anbieten, die der wissenschaftlichen Kritik standhielt. Der Vitalismus kann, wie es Henri BERGSON unter Bezug auf seinen „élan vital" einmal selbstkritisch formulierte, „nicht viel erklären, aber er ist eine Art Etikett auf unser Unwissen, das uns an diesen Sachverhalt erinnern soll, während der Mechanismus uns einlädt, unser Unwissen zu ignorieren" (Bergson 1944).

Die Mechanisten/Physikalisten waren dagegen in ihrer reduktionistischen Analyse kausaler Einzelzusammenhänge außerordentlich erfolgreich und werden es auch weiterhin sein. Während die Vitalisten, die das Wesen des Lebendigen betreffende Fragen stellten, sie aber nicht überzeugend beantworteten, konnten die Physikalisten umgekehrt viele Antworten liefern, die aber nicht das Wesen des Lebendigen tangierten. Es ist sicher kein Zufall, dass der moderne Systembegriff von einem Vitalisten, nämlich von Hans DRIESCH, in die Biologie eingeführt worden ist und von einem anderen Vitalisten, Johannes REINKE, in die „theoretische Biologie" übernommen wurde (Reinke 1911).

Die Auseinandersetzungen zwischen den Vitalisten und Mechanisten, die sich durch die gesamte neuzeitliche Biologie hindurchziehen, waren insgesamt ziemlich fruchtlos und nahmen nicht selten polemische Züge an. So wurden beispielsweise von Francis CRICK (Crick 1987, S. 121–137) die Vitalisten als Katholiken gebrandmarkt. Heute muss die ganze Kontroverse zwischen Mechanismus und Vitalismus – um es mit den Worten WIENERs (Wiener 1963, S. 81) zu sagen – „in die Rumpelkammer schlecht gestellter

Fragen" verwiesen werden. Erkenntnistheoretisch haben beide, die Vitalisten ebenso wie die Mechanisten, den Fehler einer unzulässigen Grenzüberschreitung begangen. Die Vitalisten dachten das Lebendige nach Art des menschlichen Denkens determiniert, die Physikalisten nach Art der mechanisch-kausalen Relation. Nicolai HARTMANN schrieb in einem ähnlichen Zusammenhang: „Es ist verführerisch leicht, mit einer bequemen Einheitskategorie das Unbewältigte [...] zu ‚meistern', statt den mühevollen Weg langsamer Forschung zu beschreiten, auf dem der Einzelne in seiner Zeit nicht zu Ende kommt" (Hartmann 1966, S. 22).

Die Organismen sind weder physikalische noch durch eine geheimnisvolle Kraft gesteuerte Automaten, sondern ganzheitlich agierende und reagierende Systeme, die ihre interne Organisation nicht allein durch einen Stoff- und Energiefluss, sondern zusätzlich noch durch einen Fluss intern gespeicherter Informationen selbsttätig aufrechterhalten. Die Biologen müssen unbeirrt ihre volle Aufmerksamkeit den Besonderheiten lebender Systeme widmen und fortfahren in ihrem Bemühen, sie ohne Zuhilfenahme hypothetischer „Faktoren" (Vitalismus) oder unbrauchbarer, simplifizierender Analogien aus dem Anorganischen (Physikalismus) zu erklären. Dazu müssen sie ihre eigene Systemtheorie entwickeln, in der Begriffe der Organisation, der Integration und Spezifität sowie der informationellen Invarianz eine zentrale Rolle spielen. Die Akzeptanz von Zwecken (Teleonomie) und ganzheitlichem Verhalten in der Welt des Lebendigen widerspricht keiner Kausalforschung, sondern wirft Fragen auf, die jenseits von Vitalismus und Physikalismus im Rahmen einer zukünftigen umfassenden System- und Informationstheorie (theoretische Biologie) gelöst werden müssen, in der nicht die lebendigen, sondern die anorganischen Systeme die Sonderfälle darstellen.

Literatur

Aristoteles (1995) Über die Seele (De anima) Griechisch – deutsch Philosophische Bibliothek, Bd. 476. Felix Meiner Verlag GmbH, Hamburg

Aristoteles (1959) De partibus animalium, dtsch.: Über die Glieder der Geschöpfe. Schöningh, Paderborn

Atmanspacher H, Primas H, Wertenschlag-Birkhäuser E (1995) Der Pauli-Jung-Dialog und seine Bedeutung für die moderne Wissenschaft. Springer Verlag, Berlin

Ayala FJ (1970) Teleological explanations in evolutionary biology. Philos of Science 37:1–15

Ayala F (1974) Introduction. In: Ayala F, Dobzhansky T (Hrsg) Studies in the philosophy of biology, reduction and related problems. Univ. California Press, Berkeley

Bauch B (1917) Immanuel Kant. G J Göschen, Berlin, Leipzig

Bergson H (1944) Creative evolution. The Modern Library, New York

Bernard C (1967) An introduction to the study of experimental medicine. Trans H C Green, New York, Dover

Blochl E et al (1997) Pyrolobus fumarii, gen. and sp. nov., represents a novel group of archaea, extending the upper temperature limit for life to 113 °C. Extremophiles 1:14–21

Bonnet C (1769) Contemplation de la nature. Rey, Amsterdam

Bonnet C (1773) Abhandlungen aus der Insektologie. J.J. Gebauer, Halle

Bünning E (1945) Theoretische Grundfragen der Physiologie. G. Fischer, Jena

Causey RL (1977) Unity of science. Reidel, Dordrecht

Chargaff E (1989) Unbegreifliches Geheimnis. Luchterhand Literaturverlag, Frankfurt a. M.

Chrysipps (1955) Stoicorum veterum fragmenta II 641 bei Cicero: Über das Wesen der Götter. Philipp Reclam jun., Stuttgart (II. Buch 37)

Corsi P (1988) The Age of Lamarck. Aus dem Italienischen übers. Von J. Mandelbaum. Calif. Univ. Press, Berkeley

Craemer-Ruegenberg I (1981) Der Begriff des Naturzwecks bei Aristoteles. In: Poser H (Hrsg) Form des teleologischen Denkens. Philosophische und wissenschaftshistorische Analysen. Koll. TU Berlin 1980/81. TUB-Dokumentation, Bd. 11. Technische Universität, Berlin, S 17–29

Crick F (1966) Of molecules and man. Univ. of Wash. Press, Seattle, London, S 10

Crick F (1987) Die Natur des Vitalismus. In: Küppers B-O (Hrsg) Leben = Physik + Chemie?. Piper Verlag, München, Zürich, S 121–137

Crick F (1994) The astonishing hypothesis: The scientific search for the soul. Scribner, New York

Darwin C (1980) Die Entstehung der Arten durch natürliche Zuchtwahl. Philipp Reclam jun., Leipzig, S 216

Davis BD (1961) Cold Spring Habor Symposium. Quant Biol 26:1–10

Dawkins R (1987) Der blinde Uhrmacher. Ein neues Plädoyer für den Darwinismus. Deutscher Taschenbuch Verlag, München

Dawkins R (1997) Und es entsprang ein Fluss in Eden. C. Bertelsmann, München, S 31

Dean ACR, Hinshelwood C (1959) Autonatic adjustment mechanisms in bacterial cells. CIBA-Foundation Symposium on the regulation of cell metabolism. Churchill, London, S 311–328

Delbrück M (1971) Aristotle-totle-totle. In: Monod J, Borek E (Hrsg) Of microbes and life. Columbia University Press, New York, S 50–55

van Dover CL (2000) The ecology of deep-sea hydrothermal vents. Princeton Univ. Press, Princeton

Driesch H (1905) Der Vitalismus als Geschichte und als Lehre. Joh. Ambrosius. Barth Verlag, Leipzig

Driesch H (1909) Philosophie des Organischen Bd. 2. Wilhelm Engelmann, Leipzig, S 181

Driesch H (1928) Der Mensch und die Welt. Reinicke Verlag, Leipzig, S 46

Eccles JC (1982) Das Rätsel Mensch. Ernst Reinhardt Verlag, München, Basel, S 10

Edelman GM (1995) Göttliche Luft, vernichtendes Feuer. Piper Verlag, München, S 7

Engels E-M (1982) Die Teleologie des Lebendigen. „Erfahrung und Denken" Bd. 63. Duncker & Humbolt, Berlin, S 151

Feynman RP, Leighton RB, Sands M (1987) Mechanik, Strahlung, Wärme. Vorlesungen über Physik Bd. 1. Oldenbourg Verlag, München, Wien, S 53

Flechtner HJ (1969) Grundbegriffe der Kybernetik. Eine Einführung, 4. Aufl. Wissenschaftliche Verlagsgesellschaft, Stuttgart, S 289

Fontius M (1981) Voltaire F M Erzählungen, Dialoge, Streitschriften Streitschriften. Rütten & Loening, Berlin

v Frisch K (1941) Aus dem Leben der Bienen, 3. Aufl. Julius Springer, Berlin

Gotthelf A (1976) Aristotle's conception of final causality. Rev Metaphysics 30:226–254

Gross J (1930) Die Krisis in der theoretischen Physik und ihre Bedeutung für die Biologie. Biol Zbl 50

Haeckel E (1900) Die Welträtsel. Gemeinverständliche Studien über monistische Philosophie, 5. Aufl. Strauß Verlag, Bonn, S 300

Haeckel E (1917) Kristallseelen. Studien über das anorganische Leben. Alfred Körner, Leipzig

Haeckel E (1988) Generelle Morphologie der Organismen. Walter de Gruyter, Berlin

Hartmann M (1937) Philosophie der Naturwissenschaften. Julius Springer Verlag, Berlin

Hartmann N (1912) Philosophische Grundlagen der Biologie. Vandenhoeck & Ruprecht, Göttingen, S 88

Hartmann N (1966) Teleologisches Denken, 2. Aufl. Walter de Gruyter Verlag, Berlin

Heberer G (1962) Freiheit in der Evolution der Lebewesen. In „Freiheit als Problem der Wissenschaft". Duncker und Humboldt, Berlin, S 93–108

Heisenberg W (1959) Physik und Philosophie. Hirzel Verlag, Stuttgart, S 81

Hentschel E (1929) Das Leben des Weltmeeres. Julius Springer, Berlin

Höffe O (2005) Aristoteles-Lexikon. Alfred Kröner Verlag, Stuttgart

Hull DL (1974) Philosophy and biological science. Prentice Hall, Englewood Cliffs, NJ

Inagaki F et al (2006) Biogeographical distribution and diversity of microbes in methane-hydrate-bearing deep marine sediments on the pacific ocean margin. Proc Natl Acad Sci USA 103(8):2815–2820

Jacob F (1972) Die Logik des Lebendigen. Von der Erzeugung zum genetischen Code. S. Fischer Verlag, Frankfurt a M, S 199

Jahn I (2000) „Biologie" als allgemeine Lebenslehre. In: Jahn I (Hrsg) Geschichte der Biologie, 3. Aufl. Spektrum Akademischer Verlag, Heidelberg, Berlin, S 274–301

Jonas H (1973) Organismus und Freiheit. Ansätze zu einer philosophischen Biologie. Vandenhoeck & Ruprecht, Göttingen, S 20

Jordan P (1955) Schöpfungsglaube und Evolutionstheorie. Eine Vortragsreihe. Alfred Kröner Verlag, Stuttgart, S 109–122

Jordan P (1957) Das Bild der modernen Physik. Ullstein Bücher, Berlin, S 86

Jordan P (1958) Die Physik und das Geheimnis des organischen Lebens, 7. Aufl. Vieweg & Sohn, Braunschweig

Kant I (1790) Kritik der Urteilskraft. Lagarde und Friedrich, Berlin und Libau

Kant I (1964) Metaphysische Anfangsgründe der Naturwissenschaften 1786 (Werke in 6 Bänden, Hrsg. W. Weischedel) Neue Insel-Ausgabe Bd. 5. Wissenschaftliche Buchgesellschaft, Darmstadt, S 12

Kant I (1968) Kritik der Urteilskraft. Verlag Philipp Reclam, Leipzig

Kepler J (1609) Neue Astronomie, ursächlich begründet, oder Physik des Himmels

Klaus G (1960) Deutsche Zeitschrift für Philosophie 8:1266–1277

Klaus G, Buhr M (1969) Philosophisches Wörterbuch, 6. Aufl. Bibliographisches Institut, Leipzig, S 1184

Kullmann W (1979) Die Teleologie in der aristotelischen Biologie. Aristoteles als Zoologe, Embryologe und Genetiker, 2. Aufl. Heidelberger Akademie der Wissenschaften, Heidelberg, S 1–72 (Sitzungsbericht. Philos.-histor. Klasse)

Küppers B-O (1986) Der Ursprung biologischer Information. Piper Verlag KG, München

Laubichler MD (2006) Allgemeine Biologie als selbständige Grundwissenschaft und die allgemeinen Grundlagen des Lebens. In: Hagner M, Laubichler MD (Hrsg) Der Hochsitz des Wissens. Diaphanes Verlag, Zürich, S 185–206

Laubier L, Desbruyères D (1985) Oases at the bottom of the ocean. Endeavour 9:67–76

Lima-de-Faria A (1990) Evolution ohne Selektion. Form und Funktion durch Autoevolution. In: Jüdes U, Eulefeld G, Kapune T (Hrsg) Evolution der Biosphäre. Hirzel Verlag, Stuttgart, S 105–122

Lorenz K (1982) Die Rückseite des Spiegels. Deutscher Taschenbuch Verlag, München, S 79

Mahner M, Bunge M (2000) Philosophische Grundlagen der Biologie. Springer Verlag, Berlin, Heidelberg

Marcelroy RD (1974) Some comments on the evolution of extremophiles. Biosystems 6:74–75

Martin W (2009) Hydrothermalquellen und der Ursprung des Lebens. Biol unserer Zeit 39:166–174

Marx-Engels-Werke. Berlin 1957 ff, Bd 30, S 578

Mayr E (1979) Evolution und die Vielfalt des Lebens. Springer Verlag, Berlin, Heidelberg, New York

Mayr E (1984) Die Entwicklung der biologischen Gedankenwelt. Vielfalt, Evolution und Vererbung. Springer Verlag, Berlin, Heidelberg

Mayr E (1991) Eine neue Philosophie der Biologie. Piper Verlag, München, Zürich

Messer A (1918) Geschichte der Philosophie im Altertum und Mittelalter, 3. Aufl. Quelle & Meyer Verlag, Leipzig, S 57

Mittelstaedt H (1962) Control systems of orientation in insects. Ann Rev Entomology 7:177–198

Monod J (1975) Zufall und Notwendigkeit. Philosophische Fragen der modernen Biologie. Deutscher Taschenbuch Verlag, München

Moreno A, Umerez J (2000) Downward causation at the core of living organization. In: Andersen PB, Emmeche C, Finnemann NO, Christiansen PV (Hrsg) Downward Causation: Mind, Bodies and Matter. Aarhus Univ. Press, Aarhus, S 99–117

Moss L (1992) A kernel of truth? On the reality of the genetic program. In: Hull DL, Forbes M, Okruhlik K (Hrsg) PSA 1992, Bd. 1. Philosophy of Science Association, East Lansing, S 335–348

Oken L (1805) Abriss der Naturphilosophie. Vandenhoeck & Ruprecht, Göttingen, S 8

Paley W (1802) Natural theology – or evidences of the existence and attributes of the deity collected from the appearances of nature. R. Fauldner, London

Penzlin H (1987) Das Teleologie-Problem in der Biologie. Biol Rundschau 25:7–26

Penzlin H (2009) Die theoretischen Konzepte der Biologie in ihrer geschichtlichen Entwicklung. Naturwissenschaftliche Rundschau 62:233–243

Pittendrigh CS (1958) Adaptation, natural selection, and behavior. In: Roe A, Simpson GG (Hrsg) Behavior and evolution. Yale Univ. Press, New Haven, S 390–416

Pittendrigh CS (1993) Temporal organization: Reflection of a Darwinian clock-watcher. Ann Rev Physiol 55:17–54

Platon (1942) Timaios und Kritias. Philipp Reclam, Leipzig, S. 40

Polkinghorne J (2001) Theologie und Naturwissenschaften. Eine Einführung. Gütersloher Verlags-haus, Gütersloh

Przibram H (1926) Die anorganischen Grenzgebiete der Biologie

Pulte H (1995) Darwin in der Physik und bei den Physikern des 19. Jahrhunderts. In: Engels E-M (Hrsg) Die Rezeption von Evolutionstheorien im 19. Jahrhundert. Suhrkamp Taschenbuch Verlag, Frankfurt a M, S 105–146

Radel E (1970) Geschichte der biologischen Theorien in der Neuzeit, 2. Aufl. Bd. 1. Georg Olms Verlag, Hildesheim, New York ((Nachdruck der Ausgabe Leipzig und Berlin 1913))

Reinke J (1911) Einleitung in die theoretische Biologie, 2. Aufl. Verlag Gebrüder Paetel, Berlin

Riedl R (1981) Biologie der Erkenntnis. Die stammesgeschichtlichen Grundlagen der Vernunft, 3. Aufl. Parey, Berlin, Hamburg

Rose S (2000) Darwins gefährliche Erben. Biologie jenseits der egoistischen Gene. Verlag C H Beck, München, S 105

Rosen B (Hrsg) (1985) Theoretical biology and complexity. Academic Press Inc., New York, London, S 171

Rosen R (1991) Life itself. A comprehensive inquiry into the nature, origin and fabrication of life. Columbia University Press, New York

Rosenberg A (1994) Instrumental biology or the disunity of Science. Univ. Chicago Press, Chicago

Rosenblueth A, Wiener N, Bigelow J (1943) Behavior, purpose, and teleology. Philosophy of Science 10:18–24

Rothschild LJ, Mancinelli RL (2001) Life in extreme environments. Nature 409:1092–1101

Rubner M (1909) Kraft und Stoff im Haushalt der Natur. Akad. Verlagsgesellschaft, Leipzig, S 170

Russell ES (1945) The directiveness of organic activities. Cambridge University Press, Cambridge, S 4

Russell B (2007) Philosophie des Abendlandes. Europa Verlag, Zürich, S 225

Schaefer H (1964) Was kennzeichnet biologische im Gegensatz zu technischen Regelvorgängen? In: Kybernetik – Brücke zwischen den Wissenschaften, 4. Aufl. Umschau Verlag, Frankfurt a Main, S 101–103

Schleifer K-H, Horn M (2000) Mikrobielle Vielfalt – die unsichtbare Biodiversität. Biologen heute 6(6):1 ((Whiteman et al 1998, zit.))

Schleper C, Pühler G, Kühlmorgen B, Zillig W (1995) Life at extremely low pH. Nature 375:741–742

Schoffeniels E (1984) Anti-Zufall. Die Gesetzmäßigkeit der Evolution biologischer Systeme. S. Hirzel Verlag, Stuttgart, S 25

Schopenhauer A (1988) Die Welt als Wille und Vorstellung Bd. II. Haffmans Verlag, Zürich

Schultz J (1929) Maschinentheorie des Lebens, 2. Aufl. Hirzel Verlag, Leipzig

Schumann W (2011) Biotop Mensch. Biol in unserer Zeit 41:182–189

Sershantov WF (1978) Einführung in die Methodologie der modernen Biologie. Gustav Fischer Verlag, Jena, S 150

Simpson GG (1963) Biology and the nature of science. Science 139:81–88

Spiegelberg F (1977) Die lebenden Weltreligionen. Insel Verlag, Frankfurt a M, S 105

Stegmüller W (1969) Probleme und Resultate der Wissenschaftstheorie und analytischen Philosophie. Springer Verlag, Berlin, Heidelberg

Stetter KO (2006) Hyperthermophiles in the history of life. Phil Trans R Soc B 361:1837–1843

Taub E, Ellman SJ, Berman AJ (1965) Deafferentation in monkeys: Effect on conditioned grasp response. Science 151:593–594

Teilhard de Chardin P (1983) Der Mensch im Kosmos, 3. Aufl. Deutscher Taschenbuchverlag, München

Tembrock G (1980) Grundriß der Verhaltenswissenschaften. Eine Einführung in die allgemeine Biologie des Verhaltens, 3. Aufl. G Fischer Verlag, Jena, S 28

Thomson W (1871) Präsidentenrede auf der Versammlung der Britisch Association in Edinburgh

Truman JW (1978) Hormonal release of stereotyped motor programmes from the isolated nervous system of the cecropia silkmoth. J Exp Biol 74:151–173

v Uexküll J (1928) Theoretische Biologie, 2. Aufl. Springer Verlag, Berlin

Ungerer E (1922) Die Teleologie Kants und ihre Bedeutung für die Logik der Biologie. Abh z theor Biologie 14:107

v Weizsäcker CF (1984) Die Einheit der Natur, 4. Aufl. Deutscher Taschenbuch Verlag, München, S 185

Voltaire FM (1984) Philosophisches Wörterbuch, 4. Aufl. Philipp Reclam jun., Leipzig, S 140

Whitehead AN (1974) Die Funktion der Vernunft. Philipp Reclam jun., Stuttgart, S 26

Whitehead AN (1988) Wissenschaft und moderne Welt. Suhrkamp Taschenbuch Verlag, Frankfurt a M

Wiener N (1963) Kybernetik. Regelung und Nachrichtenübertragung im Lebewesen und in der Maschine, 2. Aufl. Econ Verlag, Düsseldorf, Wien

Zelle

3

Ein völlig eindeutiges Kennzeichen aller echten Lebewesen ist es, dass sie aus Zellen zusammengesetzt sind oder vorübergehend (z. B. als Ei) oder dauernd eine einzelne Zelle darstellen (Protisten) (Bernhard Rensch 1968).

Inhaltsverzeichnis

Der Weg bis zu der für die Biologie so fundamentalen Erkenntnis, dass alle rezenten Organismen übereinstimmend aus einer einzigen oder wenigen bis zu sehr vielen Zellen bestehen, war ein sehr langer und mit vielen Irrtümern gepflasterter.

Er begann mit der Beschreibung der „*Cellulae*" im Kork durch den Engländer Robert HOOKE im Jahr 1665. Etwa zur gleichen Zeit beschrieben Marcello MALPIGHI in Bologna im Pflanzenkörper „*Utriculi*" (Bläschen) und Nehemia GREW „*cells*" und „*bladders*", die wahrscheinlich unseren heutigen Zellen entsprochen haben. Mehr war mit den

© Springer-Verlag Berlin Heidelberg 2016
H. Penzlin, *Das Phänomen Leben*, DOI 10.1007/978-3-662-48128-8_3

noch einfachen Mikroskopen (Lupen) damals nicht zu erreichen. Dennoch breitete sich die Auffassung von einem zelligen Aufbau des Pflanzengewebes aus. Lorenz OKEN spricht in seiner „Naturphilosophie" (1809) bereits davon, dass sowohl die Tiere als auch die Pflanzen aus mikroskopischen, den Infusorien entsprechenden „Säckchen" bestünden.

Genauere Kenntnisse konnten erst mit der Entwicklung achromatischer Mehrlinsenmikroskope um 1830 gewonnen werden. Theodor SCHWANN war es, der die inzwischen sehr zahlreichen Einzelbeobachtungen an Pflanzen und Tieren in seiner Arbeit „Mikroskopische Untersuchungen über die Übereinstimmung in der Struktur und im Wachstum der Thiere und der Pflanzen" (1839) nicht nur zusammenfasste, sondern auch die richtigen Schlüsse aus ihnen zog. Seine Darlegungen gipfelten in der zentralen Feststellung, dass die tierischen ebenso wie die pflanzlichen Organismen aus gleichartigen Elementen, den Zellen, aufgebaut seien. Das war die Geburtsstunde der **Zellentheorie** innerhalb der Biologie, während zur gleichen Zeit und unabhängig davon auch die Physik und Chemie durch John DALTONs Atomtheorie ein neues Fundament erhielten. Die lebende Zelle wurde für den Biologen das, was das Atom für die Physiker ist. Ohne Zellen gibt es kein Leben.

Die Fragen nach der Entstehung und dem Wachstum der Zellen blieben allerdings auch bei SCHWANN noch ungelöst. Seine dazu entwickelten Vorstellungen waren – ebenso wie die zuvor von Matthias Jacob SCHLEIDEN geäußerten – unzutreffend. Es sollten nochmals 35 Jahre vergehen, bis der Heidelberger Zoologe Otto BÜTSCHLI und der Jenaer Botaniker Eduard STRASBURGER die allgemeine Bedeutung der indirekten Kernteilung richtig erkannten und einordneten. Den Begriff „Protoplasma" für die „lebendige Materie in halbflüssigem Zustand" hatte PURKYNĚ 1839 eingeführt. Max SCHULTZE definierte die Zelle als „Klümpchen Protoplasma, in dessen Innerem ein Kern liegt".

Keine biologische Disziplin entwickelte sich in den letzten drei Jahrzehnten des 19. Jahrhunderts dank verbesserter Mikroskope und verfeinerter Fixierungs- und Färbetechniken schneller als die Zytologie, die heute eine der wichtigsten Säulen der Allgemeinen und Theoretischen Biologie darstellt.

3.1 Die Zelle als Elementarorganismus

Bei der Beurteilung, was in der Zelle als „lebendig" anzusehen sei, bildeten sich zwei Lager. Die einen (TREVIRANUS, MEYEN, SCHLEIDEN, SCHWANN, VIRCHOW u. a.) hielten die Zelle als Ganzes für das Grundelement des Lebendigen, während die anderen nur die „Sarkode" (DUJARDIN 1835), den „Schleim" bzw. das „Protoplasma" (PURKYNĚ 1839, Hugo VON MOHL 1846, Robert REMARK 1852) für lebendig („lebendige Substanz") hielten. Heute wissen wir, dass diejenigen recht hatten, die die gesamte Zelle als Einheit für lebendig hielten.

Nur die intakte, vollständige Zelle als Einheit ist in der Lage, auf Dauer ihren lebendigen Zustand aufrechtzuerhalten. Wenn in einem Experiment ein Protozoon (beispielsweise *Stentor,* Abb. 3.1) oder eine Eizelle in zwei Stücke zerschnitten wird, wobei nur eines den

Abb. 3.1 Zerschneidungsversuch an dem Trompetentierchen *Stentor roeseli*. Nur die drei Stücke (**b, c, d**), die einen Teil des Makronucleus mitbekommen hatten, überlebten und regenerierten das Fehlende. Das Teilstück **a** starb dagegen nach einiger Zeit, ohne zu regenerieren. (Nach Belar 1928)

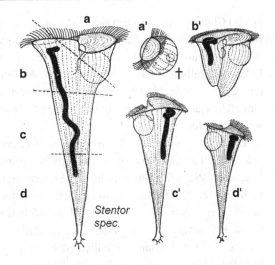

Zellkern erhalten kann, ist es dieses kernhaltige Stück, das auf Dauer am Leben bleibt, während das andere mehr oder weniger schnell zugrunde geht. Nur das kernhaltige Stück ist in der Lage, das Verlorene wieder zu ersetzen. Eine kernlose Amöbe kann zwar noch für eine gewisse Zeit fressen und verdauen. Später verschwindet diese Fähigkeit und die Nahrung wird unverdaut wieder ausgestoßen. Man könnte deshalb die Zelle auch als „Individuum" oder „Atom" bezeichnen, was so viel wie „das Unteilbare" heißt, muss aber gleichzeitig hinzufügen, dass die Zelle das Unglaubliche zu leisten vermag, nämlich sich selbst in zwei gleichartige Zellen zu teilen (s. Abschn. 3.9).

Erwin CHARGAFF hatte völlig recht, als er feststellte, dass es komplizierte Systeme gibt, „die durch Unterteilung nicht vereinfacht werden können", und dass das Leben selbst wahrscheinlich „das am wenigsten reduzierbare System" sei (Chargaff 1989, S. 158). Der Wiener Physiologe Ernst VON BRÜCKE charakterisierte 1851 auf einer Sitzung der Kaiserlichen Akademie der Wissenschaften zu Wien die Zelle als „**Elementar-Organismus**" (Brücke 1851, S. 381–466). Viele prominente Biologen, darunter der Anatom Walther FLEMMING (1882), der Pflanzenphysiologe Wilhelm PFEFFER (Pfeffer 1897, S. 3), der Zoologe Edward Osborne WILSON (1907) und der Biochemiker Frederick Gowland HOPKINS schlossen sich der Auffassung BRÜCKEs an (Hopkins 1913, S. 213–223). BRÜCKE wies in diesem Zusammenhang auch schon auf die wichtige Tatsache hin, dass die lebende Zelle nicht aus einem „homogenen Kern", einer „homogenen Membran" und einer „bloßen Eiweißlösung als Inhalt" bestehen könne, sondern eine mit den derzeitigen Hilfsmitteln allerdings nicht erkennbare funktionelle Struktur aufweisen müsse, die er als „**Organisation**" kennzeichnete. Heute wissen wir, dass „Leben" Zellaktivität bedeutet, die Einzigartigkeit des „Lebens" ist die Einzigartigkeit der Zelle.

Diese Erkenntnis drückt auf dem zellulären Niveau einen holistischen Standpunkt aus, wie er einst bereits von Immanuel KANT für den vielzelligen Organismus vertreten wurde. Unterhalb des Zellniveaus ist kein selbstständiges Leben auf Dauer möglich. Mitochondri-

en und Chloroplasten können sich zwar teilen, das erfordert aber immer eine intakte Zelle.
Bei unserem Bemühen, das „Wesen" des lebendigen Zustands (nicht des Organismus!) zu
definieren, durch das sich *alle* lebendigen Entitäten auszeichnen, können wir uns auf das
Leben auf zellulärer Ebene konzentrieren. Als im Präkambrium vor rund 0,8 Mrd. Jahren der erste multizelluläre Organismus entstand, existierte „Leben" bereits 3 Mrd. Jahre.
Ungefähr vier Fünftel der zurückliegenden Evolution war Evolution auf zellulärer Ebene,
war Zellevolution.

Diese These von der Zelle als Elementarorganismus steht in keinem Gegensatz zu der
bekannten Tatsache, dass die ursprüngliche Totipotenz der Eizelle während der Ontogenese eines Vielzellers im Rahmen der Differenzierung in den meisten Zellabkömmlingen
verlorengeht. Die Differenzierung ist, wie wir heute wissen, das Resultat einer differenziellen Genexpression, d. h. einer differenziellen Steuerung der Transkription, der post-
transkriptionalen Vorgänge oder der Translation, aber nicht auf einen Verlust an DNA
zurückzuführen. In manchen Fällen ist sie unter geeigneten Bedingungen sogar umkehrbar (Transdifferenzierung, s. Abschn. 10.8).

Die fundamentale Erkenntnis, dass alle Lebewesen aus Zellen bestehen, die sich durch
Teilung vermehren, wurde in ihrer Bedeutung für die **Allgemeine Biologie** nicht sofort
erkannt. Am längsten blieb die Physiologie von ihr unbeeinflusst, wie auch die Evolutionstheorie kaum unter den Physiologen des 19. und auch noch des 20. Jahrhunderts
diskutiert wurde. Es war Max VERWORN, der mit seiner Monographie erstmals die Zelle
in den Mittelpunkt seiner Betrachtungen stellte (Verworn 1909). Ihm folgte einige Jahre später Oscar HERTWIG mit seinem zweibändigen Werk (Hertwig 1906). Damit legte
HERTWIG die Grundlagen zu diesem neuen Zweig der Lebenswissenschaft, der sich das
Ziel gesetzt hat, die *allen* Lebewesen eigenen Funktionsprinzipien zu verstehen. Nicht
mehr der Vielfalt des Lebendigen, der Diversität galt das Interesse, sondern das in der
Vielfalt des Organischen Einigende.

3.2 Molekulartheorien des Lebens

Unterhalb des Zellniveaus gibt es kein dauerhaftes Leben. Leben ist Leistung in spezifischer Weise organisierter Systeme, niemals einzelner Moleküle oder Molekülaggregate,
seien sie auch noch so komplex in ihrem Aufbau. Es müssen alle Hypothesen abgelehnt
werden, die molekulare Einheiten postulieren, die als „eigentliche" Träger des Lebens
anzusehen seien.

Annahmen dieser Art gab es in der Geschichte mehr als genug, angefangen bei den
Vorsokratikern bis hin zu den Molekulartheorien des beginnenden 20. Jahrhunderts. ANA-
XIMANDER identifizierte Leben mit Luft, HERAKLIT mit Feuer, HIPPO VON SAMOS mit
Wasser, CRITIAS mit Blut usf. Im Mittelalter und in der frühen Renaissance wurde Leben gerne als flüssige Substanz, *liquor vitae*, definiert. Noch bei William HARVEY war
das *humidum primigenium* die undifferenzierte primäre Substanz, aus der sich der Embryo entwickelt. John HUNTER lokalisierte Leben in eine einzigartige *materia vitae*. Felix

DUJARDINs „Sarcode" wurde später durch den allgemeineren Begriff des „Protoplasmas" ersetzt, das von vielen Forschern bis ins 20. Jahrhundert hinein als der materielle Träger des Lebens angesehen wurde. Für Ernst HAECKEL war Plasma „die lebende Substanz", die er sich als „eine stickstoffhaltige Kohlenstoff-Verbindung in festflüssigem Aggregat-Zustand [...] von sehr verwickelter chemischer Zusammensetzung" vorstellte (Haeckel 1904, S. 40).

Unter dem Eindruck der sich rasch entwickelnden organischen Chemie in der zweiten Hälfte des 19. Jahrhunderts wurde es unter den theoretisch orientierten Biologen nochmals sehr modern, letzte Lebenseinheiten unterhalb des Zellniveaus zu postulieren. Diese Verbindungstheorien (Tschermak 1924) oder **Molekulartheorien des Lebens** („*life-as-things*"-Hypothesen; Hall 1969, 1975) waren untereinander sehr heterogen, sodass jeder Autor es für angebracht hielt, die von ihm postulierten letzten irreduziblen Lebenseinheiten mit einem besonderen Namen zu belegen. So entstanden die „physiologischen Einheiten" bei SPENCER, „Gemmulae" bei DARWIN (1867), die „Plastidulen" bei HAECKEL (1876), „Pangene" bei DE VRIES (1889), „Bioblasten" bei ALTMAN (1890) und Oscar HERTWIG (Hertwig 1906), „Biophoren" bei WEISMANN (Weismann 1892), „Plasomen" bei WIESNER (1892), „Protomeren" bei HEIDENHAIN (Heidenhain 1894, S. 423–758), „Biogene" bei VERWORN (Verworn 1894, 1903) oder „Isoplassone" bei ROUX (1905). In vielen Fällen, wie beispielsweise bei den Pangenen DE VRIES', waren die letzten Lebenseinheiten gleichzeitig auch die Erbanlagen.

Hintergrundinformationen
Den traurigen Gipfel solcher ins Abstruse führenden Spekulationen lieferte der Marburger Botaniker Arthur MEYER im Jahre 1920 mit seiner **Vitül- und Mionentheorie** (Meyer 1920). Für ihn waren die eigentlichen Träger des Lebens unsichtbare und kompliziert aufgebaute „Vitüle", die eine „vererbbare Maschinenstruktur besitzen und in einem einkernigen Protoplasten mehrfach vorhanden" sein sollen. Ihr Gewicht wird mit $6{,}75 \cdot 10^{-15}$ mg angegeben. Diese „in sich geschlossenen Systeme" sollen nochmals aus sehr kleinen Bauelementen, kleiner als die Atome, bestehen, den „Mionen". Deren Masse soll „mehr als 2000mal" kleiner sein als die eines Elektrons. Sie sollen „nur durch Zertrümmerung von Atomen gewonnen werden" können, „zu welcher dem Protoplasma Energie, die durch Atmungsprozesse frei wird, zur Verfügung steht." Sie sollen nur innerhalb der lebenden Zelle existenzfähig sein und beim Absterben „in den Zustand der in der toten Natur beständigen raumerfüllenden kleinsten Realitäten übergehen."

Lange, bis ins 20. Jahrhundert hinein, sah man in den **Proteinen** die ontologische Lebenssubstanz. Der Physiologe Eduard PFLÜGER sprach vom „lebendigen Eiweiß" (Pflüger 1875, S. 251–269, 641–544). Friedrich ENGELS schrieb in seinem „Antidühring", dass das Leben „die Daseinsweise der Eiweißkörper" sei (Engels 1975, S. 76). Der russische Biochemiker und Marxist Alexander I. OPARIN hielt bei seinen Überlegungen über die Entstehung des Lebens auf unserer Erde an dieser These fest. Er sah in den Eiweißkörpern „jene ungeheuren Möglichkeiten zur weiteren Entwicklung der organischen Substanz, die unter bestimmten Bedingungen zwangsläufig zum Entstehen von Lebewesen führen mussten" (Oparin 1947, S. 121 f.). Bis in die frühen 50er-Jahre des vergangenen Jahrhunderts sah man in den Proteinen auch die materiellen Träger der Erbanlagen. Diese These erhielt durch die Entdeckung der „**Transformation Pneumokokken**", die sich durch eine unterschiedliche Virulenz auszeichneten, eine starke Stütze. Alle Indizien zur chemischen Natur des transformierenden Agens wiesen auf die Desoxyribonukleinsäure hin (Avery et al. 1944, S. 137–158). Das Proteinparadigma musste schließlich – nicht ohne Widerstand – zugunsten eines **Nukleinsäureparadigma**s des Gens aufgegeben werden. Viele Phagenforscher, darunter DELBRÜCK und LURIA, konnten sich allerdings zunächst nicht vorstellen, dass die DNA, abfällig als „Tetranukleotid" bezeichnet, die notwendige Komplexität besitzen könne, als Träger von Erbanlagen zu dienen. Als sich die Erkenntnis über die zentrale Rolle der DNA jedoch allgemein durchgesetzt hatte, brach eine wahre „Lawine" der Nukleinsäureforschung an, wie Erwin CHARGAFF sich ausdrückte. Nun wurde die Desoxyribonukleinsäure (DNA) in unkritischer und unzulässiger Weise zum „Lebensprinzip" oder zum „Faden des Lebens" schlechthin hochstilisiert. Man dachte, in der DNA „endlich das magnetische Band für den Computer Leben gefunden" zu haben (Chargaff 1993, S. 62).

Man darf nicht außer Acht lassen, dass auch die Doppelhelix der DNA ihre wichtigen zentralen Funktionen nur im Innern einer lebenden Zelle zu erfüllen vermag. Replikation (s. Abschn. 9.3) erfordert nicht nur Energie, sondern auch die Gegenwart verschiedener Proteinenzyme und einiger komplexer Präkursoren. Dasselbe gilt für die Transkription von Informationen von der DNA auf die RNA. Auch die Translation der RNA-Sequenz in die entsprechende Sequenz von Aminosäureresten in der Polypeptidkette erfordert hochspezifische Aminoacyl-Synthetasen, um die jeweils korrekte Aminosäure an die korrekte tRNA zu knüpfen und damit die Synthese eines Polypeptids mit der „richtigen" Aminosäuresequenz entstehen zu lassen (s. Abschn. 9.5). Eine „Genobiose", ein Leben auf dem Niveau der Gene, wie sie KAPLAN vorschwebte (Kaplan 1972), gibt es nicht. Zahlreiche Versuche (Joyce und Orgel 1986, S. 433–437; Joyce 1987), ein enzymfreies Polynukleotidsystem zu finden, das in der Lage ist, Replikationszyklen durchzuführen, bei denen nacheinander jeweils das „richtige" Nukleotid dem neu wachsenden Strang hinzugeführt wird, waren bislang erfolglos (Kaufmann 1996, S. 496–497).

Alle Molekulartheorien des Lebens stimmten, bei aller Unterschiedlichkeit im Detail, in dem Versuch überein, die spezifischen Eigenschaften und Leistungen lebendiger Systeme mysteriösen Teilchen, Molekülen oder Aggregaten zuzuschreiben. Heute ist klar, dass kein Molekül, keine chemische Komponente des Protoplasmas für sich bereits lebendig ist. Die Chemiker haben inzwischen gelernt, beliebige Proteine oder Nukleotidsequenzen zu synthetisieren, „Leben" haben sie dabei niemals erzeugt. Die „Geburt" des Lebens auf unserer Erde fiel nicht mit dem Erscheinen eines bestimmten Proteins zusammen, wie es der Physiker Pascual JORDAN vermutete. Es trifft auch nicht zu, dass das Leben mit dem Erscheinen des ersten Nukleotidstrangs in der „Ursuppe", der in der Lage war, sich zu replizieren und zu mutieren und damit der Selektion unterworfen war, begann, wie KUHN und WASER einst behaupteten (Kuhn und Waser 1982, S. 860–905). Wir müssen akzeptieren, dass „Leben" grundsätzlich die Leistung komplexer Systeme mit interner Organisation ist und deshalb notwendig nur als minimales, integrales, multimolekulares System beginnen konnte.

Wissenschaftler, die meinen, das Rätsel „Leben" sei durch die moderne molekularbiologische Forschung bereits gelöst, irren. Solche Behauptungen, wie *„when we know
exactly what the genes look like, we will know what it is to be human"*, sind in hohem
Grad unseriös, wie LEWONTIN in seiner lesenswerten Polemik näher ausführte (Lewontin
1992, S. 31–40). Nur auf der Ebene der Gene zu denken, greift zu kurz und wird den Leistungen lebendiger Systeme in keiner Weise gerecht. Es zeigt sich immer deutlicher, dass
kein Organismus als die Summe seiner Gene verstanden werden kann. Ein Organismus ist
das Produkt komplexer, kontrollierter Interaktionen zwischen Genen und ihren Produkten,
darunter insbesondere genregulatorischer Proteine und Enzyme. Man kann und darf aus
diesem Netzwerk interagierender Faktoren nicht eine Komponente zum *primum movens*
erklären, dem alles andere unterzuordnen ist (Portin 1993, S. 173–223).

Zusammenfassend lässt sich sagen: Das Phänomen „Leben" fehlt auf atomarer und
molekularer Ebene, es tritt uns erst als das organisierte Zusammenspiel verschiedener
Substanzen innerhalb eines autonomen Systems entgegen, ist Systemleistung. Alle Life-
as-things-Hypothesen sind deshalb unzutreffend. „Leben" setzt die Existenz bestimmter
Substanzen voraus, wird aber nicht durch sie definiert. Es ist überhaupt kein „Ding", sondern in erster Linie Dynamik, Prozess, Leistung bestimmter natürlicher Systeme: **Life-
as-action-Standpunkt**. Das einfachste lebendige System ist eine primitive Prokaryotenzelle, denn nur sie repräsentiert eine sich aufgrund ihrer internen Organisation *selbsttätig*
erhaltende und reproduzierende Entität.

3.3   Die Plasmamembran trennt innen und außen

Jedes lebendige System, jede einzelne Zelle bedarf einer **Abgrenzung** von seiner Umgebung. SCHELLING sprach davon, dass das Leben „das Streben nach Individuation" sei,
und GOETHE schrieb in seiner „Einleitung zur Morphologie" (Goethe 1891. II. Abt.,
6. Band, I. Theil, S. 14): „Die ganze Lebenstätigkeit verlangt eine Hülle, die gegen das
äußere rohe Element [...] sie schütze, ihr zartes Wesen bewahre, damit sie das, was ihrem
Innern spezifisch obliegt, vollbringe. [...] Alles, was zum Leben hervortreten, alles, was
lebendig wirken soll, muss eingehüllt sein."

Jedes lebendige System muss sich – einerseits – von seiner Umgebung abschirmen,
um seine Spezifität zu bewahren, und es muss – andererseits – als offenes System einen
hinreichend intensiven Stoffaustausch mit seiner Umgebung unterhalten, aus der es seine lebensnotwendigen Stoffe bezieht und in die hinein es seine Abfallprodukte wieder
entlässt. Diese Aufgaben übernimmt in erster Linie die Plasmamembran, die somit gleichzeitig Barrieren- und Transportfunktionen zu erfüllen hat. Sie hat die schwierige, aber
lebenswichtige Aufgabe, die Zelle vor unkontrollierten Stoffverlusten und Stoffinvasionen
zu schützen und gleichzeitig die Aufnahme und Abgabe *ausgewählter* Stoffe zuzulassen.
Sie muss also gleichzeitig durchlässig und nicht durchlässig sein. Schließlich muss sie
auch lebenswichtige Reize, die die Zelle treffen, registrieren und in körpereigene Signale
übersetzen können, damit die Zelle in entsprechender Weise reagieren kann.

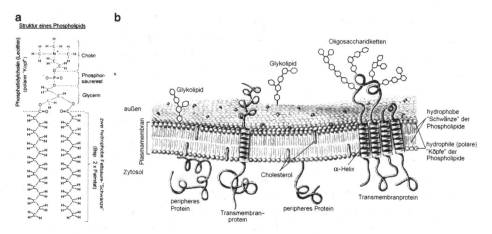

Abb. 3.2 a Strukturmodell eines Phospholipids, **b** Modell der Biomembranstruktur: Phospholipiddoppelschicht mit peripheren und Transmembranproteinen sowie eingelagerten Cholesterolmolekülen. An der Außenseite Oligosaccharide (Glykolipide und Glykoproteide). (In Anlehnung an Lehninger 2001)

Die etwa 5–15 nm dicken **Plasmamembranen** erscheinen im elektronenoptischen Bild dreischichtig. Die mittlere Schicht ist elektronenoptisch weniger dicht als die beiden äußeren und erscheint deshalb heller. Alle Membranen bestehen in erster Linie aus Phospholipiden und Proteinen, die vorrangig durch nichtkovalente Bindungen zusammengehalten werden und deren Mengenverhältnisse zueinander unterschiedlich sein können. Außerdem trifft man regelmäßig Cholesterin und Kohlenhydrate an. Die strukturelle Anordnung der Phospholipide und Proteine innerhalb der Plasmamembran entzieht sich der direkten Beobachtung. Man geht heute davon aus, dass eine Phospholipiddoppelschicht in flüssigkristallinem Zustand die strukturelle Grundlage jeder Membran liefert (Abb. 3.2).

Die **Phospholipidmoleküle** sind amphiphil (amphipathisch); d. h. sie besitzen einen hydrophoben (wasserabstoßenden, unpolaren) und einen hydrophilen (wasseranziehenden, polaren) Teil. Ihre hydrophoben „Schwänze" in Form mehr oder weniger langer Kohlenwasserstoffketten (Fettsäuren) sind in der Doppelschicht gegeneinander nach innen gerichtet, während ihre hydrophilen „Kopfgruppen" nach außen weisen, wo sie Kontakt mit wässrigen Phasen entweder im Zellinnern (Zytosol) oder an der Zelloberfläche (extrazelluläre Flüssigkeit) haben. In freier wässriger Lösung bilden die Lipidmoleküle aufgrund ihrer amphiphilen Eigenschaft spontan Doppelschichten oder kugelförmige „Mizellen", wobei die hydrophoben Schwänze jeweils nach innen weisen (konservative Strukturen, s. Abschn. 5.9)

Der Phospholipiddoppelschicht sind mosaikartig **Membranproteine** auf- und eingelagert. Man unterscheidet zwei Gruppen von Membranproteinen, die peripheren (extrinsischen) und die integralen (intrinsischen). Die peripheren Proteine gehen keine hydrophoben Wechselwirkungen mit den Membranlipiden ein, sondern stehen in nur lockerem Kontakt mit der Membran, wo sie nicht durch Protein-Lipid-, sondern wahrscheinlich ausschließlich durch Protein-Protein-Wechselwirkungen verankert sind. Demgegenüber sind die integralen Proteine mindestens mit einem Teil ihres Moleküls in der Phospholipidschicht verankert. In der Mehrzahl der Fälle durchspannen die integralen Proteine die Phospholipidschicht vollständig (Transmembranproteine). Ihr „integraler Teil" kann aus einer einzigen α-Helix mit hydrophoben bzw. unipolaren Aminosäureresten bestehen, über die eine hydrophobe Wechselwirkung mit den Membranlipiden ermöglicht wird (Single-pass-Proteine). In anderen Fällen durchquert die Polypeptidkette die Doppelschicht in Form mehrerer α-Helices mehrfach (Multi-pass-Proteine).

Jede biologische Membran trennt gewöhnlich eine plasmatische Phase von einer nichtplasmatischen (Kompartimentierungstheorem, s. Abschn. 3.4). Sie ist deshalb zwangsläufig **asymmetrisch**. Äußere und innere Schicht besitzen eine unterschiedliche Lipidzusammensetzung. An der Zelloberfläche tragen viele Lipid- und Proteinmoleküle Kohlenhydratgruppen (Glykolipide und Glykoproteine), die in das umgebende wässrige Medium hineinragen und die sog. Glykokalyx bilden. Sie verleihen der Zelle eine Spezifität.

Man darf sich die Membran auf keinen Fall starr vorstellen. Sie besitzt, im Gegenteil, eine hohe **Dynamik** und **Fluidität** (Flüssig-Mosaik-Modell; Singer und Nicolson 1972, S. 720–731). Die Membranbausteine können sich innerhalb der Membran lateral gegeneinander verschieben, wobei sie allerdings gewöhnlich innerhalb ihrer Schicht bleiben. Die Geschwindigkeit der lateralen Diffusion schwankt von Zelle zu Zelle erheblich. Der Diffusionsquotient der Membranproteine liegt bei 10^{-9}–10^{-11} cm$^2 \cdot$ s^{-1} und ist damit nur ein Zehntel bis ein Hundertstel so groß, wie bei den Phospholipiden. Da der Abstand benachbarter Proteine in der Membran relativ klein ist (kleiner als in einer konzentrierten Eiweißlösung) und ihre Diffusion auf die laterale Ebene beschränkt ist, kann man davon ausgehen, dass Kollisionen zwischen ihnen häufiger auftreten als im Zytoplasma. Modelluntersuchungen haben gezeigt, dass die Phospholipidmoleküle innerhalb der Membran mit hoher Geschwindigkeit um ihre Längsachse rotieren und dass ihre Schwänze flexibel sind. Die Plasmamembran kann bei Bedarf in Teilen eingeschmolzen und wieder neu gebildet werden. Ihre Eigenschaften können sich unter verschiedenen physiologischen Bedingungen mehr oder weniger drastisch ändern.

Hintergrundinformationen

Ein Flip-Flop-Wechsel von einer Schicht in die andere ist eher selten. Bei der Neusynthese von Phospholipidbausteinen, die ausschließlich in der dem Zytosol zugewandten Einzelschicht der Doppelmembran des endoplasmatischen Retikulums erfolgt, sind deshalb besondere Enzyme, die sog. Phospholipidtranslokatoren, notwendig, die die neuen Bausteine auch in die zytosolabgekehrte Einzelschicht hinein transferieren.

Die Plasmamembran verhält sich in kurzfristigen Experimenten angenähert wie eine semipermeable, d. h. halbdurchlässige Membran, die zwar das Lösungsmittel Wasser, aber nicht die darin gelösten Substanzen hindurchlässt. In Wirklichkeit ist sie jedoch in hohem Grad **selektiv permeabel**, was darauf zurückzuführen ist, dass die benötigten Substanzen nicht durch freie Diffusion, sondern mithilfe spezifischer Transportproteine in die Zelle gelangen. Für wasserlösliche Moleküle wie beispielsweise Glukose und anorganische Ionen ist die Plasmamembran so gut wie undurchlässig. Nur Wasser und andere kleine Moleküle, wie Sauerstoff und Kohlendioxid, können frei passieren. Einige hydrophobe (lipophile) Substanzen, beispielsweise Steroide, können sich aufgrund ihrer Löslichkeit ebenfalls durch die Lipidschicht „hindurchlösen". Makromoleküle werden auf völlig anderem Wege, durch rezeptorvermittelte Endo- bzw. Exozytose, in die Zelle aufgenommen bzw. abgegeben.

Man unterscheidet zwei Hauptklassen von Transportproteinen: Carrier (Transporter) und Kanäle. Charakteristisch ist, dass sie im Gegensatz zur Diffusion jeweils nur bestimmte Stoffe selektiv durchlassen, andere dagegen abweisen (**Substratspezifität**) und dass sie eine typische **Sättigungskinetik** (Abb. 3.3) aufweisen.

Die **Kanäle** stellen die Membran vollständig durchdringende, hydrophile Poren dar, durch die die gelösten Substanzen – i. d. R. anorganische Ionen (**Ionenkanäle**) – die Zellmembran passieren können. Es gibt auch spezifische Kanäle für das Wasser, sog. **Aquaporine** oder Wasserkanäle. Die Kanalwand besteht aus einer einzigen Polypeptidkette (monomere Kanäle) oder aus einigen wenigen (oligomere Kanäle). Sie weist an ihrer Außenseite zur Lipidphase der Zellmembran hin hydrophobe und zum Kanallumen hydrophile Aminosäurereste auf.

Der Transport durch Kanäle verläuft immer passiv („bergab"), d. h. unter Abnahme an freier Enthalpie ($\Delta G < 0$): erleichterte Diffusion. Er wird in seiner Richtung und Stärke vom sog. **elektrochemischen Potenzial** bestimmt:

$$\Delta G = RT \ln \frac{c_2}{c_1} + zF\Delta E < 0.$$

Dieses Potenzial setzt sich aus der Summe zweier Terme zusammen, dem Konzentrations- und dem elektrischen Potenzialgradienten (Spannungsgradienten) über der Membran [R = Gaskonstante, T = absolute Temperatur, c = Konzentration des Stoffs beiderseits der Membran, z = Ladung des Stoffs, F = Faraday-Konstante, ΔE = elektrisches Potenzial]. Gewöhnlich wird an der Zellmembran ein elektrisches Potenzial (Membranpotenzial) bestimmter Höhe aufrechterhalten, wobei das Zellinnere negativ gegenüber dem Zelläußeren ist. Dadurch wird der Einstrom positiv geladener Ionen erleichtert, der negativer Ionen dagegen erschwert.

Diese Ionenkanäle sind niemals dauerhaft geöffnet, sondern öffnen sich erst beim Auftreten bestimmter Reize. Dabei kann es sich um einen Liganden, beispielsweise Transmitter, handeln (ligandenkontrollierte Kanäle) oder um eine Änderung des Spannungspotenzials (spannungskontrollierte Kanäle) oder auch um einen mechanischen Reiz (mechanisch kontrollierte Kanäle) handeln. Besonders bekannt sind die Kanäle, die durch Transmitter geöffnet werden (Abb. 3.3: acetylcholinaktivierbarer, kationenselektiver Ionenkanal).

Die **Carrier** (Transporter) sind Transportproteine, die keine Poren bilden, sondern den zu transportierenden Stoff an spezifischen **Substratbindungsstellen** chemisch binden,

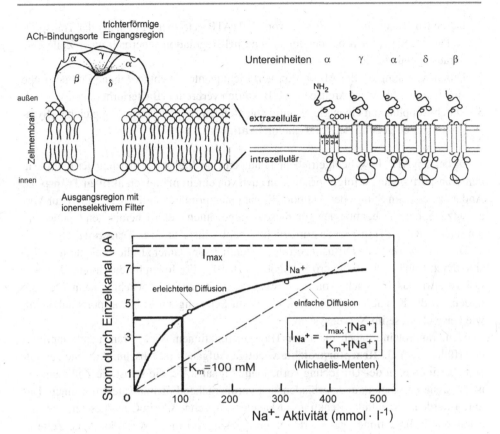

Abb. 3.3 *Oben:* Schematische Darstellung des acetylcholinaktivierbaren, kationenselektiven Ionenkanals. Er besteht aus fünf Untereinheiten (2α, β, γ, δ), ist pentamer. Die vier Untereinheitentypen, jede besteht aus einer einzigen Polypeptidkette, sind untereinander hinsichtlich ihrer Aminosäuresequenz sehr ähnlich. Jede Untereinheit besitzt vier membrandurchspannende (hydrophobe) α-Helices (M1–M4). Die beiden α-Untereinheiten besitzen je eine Bindungsstelle für Acetylcholin (ACh) an ihrer extrazellulären Seite. Der Kanal öffnet sich, wenn beide Bindungsstellen besetzt sind. Dann können Na^+-, K^+- und auch Ca^{2+}-Ionen, nicht aber Anionen, den Kanal passieren. *Unten:* Der Na^+-Strom durch einen Einzelkanal in Abhängigkeit von der Na^+-Aktivität (Sättigungskinetik). (In Anlehnung an Kandel et al. 1996)

wobei sie selbst reversible Konformationsänderungen erfahren und auf diese Weise den Stoff durch die Membran schleusen. Dabei kann es sich, wie beim Kanaltransport, um einen passiven Bergabtransport (**carriervermittelte Diffusion**) handeln.

Es ist auch ein aktiver Bergauftransport möglich. In diesem Fall ist eine Kooperation mit einer Energiequelle notwendig (**aktiver Carriertransport**). Man unterscheidet drei Hauptmechanismen des Transports:

1. Durch Kopplung an die Hydrolyse von ATP (ATP-getriebene Pumpen oder Transport-ATPasen). Sie spielen bei der Ionen- und pH-Regulation innerhalb einer Zelle eine herausragende Rolle.
2. Durch Kopplung an die Absorption von Lichtquanten (lichtgetriebene Pumpen). Sie sind hauptsächlich bei Archaeen und Bakterien verbreitet (Bacteriorhodopsin).
3. Durch Kopplung an einen gleichzeitig ablaufenden Bergabtransport in gleicher (**Symport**) oder entgegengesetzter Richtung (**Antiport**).

Da bei den ATP- bzw. lichtgetriebenen Pumpen eine direkte Einspeisung der Energie in den Transportvorgang erfolgt, spricht man auch von einem **primären aktiven Transport**. Anders ist es beim Sym- oder Antiport. Er hat einen primären aktiven Transport zur Voraussetzung, denn er benutzt den von diesem aufgebauten elektrochemischen Gradienten, um seinen eigenen Transport zu ermöglichen (**sekundärer aktiver Transport**).

Die carriervermittelte Diffusion erfolgt wesentlich langsamer als die erleichterte Diffusion durch Kanäle, durch die pro Sekunde bis zu 10^8 Mio. Ionen hindurchtreten können. Das ist etwa das 10^5-Fache von dem, was man bei Carriern beobachten kann. Deshalb finden wir die Kanäle besonders dort, wo es auf Schnelligkeit des Transports ankommt, wie beispielsweise im Nervensystem.

Membranproteine haben nicht nur Transportfunktionen. Viele Transmembranproteine erfüllen auch als **Rezeptorproteine** wichtige Aufgaben (s. Abschn. 8.6). Sie „erkennen" bestimmte, in der Umgebung vorhandene Signalstoffe, die selbst die Zellmembran nicht passieren können, und verbinden sich vorübergehend nichtkovalent mit ihnen. Dadurch werden intrazellulär Reaktionskaskaden (s. Abschn. 8.7) in Gang gesetzt, über die bestimmte Zellreaktionen gesteuert werden können. Auf diese Weise kann die Zelle in „sinnvoller" Weise auf bestimmte „Botschaften" von außen reagieren.

Schließlich können Membranproteine auch **mechanische Funktionen** erfüllen. Über sie erfolgt beispielsweise die Verknüpfung mit dem Zytoskelett (s. Abschn. 3.9). Andere Proteine dienen der Verankerung im Zellverband, indem über sie Zwischenzellkontakte (s. Abschn. 3.10) geknüpft werden.

3.4 Zwei Zelltypen

Es gibt nur zwei Zelltypen, die einfachere **Prokaryotenzelle** der Archaeen (Archaebakterien) und Bakterien (Eubakterien) und die wesentlich komplexere **Eukaryotenzelle** aller anderen Organismen (Protisten, Pilze, Pflanzen und Tiere; Abb. 3.4). Letztere ist nicht nur komplexer in ihrer Struktur, sondern auch wesentlich größer – etwa 1000-fach voluminöser – als die Prokaryotenzelle (Tab. 3.1). Im Zusammenhang damit ist der DNA-Gehalt in der Eukaryotenzelle stets deutlich höher als bei den Prokaryoten. Das Bakterium *Escherichia coli* besitzt beispielsweise in ihrem Genom $4 \cdot 10^6$, der Mensch $2{,}9 \cdot 10^9$ Basenpaare (bp). Zwischenformen zwischen der prokaryotischen und der eukaryotischen Zelle sind

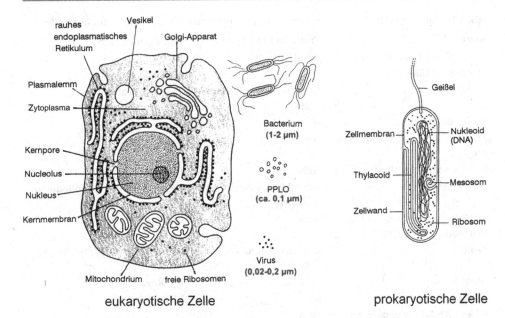

Abb. 3.4 Gegenüberstellung einer eukaryotischen (tierischen) und einer prokaryotischen Zelle. Erstere im Größenverhältnis zu Bakterien, Mykoplasmazellen (PPLO = „pleuropneumonia-like organisms") und Viren. Das auffälligste Merkmal eukaryotischer Zellen ist der Besitz eines Zellkerns (Nukleus), der von einer doppellagigen, durchlöcherten Membran umschlossen ist. In ihm befindet sich fast das gesamte genetische Material (Kern-DNA) der Zelle. (Aus Sheeler und Bianchi 1987, verändert)

nicht bekannt. Vielzeller sind in der Evolution ausschließlich auf der Stufe der Eukaryotenzelle entstanden (s. Abschn. 3.10).

Prokaryotenzellen

zeigen zwar eine einfachere Struktur, sind aber keineswegs primitiv. Im Gegenteil, sie sind hinsichtlich ihrer stoffwechselphysiologischen Leistungen wahre Überlebenskünstler (s. Abschn. 6.1; Zillig 1991, S. 544–551). Archaebakterien findet man beispielsweise in heißen, sauren Quellen ebenso wie an Orten extremen Salzgehalts. Die Prokaryoten bilden die weitaus stärkste Organismengruppe auf unserer Erde. Unter optimalen Bedingungen kann sich eine Prokaryotenzelle alle 20 Minuten teilen, d. h. sie ist potenziell in der Lage, innerhalb von 11 Stunden 8,6 Mrd. Zellen entstehen zu lassen, das ist mehr als die derzeitige Erdbevölkerung! Diese hohe Vermehrungsrate erlaubt den Bakterienpopulationen, sich aufgrund spontaner Mutationen und anschließender Selektion in relativ kurzer Zeit an neue Umweltbedingungen anzupassen.

In ihrer chemischen Zusammensetzung ähneln sich die Zellen aller Organismen stark. Darüber hinaus weisen alle Zellen – ob Pro- oder Eukaryot – gewisse strukturelle und funktionelle Übereinstimmungen auf. Dazu zählt, dass alle Zellen oberflächlich von einer Plasmamembran begrenzt werden (s. Abschn. 3.3). Auch der Ablauf grundlegender Stoff-

Tab. 3.1 Einige wesentliche Unterschiede zwischen prokaryotischen und eukaryotischen Zellen

Merkmal	Prokaryotische Zelle	Eukaryotische Zelle
Durchmesser (Durchschnitt)	0,3–3,0 µm	2–40 µm
Volumenverhältnis	1	1000
Zytoskelett	Ja (Aktin-, Tubulinhomologe)	Ja (Aktin, Tubulin)
Endomembranen	Nein	Ja
Doppelte Kernmembran mit Poren	Nein	Ja
Exo-, Endozytose (Phagozytose)	Nein	Ja
Ribosomen	70S (chloramphenicolempfindlich)	80S (cycloheximidempfindlich)
DNA-haltige Organellen (Mitochondrien, Plastiden)	Nein	Die Regel
Genom	Eine zirkuläre DNA-Doppelhelix	Mehrere lineare DNA-Doppelhelices
Mosaikgene	Sehr selten	Die Regel
Histone, Nukleosomen	Nein	Meistens ja
Eigene RNA-Polymerasen für tRNAs, rRNAs, mRNAs	Nein	Ja
Cap-Struktur der mRNA	Nein	Ja
Zellteilung	Septenbildung	Mitose (Zellzyklus), Zytokinese
Meiose, Sexualität	Nein	Die Regel
N_2-Fixierung	Ja	Nein
Weg zur Vielzelligkeit	Nein	Ja

wechselwege, beispielsweise der DNA-Replikation, der Proteinsynthese an der Messenger-RNA (mRNA) als Matrize (Translation) oder der Art und Weise des Energietransfers, ist in allen Zellen ähnlich.

Die auffälligste und deshalb auch schon relativ früh entdeckte Besonderheit eukaryotischer Zellen, worauf der Name schon hindeutet, besteht darin, dass sie einen **Kern** (griechisch: *karyon*) besitzen. Er wird von einer Hülle umgeben, die zwei Membranen (Phospholipiddoppelschichten) aufweist, eine innere und eine äußere. Zwischen beiden erstreckt sich der perinukleäre Raum, der direkt mit dem Lumen des endoplasmatischen Retikulums in Verbindung steht. Die Kernhülle wird von zahlreichen, aus Membranproteinen zusammengesetzten Kanälen („Kernporen") durchsetzt, über die der Stoffaustausch zwischen Kern und Zytosol geregelt wird.

Die **Desoxyribonukleinsäure** (DNA) liegt bei den Prokaryoten in Form eines einzelnen Rings vor. Bei den Eukaryoten befindet sich der Großteil der zellulären DNA im Zellkern, wo sie zusammen mit Histonproteinen in den **Chromosomen** unterschiedlicher Größe und Zahl verpackt ist. Im Kern läuft die gesamte DNA-Transkription (s. Abschn. 9.5) in eine RNA-Sequenz ab, die den Kern anschließend über die Kernporen verlässt, um ihre

Matrizenfunktion im Rahmen der Proteinsynthese (Translation, s. Abschn. 9.7) im Zytosol erfüllen zu können.

Im Gegensatz zur Prokaryotenzelle ist somit in der Eukaryotenzelle der Ort, an dem die Transkription abläuft, streng getrennt von demjenigen, an dem die Translation erfolgt. Diese Isolierung der DNA-Funktionen vom Rest der Zelle ist eine wichtige Voraussetzung für komplizierte Genregulationsmechanismen, wie wir sie in der Eukaryotenzelle vorfinden. Ganze Gruppen von Genen können in Abhängigkeit von äußeren oder inneren Signalen exprimiert oder auch reprimiert werden (s. Abschn. 9.9). Die Entstehung vielzelliger Organismen (s. Abschn. 3.10) mit differenzierten Geweben wird dadurch erst möglich, denn Differenzierung heißt nicht Verlust oder Neuerwerb von Genen, sondern beruht auf Änderungen des Genexpressionsmusters (s. Abschn. 10.7).

Hintergrundinformationen
Eine gewisse Sonderstellung nimmt, wie neuere Beobachtungen zeigten, ein Vertreter der Planktomyzeten (*Gemmata obscuriglobus*) ein. Dieser Vertreter einer sehr urtümlichen Bakteriengruppe hat nicht nur ein permanent kondensiertes Chromosom, das mit einer doppelten Membran umgeben ist (Fuerst und Webb 1991, S. 8184–8188), sondern auch die Fähigkeit, Proteine durch Endozytose aufzunehmen (Lonhienne et al. 2010, S. 12.883–12.888), was bislang von keinem anderen Bakterium bekannt ist.

Die RNA wird bei den Eukaryoten noch im Kern einer intensiven Bearbeitung unterworfen (RNA-Prozessierung, s. Abschn. 9.5). Teile werden herausgeschnitten und verworfen, andere werden modifiziert. Da diese Prozesse der **RNA-Reifung** im Gegensatz zur mRNA-Translation im Zytosol relativ langsam ablaufen, ist es von großer Bedeutung, dass sie im Schutz der Kernhülle erfolgen können. Die „Spleißosomen" im Kern benötigen bis zu drei Minuten, um ein einziges Intron herauszuschneiden, während die Ribosomen im Zytosol nur eine Sekunde brauchen, um zehn Peptidbindungen zu knüpfen. In der Prokaryotenzelle beginnt die Translation dagegen unmittelbar im Anschluss an die Transkription, oft sogar noch, bevor die RNA fertig synthetisiert ist.

Eine andere Besonderheit eukaryotischer Zellen besteht darin, dass sie verschiedene Reaktionsräume aufweisen, die rundum von einer Membran umschlossen sind. Man spricht von **Kompartimenten** und unterscheidet neben dem schon erwähnten Zellkern folgende:

1. Das **Zytoplasma** (Zytosol) als membranfreie Gundsubstanz, in der neben Ribosomen Reservestoffe enthalten sein können. Es besteht zu 20–50 % aus Proteinen und enthält ein dichtes Netzwerk verschiedener Faserproteine (Mikrotubuli, Intermediärfilamente und F-Aktin-Mikrofilamente), die das sog. **Zytoskelett** (s. Abschn. 3.5) bilden. Es verleiht der Zelle eine gewisse Festigkeit, dient der Verankerung anderer zellulärer Strukturen und ist an der Zellmobilität beteiligt. Für eine Zelle mit einem Durchmesser von 16 µm liegt die Oberfläche dieser Zytomatrix zwischen 40.000 und 130.000 µm^2.
2. Das aus dem endoplasmatischen Retikulum (ER) im Zusammenhang mit dem Golgi-Apparat und seinen Vesikeln bestehende **Endomembransystem**. Das ER ist der Syn-

theseort von Glykoproteinen und Lipiden der Zellmembran sowie von Stoffen, die für den Export bestimmt sind. Es bildet aus Stapeln flacher Säckchen den sog. Golgi-Apparat.

3. Das aus Lysosomen und Vakuolen bestehende **lytische System**. Es leitet sich vom Endomembransystem ab. In ihm laufen vornehmlich dissimilatorische Prozesse ab. Es kann aber auch – bei Pflanzen und Pilzen – als Speicher fungieren.

4. Die **Mitochondrien**: In ihnen läuft die Endoxidation der Nahrungsstoffe ab und findet die ATP-Synthese statt (s. Abschn. 6.9).

5. Die **Plastiden**: In ihnen laufen verschiedene Synthesen (Fettsäure, Karotinoide, Stärke, Aminosäuren) ab. Nur die als Chloroplasten ausgebildeten Plastiden enthalten Chlorophyll und sind somit zur Photosynthese befähigt (s. Abschn. 6.10).

6. Die etwa 0,2–1,5 μm großen **Peroxisomen** („microbodies"): Sie gliedern sich nicht vom Endomembransystem ab, sondern vermehren sich durch Teilung. Da sie verschiedene Spezialfunktionen übernehmen können, hat man sie auch als Kompartiment für Sonderaufgaben bezeichnet.

Die Mitochondrien und Plastiden werden auch „semiautonome" **Zellorganellen** genannt. Sie besitzen kleine eigene Genome und werden – wie der Kern auch – nicht von einer einfachen, sondern von einer Doppelmembran umhüllt, die sich aber chemisch von der Kernmembran deutlich unterscheidet.

Nach dem von Eberhard SCHNEPF (1964) formulierten **Kompartimentierungstheorem** trennt eine biologische Membran gewöhnlich eine plasmatische Phase von einer nichtplasmatischen. Zu den nichtplasmatischen Räumen zählt der Inhalt des ER und der Golgi-Zisternen ebenso wie der Inhalt der Lysosomen, Peroxisomen, Vesikeln und Vakuolen. Aber auch der Raum zwischen den beiden Membranen des Kerns, der Mitochondrien und Plastiden ist nichtplasmatisch. Schließlich muss auch der Inhalt der Thylakoide in den Chloroplasten in diesem Zusammenhang erwähnt werden.

So kann man drei bzw. vier verschiedene **Plasmasorten** unterscheiden: das Zytoplasma, das Karyoplasma (im Kern) und das Mitoplasma (innerhalb der Mitochondrien, auch als Matrix bezeichnet). Bei den Pflanzen kommt noch das Plastoplasma (innerhalb der Plastiden, auch als Stroma bezeichnet) hinzu. Nukleinsäuren findet man nur in den Plasmen. Alle Plasmasorten sind durch Doppelmembranen mit dazwischenliegendem nichtplasmatischen Zwischenmembranraum voneinander getrennt. Eine Besonderheit besteht darin, dass das Zyto- und Karyoplasma über die Kernporen miteinander in Verbindung stehen und während der Mitose (Auflösung der Kernmembran; s. Abschn. 3.8) vorübergehend ganz miteinander verschmelzen.

3.5   Das Zytoskelett

Eine weitere Besonderheit der eukaryotischen Zelle gegenüber der prokaryotischen besteht in ihrem Besitz eines dynamischen **Zytoskeletts**, das ihr nicht nur eine gewisse Festigkeit und Gestalt verleiht, sondern auch in die Lage versetzt, ihre Form zu verändern sowie intrazelluläre Strukturen (verschiedene Vesikel, Chromosomen etc.) zu transportieren.

Hintergrundinformationen

Man unterscheidet im Zytoskelett drei, jeweils aus einem spezifischen Protein (Protomer) aufgebaute, strangartige Polymere (Hauptfilamenttypen):

1. **Aktinfilamente** (Mikrofilamente, F-Aktine): Sie bestehen aus zwei Ketten globulärer Aktinprotomeren (G-Aktin), die sich helikal umeinanderwinden (Abb. 3.5). Ein solches Filament hat einen Durchmesser von 5 bis 9 nm. Viele von ihnen vereinigen sich zu linearen Strängen oder flächig ausgebreiteten Netzen. Ein solches Netz ist beispielsweise unmittelbar unter der Zellmembran als sog. Zellrinde (Kortex) zu finden. Die Aktinfilamente spielen bei der Zellteilung, Formgebung, Mobilität, dem vesikulären Transport und der Phagozytose eine wichtige Rolle. Das Aktin ist mit durchschnittlich 2 % des Gesamtproteins eines der mengenmäßig häufigsten Proteine der Zelle.

2. **Mikrotubuli**: Jeder Mikrotubulus ist ein Polymer aus globulären Tubulinuntereinheiten, die ein gestrecktes, zylindrisches Rohr mit einem Durchmesser von 25 nm bilden. Jede Untereinheit (Protomer) ist ein Heterodimer aus α-Tubulin und β-Tubulin (Abb. 3.5). Die Mikrotubuli sind nicht nur dicker, sondern auch wesentlich starrer als die Aktinfilamente und entspringen oft an einem Zentrosom (mikrotubuliorganisierendes Zentrum). Sie spielen beispielsweise beim intrazellulären Transport von Strukturen eine entscheidende Rolle.

3. **Intermediärfilamente**: Sie bestehen aus Proteinmonomeren heterogener Beschaffenheit und bilden Stränge mit einem Durchmesser von etwa 10 nm, die der Zelle eine gewisse mechanische Festigkeit verleihen. Sie sind in ihrer Verbreitung auf die Vertebraten beschränkt, kommen bei Evertebraten – wenn überhaupt – nur in abgewandelter Form und bei Pflanzen überhaupt nicht vor. Sie sollen deshalb hier auch nicht weiter betrachtet werden.

Die Zytoskelettsysteme sind alles andere als starr, sondern in hohem Maß dynamisch und flexibel. Sie können zwar auch stabile Strukturen hervorbringen, wie etwa die Mikrovilli und Zilien, die in ihrer einmal gebildeten Form bis zum Absterben der Zelle bestehen bleiben. In vielen anderen Fällen sind die Strukturen dagegen höchst flexibel. Sie können in kürzester Zeit neuen Bedingungen angepasst, auf- und wieder abgebaut werden. Um das zu gewährleisten, sind allerdings zahlreiche „**Hilfsproteine**" notwendig.

Von besonderer Bedeutung sind in diesem Zusammenhang die sog. **Motorproteine** (Mechanoenzyme), die in der Lage sind, aus dem ATP-Umsatz gewonnene chemische Energie durch Konformationsänderungen in Bewegungsenergie umzusetzen. Dabei benutzen die Myosine Aktinfilamente als Gleitbahnen, wie es z. B. bei der Einschnürung der Zelle während der Zellteilung (Zytokinese, s. Abschn. 3.9) oder bei anderen Muskelbewegungen der Fall ist. Die Dyneine und Kinesine wandern dagegen nicht entlang der Aktinfilamente, sondern entlang von Mikrotubuli und transportieren auf diese Weise beispielsweise Vesikel von einem Kompartiment in ein anderes oder Chromosomen während der Anaphase (s. Abschn. 3.8). Auch der Geißelschlag beruht auf solchen Interaktionen zwischen Dyneinen und Mikrotubuli.

Die Anzahl der sich pro Sekunde am Ende des **Aktinfilament**s anlagernden Monomere (Aufbaugeschwindigkeit $v\uparrow$) steigt linear mit der Konzentration freier Monomere (c) an:

$$v\uparrow = k_{an} \cdot c.$$

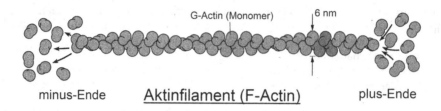

minus-Ende   **Aktinfilament (F-Actin)**   plus-Ende

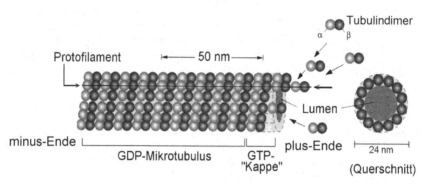

Mikrotubulus

Abb. 3.5 *Oben*: Ein Aktinfilament im stationären Zustand (Fließgleichgewicht). Der Zuwachs an Länge durch Polymerisation am Plusende wird durch die Schrumpfung (Depolymerisation) am Minusende wieder rückgängig gemacht: Tretmühlenmechanismus. *Unten*: Aufbau und Bildung eines Mikrotubulus aus Tubulinheterodimeren, deren α- und β-Untereinheiten nichtkovalent miteinander verbunden sind. Jede Untereinheit kann ein GTP-Molekül binden. Sie bilden zunächst durch Aneinanderreihung Protofilamente. Jeweils 13 dieser Protofilamente legen sich parallel nebeneinander und bilden auf diese Weise den Mikrotubulus. Bei der Verlängerung des Tubulus werden GTP-Tubulin-Dimere an die Protofilamente angehängt. Innerhalb des Tubulus wird das GTP der β-Untereinheit zu GDP hydrolysiert, sodass nur am wachsenden Tubulusende GTP-Untereinheiten zu finden sind (GTP-Kappe). Wenn die GTP-Hydrolyse schneller erfolgt als die Angliederung neuer GTP-Untereinheiten, verschwindet die GTP-Kappe und der Mikrotubulus beginnt zu schrumpfen

Die Ablösung der Monomere (Abbaugeschwindigkeit $v{\downarrow}$) erfolgt dagegen mit konstanter Geschwindigkeit:

$$v{\downarrow} = k_{ab}.$$

Das bedeutet, dass der Polymerstrang so lange an seinem Ende wächst ($v{\uparrow} > v{\downarrow}$), wie die Konzentration der freien Monomere

$$c > k_{ab}/k_{an}$$

beträgt.

Die durch das Wachstum zwangsläufig (solange kein Nachschub erfolgt) eintretende Abnahme der Konzentration freier Monomere führt zunächst zu einer Verlangsamung des

Wachstums bis schließlich ein Stillstand (stationärer Zustand, Fließgleichgewicht $v{\uparrow} = v{\downarrow}$) erreicht wird, bei dem die Polymerisationsrate durch eine gleich große Depolarisationsrate vollständig kompensiert wird. Dann gilt

$$k_{an} \cdot c_{stat} = k_{ab}, \quad \text{d. h.}$$

$c_{stat} = k_{ab}/k_{an} = 1/K$ (K Gleichgewichts-, Assoziations- oder Affinitätskonstante).

Man bezeichnet c_{stat} auch als **kritische Konzentration**.

Sowohl die Aktinfilamente als auch die Mikrotubuli besitzen eine **Polarität**. Bei den Aktinfilamenten weisen die ATP-Bindungstaschen der G-Aktin-Monomere, bei den Mikrotubuli die α-Untereinheiten der Tubulindimere stets zum Minusende. Diese strukturelle Polarität ist die Grundlage für eine funktionelle Polarität. Die beiden Enden unterscheiden sich hinsichtlich ihrer Polymerisations- und Depolymerisationsraten. Dasjenige Ende, an dem der Aufbau (Polymerisation) überwiegt, wird als Plusende, das andere als Minusende bezeichnet. Während bei den Mikrotubuli das Minusende oft in einem Organisationszentrum (Zentriol, Zentrosom, Spindelpol und Basalkörper), dem „microtubule organizing centre" (MTOC), fest verankert ist, sodass sich Auf- und Abbau hauptsächlich am Plusende abspielen, laufen beim Aktinfilament gewöhnlich an beiden Enden Auf- und Abbauvorgänge ab.

Sowohl die freien Aktin- als auch die Tubulinuntereinheiten weisen ein fest gebundenes Nukleosidtriphosphat auf (beim Aktin ist es das ATP, beim Tubulin das GTP), das unmittelbar nach dem Einbau ins Polymer zum ADP bzw. GDP hydrolysiert wird. Diese **Hydrolyse** des ATP führt beim Aktinfilament u. a. dazu, dass die kritischen Konzentrationen c_{stat} für die beiden Enden des Polymers unterschiedlich sind. Sie sind am Plusende niedriger als am Minusende:

$$c_{stat}^- > c_{stat}^+.$$

Das bedeutet, dass unter der Bedingung

$$c_{stat}^- > c > c_{stat}^+$$

eine Konzentration c erreicht werden kann, bei der sich ein **Fließgleichgewicht** einstellt, bei dem das Plusende in demselben Maß durch Polymerisation wächst, wie das Minusende durch Depolymerisation schrumpft. Die Länge des Filaments bleibt in dem Fall erhalten, während die Protomeren das Polymer vom Plusende zum Minusende durchwandern. Die Durchsatzrate dieses sog. **Tretmühlenmechanismus** (Abb. 3.5) ist erstaunlich hoch, weil die Dissoziation am Minusende durch einen aktindepolymerisierenden Faktor (ADF) beschleunigt wird.

Sowohl Aktin als auch Tubulin sind in allen eukaryotischen Zellen verbreitet. Das Aktin zählt mit einem Anteil von etwa 2 % am Gesamtprotein sogar zu den mengenmäßig häufigsten Proteinen in der Zelle. Sowohl Aktin als auch Tubulin sind in ihrer Evolution in hohem Grad konserviert worden. Die Aminosäuresequenzen der Aktine von Einzellern und Säugetieren sind zu etwa 80 % identisch. Bei *Drosophila* und *Saccharomyces* fand man sogar eine Übereinstimmung von 89 %!

Bei den **Prokaryoten** fehlt ein Zytoskelett, wie man früher annahm, keineswegs. Man findet zwar keine Aktinfilamente und Mikrotubuli, dafür aber Aktin- und Tubulinhomologe, die auch in ähnlicher Weise filamentöse Strukturen aufbauen und beispielsweise an der Zellteilung beteiligt sein können. Andere verleihen der Zelle eine bestimmte Form.

Das in den Prokaryoten weit verbreitete und auch in Chloroplasten und einigen Mitochondrien (Osteryoung und Vierling 1995) nachgewiesene, als FtsZ (Fts leitet sich von „filamentös-temperatursensitiv" ab) bezeichnete **Tubulinhomolog** ist – wie das Tubulin auch – eine GTPase. Es hat nur eine schwache Sequenzhomologie, dafür aber eine weitgehende strukturelle und damit auch funktionelle Übereinstimmung mit dem Tubulin (Löwe und Amos 1998). Es reichert sich an der zukünftigen Teilungsebene an und bildet dort durch Polymerisation den sog. Z-Ring aus (s. Abschn. 3.8). Die MreB-artigen **Aktinhomologe** der Prokaryoten weisen trotz geringer Sequenzhomologien eine starke Ähnlichkeit in der Tertiärstruktur mit den Aktinen auf (Van den Ent et al. 2001). Sie sind an der Chromosomensegregation und Zellformgebung beteiligt (Gitai et al. 2005).

Interessant ist in diesem Zusammenhang, dass die Zytokinese bei den Eukaryoten durch einen auf Aktin basierenden kontraktilen Ring erfolgt (s. Abschn. 3.9), während bei den Prokaryoten in diesem Zusammenhang das Tubulinhomolog FtsZ (Z-Ring, s. Abschn. 3.8) die entscheidende Rolle spielt. Umgekehrt ist es bei der DNA-Segregation. Die Eukaryoten benutzen Mikrotubuli, um den Spindelapparat aufzubauen, während bei den Prokaryoten Aktinhomologe wie das MreB die Hauptrolle spielen.

3.6 Die „Minimalzelle"

In den letzten Jahren hat man sich intensiv bemüht, den minimalen Bestand an Genen zu bestimmen, der notwendig und hinreichend zur Erhaltung einer funktionstüchtigen Zelle unter idealen Bedingungen ist, d. h. bei Gegenwart unbegrenzter Mengen notwendiger Nährstoffe und bei Abwesenheit aller widrigen Faktoren inklusive der Konkurrenz. MOROWITZ vermutete, dass eine solche Minimalzelle etwa ein Zehntel so groß sein könnte wie *Mycoplasma genitalium*, das Lebewesen mit dem, nach damaligen Kenntnissen, kleinsten Genom (Morowitz 1967, S. 35–58). Es hat einen Zelldurchmesser von nur 250 nm. Das bedeutet, dass im Fall eines internen pH-Werts von 7,0 im Durchschnitt nur zwei Protonen gleichzeitig im Plasma existieren können.

Mycoplasma genitalium und *Buchnera* sp. (Shimkets 1998, S. 5–11) stellen keinen Typ einer anzestralen Zelle dar, sondern sind wahrscheinlich aus ihren Vorfahren durch massive Genomreduktion im Zusammenhang mit ihrer Lebensweise hervorgegangen (Islas et al. 2004, S. 243–256). *Mycoplasma* ist ein obligater Parasit im menschlichen Urogenitalsystem und *Buchnera* ein Endosymbiont. Ihre Lebensweise gestattet den direkten Import verschiedener Metabolite und lebensnotwendiger Verbindungen vom Wirt und deshalb den Verzicht auf verschiedene Syntheseleistungen. Das Genom von *M. genita-*

Tab. 3.2 Der minimale Satz von proteincodierenden Genen, der wahrscheinlich für die Existenz einer Bakterienzelle, d. h. für die Erhaltung ihrer metabolischen Homöostase, ihrer Vermehrung und Entwicklung unter besten Lebensbedingungen und bei Abwesenheit von Stress, notwendig ist. (Nach Gil et al. 2004, 518–537)

Kategorie	Gene
DNA-Metabolismus	16
RNA-Metabolismus	106
Proteinprozessierung, Faltung und Sekretion	15
Zelluläre Prozesse (Teilung, Transport)	5
Energetik und intermediärer Stoffwechsel	56
Weitere Gene	8
Summe	**206**

lium besteht aus einem zirkulären Doppelstrang von DNA und weist 580.074 Basenpaare (580 kb) auf. Unter den 487 proteincodierenden Genen identifizierten GLASS und Mitarbeiter nur 100 nichtessenzielle (Glass et al. 2006, S. 425–430). Die restlichen 387 Gene zusammen mit 3 phosphattransporter- und 43 RNA-codierenden Genen stellen den minimalen Satz dar, der für die Existenz von *Mycoplasma* essenziell ist. Die Enzyme bzw. die entsprechenden Gene für den Elektronentransport und für den Citratzyklus fehlen. Nur ein einziges Gen existiert, das für ein Enzym zur Synthese von Aminosäuren codiert. Das endosymbiontisch in Aphiden lebende Bakterium *Buchnera aphidicola* hat ein Genom von nur 450 kb, das nur 400 proteincodierende Gene enthält (Gil et al. 2002, S. 4454–4458).

Wie zu erwarten, weisen die parasitischen Formen relativ kleine Genome auf. Freilebende Prokaryoten haben ein signifikant größeres Genom. Es ist kein freilebender Prokaryot bekannt mit einem Genom kleiner als 1450 kb. Das Genom des hyperthermophilen Bakteriums *Aquifex aeolicus* enthält 1521 proteinkodierende Gene (der Mensch etwa 22.000!) und ist damit zum autonomen, autotrophen Leben in einer Umwelt befähigt, die nur Wasserstoff, Sauerstoff, Kohlendioxid und verschiedene Salze enthält (Deckert et al. 1998, S. 353–358).

Es ist wahrscheinlich nicht ganz falsch anzunehmen, dass das vornehmlich nicht redundante Genom von *Mycoplasma* nahe an der **minimalen Genmenge** liegt, die unbedingt notwendig ist, den autonomen Zustand eines Lebewesens aufrechtzuerhalten. Rosario GIL und Mitarbeiter kommen zu dem Ergebnis, dass im Minimum sogar ein Satz von 206 proteincodierenden Genen für die dauerhafte Existenz einer Bakterienzelle unter optimalen Lebensbedingungen und bei Stresslosigkeit ausreichen könnte (Tab. 3.2; Gil et al. 2004, S. 518–537). Den weitaus größten Anteil, nämlich insgesamt 106 Gene, nehmen dabei die für den RNA-Metabolismus (Transkriptionsmaschinerie, Translation, Translationsfaktoren, RNA-Degradation) verantwortlichen Gene ein, während für den DNA-Metabolismus im Minimalfall nur 16 Gene essenziell zu sein scheinen. Resultate anderer Autoren bestätigen im Großen und Ganzen die von GIL und Mitarbeitern vorgelegten Werte. Ein Minimalgenom von 200–300 Genen wird von vielen Forschern als unbedingt notwendig angesehen. Die Frage, wie diese Proteine in der Zelle angeordnet sein müssen, damit „Leben" entsteht, beschäftigt gegenwärtig die **Proteomforschung** (Kühner et al. 2009, S. 1235–1240).

Kürzlich entdeckten Karl O. SETTER und seine Mitarbeiter in Hydrothermalsystemen auf dem Meeresboden vor Island eine extrem hyperthermophile Art der **Archaeen**, die einen Durchmesser von nur 400 nm aufweist und obligat symbiotisch auf der Oberfläche von *Ignicoccus*, einem anderen Archaebakterium, lebt: *Nanoarchaeum equitans* (Huber et al. 2002, S. 63–67). Sie gehört einer sehr ursprünglichen Gruppe innerhalb der Archaeen (Nanoarchaeota, s. Abschn. 4.15) an. Ihr auffallend kompaktes Genom (95 % der DNA codiert für Proteine und stabile RNAs!) umfasst nur 490.885 bp, ist also nochmals um etwa 90.000 bp kleiner als das von *Mycoplasma genitalium* (Waters et al. 2003, S. 12984–12988). Es enthält alle Gene für die Maschinerie der Informationsverarbeitung (Replikation, Transkription, Translation) und codiert auch (im Gegensatz zu vielen anderen Arten mit einem kleinen Genom) für ein umfangreiches Repertoire an DNA-Reparatur- und Rekombinationsenzymen, lässt aber die für biosynthetische und katabolische Kapazitäten notwendigen Gene weitgehend vermissen. Die lebensnotwendigen Lipide, Aminosäuren, Nukleotide und andere Stoffe – wahrscheinlich auch die Energie – müssen sich diese einfachen Organismen von ihrem Wirt holen. Dafür spricht auch die hohe Vesikelbildungsaktivität an ihrer Zytoplasmamembran. Das bisher bekannte, kleinste bakterielle Genom mit nur etwa 160 kb gehört dem bakteriellen Endosymbionten *Carsonella ruddii* (Nakabachi et al. 2006, S. 267).

3.7   Synthetische Biologie

Gegenwärtig entwickelt sich unter dem Begriff „synthetische Biologie" eine neue Forschungsrichtung in interdisziplinärer Zusammenarbeit von Biologen, Biochemikern, Biotechnologen, Bioinformatikern, Chemikern und Physikern (Benner und Sismour 2005, S. 533–543; Andrianantoandro et al. 2006, S. 28; Heinemann und Panke 2006, S. 2790–2799). Der Begriff könnte dahingehend missverstanden werden, dass das Ziel dieser neuen Disziplin darin bestünde, intakte Lebewesen aus ihren Elementen, sozusagen „in der Retorte" künstlich herstellen zu wollen. Das wäre falsch, denn von einer solchen Zielstellung sind wir noch weit entfernt. Die Erzeugung eines „Homunculus" (Abb. 3.6) ist ein Traum und wird es hoffentlich auch immer bleiben.

Das Ziel, das sich die Disziplin gesetzt hat, besteht vielmehr darin, durch Kombination biologischer und synthetischer Komponenten zu neuartigen Systemen zu gelangen, die uns Aufschluss über die Grundvoraussetzungen für die Lebensfähigkeit von Zellen und Antworten auf andere Fragen geben sollen. Dabei verfolgt sie auch handfeste biotechnologische Ziele einer Erschaffung neuartiger Organismen mit besonderen, für den Menschen nützlichen Eigenschaften. Von entscheidender Bedeutung auf dem Weg zu einer erfolgreichen synthetischen Biologie war die Entwicklung einer Technik, die die

Abb. 3.6 Die Erzeugung eines „Homunculus" im Faust II, 2. Akt. Eine Darstellung aus dem 19. Jahrhundert

J. W. v. Goethe

Wagner:
Es leuchtet! seht! - Nun lässt sich wirklich hoffen,
Dass, wenn wir aus vielen hundert Stoffen
Durch Mischung - denn auf Mischung kommt es an -
Den Menschenstoff gemächlich komponieren .
....
So ist das Werk im stillen abgetan.
....
Was man an der Natur Geheimnisvolles pries,
Das wagen wir verständig zu probieren.

Synthese beliebiger DNA-Sequenzen in nahezu beliebiger Länge ohne Matrize gestattet. So gelang bereits die Totalsynthese des Genoms des Poliomyelitis-Virus (etwa 7,5 kb; Cello et al. 2002, S. 1016–1018) und des *Mycoplasma*-Bakteriums (etwa 580 kb; Gibson et al. 2008, S. 1215–1220; Tab. 3.3).

Mit dieser Technik steht der Weg für weiterführende Untersuchungen zur Frage nach der **genetischen Mindestausstattung** einer Zelle offen. Wie groß muss das Genom mindestens sein, um bestimmte Zellfunktionen zu gewährleisten? Bei dem Bottom-up-Ansatz werden synthetisierte DNA-Sequenzen unterschiedlicher Länge und Zusammensetzung in vorher entkernte Zellen implantiert. Von der Gruppe um J. Craig VENTER konnte bereits experimentell gezeigt werden, dass ein in eine *Mycoplasma-capricolum*-Zellhülle transplantiertes *Mycoplasma-mycoides*-Genom in der Lage ist, die Zellfunktionen aufrechtzuerhalten (Lartigue et al. 2007, S. 632–638). Großes Aufsehen erregte die 2010 gelungene „Erzeugung einer Bakterienzelle, die durch ein chemisch synthetisiertes Genom kontrolliert wird", so der Titel der Arbeit in „Science", an der nicht weniger als 24 Autoren beteiligt waren (Gibson et al. 2010, S. 52–56). Ein $1,08 \cdot 10^6$ bp langes, synthetisches *M.-mycoides*-JCVI-syn1.0-Genom wurde in eine *M.-capricolum*-Empfängerzelle transplantiert. Dabei entstanden voll lebenstüchtige Zellen, die zur Selbstreplikation befähigt waren und logarithmisch wuchsen. Morphologisch glichen sie dem *M.-mycoides-*

Tab. 3.3 Zusammenstellung der bisher chemisch synthetisierten Nukleinsäuremoleküle

Objekt	Umfang	Referenz
Influenza-Virus	3500 bp	Couzin 2002
Polio-Virus	7500 bp	Cello et al. 2002
Genom von *Mycoplasma genitalium*	582.970 bp	Gibson et al. 2008
Genom von *Mycoplasma mycoides*	1.100.000 bp	Gibson et al. 2010

Wildtyp. Auch in ihrer Proteinzusammensetzung (Proteom) glichen sie sich in zunehmendem Maß („protein turnover"!) dem Wildtyp an und unterschieden sich schließlich deutlich von *M. capricolum*.

Eine andere Strategie zur Erforschung der genetischen Mindestausstattung verfolgt der Top-down-Ansatz. Er besteht darin, dass man eine gezielte Genomreduktion nichtessenzieller Gene und intergenischer Regionen vornimmt und prüft, ob oder wieweit die Zelle noch in der Lage ist, ihre Lebensfunktionen zu erfüllen. Auf diese Weise gelang bereits der wichtige Nachweis, dass eine Reduktion des *E.-coli*-K-12-Genoms von 4,6 Mb auf 3,7 Mb noch toleriert wird (Pósfai et al. 2006, S. 1044–1046).

Von den Minimalzellen sind die **Protozellen** zu unterscheiden (Rasmussen et al. 2008). Dabei handelt es sich nicht mehr um lebende Zellen, sondern um Konstrukte. Manche sprechen auch von „semisynthetischen Minimalzellen". Diese Konstrukte bestehen aus einer minimalen und hinreichenden Anzahl von Komponenten, die man in Lipidmembranvesikel einbringt. Gern werden Liposomen als Zellmodelle benutzt, die mit Genen und Enzymen angefüllt werden. Es hat sich beispielsweise gezeigt, dass in solche Vesikel eingeschlossene RNA-Replikationssysteme mit Fettsäuremizellen verschmelzen und mit diesen zusammenwachsen und sich teilen können (Mansy et al. 2008, S. 122–125).

Wenn auch diese Modelle erst nur sehr bedingt mit einer vollwertigen Zelle vergleichbar sind – keine dieser Konstrukte besaß z. B. die Fähigkeit, sich selbst zu reproduzieren – so können die mit ihnen gewonnenen Einsichten doch von Interesse für ein besseres Verständnis der Natur des Lebendigen sein. Sie geben uns allerdings kaum Hinweise darauf, wie das zelluläre Leben einmal entstanden sein könnte, denn die Konstrukte sind darauf angewiesen, existierende Enzyme und Gene zu verwenden, die bereits hoch spezialisiert sind. Was diese Studien uns allerdings in aller Deutlichkeit vor Augen führen, ist, dass das „Leben" tatsächlich eine emergente Erscheinung ist, die erst dann auftritt, wenn bestimmte Komponenten (Enzyme, Gene u. a.) zusammengefügt werden, die für sich nicht lebendig sind (Luisi et al. 2006, S. 1–13).

Ein anderer, etwas bescheidenerer, aber aussichtsreicher Ansatz der synthetischen Biologie besteht darin, einfache Netzwerke interagierender Biomoleküle herzustellen und deren Zusammenwirken anschließend in intakten Zellen zu studieren. Michael B. ELOWITZ und Stanislas LEIBLER konstruierten beispielsweise ein System aus drei Genen, die für verschiedene Repressorproteine codieren (Elowitz und Leibler 2000, S. 335–338). Der erste Repressor kontrollierte die Expression des zweiten, dieser die Expression des dritten, der, schließlich, die Expression des ersten Repressors kontrollierte. Dadurch entstand ein in sich geschlossener Wirkungskreis (Regelkreis), der – in eine Bakterienzelle eingebracht – ein typisches oszillierendes Verhalten zeigte, das im Einzelnen studiert und mathematisch modelliert werden konnte. Auf diesem Weg erhofft man sich weitergehende Erkenntnisse darüber, wie die im Organischen weit verbreiteten „biologischen Uhren" funktionieren könnten.

3.8 *Omnis cellula e cellula*

Diese berühmte Formel VIRCHOWS gehört zu den fundamentalsten Sätzen der Biologie überhaupt (Virchow 1855, S. 3–39). Die Zelle stellt die Elementareinheit aller Lebewesen dar und kann nur durch Teilung einer bereits existierenden Zelle neu entstehen. Es gibt keine Neubildung von Zellen aus dem Nichts. Insofern sind alle heute lebenden Organismen in ununterbrochener Generationsfolge mit dem Ursprung des Lebens auf unserer Erde vor 3,8 Mrd. Jahren verbunden.

Die Teilung **prokaryotischer Zellen** gestaltet sich im Vergleich zu den stark strukturierten und hochkomplexen eukaryotischen Zellen (s. u.) einfacher, ist aber dennoch sehr komplex und in allen seinen Einzelheiten noch keineswegs voll verstanden. Die genetischen Informationen sind bei Prokaryoten in einem einzigen ringförmigen DNA-Molekül niedergelegt, das nicht in einem Kern eingeschlossen ist, sondern mit der Plasmamembran verbunden ist.

Die **Replikation** beginnt bei $0°$ am sog. Replikationsursprung. Dieser liegt membrangebunden und mit Proteinen assoziiert am Zelläquator. Die Replikation schreitet anschließend in beide Richtungen mit etwa gleicher Geschwindigkeit fort, sodass sich beide Replikationsblasen bei etwa $180°$ treffen. Die Initiation der Replikation steht unter strenger Kontrolle. Es ist interessant und außerordentlich sinnvoll, dass eine Replikation nur dann zugelassen wird, wenn genügend Nährstoffe vorhanden sind. Daran ist ein ganzer Satz von Initiatorproteinen beteiligt, die mit der DNA einen Protein-DNA-Komplex bilden, der anschließend eine Replikase anzieht. Bereits während der Replikation beginnen die beiden Replikationsursprünge sich in Richtung auf die entgegengesetzten Zellpole zu verlagern. Die damit verbundene Segregation der Chromosomen erfolgt aktiv durch einen noch ungeklärten molekularen Mechanismus.

Nach der vollständigen Trennung der beiden Genome beginnt die eigentliche **Zellteilung**. Sie wird damit eingeleitet, dass sich die vorher homogen im Plasma verteilten FtsZ-Proteine (s. Abschn. 3.8) in der Äquatorregion der Zelle unterhalb der Zytoplasmamembran ansammeln und den sog. **Z-Ring** bilden, der weitere Zellteilungsproteine anzieht, darunter das Ankerprotein ZipA, das gemeinsam mit FtsA den Ring stabilisiert (RayChaudhuri 1999). Der Ring besteht aus Protofilamenten, die FtsZ-Proteine als Bausteine besitzen. Durch Kontraktion dieses Rings wird die Plasmamembran irisblendenartig eingeschnürt. Die Anlagerung neuen Zellwandmaterials führt schließlich zur vollständigen Trennung der Tochterzellen. An der Festlegung der Zellteilungsebene in der Mitte der Zelle sind drei Proteine der MIN-Gruppe (MinC, MinD und MinE) beteiligt. Dieses **MinCDE-System** regelt die FtsZ-Polymerisation an damit die Z-Ring-Bildung am jeweils richtigen Ort.

Hintergrundinformationen

MinD besitzt einen ATP-Bindungsort und weist eine ATPase-Aktivität auf. Nur in seiner ATP-gebundenen Konfiguration bindet es unter Clusterbildung an die Zellmembran, wobei es gleichzeitig **MinC** aktiviert, das die FtsZ-Polymerisation verhindert (Dajkovic et al. 2008). Auf diese Weise wird an den Zellpolen die Bildung des Z-Ringes verhindert. In der Zellmitte verhindert das **MinE** die Bildung der MinCD-Komplexe. Das MinC löst sich aus dem Verband und verliert in dem Zusammenhang seine Aktivität, womit der Wege zur FtsZ-Polymerisation geebnet wird. Bei *E. coli* ist die genaue Lokalisation der Zellteilungsebene mit Oszillationen der Min-Proteine zwischen den beiden Zellpolen gekoppelt (Reaktions-Diffusionssystem: Meinhardt und de Boer 2001; Loose et al. 2008), bei anderen Bakterien (*Bacillus subtilis*) nicht (Marston et al. 1998).

Bei dem höchst komplexen Vorgang der Teilung **eukaryotischer Zellen** entsteht unter zentraler Kontrolle aus einer Zelle ein Paar genetisch identischer Zellen. Der Zeitraum zwischen zwei aufeinander folgenden Zellteilungen kann sehr unterschiedlich sein. Er liegt zwischen wenigen Minuten (Zellen des frühen Embryos) und mehr als einem Jahr (Leberzellen des Menschen). Damit sich die Zellgröße bei jeder Teilung nicht halbiert, läuft zwischen den Zellteilungen, in der sog. **Interphase**, gewöhnlich eine Zellwachstumsphase ab, in der nicht nur die Zellmasse, sondern auch die Anzahl der Zellorganellen verdoppelt wird. Eine Ausnahme machen die frühen embryonalen Teilungen des befruchteten, i. d. R. sehr großen Eis in viele kleine Blastomeren (sog. Furchung, s. Abschn. 10.4). In diesem Fall findet zwischen den Kern- und Plasmateilungen kein Zellwachstum statt. Die Masse des frühen Keims bleibt konstant.

In einem bestimmten Abschnitt der Interphase, der sog. **S-Phase** (Synthesephase), erfolgt die ungemein wichtige Replikation des DNA-Doppelstrangs. Es entstehen die beiden Schwesterchromatiden, die weiterhin der Länge nach am Zentromer und weiteren Stellen miteinander in Verbindung bleiben. Der DNA-Gehalt der Zelle steigt dabei auf das Doppelte an. Im Gegensatz zu Bakterien ist die Eukaryotenzelle nur während eines bestimmten Abschnitts der Interphase zur DNA-Synthese befähigt.

Der S-Phase zeitlich vorgelagert ist die sog. **G_1-Phase** („gap") und ihr nachfolgend die **G_2-Phase**:

$$G_1\text{-Phase} + S\text{-Phase} + G_2\text{-Phase} = \text{Interphase}.$$

Gewöhnlich findet während der gesamten Interphase eine kontinuierliche Protein- und RNA-Synthese statt. Nur die Synthese einiger weniger Schlüsselproteine, wie z. B. der Histone und einiger Enzyme, bleibt (neben der DNA) auf die S-Phase beschränkt. Dieses im Prinzip kontinuierliche Wachsen der Zelle wird während der M-Phase (Mitosephase) kurzfristig unterbrochen.

Die Kernteilung (**Mitose**) ist kein einfacher Vorgang, sondern ein in hohem Grad komplexer. Mit ihm sind wichtige Lebensfunktionen verbunden. So muss garantiert werden, dass beide Tochterzellen die gesamte genetische Information mitbekommen. Das genetische Programm, das diese komplizierten Vorgänge steuert, scheint bei allen Eukaryoten sehr ähnlich zu sein. Ein bei Hefezellen auftretender, diesbezüglich genetischer Defekt kann durch Transplantation des entsprechenden Teilungsgens aus dem Menschen oder der Taufliege *Drosophila melanogaster* wieder behoben werden. Man unterteilt sie traditionell in **fünf Phasen** (Abb. 3.7): Pro-, Prometa-, Meta-, Ana- und Telophase. Sie beginnt mit der Kondensation des Chromatins zu den lichtmikroskopisch sichtbaren Chromosomen, die jeweils aus zwei dicht aneinander gelagerten Schwesterchromatiden bestehen,

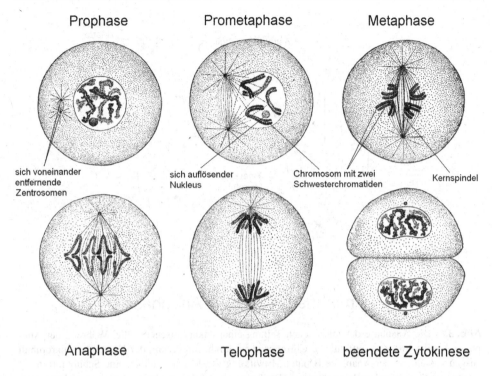

Abb. 3.7 Die einzelnen Phasen der mitotischen Zellteilung. (Nach A. Kühn 1930)

die am Zentromer noch über Proteine zusammenhängen. Die Kernmembran zerfällt in der Prometaphase gewöhnlich in kleine Vesikel (Ausnahme: Hefe und andere Pilze).

Für den exakten Ablauf der Mitose ist die Ausbildung eines komplexen Systems aus Mikrotubuli mit entsprechenden Motorproteinen („kinesin-related proteins", KRP), des sog. **mitotischen Apparats**, notwendig. Er besteht in der Metaphase hauptsächlich aus der Spindel, die an ihren beiden Polen je ein Zentrosom aufweist, von dem die unterschiedlichen Typen von Mikrotubuli ausgehen (Mikrotubulus-Organisationszentrum, MTOC). Die Chromosomen orientieren sich senkrecht zur Spindel und sammeln sich in der Äquatorialebene der Zelle an.

Alle Mikrotubuli des mitotischen Apparats sind so orientiert, dass ihre Minusenden (s. Abschn. 3.5) zum Spindelpol (MTOC) weisen und dort verankert sind, während die Plusenden an bestimmten Strukturen oder frei im Zytoplasma enden. Man unterscheidet (Abb. 3.8):

1. Die **Astralmikrotubuli** ziehen strahlenförmig vom Zentrosom ins Zytoplasma aus. Sie unterstützen die richtige Positionierung der Spindel in der Zelle und bestimmen den Ort der nachfolgenden Zelldurchschnürung (Zytokinese), der mit dem Ort zusammenfällt, wo die Chromosomen während der Metaphase positioniert waren.

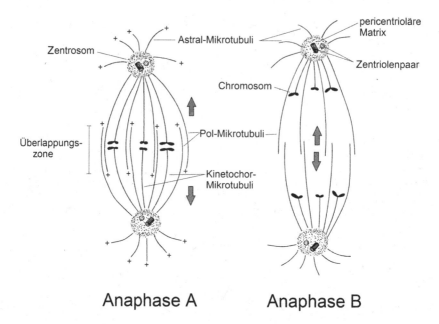

Anaphase A   Anaphase B

Abb. 3.8 Die Anaphase der mitotischen Teilung einer eukaryotischen Zelle. Während der Anaphase A wird eine Zugkraft auf die Chromosomen durch Verkürzung der Kinetochormikrotubuli ausgeübt, während der Anaphase B unter Mitwirkung von Motorproteinen eine Schubkraft durch Interaktion zwischen den Polmikrotubuli: Verlängerung der Spindel bei gleichzeitiger Verkürzung der Überlappungszone

2. Die **Kinetochormikrotubuli** treffen – ebenfalls vom Zentrosom kommend – in der Mitte der Spindel auf die Chromosomen, an die sie sich mit ihren Plusenden über den Kinetochor anheften. Der Kinetochor ist eine plattenartige Struktur am Zentromer (nicht zu verwechseln mit dem Zentrosom!) der Chromosomen und enthält Dyneine, Kinesine und andere Proteine.
3. Die **Polmikrotubuli** dringen – ohne die Chromosomen zu kontaktieren – ebenfalls bis zur Mitte der Spindel vor, wo sie mit den Polmikrotubuli, die vom entgegengesetzten Pol der Spindel ihren Ausgang genommen haben, überlappen.

Der Transport der Chromosomen in Richtung der Zellpole während der sog. **Anaphase** erfolgt in zwei Schritten: Zunächst – in der sog. Anaphase A – kommt es zu einem Abbau (Depolymerisation) der Kinetochormikrotubuli von ihren Plusenden her (jeweils am Kinetochor), wodurch die Chromosomen ohne Beteiligung von Motorproteinen in Richtung auf die Zellpole gezogen werden. Anschließend, während Anaphase B, sorgen Interaktionen zwischen den Polmikrotubuli in der Überlappungszone der Spindel unter Mitwirkung von Motorproteinen (Kinesinen) dafür, dass die antiparallel orientierten Polmikrotubuli aneinander vorbeigleiten und in Richtung der Zellpole gedrückt werden. Dabei kommt es zur Verkürzung der Überlappungszone und zur Verlängerung der Spindel. Unterstützt

Abb. 3.9 Der Zellzyklus mit
seinen charakteristischen Phasen und den entscheidenden
Kontrollpunkten

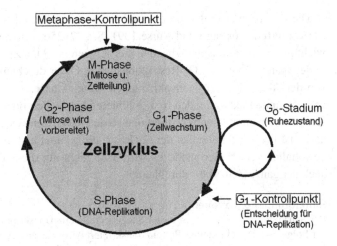

wird dieser Prozess noch dadurch, dass die Polmikrotubuli gleichzeitig an ihren Plusenden
verlängert werden.

Die Kette fundamentaler Ereignisse bei der Verdopplung des genetischen Materials und
seiner anschließenden gleichen Verteilung auf zwei Tochterzellen fasst man als **Zellzyklus**
(Abb. 3.9) zusammen. Sehr wichtig ist dabei, dass jeweils der Eintritt in die nächste Phase
des Zyklus erst dann freigegeben wird, wenn die vorhergehende Phase ordnungsgemäß
abgeschlossen wurde. Es ist bekannt, dass in Zellen mit durch UV- oder Röntgenstrahlen
geschädigter DNA der Zyklus so lange unterbrochen bleibt, bis die Reparatur der Schäden
abgeschlossen ist. Aus anderen Beobachtungen weiß man, dass unvollständig replizier-
te DNA durch Rückkopplungssignale den Beginn der Mitose zu verhindern vermag. So
wird garantiert, dass in jedem Zyklus die *gesamte* zelluläre DNA repliziert wird, was sehr
wichtig ist. Ebenso wichtig ist, dass jede DNA-Sequenz nur *einmal* und nicht etwa doppelt
repliziert wird. Dafür sorgen selbstregulierende Mechanismen. Jede DNA-Sequenz wird,
sobald sie repliziert worden ist, so verändert, dass eine nochmalige Replikation im gleichen Zyklus nicht mehr möglich ist: **Doppelreplikationssperre**. Diese Sperre ist offenbar
bei der Bildung polytäner Riesenchromosomen (Fliegen) außer Kraft gesetzt.

Die verschiedenen Ereignisse während des Standardzellzyklus, wie die Replikation der
DNA, die Kernteilung (Mitose) oder die Teilung des Zytoplasmas (Zytokinese, s. Abschn. 3.9), werden von einem komplexen **Kontrollsystem** auf verschiedenen Ebenen überwacht und reguliert. Die dem Kontrollsystem zugrunde liegenden genetischen und molekularen Mechanismen ähneln sich offenbar bei allen Eukaryotenzellen weitgehend. Dabei spielt eine kleine Gruppe miteinander verwandter **cyclinabhängiger Proteinkinasen**
(CdK) eine zentrale Rolle, die, worauf der Name schon hindeutet, nur in Verbindung mit
einem regulatorischen Protein, dem Cyclin, aktiv sind. Diese Cycline treten im Verlauf des
Zellzyklus periodisch auf (daher der Name). Die Kinasen kontrollieren verschiedene, mit
der DNA-Replikation und der Mitose verbundene Vorgänge durch Phosphorylierung von
Proteinen, wodurch einige von ihnen aktiviert und andere inhibiert werden (s. Abschn. 7.9,
Abb. 7.17).

Die Kontrolle erfolgt vorrangig an bestimmten Stellen des Zyklus, den sog. **Restriktionspunkten** (Forsburg und Nurse 1991, S. 227–256; Hartwell 1991, S. 975–980). Der wichtigste Restriktionspunkt bei den meisten untersuchten Zelltypen von Vielzellern liegt in der späten G_1-Phase: G_1-Restriktionspunkt. Ob er durchlaufen wird oder nicht, hängt von der Aktivität einer cyclinabhängigen Proteinkinase ab, die durch Phosphorylierung an bestimmten aktivierenden bzw. inhibierenden Stellen oder durch Bindung inhibitorischer Proteine umfassend reguliert und so den jeweiligen Bedürfnissen angepasst werden kann. Ist bei Säugetierzellen der G_1-Restriktionspunkt erst einmal überschritten, gibt es gewöhnlich kein Halten mehr. Es wird dann nicht nur die S-Phase, sondern gewöhnlich auch der ganze Zellzyklus durchlaufen.

Hintergrundinformationen
Bei Schädigung der DNA wird in der Säugetierzelle ein Transkriptionsfaktor (p53) aktiviert, was zur Folge hat, dass ein kleines Protein transkribiert wird, das an den G_1-spezifischen CdK-Cyclin-Komplex bindet und diesen deaktiviert. Damit wird der Eintritt in die S-Phase solange verhindert, bis die Schädigung beseitigt ist.

Ein zweiter Kontrollpunkt liegt in der G_2-Phase kurz vor dem Beginn der M-Phase (Mitose): G_2- oder Mitoseeintrittsrestriktionspunkt. Verantwortlich für die Passage des G_2-Punkts und damit für die Einleitung der Mitose (Eintritt in die M-Phase) ist wiederum ein Komplex aus Cyclin und einer besonderen cyclinabhängigen Proteinkinase, der sog. **mitosefördernde Faktor** (MPF). Die Cycline reichern sich im Verlauf der G_2-Phase schrittweise an und verbinden sich mit den CdK-Molekülen zum aktiven MPF. Dieser Faktor phosphoryliert verschiedene Proteine, die für bestimmte Teilvorgänge während der Mitose wie die Chromosomenkondensation, den Zerfall der Kernmembran, die Spindelbildung etc. verantwortlich sind. Sie verhindern außerdem, dass die Zytokinese vorzeitig einsetzt. Der MPF erreicht seine höchste Aktivität während der Metaphase. Zu Beginn der Anaphase setzt ziemlich abrupt bereits wieder der proteolytische Abbau des Cyclins ein, wodurch der MPF seine Aktivität verliert. Die Dephosphorylierung verschiedener, zuvor durch MPF phosphorylierter Proteine durch Phosphatasen leitet die späte Phase der Mitose mit Wiederaufbau der Kernmembran, Dekondensation der Chromosomen und Abbau der Kernspindel ein und führt schließlich zur Zytokinese.

3.9   Zytokinese

An die Kernteilung einer eukaryotischen Zelle schließt sich gewöhnlich die Teilung des Plasmas (Zellteilung) an. Sie verläuft bei den Tieren i. d. R. in Form einer Zelldurchschnürung (**Zytokinese**). Das ist bei den Pflanzen mit ihren starren Zellwänden nicht möglich. Dort wird das Zytoplasma durch einen von innen nach außen fortschreitenden Aufbau einer Querwand (sog. Zellplatte) geteilt.

Es gibt auch Fälle, bei denen die Plasmateilung nach der Kernteilung unterbleibt. So entstehen mehrkernige Gebilde, die sog. **Plasmodien**. Umgekehrt können auch gleichartige Zellen sekundär wieder miteinander zu einem sog. **Synzytium** verschmelzen, das dann ebenfalls mehrere bis viele Kerne in einer einheitlichen Plasmamasse aufweist. Man hat versucht, diese Erscheinungen gegen die Zellentheorie mit der Behauptung ins Feld zu führen, der synzytiale Zustand wäre der ursprüngliche und die Unterteilung in voneinander abgegrenzte Zellen sekundär, was allerdings mit Recht keine Akzeptanz finden konnte (Ries und Gersch 1953, S. 454/455).

Die Zytokinese erfolgt bei tierischen Zellen nicht, wie man Anfang des 20. Jahrhunderts aufgrund von Modellversuchen an Öl-Chloroform-Tropfen zu belegen versuchte (BÜTSCHLI, RHUMBLER, SPEK u. a.), einfach „durch eine Erniedrigung der Oberflächenspannung an den Zellpolen und eine Erhöhung am Äquator der Zelle" (Spek 1918), sondern ist, wie wir heute wissen, eine komplexe Leistung der *gesamten* Zelle, wobei kontraktile Elemente und deren Steuerung die Hauptrolle spielen.

Hintergrundinformationen

Die erwähnten Versuche (Abb. 3.10), die Zellteilung mechanistisch durch Oberflächenspannungsdifferenzen erklären zu wollen, sind ein lehrreiches Beispiel dafür, dass man aus oberflächlichen Analogien von Vorgängen nicht bedenkenlos auf gleiche Ursachen (Homologien) schließen darf, was in der Geschichte schon oft zu Fehlinterpretationen geführt hat. Die Verfechter dieser **mechanistischen Theorie** stützten sich, wie bereits betont, auf Modellversuche mit Öl-Chloroform-Tropfen, an denen man durch Annäherung eines Sodakristalls die Oberflächenspannung lokal herabsetzen kann (lokale Verseifung). Erniedrigt man gleichzeitig an zwei entgegengesetzten Stellen des Tropfens die Oberflächenspannung, so entstehen in seinem Innern Strömungen, die zur Teilung des Tropfens führen können und den Plasmaströmungen ähneln, wie man sie beispielsweise im lebenden Ei von *Rhabditis dolichura* (Nematode) bei der ersten Furchungsteilung sehr schön beobachten kann (Spek 1931, S. 457–602).

Eine wichtige Rolle kommt bei der Zytokinese einem dünnen **kontraktilen Ring** am Äquator der Zelle zu, der sich zu Beginn der Anaphase direkt unter der Plasmamembran aufbaut und nach Beendigung der Teilung wieder auflöst. Er besteht – neben verschiedenen Struktur- und Regulatorproteinen – aus sich überlappenden Aktin- und Myosinfilamenten, die über Anheftungsproteine mit der Plasmamembran im Äquator der Zelle in Verbindung stehen. Durch die entgegengesetzten Gleitbewegungen zwischen den sich teilweise überlappenden Myosin- und Aktinfilamenten kann eine erhebliche Kraftwirkung erzeugt werden, durch die die Teilungsfurche nach innen gezogen wird.

Wichtig ist, dass die Zytokinese zum richtigen Zeitpunkt und am richtigen Ort einsetzt. Nur so kann garantiert werden, dass beide Zellen den vollständigen Chromosomensatz erhalten. Der Aufbau des Rings wird durch eine kleine GTPase gesteuert, die – wie alle GTPasen – so lange inaktiv ist, wie sie GDP gebunden hat, und aktiv wird, wenn das GDP durch GTP ersetzt wird. Diese Aktivierung geschieht unterhalb der Zellmembran in der künftigen Furchungsregion durch einen besonderen Faktor. Das Signal dazu scheint aus der Anaphasenspindel selbst zu kommen. Die aktivierte GTPase fördert sowohl den Aufbau von Aktinfilamenten durch Bindung (Aktivierung) von Formin als auch die Bildung von Myosinfilamenten.

Nach erfolgter Zellteilung baut die Kernmembran sich wieder auf und die Chromosomen dekondensieren schnell wieder. Gleichzeitig reorganisiert sich das durch die Zell-

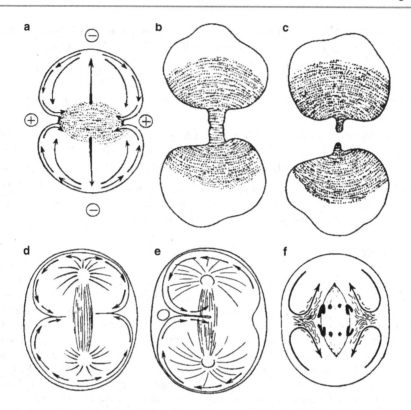

Abb. 3.10 Modellvorstellungen zur Ursache von Plasmaströmungen in sich teilenden Zellen durch lokale Oberflächenspannungserniedrigungen: In Öl-Chloroform-Tropfen kann man durch Annäherung eines Sodakristalls eine lokale Verminderung der Oberflächenspannung (durch Minuszeichen markiert) erzielen. Geschieht das an gegenüberliegenden Polen des Tropfens, so entsteht (**a**) intern eine Strömung, die schließlich (**b, c**) zur Teilung des Tropfens führen kann. Diese Strömungsfigur entspricht den zu beobachtenden Plasmaströmungen (**d, e**) im Ei von *Rhabditis dolichura* (Nematode) bei der ersten Furchungsteilung (Nach Spek 1925/26) oder (**f**) bei anderen Zellteilungen. (Nach Belar 1928)

teilungsvorgänge stark in Mitleidenschaft gezogene endoplasmatische Retikulum. Der Golgi-Apparat, der während der Mitose in Bruchstücke zerfallen war, wird aus diesen Bruchstücken ebenfalls wieder neu aufgebaut. Dass beide Tochterzellen diese für den Neuaufbau des Golgi-Apparats notwendigen Bruchstücke auch tatsächlich erhalten, wird dadurch gewährleistet, dass sich die Bruchstücke an die beiden Spindelpole heften und mit ihnen zusammen in die beiden Tochterzellen gelangen. Anders ist es bei den membranumschlossenen Organellen, wie Mitochondrien und Chloroplasten. Sie können sich nicht spontan *de novo* bilden, sondern müssen unversehrt auf die beiden Tochterzellen verteilt werden, was bei ihrer hohen Anzahl in der Zelle auch keine Schwierigkeit macht. Die Teilung dieser Organellen erfolgt unabhängig vom Zellzyklus.

3.10 Der vielzellige Organismus

Vielzellige Organismen traten in der Evolution relativ spät und unabhängig voneinander in verschiedenen Stämmen vor etwa 1,2 Mrd. Jahren auf (Butterfield 2000, S. 386–404; Carroll 2001, S. 1102–1109; Blair und Hedges 2005, S. 2275–2284). Der Mensch besitzt nicht weniger als 10^{14} (das sind 100 Billionen) Zellen. Wollte man sich die Mühe machen, seine Zellen zählen zu wollen, und legt eine Zählgeschwindigkeit von einer Zelle pro Sekunde zugrunde, so würde man zur Erfüllung dieser Aufgabe nicht ein Leben lang und auch nicht tausend, sondern drei Millionen Jahre Tag und Nacht beschäftigt sein. Man hätte also schon als *Australopithecus africanus* mit der Zählung beginnen müssen.

Vielzellige Organismen konnten sich erst auf dem Niveau der Eukaryotenzelle entwickeln. Mit der Vielzelligkeit ist eine **Differenzierung** der Zellen (Arbeitsteilung) im Organismus verbunden (s. Abschn. 10.7). In einem Wirbeltier kann man mehr als 200 verschiedene Zelltypen unterscheiden. Mit der Vielzelligkeit nahm der Umfang der zu erledigenden Aufgaben im Rahmen der Kontrolle und Steuerung der einzelnen Funktionssysteme und deren Abstimmung aufeinander drastisch zu. Das erforderte nicht nur eine größere Menge an genetischer Information, sondern auch leistungsfähigere Regel- und Steuersysteme innerhalb des Genoms. Eukaryoten verfügen deshalb über komplexe Mechanismen zur Kontrolle der Genexpression, wie man sie bei Prokaryoten nicht antrifft. Ganze Gengruppen, deren Produkte miteinander kooperieren, können als Antwort auf innere oder äußere Signale *gemeinsam* aktiviert oder reprimiert werden. Die für einen Vielzeller so charakteristische Zelldifferenzierung beruht in den allermeisten Fällen nicht auf einem Verlust an genetischem Material, sondern auf einer differenziellen Genaktivierung (s. Abschn. 10.7).

Nur die Eukaryotenzelle verfügt über die notwendigen Voraussetzungen für eine präzise Gleichverteilung der stark angewachsenen Menge an genetischer Information auf die beiden Tochterzellen. Dazu gehört die Verteilung und dichte Verpackung des genetischen Materials in verschiedenen **Chromosomen** ebenso wie die Trennung und zielgerichtete Verlagerung der replizierten Chromosomen im Rahmen der Mitose zu den beiden Zellpolen. Entscheidend für diese komplexen Bewegungsvorgänge ist der vorübergehende Aufbau der Mitosespindel (s. Abschn. 3.8) und der beiden Asteren an den Spindelpolen aus Mikrotubuli unter Leitung eines Organisationszentrums. Ohne die Mikrotubuli wäre eine Teilung der Eukaryotenzelle undenkbar.

Grundlage für diese und weitere grundlegende Leistungen der Eukaryotenzelle ist das **Zytoskelett** (s. Abschn. 3.5), das aus außerordentlich dynamischen, leicht auf- und wieder abbaubaren Proteinfilamenten (helikale Polymere aus Aktin, Tubulin bzw. Intermediärproteine) besteht. Es hat nicht nur, wie der Name suggerieren könnte, Stützfunktion, sondern ist – in Verbindung mit weiteren „Zubehörproteinen" – ebenso für die räumliche Anordnung von Organellen und Proteinkomplexen innerhalb der Zelle wie für Formveränderungen, Bewegungs- und Transportvorgänge verantwortlich. Es fehlt bei den Prokaryoten.

Tab. 3.4 Mittlere Lebensdauer von Zellen aus verschiedenen Organen der Ratte. (Aus Bertalanffy 1953, S. 9)

Zelltyp	Lebensdauer in Tagen	Zelltyp	Lebensdauer in Tagen
Epithelzellen (Duodenum)	0,7	Drüsen- u. Becherzellen (Duodenum)	1,6
Epithelzellen (Ileum, Jejunum)	1,4	Drüsenzellen (Magen, Pylorus)	1,8
Epithel (Magen, Pylorus)	1,9	Mukosazellen (Magen, Corpus)	6,4
Epithel (Magen, Corpus)	2,8	Granulozyten (Blut)	0,04
Epithelzellen (Trachea)	47,6	Lymphozyten (Blut)	0,3
Epithel (Blase)	66,5	Erythrozyten (Blut)	50,0

Im „ausgewachsenen" vielzelligen Organismus befindet sich die Mehrzahl der Zellen in einem Zustand ruhender Teilungsaktivität, um ihren spezifischen Funktionen nachkommen zu können. Sie unterbrechen für eine mehr oder weniger lange Zeitspanne die G_1-Phase des Zyklus und verharren in der sog. G_0-Phase. Zellteilungen erfolgen nur noch in dem Umfang, um den natürlichen „Verschleiß" an Zellen zu ersetzen. Diesem dynamischen Gleichgewicht (Fließgleichgewicht) zwischen Verlust und Ersatz auf zellulärer Ebene steht ein intrazelluläres dynamisches Gleichgewicht auf molekularer Ebene (s. Abschn. 5.2) zur Seite. Die **mittlere Lebensdauer der Zellen** verschiedener Organe kann stark differieren (Tab. 3.4). Während z. B. die Granulozyten der Ratte nur eine mittlere Lebensdauer von 0,3 Tagen haben, beträgt sie beim Epithel der Trachea (Luftröhre) 48 Tage. Die Epithelzellen des Dünndarms haben eine durchschnittliche Lebensdauer von nur 1,4 (Ratte) bzw. 5 Tagen (Mensch). Sie werden ständig aus Stammzellen in den sog. Krypten des Darmepithels ersetzt (**physiologische Regeneration**). Gesunde Leberzellen teilen sich beim Menschen normalerweise nur ein- bis zweimal im Jahr. Werden allerdings Teile der Leber entfernt, wird vorübergehend ein Regenerationsprozess mit vielen Zellteilungen in Gang gesetzt bis die Reparatur abgeschlossen ist. Die Neuronen im Gehirn sowie die Zellen der menschlichen Linse teilen sich in der Masse überhaupt nicht mehr.

Die Regulation der Zellteilungen und ihre Anpassung an bestimmte Bedingungen sind im vielzelligen Organismus von eminenter Bedeutung. Keine Zelle in einem vielzelligen Organismus lebt für sich allein. Zwischen den Zellen herrscht eine starke wechselseitige Beeinflussung über Signalstoffe, wodurch Wachstum, Differenzierung und Stoffwechsel aufeinander abgestimmt werden. Man unterscheidet hauptsächlich drei **Zell-zu-Zellkontakte** (Abb. 3.11):

1. durch Transmission von Signalmolekülen (Botenstoffe),
2. durch direkten molekularen Kontakt über membranständige Moleküle,
3. durch „gap junctions".

Im *ersten Fall* werden mehr oder weniger spezifische und bereits in sehr niedrigen Konzentrationen hochwirksame **Botenstoffe**, z. B. Wachstumsfaktoren (Cross und Dexter

Abb. 3.11 Formen des interzellulären Signaltransfers. **a** über diffusible Signalstoffe, **b** über membranständige Proteinmoleküle bei direktem Kontakt, **c** durch direkten Austausch niedermolekularer Verbindungen über „gap junctions". Nähere Erläuterungen im Text. (In Anlehnung an Wolpert et al. 2007; mit freundlicher Genehmigung)

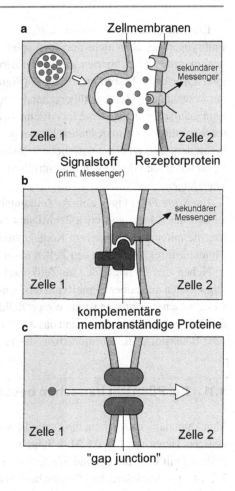

1991, S. 271–280; Sporn und Roberts 1990), von der Senderzelle durch Exozytose aus Vesikeln freigesetzt, gelangen durch Diffusion zur Nachbarzelle, wo sie auf membranständige Rezeptormoleküle treffen, die zu ihnen „passen". Beide komplementären Partner gehen vorübergehend eine nichtkovalente Bindung miteinander ein, wodurch intrazellulär Reaktionskaskaden aktiviert werden, durch die Genexpressionen und das Zellzykluskontrollsystem (s. o.) reguliert werden können. Sie regeln nicht nur das Zellwachstum und die Zellteilung, sondern kontrollieren in anderen Fällen auch die Differenzierung (s. Abschn. 10.7), das Überleben oder die Bewegung der Zellen.

Hintergrundinformationen
Bei Abwesenheit von Wachstumsfaktoren kommt nicht nur die Zellproliferation zum Erliegen, sondern es kommt auch zum vermehrten Absterben von Zellen durch **Apoptose** (programmierter Zelltod, s. Abschn. 10.13), weil ein internes Selbsttötungsprogramm aktiviert wird. Die intrazelluläre Ca^{2+}-Konzentration steigt an, was zur Aktivierung einer Endonuklease führt, die das Chromatin zerstört.

Eine nicht zu unterschätzende Rolle (z. B. bei der Zelldifferenzierung während der Embryogenese, aber nicht nur dort) spielt – *zweitens* – der Austausch von Informationen zwischen benachbarten Zellen bei **direktem Kontakt**. Die Zellen präsentieren auf ihrer Oberfläche bestimmte Proteine (Signalstoffe), mit denen die Membranrezeptoren der kontaktierten Zelle vorübergehend eine nichtkovalente Bindung eingehen, wodurch intrazelluläre Signalsysteme (s. Abschn. 8.7) aktiviert werden können. Ein unkontrolliertes Wachstum wird im gesunden Körper durch viele solcher Rückkopplungsmechanismen verhindert. Versagt diese natürliche Selbstkontrolle der Zellteilungen an irgendeiner Stelle, so teilen sich die Zellen unkontrolliert und es entsteht eine der zahlreichen Krebserkrankungen.

Ein *dritte Form* eines Zell-zu-Zellkontakts bilden die „**gap junctions**". Dabei handelt es sich um Kanäle von etwa 2 nm Durchmesser, die die Plasmamembranen beider Zellen, die miteinander in engem Kontakt stehen, durchdringen. Durch sie können kleinere Moleküle direkt zwischen den Zellen ausgetauscht werden.

Neben den direkten Zell-zu-Zellkontakten müssen die voluminöseren mehrzelligen Organismen auch über **Signaltransmissionssysteme auf Distanz** verfügen, deren Reichweite wesentlich größer ist als einige Zelldurchmesser. Diese Funktion übernehmen bei den Tieren das Zirkulations- und das Nervensystem (s. Abschn. 8.5). Beide nutzen chemische Botenstoffe, die Hormone bzw. die Transmitter.

3.11 Bei Pflanzen herrschen besondere Bedingungen

Man kann davon ausgehen, dass sich die vielzelligen **Pflanzen** unabhängig von den vielzelligen Tieren vor 1,5–0,8 Mrd. Jahren entwickelt haben. Die ältesten bekannten Landpflanzen mit Leitbündeln und Spaltöffnungen stammen aus dem Silur vor etwa 420 Mio. Jahren. Das Besondere der Pflanzen besteht darin, dass sie Chloroplasten besitzen und deshalb eine photoautotrophe Lebensweise (s. Abschn. 6.1) führen können. Damit waren sie nicht mehr darauf angewiesen, ihrer Beute nachzujagen oder die Weideplätze nach einer gewissen Zeit zu verlassen, um neue aufzusuchen. Sie konnten sich eine sessile Lebensweise „leisten", denn Licht ist fast überall vorhanden und kommt zu ihnen „ins Haus".

Das hatte allerdings zwei Konsequenzen: Die Pflanzen mussten – erstens – der Sonne eine möglichst große Fläche zur Absorption von Lichtquanten bieten, und sie mussten – zweitens –, um im Kampf um einen guten „Platz an der Sonne" nicht den Kürzeren zu ziehen, aus dem Schatten anderer heraustreten und dem Licht entgegen wachsen können, und zwar i. d. R. in die Höhe. Das wiederum erforderte Stabilität, die sich nur dadurch erreichen ließ, dass die Pflanzen ihre Zellen mit mehr oder weniger festen Zellwänden ausstatteten, was zur Folge hatte, dass der Informationsaustausch zwischen den Zellen stark erschwert wurde, zumal sie zwar über Leitungssysteme, aber kein Kreislaufsystem verfügen.

„Gap junctions" gibt es bei den Pflanzen nicht. Ihre Funktion wird weitgehend von den zahlreichen (1–10 pro μm^2) **Plasmodesmen** mit einem Durchmesser von rund 60 nm übernommen. Über sie können Stoffe bis zu einem Molekulargewicht von 1000 zwischen den Zellen ausgetauscht werden. Auffällig ist in diesem Zusammenhang, dass die pflanzlichen Wachstumsregulatoren ausschließlich kleine Moleküle sind. Dazu gehören neben den Auxinen, Gibberellinen, Cytokininen und Brassinosteroiden die Abscisinsäure und das Gas Ethylen, über deren Transportwege noch nicht sehr viel bekannt ist. Das **Auxin** wird von der Sprossspitze in Richtung zur Basis von Zelle zu Zelle weitergegeben. Das geschieht auf eigentümliche Weise über spezielle Einstrom- und Ausstromtransportproteine, die unabhängig voneinander gebildet und reguliert werden können. Da sie asymmetrisch verteilt sein können, kann durch sie ein gerichteter Auxinstrom erzeugt werden. Die Pflanze verfügt über die Fähigkeit, die Verteilung dieser Transporter auch kurzfristig ändern zu können.

3.12 Viren sind keine Organismen

Viren sind die am weitesten verbreiteten biologischen Objekte (Breibart und Rohwer 2005, S. 278–284). Man schätzt, dass nicht weniger als 10^{31}–10^{32} Viruspartikel in der Biosphäre vorkommen, das ist eine Größenordnung mehr als die Anzahl von Wirtszellen auf unserem Planeten! Die Größe der Viren schwankt zwischen 20 nm (Parvoviren) und 200 nm (Pockenvirus). Die neu entdeckten Mimiviren sind allerdings noch einmal deutlich größer.

Man kann bei der Frage, ob Viren Lebewesen seien oder nicht, unterschiedliche Standpunkte vertreten. Das hängt mit den Kriterien zusammen, die man bei der Beantwortung der Frage meint zugrunde legen zu müssen. Wenn allerdings von Vertretern des Artificial-life-Projekts allen Ernstes darüber diskutiert wird, ob die Computerviren lebendig seien (Spafford 1994, S. 249–265), ist die Grenze des wissenschaftlich Tolerierbaren überschritten. Viren sind zu keinem selbständigen Leben fähig. Ein isoliertes Virusteilchen (Virion) besitzt zwar ein Genom, ist aber weder in der Lage, seine Gene zu replizieren, noch ATP zu bilden. Viren sind keine Zellen und deshalb auch keine Lebewesen, haben aber vieles mit den Lebewesen gemein. Sie speichern ihre Erbinformationen wie die Lebewesen in Nukleinsäuren und geben sie auch wie die Lebewesen weiter. Man kann die Viren als „evolvierende Nukleinsäure-Protein-Einheiten" bezeichnen, die sich – wenn auch selbst keine Lebewesen – von Lebewesen ableiten.

Viren sind obligate Parasiten. Sie können sich nur innerhalb einer fremden Zelle unter Ausnutzung der Stoffwechselfließbänder der Wirtszelle vermehren. Sie führen ihr genetisches Material in die fremde Zelle ein und verwenden die Ribosomen der Wirtszelle zur Synthese der viruseigenen Proteine. Sie sind unfähig zur selbständigen Teilung oder zum Wachstum, weil ihnen i. d. R. die Maschinerie (Enzyme etc.) zur Energiegewinnung sowie zur Synthese ihrer mRNA und Proteine fehlt. Deshalb sind die existierenden Viren nicht wirklich lebendig. Sie können sich aber das Leben zeitweilig „ausborgen" (WEIDEL).

Die vollständige, infektiöse extrazelluläre Viruspartikel nennt man **Virion**. Es enthält die von einem Proteinmantel (Kapsid) umgebene ein- oder doppelsträngige Nukleinsäure.

Abb. 3.12 Bei einigen nahezu kugelförmigen Viren,
wie beispielsweise beim Ta-
baksatellitennekrosevirus,
fügen sich die Kapsidpro-
teine zu einer regelmäßigen
ikosaedrischen Struktur aus
20 identischen gleichseitigen
Dreiecken zusammen, wobei
jede Dreiecksfläche von drei
Kapsiduntereinheiten gebildet
wird

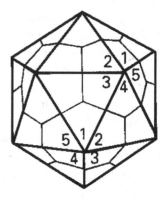

Das Kapsid besteht aus vielen identischen Kopien eines Proteins oder aus wenigen verschiedenen Proteinen. Das ist deshalb so wichtig, weil im Kapsid nur Platz für eine stark
begrenzte Anzahl von Genen bleibt. Die Proteinuntereinheiten des Capsids können helikale Strukturen bilden, wie z. B. beim Tabakmosaikvirus (TMV; s. Abschn. 5.9). Bei den
sphärischen Formen überwiegen Polyeder mit ikosaedrischer Symmetrie (20 identische,
gleichseitige Dreiecke, Abb. 3.12). Einige Viruspartikel (z. B. Influenzavirus) weisen eine äußere Hüllmembran aus einer Phospholipiddoppelschicht auf. Manche Viren sind zur
Selbstaggregation aus ihren molekularen Bausteinen in Lösung befähigt (s. Abschn. 5.9).

Die **genetische Information** der Viren ist entweder in der DNA oder in der RNA
gespeichert. Es sind keine Viren bekannt, die beide Nukleinsäuren gleichzeitig enthalten. In manchen Virennukleinsäuren ist die Information für die Bildung von nur zwei
(Hepatitis-δ-Virus, einsträngige RNA mit 1678 b) bis 15 verschiedenen Proteinen (HIV-
Virus, einsträngige RNA mit 9193 b) gespeichert. In anderen Fällen erreicht die Anzahl der codierten Proteine 200 (Cytomegalovirus, doppelsträngige DNA mit 229.354 bp).
Die Mimiviren, DNA-Doppelstrangviren mit ikosaedrischem Kapsid von 400 nm Durchmesser, besitzen ein Genom von $> 10^6$ Basenpaaren mit etwa 1000 proteinkodierenden
Genen. Einige der Proteine sind an der Translation und der DNA-Replikation beteiligt.
Zum Vergleich: Das Genom von *Mycoplasma genitalium* (s. Abschn. 3.6), einem obli-
gaten Parasiten im menschlichen Urogenitalsystem, umfasst nur 580.070 bp und codiert
470 Proteine!

Viren stellen keine zusammenhängende taxonomische Gruppe dar, sondern sind untereinander extrem verschieden. Ihre genetische Variabilität ist hoch. Man bezeichnet die
Gesamtheit der Mutanten einer Viruspopulation als **Quasispezies**. Die Fehlerquote bei der
reversen Transkriptase (eine ungewöhnliche Polymerase von Retroviren, die zunächst von
der einsträngigen viralen RNA eine DNA-Kopie herstellt, die sie anschließend zur Doppelhelix ergänzt) von RNA-Viren ist um den Faktor 10^3 höher als bei der zellulären DNA-
Polymerase!

Im Allgemeinen sieht man in den Viren gern „frei gewordene genetische Elemente"
ursprünglicher Zellen, die ihre Kapazität zur autonomen Existenz verloren haben. Das

könnte beispielsweise für Einzel-(–)Strang-**RNA-Viren**, zu denen die Mumps-, Masern-, Tollwut- und Grippeerreger zählen, zutreffen. Sie besitzen eine RNA-abhängige RNA-Polymerase, die ihnen gestattet, aus ihrem (–)RNA-Genom mRNA herzustellen. – Zumindest bei einigen **DNA-Viren** geht man dagegen davon aus, dass sie durch hochgradige Reduktion aus zellulären Organismen hervorgegangen sind. Wir müssen allerdings eingestehen, dass uns gesicherte Kenntnisse darüber fehlen, woher die Viren tatsächlich stammen und wie sie einst entstanden sind (Bamford et al. 2005, S. 655–663). Wahrscheinlich sind die Viren in der Evolution vielfach unabhängig voneinander in den verschiedensten Organismengruppen entstanden, worauf ihre extreme Heterogenität hinweist.

In neuerer Zeit wird die These eines sehr frühen Ursprungs der Viren, vielleicht sogar vor der Divergenz der drei Domänen (s. Abschn. 4.15; Balter 2000, S. 1866–1867), wieder stärker diskutiert. Die heutigen RNA-Viren werden in diesem Zusammenhang als die Überbleibsel einer vergangenen RNA-Welt (s. Abschn. 4.12) angesehen. Nach dem Konzept Eugene V. Koonins und seiner Mitarbeiter existierte ursprünglich eine „**Viruswelt**" (Koonin et al. 2006, S. 1–27). Dafür spricht nach Meinung der Autoren neben dem extensiven Genaustausch zwischen Viren die Tatsache, dass verschiedene virale Gene, die für Proteine codieren, die in die Replikation und Struktur integriert sind, bei vielen RNA- und DNA-Viren anzutreffen sind, in zellulären Organismen aber gänzlich fehlen. Nach ihrem Konzept entstanden die Viren und verwandte Agenzien aus einem ursprünglichen Pool primitiver genetischer Elemente, den Vorläufern sowohl viraler als auch zellulärer Gene. Die Entstehung einer beträchtlichen genetischen Vielfalt ging nach diesen Autoren dem Erscheinen einer selbständigen Zelle *voraus*. Die „Individualisierung" soll sich nach diesen Autoren in anorganischen Mikrokompartimenten, deren Wände hauptsächlich aus Fe(II)-sulfid bestehen, wie sie in Hydrothermalquellen in großer Zahl auftreten, abgespielt haben (s. Abschn. 4.13; Koonin und Martin 2005, S. 647–654). Die in diesem Szenario entwickelte Vorstellung eines nichtzellulären „last universal common ancestor" (LUCA) der drei Domänen (Bacteria, Archaea und Eukarya) ist weiterhin Gegenstand von Auseinandersetzungen (Gogarten und Taiz 1992, S. 137–146).

Literatur

Andrianantoandro E, Basu S, Karig DK, Weiss R (2006) Synthetic biology: new engineering rules for an emerging discipline. Mol Syst Biol 2:28

Avery OT, MacLeod CM, McCarty M (1944) Studies on the chemical transformation of pneumococcal types. Exp Med 79:137–158

Balter M (2000) Evolution on life's fringes. Science 289:1866–1867

Bamford DH, Grimes JM, Stuart DJ (2005) What does structure tell us about virus evolution? Curr Opinion Structural Biol 15:655–663

Belar K (1928) Die cytologischen Grundlagen der Vererbung. Handbuch der Vererbung Bd. 1.

Benner SA, Sismour AM (2005) Synthetic biology. Nat Rev Genet 6:533–543

Bertalanffy L (1953) Biophysik des Fließgleichgewichts. Friedr. Vieweg, Braunschweig, S 9

Blair JE, Hedges SB (2005) Molecular phylogeny and divergence of deuterostome animals. Mol Biol Evol 22:2275–2284

Breibart M, Rohwer F (2005) Here a virus, there a virus, everywhere the same virus? Trends Microbiol 13:278–284

Brücke E (1851) Die Elementarorganismen Sitzungsber Kgl Akad d Wissensch in Wien, Mathem-Naturwiss Klasse, Bd. 44. Verlag der österr. Akad. d. Wiss., Wien, S 381–466

Butterfield NJ (2000) Bangiomorpha pubescens n. gen., n. sp.: implications for the evolution of sex, multicellularity, and the Mesoproterozoic/Neoproterozoic radiation of eukaryotes. Palaeobiology 26:386–404

Carroll SB (2001) Chance and necessity: the evolution of morphological complexity and diversity. Nature 409:1102–1109

Cello J, Aniko VP, Wimmer E (2002) Chemical synthesis of poliovirus cDNA: Generation of infectious virus in the absence of natural template. Science 297:1016–1018

Chargaff E (1989) Unbegreifliches Geheimnis. Wissenschaft als Kampf für und gegen die Natur. Luchterhand. Literaturverlag, Frankfurt a M, S 158

Chargaff E (1993) Über das Lebendige. Ausgewählte Essays. Klett-Cotta, Stuttgart, S 62

Cross M, Dexter TM (1991) Growth factors in development, transformation, and tumorigenesis. Cell 64:271–280

Dajkovic A, Lan G, Sun SX, Wirtz D, Lutkenhaus J (2008) MinC spatially controls bacterial cytokinesis by antagonizing the scaffolding function of FtsZ. Curr Biol 18:235–244

Deckert G et al (1998) The complete genome of the hyperthermophilic bacterium Aquifex aeolicus. Nature 392:353–358

Elowitz MB, Leibler S (2000) A synthetic oscillatory network of transcriptional regulators. Nature 403:335–338

Engels F (1975) Herrn Eugen Dührings Umwälzung der Wissenschaft. Dietz Verlag, Berlin, S 76

Forsburg SL, Nurse P (1991) Cell cycle regulation in the yeasts Saccharomyces cerevisiae and Schizosaccharomyces pombe. Annu Rev Cell Biol 7:227–256

Fuerst JA, Webb RI (1991) Membrane-bounded nucleoid in the Eubacterium Gemmata obscuriglobus. Proc Nat Acad Sci USA 88:8184–8188

Gibson DG et al (2008) Complete chemical synthesis, assembly, and cloning of a Mycoplasma genitalium genome. Science 319:1215–1220

Gibson DG et al (2010) Creation of a bacterial cell controlled by a chemically synthesized genome. Science 329:52–56

Gil R et al (2002) Extreme genome reduction in *Buchnera* spp.: Towards the minimal genome needed for symbiontic life. Proc Natl Acad Sci USA 99:4454–4458

Gil R, Silva FJ, Peretó J, Moya A (2004) Determination of the core of a minimal bacteria gene set. Microbiol Mol Biol Rev 68:518–537

Gitai Z, Dye N, Reisenauer A, Wachi M, Shapiro L (2005) MreB actin-mediated segregation of a specific region of a bacterial chromosome. Cell 120:329–341

Glass et al (2006) Essential genes of a minimal bacterium. Proc Natl Acad Sci USA 103:425–430

von Goethe JW (1891) Zur Morphologie: Die Absicht eingeleitet. Gesamtausgabe seiner Werk Bd. II. Böhlau, Weimar, S 14 (Abt., 6. Band, I. Theil.)

Gogarten JP, Taiz L (1992) Evolution of proton pumping ATPases: Rooting the tree of life. Photosynth Res 33:137–146

Haeckel E (1904) Die Lebenswunder. Gemeinverständliche Studien über Biologische Philosophie. A. Körner Verlag, Stuttgart, S 40

Hall TS (1969) History of General Physiology. University of Chicago Press, Chicago, London (1975 2 Vols)

Hartwell LH (1991) Twenty-five years of cell cycle genetics. Genetics 129:975–980

Heidenhain M (1894) Neue Untersuchungen über die Centralkörper und ihre Beziehungen zum Kern und Zellenprotoplasma. Arch Mikr Anat 43:423–758

Heinemann M, Panke S (2006) Synthetic biology – putting engineering into biology. Bioinformatics 22:2790–2799

Hertwig O (1906) Allgemeine Biologie, 2. Aufl. Fischer Verlag, Jena

Hopkins FG (1913) The dynamic side of biochemistry. Nature 92:213–223

Huber H, Hohn MJ, Rachel R, Fuchs T, Wimmer VC, Stetter KO (2002) A new phylum of archaea represented by a nanosized hyperthermophilic symbiont. Nature 417:63–67

Islas S, Becerra A, Luisi PL, Lazcano A (2004) Comparative genomics and the gene complement of a minimal cell. Orig Life Evol Biophys 34:243–256

Joyce GF (1987) Cold Spring Harbor Symposium. Quant Biol 52

Joyce GF, Orgel LE (1986) Non-enzymatic template-directed synthesis on RNA random copolymers: Poly(C,G) templates. J Mol Biol 188:433–437

Kandel ER, Schwartz JH, Jessel TM (Hrsg) (1996) Neurowissenschaften. Eine Einführung. Spektrum Akad. Verlag, Heidelberg

Kaplan RW (1972) Der Ursprung des Lebens. Biogenetik, ein Forschungsgebiet heutiger Naturwissenschaft. Georg Thieme, Stuttgart

Kaufmann S (1996) Even peptides do it. Nature 382:496–497

Koonin EV, Martin W (2005) On the origin of genomes and cells within inorganic compartments. Trends Genet 21:647–654

Koonin EV, Senkevich TG, Dolja VV (2006) The ancient virus world and evolution of cells. Biology Direct 1:1–27

Kühn A (1930) Grundriß der Allgemeinen Zoologie, 4. Aufl. Georg Thieme, Leipzig

Kuhn H, Waser J (1982) Selbstorganisation der Materie und Evolution früher Formen des Lebens. In: Hoppe W, Lohmann W, Markl H, Ziegler H (Hrsg) Biophysik, 2. Aufl. Springer Verlag, Berlin, Heidelberg, New York, S 860–905

Kühner S et al (2009) Proteom organization in a genome-reduced bacterium. Science 326:1235–1240

Lartigue C et al (2007) Genome transplantation in bacteria: changing one species to another. Science 317:632–638

Lewontin RC (1992) The dream of the human genome. The New York Review 31–40

Lonhienne TGA et al (2010) Endocytosis-like protein uptake in the bacterium Gemmata obscuriglobus. Proc Nat Acad Sci USA 107:12883–12888

Loose M et al (2008) Spatial regulators for bacterial cell division self-organized into surface waves in vitro. Science 320:789–792

Löwe J, Amos LA (1998) Crystal structure of the bacterial cell-division protein FtsZ. Nature 391:203–206

Luisi PL, Ferri F, Stano P (2006) Approaches to semi-synthetic minimal cells: a review. Naturwiss 93:1–13

Mansy SS et al (2008) Template-directed synthesis of a genetic polymer in a model protocell. Nature 454:122–125

Marston AL et al (1998) Polar localization of the MinD protein of *Bacillus subtilis* and its role in the mid-cell-division site. Genes Devel 12:3419–3430

Meinhardt H, de Boer PA (2001) Pattern formation in *Escherichia coli*: a model for the pole-to-pole oscillations of Min proteins and the localization of the division site. Proc Natl Acad Sci USA 98:14202–14207

Meyer A (1920) Morphologische und physiologische Analyse der Zelle der Pflanzen und Tiere. Fischer Verlag, Jena

Morowitz HJ (1967) Biological self-replicating systems. Prog Theor Biol 1:35–58

Nakabachi A et al (2006) The 160-kilobase genome of the bacterial endosymbiont Carsonella. Science 314:267

Oparin AI (1947) Die Entstehung des Lebens auf der Erde (übersetzt nach der zweiten vermehrten Auflage). Volk und Wissen Verlag, Berlin, Leipzig, S 121

Osteryoung KW, Vierling E (1995) Conserved cell and organelle division. Nature 376:473–474

Pfeffer W (1897) Pflanzenphysiologie, 2. Aufl. Engelmann, Leipzig, S 3 (2 Bde)

Pflüger E (1875) Beiträge zur Lehre von der Respiration. (1): Über die physiologische Verbrennung in den lebenden Organismen. Pflüger's Archiv 10:641–544

Portin P (1993) The concept of the gene: Short history and present status. Quarterly Rev Biol 68:173–223

Pósfai G et al (2006) Emergent properties of the reduced-genome Escherichia coli. Science 312:1044–1046

Rasmussen S et al (2008) Protocells. Bridging nonliving and living matter. MIT Press, Cambridge

RayChaudhuri D (1999) ZipA is a MAP-Tau homolog and is essential for structural integrity of the cytokinetic FtsZ ring during bacterial cell division. EMBO J 18:2372–2383

Rensch B (1968) Biophilosophie auf erkenntnistheoretischer Grundlage. G. Fischer, Stuttgart

Ries E, Gersch M (1953) Biologie der Zelle. B. G. Teubner Verlagsgesellschaft, Leipzig

Sheeler P, Bianchi DE (1987) Cell and molecular biology, 3. Aufl. Wiley, New York

Shimkets LJ (1998) Structure and size of genomes of the Archaea and Bacteria. In: de Bruijn FJ, Lupskin JR, Weinstock GM (Hrsg) Bacterial genomes: physical structure and analysis. Kluwer, Boston MA, S 5–11

Singer SJ, Nicolson GL (1972) The fluid mosaic model of the structure of cell membranes. Science 175:720–731

Spafford E (1994) Computer viruses as artificial life. Artificial life 1:249–265

Spek J (1918) Die amöboiden Bewegungen und Strömungen in den Eizellen einiger Nematoden während der Vereinigung der Vorkerne. Arch Entw-Mech 44:217–255

Spek J (1925) Die Protoplasmabewegung. In: Bethe A, Bergmann G, Embden G, Ellinger A (Hrsg) Handbuch der normalen und pathologischen Physiologie, Bd. 8. Springer Verlag, Berlin, S 1–30 (Hälfte 1, Teil 1)

Spek J (1931) Allgemeine Physiologie der Entwicklung und Formbildung. In: Gellhorn E (Hrsg) Lehrbuch der Allgemeinen Physiologie. Thieme Verlag, Leipzig, S 457–602

Sporn MB, Roberts AB (Hrsg) (1990) Peptide growth factors and their receptors. Springer Verlag, Berlin

Stanley WM (1935) Isolation and crystalline protein processing the properties of Tobacco Mosaic Virus. Science 81:644–645

Van den Ent F, Amos LA, Löwe J (2001) Prokaryotic origin of the actin cytoskeleton. Nature 413:39–44

v Tschermak A (1924) Allgemeine Physiologi Bd. 1. Springer Verlag, Berlin

Verworn M (1894) Allgemeine Physiologie. Fischer Verlag, Jena (5. Aufl. 1909)

Verworn M (1903) Die Biogenhypothese. Fischer Verlag, Jena

Virchow R (1855) Cellular Pathologie. Virchow Archiv 8:3–39

Waters E et al (2003) The genome of Nanoarchaeum equitans: insights into early archaeal evolution and derived parasitism. Proc Nat Acad Sci USA 100:12984–12988

Weismann A (1892) Das Keimplasma – eine Theorie der Vererbung. Gustav Fischer Verlag, Jena

Wolpert L et al (2007) Principles of development, 3. Aufl. Springer Verlag, Berlin, Heidelberg

Zillig W (1991) Comparative biochemistry of Archaea and Bacteria. Curr Opin Genet Dev 1:544–551

Evolution

4

Da die Erhaltung aller lebenden Systeme auf Reproduktion basiert,
spielt Selektion auf allen Stufen eine Rolle
(Manfred Eigen 1987).

Inhaltsverzeichnis

Es gehört zu den frühen Erfahrungen des Menschen, dass uns die Lebewelt nicht nur in Form einzelner und einmaliger Individuen entgegentritt, sondern dass diese Individuen untereinander abgestufte Ähnlichkeiten aufweisen. Diese, jeden Naturfreund immer wieder aufs Neue erfreuende lebendige Vielfalt (Biodiversität) ist nicht chaotisch. Sie ist auch –

© Springer-Verlag Berlin Heidelberg 2016
H. Penzlin, *Das Phänomen Leben*, DOI 10.1007/978-3-662-48128-8_4

zumindest bei den höheren Pflanzen, Pilzen und Tieren – nicht kontinuierlich, sondern lässt eine mehr oder weniger deutliche Diskontinuität erkennen, die das Unterscheiden von „Sorten" gestattet. Das hängt damit zusammen, dass kein uneingeschränkter Genaustausch zwischen allen Lebewesen mit sexueller Fortpflanzung stattfindet. Es herrscht kein „sexuelles Kontinuum". Die Lebewesen paaren sich vielmehr erfolgreich nur mit ihresgleichen. So entstehen geschlossene Fortpflanzungsgemeinschaften mit einem nur ihnen zugehörigen Genpool, der sich von anderen Fortpflanzungsgemeinschaften unterscheidet.

4.1 Die biologische Art (Biospezies)

Aufgrund der Herausbildung solcher Fortpflanzungsgemeinschaften entwickelt die betreffende Gruppe jeweils ihre eigenen Erbmerkmale und Fähigkeiten, eine bestimmte Nische erfolgreich zu besetzen. Man bezeichnet solche Fortpflanzungsgemeinschaften in der Evolutionsbiologie als **Biospezies**. In Anlehnung an Ernst MAYR können wir sie wie folgt definieren (Mayr 1991, S. 206, 212):

▶ **Definition** Eine Biospezies ist eine einzelne Population oder auch eine Gruppe von Populationen, deren Mitglieder sich unter natürlichen Bedingungen – tatsächlich oder potenziell – frei miteinander kreuzen, gegenüber anderen Populationen dagegen reproduktiv isoliert sind.

Eine Biospezies stellt ein „in sich geschlossenes genetisches System" mit einem ihm eigenen **Genpool** dar. MAYR hob drei Punkte hervor, durch die eine Spezies über die bloße „typologische Interpretation einer Klasse von Objekten" erhoben wird:

1. Die Angehörigen einer Spezies bilden eine Reproduktionsgemeinschaft.
2. Die Individuen einer Spezies von Tieren erkennen einander als potenzielle Partner und suchen einander zum Zweck der Reproduktion.
3. Die Spezies ist eine genetische Einheit, die aus einem großen Genpool mit wechselseitigen Beziehungen besteht.

Von vielen Bearbeitern des Speziesproblems wird besonders der Aspekt der „**Reproduktionsgemeinschaft**" hervorgehoben (Poulton 1903, S. LXXVI–CXVI; Jordan 1905, S. 151–210). Bei Ludwig PLATE heißt es dazu: „Die Mitglieder einer Spezies sind durch die Tatsache miteinander verbunden, dass sie einander als zusammengehörig erkennen und sich nur miteinander fortpflanzen" (Plate 1914, S. 92–164).

Dass die Arten natürliche Gegebenheiten und keine Konstrukte der systematisierenden Biologen sind, wird durch folgende Tatsache sehr eindrucksvoll belegt. Die Eingeborenen in den entlegenen Arfak Mountains auf Neuguinea, für die in früheren Zeiten die Wildvögel die wichtigste Fleischquelle darstellten, hatten in ihrer langen Kulturgeschichte gelernt, insgesamt 136 verschiedene Vogelsorten zu unterscheiden und zu benennen. Als der Ornithologe und Evolutionsforscher Ernst MAYR im Jahr 1928 dasselbe Gebiet bereiste und wissenschaftlich durchforschte, umfasste seine Liste schließlich 137 verschiedene Arten. Es stellte sich heraus, dass die Eingeborenen und die europäischen Wissenschaftler dieselben Arten unterschieden mit nur einer einzigen Ausnahme: Zwei sehr ähnliche Arten, zwischen denen die Eingeborenen nicht differenzierten, wurden von Ernst MAYR getrennt geführt. Ein anderes Beispiel: Ein Stamm auf den Philippinen unterschied nicht weniger als 1600 verschiedene Pflanzensorten. Das sind über 90 % der aus dem Gebiet bislang bekannten Arten! Es gibt also natürliche „Einheiten" in der Vielfalt, die wir heute als „Art" bezeichnen.

Hintergrundinformationen

Das Artkonzept ist wesentlich älter als die Erkenntnis einer durchgängigen Deszendenz. Das „typologische" sowie das „nominalistische" Artkonzept verdienen heute nur noch historisches Interesse. Von einem **typologischen Artkonzept** sprechen wir dann, wenn die beobachtete Vielfalt als Manifestation einer begrenzten Anzahl von „Universalien", „Typen" oder „Ideen" angesehen wird. Die Arten sind unveränderliche Einheiten, wie sie einst von Gott geschaffen wurden. Variationen werden als Unvollkommenheit dieser Manifestation aufgefasst, sind, wissenschaftlich gesehen, unwichtige Randprobleme. Dieses auf PLATONS „*eidos*" zurückgehende Konzept wurde noch von LINNÉ und seinen Nachfolgern vertreten (Cain 1958, S. 144–163). Das **nominalistische Artkonzept** leugnet die reale Existenz von Universalien und betrachtet die Art als erst vom Menschen geschaffene Abstraktion: „Die Natur produziert Individuen und nichts weiter. [...] Arten haben in der Natur keine tatsächliche Existenz. Sie sind Konzepte des menschlichen Geistes und nicht mehr. [...] Arten sind erfunden worden, damit wir auf eine große Zahl von Individuen kollektiv Bezug nehmen können" (Bessey 1908, S. 218–224). Dieses auf die „Nominalisten", wie z. B. OCKHAM und andere, zurückgehende Konzept fand im Frankreich des 18. Jahrhunderts weite Verbreitung (der frühe BUFFON, ROBINET, LAMARCK u. a.).

Die oben formulierte Definition einer Biospezies erweist sich bei näherer Betrachtung als ziemlich problematisch. Der Teufel liegt auch hier im Detail. Die Diskussion um den **Artbegriff** spiegelt sich in der Literatur durch eine nahezu endlose Folge von Beiträgen bis in unsere Tage wider (Mayr 1984, S. 202–238, 1991 S. 199–268; Mayr und Ashlock 1991; Minelli 1993, S. 62–86; Ax 1984, S. 22–31, 1988 S. 21–44). Eine universelle Artdefinition, die jedem Anspruch genügen wird, ist wahrscheinlich gar nicht möglich. Dazu ist das „Leben" in seinen Erscheinungsformen eben zu vielfältig. Eine Art besteht aus Individuen, die *grundsätzlich* nicht miteinander identisch sind, im Gegensatz beispielsweise zu einer Zuckerlösung, deren Moleküle sich untereinander alle gleichen. Die Art kann deshalb auch nicht durch eine einzige oder wenige Messgrößen eindeutig definiert werden. Der Artbegriff ist aber auf der anderen Seite für so viele Teilbereiche der Biologie wichtig, dass man auf ihn nicht verzichten kann. Wir müssen uns deshalb wahrscheinlich auch in Zukunft mit einer Definition zufriedengeben, die nicht *allen* Ansprüchen genügt.

Das biologische Artkonzept bezieht sich auf Gruppen mit zumindest gelegentlicher bisexueller Fortpflanzung, denn nur dort existiert ein gemeinsamer Genpool. Seine Anwendung auf Organismen, die sich uniparenteral vermehren, z. B. durch Selbstbefruchtung, Parthenogenese (z. B. die *Bdelloidea* unter den Rädertierchen), Pseudogamie, Knospung oder Sprossung, erweist sich als schwierig. Nach HUTCHINSON lassen sich allerdings auch asexuelle Formen häufig ohne weiteres nach morphologischen oder ökologischen Kriterien in diskrete Einheiten anordnen, die er als **asexuelle Arten** bezeichnete. Sie können miteinander koexistieren, wobei jede Form, genetisch fixiert, an eine andere Ressource angepasst ist (Hutchinson 1968, S. 177–186), was bei Populationen mit sexueller Fortpflanzung (ohne reproduktive Isolierung) durch die ständige Rekombination i. d. R. verhindert wird. Aus demselben Grund kann man bei Insekten mit asexueller Fortpflanzung einen multiplen Nischenpolymorphismus häufiger beobachten als bei solchen mit sexueller Fortpflanzung (Futuyma und Peterson 1985, S. 217–238).

Bei **Bakterien** trifft man weder eine Meiose noch eine Syngamie (Verschmelzung erbungleicher haploider Gameten derselben Art) an. Dennoch ist auch bei ihnen – wenn auch wesentlich seltener als bei den meisten Eukaryoten – eine partielle Übertragung genetischen Materials von einer Spenderzelle auf eine Empfängerzelle möglich: sog. Parasexualität. Es können DNA-Stücke durch Konjugation übertragen werden. Dabei legen sich die Partner dicht aneinander und stellen vorübergehend eine Plasmaverbindung zwischen ihnen her, über die der Transport geschieht. Die Übertragung kann auch indirekt mithilfe von Bakteriophagen erfolgen: sog. Transduktion. Schließlich gibt es die Transformation. Dabei kommt es zum permanenten Einbau von DNA-Stücken aus abgetöteten Zellen in das Erbgut lebender Zellen.

Solche Lebewesen mit uniparenteraler Vermehrung bilden voneinander unabhängige **Klone** aus. Man könnte nun versuchen, den Artbegriff so zu erweitern, dass er auf alle Lebewesen passt, wie es z. B. KITCHER getan hat (Kitcher 1984, S. 308–333). Das führt jedoch zu einer solchen Verwässerung des Artbegriffs, dass er schließlich gar nichts mehr leistet. Dann wäre es schon ratsamer, GHISELIN (Ghiselin 1987, S. 127–143) und anderen zu folgen, und tatsächlich den Artbegriff auf solche Organismengruppen zu beschränken, die sich geschlechtlich fortpflanzen. Für asexuelle Formen schlug CAINS den Begriff „**Agamospezies**" vor (Cain 1954). Einer solchen Gruppe von Klonen fehlt allerdings der innere Zusammenhalt einer biologischen Spezies. Sie verkörpert keine durch den Genfluss bedingte integrierte Ganzheit (gemeinsamer Genpool), sondern lediglich eine „Klasse" von Einzelelementen.

Hintergrundinformationen

Bei den höheren Pflanzen ist Parthenogenese nicht selten. Meistens (*Rubus, Hieracium, Taraxacum* u. a.) treten allerdings zwischendurch auch immer einmal Formen mit sexueller Fortpflanzung auf, aus denen neue Klone mit parthenogenetischer Fortpflanzung hervorgehen. Die europäische Gattung *Alchemilla* (Frauenmantel) liefert ein Beispiel mit fast ausschließlich parthenogenetischer Fortpflanzung. Demzufolge ist bei ihr die Zahl der unterscheidbaren „Formen" auch relativ hoch; es sind über 300 bekannt. Aber auch hier ist die Formenvielfalt keineswegs im Sinn eines Kontinuums völlig verwischt oder „grenzenlos", sondern deutlich begrenzt, was uns in Anbetracht der Endlichkeit der Welt auch nicht weiter wundern sollte. – Unter den höheren Tieren bilden die „bdelloiden" Rädertiere ein Beispiel für ungeschlechtliche Fortpflanzung. Überraschenderweise ergab die Studie HOLMANS, dass in der Vergangenheit innerhalb dieser Tiergruppe Synonyma seltener aufgetreten sind als in einer Vergleichsgruppe („monogononte" Rädertiere) mit sexueller Fortpflanzung (Holman 1987, S. 381–386), was so interpretiert werden muss, dass sich die Klassifizierung in der ersten Gruppe offenbar sogar leichter gestaltet hat als in der zweiten.

Die Anwendung des biologischen Artkonzepts erweist sich mitunter auch bei bastardierenden Samenpflanzen als sehr schwierig. Ein bekanntes Beispiel liefern die nordamerikanischen Weißeichen (*Quercus alba*), von denen man 30 verschiedene „Arten" unterscheidet (Muller 1951, S. 21–323; Hardin 1975, S. 336–363). Zwischen ihnen ist die Sterilitätsbarriere nur schwach entwickelt (Whittmore und Schall 1991, S. 2540–2544). Sie alle bilden untereinander zahlreiche Hybride. Trotzdem kann man auch hier nicht von einem „sexuellen Kontinuum" sprechen, weil in der freien Natur Kreuzungen zwischen den Arten viel seltener auftreten als innerhalb der Art. Es bleiben also die Genpools trotz auftretender Hybridisierungen relativ geschlossen, was uns berechtigt, auch weiterhin verschiedene Arten zu unterscheiden. Es wird vermutet, dass eine derartig starke Variation ohne gleichzeitige reproduktive Isolation für solche Gruppen charakteristisch ist, die kurz zuvor eine adaptive Radiation durchgemacht haben (Maynard Smith und Szathmáry 1996, S. 169 f.).

In vielen Fällen ist man bei der Abgrenzung von Arten nach wie vor allein auf morphologische Diskontinuitäten angewiesen: **Morphospezies**. Man fasst darunter Individuengruppen zusammen, die sich in ihren wesentlichen morphologischen, physiologischen, biochemischen oder auch ethologischen Merkmalen untereinander bei Vernachlässigung ihrer innerartlichen Variabilität (kontinuierlich!) nicht unterscheiden, gegenüber anderen Arten jedoch deutlich durch eine Diskontinuität getrennt erscheinen.

4.2   Diversität – wie viele Arten?

Die Strukturierung der Vielfalt ist seit ARISTOTELES' Zeiten Gegenstand wissenschaftlicher Bemühungen und erreichte mit Carl VON LINNÉ, Georges CUVIER, Georges BUFFON, Étienne Geoffrey SAINT-HILLAIRE und Jean-Baptiste DE LAMARCK im 18. und frühen 19. Jahrhundert ihren ersten Höhepunkt. Die **Biodiversität** gehört zu den Grundphänomenen des Lebendigen. Sie ist nicht das Ergebnis einer göttlichen Schöpferlaune, sondern die unverzichtbare Basis dafür, dass überhaupt Leben auf unserer Erde auf die Dauer fortbestehen kann. Sie ist keineswegs auf die mehrzelligen Pflanzen und Tiere beschränkt, sondern tritt schon bei den Prokaryoten und einzelligen Eukaryoten (Abb. 4.1) in vollem Ausmaß auf.

Sie ist aber auch nicht „grenzenlos", sondern regelt sich jeweils auf ein bestimmtes Niveau ein. Auch für die Biodiversität gilt, dass „die Bäume nicht in den Himmel wachsen". Erst das harmonische Zusammenspiel der vielen verschiedenartig spezialisierten Arten – Pflanzen, Pilze oder Tiere sowie Mikroorganismen – gewährleistete und gewährleistet die Fortexistenz des Lebendigen über die vielen Millionen von Jahren hinweg. Leben existiert nur im Spannungsfeld von Individualität und geregelter Diversität, die gemeinsam erst die unverzichtbare Voraussetzung für Anpassung und Evolution (s. Abschn. 4.3) liefern.

Wir kennen heute mehr als 1,7 Mio. rezente Organismenarten (Parker 1982; Tab. 4.1; Abb. 4.2), darunter allein etwa 950.000 Insektenarten und 250.000 Angiospermen, aber nur 4170 Säugetierarten. Die „**Bestandsaufnahme**" kann keineswegs als abgeschlossen

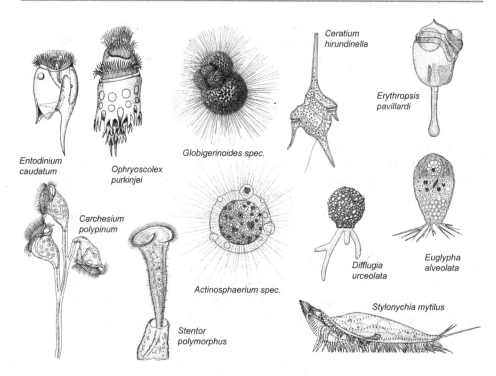

Ceratium
hirundinella

Erythropsis
pavillardi

Entodinium
caudatum

Ophryoscolex
purkinjei

Globigerinoides spec.

Carchesium
polypinum

Difflugia
urceolata

Euglypha
alveolata

Actinosphaerium spec.

Stentor
polymorphus

Stylonychia mytilus

Abb. 4.1 Vielfalt der Formen einzelliger Tiere (Protozoa). (Nach verschiedenen Autoren)

Tab. 4.1 Anzahl der bekannten (beschriebenen) rezenten Arten und die geschätzte Artenvielfalt in verschiedenen Gruppen. (Zusammengestellt nach verschiedenen Autoren)

Gruppe	Anzahl beschriebener Arten	Geschätzte Anzahl an Arten	Anteil beschriebener Arten (%)
Viren	5000	130.000	4
Prokaryoten	5000	> 1.000.000	< 0,5
Protozoen	40.000	200.000	20
Pilze	72.000	1.500.000	4,8
Algen	40.000	400.000	10
Moose	17.000	25.000	68
Angiospermen	250.000	270.000	93
Nematoden	25.000	400.000	6
Crustaceen	40.000	150.000	26
Insekten	950.000	8.000.000	12
Fische	19.000	21.000	90
Vögel	9198		Etwa 100
Säugetiere	4170		Etwa 100

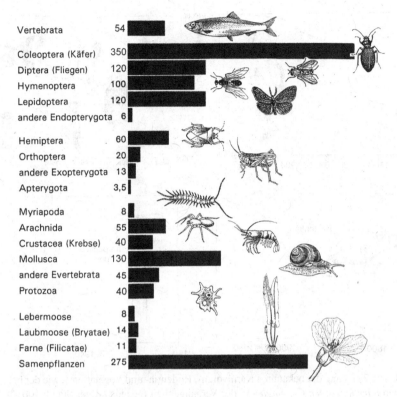

Vertebrata	54
Coleoptera (Käfer)	350
Diptera (Fliegen)	120
Hymenoptera	100
Lepidoptera	120
andere Endopterygota	6
Hemiptera	60
Orthoptera	20
andere Exopterygota	13
Apterygota	3,5
Myriapoda	8
Arachnida	55
Crustacea (Krebse)	40
Mollusca	130
andere Evertebrata	45
Protozoa	40
Lebermoose	8
Laubmoose (Bryatae)	14
Farne (Filicatae)	11
Samenpflanzen	275

Abb. 4.2 Anzahl der bekannten Tier- und Pflanzenarten (in Tausend) der wichtigsten Eukaryoten-gruppen. (Aus Friday und Ingram 1986, verändert)

angesehen werden. Hinsichtlich der einzelnen Tier- und Pflanzengruppen sind unsere Kenntnisse allerdings noch als sehr unterschiedlich einzuschätzen. Während man davon ausgehen kann, dass wir den größten Teil der Vogel- und Säugetierarten auf unserer Erde bereits kennen, vermutet man, dass wir von den Viren, Archaea, Bakterien, Pilzen und Ne-matoden erst einen geringen Bruchteil der tatsächlich existierenden Formen erfasst haben. Für die Milben vermutet JOHNSTON (Johnston 1982, S. 111), dass es 0,5–1,0 Mio. Arten gibt, von denen gegenwärtig erst 30.000 bekannt sind.

Einige Autoren, wie HONACKI (Honacki et al. 1982), ROUCH (Rouch 1986, S. 321–355), STEYSKAL, WHITE und andere, haben für bestimmte Taxa die Zunahme unserer Kenntnisse hinsichtlich der beschriebenen Arten über die Zeit aufgetragen und versucht, daraus die noch zu erwartende Anzahl von Arten zu extrapolieren, was natürlich sehr problematisch ist. Das schon deshalb, weil die Beschreibung neuer Arten kein gleich-mäßig fortschreitender Prozess ist, sondern sehr stark von Begleitumständen abhängt, wie das Vordringen in vorher schlecht oder gar nicht untersuchte Gebiete, das besondere

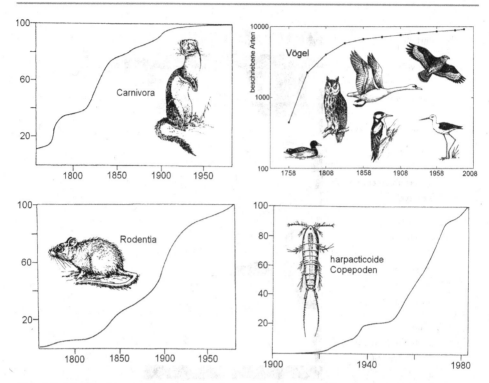

Abb. 4.3 Die Zunahme der bekannten Karnivoren-, Rodentia- und Vogelarten sowie der bekannten subterranen *harpacticoiden Copepoden* in der Vergangenheit (gegenwärtiger Stand: 100 %). Während bei den Karnivoren und Vögeln die Kurve bereits in einen horizontalen Verlauf einmündet (nahezu alle Arten sind bekannt), deutet sich ein solches Ereignis bei den Rodentia und Copepoden noch nicht an. (Aus Minelli 1993, verändert; die Kurve für die Vögel aus Kinzelbach 1989, S. 3, verändert)

Engagement eines Forschers u. ä. Solche „**Trendkurven**" (Abb. 4.3) sind deshalb mit angemessener Vorsicht zu interpretieren (Frank und Curtis 1979, S. 133–149). Im Fall der Vögel und Raubtiere (*Carnivora*) kann man eine deutliche „Sättigung" im Kurvenverlauf erkennen, was darauf hindeutet, dass der größte Teil der Arten bereits bekannt sein dürfte. Ganz anders ist es bei den Nagetieren (*Rodentia*) und – noch deutlicher – bei den harpacticoiden Ruderfußkrebsen (*Copepoda*). Dort verläuft die Kurve bis in die Gegenwart steil, ohne in eine Horizontale einzumünden.

Die Schätzungen der gegenwärtig auf unserer Erde vorhandenen Arten gehen weit auseinander (Tab. 4.1). Einige Autoren gehen von mindestens 5 Mio. Arten aus, andere nennen Zahlen bis zu 30 Mio. (Terry L. ERWIN und darüber Erwin 1983, S. 59–75). Wahrscheinlich liegt der wahre Wert irgendwo zwischen diesen beiden Angaben, vielleicht bei 13 Mio.

Hintergrundinformationen
Mehr als die Hälfte dieser Arten ist vermutlich in den **tropischen Regenwäldern** beheimatet. Von
ERWIN wurde die Gesamtzahl der in den tropischen Regenwäldern beheimateten Arthropodenarten
auf etwa 30 Mio. geschätzt (Erwin 1982, S. 74/75). Das ist wesentlich mehr als früher angenommen. In späteren Schätzungen wurde diese Zahl nochmals nach oben auf 50 Millionen und mehr
Arten korrigiert (Erwin 1988, S. 123–129). STORK führte vergleichbare Untersuchungen wie ER-
WIN in den Tropenwäldern Borneos durch und kam zu ähnlichen Aussagen (Stork 1988, S. 321–
337). Er vermutet, dass etwa 10–80 Mio. Arthropodenarten in den tropischen Wäldern zu finden
seien. THOMAS überprüfte nochmals ERWINS und STORKS Resultate und kam zu dem Ergebnis,
dass wahrscheinlich nur 6–9 Mio. Insektenarten die tropischen Wälder bevölkern (Thomas 1990,
S. 237). Diese Daten demonstrieren, wie unsicher diesbezügliche Kalkulationen immer noch sind.
In einer neueren Studie fand man 6144 Arthropodenarten auf einem Areal von 400 m^2 (Basset et al.
2012). Mithilfe verschiedener Rechenmodelle kam man auf 25.000 Arthropodenarten auf 6000 ha
Regenwald.

Auch der Boden der **Tiefsee** ist hinsichtlich seines Artenreichtums noch weitgehend
unbekannt. Unserer Erde wird zu 71 % von den Ozeanen bedeckt, deren mittlere Tiefe
etwa 3500 m beträgt. Nur ein winziger Bruchteil dieses riesigen Lebensraums ist bisher
erforscht. Als Fred GRASSLE und Nancy MACIOLOEK am Kontinentalhang vor der Ost-
küste der USA in Tiefen von 1500 bis 2000 m auf einer Fläche von 21 m^2 den Boden
systematisch durchmusterten, brachten sie nicht weniger als 898 Arten von Vielzellern
zutage. Dabei nahm die Artenzahl mit zunehmender Tiefe keineswegs kontinuierlich ab,
sondern erreichte, im Gegenteil, in 2000 m Tiefe ein gewisses Maximum. Die Forscher
vermuten 10 Millionen Tierarten weltweit in diesem Lebensraum (Grassle und Maciolek 1992, S. 313–341), was MAY allerdings bezweifelte (May 1992, S. 278–279). Er hält
500.000 Arten für angemessener. Fest steht heute, dass die Tiefsee keine artenarme, kal-
te „Wüste", wie früher angenommen, sondern ein artenreicher und höchst interessanter
Lebensraum ist.

Die Betrachtungen und Abschätzungen zur Diversität des Lebens beziehen sich gewöhnlich ausschließlich auf die höheren Lebewesen (Pilze, Pflanzen, Tiere). Es wird dabei
vergessen, dass auf unserer Erde die omnipräsenten **Mikroorganismen** an Masse und
Vielfalt absolut dominieren. Man schätzt, dass etwa $4–6 \cdot 10^{30}$ Bakterienzellen unsere Erde
bevölkern. Durch den Einsatz sog. Gensonden – das sind einzelsträngige Oligonukleotide
aus dem rRNA- oder DNA-Molekül, die komplementäre Nukleotidsequenzen erkennen
und mit ihnen stabile „Hybride" bilden (sog. fluoreszente In-situ-Hybridisierungstech-
nik oder FISH-Technik) – sind in letzter Zeit spektakuläre Zahlen bekannt geworden. So
sollen beispielsweise in einer Tonne fruchtbaren Bodens mehr als 10^{16} Prokaryotengeno-
me (Curtis und Sloan 2005, S. 1331–1333) in 10^6 verschiedenen Varianten (Gans et al.
2005, S. 1387–1390) existieren, das wären 100.000-mal so viele Genome wie es Sterne
in unserem Milchstraßensystem (10^{11}) gibt! Die Frage, wie viele Arten sich hinter diesen
Zahlen verbergen, lässt sich nicht exakt angeben, weil der klassische Artbegriff (s. Abschn. 4.1) nicht so einfach auf die Prokaryoten übertragbar ist. Beschrieben sind zurzeit

Abb. 4.4 Die tendenziell zunehmende Anzahl von Gattungen mariner Organismen in der Erdgeschichte, die durch fünf Massenextinktionen (Aussterberaten) unterbrochen wurde: im späten Ordovizium, späten Devon, späten Perm, späten Trias und am Ende der Kreidezeit. (Nach Raup und Sepkoski 1982)

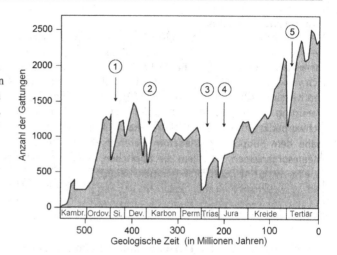

knapp 10.000 „Arten", die in Reinkulturen hinterlegt sind, und es kommen jährlich mehrere Hundert hinzu (Amann 2012, S. 133–145). Von fast jeder dieser beschriebenen Arten ist die Sequenz der 16S-RNA bekannt. Noch höher als die Anzahl von Mikroorganismen dürfte diejenige von **Viren** sein (s. Abschn. 3.12).

Die Erforschung der Biodiversität ist kein Hobby von Liebhabern, sondern in der Gegenwart, in der die biologische Vielfalt drastisch abnimmt, eine Forderung der Zeit. Es wird abgeschätzt, dass durch die intensive Nutzung von Land- und Wasserressourcen, durch die Abholzung der Tropenwälder und durch den Klimawandel in den nächsten 200 Jahren die Hälfte aller lebenden Arten ausgestorben sein wird. Das heißt, dass der größte Teil der Arten schon wieder verschwunden sein wird, bevor wir ihn überhaupt zur Kenntnis nehmen konnten. Dieser Prozess wird auch auf die von uns Menschen benutzten Abläufe und Produktionswege in Ökosystemen drastische Auswirkungen haben.

Die Biodiversität unterlag in der langen Geschichte des Lebens auf unserer Erde ständig schleichenden, aber auch einigen drastischen Veränderungen (Massenextinktionen) (Abb. 4.4). Das wird auch weiterhin so sein, allerdings mit der Besonderheit, dass der Mensch in zunehmendem Maß ursächlich stark beschleunigend eingreift. Die Menschheit hat gerade die Sieben-Milliarden-Grenze überschritten und nimmt weiterhin exponenziell zu. Die UNO rechnet 2025 mit 8,17 und 2100 bereits mit 10,9 Mrd. Menschen auf unserer Erde. Dadurch nehmen Ressourcenverbrauch und Umweltbelastung weiterhin in besorgniserregendem Umfang stetig zu und zerstören nicht nur die Lebensbasis anderer Arten, sondern auch unsere eigene. Der Mensch steht in der Pflicht, mit Vernunft und Augenmaß, einschneidende Maßnahmen weltweit durchzusetzen, durch die der andernfalls unvermeidliche Kollaps verhindert werden kann. Die Bereitschaft zu solchen internationalen Abkommen und deren Umsetzung ist noch besorgniserregend gering!

4.3 Darwins Theorie und der Darwinismus

In der ersten Hälfte des 19. Jahrhunderts beherrschte trotz LAMARCKS *„Philosophie zoologique"* (1809) und Robert CHAMBERS' *„Vestiges of the natural history of creation"* (1844) die **„Natürliche Theologie"** (s. Abschn. 2.7) des englischen Theologen und Philosophen William PALEY (Paley 1802) breite Kreise der wissenschaftlichen Szene. Der im Jahr 1859 auf Drängen seiner Freunde nach mehr als zwei Jahrzehnten harter Arbeit von DARWIN publizierte „Auszug" aus seinem ursprünglich viel umfangreicher geplanten Werk *„On the origin of species by means of natural selection, or the preservation of favoured races in the struggle for life"* (Abb. 4.5), so der vollständige Titel, schlug wie eine Bombe ein. Bereits am Tag der Veröffentlichung war die Auflage von 1250 Exemplaren restlos vergriffen. Thomas Henry HUXLEY (Huxley 1865, S. 136) pries das Werk DARWINs als den „größten Beitrag zur biologischen Wissenschaft" seit CUVIERS *„Règne animal"* (1817) und von BAERS „Entwicklungsgeschichte der Thiere" (1828/1837). Kein Wissenschaftler seit KOPERNIKUS hat das gängige Weltbild des Menschen in so starkem Maß revolutioniert wie Charles DARWIN. So, wie KOPERNIKUS die von uns Menschen bewohnte Erde aus ihrer Sonderstellung im Mittelpunkt des Kosmos verdrängte, hat DARWIN dem Menschen die Sonderstellung als „Krönung der Schöpfung" genommen. Sigmund FREUD sprach von den beiden „Kränkungen der Eigenliebe des Menschen" (Freud 1979).

Ausgehend von der Tatsache, dass die Organismen viel mehr Nachkommen produzieren als letztendlich überleben können und zur Fortpflanzung kommen, wird von DARWIN der Schluss gezogen, dass sich nur diejenigen im Daseinskampf („struggle for existence") durchsetzen, die am besten an die jeweiligen Lebensbedingungen angepasst sind. Dieses Prinzip der **natürlichen Auslese**, so wird weiter geschlussfolgert, führt in der Folge von vielen Generationen zur Summierung der geringfügigen Erbänderungen („modifications, variations") und damit zum Artenwandel.

DARWIN verfolgte nach seinen eigenen Angaben mit seinem Werk im Wesentlichen zwei Ziele:

1. Den Nachweis gegen die „Theorie der unabhängigen Schöpfungsakte" zu führen und zu zeigen, dass die zu beobachtende abgestufte Ähnlichkeit der Organismen in Form natürlicher Arten auf eine genealogische Verwandtschaft zurückzuführen ist, dass „alle Pflanzen und Tiere von einer einzigen oder wenigen Urformen abstammen": Theorie der gemeinsamen Abstammung
2. Den Nachweis zu führen, dass der wichtigste Motor und die richtunggebende „Kraft" des evolutiven Wandels die natürliche Auslese (Selektion) ist. Aus einem Überschuss an variablen Mitgliedern einer Art (Population) werden in jeder Generation statistisch gesehen jeweils die bestangepassten („fittest") überleben und zur Fortpflanzung kommen: Theorie über die Ursachen der Evolution.

ON

THE ORIGIN OF SPECIES

BY MEANS OF NATURAL SELECTION,

OR THE

PRESERVATION OF FAVOURED RACES IN THE STRUGGLE
FOR LIFE.

BY CHARLES DARWIN, M.A.,
FELLOW OF THE ROYAL, GEOLOGICAL, LINNÆAN, ETC., SOCIETIES;
AUTHOR OF 'JOURNAL OF RESEARCHES DURING H. M. S. BEAGLE'S VOYAGE
ROUND THE WORLD.'

Charles Darwin

the Author

LONDON:
JOHN MURRAY, ALBEMARLE STREET.
1859.

The right of Translation is reserved.

Abb. 4.5 Das Titelblatt des Hauptwerks von Charles Darwin „Über die Entstehung der Arten" aus dem Jahr 1859 und ein Porträt des Autors (Handschrift Darwins)

Hintergrundinformationen

Der letztere (zweite) Punkt wurde von Kritikern der Evolutionstheorie gern bis in die jüngere Geschichte hinein (Locker 1983) mit dem Hinweis kritisiert, dass die Aussage „survival of the fittest", die übrigens gar nicht von DARWIN, sondern von dem Philosophen Herbert SPENCER (Spencer 1864) stammt, eine Tautologie beinhalte. Dieser Einwand ist bereits so oft entkräftet worden (Williams 1973, S. 84–102; Mills und Beatty 1979, S. 263–286; Wieser 1994, S. 15–48), dass es einem leid ist, nochmals in die Diskussion einzugreifen. Es dürfte inzwischen klar sein, dass „fitness" auch unabhängig vom „survival" existiert und eingeschätzt werden kann. Manche sind allerdings in ihrer oppositionellen Haltung unbelehrbar.

Die **Theorie der gemeinsamen Abstammung** ist heute zu einem unumstößlichen, alles verbindenden Konzept innerhalb der Biologie geworden, sodass man mit vollem Recht mit Theodosius DOBZHANSKY sagen kann: „Nichts in der Biologie ergibt einen Sinn, außer im Lichte der Evolution" (Dobzhansky 1973, S. 125–129). Es hat sich auf den verschiedensten Gebieten der Biologie und im Zusammenhang mit zahllosen Beobachtungen als so fruchtbar erwiesen, dass man mit Fug und Recht sagen kann, dass es zwar nicht bewiesen, wie oft behauptet, so doch „Tatsachencharakter" erworben hat. Wenn die Evolution heute noch (oder schon wieder?) von 20 % aller Deutschen abgelehnt wird, so können dafür keine sachlichen Gründe bestimmend sein, sondern nur gefühls- und/oder glaubensmäßige. Oft fehlt es den Kritikern auch an Fachkenntnissen und einer Bereitschaft, das reichlich vorhandene Tatsachenmaterial zur Kenntnis zu nehmen.

Hintergrundinformationen

DARWIN sah mehr als viele seiner Zeitgenossen und Nachfolger die **Einheit alles Lebendigen** in aller Deutlichkeit. „Alle lebenden Wesen", so schrieb er in seinen *Origin of species*, „haben sehr vieles gemeinsam in ihrer chemischen Zusammensetzung, ihrem Zellenbau, ihren Wachstumsgesetzen und ihrer Empfindlichkeit gegen schädliche Einflüsse". Heute, nach Begründung der Disziplinen Genetik, Biochemie und Molekularbiologie, wissen wir es noch viel besser, wie absolut Recht DARWIN schon damals hatte.

Anders verhält es sich mit Darwins **Theorie über die Ursachen der Evolution**. Im Jahr 1921 schrieb der Übersetzer der Darwinschen Werke, C. W. NEUMANN: „So fest und sicher der allgemeine Entwicklungs- und Abstammungsgedanke marschiert, so schwankend ist alles von DARWIN zu seiner Begründung Herbeigetragene wieder geworden" (Neumann 1921). Die Theorie der Ursachen der Evolution, der Evolutionsfaktoren und ihrer Wirksamkeit ist bis heute Gegenstand von Auseinandersetzungen geblieben. Das ist nichts Außergewöhnliches. Jede wissenschaftliche Theorie, soll sie nicht erstarren, bedarf einer ständigen Überprüfung, weil neue Fakten bekannt werden. Diese Fakten erweisen sich entweder als mit der Theorie im Einklang stehend oder als ihr widersprechend. Im letzteren Fall muss die Theorie entweder im Ganzen verworfen oder in Teilaspekten verändert oder ergänzt werden. Das Darwinsche Paradigma hat im Verlauf seiner nunmehr 150-jährigen Geschichte allen Angriffen widerstanden, wobei es auf der Grundlage neuer wissenschaftlicher Erkenntnisse und Entwicklungen modifiziert, präzisiert oder ergänzt, aber niemals in Gänze verworfen werden musste (Mayr 1994). Die Darwinsche Theorie in ihrer modernen Form ist keine erstarrte, sondern – im Gegenteil – eine äußerst lebendige, neuen Erkenntnissen gegenüber stets offene Theorie geblieben, die in ihren Grundpfeilern unter Biologen und darüber hinaus breite Akzeptanz findet.

Nach R. C. LEWONTIN umfasst die auf DARWIN aufbauende moderne Evolutionstheorie drei Prinzipien (Lewontin 1970, S. 1–18):

1. Das Prinzip der **phänotypischen Variabilität** in der Morphologie, der Physiologie oder dem Verhalten zwischen den Individuen einer Population.
2. Das Prinzip der **differenziellen Tauglichkeit** der verschiedenen Varianten, die sich in Abhängigkeit von den jeweiligen Milieubedingungen in unterschiedlichen Überlebens- und Fortpflanzungsraten niederschlägt.
3. Das Prinzip der **Erblichkeit der Tauglichkeiten**.

In Kurzfassung heißt das, dass die Evolution als ein stetig in kleinen Schritten (gradualistisch) fortschreitender Prozess aufgefasst wird, der durch die natürliche Auslese zufällig auftretender, erblicher Veränderungen in Gang gehalten wird. Sie besteht gewöhnlich aus der Anagenese, d. h. einem gerichteten Wandel innerhalb einer Abstammungslinie, und der Kladogenese, d. h. einer Aufzweigung der ursprünglich einheitlichen Abstammungslinie in Arten (Speziation, s. Abschn. 4.8).

DARWINs Lehre ist bis heute keine einheitliche Theorie, sondern umfasst, wie Ernst MAYR sehr schön herausgearbeitet hat, auf der Grundlage einer Ablehnung einer unver änderlichen Welt und Anerkennung eines evolutiven Wandels in dieser Welt mindestens vier verschiedene Teiltheorien, nämlich

1. die Theorie einer gemeinsamen Wurzel alles Lebendigen,
2. die Theorie des graduellen Wandels,
3. die Theorie der Speziation als Populationsphänomen und
4. die Theorie der natürlichen Auslese.

Eine einheitliche Theorie der Evolution, die all diese Teiltheorien zusammenführt (Lewis 1980, S. 551–572) und – was noch wichtiger wäre – auch die Prokaryoten mit ihren Besonderheiten (intensiver horizontaler Gentransfer etc.) einschließt, ist ein Ziel wissenschaftlicher Forschung, aber noch keine Realität.

DARWINs wissenschaftliche Theorie von der Veränderlichkeit der Arten, der gemeinsamen Abstammung und ihren Ursachen erschütterte das herkömmliche, theologisch-finalistisch geprägte Weltbild in seinen Grundfesten. Es nimmt deshalb nicht Wunder, dass die Diskussionen um seine Lehre niemals auf wissenschaftliche Dispute beschränkt blieben, sondern von Anbeginn stark **weltanschaulich geprägt** waren. Ernst HAECKEL betonte bereits 1863 auf der 38. Versammlung deutscher Naturforscher und Ärzte in Stettin, dass die Darwinsche Lehre eine „die ganze Weltanschauung modifizierende Erkenntnis" sei, und wurde bis zu seinem Tod nicht müde in seinem Bemühen, auf ihr seinen „naturalistischen Monismus", eine neue „biologische Philosophie" von der „fundamentalen Einheit aller Naturerscheinungen" zu begründen (s. Abschn. 11.7).

Ausdruck dieser vorwiegend weltanschaulich und nicht mehr wissenschaftlich motivierten Auseinandersetzungen ist der Begriff des „**Darwinismus**" geworden. Als einer der ersten benutzte der Botaniker Carl Wilhelm VON NAEGELI diesen Begriff (Naegeli 1865). Später, sieben Jahre nach Darwins Tod, wurde er durch das Buch „Darwinismus" (1889, dtsch. 1891) von Alfred Russel WALLACE sehr populär (Wallace 1889), was mit Sicherheit nicht im Sinn DARWINs war, der in seiner wissenschaftlichen Strenge und Bescheidenheit die weltanschauliche Inanspruchnahme seiner Theorie mit wachsendem Unbehagen registriert hat. Dessen ungeachtet hält der Kampf der „Darwinisten" gegen die „Antidarwinisten" bis in die Gegenwart an. Dabei werden weltanschauliche Positionen und wissenschaftliche Tatsachen munter miteinander vermengt. Jedem Teilnehmer an solchen Diskussionen dürfte es schwerfallen, „den Darwinisten", den er bekämpfen oder dem er beipflichten möchte, zu definieren (Hull 1985, S. 773–812; Recker 1990, S. 459–478).

Es wäre sehr zu begrüßen, wenn der Begriff „Darwinismus" zur Kennzeichnung der biologischen Theorie der Evolution aus dem wissenschaftlichen Disput gänzlich verschwinden würde, da man im täglichen Sprachgebrauch mit „-ismus" eher ideologisch-weltanschauliche, aber keine wissenschaftlichen Theorien und Positionen zum Ausdruck bringt. Man spricht ja schließlich aus gutem Grund auch nicht vom „Kopernikanismus" oder „Newtonismus", obwohl auch NEWTONs Gravitationsgesetz von keinem Geringeren als LEIBNIZ angegriffen wurde, weil es „die natürliche Religion erschüttere und die offenbarte verleugne" (Darwin 1980, S. 529). Der von den Ideologen des Marxismus-Leninismus im damaligen „Ostblock" geführte „Kampf gegen den Mendelismus-Morganismus-Weismannismus" ist uns – zumindest den Älteren – noch in böser Erinnerung. In den Naturwissenschaften, die sich ausschließlich auf von Jedermann nachvollziehbarem, methodischem Weg gewonnene und nachprüfbare Fakten berufen, sollte man „-ismen" möglichst vermeiden, die ohnehin i. d. R. eine unberechtigte Übertreibung und Zuspitzung signalisieren.

4.4 Der evolutive Wandel

Der **evolutive Wandel** erfolgt in vielen kleinen Schritten nach dem Modus von „Versuch und Irrtum", von Mutabilität und Selektion, mit der Besonderheit, dass im Gegensatz zum individuellen Lernen nur aus dem Erfolg Gewinn geschöpft werden kann, nicht aber aus dem Misserfolg. Er ist ein historisch einzigartiger Prozess, der sich selbst unter gleichartigen Bedingungen in der Form nicht wiederholen würde. Er weist einen hohen Grad an Zufälligem auf, hat keinen Plan und ist auf kein Ziel gerichtet. Er ist, im Gegenteil, in seinem Wesen hochgradig kurzsichtig und deutlich opportunistisch. Die Anpassung wird nur so weit vorangetrieben, wie es unbedingt nötig ist, um zu überleben, aber nicht so weit, wie es eventuell möglich wäre. Das heißt mit anderen Worten: Ihm wohnt **keine prädeterminierte Richtung** inne (Abb. 4.6). Wer versucht, die biologische Evolution und ihre Gesetze für weltanschauliche und philosophische Spekulationen über eine durchgehende Entwicklungstendenz vom Niederen zum Höheren in Natur und Gesellschaft zu missbrauchen (s. Abschn. 4.10), begeht einen schweren Fehler. Der Mensch – gerne als „Krönung der Schöpfung" hochstilisiert – war keineswegs das „Ziel" oder gar der Endpunkt der irdischen Evolution. Er erweist sich, bei nüchterner Betrachtung, eher als „Störfall" denn als „Glücksfall" der Evolution.

Die Evolution läuft infolge der Selektion zwar in gewisser Weise gerichtet auf eine bessere Fortpflanzungschance, einen höheren Reproduktionserfolg, aber keineswegs zwangsläufig auf eine „höhere" Organisation ab. Es gibt keinen Selektionsdruck in Richtung auf „höher" oder „tiefer", sondern nur in Richtung auf Erhalt bzw. Verbesserung der biologischen Fitness (s. Abschn. 4.6). Der evolutive Wandel kann in alle Richtungen erfolgen und schließt keineswegs eine Richtung auf eine niedere Organisationshöhe aus. Dass in verschiedenen Abstammmungsreihen über kürzere oder längere Perioden bestimmte Entwicklungsrichtungen beibehalten werden, ist die Folge konstanten Selektionsdrucks in die gleiche Richtung, aber nicht Ausdruck eines inneren Triebs. Diesen, durch Selektion gerichteten evolutiven Wandel innerhalb einer Entwicklungslinie bezeichnet man als **Anagenese** (Artumwandlung). Sie darf nicht mit „Höherentwicklung" gleichgesetzt werden (Rensch 1947, Kap. 7), die ohnehin schwer zu definieren wäre. Wer möchte schon entscheiden, ob die Biene mit ihren enormen Flug-, Sinnes- und Gedächtnisleistungen weniger hoch organisiert ist als beispielsweise die Krake oder der Sperling? Zu einer Definition eines „Höheren" taugt weder die Vollkommenheit der Anpassung, noch der Grad

Abb. 4.6 Die Formenvielfalt nichtparasitärer Asseln (Isopoden) des Meeres, die keinerlei prädeterminierte Richtung erkennen lässt. (Nach Sars 1899)

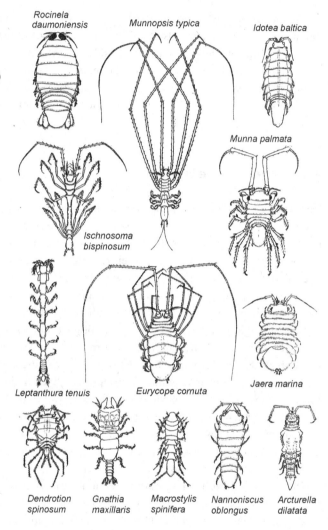

der Differenzierung oder der Zentralisierung (Subordination unter ein Ganzes). Eine Amöbe ist an ihre Umwelt nicht weniger gut angepasst als die Wüstenmaus an ihre. Andernfalls hätte sie nicht so lange überlebt.

Hintergrundinformationen

Es spricht für die Genialität DARWINs, dass er auch dieses Problem bereits in voller Klarheit und besser als mancher nach ihm erkannt und diskutiert hat (Darwin 1980, S. 137, 216, 466). Er warnte uns: „Verwende niemals die Worte höher oder niedriger". An anderer Stelle führt er erläuternd aus: „Die natürliche Zuchtwahl [. . .] schließt nicht notwendig einen Fortschritt der Entwicklung ein; sie zieht vielmehr nur aus solchen Veränderungen Vorteile, die einem Wesen in seinen verwickelten Lebensbeziehungen nützen". Sie, die natürliche Zuchtwahl, „will keine absolute Vollkommenheit schaffen, sowenig wir in der Natur absolut Vollkommenes finden". In einem Stammbaum „müssen die Zweige nach allen Richtungen auseinanderlaufen".

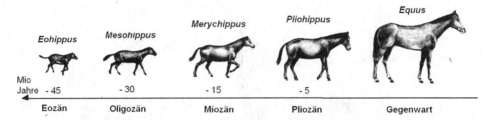

Abb. 4.7 Die Stammesgeschichte der Equiden (Pferde) in Nordamerika zeigt eine stetige Zunahme der Körpergröße. *Eohippus* (*Hyracotherium*) aus dem Eozän besitzt noch vierfingerige vordere und dreizehige hintere Extremitäten

Die in der Geschichte bis in die Gegenwart nicht selten vertretenen Vorstellungen von einer durchgängigen Höherentwicklung in der Evolution, für die W. HAACKE einst den Begriff der **Orthogenese** geprägt hat (Haacke 1893), führten zwangsläufig zur Annahme übernatürlicher, lenkender und zielsetzender Kräfte. Man vermutete ein den Lebewesen immanentes, „die Gesamtheit einheitlich ordnendes und richtungsgebendes Prinzip" (Huene 1940, S. 55–62), einen „Vervollkommnungstrieb" (Naegeli 1884), ein „Vermögen" zur „Selbststeigerung" (Woltereck 1940), einen „überartlichen Willen" bzw. eine „Überentelechie" (Wenzl 1951, S. 151) oder eine „ordnende Durchgeistung" (Dessauer 1958, S. 325). Oder man bezog sich schlicht auf das Werk eines „weisen Schöpfers". Der Botaniker Carl VON NAEGELI führte in seiner „mechanisch-physiologischen Theorie der Abstammungslehre" den „Vervollkommnungstrieb" auf „Molekularkräfte" zurück. Dabei bleibt unbestritten, dass in den Stammesreihen verschiedenster Tiergruppen (Pferd, Abb. 4.7, Mensch u. a.) sukzessive Größenzunahmen anzutreffen sind (sog. Copesche Regel), von denen man annehmen könnte, sie seien Ausdruck einer „autonomen Entfaltungskraft". Wie Bernhard RENSCH jedoch überzeugend darlegen konnte (Rensch 1947, S. 198 ff.), ist auch diese Erscheinung phylogenetischer Größensteigerung im Rahmen der damit verbundenen Selektionsvorteile durchaus interpretierbar. Zusammenfassend könnte man sagen: Es gibt keine Orthogenese, sondern nur eine „Orthoselektion", um einen Ausdruck Ludwig PLATES zu benutzen (Plate 1913). Die Entwicklungsrichtung ist nicht *a priori* vorgegeben, sondern das *aposteriorische* Produkt der wirksamen Selektion.

Der evolutive Wandel schließt **regressive Entwicklungen**, d. h. Rückbildungen und Verkümmerung von Organen bis zum völligen Verschwinden (Rudimentationen), keineswegs aus. Diese treten oft im Zusammenhang mit dem Übergang zur sessilen, parasitischen oder unterirdischen Lebensweise auf, weil damit bestimmte Funktionen „überflüssig" geworden sind (Abb. 4.8). So bilden beispielsweise Tiere, die in dauernder Finsternis leben, ihr Lichtsinnesorgane zurück. Solche und ähnliche Beispiele sind ein beredtes Zeugnis dafür, dass die natürliche Auslese ein Vorgang ist, der den gegenwärtigen Vorteil belohnt, aber selbst keine Ziele hat bzw. setzt. In diesem Zusammenhang darf man allerdings „rückläufig" (regressiv) nicht mit „reversibel" verwechseln. Rückläufig meint Rückbau von Strukturen, aber nicht Rückkehr zu ursprünglicheren Formen. Im evolutiven

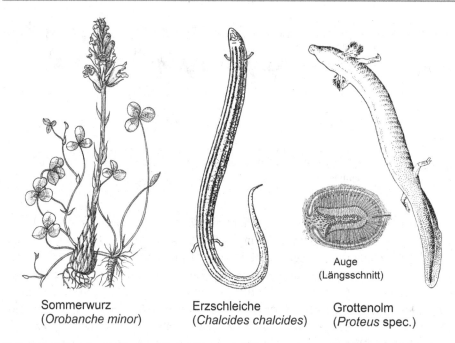

Sommerwurz
(*Orobanche minor*)

Erzschleiche
(*Chalcides chalcides*)

Grottenolm
(*Proteus* spec.)

Auge
(Längsschnitt)

Abb. 4.8 Beispiele rückläufiger Entwicklungen: Bei der auf den Wurzeln spezieller Pflanzen schmarotzenden Sommerwurz (*Orobanche*) sind die Blätter, die so gut wie kein Chlorophyll mehr ausbilden, zu kleinen braunen Schuppen zusammengeschrumpft. Bei der Erzschleiche zeigen die kümmerlichen Extremitäten nur noch drei Finger bzw. Zehen. Der blinde Grottenolm lebt in unterirdischen Höhlengewässern. Seine stark reduzierten Augen liegen unter der Haut verborgen

Wandel gilt das Dollosche **Irreversibilitätsprinzip**. Dazu ein Beispiel: Als die Vorfahren der heutigen Wale zu einer Lebensweise im Wasser zurückkehrten, bildeten sie nicht wieder Kiemen aus, deren Anlage sie in ihrer Keimesentwicklung noch regelmäßig „rekapitulierten", sondern blieben bei ihrer Lungenatmung.

Der evolutive Wandel kann immer nur an dem bereits Vorhandenen anknüpfen und darf die Lebenstüchtigkeit des Individuums zu keiner Zeit infrage stellen. François JACOB verglich deshalb die Evolution einmal mit einem Flickschuster, der sich bei einer gegebenen Situation dessen bediene, was gerade zur Hand sei (Jacob 1977, S. 1161–1166). Daraus folgt, dass wir in der Natur keine Vollkommenheit erwarten können und dürfen. Im Gegenteil, die Natur steckt voller Kompromisse und **Fehlkonstruktionen** „von einer Kurzsichtigkeit, die man", so schrieb Konrad LORENZ, „keinem menschlichen Konstrukteur zutrauen würde" (Lorenz 1983, S. 27). Keinem Techniker würde es einfallen, Luft- und Nahrungswege sich kreuzen zu lassen, was beim Menschen der Fall ist. Komplizierte Zusatzkonstruktionen und Reflexe werden dadurch nötig, um zu verhindern, dass man den Bissen in den „falschen Hals" bekommt. Es ist auch alles andere als zweckmäßig, dass das Licht in unserem Auge zuerst durch die Schicht der Nervenzellen und Blutgefäße treten muss, um an die dem Licht abgekehrten photosensiblen Strukturen der Lichtsinneszellen

zu gelangen. Es ist schließlich nicht gerade sinnvoll, dass unsere Lungen nur eine Verbindung mit der Außenwelt haben, durch die die Luft sowohl eingesaugt als auch wieder
ausgestoßen werden muss. Viel leistungsfähiger wäre ein Durchflusssystem, bei dem ein
„Totraum" vermieden würde und eine „Gegenstromvorrichtung" zwischen Blut- und Luft-
strom für eine effektivere Nutzung des Sauerstoffs sorgen könnte, wie es bei den Vögeln
der Fall ist.

Im Prozess der Evolution sind die einzelnen Organismen nicht nur Objekte, an denen
die Selektion ansetzt, sondern auch Subjekte, die immer wieder neue erbliche Varianten
„ins Spiel bringen", die anschließend auf ihre Tauglichkeit geprüft werden. In diesem
Sinn ist die Evolution **kreativ**, bringt immer wieder Neues hervor. Da jeweils diejenigen
Organismen mit günstigeren Eigenschaften der Selektion in geringerem Maß „zum Opfer
fallen" als solche mit weniger günstigen, sieht es im Endergebnis so aus, als wäre ein
planender Geist am Werk gewesen. Der Biologe stößt nahezu überall auf den Tatbestand
des Zweckmäßigen, zweckmäßig für den Fortbestand des betreffenden Organismus bzw.
der Art, wofür man den Begriff der Teleonomie in Abgrenzung von der „alten" Teleologie
geschaffen hat (s. Abschn. 2.10). Die Evolution ist nicht nur kreativ, sondern schafft in
ihrer Kreativität auch Zweckmäßiges, ist **teleonom**, ohne ein Ziel zu haben.

4.5 Die „moderne Synthese" und ihre Fortsetzung

In den 30er- und 40er-Jahren des 20. Jahrhunderts erhielt die Darwinsche Theorie der
Evolution durch das Einbeziehen inzwischen gewonnener genetischer und populations-
biologischer Erkenntnisse ein festeres Fundament. Es wurden die Gene als die merk-
malbestimmenden Erbfaktoren und die Mutationen als deren zufällige, sprunghafte Veränderungen in die Theorie der Variabilität und Selektion einbezogen. Der schrittweise
evolutive Wandel konnte jetzt auf kleine genetische Änderungen durch Mutationen und
Rekombinationen zurückgeführt werden, die das „Rohmaterial" für die Selektion liefern.
Es entstand die „modern synthesis" (Huxley 1942) oder, wie wir heute sagen, die „synthetische Theorie". Ihre Ausarbeitung verdanken wir nicht einem neuen „Darwin", sondern
vielen Biologen. Den Startpunkt setzte der Genetiker Theodosius DOBZHANSKY mit seinem 1937 erschienenen Buch „*Genetics and the origin of species*" (Abb. 4.9), das der
Wissenschaftshistoriker RUSE mit Recht als „das einflussreichste Buch über Evolution
seit Darwin" bezeichnete (Ruse 1996). An der Weiterführung waren in erster Linie die
Zoologen Julian HUXLEY, Ernst MAYR (Mayr 1942) und Bernhard RENSCH (Rensch
1929, 1947) sowie der Paläontologe George Gaylord SIMPSON beteiligt.

Ein zentraler Aspekt bei der Weiterführung der Darwinschen Theorie zur synthetischen
Theorie im vergangenen Jahrhundert betraf das **„Denken in Populationen"**. Ernst MAYR,
der „Doyen der Evolutionsbiologie des 20. Jahrhunderts", entwickelte auf dieser Grundlage sein fruchtbares Konzept der biologischen Spezies (s. Abschn. 4.1; Hölldobler 2004,
S. 249–254). Wesentliche Vorarbeit dazu hatten die Engländer Ronald FISHER (Fisher
1930) und John B. S. HALDANE und der Amerikaner Sewall WRIGHT mit der Aus-

GENETICS AND
THE ORIGIN OF SPECIES

BY

THEODOSIUS DOBZHANSKY
PROFESSOR OF GENETICS, CALIFORNIA
INSTITUTE OF TECHNOLOGY

NEW YORK : MORNINGSIDE HEIGHTS
COLUMBIA UNIVERSITY PRESS
1937

Theodosius Dobzhansky
(1900–1975)

Abb. 4.9 Das Titelblatt des Hauptwerks von Theodosius Dobzhansky aus dem Jahr 1937, mit dem er die Grundlagen der synthetischen Theorie der Evolution legte, nebst Porträt des Autors

arbeitung einer stochastischen Theorie der **Populationsgenetik** geliefert. Dabei wurde unmissverständlich zum Ausdruck gebracht, dass ganz im Sinn DARWINs die Selektion als die treibende Kraft des evolutionären Wandels anzusehen sei. So wichtig, wie der Beitrag der Populationsgenetik für das Verständnis der biologischen Evolution war und noch ist, darf man allerdings nicht aus dem Auge verlieren, dass ihr Ansatz nur beschränkte Gültigkeit hat, weil er sich ausschließlich auf Gene und Genotypfrequenzen in Populationen beschränkt, die wie Entitäten behandelt werden (Horan 1994, S. 76–95).

Die **natürlichen Populationen** verfügen über einen, in ihrer Geschichte gewachsenen Bestand an Allel- und Genotypfrequenzen (**Genpool**), der in natürlicher Umgebung – im Gegensatz zu den „idealen" Hardy-Weinberg-Populationen, die in einem Gleichgewicht verharren – durch Mutation, Selektion, Immigration und Emigration einem ständigen evolutiven Wandel unterliegt. Es ist wichtig, sich zu vergegenwärtigen, dass es nicht die einzelnen Individuen sind, die evolvieren, sondern Populationen. Niemals repräsentiert ein Einzelwesen das genetische Anpassungs- und Leistungspotenzial, sondern immer nur die Population als Ganzes. Je kleiner die Population ist, desto stärker kommt der sog. Sewall-Wright-Effekt ins Spiel. Darunter versteht man die Erscheinung, dass rein zufällig ohne Selektion einzelne Gene aus dem Pool verschwinden und andere sich anreichern können: **genetische Drift**.

Die durch DARWIN 1859 in ihren Grundzügen entworfene und in der Folgezeit durch viele neue Erkenntnisse auf den verschiedensten biologischen Disziplinen spezifizierte und ergänzte **Evolutionstheorie** hat sich in der Vergangenheit gegenüber verschiedensten Angriffen behaupten können. Sie liefert uns heute die unverzichtbare Grundlage für das biologische Denken in Zusammenhängen. Es wäre allerdings falsch, sie bereits als abgeschlossen zu betrachten. Sie ist auch heute noch nicht „fertig". So bezieht sie sich beispielsweise, was oft vergessen wird, immer noch nahezu ausschließlich auf Eukaryoten, d. h. auf makroskopische Vielzeller mit sexueller Fortpflanzung, während das große Heer der **Prokaryoten** mit seinem intensiven horizontalen Gentransfer und seiner asexuellen Fortpflanzung relativ unberücksichtigt bleibt. Nicht nur in dieser Beziehung bedarf die Evolutionstheorie eines weiteren Ausbaus. Nach der atomistischen Episode der „egoistischen Gene" wäre es wünschenswert, dass man sich bei der Diskussion der Grundgesetze evolutiven Wandels wieder stärker auf den **Systemcharakter alles Lebendigen** zurückbesinnt (Wieser 1994, S. 15–48).

4.6 Die natürliche Selektion als allgemeines Prinzip

Die Natürliche Selektion ist schon bei DARWIN das zentrale Prinzip seiner Theorie gewesen und ist es bis heute geblieben. Der seinerzeit in Analogie zur Tätigkeit des Züchters gewählte Begriff der **Selektion** ist allerdings problematisch und hat deshalb in der Geschichte immer wieder zu Missverständnissen und – selbst unter den Verfechtern der Darwinschen Evolutionstheorie – zu unterschiedlichen Interpretationen geführt (Sober 1984). Er suggeriert etwas Teleologisches, etwas „Auf-ein-Ziel-gerichtetes", letztlich eine selektierende Instanz. Eine solche Instanz gibt es aber ebenso wenig wie ein Ziel oder einen Plan der Selektion. Oft wird die Selektion auch in rein negativer Weise missgedeutet, als „Ausmerzen des Untüchtigen". Sie ist aber – im Gegenteil – in ihrem Wesen schöpferisch. Sie verleiht der ursprünglichen Ziellosigkeit eine Richtung und verwandelt Zufälligkeit in Planmäßigkeit. Dabei ist sie streng opportunistisch, relativ und nicht vorausplanend, denn sie kann immer nur von dem ausgehen, was in dem Moment möglich und für den Organismus von *unmittelbarem* Nutzen ist.

Das, was man gewöhnlich als natürliche Selektion umschreibt, ist ein **allgemeines Prinzip**, das immer verwirklicht ist, wenn sich eine natürliche Population in ihrer natürlichen Umwelt behaupten muss (Tuomi 1981, S. 22–31). Es ist sozusagen ein anderer Ausdruck „für das Überleben der wenigen Individuen, die den ‚Kampf ums Dasein' erfolgreich bestanden haben" (Mayr 1991, S. 127), oder – mit anderen Worten – „ein statistisches Maß für den Unterschied im Überleben und in der Fortpflanzung von Entitäten, die sich in einem oder mehreren Merkmalen unterscheiden" (Futuyma 1990, S. 170).

Der Begriff der **Fitness** oder Tauglichkeit wird in der Evolutionsbiologie nicht im umgangssprachlichen Sinn zur Kennzeichnung einer guten körperlichen Verfassung oder körperlichen Tüchtigkeit verwendet. Mit ihm wird vielmehr der Beitrag ausgedrückt, den der betreffende Organismus zum Genbestand der folgenden Generation leistet, und der korreliert nicht immer direkt mit der körperlichen Verfassung des Individuums. Im Mittel wird der Beitrag bei denjenigen Organismen am größten sein, deren Allelkombination einen Phänotyp entstehen lässt, der den Erfordernissen in der jeweiligen Umwelt bestehen zu können, am besten entspricht. Man kann auch sagen: am besten **angepasst** ist.

Die **Einheit der Selektion** ist das einzelne Individuum (**Individualselektion**), der individuelle Phänotyp, und nicht das Gen (Genselektion; Williams 1966; Dawkins 1996) oder Kollektive (Gruppen, Populationen, Arten: Gruppenselektion; Wynne-Edwards 1962). Nur das Individuum weist in seinem Phänotyp erbliche Besonderheiten auf, die der Selektion unterliegen können. Dabei beschränkt sich die Selektion nicht auf den ausgewachsenen Organismus, sondern beginnt bereits bei der befruchteten Eizelle. Nur das Individuum, ob als Zygote, Embryo oder ausgewachsenes Wesen, kann überleben oder auch nicht und schließlich zum Fortpflanzungserfolg gelangen (Brandon und Burian 1984). Dabei macht es wenig Sinn, zwischen einer internen Selektion (während der Embryogenese) und einer externen (während des adulten Stadiums) zu unterscheiden (Riedl 1975; Tuomi et al. 1988, S. 109–118).

Insbesondere die Beobachtung **altruistischer Verhaltensweisen** bei Tieren, bei denen von manchen Tieren verminderte Lebens- und Reproduktionschancen in Kauf genommen werden, wenn andere Mitglieder der Population davon profitieren, hat viele **Soziobiologen** zu der Vorstellung geführt, dass das Objekt der Auslese, die Einheit der Selektion, nicht das einzelne Individuum, sondern die **Gene** selbst seien. Der Oxforder Zoologe Richard Dawkins hat diesen Standpunkt – nicht ohne Erfolg – in seiner These vom „egoistischen Gen" auf die Spitze getrieben. Für Dawkins sind die mehrzelligen Lebewesen *nichts anderes als* von den Genen zum Zwecke ihrer maximalen Verbreitung konstruierte „Überlebensmaschinen" (Vehikel). Man müsse deshalb, so der Autor weiter, beim Studium der Evolution deutlich zwischen den potenziell unsterblichen Replikatoren (Genen) und den vergänglichen, kurzlebigen Individuen (Vehikel) unterscheiden. Die Evolution stellt sich ihm als „**genzentriertes Prinzip**" dar, worin ihm viele Soziobiologen gefolgt sind. Zwischen den Genen herrscht nach den Vorstellungen von Dawkins ein erbitterter „Kampf ums Dasein": Jedes Gen trachtet danach „seine eigene Überlebenschance im Genpool auf Kosten seiner Allele" zu vergrößern (Dawkins 1996, S. 75).

Hintergrundinformationen

Eine solche „genzentrierte" Interpretation der Evolution, wie sie Dawkins entwickelt hat, ist wahrscheinlich nur in solchen Fällen gegeben, wo ein einzelnes Gen ein Merkmal mit positivem oder negativem Selektionswert codiert (sog. **Genselektion**), wie es z. B. bei der **Phenylketonurie** und einigen anderen Krankheiten des Menschen der Fall ist. Die Symptome dieser Krankheit treten nur bei den Homozygoten auf, d. h. wenn *beide* Allele das mutierte Gen aufweisen (sog. rezessive Störung).

Wir bezeichnen das „kranke" Allel, das für die verminderte Fitness verantwortlich ist, mit A_2 (gegenüber dem „gesunden" A_1-Allel) und den homozygoten Genotyp dann mit A_2/A_2. Demgegenüber seien sowohl die Heterozygoten A_2/A_1 und A_1/A_2 als auch der Homozygote A_1/A_1 ohne Symptome mit normaler Fitness von 1. Die relative Fitness w des kranken Homozygoten betrage dann:

$$w = (1 - s).$$

Die Häufigkeit von A_1 in der Ausgangspopulation betrage p, die von A_2 entsprechend q (bei $p + q = 1$). Dann nimmt die Häufigkeit von A_2 von Generation zu Generation um den Betrag

$$\Delta q = -\frac{spq^2}{1 - sq^2}$$

ab, bis A_2 schließlich völlig aus der Population verschwunden ist. Das erfolgt umso schneller, je größer s ist. Das Maximum ist erreicht, wenn $s = 1$ ($w = 0$) wird. In diesem Fall sterben die kranken Homozygoten bereits bevor sie die Geschlechtsreife erreichen. Entstehen in der Population durch Mutation pro Zeiteinheit ebenso viele A_2-Allele, wie auf der anderen Seite im gleichen Zeitraum durch Selektion verschwinden, so stellt sich ein Gleichgewicht (Fließgleichgewicht) in der Population ein.

Der **Vorstellung von autonom agierenden Genen**, die sich gegenseitig „bekämpfen" und „verdrängen", widerspricht allem, was wir von den Genen wissen. Gene vermögen von sich aus überhaupt nichts. Sie sind keine autonomen Akteure in der Zelle, die etwas „wollen", „Ziele verfolgen" oder „bestraft" werden können. Sie können ihre spezifischen Funktionen nur im Rahmen eines interaktiven Systems erfüllen, das ihre Aktivität – unter Beteiligung vieler Hilfsstoffe – kontrolliert, steuert und abstimmt (s. Abschn. 9.9). Erst dieses komplexe Zusammenspiel vieler Akteure in seiner Gesamtheit unter Einbeziehung epigenetischer Ereignisse lässt das charakteristische Individuum (den Phänotyp) entstehen (Lerner 1954; s. Abschn. 10.15), das sich in seiner Umgebung behaupten muss. Die Individuen sind es, die die erblichen Merkmale aufweisen, die der strengen Kontrolle auf Tauglichkeit unter den jeweils herrschenden Umweltbedingungen in jeder Generation unterliegen. Die Annahme eines konstanten Selektionswerts eines Gens ist eine Illusion. Die evolutive Bedeutung eines Gens wird nicht nur von der Umwelt, sondern auch von seiner Nachbarschaft im Genom bestimmt. Viele erfolgreiche Neuerungen in der Evolution sind nicht durch das Auftreten neuer Gene (Allele) und ihrer Produkte entstanden, sondern durch Integration bereits vorhandener Gene in einen neuen Kontext (Kirschner 1990, S. 99–126). Man kann wohl von der Fitness von Individuen, aber nicht von der Fitness von Genen sprechen.

In der Soziobiologie hat im Zusammenhang mit der evolutiven Erklärung von kooperativem und altruistischem Verhalten in Sozialverbänden („Eusozialität") das ursprünglich von J. B. S. HALDANE (Haldane 1955) eingeführte Konzept einer **Verwandtenselektion** („kin selection"; Maynard Smith 1964) breite Zustimmung gefunden. Es definiert eine sog. **Gesamtfitness** („inclusive fitness"; Hamilton 1964). Sie setzt sich aus dem direkten Fitnessanteil (das ist der Beitrag, den ein Individuum direkt über seine eigenen Nachkommen zum Genpool der nächsten Generation beisteuert) und dem indirekten Fitnessanteil (der Beitrag, den Verwandte mit ihrem Fortpflanzungserfolg beisteuern) zusammen. Der Gesamtfitnesseffekt w_i des Genotyps i lässt sich dann folgendermaßen beschreiben:

$$w_i = a_i - c_i + \sum_{j \neq i} r_{ij} b_{ij}.$$

Der erste Summand ($a_i - c_i$) ist der um einen bestimmten Betrag c_i (infolge des altruistischen Verhaltens) verminderte direkte Fitnessanteil. Der zweite Summand betrifft all die durch die Verwandtschaftskoeffizienten r_{ij} zwischen i und j gewichteten indirekten Fitnessanteile der Verwandten j von i, die von dem altruistischen Verhalten profitieren.

Dieser Gleichung kann man entnehmen, dass die Gesamtfitness auch dann noch zunehmen kann (w_i positiv), solange der Verlust an Fitness durch das altruistische Verhalten (c_i; die „Kosten") kleiner ist als die Summe der indirekten Fitnessanteile über die Verwandten (der „Nutzen"):

$$c_i < \sum_{j \neq i} r_{ij} b_{ij}.$$

Man bezeichnet diese Beziehung auch gern als **Hamilton-Regel**. Sie besagt, dass ein Allel, das beispielsweise ein altruistisches Verhalten fördert, auch dann noch an Frequenz in der Population zunehmen kann, wenn es individuell unvorteilhaft ist.

Neuere Analysen haben ergeben, dass dieses Gesamtfitnesskonzept nicht das gehalten hat, was es einst versprach. Es hat sich als ziemlich unbrauchbar in der Anwendung auf reale biologische Systeme erwiesen. Edward O. WILSON, kommt zu der vernichtenden Einschätzung, dass die Gesamtfitness ein „trügerisches mathematisches Konstrukt" sei, das keine „realistische biologische Bedeutung" habe (Wilson 2012, S. 181, 182). Als Wilson 2010 seine Kritik erstmalig veröffentlichte (Nowak et al. 2010), kam postwendend eine von 136(!) Autoren verfasste Replik, was nur zu deutlich zeigt, wie „heilig" der Mehrzahl der Soziobiologen inzwischen das „Gesamtfitnesskonzept" geworden ist (Abbot et al. 2011).

Voraussetzung, sozusagen eine *conditio sine qua non*, für die Selektion ist die **erbliche Variation** zwischen den Mitgliedern der Population, die unter natürlichen Bedingungen immer gegeben ist. Sie bedingt, dass sich die Individuen einer Population mehr oder weniger deutlich in ihren Eigenschaften und Fähigkeiten unterscheiden, was bedeutet, dass sie unterschiedliche Chancen besitzen, Nachkommen zu zeugen, die die Geschlechtsreife erreichen und damit einen höheren Beitrag zum Genpool der nächsten Generation leisten können. Die Quelle der im wahren Sinn des Wortes kreativen erblichen Variabilität der Individuen innerhalb einer Population sind die durch das Netz leistungsfähiger Reparaturmechanismen geschlüpften Mutationen jeglicher Art. Diese sind „zufällig" im Sinn von „ungerichtet", d. h. ihr Auftreten weist keinerlei Beziehung zu ihrer Nützlichkeit auf, aber nicht in dem Sinn, dass die Wahrscheinlichkeit für das Auftreten aller möglichen Mutationen gleich groß oder völlig unabhängig vom Einfluss der Umwelt ist.

Die **Mutationsgeschwindigkeiten**, d. h. die Geschwindigkeiten, mit denen sich DNA-Sequenzen ändern, kann man nur abschätzen. Es zeigte sich, dass sich in einem Protein mit einer Länge von durchschnittlich 400 Aminosäuren etwa alle 200.000 Jahre ein Aminosäureaustausch ereignet. Unter Zugrundelegung dieses Werts kann man die **spezifische Evolutionszeit** (SEZ) berechnen. Es ist die Zeit, die durchschnittlich vergeht, bis ein unschädlicher Aminosäureaustausch je 100 Aminosäuren Kettenlänge in dem betreffenden Protein auftritt. Für das Fibrinopeptid gilt:

$$SEZ = 200.000 \text{ Jahre} \cdot 4 = 800.000 \text{ Jahre} = 0{,}8 \cdot 10^6 \text{ Jahre}.$$

Tab. 4.2 Die spezifischen Evolutionszeiten (SEZ) verschiedener Proteine. (Alberts et al. 1995)

Protein	SEZ (10^6 Jahre)
Fibrinopeptid	0,8
Hämoglobin	5
Cytochrom c	21
Histon H4	500

Dieser Wert ist nicht bei allen Proteinen gleich groß (Tab. 4.2). Das hängt damit zusammen, dass sich die Zufallsmutationen in den verschiedenen Proteinen sehr unterschiedlich „gefährlich" auswirken. Während manche Proteine, dazu gehören die Fibrinopeptide, Änderungen ihrer Aminosäuresequenz in vielen Fällen schadlos tolerieren, haben bei anderen Proteinen solche Änderungen in der Mehrzahl letale Folgen und erscheinen deshalb gar nicht in der Folgegeneration. Beim Cytochrom c ist beispielsweise der zufällige Aminosäureaustausch in 29 von 30 Fällen schädlich, beim Histon H4 praktisch jeder. Es ist bekannt, dass sich die Mutationsrate durch sog. „Mutagene", z. B. hohe Temperatur, Röntgenstrahlen, UV-Licht oder bestimmte chemische Substanzen, deutlich erhöht.

Hintergrundinformationen
Die Mutationsrate wird durch leistungsfähige **Reparaturmechanismen** auf niedrigem Niveau gehalten. Das gilt gleichermaßen für die Zellen der Keimbahn, um den Fortbestand und die Evolution der Art zu gewährleisten (Keimbahnstabilität), als auch für die somatischen Zellen, um z. B. Krebs zu verhüten (somatische Stabilität). Mutationen sind aber nicht nur „Betriebsunfälle", die um jeden Preis vermieden werden müssen, denn sie liefern die für das evolutive Geschehen notwendige genetische Variabilität und legen damit den Grund für die permanent geforderte Anpassungsfähigkeit der Organismen. Die Höhe der Mutationsrate, mit der die Weitergabe der genetischen Information von Generation zu Generation behaftet ist, scheint ein Kompromiss zu sein, der selbst das Resultat eines langen Selektionsprozesses ist. Diese Verminderung der Mutationsrate auf ein nützliches Maß ist von so großer Bedeutung für die Fortexistenz des Lebens, dass man davon ausgehen muss, dass sie wahrscheinlich sehr früh in der Evolution erfolgt ist.

Oft wird summarisch formuliert, Evolution beruhe auf „Mutation und Selektion". Das ist nicht ganz zutreffend. Man darf die hervorragende Rolle der Umstrukturierung der DNA durch **genetische Rekombination** bei der Betrachtung der Evolution nicht außer Acht lassen. Dieser Vorgang, bei dem Chromosomen- bzw. DNA-Fragmente während der Meiose zu immer neuen Kombinationen wiedervereinigt werden, spielt bei der Erzeugung genetischer Variabilität eine dominierende Rolle (s. Abschn. 4.7). Er erzeugt so viele genetische Varianten, wie es Individuen gibt. Durch die Rekombination wird nicht nur die Kombination der Gene, sondern auch der Zeitpunkt und die Stärke der Genexpressionen in jedem einzelnen Genom variiert. Die Meiose ist zwar in ihrer Verbreitung auf Eukaryoten beschränkt, trotzdem gibt es auch bei Bakterien Rekombinationsereignisse, was die große Bedeutung dieser Form der Genvermischung für das Überleben unterstreicht.

Je besser ein Mitglied der Population (Individuum) an die jeweilige Umwelt angepasst ist, desto höher ist seine Chance zu überleben und sich fortzupflanzen und damit seinen

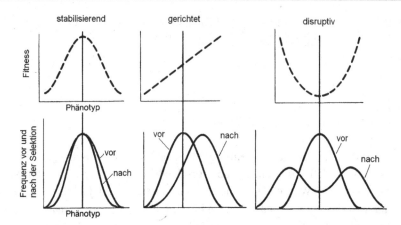

Abb. 4.10 Wirkung der Selektion auf Mittelwert und Varianz eines quantitativen Merkmals in einer Population. (In Anlehnung an Cavalli-Sforza und Bodmer 1971)

Genbestand in die nächste Generation „zu retten". Setzt sich dieser Prozess über viele Generationen fort, so resultiert eine langsame Veränderung des Genpools dieser Population, was man als evolutiven Wandel bezeichnet. Allele, die dem Organismus vorteilhaftere Eigenschaften verleihen, sammeln sich im Lauf der Generationsfolge im Genpool an, andere werden ausgedünnt: **gerichtete Selektion** im Sinn einer Adaptation. Da die Änderungen der Allelfrequenzen innerhalb einer Population das Resultat *gegenwärtiger* und nicht zukünftiger Umweltbedingungen ist, kann es keinen Plan und kein Ziel in der Evolution geben.

Die Selektion wirkt nicht immer im Sinn eines gerichteten evolutiven Wandels (Abb. 4.10). Sie kann auch eine stabilisierende Wirkung durch Begünstigung intermediärer Phänotypen haben, wenn die Umweltbedingungen konstant bleiben und kein neuer Konkurrent oder Feind auftritt: **stabilisierende** (optimisierende) **Selektion**. Selektion kann also sowohl für den Wandel als auch für den Erhalt von Arten sorgen. Werden – schließlich – umgekehrt die extremen Varianten in der Population gegenüber den intermediären begünstigt, so resultiert eine **disruptive** (diversifizierende) **Selektion**.

Das Potenzial an einer Vielzahl genetischer Varianten im Genpool verleiht den Populationen die eminent wichtige Fähigkeit, moderate Änderungen in den Lebensbedingungen in „angepasster Form" zu überleben. Die **Einheit der Evolution** ist nicht mehr das Individuum, wie bei der Selektion (s. o.), sondern die Population. Die Geschwindigkeit des evolutiven Wandels wird von vier Faktoren bestimmt:

1. von der Populationsgröße (Anzahl der Individuen in der Population),
2. von der Reproduktionsgeschwindigkeit (Anzahl der Generationen pro Zeiteinheit),
3. von der Mutationsrate (Anzahl der Mutationsereignisse pro Gen und Zeiteinheit) und
4. vom Selektionsvorteil.

Oft genügen kleinste Unterschiede im Selektionsdruck, um in geologisch sehr kurzen Zeiträumen zu großen Allelfrequenzänderungen zu gelangen. Ein bekanntes Beispiel ist der Industriemelanismus beim Birkenspanner *Biston betularia* (Bishop und Cook 1981). In einigen Populationen stieg die Häufigkeit der dunkel gefärbten *Carbonaria*-Form in weniger als einem Jahrhundert von 1 auf 90 %.

4.7 Sexualität

Eine essenzielle Voraussetzung für eine natürliche Selektion ist das „Angebot" von erblichen Varianten. Unter identischen Kopien kann keine Auswahl getroffen werden. Deshalb erfolgen der evolutive Wandel und die Flexibilität in der Anpassung der Lebewesen an immer wieder sich ändernde Lebensbedingungen besser, wenn das Angebot an erblichen Varianten groß ist. In diesem Zusammenhang muss auch die bei Eukaryoten sehr weit verbreitete Erscheinung der **Sexualität**, der geschlechtlichen (sexuellen) Fortpflanzung, gesehen werden, die mit der Meiose die Voraussetzung für genetische Rekombinationen (s. u.) schaffte. Es gibt zwar Protisten, Pilze, Pflanzen und auch Tiere, die sich ausschließlich oder zeitweilig ungeschlechtlich (asexuell) fortpflanzen, aber die übergroße Mehrheit – insbesondere unter den Vielzellern – beschreitet den Weg der bisexuellen Vermehrung, der mit nicht unerheblichen „Unkosten" für den betreffenden Organismus verbunden ist, weil das einzelne Lebewesen nicht mehr autark ist, sondern eines Partners in seiner Umgebung und besonderer Vorkehrungen zur Bildung und Übertragung der Geschlechtszellen bedarf. Warum hat sich nicht die einfachere Parthenogenese allgemein durchgesetzt? Diese Frage gehört auch heute noch zu den großen ungelösten Problemen in der Biologie.

Die **geschlechtliche Fortpflanzung** nimmt ihren Ausgang bei zwei aus der Meiose (s. u.) hervorgegangenen, sexuell differenzierten, haploiden Zellen (Gameten), die im Prozess der Befruchtung (Syngamie) paarweise miteinander zur diploiden Zygote verschmelzen. Im weiblichen Geschlecht sind es die Eizellen, im männlichen die Spermatozoide oder die Spermazellen. Obwohl die Sexualität im Dienst der Fortpflanzung steht, geschieht mit dieser Syngamie zunächst genau das Gegenteil einer Vermehrung, nicht „aus-eins-mach-zwei", sondern „aus-zwei-mach-eins" heißt hier die Devise.

Alle geschlechtlich sich fortpflanzenden Organismen durchlaufen in jeder Generation zyklusartig zwei Phasen, einen durch die Meiose eingeleiteten haploiden Zustand (Haplophase) und einen mit der Befruchtung beginnenden diploiden Zustand (Diplophase). Man spricht von einem **Kernphasenwechsel**. Dabei sind Dauer und morphologische Differenzierung und Strukturierung der beiden Phasen bei den verschiedenen Organismengruppen sehr unterschiedlich (Abb. 4.11). Es können beide Phasen ziemlich gleichgewichtig ausgeprägt sein. Es kann aber auch eine der beiden Phasen deutlich überwiegen. Bei allen Metazoen bleibt die Haplophase auf die aus der Meiose hervorgegangenen männlichen und weiblichen Geschlechtszellen beschränkt.

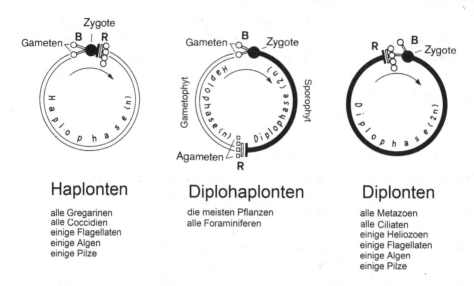

Haplonten

alle Gregarinen
alle Coccidien
einige Flagellaten
einige Algen
einige Pilze

Diplohaplonten

die meisten Pflanzen
alle Foraminiferen

Diplonten

alle Metazoen
alle Ciliaten
einige Heliozoen
einige Flagellaten
einige Algen
einige Pilze

Abb. 4.11 Schematische Darstellung der verschiedenen Formen des Kernphasenwechsels zwischen Haplophase (n) und Diplophase (2n). *B* Befruchtung, *R* Reifeteilung. Nähere Erläuterungen im Text. (In Anlehnung an Vogel und Angermann 1990)

Hintergrundinformationen

Bei den sog. **Haplonten** (zahlreiche Einzeller, primitive Algen u. a.) dominiert die Haplophase, während die Diplophase auf die durch die Befruchtung hervorgegangene Zygote beschränkt bleibt, die sofort nach ihrer Entstehung wieder in die Meiose eintreten. Bei den **Diplonten** (alle Metazoen, Ciliaten u. a.) ist es umgekehrt. Es dominiert die Diplophase und die Haplophase bleibt, wie bereits betont, auf die Gameten beschränkt. So ist es auch beim Menschen. Bei den **Diplohaplonten** (die meisten Pflanzen und die Foraminiferen) sind beide Phasen deutlich ausgeprägt. In der stammesgeschichtlichen Entwicklung der Pflanzen kann man eine deutliche Tendenz zur Ausweitung der Diplophase (Sporophyt) bei gleichzeitiger Einschränkung der Haplophase (Gametophyt) erkennen. Die makroskopisch sichtbaren Bäume, Sträucher und Kräuter in unserer Natur sind die diploiden Sporophyten, während wir die mikroskopisch kleinen männlichen und weiblichen Gametophyten normalerweise gar nicht zu Gesicht bekommen. Reine Diplonten sind sie allerdings – im Gegensatz zu den Metazoen – nicht geworden.

Die exakte Halbierung des Chromosomensatzes von di- zu haploid erfolgt in einem besonderen, sehr komplexen Vorgang, den man als **Meiose** bezeichnet (Abb. 4.12). Sie umfasst insgesamt zwei Kern- und Zellteilungen (Meiose I und II) und beginnt – wie die gewöhnliche Zellteilung (Mitose, s. Abschn. 3.8) auch – mit einer Replikation der DNA (Entstehung der sog. Schwesterchromatiden). Im Gegensatz zur Mitose lagern sich jedoch die (verdoppelten) homologen mütterlichen und väterlichen Chromosomen (sog. Homologe) paarweise der Länge nach in der sog. Prophase I aneinander, wobei es zu einem Austausch von Nukleinsäurebruchstücken zwischen den homologen Partnern kommt (homologe Rekombination, s. u.). Wegen der großen biologischen Bedeutung, die diesem Vorgang für die Entstehung der biologischen Variabilität zukommt, ist die Prophase I

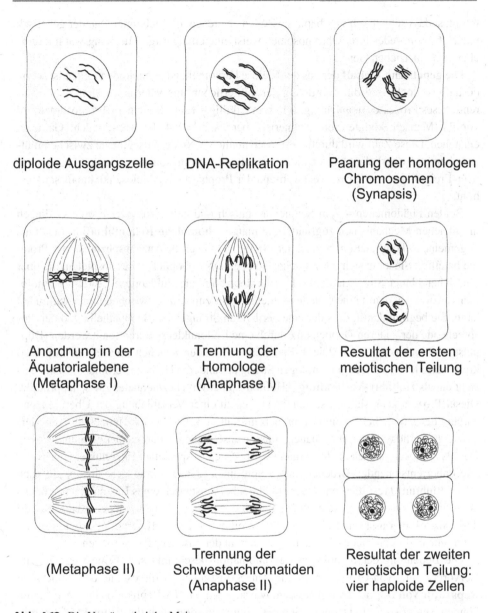

diploide Ausgangszelle   **DNA-Replikation**   **Paarung der homologen Chromosomen (Synapsis)**

Anordnung in der Äquatorialebene (Metaphase I)   **Trennung der Homologe (Anaphase I)**   **Resultat der ersten meiotischen Teilung**

(Metaphase II)   **Trennung der Schwesterchromatiden (Anaphase II)**   **Resultat der zweiten meiotischen Teilung: vier haploide Zellen**

Abb. 4.12 Die Vorgänge bei der Meiose

besonders lang. Sie kann Stunden (Hefe), Tage (Mäuse) oder gar Wochen (höhere Pflanzen) in Anspruch nehmen. Anschließend werden die homologen Chromosomen (nicht die Schwesterchromatiden!) wieder voneinander getrennt und mithilfe eines Spindelapparats exakt auf die beiden Tochterzellen verteilt. Erst in der sich anschließenden Meiose II, die wesentlich weniger Zeit beansprucht, werden die Schwesterchromatiden voneinander getrennt, sodass schließlich vier haploide Zellen entstehen, die sich untereinander genetisch unterscheiden. Jedes ihrer Chromosomen weist eine einzigartige Mischung von mütterlichen und väterlichen Genen auf.

Die **genetische Vielfalt** der aus der Meiose hervorgehenden haploiden Zellen ist schon deshalb so hoch, weil die Zuordnung der mütterlichen und väterlichen Homologe während dieses Prozesses unabhängig, d. h. rein zufällig erfolgt. Bei einer Chromosomenzahl von 23 (Mensch) könnten rein rechnerisch bereits $2^{23} = 8{,}4 \cdot 10^6$ verschiedene Gameten entstehen. Diese Zahl wird durch Austausch ähnlicher Nukleotidsegmente zwischen mütterlichen und väterlichen Chromatiden homologer Chromosomen sowie durch Crossing-over-Ereignisse (kurz: Crossover) während der Prophase I der Meiose nochmals stark erhöht.

Beiden Phänomenen – dem Segmentaustausch und dem Crossover-Ereignis – liegen die gleichen Mechanismen zugrunde, die man als **homologe Rekombination** (auch als allgemeine Rekombination) bezeichnet. An ihr ist eine große Anzahl spezialisierter Proteine beteiligt. Sie kann sich nur zwischen solchen DNA-Doppelhelices abspielen, die über hinreichend lange Strecken identische oder doch ähnliche Nukleotidsequenzen (Homologien) aufweisen, damit eine genügend intensive Basenpaarung zwischen ihnen stattfinden kann. Sie beginnt damit, dass der eine der beiden Stränge einer Doppelhelix und der entsprechende der anderen Doppelhelix durch eine Endonuklease durchtrennt werden (Doppelstrangbruch; Abb. 4.13). Die 3′-Enden an den beiden Brüchen wachsen aus, um sich kreuzweise jeweils mit dem homologen Strang der anderen Helix zu verbinden. Dabei entsteht ein als **Holliday-Verbindung** („Holliday-junction") bezeichnetes Zwischenprodukt. Dieser Prozess kann sich fortsetzen, sodass es zu einer Verschiebung der Überkreuzung entlang der Doppelhelix kommt („branch migration"). Die beiden Helices, die die viersträngige Holliday-Struktur aufbauen, müssen anschließend voneinander getrennt werden. Der als Auflösung bezeichnete Vorgang wird von einer speziellen Endonuklease erledigt. Die dabei entstehenden Brüche werden von einer Ligase wieder geschlossen. Je nach „Schnittführung" resultiert entweder ein einfacher Austausch eines Einzelstrangsegments oder ein Crossover mit Austausch der Enden der ursprünglichen Doppelstränge. In beiden Fällen hinterlässt das Rekombinationsereignis eine sog. Heteroduplexregion in der väterliche und mütterliche Einzelstränge miteinander basengepaart vorliegen.

Die Bedeutung der homologen Rekombination beschränkt sich keineswegs auf die Hervorbringung von Crossover-Ereignissen. Sie ist auch für die exakte, d. h. fehlerfreie **Reparatur von Doppelstrangbrüchen**, wie sie bei der DNA-Replikation häufig auftreten können, verantwortlich. Damit noch nicht genug, sie sorgt auch für die **exakte Chromosomenverteilung** (Chromosomentrennung) während der Meiose. Sie nimmt deshalb im Rahmen der vielfältigen Abläufe während der Meiose eine Schlüsselposition ein, durch die nicht nur eine höhere genetische Vielfalt ermöglicht, sondern gleichzeitig auch eine unkontrollierte Diversifizierung durch Abgleichung und Berichtigung verhindert wird.

Hintergrundinformationen

Umso überraschender ist es, dass manche Tiere, wie beispielsweise die im Süßwasser lebenden bdelloiden **Rädertierchen** (Rotatoria) mit 460 beschriebenen Arten, über Jahrmillionen (Danchin

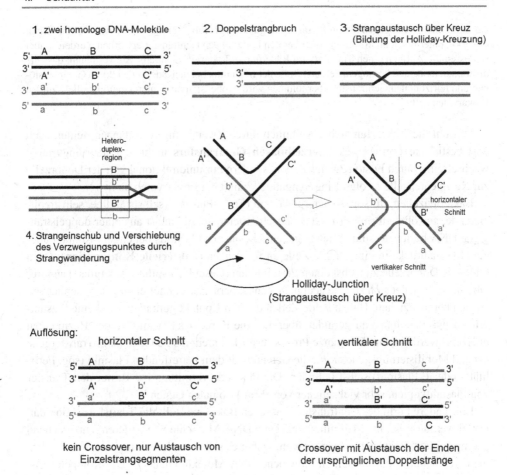

Abb. 4.13 Das Holliday-Modell zur genetischen Rekombination zwischen homologen DNA-Doppelsträngen. Nähere Erläuterungen im Text. (Quelle: Molecular Biology Web Book, verändert)

et al. 2011, S. 223–242) völlig ohne männliche Tiere auskommen können und sich ausschließlich parthenogenetisch fortpflanzen. Bei ihnen sind weder Meiose noch männliche Geschlechtsorgane je beobachtet worden. Die Eier entstehen mitotisch aus primären Oozyten. Man muss erwarten, dass unter solchen ameiotischen Bedingungen die Allele unabhängig voneinander Mutationen akkumulieren werden, sodass sich individuell genomweit eine starke Divergenz der Allelsequenzen („allele sequence divergence", ASD) aufbaut, die größer ist als die zwischen den Individuen (sog. **Meselson-Effekt**; Meselson und Welch 2007), was nach unseren Kenntnissen ein dauerhaftes Überleben dieser Art früher oder später infrage stellen müsste. Für den englischen Evolutionsbiologen John MAYNARD SMITH stellt deshalb die bloße Existenz der Bdelloidea einen „evolutionären Skandal" dar (Maynard Smith 1986).

Wie diese und andere parthenogenetischen Arten es geschafft haben, langfristig zu überleben, ist noch ein Rätsel. Die vor kurzem publizierte Analyse des Genoms der asexuellen Art *Adineta vaga* (Rotatoria; Flot et al. 2013) hat ergeben, dass die vermutete hohe genomweite Divergenz der Allelsequenzen bei dieser Art nicht vorliegt. Sie fällt nicht viel größer als bei den sexuellen Arten aus. Auffallend ist dagegen die im Metazoenvergleich (vgl. Tab. 9.2) recht hohe Anzahl von Genen (49.300), unter ihnen nicht wenige, die über den horizontalen Gentransfer erworben wurden. Dabei schlossen die Autoren einen Transfer von Rädertier zu Rädertier nicht aus. Sie vermuten, dass die diversifizierende und homogenisierende Rolle der Sexualität bei den Bdelloiden durch Geninversionen und horizontalen Gentransfer übernommen wird, wobei sich eine interessante Parallele zu den Prokaryoten auftut.

Obwohl die **Bakterien** sich gewöhnlich durch Zweiteilung fortpflanzen, fehlen auch dort bestimmte Formen des **interzellulären Gentransfers** nicht, der allerdings nicht wechselseitig durch Fusion zweier Zellen, sondern nur unidirektional von der Donorzelle zur Rezipientenzelle erfolgt. Eine Syngamie kommt bei Prokaryoten nicht vor.

Bakterienzellen mit sog. transferpositivem (Tra$^+$-)Plasmid (selbstständige, selbstreplizierende, gewöhnlich ringförmige genetische Elemente, die meist aus einer doppelsträngigen DNA bestehen) sind in der Lage, eine Kopie des Plasmids bei engem Kontakt über eine Plasmabrücke in eine andere Zelle zu übertragen (**bakterielle Konjugation**). Dazu bildet die Donorzelle zunächst einen Proteinfaden (Geschlechtspilus, „sex pilus") an ihrer Oberfläche aus, der sich an eine geeignete benachbarte Zelle anheftet, um sie anschließend zu sich heranzuziehen. Haben beide Zellen dichten Kontakt gefunden, wird eine Plasmabrücke zwischen ihnen ausgebildet, über die eine Kopie des Plasmids in den Rezipienten überführt werden kann. Der ganze Prozess erfordert mehr als 30 Gene (sog. Transfergene *tra* und Mobilisierungsgene *mob*), die sich alle auf dem betreffenden Plasmid (sog. Fertilitäts- oder F-Plasmid) selbst befinden. Die Plasmide vermitteln i. d. R. nur den Transfer von Plasmidkopien, sehr viel seltener von chromosomalen Genen.

Eine andere Form des Gentransfers zwischen Bakterien stellt die **Transformation** dar. Dabei werden freie, ins Medium abgegebene DNA-Moleküle von anderen, entsprechend „kompetenten" Bakterien aufgenommen, wobei es sich gewöhnlich um sog. nackte, d. h. nicht von schützenden Proteinen umgebene DNA-Moleküle handelt. Die Kompetenz ist nicht immer gegeben, kann aber durch spezielle Hormone (sog. Kompetenzpheromone), die von sich teilenden Zellen ins Medium abgegeben werden, induziert werden. Damit wird erreicht, dass nur diejenigen DNA-Moleküle aufgenommen werden, die von „verwandten" Formen stammen. Durch diese Induktion werden verschiedene Gene aktiviert, deren Produkte an der Einschleusung der DNA-Moleküle beteiligt sind. Dazu gehören neben spezifischen Rezeptormolekülen auch Endo- und Exonukleasen, denn es treten nur kurze DNA-Segmente in die Zelle über.

4.8   Die Artbildung (Speziation)

Es ist eine frühe Erfahrung des Menschen gewesen, dass die Vielfalt der Tiere und Pflanzen kein Kontinuum abgestufter Ähnlichkeiten darstellt, sondern mehr oder weniger deutliche Diskontinuitäten erkennen lässt, die das Unterscheiden von „Sorten" (Arten) gestattet. Charles DARWIN hat uns zwar erstmalig eine naturwissenschaftliche Erklärung für die graduelle Entstehung der Vielfalt von Populationen durch Variation und Selekti-

Tab. 4.3 Die durchschnittliche „Lebensdauer" fossiler Arten auf der Grundlage morphologischer Merkmale. (Aus Kutschera und Niklas 2004)

Organismengruppe	„Lebensdauer" (10^6 Jahre)
Evertebrata	
Foraminiferen	20–30
Marine Schnecken und Muscheln	10–14
Ammoniten	Etwa 5
Trilobiten	> 1
Käfer	> 2
Vertebrata	
Süßwasserfische	3
Schlangen	> 2
Säugetiere	1–2
Pflanzen	
Marine Diatomeen	25
Moose	> 20
Kräuter	3–4
Sträucher und Laubbäume	27–34
Nadelbäume, Cycaden	54

on geliefert, er hat uns jedoch – im Gegensatz zum Titel seines Hauptwerks „*The origin of species*" – keine vertiefte Erklärung für die Entstehung von Arten gegeben, uns nicht gelehrt, welche Selektionskräfte die Herausbildung und Aufrechterhaltung neuer Arten begünstigen. Er beschäftigte sich vordergründig mit dem transformationellen Aspekt der Evolution.

Dieses Problem der Artentstehung oder **Speziation** ist von der Mehrzahl der Genetiker lange Zeit ignoriert worden. Es waren hauptsächlich Zoologen, die sich ihm widmeten, wobei Ernst MAYRs Buch „*Systematics and the origin of species*" (1942) einen Markstein darstellt. Heute ist die Speziation, wie Michael WHITE mit Recht feststellte, zum „Schlüsselproblem der Evolution" schlechthin geworden (White 1978). Man versteht darunter „die Vervielfachung von Spezies, d. h. die Erzeugung neuer, reproduktiv isolierter Populationen" (Mayr 1991, S. 276).

Eine dauerhafte Herausbildung genotypisch eigenständiger Gruppen mit zufällig überlegenen Genkombinationen (Artbildung) ist gewöhnlich ein *gradueller*, langsam ablaufender Prozess und kein „saltatorischer" auf der Grundlage von „Makromutationen", wie BATESON, de VRIES, GOLDSCHMIDT und andere einst vermuteten. Das bedeutet nicht, dass die Evolution stets mit gleicher **Geschwindigkeit** ablaufen müsse. Das Gegenteil ist der Fall. Es gibt große Unterschiede in den verschiedenen erdgeschichtlichen Epochen und bei den verschiedenen Organismengruppen (Tab. 4.3; Stanley 1985, S. 13–26; Kutschera und Niklas 2004, S. 255–276). Während beispielsweise im Känozoikum die „Lebensdauer" von Säugetierarten wahrscheinlich nur etwa 1 Mio. Jahre betragen hat, beläuft sie sich bei manchen „Arten" fossiler mariner Invertebraten auf mehr als 12 Mio. Jahre (Futuy-

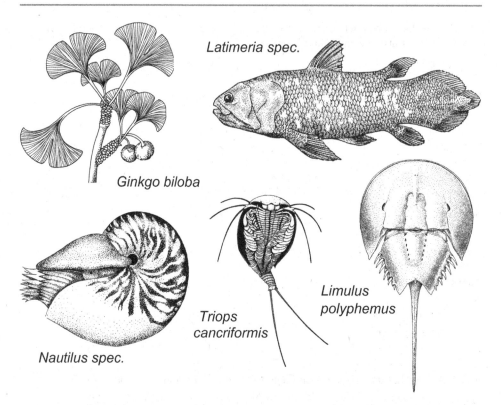

Latimeria spec.

Ginkgo biloba

Nautilus spec.

Triops
cancriformis

Limulus
polyphemus

Abb. 4.14 Beispiele „lebender Fossilien": Der Blattfußkrebs *Triops cancriformis* existierte als Art (nicht als Gattung!) bereits in der Trias vor 180 Mio. Jahren. Aus dem Jura (vor 150 Mio. Jahren) sind Formen bekannt, die der heute lebenden Art (*Ginkgo biloba*) äußerst ähnlich waren. Fossile *Nautilus*-Formen lassen sich ebenfalls bis in die Jurazeit zurückverfolgen; etwas primitivere Formen findet man schon im Perm. Der heutige Pfeilschwanzkrebs *Limulus polyphemus* tritt in seiner heutigen Form ebenfalls schon im Jura auf. Die Quastenflosser (Crossopterygier) waren fossil vom Devon bis zur Kreidezeit gut bekannt und galten als ausgestorben, bis man 1938 einen kaum abgewandelten Vertreter (*Latimeria chalumnae*) bei den Komoren entdeckte, wo er in 150 bis 800 m Tiefe lebt. (Nach verschiedenen Autoren zusammengestellt)

ma 1990, S. 451). Bekannt sind die Beispiele extrem langsamer Evolution bei den sog. **„lebenden Fossilien"** (Abb. 4.14; Stanley 1979).

Hintergrundinformationen
Beispiele sehr schneller Speziation innerhalb einiger 100 oder 1000 Generationen sind von **Buntbarschen** (Cichliden; Meyer 1993, S. 279–284), polyploiden Angiospermen (Soltis und Soltis 2000, S. 7051–7057) und den südafrikanischen Eispflanzen (Klak et al. 2004, S. 63–65) bekannt. In den großen ostafrikanischen Süßwasserseen (Victoria-, Malawi- und Tanganjikasee) haben sich in erdgeschichtlich erstaunlich kurzer Zeit von 1–10 Mio. Jahren mehrere 100 Arten aus einer einzigen oder zwei Pionierarten entwickelt (**adaptive Radiation**). Im Tanganjikasee sind es 200 Arten, im Victoriasee 500 und im Malawisee sogar 600.

Die Entstehung genotypisch eigenständiger Gruppen, eine sog. **Kladogenese** (Artauf-
spaltung), kann auf Dauer nur gelingen, wenn der zufällig entstandene, erfolgreiche Genpool einer bestimmten Individuengruppe – zumindest vorübergehend – von den anderen
Gruppen reproduktiv isoliert bleibt. Nur so kann er vor den nivellierenden Einflüssen ge-
schützt und in seiner Eigenheit bewahrt werden. Ohne eine solche **reproduktive Isolation**
wäre die Herausbildung und Aufrechterhaltung neuer Arten als distinkte Einheit nicht
möglich. Man kann deshalb mit Douglas J. FUTUYMA (Futuyma 1990) summarisch mit
Fug und Recht sagen, dass „die Evolution neuer Arten gleichbedeutend mit der Evolution
genetischer Barrieren gegen Genfluss zwischen Populationen" ist. Es geht also in erster
Linie immer um den Erwerb einer reproduktiven Isolation zwischen zwei Populationen
oder Gruppen von Populationen, die sich dann über viele Generationen hinweg unabhängig voneinander in unterschiedlichen Territorien (d. h. **allopatrisch**) weiterentwickeln bis
sie einen solchen Grad an Verschiedenheit erreicht haben, dass sie sich selbst dann nicht
mehr untereinander kreuzen, wenn sich ihre Verbreitungsgebiete wieder einmal überlappen sollten. Dagegen ist eine sog. **sympatrische Speziation**, d. h. das Auftreten einer
biologischen Kreuzungsbarriere *innerhalb* der Grenzen einer panmiktischen Population
ohne geografische Barrieren, wie sie insbesondere von botanischer Seite immer wieder
diskutiert wird (Stebbins 1950), nach wie vor umstritten. Eine Ausnahme bildet die Artbildung durch Polyploidie (Soltis und Soltis 2000, S. 7051–7057).

Die **Isolationsmechanismen** kennzeichnete THEODOSIUS DOBZHANSKY als „physiologische Mechanismen, die eine Kreuzung" mit nichtkonspezifischen Partnern „schwierig oder unmöglich machen". Sie sind untereinander außerordentlich vielfältig (Dobzhansky 1935, S. 344–355, 1939, Kap. VIII). Ernst MAYR schlug für die Tiere folgende
Klassifizierung vor (Mayr 1963, verändert):

1. **Progame** oder präzygotische Isolationsmechanismen (wirken bereits vor der Befruchtung): Sie verhindern die Entstehung von Hybriden aus Angehörigen unterschiedlicher
   Populationen aufgrund einer
   a. ökologischen Isolation (die potenziellen Paarungspartner treffen nicht aufeinander,
      weil z. B. verschiedene Habitate bevorzugt werden),
   b. zeitlichen Isolation (die potenziellen Paarungspartner sind nicht zur gleichen Zeit
      paarungsbereit),
   c. ethologischen Isolation (die potenziellen Paarungspartner paaren sich nicht, weil
      optische, mechanische, akustische oder chemische Auslöser ihre Wirkung verfeh-
      len),
   d. mechanischen Isolation (Paarung ohne erfolgreiche Spermaübertragung) oder
   e. gametischen Isolation (Spermaübertragung ohne Befruchtung des Eis).
2. **Metagame** oder postzygotische Isolationsmechanismen (wirken erst nach der Befruchtung): Sie verhindern die Lebenstüchtigkeit oder Fruchtbarkeit von Hybriden
   und ihren Nachkommen aufgrund einer

a. Zygotensterblichkeit (die Zygote stirbt frühzeitig ab),

b. Bastardsterblichkeit (die Bastarde haben eine geringere Vitalität oder sind in anderer Weise der Konkurrenz unterlegen) oder

c. Bastardsterilität (die Bastarde sind teils oder vollständig steril; Beispiel: Maulesel).

Während bei den Pflanzen die Unfruchtbarkeit bei Artkreuzung der am weitesten verbreitete Isolationsmechanismus zu sein scheint, sind bei den Tieren sehr oft progame Isolationsmechanismen wirksam.

Hintergrundinformationen

Bei Tieren sind viele Beispiele einer **ethologischen Isolation** bekannt. Das „Erkennen" der Geschlechter beruht auf einem oft komplexen Informationsaustausch zwischen den Partnern. Die von dem einen Partner ausgesandten „Signale" müssen vom anderen Partner „verstanden" und entsprechend „beantwortet" werden. Ist diese Kommunikation an irgendeiner Stelle gestört, so kommt es nicht zur Kopulation. Man spricht in diesem Zusammenhang gerne von „spezifischen Paarungspartner-Erkennungssystemen" (Paterson 1985, S. 21–29), wobei man keineswegs die Assoziation einer „höheren Stufe von Gehirnfunktion" (Mayr 1963, S. 95), die man bei niederen Tieren nicht voraussetzen kann, zu haben braucht. Diese Artkennzeichen, seien sie nun akustischer [Heuschrecken, Vögel (Abb. 4.15) etc.], optischer (Fische, Vögel etc.), chemischer (Pheromone) oder auch elektrischer Natur (schwache elektrische Fische), stehen im wahrsten Sinn des Wortes im Dienst der Arterhaltung. Sie entstehen durch Umweltselektion, sexuelle Selektion und genetische Drift. Wenn wir feststellen, dass Selektionskräfte die Aufrechterhaltung der Isolation von Populationen begünstigen, so heißt das nicht, dass dieselben Selektionskräfte auch bei der Herausbildung von Isolationsmechanismen wirksam gewesen sein müssen. Das Gegenteil ist oft der Fall. Verhaltensbezogene Isolationsmechanismen entstehen in – zumindest zeitweilig durch geografische Barrieren abgetrennten – Populationen („allopatrische Phase") zunächst als zufälliges Nebenprodukt phylogenetischer Divergenz, ohne dass sie für ihre spätere Funktion selektiert worden sind („Phase allopatrischer Divergenz").

Im Allgemeinen entstehen die Isolationsmechanismen – weder die progamen noch die metagamen – nicht um der reproduktiven Isolation willen. Sie stellen primär keine Anpassung zur Förderung der Artbildung oder zum Erhalt der Identität einer Art dar. Falls sie sich aber später zufällig auch als ein wirksamer Isolationsmechanismus erweisen sollten, übernehmen sie diese neue Funktion (Funktionswechsel) und werden in diesem Kontext durch stabilisierende Selektion (andere Selektionsfaktoren!) gefördert. Für diese Auffassung einer zufälligen Entstehung von Isolationsmechanismen spricht u. a. die Tatsache, dass sich bei völlig isolierten Spezies, die keinen Kontakt mit anderen, ihnen nahestehenden Spezies hatten, hocheffektive Isolationsmechanismen finden lassen. Es spricht auch dafür, dass zeitweilig isolierte Populationen bei anschließendem Kontakt mit verwandten Populationen oft Bastardierungszonen ausbilden, ohne dass sie in der Lage wären, durch Auslese wirksame Isolationsmechanismen herauszubilden.

Das in den meisten Fällen immer noch sehr lückenhafte fossile Material lässt den Eindruck entstehen, dass längere Perioden scheinbaren evolutiven Stillstands (der „Stasis") von Perioden schnellen evolutiven Wandels durchbrochen werden. Niles ELDREDGE und Stephen Jay GOULD bauten darauf ihr Konzept vom **„durchbrochenen Gleichgewicht"**

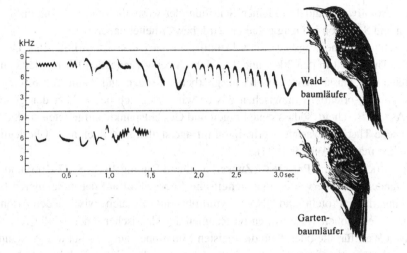

Abb. 4.15 Die beiden Baumläuferarten unterscheiden sich in Gestalt und Färbung kaum, im Gesang (Sonagramme) dagegen auffällig. Sie kommen z. T. nebeneinander vor, ohne sich zu vermischen

(„punctuated equilibrium") auf, das sie der These eines kontinuierlichen, graduellen ana-genetischen (d. h. gerichteten) Wandels gegenüberstellten (Eldredge 1985; Gould und Eld-redge 1993, S. 223–227). Nach dieser Theorie ist evolutiver Wandel in erster Linie mit Artbildung (Aufspaltung von Linien) verbunden, d. h. Folge von Selektion zwischen Ar-ten und nicht von anagenetischem Wandel innerhalb einzelner Abstammungslinien.

Die Differenz zwischen den Anhängern des Gradualismus und jenen der Stasis mit Un-terbrechungen ist wahrscheinlich gar nicht so groß, wie es auf den ersten Blick erscheinen mag. Evolution ist beides, sie verläuft graduell mit Phasen relativen Stillstands (homöo-statisches Gleichgewicht) und solchen schnelleren Wandels (Bokma 2002, S. 1048–55). Eine „gemäßigte" punktualistische Theorie fügt sich nach Ansicht Ernst MAYRs „bruch-los in das begriffliche System der Darwin'schen Evolution ein" (Mayr 1991, S. 418). Es wird inzwischen auch von den Vertretern eines Punktualismus keineswegs mehr das Vor-kommen gradueller phyletischer Transformation infrage gestellt und – andererseits – die relative Häufigkeit durchbrochener Gleichgewichte als „quer durch Taxa und Umwelten" unterschiedlich eingeschätzt (Gould 1982, S. 83–104).

4.9   Die Neutralisten-Selektionisten-Kontroverse

Man kann heute allen Kreationisten und anderen pseudowissenschaftlichen Gruppierun-gen zum Trotz mit Fug und Recht behaupten, dass unter den Biologen aufgrund des vorliegenden riesigen und überzeugenden Tatsachenmaterials weitgehend Einigkeit dar-über besteht, dass sich die Darwinschen Vorstellungen über die gemeinsame Abstammung und den evolutiven Wandel in kleinen Schritten, der wesentlich durch Mutation/Rekombination und Selektion in Gang gehalten wird, bewahrheitet haben.

Das schließt keineswegs aus, dass Detailfragen nach wie vor strittig sind. Die synthetische Theorie ist in den 30er- und 40er-Jahren des vergangenen Jahrhunderts auf der Grundlage der „klassischen" Genetik ausgearbeitet worden und damit im Wesentlichen „phänotypisch" orientiert. Inzwischen wissen wir wesentlich besser über den genotypischen Aspekt Bescheid, sodass neue Fragen und Gesichtspunkte aufgetreten sind, die die synthetische Theorie zwar nicht prinzipiell infrage stellen aber doch neue Überlegungen erforderlich machen (Wieser 1994).

ZUCKERKANDL und PAULING (Zuckerkandl und Pauling 1965, S. 97–166) und viele andere fanden eine unerwartet hohe **genetische Variabilität** auf der molekularen Ebene sowohl innerhalb (Protein- und DNA-Polymorphismus) als auch zwischen den Arten (Divergenz). Diese hohen Werte waren im Rahmen der klassischen Theorie, die von einem selektiven Wert für alle oder doch die meisten Mutationen ausging, schwer verständlich. Durch Gelelektrophorese konnte gezeigt werden, dass bei einem diploiden Individuum zwischen 5 und 20 % der Genlozi heterozygot sind, d. h. in den beiden Chromosomensätzen verschiedene Allele aufweisen. Das bedeutet, dass ein Organismus mit beispielsweise 10.000 Genpaaren und einer Heterozygotierate von 10 % nicht weniger als 2^{1000} bzw. 10^{301} genetisch unterschiedliche Gameten (Ei- oder Samenzellen) zu bilden in der Lage ist. Die tatsächliche Variabilität ist wahrscheinlich noch deutlich höher.

Die unerwartet hohe genetische und molekulare Heterogenität innerhalb von Populationen machte eine Neubewertung des Verhältnisses von Mutabilität und Selektion im Evolutionsprozess notwendig. Sie führte den Japaner Motoo KIMURA (Kimura 1955, S. 144–150) zu seiner erstmals 1955 vorgelegten „Theorie der zufälligen Gendrift", die die Grundlage zu seiner „Mutation-Zufallsdrift-Hypothese" der molekularen Evolution (heute besser bekannt unter dem Namen **Neutralitätstheorie**; Kimura 1987) lieferte.

Der Darwinist ist Selektionist. Er geht davon aus, dass

1. die Gensubstitutionen das Resultat einer positiven Selektion fitnessfördernder Mutanten sind und
2. der Polymorphismus nur dann aufrechterhalten wird, wenn die Koexistenz von zwei oder mehr Allelen an einem Locus für den Organismus oder die Population von Vorteil ist.

Demgegenüber macht KIMURA in seiner Neutralitätstheorie nicht in erster Linie das Darwinsche Selektionsprinzip, sondern Zufallsprozesse der Gendrift („Zufallsdrift") selektiv neutraler oder beinahe neutraler Mutanten innerhalb einer Population für einen Großteil evolutiver Veränderungen (Gensubstitutionen) und der genetischen Variabilität (Polymorphismus) innerhalb einer Art verantwortlich. Die Gensubstitutionen und der extensive molekulare Polymorphismus werden als zwei Seiten desselben Phänomens betrachtet (Kimura und Ohta 1971, S. 467–469), denn der Polymorphismus stellt in der Sicht der Neutralitätstheorie lediglich eine transiente Phase der molekularen Evolution dar. Mutationsdruck und Zufallsdrift werden in ihrer Bedeutung für die molekulare Evolution im Vergleich zu der nur „schwachen" Selektionsintensität als bestimmend angesehen.

Vertreter beider Theorien sind sich darin einig, dass die meisten Mutationen schädlicher Natur sind und deshalb schnell wieder verschwinden. Unterschiede bestehen hinsichtlich der Auffassung, wie hoch der Anteil selektiv neutraler unter den nichtschädlichen Mutationen ist. Von den Neutralisten wird er sehr hoch, von den Selektionisten relativ niedrig angesetzt. Es geht also weniger darum, ob Selektion *oder* Neutralität, sondern um die Frage, wie viel von der genetischen Variabilität durch Zufall und wie viel aufgrund von Selektionsvorteilen in einer Population erhalten bleibt. Eine endgültige Entscheidung in dieser Neutralisten-Selektionisten-Kontroverse – falls es sie überhaupt gibt – konnte bislang nicht herbeigeführt werden. Die genetische Variabilität innerhalb einer Population ist auf jeden Fall so hoch, dass auch unter der Voraussetzung, dass die Mehrzahl der genetischen Differenzen selektiv neutral oder fast neutral ist, ein genügend hoher Anteil selektiv nicht neutraler Mutationen verbleibt, an denen die natürliche Selektion angreifen und schöpferisch wirksam werden kann. In den letzten Jahren haben verschiedene Autoren übereinstimmend gefunden, dass bei *Drosophila* zwischen 30 und 94 % aller Aminosäuresubstitutionen durch adaptive natürliche Selektion fixiert wurden (Smith und Eyre-Walker 2002, S. 1022–1024; Shapiro et al. 2007, S. 2271–2276; Hahn 2008, S. 255–265).

4.10   Der Evolutionismus

Der **Evolutionsbegriff** hat in der Biologie eine wechselvolle Geschichte hinter sich. Er wurde erst in den 70er-Jahren des 19. Jahrhunderts in Deutschland – in England durch die Schriften Herbert SPENCERs bereits früher – zur Bezeichnung der stammesgeschichtlichen Entwicklung der Lebewesen eingeführt. SPENCER verband allerdings – im Gegensatz zu DARWIN – Evolution in finalistischer Weise mit der Vorstellung von Fortschritt in Richtung auf ein „Höheres" und „Besseres". Er erhob in seinen metaphysisch-physikalistischen Spekulationen die Evolution zu einem universellen „kosmischen Prinzip", aus dem als „Urkraft" alles hervorgehe, was im Anorganischen, Organischen und Geistlichen gleichermaßen an Vielfalt und Einheit, Spezialisierung und Ordnung geschaffen wird. Mit diesen Ansichten stand SPENCER (s. Abschn. 2.7) zwar voll im Trend des Fortschrittglaubens und wissenschaftlichen Optimismus des 19. Jahrhunderts, aber abseits der Darwinschen Theorie und der Biologie.

Gegenwärtig erleben wir eine erneute **Inflation des Evolutionsbegriffs**, der für alle Entwicklungsvorgänge außerhalb der Biologie herhalten muss. Man spricht – wie selbstverständlich – von der Evolution des Kosmos, der Sterne, unseres Sonnensystems und unserer Erde oder auch der menschlicher Gesellschaften, der Sprache, der Kunstformen und der Kultur ohne Rücksicht auf die unbestreitbare Tatsache, dass diese Vorgänge in ihrem Wesen und ihrer inneren Dynamik verschieden sind (Schaller 1996). Nach Meinung des US-amerikanischen theoretischen Physikers Lee SMOLIN „müssen die kosmologischen Gesetze selbst als das Ergebnis eines Evolutions- und Selbstorganisationsprozesses aufgefasst werden", müsse man „in der Kosmologie einen der natürlichen Auslese vergleichbaren Mechanismus" annehmen (Smolin 1999, S. 23, 130). Diesen Gedanken hatte übrigens 100 Jahre zuvor auch schon der bekannte US-amerikanische Mathematiker und Philosoph Charles Sanders PEIRCE formuliert (Peirce 1891).

In all diesen und ähnlichen Bemühungen versucht man die Tatsache, dass die sog. „Evolution" der Sterne, des Kosmos oder anderer anorganischer Systeme ausschließlich physikalischen Gesetzen gehorcht, zu ignorieren. Diesen Entwicklungsvorgängen fehlt nicht nur die zufällige Entstehung erblicher Varianten, sondern auch eine kumulative Selektion. Das hat der Philosoph Gerhard SCHURZ bei seinem Versuch, eine „verallgemeinerte Evolutionstheorie" zu begründen, wahrscheinlich auch gemerkt und spricht deshalb in diesem Zusammenhang von einer „Protoevolution", was das auch immer sein mag (Schurz 2011). „Wo Begriffe fehlen, da stellt ein Wort zur rechten Zeit sich ein", könnte man mit GOETHE sagen.

Auf *biologischem Gebiet* schlug der Psychologe Donald T. CAMPBELL vor, den Ablauf des kreativen Denkens im Sinn des **Darwinschen Prinzips** zu modellieren (Campbell 1960). Gary CZIKO sieht in der Immunantwort ein Darwinsches Prinzip verwirklicht (Cziko 2001, S. 15–34). Der Immunologe Gerald EDELMAN vermutet, dass die neuronale Entwicklung des Gehirns im Sinn des Darwinschen Prinzips ablaufe (Edelman 1987). Eine solche Inflation eines Begriffs führt fast zwangsläufig zu seiner Verwässerung bis zur völligen Inhaltslosigkeit, was ganz gewiss nicht im Sinn einer klaren wissenschaftlichen Terminologie ist. Es wäre ratsam, Ernst MAYRs Warnung ernst zu nehmen, der mit Recht forderte, „dass niemand allgemeine Behauptungen hinsichtlich der Evolution in Bereichen außerhalb der biologischen Welt machen sollte, ohne sich zuvor mit den gut ausgereiften Vorstellungen der organischen Evolution bekanntgemacht zu haben und ohne darüber hinaus zuvor die Konzepte, die er anwenden will, einer höchst rigorosen Analyse zu unterziehen" (Mayr 1984, S. 504).

Zur Rettung der „**kulturellen Evolution**" erfand DAWKINS, der in seiner genozentrischen Weltsicht gern über das Ziel hinausschießt, als „kulturelles Gegenstück" zu den Genen fiktive immaterielle Einheiten, die er „**Meme**" nannte (Dawkins 1996, Kap. 11). Man wird, ohne dass DAWKINS darauf Bezug nimmt, an die „Mneme" erinnert, die der Haeckel-Schüler Richard SEMON 1912 erfand (Semon 1912), um seine These von der Vererbung erworbener Eigenschaften zu untermauern. Bei den Memen soll es sich um „Replikatoren neuer Art" handeln, um „Informationsmuster", die sich selbst zwischen Gehirnen, Büchern und Computern „fortpflanzen" und dabei auch verändern („mutieren") können. Dabei bleibt völlig offen, wie man sich eine Selbstreplikation und Evolution immaterieller Einheiten vorzustellen habe, die außerdem nicht das Produkt zufälliger Veränderungen (Mutationen), sondern *zielgerichteter* geistiger Tätigkeit sind. Andere Autoren haben in diesem Zusammenhang Begriffe wie „Idee", „Konzept", „Soziogen", „**Kulturgen**", „Kulturtypus" oder „Grundeinheit der Kultur" verwendet, zufriedenstellend umschrieben hat sie keiner. Es sind alles taube Worte ohne einen realen Bezug. Was soll man sich unter einem „kulturschaffenden Faktor", einem „Knoten im semantischen Gedächtnis und dessen Wechselbeziehung zur Gehirnaktivität" (Wilson 2000, S. 183) oder unter „relativ homogenen Gruppen geistiger Konstruktionen oder ihrer Produkte" (Lumsden und Wilson 1984, S. 172) vorstellen?

Man kann und darf die *grundsätzlichen* **Unterschiede** zwischen der biologischen und der kulturellen Evolution, wie es insbesondere Vertreter der Soziobiologie mit weitreichenden Konsequenzen immer wieder versuchen, nicht ignorieren. Sie bestehen in Folgendem:

1. Die **Einzelschritte** des kulturellen Fortschritts, die Quelle der Variationen, sind nicht Mutationen/Rekombinationen, sondern Innovationen, die weder genetisch fixiert noch zufällig, sondern i. d. R. in hohem Grad überlegt und zielgerichtet sind. Sie sind auch nicht grundsätzlich unabhängig von den Selektionsbedingungen, sondern können diese bereits als Antworten auf Krisen und andere soziale Probleme reflektieren. Sie können, schließlich, auch wesentlich größer sein als die gewöhnlich recht kleinen Veränderungen, die mit Mutationen/Rekombinationen verbunden sind.
2. Die **Informationsweitergabe** erfolgt nicht über Gene, sondern durch Sprache, Tradition und Erziehung. Sie erfolgt auch nicht nur einmal jeweils am Beginn des individuellen Lebens, sondern vielfach und zeitlebens. Sie ist, schließlich, auch nicht auf die ausschließliche Weitergabe von den Eltern auf die Kinder beschränkt, sondern in jede Richtung möglich.
3. Der mit der kulturellen Evolution verbundene **Wandel** erfolgt gewöhnlich wesentlich schneller als bei der biologischen und ist außerdem nicht nur zielgerichtet, sondern auch *zielintendiert*. Er ist, schließlich, auch umkehrbar. Alte Ideen und Traditionen können zu „neuem Leben" gebracht werden.

Wenn Gerhard SCHURZ zwar eingesteht, dass die „kulturelle Evolution" nicht auf die biologisch-genetische Evolution reduzierbar sei, worin man ihm nur beipflichten kann, dann aber versucht, die „kulturelle *Reproduktion*" in „*Übertragung*" von Ideen, Kenntnissen und Fertigkeiten von Mensch zu Mensch durch Lernen umzumünzen (Schurz 2011, S. 193, 198 ff.), kann man darin keinen Sinn mehr erkennen, es sei denn den, die Vergleichbarkeit beider Entwicklungsprozesse auf Biegen und Brechen doch noch herzustellen. Ein wissenschaftlicher Fortschritt ist darin jedenfalls nicht mehr zu erkennen, eher das Gegenteil, ein Rückschritt durch vorsätzliche Verwässerung eindeutiger Begriffsbestimmungen.

Alle bisherigen Versuche, eine **verallgemeinerte Evolutionstheorie** zu begründen, die für *alle* Entwicklungsabläufe in der Natur vom Urknall bis zur Erscheinung der menschlichen Kultur anwendbar ist, müssen als gescheitert betrachtet werden, weil sie zwangsläufig mit einer Verwässerung der zentralen Begriffe, wie Selektion, Variation und Reproduktion, bis zur völligen Unkenntlichkeit einhergehen, womit keinem geholfen ist. Ein Erkenntnisgewinn ist mit solchen Versuchen auf jeden Fall nicht verbunden. Diese „Verwässerung" des in der Biologie gut umrissenen Begriffs „Evolution" beginnt damit, dass man jeden Bezug der Evolutionstheorie zur Genetik verbieten möchte, „um sie auch für die kulturelle Evolution anwendbar zu machen" (Bock 2007, S. 89–103). Das entspricht etwa der Forderung, sich ein Gewitter ohne elektrische Entladungen vorstellen zu sollen.

Dass eine (biologische) Evolution ohne Entstehung erblicher Varianten, die anschließend der Selektion unterliegen, überhaupt nicht stattfinden kann, will man offenbar nicht zur Kenntnis nehmen. Die Selektion ist in der Evolution kein einmaliges Ereignis, sondern die selektierten Elemente reproduzieren sich und werden erneut einer Selektion unterworfen und so fort, Schritt für Schritt (**kumulative Selektion**). Selektion schafft deshalb auch nichts Endgültiges, Stabiles. Nur auf diesem Weg kann die organisierte Komplexität der Lebewesen entstehen. Wer das unberücksichtigt lassen möchte, spricht nicht mehr von Evolution im herkömmlichen (biologischen) Sinn, sondern bereits von etwas ganz anderem.

Hintergrundinformationen
Im vergangenen Jahrhundert entwickelte der französische Jesuitenpater und Paläontologe **Pierre TEILHARD DE CHARDIN** in seinen posthum erschienenen Hauptwerken (Teilhard de Chardin 1983, 1984) nochmals eine extrem evolutionistisch ausgerichtete Weltsicht. Die Evolution ist für ihn nicht nur eine Theorie, sondern „die allgemeine Bedingung, der künftig alle Theorien, alle Hypothesen, alle Systeme entsprechen und gerecht werden müssen, „ein Licht, das alle Tatsachen erleuchtet" (Teilhard de Chardin 1983, S. 223). Das Bewusstsein ist nach Ansicht TEILHARDs nicht auf Lebewesen beschränkt, sondern eine „kosmische Eigenschaft", und Evolution demzufolge „Aufstieg des Bewusstseins" infolge eines starken „Bewusstseinsdranges". Diese Evolution soll „eine bevorzugte Achse" (Teilhard de Chardin 1983, S. 141) verfolgen und gipfelt sowie endet „in einem höchsten Bewusstsein", einem „einzigen Brennpunkt", den er als „Omega" bezeichnete. Diesem Streben nach immer höheren psychischen Formen soll nach TEILHARD ein „innerliches Prinzip" zugrunde liegen. Diese Ansichten TEILHARDs sind bei Biologen wegen ihres starken spekulativen Charakters, ihrer unpräzisen Terminologie, ihres Panpsychismus und ihrer orthogenetisch-teleologischen Ausrichtung (s. Abschn. 2.7) mit Recht heftig kritisiert worden. Der Theologe Günter ALTNER findet in den Gedankengängen TEILHARDs zwar Beziehungen zu denjenigen PRIGOGINEs (Altner 1984), was ich allerdings nicht nachvollziehen kann.

Ein besonders krasses Beispiel, Darwins Evolutionstheorie in extrem reduktionistisch-genozentrischer Weise zur Weltanschauung erheben zu wollen, hat der Soziobiologe Edward O. WILSON mit seiner „**Entwicklungstheorie von Ethik und Religion**" (s. Abschn. 11.7) geliefert. Im Rahmen seines Konzepts „egoistischer Gene" reduziert er die Funktion der Moral auf die „Erhaltung der Unversehrtheit der Gene". Daraus folgert er, dass man nun damit beginnen könne, „nach der Grundschicht der Moral", nach der „materiellen Basis des Naturgesetzes", d. h. nach den entsprechenden Genen zu suchen (Wilson 1978). Dem ist allerdings entgegenzuhalten, dass nicht die Moral, Ethik oder Religion selbst eine genetische Grundlage haben und Produkte eines evolutiven Prozesses sind, sondern nur die *Befähigung* oder das *Bedürfnis* in religiösen, ethischen und moralischen Kategorien zu denken und zu handeln. Es wird uns schließlich auch nicht eine bestimmte Sprache „in die Wiege gelegt", sondern nur ein ausgeprägtes Vermögen, eine oder auch mehrere Sprachen zu erlernen. Zu welchen abwegigen Konsequenzen so falsche Ansätze schließlich führen können, zeigt folgende Prophezeiung, die ich einem Buch von WILSON entnehme (Wilson 1978): „Wenn die Religion zusammen mit dogmatischen säkularen Ideologien systematisch analysiert und als Ergebnis der Evolution des Gehirns erklärt werden kann, wird deren Fähigkeit, als eine von außen vorgegebene Quelle der Moral zu dienen, für immer der Vergangenheit angehören." Der Philosoph Holmes ROLSTON stellte in diesem Zusammenhang die durchaus berechtigte, provozierende Frage an WILSON, ob er tatsächlich in seinem lobenswerten Engagement für bedrohte Tierarten auf unserer Erde nur ein Mittel sehe, „seine eigene genetische Fitness zu maximieren" (Rolston 1999).

4.11   Die Frage nach dem Ursprung des Lebens

Akzeptiert man die auf KANT und LAPLACE zurückgehende Vorstellung, dass die Erde einst ein feurig-flüssiger Ball gewesen ist, der sich erst langsam abgekühlt hat, so folgt daraus, dass das Leben auf der Erde nicht „von Ewigkeit her" existiert haben kann. Schließt man weiterhin einen übernatürlichen Schöpfungsakt aus, so gestaltet sich die These von einer natürlichen Entstehung des Lebens auf unserer Erde zu einem logischen Postulat der Biologie.

Die Astrophysiker sind in der Lage, die Ausdehnung „unseres" Galaxiensystems genau zu vermessen und schließen daraus auf ein Alter von 13,7 Mrd. Jahren (13,7 Ga). Das Alter unseres **Sonnensystems** in diesem System ist wesentlich kürzer. Es wird mit etwa 4,6 Ga angegeben (Halliday 2001, S. 144–145). Frühestens vor 4,2–4,3 Ga hatte sich auf unserer Erde ein Ozean gebildet (Mojzsis et al. 2001, S. 178–181). Bis vor etwa 3,8 Ga war die Erde einem massiven Bombardement durch Meteoriten mit einem Durchmesser bis zu 500 km und mehr ausgesetzt, das zur Erwärmung auf über 100–350 °C geführt haben dürfte und Ozeane verdampfen ließ (Kerr 2000, S. 1677; Nisbet und Sleep 2001, S. 1083–1091). Erst danach konnten Bedingungen auf der Erde entstehen, die die Existenz lebendiger Wesen zuließen. Man geht heute davon aus, dass die Uratmosphäre aus einem schwach reduzierenden Kohlendioxid-Stickstoff-Gemisch mit geringen (etwa 0,1 %; Kasting 1993, S. 920–926; Kasting und Howard 2006, S. 1733–1742) oder auch größeren Mengen an Wasserstoff (etwa 0,1 bar; Tian et al. 2005, S. 1014–1017) bestanden hat.

Die **ältesten Lebensspuren**, die bisher bekannt geworden sind, haben ein Alter von 3,85 Ga (Hayes 1996, S. 21–22). Sie beruhen auf Bestimmungen des Kohlenstoffisotops ^{13}C in einem der ältesten, gut erhaltenen Sedimentgesteine im Südwesten Grönlands (Rosing 1999, S. 674–676). In etwa 3,5 Ga alten Gesteinen findet man schon zahlreiche Hinweise auf fossile mikrobielle Biofilme und **Stromatoliten** (Awramik et al. 1992). WACEY und Kollegen wiesen kürzlich in 3,4 Ga alten Gesteinen Westaustraliens sphärische und ellipsoide Formen schwefelverstoffwechselnder Bakterien nach (WACEY et al. 2011, S. 698–702). Man kann davon ausgehen, dass vor etwa 3,5 Ga mikrobielles Leben auf unserer Erde sowohl in Küstennähe – als photosynthetisches Plankton – als auch in tieferen Meeresschichten und in der Nachbarschaft hydrothermaler Quellen bereits weit verbreitet war. Das würde bedeuten, dass auf unserer Erde, nachdem sie sich auf ein erträgliches Maß abgekühlt hatte, sehr bald Leben aufgetreten sein muss. Sie ist vielleicht nur knapp 800 Millionen Jahre, das wären etwa 17 % ihrer bisherigen „Lebensdauer", unbewohnt geblieben. Diese überraschend schnelle Besiedlung lässt vermuten, dass bei der Entstehung des Lebens der Anteil des Zufalls gegenüber dem der Notwendigkeit – entgegen den Vorstellungen MONODs (Monod 1975) – nicht allzu groß gewesen sein kann.

Verschiedene Wissenschaftler meinten allerdings in diesem Zusammenhang, einen anderen Schluss ziehen zu müssen. Sie gingen davon aus, dass das Leben gar nicht auf der Erde entstanden ist, sondern einen **extraterrestrischen Ursprung** hat (Line 2002, S. 21–27). Einfache Lebenskeime sollen, in welcher Form auch immer, über große Distanzen durch den interstellaren Raum zu uns auf die Erde gelangt sein: sog. **Panspermie-Hypothese**. In diesem Zusammenhang ist in erster Linie der schwedische Physikochemiker Svante ARRHENIUS zu nennen (Arrhenius 1908).

Hintergrundinformationen

Eine ähnliche Panspermie-Hypothese wurde bereits vor ARRHENIUS in der zweiten Hälfte des 19. Jahrhunderts von verschiedenen hervorragenden Wissenschaftlern, wie Justus von LIEBIG, Hermann von HELMHOLTZ u. a., in Verbindung mit der **These von der Ewigkeit des Lebens** vertreten. Sie gingen davon aus, dass das Leben gar keinen Anfang habe, sondern schon immer da gewesen, „ebenso alt wie die Materie selbst sei" (Helmholtz 1884). Justus von LIEBIG betrachtete „die Atmosphäre der Himmelskörper und ebenso die der rotierenden kosmischen Nebel als ewige Wahrer des Lebens" (Liebig 1844). Diese und ähnliche Spekulationen über die Ewigkeit des Lebens können heute wahrscheinlich *ad acta* gelegt werden, denn das Universum ist nach heutigen Vorstellungen auch nicht ewig, sondern hat vor etwa 13,82 Mrd. Jahren aus einer Singularität heraus („Urknall") seinen Anfang genommen und dehnt sich seitdem aus.

Abgesehen davon, dass die Panspermie-Hypothese – unabhängig von der These von der Ewigkeit des Lebens – die große und immer noch ungelöste Frage nach der Entstehung von Lebendigem aus Anorganischem nicht beantwortet, sondern lediglich deren Schauplatz in fernere Zeiten und Orte rückt, tritt man der Hypothese weiterhin mit starker **Skepsis** entgegen. Man muss bezweifeln, dass die Lebenskeime den langen Weg zu uns durch den Weltraum unter extremen Bedingungen (Vakuum, Temperaturen nahe $0°$ K, hohe UV- und kosmische Strahlung) unbeschadet überleben können. Berechnungen haben ergeben, dass die Keime im günstigsten Fall mehrere 100.000 Jahre zum nächsten bewohnbaren Planeten unterwegs gewesen sein müssten. Es kommt noch hinzu, dass die Lebenskeime nicht nur in den interstellaren Raum gelangen und dort überleben müssen, sie müssen schließlich auch in die Einfangsphäre eines bewohnbaren Planeten und dort unversehrt auf seine Oberfläche gelangen können.

Hintergrundinformationen

Leslie ORGEL und Francis CRICK schlugen eine Variante der Panspermie-Hypothese, eine „**gelenkte Panspermie**", vor (Crick und Orgel 1973), die auch schon 1954 bei John Burdon Sanderson HALDANE flüchtig erwähnt worden war. Um dem Problem der Schädigung der Keime während ihrer Reise zu uns zu entgehen, schlugen die Autoren vor, dass der Transport in einem unbemannten Raumschiff erfolgt sein könnte, das von einer höheren Zivilisation vor geraumer Zeit andernorts ausgeschickt worden sei (Crick 1983). Mit dieser Spekulation ist meines Erachtens allerdings die Grenze zur *Science-Fiction* überschritten, man kann sie nicht mehr wirklich ernst nehmen.

Nach diesen Feststellungen ist es sicher nicht verkehrt, sich bei der Behandlung der Frage nach dem Ursprung des Lebens auf die Erde zu konzentrieren, wie es auch allgemein geschieht, denn nur von ihr kennen wir Lebendiges aus eigener Anschauung. Der Weg vom Anorganischen zum Organischen muss in vielen kleinen Schritten erfolgt sein, die nicht notwendigerweise am selben Ort und unter denselben Umweltbedingungen stattgefunden haben müssen. Bis ins 20. Jahrhundert blieben die Aussagen über den Ursprung des Lebens auf der Erde völlig spekulativ. Erst mit den grundlegenden Arbeiten des russischen Biochemikers Alexander OPARIN in den 20er-Jahren des vergangenen Jahrhunderts (Oparin 1947) begann man damit, seine Vorstellungen und Überlegungen mit Experimenten und wissenschaftlichen Daten zu begründen.

Inzwischen sind **zahlreiche Szenarien** entwickelt worden, von denen allerdings keines allgemeine Akzeptanz gefunden hat, sodass wir heute ehrlich eingestehen müssen, dass wir über die historischen Ereignisse im Zusammenhang mit dem Übergang vom Unbelebten zum Belebten auf unserer Erde noch keine definitiven Aussagen machen können. Für viele Bearbeiter dieses Themas ist das auch gar nicht das Entscheidende. Wichtiger ist für sie aufzuzeigen, dass ein solcher Übergang kein unlösbares Rätsel darstellt, sondern im Rahmen physikalisch-chemischer Gesetzlichkeit denkbar ist (Kuhn und Waser 1982, S. 860–905). Der Beantwortung der Frage nach dem Ursprung des Lebens wird man sich nur durch weiterführende Analysen und Experimente schrittweise nähern können. Dabei sind solche Computersimulationen, wie sie von Stuart KAUFFMAN vorgelegt wurden (Kauffman 1993), die nur noch eine geringe Beziehung zur realen Welt erkennen lassen, allerdings wenig hilfreich. Sie sind, um es mit den Worten von MAYNARD-SMITH zu sagen, einfach „uninteressant" (Maddox 1995, S. 555).

Die **Herausbildung biochemischer Bausteine** soll nach Meinung vieler Forscher, angefangen bei Charles DARWIN (Darwin 1871), Alexander OPARIN (Oparin 1947) und J. S. HALDANE bis hin zu Reinhard KAPLAN (Kaplan 1972), in warmen, kleinen Wasseransammlungen der frühen Erde stattgefunden haben („Warm-little-pond-Szenario"). Diese „**Ursuppenhypothese**" (Abb. 4.16) erhielt durch die heute bereits klassischen Experimente Stanley L. MILLERs aus dem Jahr 1953 eine solide Grundlage (Miller 1953, S. 528–529; Abb. 4.17). Er simulierte eine reduzierende Atmosphäre, wie sie nach der damaligen Meinung auf der frühen Erde geherrscht haben könnte, durch ein Gemisch aus Methan, Ammoniak und Wasserdampf, die Ozeane durch Wasser und die Blitze durch Funkenentladungen, die das Gasgemisch elektrisch aufluden. Eine Heizspirale simulierte schließlich die Lavaflüsse und brachte das Wasser zum Kochen. Unter diesen Bedingungen entstanden diverse kleine, wasserlösliche organische Verbindungen in zum Teil nicht unerheblichen Mengen, darunter Cyanwasserstoff (HCN) und Formaldehyd (HCHO), aber auch vier der insgesamt 20 Aminosäuren, aus denen die natürlichen Proteine aufgebaut sind.

Heute sind sich die Geologen ziemlich einig darüber, dass, wie bereits betont, die präbiotische **Uratmosphäre** auf unserer Erde nicht, wie MILLER und mit ihm viele andere Forscher einst annahmen, stark reduzierend gewesen ist (Nisbet und Sleep 2001, S. 1083–1091), sondern aus einem schwach reduzierenden Kohlendioxid-Stickstoff-Gemisch mit unterschiedlichen Anteilen an Wasserstoff bestanden hat. Das macht die Problematik der Lebensentstehung nicht gerade einfacher, weil sich unter diesen Bedingungen die sponta

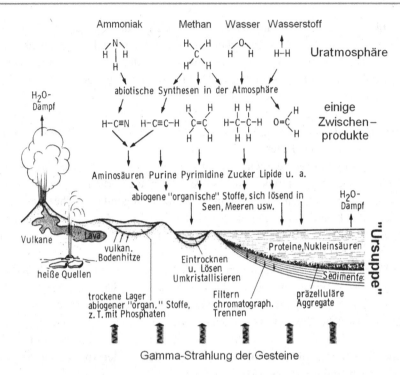

Ammoniak   Methan   Wasser   Wasserstoff

Uratmosphäre

abiotische Synthesen in der Atmosphäre

einige
Zwischen–
produkte

H₂O-
Dampf

Aminosäuren Purine Pyrimidine Zucker Lipide u. a.

abiogene "organische" Stoffe, sich lösend in
Seen, Meeren usw.

H₂O-
Dampf

Vulkane   Lava

Proteine, Nukleinsäuren

"Ursuppe"

vulkan.
Bodenhitze

Eintrocknen
u. Lösen
Umkristallisieren

Sedimente

heiße Quellen

trockene Lager
abiogener "organ." Stoffe,
z. T. mit Phosphaten

Filtern
chromatograph.
Trennen

präzelluläre
Aggregate

Gamma-Strahlung der Gesteine

Abb. 4.16 Die „Ursuppentheorie". Nähere Erläuterungen im Text. (Nach Kaplan 1972)

Abb. 4.17 Der Versuchsauf-
bau Stanley Millers bei seinem
berühmten Experiment aus
dem Jahr 1953 zur Erzeugung
organischer Stoffe aus einem
Gasgemisch von Methan, Ammoniak und Wasserdampf
sowie ein wenig Wasserstoff,
das in seiner Zusammen-
setzung der Uratmosphäre
entsprechen sollte, unter dem
Einfluss starker elektrischer
Entladungen (Gewitter)

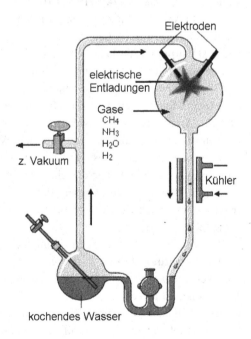

Elektroden

elektrische
Entladungen

Gase
CH₄
NH₃
H₂O
H₂

z. Vakuum

Kühler

kochendes Wasser

ne Bildung organischer Bausteine eher schwieriger gestaltet als unter den Bedingungen, wie sie MILLER seinerzeit simulierte. Die in den 50er-Jahren vorherrschende Euphorie, dem Ursprung des Lebens einen wesentlichen Schritt näher gekommen zu sein, ist inzwischen verklungen. MILLER selbst schätzte ein (zitiert bei Horgan 1991, S. 78–87): „Den Ursprung des Lebens zu ergründen ist doch wesentlich komplizierter, als ich – und nicht nur ich allein – damals dachte."

Die Kondensation der Bausteine zu **Biopolymeren** lässt sich im Rahmen der „Ursuppenhypothese" kaum erklären. Sehr fraglich ist, ob sich die wichtigsten biochemischen Bausteine – dazu zählen in erster Linie die natürlichen Aminosäuren als Bausteine der Proteine und die Nukleobasen Adenin, Thymin, Uracil, Guanin und Cytosin sowie die Phosphorsäureester der Ribose und Desoxyribose als Bausteine der Nukleinsäuren – in einer für die Kondensation hinreichenden Konzentration in der Ursuppe ansammeln konnten. Das betrifft besonders die Bausteine der Nukleinsäuren. Die Ribose und die Desoxyribose sind in wässriger Lösung wenig stabil. Die Ribose hat eine Halbwertszeit der Zersetzung von nur 73 min bei neutralem pH und 100 °C (Larralde et al. 1995, S. 8158–8160). Eine präbiotische Anreicherung von Adenin ist ebenfalls sehr unwahrscheinlich. Es entsteht zwar leicht, unterliegt aber andererseits auch leicht einer Ringöffnung oder einer Desaminierung (Halbwertszeiten von 80 bzw. 200 Jahren bei 37 °C und neutralem pH; Shapiro 1995, S. 83–98). Schließlich ist die Synthese von Nukleosiden aus Basen und Ribose unter den Bedingungen der Ursuppe im Fall der Purine wenig wahrscheinlich, im Fall der Pyrimidine geradezu unmöglich.

Man ist sich heute weitgehend darüber einig, dass sich die Kondensation der Monomeren zu Biopolymeren kaum in freier Lösung abgespielt haben dürfte. Die bloße Existenz von Bausteinen macht noch keine Mauer! Als Alternative wurde vorgeschlagen, dass sich die Kondensation an der **Oberfläche von Mineralien** mit positiven Ladungen ereignet haben könnte („Oberflächenmetabolismus"), wo sich dünne Filme anionischer organischer Moleküle bilden (Orgel 1997, S. 227–234). Unter diesen Bedingungen driften die Reaktanten nicht fort, sondern bleiben dicht beieinander. Das garantiere nicht nur eine höhere Reaktionsgeschwindigkeit, sondern gestatte auch die Herausbildung lipidüberdeckter Oberflächenareale und damit die Bildung „semizellulärer" Strukturen durch Abschnürung (Individualisierung).

Hintergrundinformationen

Der Chemiker Günter WÄCHTERSHÄUSER (Wächtershäuser 2006, S. 1787–1808) entwickelte in diesem Zusammenhang ein detailliertes, nicht unwidersprochen gebliebenes (Bada et al. 2007, S. 937–938) Szenario eines chemoautotrophen Ursprungs des Lebens in der Nachbarschaft von Vulkanschloten am Meeresboden (sog. „**Eisen-Schwefel-Welt**"). Der entscheidende, energieliefernde Schritt wird dabei in der Umsetzung von Schwefelwasserstoff mit Eisen(II)-sulfid zu Pyrit und Wasserstoff gesehen:

$$H_2S + FeS \rightarrow FeS_2 + H_2 + Energie.$$

Nach WÄCHTERSHÄUSER war das ursprüngliche „Leben", der sog. „Pionierorganismus", nichts weiter als eine sich selbst erhaltende Kette chemischer Reaktionen in Verbindung mit mineralischen

Oberflächen ohne jegliche genetische Komponente, ein – wie die Autoren es selber formulierten –
„life as we don't know it" (Wächtershäuser 2000, S. 1307–1308).

Es darf bezweifelt werden, dass sich ein solches autokatalytisches chemisches System in Abwesenheit eines genetischen Replikationsmechanismus selbst erhalten und weiter entwickeln konnte.
Leben, wie wir es kennen, existiert immer in Einheit einer metabolischen und einer genetischen
(informationellen) Komponente, von Stoff, Energie *und* Information.

Alexander OPARIN, Sidney W. FOX und viele andere gingen seinerzeit davon aus,
dass sich in den damaligen Ozeanen der Erde unter den damals herrschenden Bedingungen neben anderen organischen Verbindungen zunächst Proteine gebildet haben müssten:
Protein-first-Konzepte. Moderne Vertreter einer Peptid/Protein-Welt sind beispielsweise B. M. RODE (Rode et al. 2007, S. 2674–2702), Stuart KAUFFMAN (Kauffman 1996,
S. 496–497) und Richard EGEL (Egel 2009, S. 1100–1109; Egel 2010, S. 36–44). Mit
der molekularbiologischen Revolution in der Mitte des vergangenen Jahrhunderts wurde
das Problem, wer kam zuerst, gerne zugunsten der Nukleinsäuren entschieden: **Nucleic-
acids-first-Konzepte**. Der amerikanische Genetiker Hermann Joseph MULLER vertrat bereits 1926 die These, dass die ersten Lebewesen *nichts anderes als* Gene gewesen seien,
und Julian HUXLEY (Huxley 1954, S. 121) pflichtete ihm bei, indem er formulierte, dass
die ersten Formen des Lebens „kaum mehr als nackte Gene" gewesen sein können.

Nach allem, was wir heute über das „Leben" wissen, steht allerdings fest, dass das
„Leben" weder mit einem „Proteinoid", das sich in Kontakt mit Wasser selbst zu einer
„Minimalzelle" (Protozelle) entwickelte (FOX), noch mit einem Nukleinsäurestrang, „der
sich selbst replizieren und mutieren konnte und dadurch der Selektion unterworfen war"
(Hans KUHN; Kuhn und Waser 1982, S. 860–905), begonnen haben kann. Zum Leben, wie
es uns heute entgegentritt, gehören sowohl Proteine (Metabolismus) als auch Nukleinsäuren (Information). Die Replikation der DNA kann nur mithilfe von Proteinen (Enzymen)
ablaufen und umgekehrt können die Proteine in ihrer spezifischen Aminosäuresequenz
nur mithilfe der DNA aufgebaut werden.

4.12   Eine primordiale RNA-Welt?

Um aus diesem Zirkelschluss, was zuerst da gewesen sein müsse, Proteine oder Nukleinsäuren, herauszukommen, entwickelten Carl WOESE (Woese 1967), Francis CRICK und
Leslie ORGEL (Orgel 1968, S. 381–393) bereits in den 60er-Jahren die Vorstellung einer
primordialen **RNA-Welt** (Gilbert 1986, S. 618). Danach soll am Anfang des Lebens die
vitale Maschinerie ausschließlich auf RNA-Molekülen beruht haben, die in der Lage waren, sowohl sich selbst zu replizieren als auch katalytisch wirksam zu werden. Auf einer
nächsten Stufe sollen die RNA-Moleküle damit begonnen haben, auch Proteine zu synthetisieren, die sich als die besseren Katalysatoren erwiesen und so die RNA schrittweise
in dieser Funktion ersetzten. Schließlich sollen auf einer dritten Stufe durch reverse Transkription der RNA auch DNA-Moleküle entstanden sein, die die RNA in ihrer genetischen
Speicherfunktion ersetzten, da die Doppelhelix sich als stabiler und damit zuverlässiger

erwies als die einsträngige RNA, der im Wesentlichen nur noch die Funktion als Vermittler zwischen Genen und Enzymen blieb. Das trifft allerdings nicht für die Ribosomen (s. Abschn. 9.5) zu, deren völlig auf RNA basierende Funktion unverändert erhalten geblieben ist.

Diese Hypothese einer ursprünglichen RNA-Welt erhielt durch zwei Entdeckungen eine starke Stütze:

1. durch den Nachweis einer „**selbstspleißenden RNA**" beim Ciliaten *Tetrahymena thermophila* durch Tom CHECH (Cech 1986, S. 618) und
2. durch den Nachweis einer katalytisch aktiven RNA (sog. Ribozym) beim Prozessieren primärer tRNA-Transkripte bei *Escherichia coli* durch Sidney ALTMAN (Altman 1989).

Beide Autoren erhielten für ihre besonderen Entdeckungen 1989 den Nobelpreis für Chemie. Heute kennt man viele Beispiele, die eine katalytische Funktion oder eine Fähigkeit zur Verschlüsselung genetischer Informationen von RNA-Molekülen belegen (Przybilski et al. 2007, S. 356–364). Besondere Erwähnung gebührt in diesem Zusammenhang den sog. „**Riboschaltern**" („riboswitches"; Trucker und Breaker 2005, S. 342). Das sind regulatorische Domänen innerhalb bakterieller mRNA, die die Transkription der RNA, in der sie liegen, in Abhängigkeit von der An- oder Abwesenheit bestimmter Liganden steuernd beeinflussen können (Genregulation auf der RNA-Ebene durch RNA!).

Es sind allerdings bislang keine natürlichen RNA-Moleküle mit der Fähigkeit zur Selbstreplikation bekannt. Die im Experiment „gezüchteten" RNA-Ligase-Ribozyme waren außerdem nicht nur sehr langsam, sondern zeigten auch eine relativ geringe Stabilität, d. h. sie lösten sich sehr schnell wieder von ihrer Matrize. BENNER und Mitarbeiter sehen in den an enzymatischen Reaktionen rezenter Organismen nicht selten beteiligten Nukleoidkofaktoren Überbleibsel des ursprünglichen „Ribozymmetabolismus" (Benner et al. 1989, S. 7054–7058). Man kann in diesem Zusammenhang auch daran erinnern, dass bei der DNA-Synthese die Desoxyribonukleotidbausteine aus Ribonukleotiden entstehen und nicht umgekehrt, dass also die RNA-Bausteine *vor* der DNA-Synthese da gewesen sein müssen.

In diesem Zusammenhang ist auch der Sachverhalt interessant, dass viele Moleküle, die im Stoffwechsel an zentraler Position wirksam sind, Adenosinphosphat in ihrem Molekül enthalten, also Ribonukleotide sind. Dazu gehört nicht nur die universelle Quelle für freie Energie in biologischen Systemen, das Adenosintriphosphat (ATP) (s. Abschn. 6.6), sondern auch der wichtige Elektronencarrier bei der Oxidation von Nahrungsstoffen, das Flavinadenindinukleotid (FAD), und der wichtigste Elektronendonor bei reduktiven Biosynthesen, das Nikotinamidadenindinukleotidphosphat (NADPH) (s. Abschn. 6.5). Dazu gehört schließlich auch der universelle Carrier für Azetylgruppen, das sog. Koenzym A (CoA; s. Abschn. 6.7).

Die RNA-Welt-Hypothese findet besonders unter den Molekularbiologen breite Zustimmung. Ein Problem besteht allerdings darin, dass sich unter den Bedingungen der

Ursuppe die DNA eher ansammeln würde als die RNA, weil sie stabiler ist als die reaktionsfreudige RNA. Die spontane Bildung einer selbstreplizierenden RNA-Familie, „des Molekularbiologen Traum" (Joyce und Orgel 1993, S. 1–25), war auf der frühen Erde deshalb sicherlich kein trivialer Prozess (Luisi 1999, S. 33–39). Die Synthese der RNA und deren nichtenzymatische Replikation unter präbiotischen Bedingungen hat sich eher als sehr unwahrscheinlich erwiesen (Gesteland und Atkins 1993).

SCHWARTZ und ORGEL entwickelten deshalb in diesem Zusammenhang die Theorie, dass das „Urgen" gar keine Ribose, sondern ein einfacheres Molekül, beispielsweise Glyzerinphosphat, enthalten habe (Schwartz und Orgel 1985, S. 585–587). Trotz Jahre sorgfältigen Bemühens ist es bisher allerdings nicht gelungen, ein enzymfreies Polynukleotidsystem zu finden, das in der Lage ist, einen Replikationszyklus zu durchlaufen, bei dem in korrekter Reihenfolge jeweils das richtige Nukleotid dem neu synthetisierten Strang hinzugefügt wird.

Trotz dieser Schwierigkeiten halten viele Forscher aufgrund der vielfältigen Eigenschaften und Funktionen, die die RNA in den heutigen Lebewesen innehat (s. Abschn. 9.4), an der Vorstellung einer ursprünglichen RNA-Welt fest. Sie vermuten, dass die RNA-Welt einen Vorläufer in informationellen Molekülen mit der Fähigkeit zur Selbstreplikation gehabt haben könnte, die unter den Bedingungen der frühen Erde leichter entstehen konnten (Piccirilli 1995, S. 548–549):

Präbiotische Chemie → Prä-RNA-Welt → RNA-Welt → DNA-Protein-Welt.

Als ein Kandidat für diese Rolle werden Peptidnukleinsäuren (PNA) diskutiert (Böhler et al. 1995, S. 578–581).

4.13   Individualisierung: Ursprung einer Protozelle

Das Vorhandensein eines bestimmten chemischen und physikalischen Milieus sowie die Existenz sich selbst replizierender Polymere sind *notwendige*, aber keineswegs *hinreichende* Bedingungen für die Entstehung von Leben auf unserer Erde. Man kann alle zum Leben notwendigen Stoffe in den richtigen Konzentrationsverhältnissen zueinander in ein Gefäß bringen und steril aufbewahren, Leben wird sich in diesem Behälter niemals „von selbst" organisieren. Das Stoffgemisch wird vielmehr den Zustand des chemischen Gleichgewichts anstreben und in ihm verharren. Deshalb sind die seinerzeit entwickelten Vorstellungen von einer „**Ursuppe**" (s. Abschn. 4.11), in der das Leben entstanden sein soll, physikalisch unakzeptabel. Die von OPARIN in diesem Zusammenhang entwickelte Theorie, dass sich die Eiweiße in der „Ursuppe" über Kolloidteilchen zu individualisierten Koazervattröpfchen zusammengeschlossen haben, die wachsen konnten und die Fähigkeit zur Selbstvermehrung entwickelten und schließlich – im Wettbewerb untereinander – zu „Urlebewesen" wurden, wird heute nicht mehr diskutiert. Dasselbe gilt für die Überlegungen des amerikanischen Biochemikers Sidney W. FOX im Rahmen seiner Proteinoidtheorie (Fox 1973, S. 359–368).

Hintergrundinformationen

Das von Manfred EIGEN und Peter SCHUSTER entwickelte **Hyperzyklus-Modell** betrachtete eine vorrangig funktionelle, aber keine räumliche Kopplung seiner Komponenten (Eigen und Schuster 1977, 1978). Es enthält eine Reihe faszinierender Gedanken, lässt aber beispielsweise die entscheidende Frage weitgehend offen, wie die Komponenten des Zyklus, der zunächst funktionell völlig ineffizient ist, in ihrer Gesamtheit in ein Kompartiment zusammengeführt werden, um dann *in toto* der weiteren Selektion zu unterliegen und mit anderen Zyklen in Konkurrenz treten zu können.

Die räumliche Absonderung einer „Urzelle" von ihrer Umgebung, d. h. die **Individualisierung** als Voraussetzung für den Aufbau einer internen funktionellen Ordnung (Organisation) fernab vom thermodynamischen Gleichgewicht, ist der entscheidende und zugleich am wenigsten verstandene Schritt auf dem Weg zum Leben. Die interagierenden Stoffe und ihre Produkte müssen dicht beieinander bleiben und dürfen nicht sofort wieder auseinanderdriften, d. h. sie müssen zu einem Komplex vereinigt und/oder in ein System eingeschlossen werden. Die Systemgrenze muss *selektiv* durchlässig sein. Sie muss gleichzeitig die Passage bestimmter Stoffe verhindern und anderer fördern.

Dieser Schritt von der Existenz eines Gemischs von Aminosäuren, Proteinen, Nukleinsäuren und anderer Biomoleküle zu einer funktionierenden „Zelle" mit interner Organisation ist gewaltig, viel gewaltiger als der Schritt vom ersten Bakterium zum Menschen. Mit einem solchen Akt der Individualisierung ist ein Sprung in eine völlig **neue Qualität** verbunden gewesen. Es gibt nur ein „lebendig" oder „nicht lebendig" aber kein „mehr oder weniger lebendig", kein „nahezu, aber nicht ganz lebendig" (Szostak et al. 2001, S. 387–390). Wir kennen deshalb auch keine Übergangsformen zwischen dem Nichtlebendigen und Lebendigen und wüssten auch gar nicht, wie man sich diese vorzustellen habe. Die einfachsten Zellen, die wir kennen, sind keineswegs primitiv. Sie haben bereits denselben chemischen Grundplan und verwenden denselben genetischen Code und denselben Translationsmechanismus wie die Zellen des Menschen auch. Die Viren kommen als Übergangsformen zwischen tot und lebendig schon deshalb nicht infrage, weil ihre Existenz bereits lebendige Zellen voraussetzt. Der Parasit kann nicht vor dem Wirt entstehen (s. Abschn. 3.12).

Hintergrundinformationen

Nach Vorstellungen des Geochemikers Michael J. RUSSELL und des Biologen William MARTIN soll der „letzte gemeinsame Vorfahre allen Lebens" gar keine freilebende Zelle gewesen sein, sondern der Inhalt von „**Mikrokompartimenten**", wie sie in großer Zahl an warmen, alkalischen Hydrothermalquellen vom Typ „Lost City" auf natürliche Weise entstehen (Martin und Russell 2007, S. 1887–1925; Russell et al. 2010, S. 355–371). In solchen Mikrokompartimenten, deren Wände aus Eisen(II)- und anderen Sulfiden bestehen, soll sich ein aus Aminosäuren, Zuckern, Basen etc. bestehendes, konzentriertes Reaktionsgemisch entwickelt haben, aus dem schließlich so etwas „ähnliches wie eine RNA-Welt" hervorgegangen sein könnte, so die Autoren. Als Energiequelle soll dabei das starke Ungleichgewicht zwischen dem mit dem Hydrothermalwasser austretenden Wasserstoff und der hohen Kohlendioxidkonzentration im Ozean gedient haben. Die notwendige katalytische Wirkung soll vom Eisensulfid ausgegangen sein, vergleichbar den Eisen-Schwefel-Clustern in Proteinen der Atmungskette heute lebender Formen. Die Zellmembran ist nach dieser Theorie erst eine späte, die „letzte Erfindung" auf dem Wege zu einer freilebenden Zelle vor dem Herauslösen aus dem anorganischen Kompartiment.

Nach wie vor existiert ein unüberbrückbar scheinender **Hiatus** zwischen der präbiotischen organischen Chemie und einer Primordialzelle. Der Graben zwischen Leben und Nichtleben ist mit den Fortschritten in Zytologie, Mikrobiologie, Biochemie und Molekularbiologie keineswegs flacher, eher tiefer geworden. Mit Jacques MONOD können wir mit Fug und Recht sagen, dass wir an dieser Stelle tatsächlich an eine „Schallmauer" stoßen (Monod 1975, S. 127).

Die Beantwortung der Frage nach dem Ursprung des Lebens ist jedoch von so großer weltanschaulicher Relevanz, dass sowohl theoretisch als auch experimentell intensiv daran gearbeitet wird, eine befriedigende Antwort zu finden. Viele Szenarien sind inzwischen ausgearbeitet worden, die aufzuzeichnen versuchen, wie es gewesen sein *könnte*, die uns aber bisher noch nicht in überzeugender Weise darlegen konnten, wie es tatsächlich gewesen ist. Dabei bleibt es nicht aus, wie Manfred EIGEN es einmal formulierte, „dass sich Meinungen herausbilden, die manchmal gar den Charakter von Weltanschauungen tragen" (Eigen 1987). In den Lehrbüchern für höhere Schulen wird die Frage nach dem Ursprung des Lebens gewöhnlich unverhältnismäßig breit und in einer unkritischen Weise abgehandelt, als ob man bereits sichere Kenntnisse über die einzelnen Schritte habe. Das ist keineswegs der Fall.

Wir müssen ehrlich eingestehen, dass es bis heute keinem Biologen, Biochemiker oder Physiker gelungen ist, eine überzeugende Theorie vorzulegen. Die Frage nach dem Ursprung des Lebens bleibt offen. Das heißt nicht – das sei den ewig gestrigen Kreationisten deutlich gesagt –, dass es keinen natürlichen Ursprung des Lebens auf unserer Erde oder anderswo im Universum gegeben hat. Das heißt nur, dass gegenwärtig die Beantwortung der Frage noch Schwierigkeiten bereitet. Man hat aber keinen plausiblen Grund daran zu zweifeln, dass auch diese Frage eines Tages von der Wissenschaft gelöst sein wird.

4.14 Der Ursprung der eukaryotischen Zelle

Es sind weder paläontologisch noch rezent Übergangsformen zwischen der einfachen prokaryotischen und der komplexeren eukaryotischen Zelle bekannt, die uns das Verständnis der Entstehung der eukaryotischen Zelle verständlich machen könnten. So ist man bei der Beantwortung dieser Frage weitgehend auf zytologische und molekularbiologische Befunde und deren oft sehr schwierige Interpretation angewiesen. Es existieren gegenwärtig viele, sich teilweise stark widersprechende Theorien nebeneinander, darunter sogar solche, die die weit akzeptierte Annahme, dass die komplexere eukaryotische Zelle von der einfacheren prokaryotischen abzuleiten sei, worauf schon die Namensgebung „Pro-" und „Eu-" Bezug nimmt, infrage stellen (Forterre und Philippe 1999, S. 871–879).

Ende des 19. Jahrhunderts hatte man gelernt, dass weder die Plastiden noch die Mitochondrien in der Zelle *de novo* entstehen, sondern sich durch Teilung vermehren. Konstantin Sergeevič MEREŽKOVSKIJ schloss 1910 aus dieser und anderen Beobachtungen, dass diese Organellen Abkömmlinge ursprünglich frei lebender Einzeller seien, die in früher Vorzeit als Symbionten in das Plasma anderer Einzeller aufgenommen wurden (Merežkovskij 1910, S. 278–288, 289–303, 321–347, 353–367). Man nennt einen solchen Einbau artfremder Zellen in das Zytoplasma einer größeren Wirtszelle **Endozytobiose**. Diese zunächst wenig beachtete Hypothese gewann in der zweiten Hälfte des 20. Jahrhunderts durch zahlreiche elektronenoptische und molekularbiologische Belege zunehmend an Glaubwürdigkeit, sodass man heute von einer fundierten **Endosymbiontentheorie** (Abb. 4.18) über den Ursprung der eukaryotischen Zelle sprechen darf, deren Grundaussage darin besteht, dass die rezenten eukaryotischen Zellen Konglomerate („Mosaikzellen") darstellen (Maier et al. 1996, S. 103–112; Kutschera und Niklas 2005, S. 1–24).

Im Rahmen einer **ersten Endozytose** (als Endozytose bezeichnet man den Vorgang, durch den sich Zellen an ihrer Oberfläche Makromoleküle oder auch ganze Zellen einverleiben können; die oberflächliche Plasmamembran senkt sich dabei lokal ins Innere der Zelle ein, um schließlich als kleines Bläschen, in dem der Fremdkörper eingeschlossen ist, abgeschnürt zu werden) vor etwa 2,2–1,5 Ga (Abb. 4.19; Dyall et al. 2004, S. 253–257), nachdem die Sauerstoffkonzentration in der Atmosphäre stark angestiegen war, verleibte sich eine frühe Wirtszelle ein aerobes α-Proteobakterium (ein Purpur-Nichtschwefelbakterium) ein, woraus sich ein **Protomitochondrium** entwickelte. Dabei ist nicht ganz klar, ob diese Wirtszelle in ihrem Genom prokaryotisch (archaeenähnlich) oder bereits eukaryotisch (DNA mit Histonen) war. Das Letztere ist wahrscheinlicher, weil die Fähigkeit zur Endozytose nicht nur eine bestimmte Membranviskosität (u. a. durch einen hohen Cholestrolanteil bedingt), sondern auch die Existenz eines Zytoskeletts zur Voraussetzung hat. Beides fehlt den Prokaryoten noch. Mit diesem Schlüsselereignis erschien die erste heterotrophe Eukaryotenzelle.

Hintergrundinformationen

Es gibt verschiedene, vorwiegend anaerobe parasitische Protisten, die keine Mitochondrien besitzen. Man ging früher davon aus, dass diese als Archaezoa (Cavalier-Smith 1989, S. 100–101) bezeichneten Organismen primär mitochondrienlos seien, also niemals Mitochondrien besessen haben, d. h. sich schon vor der Endozytose eines α-Proteobakteriums in die Vorläuferzelle der anderen eukaryotischen Zellen vom Hauptstamm abgezweigt haben. Neuere Untersuchungen zeigen allerdings, dass auch diese Vertreter nicht nur mitochondrielle Gene aufweisen (Aguilera et al. 2008, S. 10–16), sondern auch von einer Doppelmembran umschlossene – allerdings genomlose und ohne die typischen lamellären oder tubulären Einstülpungen der inneren Membran – 100–200 nm große Organellen besitzen (Tovar et al. 2003, S. 172–176), die, bei allen Unterschieden in Struktur und Funktion, starke Ähnlichkeiten untereinander und mit den Mitochondrien aufweisen. Man geht heute davon aus, dass diese sog. **Hydrogenosomen** oder **Mitosomen** homolog mit den Mitochondrien sind, also auf einen gemeinsamen Ursprung zurückgehen (Roger 1999, S. 146–163).

Die ubiquitäre Verbreitung der mitochondrialen Endosymbionten bzw. deren Homologe innerhalb der Eukaryoten spricht deutlich für die Annahme, dass sich die Prokaryoten

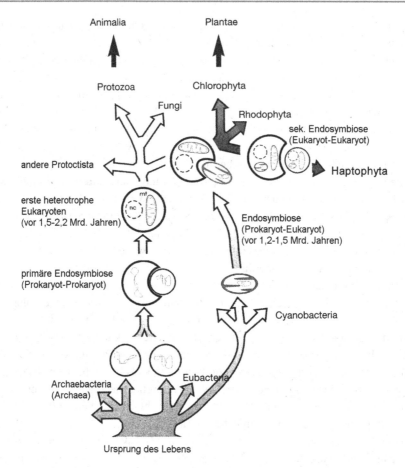

Abb. 4.18 Die Endosymbiontenhypothese geht davon aus, dass die eukaryotische Zelle durch eine Reihe von Endozytoseereignissen entstanden ist. Nähere Erläuterungen im Text. (Nach Kutschera 2006)

und innerhalb dieser der proteobakterielle Zweig *vor* den Eukaryoten entwickelt haben muss, was auch mit mikrofossilen und biogeochemischen Befunden übereinstimmt (Embley und Martin 2006, S. 623–630; s. Abschn. 4.15).

In einem **zweiten**, phylogenetisch wesentlich klareren **Endozytoseereignis**, das sich vor etwa 1,5–1,2 Ga ereignete, inkorporierte eine urtümliche mitochondrien- und kernhaltige Eukaryotenzelle eine kokkenartige, photosynthetisch aktive, zyanobakteriumähnliche Zelle. Aus diesem endozytierten Zyanobakterium wurde durch Reduktion und Gentransfer vom Symbionten in den Kern der Wirtszelle eine **Plastide**. Die Plastiden der Rotalgen (Rhodophyta), Grünalgen (Chlorophyta) und höheren Pflanzen werden von einer Hülle umgeben, die aus einer inneren und äußeren Membran besteht. Die innere Membran mit zahlreichen Translokatoren geht auf die Plasmamembran des endozytierten Zyanobakteri-

Abb. 4.19 Überblick über die wesentlichen evolutiven Ereignisse in ihrer chronologischen Abfolge

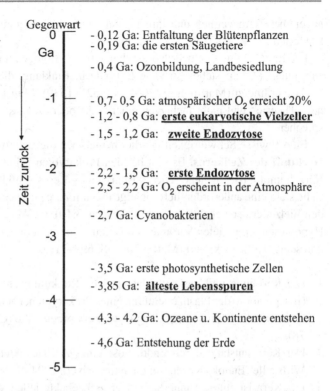

Gegenwart

Ga

Zeit zurück

- 0,12 Ga: Entfaltung der Blütenpflanzen
- 0,19 Ga: die ersten Säugetiere

- 0,4 Ga: Ozonbildung, Landbesiedlung

- 0,7- 0,5 Ga: atmospärischer O_2 erreicht 20%
- 1,2 - 0,8 Ga: **erste eukaryotische Vielzeller**
- 1,5 - 1,2 Ga: **zweite Endozytose**

- 2,2 - 1,5 Ga: **erste Endozytose**
- 2,5 - 2,2 Ga: O_2 erscheint in der Atmosphäre

- 2,7 Ga: Cyanobakterien

- 3,5 Ga: erste photosynthetische Zellen
- 3,85 Ga: **älteste Lebensspuren**

- 4,3 - 4,2 Ga: Ozeane u. Kontinente entstehen

- 4,6 Ga: Entstehung der Erde

ums zurück. Demgegenüber leitet sich die biologisch weniger aktive äußere Membran von der internalisierten Endozytosemembran der eukaryotischen Wirtszelle ab, enthält aber auch prokaryotische Elemente. Es wird angenommen, dass diese sog. primären Plastiden auf einen monophyletischen Ursprung zurückgehen (Hackstein et al. 2001, S. 290–302).

Sowohl die Plastiden als auch die Mitochondrien besitzen noch eigene DNA, die plastidäre DNA (ptDNA) bzw. mitochondriale DNA (mtDNA). Im Verlauf der langen Koevolution des Wirts mit seinen Symbionten wurden allerdings große Teile ihres ursprünglichen Genoms in den Nukleus der eukaryotischen Wirtszelle überführt (**endosymbiontischer Gentransfer**; Timmis et al. 2004, S. 123–135). Sowohl die Mitochondrien als auch die Plastiden verfügen deshalb nicht mehr über die volle genetische Information zu ihrer eigenen Reproduktion, sind somit „semiautonom". Die meisten Mitochondrien- und Plastidenproteine werden von der nukleären DNA codiert, an zytosolischen Ribosomen synthetisiert und schließlich an die Organellen mithilfe einer Protein-Import-Maschinerie weitergegeben. Nur ein kleiner Teil von Proteinen wird von der DNA der Organellen selbst codiert, an Ribosomen innerhalb der Organellen synthetisiert und verbleibt anschließend auch innerhalb der Organellen. Die Sequenzen der in den Mitochondrien oder Plastiden existierenden ribosomalen RNA (rRNA) ähneln interessanterweise auch heute noch denjenigen von Bakterien und nicht solchen von eukaryotischen Zellen, was für die Richtigkeit der Endosymbiontentheorie spricht. Die rRNA teilt deshalb auch ihre Empfindlichkeit gegenüber Tetracyclinen und ihre Unempfindlichkeit gegenüber Cycloheximid mit den Bakterien.

Die Endosymbiontentheorie findet heute unter Biologen und Biochemikern breite Zustimmung. Mit ihr stehen so viele Befunde in Einklang, die durch sie eine natürliche Erklärung finden (Martin et al. 2001, S. 1521–1539). Man kann deshalb schon von einer „Theorie" und nicht mehr von einer mehr oder weniger fragwürdigen „Hypothese" sprechen.

Eine gewisse Schwierigkeit bereitet heute noch die Beantwortung der Frage nach der **Herkunft des Zellkerns**. Es gibt bei den Prokaryoten keine Struktur, die sich mit dem Kern homologisieren ließe. Die Existenz eines Kerns (Nukleus) in der eukaryotischen Zelle stellt eine außerordentlich wichtige evolutionäre Neuerung dar, durch die der Weg zu den Vielzellern erst geebnet wurde (s. Abschn. 3.10). Im Wesentlichen werden derzeit drei Hypothesen – mit vielen Varianten im Detail – zur evolutionären Ableitung des Zellkerns und seiner Hülle diskutiert (Martin 2007, S. 699–719):

1. Die Kernhülle und das endoplasmatische Retikulum entstanden durch Einstülpung (Invagination) der Plasmamembran eines Prokaryoten, nachdem er seine Zellwand verloren und die Fähigkeit zur Phagozytose erworben hatte (Cavalier-Smith 1988, S. 72–78).
2. Der Kern entstand durch Endozytose eines Archaebakteriums in eine eubakterielle Wirtszelle (Endokaryogenese; Lake und Rivera 1994, S. 2880 f.).
3. Der Kern ist autogen innerhalb einer archaebakteriellen Wirtszelle *nach* Erwerb der Mitochondrien entstanden.

Von diesen drei Hypothesen scheint die Annahme einer Endokaryogenese am wenigsten wahrscheinlich. Es spricht nicht nur die besondere Struktur der Kernhülle, die jede Homologie zu lebenden Prokaryoten vermissen lässt, sondern auch die Tatsache dagegen, dass sich die Hülle i. d. R. bei jeder mitotischen Zellteilung vorübergehend auflöst.

4.15   Der universelle Stammbaum der Organismen

Zwischen der Entstehung unserer Erde vor rund 4,6 Ga und dem Auftreten der ältesten Lebensspuren vor etwa 3,8 Ga liegen nur etwa 800 Mio. Jahre. Lange Zeit herrschten auf der Erde anaerobe Bedingungen. Sauerstoff erschien erst vor rund 2 Ga in unserer Atmosphäre und erreichte vor etwa 0,35 Ga den heutigen Wert. Die Ozeane führten zunächst nur in ihren oberen Schichten Sauerstoff, während in den tieferen noch lange (bis vor etwa 0,6 Ga) ein sulfidreiches und sauerstoffarmes Milieu vorherrschte (Poulton et al. 2004, S. 173–177). Der Megaschritt von der prokaryotischen zur eukaryotischen Stufe erfolgte erst vor 1,45 Ga (Javaux et al. 2001, S. 66–69). Das bedeutet, dass die Evolution des Lebens auf unserer Erde mehr als 2,3 Ga – das sind mehr als 60 % der gesamten Zeitspanne – auf dem Niveau der einzelligen Prokaryoten verharrte.

Carl WOESE ordnete alle existierenden Lebewesen aufgrund des Vergleichs ihrer Nukleotidsequenzen in der kleinen Untereinheit ihrer ribosomalen RNA (SSU rRNA) **drei Domänen** zu: Bacteria, Archaea und Eukarya (Woese 2000, S. 8392–8396). Dieses Molekül, das bei den Archaeen und Bakterien aus etwa 1500 bp besteht, gilt als zuverlässigstes „molekulares Chronometer", weil es Teil einer der grundlegendsten zellulären Aktivitäten überhaupt ist, nämlich der Proteinsynthese (Woese und Fox 1977, S. 1–6; Woese et al. 1990, S. 4576–4579). Archae- und Eubakterien sind zwar beide Prokaryoten, es gibt aber eine Reihe von Merkmalen, die die Archaeen mit den Eukaryoten teilen, nicht aber die Bakterien. Dazu gehört beispielsweise die Existenz von Introns innerhalb der tRNA-Gene. Oder: Spaltet man die Ribosomen der Archaebakterien in ihre Untereinheiten, so können diese sich mit den entsprechenden Untereinheiten der Eukarya zu aktiven Ribosomen zusammenschließen („self-assembly", s. Abschn. 5.9), wozu die Untereinheiten von Eubakterien nicht in der Lage sind. Aufgrund dieser und weiterer Daten setzte sich verbreitet die Ansicht durch, dass zunächst zwei prokaryotische Stämme (Archaea und Bacteria) aus einem gemeinsamen Vorfahren entstanden seien. Erst später haben sich dann die Eukarya aus dem Archaeenstamm entwickelt (Zhaxybayeva et al. 2005, S. 53–64). Eine gegenteilige Meinung vertraten kürzlich P. FORTERRE und H. PHILIPPE, die davon ausgingen, dass der gemeinsame Vorfahr eukaryotische Merkmale trug und die Prokaryoten das Resultat regressiver Evolution seien (Forterre und Philippe 1999, S. 871–879): **universaler phylogenetischer Baum** (Abb. 4.20).

Der Vergleich vollständig sequenzierter mikrobieller Genome hat allerdings ergeben, dass die Eukaryoten in ihrem Kern sowohl archaeale als auch bakterielle Gene besitzen. Die an der Informationsprozessierung beteiligten Gene (sog. **informationale Gene**) ähneln mehr den archaealen, die an der Biosynthese und Energiegewinnung beteiligten (sog. **operationale Gene**) mehr den bakteriellen (Rivera und Lake 2004, S. 152–155; Walsh und Doolittle 2005, R237–R240). Die Verwandtschaft der eukaryotischen informationalen Gene mit archaealen Homologen lässt zwei Erklärungen zu, zwischen denen zurzeit keine Entscheidung getroffen werden kann. Entweder gehen Archaea und Eukarya auf einen gemeinsamen Vorfahren zurück, sind also Schwestergruppen (Woese et al. 1990; Cavalier-Smith 2002, S. 297–354), oder die Eukarya stammen von einer bestimmten Gruppe der Archaeen ab (Spank et al. 2015).

Es wird angenommen, dass der „**letzte gemeinsame Vorfahr**" wahrscheinlich schon eine prokaryotische Zelle mit Ribosomen und energiebindenden Membranen gewesen ist, die sich nicht grundsätzlich von den rezenten Prokaryoten unterschied (Gogarten und Taiz 1992, S. 137–146; Laczano 1993, S. 59–80; Gogarten 1995, S. 147–151). Dieser Vorfahr könnte ein hyperthermophiler chemoautotropher Organismus (s. Abschn. 6.1) gewesen sein (Stetter 1996, S. 1–18), was allerdings von anderen Forschern auch infrage gestellt wird (Galtier et al. 1999, S. 220 f.). Dafür spricht, dass alle kurzen, tief unten abzweigenden Äste der Bakterien und Archaeen am universalen Stammbaum hyperthermophile Arten umfassen.

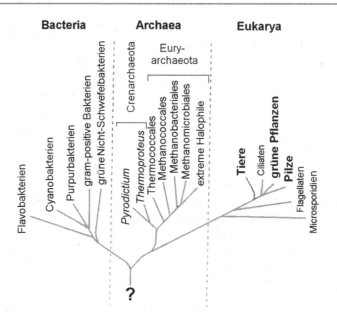

Bacteria   **Archaea**   **Eukarya**

Abb. 4.20 Der universelle Stammbaum des Lebendigen aufgrund vergleichender Nukleotidse-quenzanalysen der ribosomalen Ribonukleinsäure (rRNA). Er weist drei Domänen auf: Bacteria, Archaea und Eukarya, die wahrscheinlich aus einem gemeinsamen Vorfahren hervorgegangen sind. Der zu den Archaea und Eukarya führende Zweig hat sich frühzeitig von dem der Bacteria getrennt, erst später erfolgte auf diesem Zweig die Abspaltung der Eukarya von den Archaea. Nach dem Vorschlag von R. H. Whittaker (1959) unterscheidet man heute vielfach fünf Reiche: 1. Prokaryotae (Archae- und Eubacteria), 2. Protista (Algen, Protozoen, Schleimpilze und andere kleine Gruppen), 3. Fungi (Pilze, Flechten), 4. Animalia (alle mehrzelligen Tiere, Metazoa) und 5. Plantae (Moose, Farne, Samenpflanzen). (Nach Margulis 1996, S. 1071–1076)

Der Geochemiker Michael J. RUSSELL vermutet, dass die frühesten Lebensformen einst im Bereich von **Hydrothermalquellen** des Typs „Lost City" am Meeresgrund entstanden seien (s. Abschn. 4.13). Das aus den Quellen austretende Wasser weist Temperaturen zwischen 40 und 90 °C auf und enthält sehr viel Wasserstoff, Methan und kurzkettige Kohlenwasserstoffe, aber so gut wie kein Kohlendioxid (Martin 2009, S. 166–174). Da das Urmeer aufgrund der hohen CO_2-Konzentration wahrscheinlich einen pH von 6 bis 7 aufgewiesen hat (Russell 2006, S. 32–39), das stark alkalische Wasser der Hydrothermalquellen dagegen einen pH von 9 bis 11, kann sich zwischen ihnen ein Protonengradient aufbauen, den die Urzellen für ihre ATP-Synthese hätten nutzen können. Voraussetzung ist allerdings, dass sie bereits eine – wenn auch sehr primitive – **ATP-Synthase** besessen haben. Dafür spricht, dass alle heute lebenden Formen eine im Aufbau und in der Struktur sehr ähnliche ATP-Synthase besitzen, das Enzym also sehr früh in der Geschichte des Lebens aufgetreten sein muss. Erst später haben die Zellen die Fähigkeit erworben, den für die Energiespeicherung notwendigen Protonengradienten selbst aufzubauen (s. Abschn. 6.9). Damit steht im Einklang, dass die dazu notwendigen Enzyme und Kofaktoren unter den heute lebenden Formen eine außerordentlich große Vielfalt aufweisen. Erst mit diesem Schritt erhielten die Urzellen die Möglichkeit, sich von ihrem ursprünglichen Habitat zu lösen.

Hintergrundinformationen
Auch die Fähigkeit zur **Stickstofffixierung**, d. h. zur Reduktion des atmosphärischen Stickstoffs (N_2) zu Ammoniak (NH_3) und anschließendem Einbau in verschiedene Metabolite, ist wahrscheinlich älter als die phylogenetische Aufspaltung in die drei Domänen des Lebens. Man vermutet, dass dieser komplexe Vorgang der Stickstofffixierung seinen Vorläufer in der Fähigkeit zur Entgiftung von Zyaniden und anderen Stoffen hatte, die in der frühen Atmosphäre reichlich vorhanden waren (Fani et al. 2000, S. 1–11).

Die verwandtschaftlichen Beziehungen zwischen den drei Domänen des Lebens und ihr gemeinsamer Ursprung sind bis heute Felder ebenso heftiger wie widersprüchlicher Diskussionen und Standpunkte geblieben (Embley und Martin 2006, S. 623–630). Infolge des **horizontalen Gentransfers**, der zwischen den Prokaryoten sowohl hinsichtlich seiner Quantität als auch Qualität wesentlich wichtiger ist als bisher angenommen, gleicht die frühe organismische Evolution eher einer innerartlichen Genealogie als der traditionellen Artbildung (Gogarten et al. 2002, S. 2226–2238; Zhaxybayeva et al. 2005, S. 53–64). W. Ford DOOLITTLE vermutete, dass die molekularen Phylogenetiker in ihrem Bemühen, den „Baum des Lebens" zu finden, nicht deshalb erfolglos waren, weil ihre Methoden inadäquat waren oder die falschen Gene ausgewählt wurden, sondern weil die Geschichte des Lebens gar nicht durch einen Baum angemessen dargestellt werden kann (Doolittle 1999, S. 2124–2128). In diesem Sinn vermutete Carl WOESE an der Wurzel des „Lebensbaums" nicht einen einzelnen Organismus (Zelle), sondern eher eine unbestimmte Gemeinschaft von Vorfahren mit extensivem horizontalem Gentransfer. Die Frage nach der „Wurzel des Lebensbaums" bleibt weiter spannend. BAPTESTE und BROCHIER forderten „radically new approaches", um der Beantwortung näher zu kommen (Bapteste und Brochier 2004, S. 9–13).

4.16   Leben auf anderen Planeten? – Das Anthropische Prinzip

Kein anderer Wissenschaftler vor Nicolaus KOPERNIKUS hat – von ihm völlig unbeabsichtigt – die jahrhundertealten religiösen und weltanschaulichen Auffassungen des Menschen über seine Stellung in und zu „seiner Welt" in einem solchen Maß verändert, wie KOPERNIKUS selbst. Man weiß nicht genau, wann sich in ihm der Wandel vom **geozentrischen** (PTOLEMÄUS) zum **heliozentrischen Weltbild** (Abb. 4.21) genau vollzogen hat. Die erste schriftliche Fixierung stammt aus dem Jahr 1514. Durch die mit KOPERNIKUS' Lehre verbundene Vertreibung der „Mutter Erde" aus dem Mittelpunkt des Kosmos wurde gleichzeitig dem Menschen die kosmische Bedeutung genommen, die ihm vom Christentum über die Jahrhunderte eingeräumt worden war, was allerdings KOPERNIKUS als aufrichtiger, rechtgläubiger Christ keineswegs wahrhaben wollte. Er bezeichnete seine

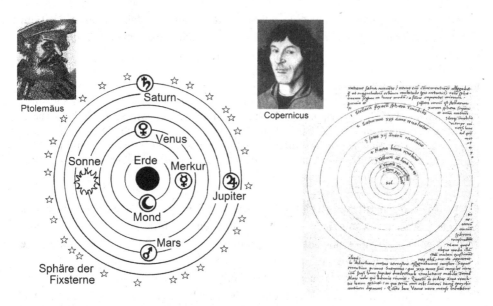

Abb. 4.21 *Links*: Der ptolemäische (geozentrische) Kosmos (2. Jahrhundert n. Chr). *Rechts*: Der kopernikanische (heliozentrische) Kosmos (Seite aus dem Manuskript „*De revolutionibus orbium coelestium*")

Theorie zeitlebens als Hypothese, was auch berechtigt war, denn er konnte noch keine stichhaltigen Beweise für ihre Richtigkeit vorlegen. Das war erst Männern des folgenden Jahrhunderts, des „Jahrhunderts der Genialität" (A. N. WHITEHEAD), wie KEPLER, GALILEI, NEWTON u. a., vorbehalten.

In der Vergangenheit von EPIKUR im 4. vorchristlichen Jahrhundert über den römischen Dichter und Philosophen LUKREZ bis zu dem niederländischen Mathematiker und Physiker Christiaan HUYGENS im 17. Jahrhundert war die Mehrheit der Forscher von der **Existenz außerirdischen Lebens** überzeugt. HUYGENS lieferte uns in seinem posthum erschienenen Werk „*Cosmotheros*" auf der Grundlage seines deistisch geprägten Weltbilds sogar eine Charakterisierung der Merkur-, Jupiter- und Saturnbewohner (Huygens 1698). In der Folgezeit drangen die Astronomen mit immer leistungsfähigeren Instrumenten immer tiefer ins Weltall vor. Die Sterne rückten in immer weitere Fernen. Man lernte, das Universum in Lichtjahren zu durchmessen und in Galaxien zu denken. Mit dieser tiefgreifenden Veränderung unseres „Weltbilds" ging eine zunehmende Skepsis gegenüber der Annahme außerirdischen Lebens einher.

Nach unseren heutigen Vorstellungen ist **der moderne Mensch** eine Spezies unter mehreren Millionen, die einen mittelgroßen Planeten für eine astronomisch kurze Zeitspanne bewohnen. Dieser Planet umkreist einen unauffälligen Stern in der Randzone einer durchschnittlichen Galaxie, die aus etwa 2–$4 \cdot 10^{11}$ Sternen besteht. In dem von uns Menschen beobachtbaren Universum dürften etwa 10^{11}–10^{12} weitere Galaxien existieren. Die am weitesten entfernten Objekte, die wir heute von unserer Erde aus beobachten können, sind etwa 46–47 Mrd. Lichtjahre entfernt. Was sich „dahinter" verbirgt, wissen wir nicht. Stellen wir uns unsere Galaxie, die einen Durchmesser von $93 \cdot 10^9$ Lichtjahre ($8,8 \cdot 10^{26}$ m) hat, mit einem Durchmesser von nur 100 km vor, so würde unsere Erde mit einem Durchmesser von $12,7 \cdot 10^6$ m gerade eine Größe von 1,5 fm ($1,5 \cdot 10^{-15}$ m) einnehmen, d. h. knapp so groß wie ein Neutron sein.

Die Oberflächen aller **Planeten** unseres Sonnensystems erwiesen sich – mit Ausnahme der des Mars – geradezu als lebensfeindlich. Wenn man nach möglichem „Leben" im Kosmos sucht, muss man das mit hoher Wahrscheinlichkeit außerhalb unseres Sonnensystems tun, wobei die Wahrscheinlichkeit, einen Planeten mit zumindest erdähnlichen Bedingungen auf seiner Oberfläche zu finden, außerordentlich niedrig sein dürfte. Seit 1960 horcht man unermüdlich mithilfe von Radioteleskopen den von uns erreichbaren Teil des Universums ab in der (trügerischen?) Hoffnung, eventuell einmal **Signale außerirdischen Lebens** aus dem All zu empfangen – bisher allerdings, wie zu vermuten war, ohne jeden Erfolg. Diese höchst kostspielige „Suche nach einer Nadel im Heuhaufen" (Frank DRAKE) wird trotzdem unverdrossen mit der zweifelhaften Begründung fortgesetzt: „Wenn wir es nicht tun, werden wir nie erfahren, ob Botschaften einer fremden Zivilisation darauf warten, von uns empfangen zu werden" (Davies 1998, S. 173 f.). Als kleines Trostpflästerchen bleibt, dass bei dieser Gelegenheit beispielsweise die Pulsare entdeckt wurden. Wir versuchen nicht nur, außerirdische Signale zu empfangen, sondern schicken auch gezielt Radiosignale ins All, um auf uns aufmerksam zu machen. Antworten haben wir (selbstverständlich?) nie erhalten. Die Gründe dafür, dass dieses kostspielige Projekt trotz alledem weitergeführt wird, müssen wir mit Sicherheit auf anderen Gebieten vermuten, aber nicht auf dem der Suche nach außerirdischem Leben. Wir werden uns wohl damit abfinden müssen, dass wir in der uns zugänglichen Welt alleine bleiben werden. Eine „Invasion Außerirdischer" ist erfreulicherweise ebenso unwahrscheinlich wie ein friedlicher Kontakt mit ihnen.

Im Zusammenhang mit der Frage nach außerirdischem Leben stehen sich zwei gegenseitig ausschließende Positionen gegenüber. Die Einen, darunter besonders die mit dem SETI-Projekt (*Search for Extraterrestrial Intelligence*) befassten Astronomen und Physiker, sind der festen Überzeugung, dass immer dort, wo die notwendigen Voraussetzungen für die Existenz von „Leben" im All gegeben sind, auch **zwangsläufig** Leben entstehen müsse. Der Astronom Carl SAGAN schrieb: „Wo die Anfangsbedingungen stimmen und Milliarden von Jahren für die Evolution zur Verfügung stehen, sollte Leben entstehen." Der Physiker Paul DAVIES glaubt in diesem Zusammenhang der Materie „eine angeborene Fähigkeit zur Selbstorganisation" zuschreiben zu müssen (s. Abschn. 11.1; Davies 1998, S. 125). Dieser optimistisch-deterministischen Auffassung setzen andere Wissenschaftler, unter ihnen der Mathematiker und Physiker George F. R. ELLIS und der Molekularbiologe Jacques MONOD, eine pessimistisch-probabilistische These entgegen, wonach das irdische Leben nicht zwangsläufig, sondern durch einen einmaligen (?) **Zufall** entstanden sei, eine Singularität darstelle. „Es ist [. . .] wahrscheinlich", so schrieb MONOD, „dass das entscheidende Ereignis sich nur ein einziges Mal abgespielt hat" (Monod 1975, S. 128).

Da wir die alles entscheidenden Schritte auf dem Weg zum Lebendigen von den Bausteinen zur ersten organisierten, sich selbst reproduzierenden Zelle, wie einfach sie auch immer gewesen sein mag, in ihrem Wesen noch nicht kennen (s. Abschn. 4.13), können wir auch keinerlei Angaben über deren Wahrscheinlichkeiten machen. Deshalb kann auch keine wissenschaftlich begründete Entscheidung zwischen diesen beiden Positionen, ob wir nun allein im Universum sind oder nicht, gefällt werden. Die gelieferten Antworten bleiben deshalb Ausdruck persönlicher Neigung, wie man's nun einmal gerne hätte. Sie sind auch nicht von so entscheidender Bedeutung, es sei denn, es geht um die Beantragung von Forschungsgeldern. Von dem Physiker und Science-Fiction-Schriftsteller Sir Arthur C. CLARK ist die durchaus ernstzunehmende sarkastische Äußerung überliefert: „Entweder wir sind allein im Universum oder wir sind es nicht. Beide Gedanken sind erschreckend."

Fest steht, wie Physiker und Kosmologen zeigen konnten, dass bereits geringfügige Änderungen der fundamentalen **kosmischen Konstanten** in den Naturgesetzen des Universums Bedingungen geschaffen hätten, bei denen die Entstehung und Existenz von Lebendigem in der Form, wie wir es kennen – und über andere Formen zu spekulieren, wäre wiederum Science-Fiction –, nicht möglich gewesen wäre. Und was für das Lebendige gilt, gilt erst recht für das Erscheinen intelligenter Wesen, die in der Lage gewesen wären, diese Welt zu beobachten. Ein solches Universum wäre logischerweise kein „sich selbst erkennendes Universum".

Hintergrundinformationen

Wenn die **Expansionsgeschwindigkeit** des Universums (Abb. 4.22) unmittelbar nach dem „Urknall" nur wenig größer gewesen wäre, hätten sich keine Galaxien bilden können. Die Zusammenballungen der Materie wären bereits in ihrem Ansatz wieder auseinandergerissen worden. Wäre die Geschwindigkeit dagegen am Ende der ersten Sekunde nach dem Urknall nur um ein Tausendmilliardstel (10^{-12}) geringer ausgefallen, wäre das Universum schon nach 50 Mio. Jahren wieder in sich zusammengefallen und hätte sich niemals unter 10.000 K abkühlen können. In dieser kurzen Zeit hätten sich auch keine schweren Elemente, wie Sauerstoff, Kohlenstoff, Stickstoff etc., bilden können, die die Grundlage für die Existenz von Lebendigem auf unserer Erde bilden.

Beim Urknall entstanden zunächst fast nur Wasserstoff- und Heliumatome. Die Bildung der schweren Elemente, die sog. **Nukleosynthese**, lief später im Inneren von Sternen durch thermonukleare Verbrennung ab und erforderte mindestens einige Milliarden Jahre. Anschließend gelangten die Elemente dann durch gewaltige Supernova-Explosionen in den Weltraum. Aus diesem „Staub" formten sich neue Sterne und Planeten. Leben konnte deshalb erst entstehen, als die erste Sternengeneration schon wieder verschwunden war.

Die „**Lebensdauer**" eines Sterns hängt von seinem „Brennstoffverbrauch" (Masse) und seiner „Energieabgabe" (Leuchtkraft) ab, die wiederum vom Verhältnis zwischen der elektromagnetischen Kraft und der Gravitationskraft bestimmt wird. Bereits geringfügige Abweichungen von diesem Verhältnis, das sich auf 10^{39} beläuft, hätten die Entstehung von Leben unmöglich gemacht. Sterne von mehr als 1,4 Sonnenmassen würden nur eine Milliarde Jahre und weniger existieren, zu kurz, um „Leben" entstehen zu lassen. Sterne von nur 0,8 Sonnenmassen wären zu leuchtschwach, um in einem günstigen Abstand auf einem Planeten Leben entstehen lassen zu können.

Wie diese und viele andere Erkenntnisse belegen, besteht zwischen unserer Existenz und den physikalischen Urkräften im Kosmos ein sehr enger Zusammenhang. Nur in Pla-

Abb. 4.22 Expansion des Universums: Die Geschwindigkeiten (durch die Länge der *Pfeile* dargestellt), mit denen sich die Galaxien (durch *Punkte* dargestellt) in alle Richtungen von uns entfernen, nehmen im Durchschnitt direkt proportional mit ihrer Entfernung zu (Hubblesches Gesetz)

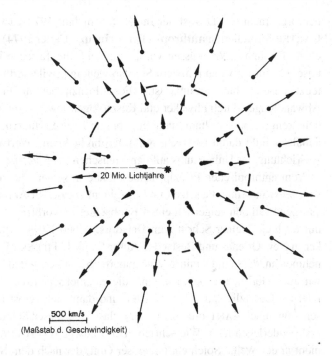

20 Mio. Lichtjahre

500 km/s
(Maßstab d. Geschwindigkeit)

netensystemen mit sonnenähnlichen Sternen (sog. **G-Sterne**) kann sich Leben entwickeln. Nicht nur das, es müssen darüber hinaus G-Sterne der zweiten oder dritten Generation sein. Die schweren Elemente, aus denen die Lebewesen bestehen, mussten erst in einer oder zwei vorangegangenen Sternengenerationen „erbrütet" werden. Wir sind Kinder der vorangegangenen Sterne! Irgendwann werden keine neuen Sterne mehr entstehen und die bestehenden werden „sterben".

Je mehr wir über die Bedingungen wissen, die notwendigerweise herrschen müssen, um Lebendiges entstehen zu lassen, desto unwahrscheinlicher erscheint es, dass sich Leben noch einmal irgendwo in der Milchstraße entwickelt haben könnte. Eine beeindruckende Anzahl kosmischer Bedingungen und Ereignisse in der richtigen Reihenfolge und zum richtigen Zeitpunkt musste zusammentreffen, um intelligente Wesen hervorzubringen, die in der Lage wären, über sich und ihre Welt nachzudenken. Man kann in dieser Erkenntnis eine „Aufweichung" des sog. **„Kopernikanischen Prinzips"** erblicken, nach dem unserer Erde weder in astronomischer noch in physikalischer, geologischer oder chemischer Hinsicht eine Sonderstellung zukommt. Unsere Erde erscheint uns – im Gegenteil – wieder in einem unvorstellbaren Maße privilegiert zu sein, die Entstehung intelligenten Lebens zu gewährleisten. Die Einzigartigkeit der Erde und ihrer Bewohner wird uns zurückgegeben. Man spricht in dem Zusammenhang gern vom **„G-Stern-Chauvinismus"**.

Man kann den Satz, dass intelligentes Leben nur existiert, *weil* im Kosmos ganz bestimmte Eigenschaften vorhanden waren, auch umdrehen und folgendermaßen formulieren: Der Kosmos *muss* bestimmte Eigenschaften aufweisen, weil er intelligentes Leben hervorgebracht hat. Das ist der Inhalt des im Jahr 1973 von dem Kosmologen Brandon CARTER formulierten **anthropischen Prinzips** (Carter 1974). Es lautet in seiner „schwachen" Fassung: „Wir müssen vorbereitet sein, die Tatsache in Betracht zu ziehen, dass unser Ort im Universum in dem Sinn notwendig privilegiert ist, dass er mit unserer Existenz als Beobachter vereinbar ist." Dieses Prinzip hat eine Flut von Stellungnahmen und Abwandlungen durch Physiker und Kosmologen sowie Vereinnahmungen durch verschiedene religiös oder weltanschaulich geprägte Kreise erfahren, die bis heute unvermindert anhält. Schuld daran ist (nicht nur!) die unglückliche Wortwahl, die eine teleologische Ausrichtung des Universums auf den Menschen ($\overset{\text{\'}}{\alpha}\nu\theta\rho\omega\pi o\varsigma$) suggeriert.

Vom anthropischen Prinzip, insbesondere in seiner „starken" Fassung: „Das Universum *muss* in seinen Gesetzen und in seinem speziellen Aufbau so beschaffen sein, dass es irgendwann unweigerlich einen Beobachter hervorbringt" (Breuer 1984, S. 24), ist es nur noch ein kleiner Schritt zum **Deismus**. Albert EINSTEIN, der mathematische Physiker in New Orleans und Bestseller-Autor Frank J. TIPLER (Tipler 2004, S. 72–87) u. v. a. nehmen an, dass ein Demiurg, eine außerhalb von Raum und Zeit existierende Entität, die wir auch Gott nennen können, einst dieses „menschenfreundliche" Universum in seiner internen Gesetzlichkeit so geschaffen und dann sich selbst überlassen habe. Spätestens seit Immanuel KANT dürfte klar sein, dass sich dieser Schluss weder logisch beweisen noch widerlegen lässt. Wie schrieb doch Ludwig WITTGENSTEIN? „Gott offenbart sich nicht *in* der Welt." Solch ein tatenloser Gott, der nach dem Schöpfungsakt alles Weitere seinem Selbstlauf überlässt, hat allerdings fast nichts mehr mit dem Gott der Bibel gemein. Dieser Deismus lässt weder Raum für eine optimistische Zuversicht in die Zukunft, noch für ein vertrauensvolles und hilfesuchendes Hinwenden an ein „Höheres", keinen Platz für Mysterien und Transzendenz. Deshalb ist es verständlich, dass sich der naturwissenschaftlichen Ergebnissen gegenüber durchaus sehr offen zeigende Tübinger Theologe Hans KÜNG von diesem „**Designer-Gott**" distanziert (Küng 2007, S. 87).

Der amerikanische Physiker Steven WEINBERG schrieb einmal: „Je begreiflicher uns das Universum wird, um so sinnloser erscheint es auch" (Weinberg 1980, S. 162). In diesem grenzenlosen Universum eisiger Kälte, erdrückender Stille und absoluter Teilnahmslosigkeit, das obendrein zu 90 % leer ist, schrumpft das Auftauchen selbstbewusster Wesen auf einem winzigen Planeten zur völligen Bedeutungslosigkeit zusammen. Von seinem Erscheinen hat keiner die geringste Notiz genommen und bei seinem Verschwinden wird es ebenso sein. Schon im 17. Jahrhundert schrieb Blaise PASCAL in seinen „*Pensées*": „Verschlungen von der unendlichen Weite der Räume, von denen ich nichts weiß und die von mir nichts wissen, erschaudere ich". „Der Mensch lebt", wie es Jacques MONOD einmal formulierte, in „totaler Verlassenheit" und „radikaler Fremdheit" „am Rande des Universums, das für seine Musik taub ist und gleichgültig gegen seine Hoffnungen, Leiden oder Verbrechen" (Monod 1975, S. 151). Dieses, sich aus der **kosmischen** (objektiven) **Perspektive** zwingend ergebende pessimistische Menschenbild, das den Menschen aus der Mitte des Universums in den letzten Winkel der Teilnahmslosigkeit verbannt, kann in seiner Trostlosigkeit nicht befriedigen. Es ist erfreulicherweise auch nur die „halbe Wahrheit".

Dieser naturalistischen Sicht auf den Menschen lässt sich eine zweite aus **anthropo-logischer** (subjektiven) **Perspektive** entgegensetzen, die ebenso „wirklich" ist wie die kosmische. Sie gibt dem Menschen Würde, Größe und Optimismus zurück. Sie verweist darauf, dass letztlich jeder einzelne Mensch Mittelpunkt seines eigenen, persönlichen Kosmos ist und bleibt, aus dem er sich niemals lösen kann, in dem er plant, agiert und reagiert. In ihm hat er seine Freuden und Ängste, seine Hoffnungen und Enttäuschungen, seine Lust und Trauer. Der Physiker Wolfgang PAULI hat in diesem Zusammenhang einmal von zwei Grenzvorstellungen gesprochen, „die beide in der Geschichte des menschlichen Denkens außerordentlich fruchtbar geworden sind, denen aber doch keine echte Wirklichkeit entspricht" (zitiert bei Heisenberg 1973). Die eine Vorstellung ist die von einer objektiven, vom beobachtenden Subjekt unabhängigen Welt der Naturwissenschaften, die andere ist die des erlebenden Subjekts, in der es keine Objekte gibt. Der Philosoph Hans BLUMENBERG hatte völlig recht, als er schrieb: „Das ist die Zweideutigkeit des Himmels: er vernichtet unsere Wichtigkeit durch seine Größe, aber er zwingt uns auch durch seine Leere, nichts anderes wichtiger zu nehmen als uns selbst" (Blumenberg 1981). Erst diese beiden Perspektiven, die kosmologische und die anthropologische, zusammen bestimmen das Bild, das wir uns von der Größe und Schönheit unserer Welt machen. Immanuel KANT schrieb einst in diesem Zusammenhang (Kant 1978, S. 191): „Zwei Dinge erfüllen das Gemüt mit immer neuer und zunehmender Bewunderung und Ehrfurcht, je öfter und anhaltender sich das Nachdenken damit beschäftigt: Der bestirnte Himmel über mir und das moralische Gesetz in mir."

Mit dem Menschen sind einzigartige Wesen in diese Welt gekommen, die in der Lage sind, ihre Existenz bewusst zu reflektieren, Zwecke und Ziele ihres Handelns zu setzen und ihrem eigenen Dasein einen Sinn zu verleihen. Mit diesen Fähigkeiten ausgestattet, erhielt der Mensch nicht nur das Privileg der **Freiheit** seines Handelns, sondern auch die Bürde der **Verantwortung** für sein Tun und Lassen (Penzlin 1998). Eine Entscheidung ist immer gleichzeitig „für" als auch „gegen" etwas, sonst wäre es keine. Freiheit ist deshalb immer nur im Doppelpack mit Verantwortung zu haben. Mit der Freiheit des Menschen trat gleichzeitig das „Gut und Böse" in unsere Welt.

Bei nüchterner Betrachtung muss man feststellen, dass der Mensch *Homo*, dem Carl von LINNÉ einst das Adjektiv „*sapiens*" zuordnete, zwar von Natur aus mit Vernunft begabt ist, sich aber außerordentlich schwertut, seine Vernunft zur Maxime seines Handelns zu machen und ausschließlich auf das Allgemeinwohl auszurichten, das sowohl die Mitmenschen aller Rassen als auch alle nichtmenschlichen Mitgeschöpfe einschließen muss. Der Mensch ist kein „Volltreffer" (Hubert MARKL), eher ein „Störfall" der Evolution. Seine Kräfte sind dank seines Geists ins Unermessliche gewachsen, sie einzig und allein im Sinn eines friedvollen und harmonischen Miteinanders auf unserer begrenzten „Mutter Erde" einzusetzen, ist ihm von Natur aus nicht in die Wiege gelegt worden, sondern muss in einem gewaltigen Akt der **Selbstformung** erst erworben werden. Der Mensch ist bei seiner Geburt nur ein Entwurf, trägt aber die Potenz zur Selbstvervollkommnung in sich. „Menschsein", so lehrte uns Karl JASPERS (Jaspers 1986, S. 74), ist „Menschwerden".

Der Mensch ist ein *Homo viator*, einer, der auf dem Weg ist, nicht am Ziel, einer, der die Weisheit *sucht*, nicht einer, der die Weisheit *besitzt*.

Unsere Erde war nicht immer bewohnbar, sie wird es auch nur für eine begrenzte Zeit sein. Die Astrophysiker berechneten, dass sich die **Sonne** in etwa 5 Mrd. Jahren, wenn sie ihren Vorrat an Wasserstoff verbraucht hat, zu einem „roten Riesen" aufblähen und Merkur und Venus in sich aufnehmen wird. Hat sie auch ihren Heliumvorrat verbraucht, wird sie ihre äußeren Schichten in Form eines „planetarischen Nebels" abstoßen und zu einem weißen Zwerg zusammenschrumpfen. Schließlich wird sie zu einem schwarzen Zwergstern ausglühen. Kein Lebewesen wird Zeuge dieses kosmischen Schauspiels mehr sein. Das irdische Leben wird schon viel früher, man rechnet in eineinhalb Milliarden Jahren, erlöschen, weil die Temperatur dann bereits so hoch sein wird, dass alle Weltmeere verdampfen. Unsere heilige Pflicht ist es, dafür Sorge zu tragen, dass nicht schon weit vor diesem unabwendbaren Ende durch unsere ungebremste Vermehrung, unsere skrupellose Ausbeutung der begrenzten Ressourcen, unsere Vergiftung von Luft, Wasser und Boden sowie durch erbarmungslose, kriegerische Feindseligkeiten untereinander ein finaler Kollaps auf unserer Erde eintritt.

Literatur

Abbot P et al (2011) Inclusive fitness theory and eusociality. Nature 471:E1–E4

Aguilera P, Barry T, Tovar J (2008) Entamoeba histolytica mitosomes: Organelles in search of a function. Exp Parasitol 118:10–16

Alberts et al (1995) Molekularbiologie der Zelle. VCH, Weinheim

Altman S (1989) Enzymatic cleavage of RNA by RNA. Noble Lecture

Altner G (1984) Wer ist's, der alles dies zusammenhält? In: Altner G (Hrsg) Die Welt als offenes System. Fischer Taschenbuch Verlag, Frankfurt a. M.

Amann R (2012) Von der unermesslichen Vielfalt der Mikroorganismen und ihrer Erforschung mit genombasierten Methoden. Nova Acta Leopoldina NF 116(394):133–145

Arrhenius S (1908) Worlds in the making. Harper, London

Awramik SM et al (1992) In: Schidlowski (Hrsg) Early organic evolution: Implications of mineral and energy resources. Springer Verlag, Berlin

Ax P (1984) Das Phylogenetische System. Systematisierung der lebenden Natur aufgrund ihrer Phylogenese. Gustav Fischer Verlag, Stuttgart, S 22–31

Ax P (1988) Systematik in der Biologie. Darstellung der stammesgeschichtlichen Ordnung in der lebenden Natur. Gustav Fischer Verlag, Stuttgart, S 21–44

Bada JL et al (2007) Debating evidence for the origin of life on earth. Science 315:937–938

Bapteste E, Brochier C (2004) On the conceptual difficulties in rooting the tree of life. Trends Microbiol 12:9–13

Basset Y et al (2012) Arthropod diversity in a tropical forest. Science 14:1481–1484

Benner SA, Ellington AD, Tauer A (1989) Modern metabolism as a palimpsest of RNA world. Proc Nat Acad Sci USA 86:7054–7058

Bessey CE (1908) The taxonomic aspect of the species. Amer 42:218–224

Bishop JA, Cook LM (Hrsg) (1981) Genetic consequences of man-made change. Academic Press, London

Blumenberg H (1981) Die Genesis der kopernikanischen Welt. Die Zweideutigkeit des Himmels – Eröffnung der Möglichkeit eines Kopernikus Bd. 1. Verlag Suhrkamp, Frankfurt a. M

Bock W (2007) Explanation in evolutionary theory. J Zool Syst Evol Res 45:89–103

Böhler C, Nielsen PE, Orgel LE (1995) Template switching between PNA and RNA oligonucleotides. Nature 376:578–581

Bokma F (2002) Detection of punctuated equilibrium from molecular phylogenies. J Evol Biol 15:1048–1055

Brandon RN, Burian RM (Hrsg) (1984) Genes, organisms, populations. MIT Press, Cambridge, Mass

Breuer R (1984) Das anthropische Prinzip. Der Mensch im Fadenkreuz der Naturgesetze. Ullstein Sachbuch, Frankfurt a. M., Berlin, Wien

Cain AJ (1954) Animal species and their evolution. Hutchinson's Univ. Library, London

Cain AJ (1958) Logic and memory in Linnaeus' system of taxonomy. Proc Linn Soc London 169:144–163

Campbell DT (1960) Blind variation und selective retention in creative thought as in other Knowledge processes. Psychological Rev 67:380–400

Carter B (1974) Large number coincidences and the Anthropic Principle in cosmology. In: Longair MS (Hrsg) Confrontation of cosmological theories with observational data. IAU-Symposium, S 291

Cavalier-Smith T (1988) Origin of the cell nucleus. BioEssays 9:72–78

Cavalier-Smith T (1989) Molecular phylogeny. Archaebacteria and Archaezoa. Nature 339:100–101

Cavalier-Smith T (2002) The phagotrophic origin of eukaryotes and phylogenetic classification of Protozoa. Int J Syst Evol Microbiol 52:297–354

Cavalli-Sforza LL, Bodmer WF (1971) The genetics of human populations. Freeman, San Francisco

Cech TR (1986) The generality of self-splicing RNA: Relationships to nuclear mRNA slicing. Cell 44:618

Crick F (1983) Das Leben selbst. Sein Ursprung, seine Natur. Piper & Co., München

Crick F, Orgel L (1973) Directed panspermia. Icarus.– Internat Journal of solar system studies 19:341 (Elsevier, San Diego)

Curtis TP, Sloan WT (2005) Exploring microbial diversity – a vast below. Science 309:1331–1333

Cziko GA (2001) Universal selection theory and the complementarity of different types of blind variation and selective retention. In: Heyes, Hull (Hrsg) „Selection theory and social construction.". Suny Press, New York

Danchin EGJ et al (2011) in. In: Pontarotti P (Hrsg) Evolutionary biology – concepts, biodiversity, macroevolution and genome evolution. Springer Verlag, Heidelberg New York, S 223–242

Darwin C (1871) Brief an Hooker. In: Hartman G, Lawless JG, Morrison P (Hrsg) Search for the universal ancestors. NASA (S (SP-477))

Darwin C (1980) Die Entstehung der Arten durch natürliche Zuchtwahl. Philipp Reclam jun, Leipzig

Davies P (1998) Sind wir allein im Universum? Scherz Verlag, Berlin, München, Wien

Dawkins R (1996) Das egoistische Gen. Rowohlt, Reinbek b. Hamburg. (engl. Ausgabe: The selfish gene. Oxford Univ. Press 1976)

Dessauer F (1958) Naturwissenschaftliches Erkennen. Beiträge zur Naturphilosophie. Knecht Verlag, Frankfurt a M, S 325

Dobzhansky T (1935) A critique of the species concept in biology. Philosophy of Science 2:344–355 (Die genetischen Grundlagen der Artbildung. Gustav Fischer, Jena 1939, Kap. VIII)

Dobzhansky T (1937) Genetics and the origin of species. Columbia Univ. Press, New York ((dt. Die genetischen Grundlagen der Artbildung, G Fischer, Jena 1939))

Dobzhansky T (1973) Nothing in biology makes sense except in the light of evolution. American biology teacher 35:125–129

Doolittle WF (1999) Phylogenetic classification and the universal tree. Science 284:2124–2128

Dyall SD, Brown MT, Johnson PJ (2004) Ancient invasions: from endosymbionts to organelles. Science 304:253–257

Edelman GM (1987) Neural darwinism. Basic Books, New York

Egel R (2009) Peptide-dominated membranes preceding the genetic takeover by RNA: latest thinking on a classic controversy. BioEssays 31:1100–1109

Eigen M (1987) Stufen zum Leben. Die frühe Evolution im Visier der Molekularbiologie. Piper Verlag, München

Eigen M, Schuster P (1977, 1978) The hypercycle. A principle of natural self-organization. Naturwissenschaften 64:541–565; 65:7–41, 341–369

Eldredge N (1985) Unfinished synthesis. Biological hierarchies and modern evolutionary thought. Oxford Univ. Press, Oxord

Embley TMMW, Martin W (2006) Eukaryotic evolution, changes and challenges. Nature 440:623–630

Erwin TL (1982) Tropical forests: Their richness in Coleoptera and other arthropod species. Coleopterists Bull 36:74–75

Erwin TL (1983) Beetles and other insects of tropical forest canopies at Manaus, Brazil, sampled by insecticidal fogging. In: Sutton, Whitemore, Chadwick (Hrsg) Tropical rain forest: Ecology and management. Blackwell, Edinburgh, S 59–75

Erwin TL (1988) The tropical forest conapy. The heart of biotic diversity. In: Wilson EO (Hrsg) Biodiversity. National Academy Press, Washington, S 123–129

Fani R, Gallo R, Liò P (2000) Molecular evolution of nitrogen fixation: the evolutionary history of the nifD, nifK, nifE, and nifN genes. J Mol Evol 51:1–11

Fisher RA (1930) The genetical theory of natural selection. Clareton Press, Oxford. Dover, New York

Flot JF et al (2013) Genomic evidence for ameiotic evolution in the bdelloid rotifer Adineta vaga. Nature 500:453–457

Forterre P, Philippe H (1999) Where is the root of the universal tree of life? Bioassays 21:871–879

Fox SW (1973) Origin of the cell: Experiments and premises. Die Naturwissenschaften 60:359–368

Frank JH, Curtis GA (1979) Trend lines and the number of species of Staphylinidae. Coleopterists Bull 33:133–149

Freud S (1979) Vorlesungen zur Einführung in die Psychoanalyse. 18. Vorlesung. Fischer Taschenbuch, Verlag, Frankfurt a M

Friday A, Ingram D (Hrsg) (1986) Cambridge. Enzyklopädie Biologie. VCH, Weinheim

Futuyma DJ (1990) Evolutionsbiologie. Birkhäuser Verlag, Basel, S 170

Futuyma DJ, Peterson SC (1985) Genetic variation in the use of resources by insects. Ann Rev Entomol 30:217–238

Galtier N, Tourasse N, Gouy M (1999) A non-hypothermophile common ancestor to extant life forms. Science 283:220–221

Gans J, Wolinsky M, Dunbar J (2005) Computational improvements reveal great bacterial diversity and high metal toxicity in soil. Science 309:1387–1390

Gesteland RF, Atkins JF (Hrsg) (1993) The RNA world. Cold Spring Harbor Laboratory Press, New York

Ghiselin MT (1987) Species concept, individuality, and objectivity. Biol a Phil 2:127–143

Gilbert W (1986) The RNA world. Nature 319:618

Gogarten JP (1995) The early evolution of life. Trends Ecol Evol 10:147–151

Gogarten JP, Taiz L (1992) Evolution of proton-pumping ATP-ases: Rooting the tree of life. Photosynthesis Research 33:137–146

Gogarten JP, Doolittle WF, Lawrence JG (2002) Prokaryotic evolution in light of gene transfer. Mol Biol Evol 19:2226–2238

Gould SJ (1982) The meaning of punctuated equilibrium and its role in validating a hierarchical approach to macroevolution. In: Milkman R (Hrsg) Perspectives in evolution. Sinauer, Sunderland, S 83–104

Gould SJ, Eldredge N (1993) Punctuated equilibrium comes of age. Nature 366:223–227

Grassle JF, Maciolek NJ (1992) Deep-sea species richness: Regional and local diversity estimates from quantitative bottom samples. Am Nat 139:313–341

Haacke W (1893) Gestaltung und Vererbung. Weigel, Leipzig

Hackstein JHP et al (2001) Hydrogenosomes: convergent adaptations of mitochondria to aerobis environments. Zoology 104:290–302

Hahn MW (2008) Toward a selection theory of molecular evolution. Evolution 62:255–265

Haldane JBS (1955) Population genetics. New Biology (Penguin Books) 18:34–51

Halliday AN (2001) Earth science. In the beginning .... Nature 409:144–145

Hamilton WD (1964) The genetical evolution of social behavior I and II. J Theor Biol 7:1–52

Hardin JW (1975) Hybridisation and introgression in Quercus alba. Journal of the Arnold Arboretum, Harvard University 56:336–363

Hayes JM (1996) The earliest memories of life on earth. Nature 384:21–22

Heisenberg W (1973) Naturwissenschaftliche und religiöse Wahrheit. In: Blum W, Dürr H-P, Rechenbach H (Hrsg) Werner Heisenberg – Gesammelte Werke, Bd. III. Piper Verlag, München, Zürich, S 422–439 (Abt. C)

v Helmholtz H (1884) Über die Entstehung des Planetensystems Populärwissenschaftliche Vorträge. Vieweg, Braunschweig (Heft 3)

Hölldobler B (2004) Ernst Mayr: the doyen of twentieth century evolutionary biology. Naturwissenschaften 91:249–254

Holman EW (1987) Recognizability of sexual and asexual species of rotifers. Systematic Zoology 36:381–386

Honacki JH, Kinman KE, Koeppl JW (1982) Mammal species of the world. Allen Press, Lawrence, Kansas

Horan BL (1994) The statistical character of evolutionary theory. Philos Science 61:76–95

v Huene F (1940) Die stammesgeschichtliche Gestalt der Wirbeltiere. Paläontol Z 22:55–62

Hull DL (1985) Darwinism as a historical entity: historiographic proposal. In: Kohn D (Hrsg) The Darwinian Heritage. Princeton Uni. Press, Princeton, S 773–812

Hutchinson GE (1968) When are species necessary? In: Lewontin RC (Hrsg) Population biology and evolution. Syracuse Univ. Press, Syracuse/NY, S 177–186

Huxley H (1942) Evolution. The modern synthesis. Allen, London

Huxley J (1954) Entfaltung des Lebens. Fischer Bücherei, Frankfurt a M, S 121

Huxley TH (1865) Über unsere Kenntnis von den Ursachen der Erscheinungen in der organischen Natur. Verlag Vieweg & Sohn, Braunschweig, S 136

Huygens, Christiaan (1698) Cosmotheoros

Jacob F (1977) Evolution and tinkering. Science 196:1161–1166

Jaspers K (1986) Einführung in die Philosophie. In „Was ist Philosophie? Ein Lesebuch", 4. Aufl. Deutscher Taschenbuch Verlag, München

Javaux EJ, Knoll AH, Walter MR (2001) Morphological and ecological complexity in early eukaryotic ecosystems. Nature 412:66–69

Johnston DE (1982) Acari. In: Parker SP (Hrsg) Synopsis and classification of living organisms. 2 McGraw-Hill, New York, S 111

Jordan K (1905) Der Gegensatz zwischen geographischer und nichtgeographischer Variation. Z wiss Zool 83:151–210

Joyce GF, Orgel LE (1993) Prospects for understanding the origin of the RNA world. In: Gesteland RF, Atkins JF (Hrsg) The RNA world. Cold Spring Harbor Laboratory Press, New York, S 1–25

Kant I (1978) Kritik der praktischen Vernunft. Grundlagen der Metaphysik der Sitten. Verlag Philipp Reclam jun., Leipzig

Kaplan RW (1972) Der Ursprung des Lebens. Georg Thieme Verlag, Stuttgart

Kasting JF (1993) Earth's early atmosphere. Science 259:920–926

Kasting JF, Howard MT (2006) Atmospheric composition and climate on the early earth. Proc Trans R Soc B 361:1733–1742

Kauffman S (1993) The origins of order: Self-organization and selection in the evolution. Oxford Univ. Press, New York

Kauffman S (1996) Even peptides do it. Nature 382:496–497

Kerr RA (2000) Beating up on a young Earth, and possible life. Science 290:1677

Kimura M (1955) Solution of a process of random genetic drift with a continuous model. Proc Natl Acad Sci USA 41:144–150

Kimura M (1987) Die Neutralitätstheorie der molekularen Evolution. Parey Verlag, Berlin, Hamburg

Kimura M, Ohta T (1971) Protein polymorphism as a phase of molecular evolution. Nature 229:467–469

Kinzelbach (1998) Biologen heute 6(98):3

Kirschner M (1990) Evolution of cell. In: Grant PR, Horn S (Hrsg) Molds, molecules, and metazoa. Princeton Univ. Press, Princeton, S 99–126

Kitcher P (1984) Species Phil Sci 51:308–333

Klak C, Reeves G, Hedderson T (2004) Unmatched tempo of evolution in Southern African semi-desert ice plants. Nature 427:63–65

Kuhn H, Waser J (1982) Selbstorganisation der Materie und Evolution früher Formen des Lebens. In: Hoppe W, Lohmann W, Markl H, Ziegler H (Hrsg) Biophysik, 2. Aufl. Springer Verlag, Berlin, S 860–905

Küng H (2007) Der Anfang aller Dinge. Naturwissenschaft und Religion, 3. Aufl. Piper Verlag, München

Kutschera U (2006) Constantin S. Merezhkowsky (1855–1921) und die Endosymbiontentheorie der Zellevolution. biologen heute 1:12–15

Kutschera U, Niklas KJ (2004) The modern theory of biological evolution: an expanded synthesis. Naturwissenschaften 91:255–276

Kutschera U, Niklas KJ (2005) Endosymbiosis, cell evolution, and speciation. Theory of Biosciences 124:1–24

Laczano A (1993) In. In: Bengston S (Hrsg) Early life on earth. Nobel Symposium, 84. Columbio University Press, New York, S 59–80

Lake JA, Rivera MC (1994) Was the nucleus the first endosymbiont? Proc Natl Acad Sci USA 91:2880–2881

Larralde R, Robertson MP, Miller SL (1995) Rates of decomposition of ribose and other sugars: Implications for chemical evolution. Proc Natl Acad Sci USA 92:8158–8160

Lerner IM (1954) Genetic homeostasis. Oliver and Boyd, Edinburgh

Lewis RW (1980) Evolution: A system of theories. Perspectives in Biology and Medicine 23:551–572

Lewontin RC (1970) The units of selection. Ann Rev Ecol Syst 1:1–18

v Liebig J (1844) Chemische Briefe. Winter, Heidelberg

Line MA (2002) The enigma of the origin of life and its timing. Microbiology 148:21–27

Locker A (Hrsg) (1983) Evolution – kritisch gesehen. Anton Pustet, Salzburg

Lorenz K (1983) Das Wirkungsgefüge der Natur und das Schicksal des Menschen. In: Eibl-Eibesfeldt I (Hrsg) Gesammelte Arbeiten, 4. Aufl. Piper Verlag, München, S 27

Luisi PL (1999) Lipid vesicles as possible intermediates in the origin of life. Curr Opin Colloid Interface Sci 4:33–39

Lumsden CJ, Wilson EO (1984) Das Feuer des Prometheus. Wie das menschliche Denken entstand. Piper Verlag, München

Maddox J (1995) Polite row about models in biology. Nature 373:555

Maier UG, Hofmann CJB, Sitte P (1996) Die Evolution von Zellen. Naturwissenschaften 83:103–112

Margulis L (1996) Archaeal-eubacterial mergers in the origin of Eukarya: phylogenetic classification of life. Proc Natl Acad Sci USA 93:1071–1076

Martin W (2007) Merežkovskij und der Ursprung des Zellkerns – zu viel einer guten Idee? In: Geus A, Höxtermann E (Hrsg) Evolution durch Kooperation und Integration. Basiliken Presse, Marburg, S 699–719

Martin W (2009) Hydrothermalquellen und der Ursprung des Lebens. Biol Unserer Zeit 39:166–174

Martin W, Russell MJ (2007) On the origin of biochemistry at an alkaline hydrothermal vent. Phil Trans R Soc Lond B Biol Sci 362:1887–1925

Martin W, Hoffmeister M, Rotte C, Henze K (2001) An overview of endosymbiotic models for the origins of eukaryotes, their ATP-producing organelles (mitochondria and hydrogenosomes), and their heterotrophic lifestyle. Biol Chem 382:1521–1539

May RM (1992) Bottoms up for the oceans. Nature 357:278–279

Maynard Smith J (1964) selection and kin selection Nature. Group 201:1145–1147

Maynard Smith J (1986) Contemplating life without sex. Nature 324:300–301

Maynard Smith J, Szathmáry E (1996) Evolution. Prozesse, Mechanismen, Modelle. Spektrum Akademischer Verlag, Heidelberg, Berlin, Oxford, S 169

Mayr E (1942) Systematics and the origin of species. Columbia Univ. Press, New York

Mayr E (1963) Animal species and evolution. Harvard Univ. Press, Cambridge/Mass

Mayr E (1984) Die Entwicklung der biologischen Gedankenwelt. Vielfalt, Evolution und Vererbung. Springer Verlag, Berlin, Heidelberg, S 202–238

Mayr E (1991) Eine neue Philosophie der Biologie. Piper Verlag, München, Zürich, S 276

Mayr E (1994) und Darwin hat doch recht. Charles Darwin, seine Lehre und die moderne Evolutionstheorie. Piper, München, S 142

Mayr E, Ashlock PD (1991) Principles of systematic zoology, 2. Aufl. McGraw-Hill, New York

Merežkovskij KS (1910) Theorie der zwei Plasmaarten als Grundlage der Symbiogenesis, einer neuen Lehre von der Entstehung der Organismen. Biol Centralblatt 30:278–288 (289–303, 321–347)

Meselson M, Welch DM (2007) Stable heterozygosity? Science 318:202–203

Meyer A (1993) Phylogenetic relationships and evolutionary processes in East African cichlid fishes. Trends Ecol Evol 8:279–284

Miller LA (1953) Production of amino acids under possible primitive earth conditions. Science 117:528–529

Mills SK, Beatty JH (1979) The propensity interpretation of fitness. Phil Sci 46:263–286

Minelli A (1993) Biological Systematics. The state of the art. Chapman & Hall, London, S 62–86

Mojzsis SJ, Harrison TM, Pidgeon RT (2001) Oxygenisotopic evidence from ancient zircons for liquid water at the Earth's surface 4.300 Myr ago. Nature 409:178–181

Monod J (1975) Zufall und Notwendigkeit. Philosophische Fragen der modernen Biologie, 2. Aufl. Deutscher Taschenbuch Verlag, München

Muller CH (1951) The oaks of Texas. Contribution of the Texas Research Foundation 1:21–323

Naegeli C (1865) Entstehung und Begriff der Naturhistorischen Art. K Bayer. Akademie, München

v Naegeli C (1884) Mechanisch-physiologische Theorie der Abstammungslehre. Oldenbourg, München und Leipzig

Neumann CW (1921) Vorwort zu Darwin: Die Abstammung des Menschen und die geschlechtliche Zuchtwahl. Reclam, Leipzig

Nisbet EG, Sleep NH (2001) The habitat and nature of early life. Nature 409:1083–1091

Nowak MA, Tarnita CE, Wilson EO (2010) The evolution of eusociality. Nature 466:1057–1062

Oparin AJ (1924) Die Entstehung des Lebens (russ). NAUK, Moskau ((Deutsche Übers. nach der zweiten vermehrten Ausgabe: (1947) Die Entstehung des Lebens auf der Erde. Volk und Wissen Verlag Berlin und Leipzig))

Orgel LE (1968) Evolution of the genetic apparatus. J Mol Biol 38:381–393

Orgel L (1997) Polymerization on the rocks: theoretical introduction. Orig Life Evol Biosph 28:227–234

Paley W (1802) Natural theology: Or, evidence of the existence and attributes of the deity, collected from the appearances of nature. R Fauldner, London

Parker SA (Hrsg) (1982) Synopsis and classification of living organisms Bd. 2. McGraw Hill, New York

Paterson HE (1985) The recognition concept of species. In: Vrba ES (Hrsg) Species and Speciation. Transvaal Museum Monograph, Bd. 4., S 21–29

Peirce CS (1955) The architecture of theories. In: Buchler J (Hrsg) Philosophical writings of Peirce. Dover, New York (1891)

Penzlin H (1998) Der Mensch – oder die Bürde der Freiheit Sitzungsberichte der Sächsischen Akademie der Wissenschaften. Mathem.-naturwiss. Klasse, Bd. 126. S. Hirzel, Stuttgart, Leipzig (Heft 5)

Piccirilli JA (1995) RNA seeks its maker. Nature 376:548–549

Plate L (1913) Selektionsprinzip und Probleme der Artbildung, 4. Aufl. Engelmann, Leipzig, Berlin

Plate L (1914) Prinzipien der Systematik mit besonderer Berücksichtigung des Systems der Tiere. Kultur der Gegenwart III(IV,4), S 92–164

Poulton EB (1903) What is a species? Proc Entomol Soc London:LXXVI–CXVI

Poulton SW, Fralick PW, Canfield DE (2004) The transition to a sulphidic ocean 1,84 billion years ago. Nature 431:173–177

Przybilski R, Bajaj P, Hammann C (2007) Katalytische RNA. Biol Unserer Zeit 37:356–364

Raup DM, Sepkoski JJ (1982) Mass extinctions in the focil record. Science 215:1501–1503

Recker DA (1990) There's more than one way to recognize a Darwinian: Lyell's Darwinism. Phil Sci 37:459–478

Rensch B (1929) Das Prinzip der geographischen Rassenkreise und das Problem der Artbildung. Borntraeger, Berlin

Rensch B (1947) Neuere Probleme der Abstammungslehre. Ferdinand. Enke, Stuttgart, S 198

Riedl R (1975) Die Ordnung des Lebendigen. Parey, Hamburg

Rivera MV, Lake JA (2004) The ring of life provides evidence for a genome fusion origin of eukaryotes. Nature 431:152–155

Rode BM, Fitz D, Jakschitz T (2007) The first steps of chemical evolution towards the origin of life. Chem Biodiv 4:2674–2702

Roger AJ (1999) Reconstruction early events in eukaryotic evolution. Amer Nat 154:S146–S163

Rolston H (1999) Genes, genesis, and God: Value and their origins in natural and human history. Cambridge University Press, Cambridge

Rosing MT (1999) 13 C-depleted carbon in >3700 Ma seafloor sedimentary rocks from West Greenland. Science 283:674–676

Rouch R (1986) Copepoda: Les Harpacticoides souterrains des eaux douce continentales. In: Botosaneanu L, Brill WJ (Hrsg) Stygofauna Mundi. Leiden, S 321–355

Ruse M (1996) From monads to man. Harvard Univ. Press, Cambridge, Mass

Russell MJ (2006) First life. Amer Sci 94:32–39

Russell MJ, Hall AJ, Martin W (2010) Serpentinization as a source of energy at the origin of life. Geobiology 8:355–371

Sars GO (1899) An account of the Crustacea of Norway Bd. II. Bergen Museum, Bergen

Schaller F (1996) Evolution. Entgrenzung eines Begriffs. Naturwiss Rundsch 49:136–139

Schurz G (2011) Evolution in Natur und Kultur. Spektrum Akademischer Verlag, Heidelberg

Schwartz AW, Orgel LE (1985) Template directed synthesis of novel, nucleic acid-like structures. Science 228:585–587

Semon R (1912) Das Problem der Vererbung erworbener Eigenschaften. Engelmann, Leipzig

Shapiro JA et al (2007) Adaptive genetic evolution in the Drosophila genomes. Proc Natl Acad Sci USA 104:2271–2276

Shapiro R (1995) The prebiotic role of adenine: A critical analysis. Origin of life and the evolution of the biosphere 25:83–98

Smith NGC, Eyre-Walker A (2002) Adaptive protein evolution in Drosophila. Nature 415:1022–1024

Smolin L (1999) Warum gibt es die Welt? Die Evolution des Kosmos. Verlag C.H. Beck, München

Sober E (1984) The nature of selection. MIT Press, Cambridge Mass

Soltis PS, Soltis DE (2000) The role of genetic and genomic attributes in the success of polyploids. Proc Natl Acad Sci USA 97:7051–7057

Spank A et al (2015) Complex archaea that bridge the gap between prokaryotes and eukaryotes. Nature 521:173–179

Spencer H (1864) Principles of biology. William & Norgate, London

Stanley SM (1979) Macroevolution: pattern and process. Freeman, San Francisco

Stanley SM (1985) Rates of evolution. Paleobiology 11:13–26

Stebbins GL (1950) Variation and evolution in plants. Columbia Univ. Press, New York

Stetter KO (1996) Evolution of hydrothermal ecosystems on earth (and mars?) Wiley. In: Boch GR, Goode JA (Hrsg) Ciba foundation symposium 202. Wiley, Chichester, S 1–18

Stork NE (1988) Insect diversity: Facts, fiction and speculation. Biol J Linn Soc 35:321–337

Szostak JW, Bartel DP, Luisi PL (2001) Synthesizing life. Nature 409:387–390

Teilhard de Chardin P (1983) Der Mensch im Kosmos, 3. Aufl. Deutscher Taschenbuch Verlag, München

Teilhard de Chardin P (1984) Die Entstehung des Menschen, 2. Aufl. Deutscher Taschenbuch Verlag, München

Thomas CD (1990) Fewer species. Nature 347:237

Tian F, Toon OB, Pavlov AA, De Sterck H (2005) A hydrogen rich early earth atmosphere. Science 308:1014–1017

Timmis JN, Ayliffe MA, Huang CY, Martin W (2004) Endosymbiontic gene transfer: Organelle genomes forge eukaryotic chromosomes. Nature Rev Genet 5:123–135

Tipler FJ (2004) Ein Designer-Universum. In: Wabbel TD (Hrsg) Im Anfang war (k)ein Gott. Naturwissenschaftliche und theologische Perspektiven. Patmos Verlag, Düsseldorf

Tovar J et al (2003) Mitochondrial remnant organelles of Giardia function in iron-sulphur protein maturation. Nature 426:172–176

Trucker BJ, Breaker RR (2005) Riboswitches as versatile gene control elements. Curr Opin Struct Biol 15:342

Tuomi J (1981) Structure and dynamics of Darwinian evolutionary theory. Syst Zool 30:22–31

Tuomi J, Vuorisalo T, Laihonen P (1988) Components of selection: an expanded theory of natural selection. In: de Jong G (Hrsg) Population genetics and evolution. Springer, Heidelberg, S 109–118

Vogel G, Angermann H (1990) Taschenatlas der Biologie Bd. 1. Georg Thieme, Stuttgart

Wacey D et al (2011) Microfossils of sulphur-metabolizing cells in 3.4-billion-year-old rocks of Western Australia. Nature Geoscience 4:698–702

Wächtershäuser G (2000) Life as we don't know it. Science 289:1307–1308

Wächtershäuser G (2006) From volcanic origins of a chemoautotrophic life to Bacteria, Archaea and Eukarya. Phil Trans R Soc B 361:1787–1808

Wallace AR (1889) Darwinism – an exposition of the theory of natural selection, with some of its applications. London, New York (dtsch. Braunschweig 1891)

Walsh DA, Doolittle WF (2005) The real „domains" of life. Curr Biol 15:R237–R240

Weinberg S (1980) Die ersten drei Minuten. Der Ursprung des Universums. Deutscher Taschenbuch Verlag, München

Wenzl A (1951) Drieschs Neuvitalismus und der philosophische Stand der Lebensprobleme heute. Reinhardt, München-Basel, S 151

White MJD (1978) Modes of speciation. Freeman, San Francisco

Whittmore AT, Schall BA (1991) Interspecific gene flow in sympathric oaks. Proceedings Nat Acad Sci 88:2540–2544

Wieser W (1994b) Gentheorien und Systemtheorien: Wege und Wandlungen der Evolutionstheorie im 20. Jahrhundert. In: Wieser W (Hrsg) „Die Evolution der Evolutionstheorie. Von Darwin zur DNA". Spektrum Akademischer Verlag, Heidelberg

Williams GC (1966) Adaptation and natural selection. Princeton Univ. Press, Princeton

Williams MB (1973) The logical status and the theory of natural selection and other evolutionary controversies. In: Bunge M (Hrsg) The methodological unity of science. D. Reidel, Dordrecht

Wilson EO (1975) Sociobiology – the new synthesis. Harvard University Press, Cambridge

Wilson EO (1978) On human nature. Harvard University Press, Cambridge

Wilson EO (2000) Die Einheit des Wissens. Wolf Jobst Siedler Verlag, Berlin, S 169

Wilson EO (2012) The social conquest of earth. Liveright Publ. Corp., New York, London

Woese C (1967) The genetic code. Harper and Row, New York

Woese CR (2000) Interpreting the universal phylogenetic tree. Proc Natl Acad Sci USA 97:8392–8396

Woese CR, Fox GE (1977) The concept of cellular evolution. J Molec Evolution 10:1–6

Woese CR, Kandler O, Wheelis ML (1990) Towards a natural system of organisms: Proposal of the domains Archaea, Bacteria, and Eucarya. Proc Natl Acad Sci USA 87:4576–4579

Woltereck R (1940) Ontologie des Lebendigen. Enke, Stuttgart

Wynne-Edwards VC (1962) Animal dispersion in relation to social behavior. Oliver and Boyd, Edinburgh, London

Zhaxybayeva O, Lapierre P, Gogarten JP (2005) Ancient gene duplications and the root(s) of the tree of life. Protoplasma 227:53–64

Zuckerkandl E, Pauling L (1965) Evolutionary divergence and convergence in proteins. In: Bryson V, Vogel HJ (Hrsg) Evolving genes and proteins. Academic Press, New York, S 97–166

Dynamik

5

Die lebende Zelle ist von ständiger Stoffwechselaktivität erfüllt.
[...] Die chemische Aktivität ist sowohl bezüglich der verschie-
denen Reaktionsgeschwindigkeiten als auch im Hinblick auf die
Reaktionsorte innerhalb der Zelle hochgradig koordiniert. Die
biologische Struktur verknüpft also Ordnung mit Aktivität
(Ilya Prigogine & J. Stengers 1986).

Inhaltsverzeichnis

Das Resümee, das wir aus den bisherigen Betrachtungen ziehen können, betrifft die Tatsache, dass „Leben" kein Stoff ist, dass es nicht adäquat durch seine stofflichen Konstituenten definiert werden kann. Wir müssen deshalb alle „Leben-als-Ding-Theorien" zurückweisen, weil „Leben" in erster Linie nicht Stoff, sondern Prozess, Dynamik, Geschehen ist, worauf Wilhelm ROUX bereits 1915 nachdrücklich hingewiesen hat (Roux 1915, S. 174). $\Pi\acute{\alpha}\nu\tau\alpha$ $\rho\varepsilon\ddot{\iota}$ heißt es in einem HERAKLIT zugesprochenen Aphorismus, „alles fließt". Man könnte diese Formel zum Leitmotiv jeder Beschäftigung mit dem Lebendigen in seiner Spezifik machen.

© Springer-Verlag Berlin Heidelberg 2016

H. Penzlin, *Das Phänomen Leben*, DOI 10.1007/978-3-662-48128-8_5

Leben als „Lebendigsein" ist in erster Linie **Leistung** besonderer **thermodynami-scher Systeme**, die sich durch eine interne Organisation (s. Abschn. 7.6) auszeichnen. Sie sind durch eine Grenzschicht mit definierten und variablen Durchlässigkeiten deutlich von ihrer Umgebung abgegrenzt. Selbstverständlich braucht die Leistung eine stoffliche Grundlage. Es gibt kein Lebensphänomen, das keine molekulare Grundlage hat, aber auch keines, das *nur* stofflicher Natur ist. Leben existiert in der dialektischen Einheit von Stoff und Prozess, Struktur und Funktion.

Hintergrundinformationen
Es ist ratsam, mit Ilya PRIGOGINE zwischen **dynamischen** und **thermodynamischen Systemen** zu unterscheiden (Prigogine und Stengers 1986). Die Ersteren, wie beispielsweise das Keplersche Pla-netensystem, werden von den Gesetzen der „klassischen" Physik beherrscht und sind im Hinblick auf eine Zeitumkehr symmetrisch. Sie besitzen kein inhärentes irreversibles Verhalten, das die ther-modynamischen Systeme auszeichnet. Nur von den Letzteren soll hier die Rede sein, da zu ihnen auch alle lebendigen Systeme zählen. Für sie ist eine mit irreversibler Entropiezunahme verknüpfte Entwicklung charakteristisch (s. Abschn. 5.4).

5.1 Organismen existieren nur bei ständiger Selbsterneuerung

Dem theoretischen Physiker Erwin SCHRÖDINGER erschien ein Organismus „deshalb so rätselhaft, weil er sich dem raschen Verfall in einen unbewegten ‚Gleichgewichts-zustand' entzieht" (Schrödinger 1952, S. 99). Dieselbe Frage beschäftigte auch Werner HEISENBERG. Er stellte fest, „dass die lebendigen Organismen einen Grad an Stabilität zeigen, den allgemeine komplizierte Strukturen, die aus vielen verschiedenen Molekü-len zusammengesetzt sind, sicherlich nicht einfach auf Grund der physikalischen und chemischen Gesetze besitzen können", und vermutete deshalb, dass „den physikalischen und chemischen Gesetzmäßigkeiten etwas hinzugefügt werden muss, bevor man die bio-logischen Erscheinungen vollständig verstehen kann" (Heisenberg 1959, S. 90; s. dazu Abschn. 11.4). Viele hervorragende Wissenschaftler haben sich in der Vergangenheit mit der wichtigen Frage auseinandergesetzt, welche physikalische Kraft, falls es eine solche geben sollte, dafür verantwortlich gemacht werden könne, dass der extrem unwahrschein-liche Zustand lebendiger Systeme *selbsttätig* aufrechterhalten und ein Rückfall in den thermodynamischen Gleichgewichtszustand verhindert wird.

Das erreicht der Organismus nicht dadurch, dass er den „Verfall" verhindert, was nicht möglich ist, sondern dadurch, dass sich die abbauenden (degradierenden) und aufbauen-den (synthetischen) Prozesse die Waage halten, der Output dem Input entspricht. „Solange ein Organismus lebt", schrieb Johannes MÜLLER bereits im 19. Jahrhundert, „befindet er sich in ständiger Zersetzung, und die aufgezehrte Materie wird immer wieder durch neue ersetzt". Dieser Prozess des pausenlosen Verfalls und Wiederaufbaus im Organischen ist zwar lange bekannt, wurde aber in der Vergangenheit, insbesondere von den mechanistisch orientierten Forschern, gern ignoriert, da er nicht so recht in ihr Weltbild passte. Demge-genüber sahen die Vitalisten die durchgängige Dynamik im Organischen bevorzugt als

Ausdruck einer von ihnen postulierten Lebenskraft an. So definierte beispielsweise Georg Ernst STAHL das „Leben" als eine *conservatio mixtionis corporis* gegen die allgemeine Tendenz des körperlichen Zerfalls (Stahl 1708, S. 254 f.).

Jeder Organismus, jede einzelne Zelle existiert in einem Zustand permanenten Zerfalls und Wiederaufbaus, in einem ununterbrochenen Prozess der **Selbsterneuerung**, auch dann, wenn sie nicht wächst oder sich in einem scheinbaren Ruhezustand befindet. Claude BERNARD schrieb dazu im 19. Jahrhundert, also zu einem Zeitpunkt, zu dem uns die biochemischen Vorgänge im Organismus noch weitgehend unbekannt waren (Bernard 1878): „Das organische Gebäude ist ein Ort ständiger Bewegung, in dem sich auch kein einziger Teil in Ruhe befindet. [...] Die molekulare Erneuerung ist unsichtbar, weil wir jedoch ihren Anfang und ihr Ende sehen, nämlich den Eintritt und den Austritt der Stoffe, so können wir auch über die Zwischenphasen urteilen und uns den Fluss der Materie vorstellen, der den Organismus ständig durchströmt. Die Allgemeinheit dieser Erscheinung bei Pflanzen und Tieren und in allen ihren Teilen, ihre kein Aufhören duldende Konstanz machen sie zu dem gemeinsamen Merkmal des Lebens, dessen sich viele Physiologen bei ihren Definitionen des Lebens auch bedienen."

Diese „molekulare Erneuerung", von der BERNARD spricht, bezieht sich keineswegs ausschließlich auf den Abbau und Ersatz der Nährstoffe zum Zweck der Energiegewinnung, sondern auf *alle* Komponenten des lebendigen Systems ohne Ausnahme. Das bedeutet: Sie bezieht sich sowohl auf die Stoffe als auch auf die aus ihnen aufgebauten **Strukturen**. Im Organismus gibt es keine scharfe Trennung zwischen statischen Strukturen auf der einen und den an ihnen sich abspielenden Prozessen und Funktionen auf der anderen Seite. Die Selbsterneuerung betrifft beide, der Stoffwechsel (Metabolismus) existiert nur in der Einheit von Bau- und Betriebsstoffwechsel (s. Abschn. 7.1). Lebendige Systeme bauen sich *selbst* auf, erhalten sich *selbst* und pflanzen sich *selbst* fort mithilfe der im Katabolismus freigesetzten Energie.

Dadurch unterscheiden sich alle Organismen in ihrer Dynamik grundsätzlich von jeder von Menschenhand gefertigten **Maschine**, bei der es nur einen „Betriebsstoffwechsel", aber keinen „Baustoffwechsel" gibt. Maschinen können zu jeder beliebigen Zeit „abgestellt" werden und beliebig lange in Ruhe verharren. Sie leisten dann nichts, benötigen aber auch keine Energie zu ihrer Erhaltung. Wird die Energiezufuhr bei Lebewesen nur kurzfristig unterbunden, so zerfällt das System irreversibel; es stirbt. Lebewesen benötigen allein schon zur *Erhaltung* ihres dynamischen, lebendigen Zustandss Energie (zum „latenten" Leben, der Cryptobiose, s. Abschn. 7.3).

Diese kontinuierliche Selbsterneuerung im Bereich des Organischen ist nicht ein Attribut aller Lebewesen neben anderen, sondern stellt die besondere **Daseinsform der Organismen** dar. Der Philosoph Herbert SPENCER kennzeichnete sie als „erste Bedingung des Lebens" (Spencer 1876, S. 22). Für Jacques MONOD beruhen „alle Eigenschaften der Lebewesen auf einem grundlegenden Mechanismus der molekularen Erhaltung" (Monod 1975, S. 109). Keine Komponente der Zelle von der Zellmembran über die Zellorganellen bis zum Zytoskelett ist davon ausgenommen. Alle Lebewesen, jede einzelne Zelle, repräsentieren zu jedem Zeitpunkt gleichzeitig einen Zustand des Seins und einen des Werdens.

Bei Vielzellern wird dieser permanente Vorgang von Zerfall und Neusynthese auf der molekularen Ebene durch einen ebensolchen permanenten Verlust und Ersatz auf zellulärer Ebene ergänzt.

5.2   Der stationäre Zustand

In der Thermodynamik bezeichnet man solche Systeme, die einen ständigen Stoff- *und* Energieaustausch mit ihrer Umgebung unterhalten – und dazu zählen ohne Zweifel die Organismen – als **offene Systeme**. Demgegenüber tauschen die geschlossenen Systeme nur Energie, aber keinen Stoff mit ihrer Umgebung aus. Bei den abgeschlossenen Systemen, schließlich, existiert weder ein Stoff- noch ein Energieaustausch über die Systemgrenzen hinweg.

Den zeitunabhängigen Zustand dynamischer Systeme, bei dem die Ableitungen aller intensiven Zustandsgrößen (stoffliche Konzentrationen, chemische Potenziale, Temperatur, Druck, Dichte etc.) zur Zeit verschwinden, bezeichnet man als **stationären Zustand** (engl. *steady state*). Gebräuchlich sind auch die Begriffe Fließgleichgewicht (W. Ostwald, L. v. Bertalanffy) bzw. dynamisches Gleichgewicht (Ostwald 1926, S. 5–27; Bertalanffy 1951). Sie sind allerdings insofern etwas irreführend, weil es sich bei stationären Zuständen im thermodynamischen Sinn nicht um Gleichgewichtszustände, sondern um Nichtgleichgewichtszustände handelt, die nur unter Aufwand von Energie aufrechterhalten werden können. Ein System im thermodynamischen Gleichgewicht, das durch ein Minimum an freier Energie und ein Maximum an Entropie charakterisiert ist (s. Abschn. 5.4), kann keine Arbeit aus sich heraus leisten oder sich selbst organisieren, ist also absolut lebensunfähig.

Frederick Gowland Hopkins charakterisierte das Leben einst als „Ausdruck eines speziellen dynamischen Gleichgewichts" (Hopkins 1913, S. 213–223). Die Aufrechterhaltung des stationären Zustands fernab vom thermodynamischen Gleichgewicht ist eine *conditio sine qua non* für die Existenz lebendiger Systeme. Das bedeutet, dass jedes Lebewesen, jede einzelne Zelle eines Vielzellers gegen die ständig wirksame, durch den zweiten Hauptsatz der Thermodynamik definierten Tendenz zur Entropiezunahme ankämpfen und für die Aufrechterhaltung ihres *Un*gleichgewichtszustands Sorge tragen muss. E. S. Bauer formulierte es in seinem **allgemeinen Gesetz der Biologie** wie folgt: „Lebende Systeme sind niemals im Gleichgewicht und leisten auf Kosten ihrer freien Energie ständig Arbeit gegen das sich bei den äußeren Bedingungen einstellende Gleichgewicht." (Bauer 1982)

Im **thermodynamischen Gleichgewicht** geschlossener Systeme zeigen alle intensiven Zustandsvariablen zeitunabhängige, feste Werte. Diese Gleichgewichtswerte stellen sich in „sich selbst" überlassenen Systemen spontan ein und werden ohne äußeren Einfluss auch nicht wieder verlassen.

Die bei konstanter Temperatur auftretenden Gleichgewichtskonzentrationen (durch eckige Klammern angedeutet) der Ausgangsstoffe A, B, ... und Produkte X, Y, ... einer

Tab. 5.1 Stationäre Konzentrationen einiger Zwischenprodukte der Glykolyse in Ehrlich-Aszites-Tumorzellen bei pH 7 und 22 °C. Die Umsatzzeiten bezeichnen diejenige Zeitspanne, in der der gesamte Bestand des betreffenden Stoffs einmal umgesetzt ist. (Nach Hess 1963)

Zwischenprodukt	Stationäre Konzentrationen (Mol/g Frischgewicht)	Umsatzzeit (s)
Glucose-6-phosphat	2,10	8,5
Fructose-6-phosphat	0,48	1,7
Fructose-1,6-biphosphat	2,42	8,7
Glycerin-1-phosphat	1,63	3,0
1,3-Diphosphoglycerat	0,08	1,0
Phosphoenolpyruvat	0,39	0,7

reversiblen Reaktion

$$aA + bB + \ldots \leftrightarrow xX + yY + \ldots$$

sind durch das von GULDBERG und WAAGE (1867) gefundene Massenwirkungsgesetz

$$K = \frac{[X]^x \cdot [Y]^y \cdot \ldots}{[A]^a \cdot [B]^b \cdot \ldots}$$

definiert. Die Konstante K nennt man Gleichgewichtskonstante. Ein Katalysator (Enzym) hat keinen Einfluss auf die Lage des thermodynamischen Gleichgewichts, d. h. auf die Gleichgewichtskonstante K. Er beeinflusst lediglich die Einstell*zeit* des Gleichgewichts.

Auch im stationären Nichtgleichgewichtszustand offener Systeme nehmen die intensiven Zustandsvariablen zeitunabhängige, feste Werte an. Die sich im Fließgleichgewicht einstellenden **stationären Konzentrationen** können, ohne dass alle Reaktionen reversibel zu sein brauchen (Beispiel: Glykolyse, Tab. 5.1), erheblich von den Gleichgewichtskonzentrationen abweichen. Für die Reaktionskette

$$A \rightarrow X_1 \rightarrow X_2 \rightarrow X_3 \rightarrow \ldots \rightarrow X_n \rightarrow B$$

muss im Fall des Fließgleichgewichts gelten, dass die Ableitungen der Konzentrationen (durch eckige Klammern gekennzeichnet) zur Zeit verschwinden:

$$d[X_1]/dt = d[X_2]/dt = d[X_3]/dt = \ldots = d[X_n]/dt = 0.$$

Da sich Neubildung und Verbrauch im Gleichgewicht die Waage halten, gilt

$$d[X_2]/dt = 0 = k_1[X_1] - k_2[X_2]; \text{ d. h. } k_1[X_1] = k_2[X_2]$$

mit k_i = Geschwindigkeitskonstanten

und allgemein

$$k_1[X_1] = k_2[X_2] = k_3[X_3] - \ldots - k_n[X_n].$$

Das bedeutet, dass im Fließgleichgewicht die Umwandlungsgeschwindigkeiten $v_i =$ k_i [X_i] untereinander gleich sind, nicht aber die stationären Konzentrationen.

Bei vielen **Reaktionsketten** im Stoffwechsel der Zellen weichen die stationären Konzentrationen der Zwischenprodukte erheblich von den Gleichgewichtswerten ab. Sie sind umso kleiner, je größer die spezifische Geschwindigkeitskonstante k_i seiner Umwandlung ist. Durch einen Katalysator (Enzym, s. Abschn. 7.8), der die Umsatzrate verändert, kann also die stationäre Konzentration eines Zwischenprodukts im offenen System im Gegensatz zu den Gleichgewichtskonzentrationen abgeschlossener Systeme (s. o.) erheblich verändert werden.

Die Geschwindigkeit der gesamten Reaktionskette wird durch denjenigen Reaktionsschritt bestimmt, der am langsamsten abläuft. Man bezeichnet diese Reaktion deshalb als **Schrittmacherreaktion**. Vor dieser Reaktion liegen die Zwischenprodukte in hoher, dahinter in geringer Konzentration vor. Änderungen der Gesamtgeschwindigkeit der Reaktionskette beruhen i. d. R. auf einer Beeinflussung der die Schrittmacherreaktion steuernden Faktoren. Es ist für den Organismus von großer Bedeutung, dass der Durchlauf durch eine Reaktionskette und damit die stationären Konzentrationen der beteiligten Stoffe gesteuert und den jeweiligen Bedürfnissen angepasst werden kann. Dem Organismus stehen dazu verschiedene Steuermechanismen zur Verfügung (s. Abschn. 7.9).

Systeme im thermodynamischen Gleichgewicht können weder Arbeit aus sich heraus leisten, noch benötigen sie Energie zur Aufrechterhaltung ihres Zustands. Arbeitsfähig ist ein System nur so lange, wie es sich *nicht* im Gleichgewicht befindet und auf die Gleichgewichtslage hinstrebt. Damit ein System arbeitsfähig bleibt, muss deshalb verhindert werden, dass es die thermodynamische Gleichgewichtslage erreicht, was den Zusammenbruch des Systems bedeuten würde. Das ist in lebendigen Systemen dadurch möglich, dass die im System ständig auftretenden stofflichen und energetischen Verluste ebenso ständig wieder durch Aufnahme von Stoffen und Energie kompensiert werden. Das Gleichgewicht wird dann zwar dauernd angestrebt, aber nie erreicht. So ist es zu erklären, dass die Lebewesen ständig in der Lage sind, Arbeit zu leisten, aber auch ständig zu ihrer Aufrechterhaltung Energie benötigen: Basal- bzw. Standardstoffwechsel.

Der thermodynamisch offene Charakter lebendiger Systeme ist zwar eine notwendige, aber keineswegs hinreichende Bedingung für die Existenz des Lebens. Offene Systeme sind auch im Anorganischen nicht selten. Seit HERAKLIT von Ephesos vergleicht man das Leben gern mit einer **Flamme**. Bei Ernst HAECKEL heißt es (Haeckel 1904, S. 32): „Unter allen Erscheinungen der anorganischen Natur, die man mit dem organischen Lebensprozess vergleichen kann, ist keine äußerlich ähnlich und so innerlich verwandt, wie die Flamme." Die Kerzenflamme repräsentiert ein offenes System im stationären Nichtgleichgewichtszustand auf der Grundlage eines mit einem Stoffumsatz verbundenen Stoffstroms. Paraffin und Sauerstoff treten in das System ein, reagieren im Prozess der Verbrennung miteinander, und die Produkte CO_2 und H_2O verlassen das System wieder (Abb. 5.1). Das System „Flamme" entspricht damit einem stationären **Durchflusssystem**, aber nicht einem Organismus. Es ist ein „katabolisches" System, dem ein Anabolismus vollständig fehlt. Die mit dem Paraffin in das System eintretende chemische Energie wird

Abb. 5.1 Die Kerzenflamme als offenes System im Fließgleichgewicht. (Aus Kaplan 1972, verändert)

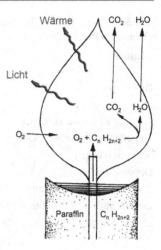

im Prozess der Verbrennung vollständig in Wärme überführt und verlässt in dieser Form das System wieder. Sie – oder nur ein Teil von ihr – wird nicht dazu verwendet, das System in seiner Spezifik zu erhalten.

Dasselbe gilt übrigens auch für ein zellfreies System, das aus einer RNA-Matrize, aktivierten Ribonukleotiden (Ribonukleosidtriphosphaten) und einer $Q\beta$-Replikase besteht und die RNA *in vitro* – wenn auch zum Teil fehlerhaft – zu replizieren vermag (sog. **Spiegelman-Experiment**, Abb. 7.1; Spiegelman 1970, S. 927–945). Es trifft nicht zu, wenn behauptet wird, dass dieses System bereits „alle wesentlichen Funktionen einer lebenden Zelle" zeige, die zuvor als Metabolismus, Selbstreproduktion und Mutagenität definiert wurden (Eigen und Winkler 1973/74, S. 58). Ein solches System steht in seiner Dynamik einer Kerzenflamme näher als einer lebenden Zelle. Sie beschränkt sich auf die exergone RNA-Synthese aus aktivierten, d. h. energiereichen Bausteinen. Ein echter Metabolismus fehlt ebenso wie eine Individualität des Systems und damit auch eine Fortpflanzung.

5.3 Selbsterneuerungsraten

Mithilfe radioaktiver Markierungen gelingt es, die biologischen **Umsatzraten** („*turnover*") direkt zu bestimmen. Sie sind sehr unterschiedlich hoch. Unter der Voraussetzung, dass die pro Zeiteinheit durch neue Moleküle ersetzte Menge markierter Teilchen der noch vorhandenen Menge N proportional ist, gilt

$$-\frac{dN}{dt} = \mu N.$$

Diese Gleichung lässt sich nach Umformung in $\frac{dN}{N} = -\mu dt$ leicht integrieren:

$$\ln N = -\mu t + \text{Konst.}$$

Tab. 5.2 Einige Halbwertszeiten verschiedener Körpersubstanzen bei der Ratte und beim Menschen. (Aus Penzlin 2005)

Substanz	Halbwertzeiten bei der Ratte	Halbwertzeiten beim Menschen
Blutzucker	19 min	
Leberglykogen	20–24 h	
Gesättigte Fettsäuren, Leber	20–24 h	
Ungesättigte Fettsäuren, Leber	40–50 h	
Muskelglykogen	3–4 d	
Depotfett	16–20 d	
Eiweiß-Stickstoff (gesamt)	17 d	80 d
Eiweiß-Stickstoff (Blutplasma und Leber)	5–6 d	8–10 d
Eiweiß-Stickstoff (Haut und Muskulatur)	Bis 21 d	158 d

Soll zum Zeitpunkt $t = 0$ die Anzahl der Moleküle N_0 betragen, so erhält die Konstante den Wert $\ln N_0$:

$$\ln N - \ln N_0 = -\mu t,$$

$$\ln \frac{N}{N_0} = -\mu t,$$

$$N = N_0 \cdot e^{-\mu t}.$$

N_0 ist die Menge der im untersuchten Organ (Organismus) eingebauten markierten Moleküle zum Zeitpunkt $t = 0$ (Versuchsbeginn) und N_t diejenige zum Zeitpunkt t. μ ist die biologische Ausscheidungskonstante (Umsatzgeschwindigkeit = Turnover-Rate im stationären Zustand). Sie entspricht $1/\tau$, wobei τ als **mittlere biologische Verweildauer** (Umsatzzeit = Turnover-Zeit im stationären Zustand) bezeichnet wird.

Die **biologische Halbwertszeit** $T_{1/2}$ – das ist diejenige Zeitspanne, in der die Hälfte einer betrachteten Substanzmenge im Tierkörper, in einem Organ oder in einer Zelle bereits wieder durch neue Moleküle ersetzt worden ist – errechnet sich dann wegen

$$\frac{N_0}{2} = N_0 e^{-\mu T_{1/2}}$$

zu

$$T_{1/2} = \ln 2/\mu = \ln 2 \cdot \tau = 0{,}6931 \cdot \tau.$$

Sie dient als Maß des Umsatzes und ist von Tier zu Tier, von Gewebe zu Gewebe und von Stoff zu Stoff sehr unterschiedlich hoch.

Einige Umsatzraten für Eiweiße (**Protein-Turnover**) sind in der Tab. 5.2 zusammengestellt. Die menschlichen Blutzellen nutzen etwa 35 % ihres Energiebudgets für ihren Protein-Turnover (Siems et al. 1992, S. 61–66). Besonders niedrige Halbwertszeiten (hohe Umsatzraten) zeigt das Lebereiweiß. Beim Menschen hat man Werte zwischen 8 und

Tab. 5.3 Abhängigkeit der Halbwertszeiten zytoplasmatischer Proteine von ihrem N-terminalen Aminosäurerest. Dieses Verhalten ist bei Bakterien, Hefen und Säugetieren überraschend ähnlich, scheint also eine frühe Errungenschaft der Evolution zu sein. (Aus Bachmair et al. 1986, S. 179)

N-terminale Aminosäure	Halbwertzeit (Stunden)	N-terminale Aminosäure	Halbwertzeit (Minuten)	N-terminale Aminosäure	Halbwertzeit (Minuten)
Methionin	>20	Isoleucin	Etwa 30	Leucin	Etwa 3
Glycin	>20	Glutamat	Etwa 30	Phenylalanin	Etwa 3
Alanin	>20	Tyrosin	Etwa 10	Aspartat	Etwa 3
Serin	>20	Glutamin	Etwa 10	Lysin	Etwa 3
Threonin	>20	Prolin	Etwa 7	Arginin	Etwa 2
Valin	>20				

10 Tagen gemessen. Bei der Ratte liegen die Werte mit 5–6 Tagen entsprechend ihrer höheren Stoffwechselrate noch niedriger. Außerordentlich langsam erfolgt der Eiweißumsatz in der Schwanzmuskulatur und in der Hämolymphe (Hämocyanin) des Flusskrebses. Die Proteine in den Faserzellen der Augenlinse der Säugetiere, die sog. Kristalline, unterliegen während des gesamten Zellenlebens überhaupt keinem Turnover. Ein 70 kg schwerer Mensch synthetisiert etwa 70 g Protein-Stickstoff pro Tag. Der Gesamtstickstoff beträgt etwa 900 g. So beläuft sich die Protein-Turnoverrate auf etwa 8 % pro Tag.

Hintergrundinformationen

Alexander VARSHAVSKY (Nobelpreis 2004) entdeckte, dass die Halbwertszeiten zytoplasmatischer Proteine von ihren N-terminalen Aminosäuren bestimmt werden (N-Terminusregel; Bachmair et al. 1986, S. 179–186). Proteine mit N-terminalem Asparagin, Arginin, Leucin, Lysin oder Phenylalanin haben nur Halbwertszeiten von 2–3 Minuten, während solche mit N-terminalem Alanin, Glycin, Methionin, Serin, Threonin oder Valin Halbwertszeiten von > 10 Stunden bei Prokaryoten und > 20 Stunden bei Eukaryoten aufweisen (Tab. 5.3).

Um den ständigen Zerfall und Wiederaufbau unter den Bedingungen der herrschenden Temperaturen mit der notwendigen Geschwindigkeit zu gewährleisten, sind unzählige Katalysatoren für die vielen metabolischen Reaktionen erforderlich. Diese Funktion erfüllen spezielle Proteine und Proteide, die **Enzyme**, die selbst auch einem Turnover unterliegen. Ihre Halbwertszeiten sind i. d. R. sogar relativ klein (Tab. 5.4). Sie sorgen für eine Steigerung der Reaktionsgeschwindigkeit ohne gleichzeitig die thermodynamische Gleichgewichtslage der betreffenden Reaktion zu verändern (s. Abschn. 7.8). Die Steigerungsraten relativ zur nichtkatalysierten, spontanen Reaktion liegen zwischen 10^8 und 10^{20}. Trotzdem verlaufen nur wenige Stoffwechselreaktionen unter den im Organismus herrschenden Bedingungen so schnell ab, dass die durch das Massenwirkungsgesetz definierten Gleichgewichtskonzentrationen tatsächlich erreicht werden.

Einen besonders schnellen und kontrollierten Abbau erfordern **Botenstoffe** wie Hormone, Parahormone, Transmitter etc. Sie können ihre Funktion nur erfüllen, wenn nach ihrer Ausschüttung auch dafür gesorgt wird, dass sie mehr oder weniger schnell wieder

Tab. 5.4 Halbwertszeiten einiger Enzyme aus der Rattenleber. (Aus Dice und Goldberg 1975, S. 214)

Enzym	Halbwertzeit (Stunden)	Enzym	Halbwertzeit (Stunden)
Kurzlebige Enzyme		*Langlebige Enzyme*	
Ornithindecarboxylase	0,2	Aldolase	118
RNA-Polymerase I	1,3	Glycerinaldehyd-3-phosphat-Dehydrogenase	130
Tyrosin-Aminotransferase	2,0	Cytochrom *b*	130
Serin-Dehydratase	4,0	Lactatdehydrogenase	130
Phosphoenolpyruvatcarboxylase	5,0	Cytochrom *c*	150

verschwinden. Im Fall der Proteine geschieht das in einer zentralen Proteolyse-Maschinerie (**Ubiquitin-Proteasom-System**; Fuchs et al. 2008, S. 168–174; s. Abschn. 7.5), über die mehr als 90 % der intrazellulären Proteine prozessiert, aktiviert, inaktiviert oder abgebaut werden. Es handelt sich dabei um eine zentrale Regulationseinheit, über die insbesondere solche kurzlebigen Proteine, die bei der Regulation verschiedener zellulärer Vorgänge eine wichtige Rolle spielen, abgebaut oder durch proteolytische Prozessierung in ihrer Aktivität verändert werden können. Dieses System arbeitet im Unterschied zu den Lysosomen, was sehr wichtig ist, *selektiv* und endergonisch.

Entsprechendes gilt selbstverständlich auch für die **Messenger-Ribonukleinsäuren** (mRNA; s. Abschn. 9.5). Ihre Halbwertszeiten sind immer dann sehr kurz, wenn die von ihnen codierten Proteine nur während kurzer Zeiträume, dann aber in größeren Mengen, exprimiert werden müssen. Während die mRNA-Halbwertszeiten bei *Escherichia coli* (Generationsdauer 20–60 min) zwischen 2 und 10 Minuten liegen, misst man bei eukaryotischen Zellen (Generationsdauer 16–24 Stunden) Halbwertszeiten zwischen 30 Minuten (Histon-mRNA) und 24 Stunden.

Die **DNA** nimmt insofern eine Sonderstellung in der Zelle ein, weil sie nicht *in toto* neu synthetisiert, sondern nur durch Replikation vermehrt werden kann. Dabei würden jedoch die auch bei ihnen mit der Zeit nicht ausbleibenden Molekülschäden nicht beseitigt, sondern, im Gegenteil, weitergegeben und vermehrt werden, was für die Integrität des Gesamtsystems Zelle tödlich wäre. Die Erhaltung der genetischen Invarianz kann deshalb nur durch leistungsfähige DNA-**Reparaturmechanismen** erreicht werden, die für die RNA und die Proteine nicht zur Verfügung stehen.

5.4 Entropie und Ordnung

„Der Ablauf der Lebensvorgänge in einem Organismus", schrieb Erwin SCHRÖDINGER (Schrödinger 1952, S. 109), „zeigt eine bewundernswerte Regelmäßigkeit und Ordnung, die in der unbelebten Materie nicht ihresgleichen findet." Dieses Verhalten der Organis-

Abb. 5.2 Das Verhalten eines isolierten Systems in Gleichgewichtsnähe: Es strebt dem thermodynamischen Gleichgewichtszustand zu, wobei die Entropie S ein Maximum erreicht und die Entropieproduktion P ($= dS/dt$) Null wird. a_k ist ein physikalischer Parameter des Systems. (In Anlehnung an Ebeling 1976)

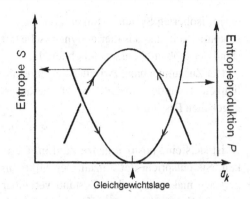

men widerspricht allem, was man in der anorganischen Welt beobachtet hat, wo, um mit William THOMSON (1852) zu sprechen, „eine universelle Tendenz zur Degradation der [...] Energie" herrscht.

Der deutsche Physiker Rudolph CLAUSIUS wies darauf hin, dass es Prozesse gibt, bei denen die Energie zwar erhalten bleibt (Erfüllung des ersten Hauptsatzes), ihre Umkehr aber unmöglich ist. Er führte in diesem Zusammenhang den Begriff der **Entropie** ein und erläuterte, dass sie durch irreversible Vorgänge im System erzeugt werde, also nur zunehmen, positive Werte annehmen könne und im Grenzfall – bei reversibler Führung des Prozesses – unverändert bleibe.

Isolierte Systeme „entwickeln" sich spontan in Richtung auf ihr thermodynamisches Gleichgewicht, das als Zustand maximaler Entropie S

$$dS/dt = P \text{ (Entropieproduktion)} = 0$$

gekennzeichnet werden kann (Abb. 5.2). Damit wurde die Entropie, wie es PRIGOGINE einmal formulierte, zu einem „Indikator der Entwicklung" oder – im Sinn EDDINGTONs – zum „Zeitpfeil": „Für alle isolierten Systeme ist die Zukunft die Richtung der zunehmenden Entropie" (Prigogine und Stengers 1986, S. 128; Entropiesatz, zweiter Hauptsatz der Thermodynamik).

Seit CLAUSIUS' Zeiten hat der Entropiebegriff auch in verschiedenen wissenschaftlichen Disziplinen außerhalb der Physik, darunter in der Technik, Informationstheorie, Chemie und Biologie, breite Anwendung gefunden, allerdings nicht immer mit gleichem Bezug. So musste Ilya PRIGOGINE, einer der Pioniere auf dem Gebiet der irreversiblen Thermodynamik, seinen 1989 in Dortmund am Max-Planck-Institut für Ernährungswissenschaften gehaltenen Vortrag „*What is entropy?*" mit der Feststellung einleiten: „*A very strange concept*" (Prigogine 1989, S. 1–8). An dieser Situation hat sich bis heute nicht viel geändert.

Ludwig BOLTZMANN, James Clerk MAXWELL und Josiah Willard GIBBS gaben der Entropie einen **statistischen Sinn**. Sie interpretierten die irreversible Entropiezunahme als Ausdruck einer wachsenden molekularen Unordnung. Die spontanen Änderungen in einem isolierten System erfolgen demnach in Richtung auf Zustände wachsender Wahrscheinlichkeit, und das thermodynamische Gleichgewicht stellt den makroskopischen Zustand der größten Wahrscheinlichkeit dar.

Der Zusammenhang zwischen der Entropie S und der thermodynamischen Wahrscheinlichkeit W wurde von BOLTZMANN herausgearbeitet. Er lautet in der von Max PLANCK gegebenen Fassung:

$$S = k_B \cdot \ln W.$$

W ist stets eine positive ganze Zahl im Gegensatz zur mathematischen Wahrscheinlichkeit. Sie entspricht der Anzahl der Mikrozustände (Komplexionen), die mit einem gegebenen makroskopischen Zustand vereinbar sind. Durch die Boltzmann-Konstante k_B ($k_B = R / N_L = 1{,}381 \cdot 10^{-23}$ J K^{-1}) ist die Entropie explizit mit der Energie und Temperatur verbunden.

Auf GIBBS geht folgender Ausdruck für die Entropie (Mittelwert der Unbestimmtheit) zurück:

$$S = -k_B \sum p_i \ln p_i.$$

p_i ist die energieabhängige Wahrscheinlichkeit für das Auftreten des i-ten Mikrozustands. Für den Spezialfall, dass alle Mikrozustände gleich wahrscheinlich sind: $p_1 = p_2 = \ldots = p_w = 1/W$, ergibt sich obige Boltzmannsche Beziehung.

Da geordnete Zustände weniger wahrscheinlich sind als ungeordnete, weist der „Zeitpfeil" dieser probabilistisch interpretierten Entropie der Physiker in Richtung auf Zustände geringerer Ordnung, auf Homogenität, Ausgleich und Stabilität. Das Maximum der Entropie entspricht bei gegebenen Bedingungen dem Zustand geringster Strukturiertheit und höchster Unordnung.

5.5   Entropie und Leben

In Gegensatz zu dieser Tendenz im Anorganischen finden wir im Organischen eine nicht zu übersehende Tendenz zur Heterogenität, Diversifikation, Differenzierung und Labilität. „Angesichts der physikalischen Gesetze, die die makroskopischen Systeme lenken", schrieb Jacques MONOD, „schien die bloße Existenz von Lebewesen ein Paradoxon darzustellen" (Monod 1975, S. 34). Lebewesen verkörpern nicht nur Systeme mit sehr hoher potenzieller Energie im Vergleich zu Gleichgewichtssystemen derselben chemischen Zusammensetzung, sondern repräsentieren auch Systeme von hohem Ordnungsgrad (niedrigem Entropieniveau), der gegen alle störenden Tendenzen *aktiv* aufrechterhalten wird.

In jeder Generation entstehen aufs Neue hochstrukturierte Lebewesen im Prozess der Ontogenese durch Zellteilung, Musterbildung, Formveränderung, Zelldifferenzierung und Wachstum aus einer relativ unstrukturierten befruchteten Eizelle (s. Abschn. 5.9). Die Frage, wie die Entstehung geordneter Strukturen mit dem Entropiesatz (zweiter Hauptsatz) vereinbar sein könnte, hat Generationen von Biologen, Physikern und Philosophen beschäftigt. Vier verschiedene Antworten sind denkbar (Weizsäcker 1974, S. 201–203):

1. Auf die betreffenden Phänomene lässt sich der Entropiebegriff nicht anwenden. Diese Position vertrat beispielsweise Max PLANCK. Er lehnte eine Verwertung der Aussage des Entropiesatzes „für den Entwicklungsgedanken in der Biologie" als einen „ganz besonders unglücklichen Versuch" ab, „denn", so der große Physiker weiter, „das Ungeordnete, Gewöhnliche, Gemeine ist immer von vornherein wahrscheinlicher als das Geordnete, Vorzügliche, Hervorragende" (Planck 1944). Auch die Physiker BOLTZMANN, THOMPSON und HELMHOLTZ räumten durchaus die Möglichkeit ein, dass die Wahrscheinlichkeitsaussage des Entropiesatzes im Bereich des Lebendigen durchbrochen sein könnte.

2. Bei den betreffenden Phänomenen nimmt die Entropie tatsächlich ab, was bedeutet, dass sie dem zweiten Hauptsatz nicht unterworfen sind. Diese Position war in Kreisen der Vitalisten weit verbreitet. Der französische Philosoph Henri BERGSON sah im Leben ein übernatürliches Wesen, das er als „Kampf gegen die Entropie" definierte. In ähnlicher Weise ging der Jenaer Physiker Felix AUERBACH in seiner „Ektropie-Lehre" davon aus, dass das Leben „ein Instrument des Kosmos zum Kampf gegen die Entropie" sei. Er sah das Leben als Organisation an, „die sich die Natur im Kampf gegen die Entwertung der Energie geschaffen habe" (Auerbach 1917, S. 143).

3. Bei den betreffenden Phänomenen nimmt die Entropie gar nicht ab, wie allgemein vermutet wird, sondern in Wirklichkeit zu. Gestaltentwicklung ist damit eine direkte Konsequenz des zweiten Hauptsatzes. Diese Position nahm Carl Friedrich VON WEIZSÄCKER ein. Es wird von ihm in Zweifel gezogen, „dass Entropiewachstum notwendigerweise einen Strukturabbau" bedeuten müsse. Als Beispiel wird das Kristallwachstum genannt. Seine These lautet, „dass dort, wo Gestaltenwicklung tatsächlich vorkommt, bei genauer Definition der zugehörigen Entropie dem Wachstum der Vielzahl und Komplexität der Gestalten ein Wachstum und nicht eine Abnahme desjenigen Summanden der Entropie entspricht, der der Gestaltinformation zugeordnet ist."

4. Bei den betreffenden Ereignissen nimmt nur ein Summand der Entropie ab, was aber durch die Zunahme eines anderen Summanden überkompensiert wird, sodass der zweite Hauptsatz nicht verletzt ist.

Die Position der vierten Antwort ist diejenige, die heute weite Verbreitung gefunden hat. Die Entropieänderung beliebiger Systeme kann man mit PRIGOGINE in zwei Anteile unterteilen (Prigogine 1947; Abb. 5.3):

1. in die **Entropieproduktion** $d_i S$ im Innern des Systems aufgrund der dort ablaufenden irreversiblen Prozesse und

2. in den **Entropiefluss** $d_e S$ über die Grenzen des Systems ins System hinein oder aus ihm heraus:

$$dS = d_i S + d_e S.$$

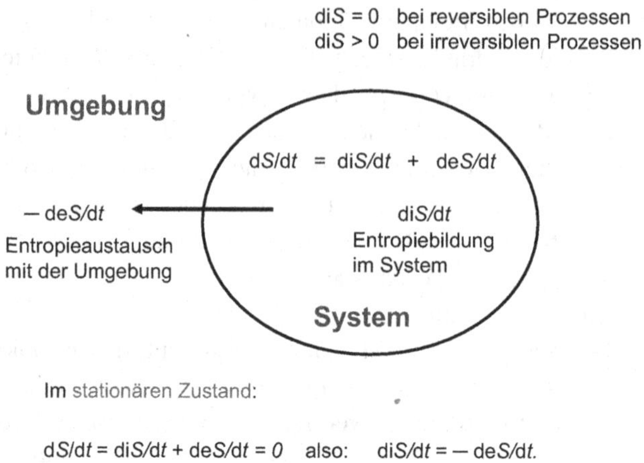

Abb. 5.3 Im offenen System setzt sich die Entropieänderung in der Zeit (dS/dt) aus zwei Anteilen zusammen, aus der Entropieproduktion im Innern des Systems ($d_i S/dt$, immer positiv) und dem Entropieaustausch zwischen dem System und der Umgebung ($d_e S/dt$, negativ bei Export, positiv bei Import). Im stationären Zustand ($dS = 0$) müssen sich beide Anteile die Waage halten: $d_i S/dt = -d_e S/dt$

diS = 0   bei reversiblen Prozessen
diS > 0   bei irreversiblen Prozessen

Umgebung

$dS/dt = diS/dt + deS/dt$

$-deS/dt$
Entropieaustausch
mit der Umgebung

diS/dt
Entropiebildung
im System

System

Im stationären Zustand:

$dS/dt = diS/dt + deS/dt = 0$ also: $diS/dt = -deS/dt$.

$d_i S$ kann nach dem klassischen Entropiesatz niemals negativ werden: $d_i S \geq 0$. Das bedeutet auch, dass Entropie zu keiner Zeit und an keinem Ort vernichtet werden kann.

$d_i S = 0$ bei reversiblen Prozessen
$d_i S > 0$ bei irreversiblen Prozessen

$d_e S$ kann dagegen in Abhängigkeit von der Flussrichtung sowohl positive (ins System hinein) als auch negative (aus dem System heraus) Werte annehmen. Im Fall eines abgeschlossenen Systems ist $d_e S = 0$.

Für den **stationären Nichtgleichgewichtszustand** offener Systeme muss die Ableitung der Entropie zur Zeit verschwinden:

$$\frac{dS}{dt} = \frac{d_i S}{dt} + \frac{d_e S}{dt} = 0 \quad \text{also:} \quad \frac{d_i S}{dt} = -\frac{d_e S}{dt}.$$

Das ist der mathematische Ausdruck dafür, dass die im Inneren des offenen Systems infolge der dort ablaufenden irreversiblen Prozesse eingetretene Zunahme an Entropie durch einen Abtransport in die Umgebung wieder kompensiert wird.

Betrachtet man das System zusammen mit seiner Umgebung, so gilt auch hier der Entropiesatz in seiner klassischen Form, dass nämlich die Gesamtentropie zugenommen hat. Denken wir uns beispielsweise ein *Escherichia*-Bakterium, das sich in einer Nährlösung, die Glucose und einige Mineralien enthält, vermehrt. Es kann sich im optimalen Fall alle 30 Minuten teilen, d. h. nach 12 Stunden könnten bereits $2^{24} = 16$ Millionen Zellen die Lösung bevölkern. Die kalorimetrische Analyse der thermodynamischen Bilanz würde ergeben, dass die Entropie im Gesamtsystem (Bakterien + Lösung) ordnungsgemäß zugenommen hat, und zwar mindestens in dem Maß, wie im gleichen Zeitraum die

Entropie in der sich entwickelten Population hochstrukturierter Bakterienzellen abgenommen hat.

Im thermodynamischen Sinn ist, wie bereits betont, jeder Organismus – ebenso wie jede einzelne Zelle – ein offenes System, in dem ständig irreversible, d. h. entropieerzeugende Prozesse, wie beispielsweise chemische Reaktionen, Wärme-, Massen- oder elektrische Ausgleichsströme etc., ablaufen. Der Preis, den jeder Organismus für seine Existenz zahlen muss, heißt Entropie. Bereits 1886 hat sich Ludwig BOLTZMANN, der ein glühender Verehrer DARWINS war, in einem Vortrag über den zweiten Hauptsatz der „Mechanischen Wärmetheorie" in ähnlicher Weise geäußert. Er sagte (zit. bei Broda 1980, S. 11): „Der allgemeine Daseinskampf der Lebewesen ist [...] nicht ein Kampf um die Grundstoffe, [...] auch nicht um Energie [...], sondern ein Kampf um die Entropie, welche durch den Übergang der Energie von der heißen Sonne zur kalten Erde disponibel wird. Diesen Übergang möglichst auszunutzen, breiten sich die Blätter aus und zwingen die Sonnenenergie in noch unerforschter Weise, ehe sie auf das Temperaturniveau der Erdoberfläche herabsinkt, chemische Synthesen auszuführen. [...] Die Produkte dieser chemischen Küche bilden das Kampfobjekt für die Tierwelt."

Im ausgewachsenen Zustand befindet sich der Organismus bzw. die einzelne Zelle – wenn man von gesetzmäßigen rhythmischen Schwankungen absieht – über längere Zeiträume hinweg angenähert in einem **stationären Zustand**. Das bedeutet, dass neben anderen intensiven Zustandsvariablen auch die Entropie konstant bleibt, was nur möglich ist, wenn ein nach außen in die Umgebung des Systems gerichteter Entropiestrom (Entropieexport) aufrechterhalten wird, der seinem Betrag nach der essenziellen inneren Entropieproduktion mindestens gleich sein muss. Das heißt, dass im System plus Umgebung die Entropie dem zweiten Hauptsatz entsprechend zunimmt oder – im ausgeglichenen Grenzfall – gleich bleibt:

$$\Delta S_{\text{System}} + \Delta S_{\text{Umgebung}} \geq 0.$$

Die entropieerzeugenden, irreversiblen Prozesse im Organismus haben einen doppelten Effekt. Sie schaffen auf der einen Seite Ordnung, um auf der anderen Seite mehr Unordnung zu hinterlassen. PRIGOGINE spricht deshalb auch gerne von der „konstruktiven Rolle" der irreversiblen Prozesse (Prigogine und Stengers 1985, S. 218).

Dieser notwendige **Entropieexport** beruht nach Werner EBELING im Wesentlichen auf drei Prozessen (Ebeling und Feistel 1982, S. 67–73): 1. Wärmeabgabe, 2. Stoffaustausch mit der Umgebung und 3. Stoffumwandlungen im Innern. Dass jeder Organismus Wärme an seine Umwelt abgibt, ist nicht nur eine lästige Folge der Energieumsetzungen in seinem Innern, sondern wesentlich, denn nicht zuletzt durch diesen Prozess entledigt er sich eines großen Teils seiner überschüssigen Entropie. Bei der Entwicklung eines Kükens aus einem Ei wird beispielsweise eine Wärmemenge von etwa 80 kJ und damit selbstverständlich Entropie an die Umgebung abgegeben (Flamm 1979, 225–239).

5.6   Systeme unter gleichgewichtsfernen Bedingungen

Das sog. Boltzmannsche Ordnungsprinzip (PRIGOGINE), nach dem sich selbst überlassene Systeme eine „Entwicklung" einschlagen, bei denen Differenzen ausgeglichen und Ungleichheiten beseitigt werden bei gleichzeitigem „Vergessen" der Ausgangsbedingungen, ist, wie bereits betont, für die Beschreibung des Verhaltens lebendiger Systeme untauglich. Es ist mit dem Leben nicht vereinbar, wo ständig Differenzen aufgebaut und aufrechterhalten, Verschiedenheiten geschaffen, Ordnungszustände produziert und bewahrt werden.

Das Paradoxon „CARNOT oder DARWIN" (Callois 1973, S. 198) konnte erst dann einer Lösung näher gebracht werden, als man damit begann, Systeme weitab vom Gleichgewicht, wo keine linearen Beziehungen zwischen den allgemeinen Flüssen und Kräften mehr bestehen, in ihrem Verhalten zu studieren, wie es v. a. durch Ilya PRIGOGINE und seine Schüler in Brüssel und Austin/Texas so erfolgreich geschehen ist (**Thermodynamik irreversibler Prozesse**). Es konnte gezeigt werden, dass sich Systeme auch unter gleichgewichtsfernen Bedingungen zu Dauerzuständen entwickeln können, die aber nicht mehr durch den Extremwert eines bestimmten Potenzials gekennzeichnet sind, also auch nicht mehr das „gegenüber Schwankungen immune", stabile Verhalten von Gleichgewichtssystemen zeigen.

Drängt man ein System durch Änderung der Randbedingungen aus seiner stabilen Gleichgewichtslage, so bleibt es zunächst noch innerhalb des **Gültigkeitsbereichs *linearer Ansätze*** zwischen den verallgemeinerten Kräften X_α (Gradienten) und Flüssen J_α (Strömen; Tab. 5.5)

$$J_\alpha = \sum_{\beta=1}^{m} L_{\alpha\beta} X_\beta \quad (\alpha = 1, \dots, m)$$

(allgemeine phänomenologische Gleichung, ONSAGER 1931) mit konstanten phänomenologischen Koeffizienten $L_{\alpha\beta}$ (Onsager 1931a, S. 405,1931b, S. 2265):

$$\frac{\partial L_{\alpha\beta}}{\mathrm{d}t} = 0,$$

wobei außerdem zwischen den phänomenologischen Koeffizienten $L_{\alpha\beta}$ das Onsagersche Reziprozitätstheorem

$$L_{\alpha\beta} = L_{\beta\alpha}$$

noch gültig ist.

Unter diesen drei Bedingungen und der zusätzlichen, dass keine mechanischen Flüsse (Konvektionen) stattfinden, gilt das **Minimalprinzip der Entropieproduktion** (Prigogine 1947):

$$\frac{\mathrm{d}}{\mathrm{d}t}\left(\frac{\mathrm{d_i}S}{\mathrm{d}t}\right) = \frac{\mathrm{d}P}{\mathrm{d}t} \leq 0 \quad \text{(Prigogine-Theorem)}.$$

Das heißt, die stationären Zustände, die sich in der Nähe des Gleichgewichts unter bestimmten Rahmenbedingungen einstellen können, sind nicht mehr durch ein Maximum an Entropie S und ein Verschwinden der Entropieproduktion P, sondern durch eine minima-

Tab. 5.5 Die verallgemeinerten Flüsse J und Kräfte X bei der Wärmeleitung und bei chemischen Reaktionen. P = Entropieproduktion

Vorgang	Verallgemeinerte Flüsse J	Verallgemeinerte Kräfte X	Entropieproduktion P $P = J \cdot X$
Wärmeleitung	Wärmefluss in x-Richtung pro Flächeneinheit: Q	$\dfrac{\partial}{\partial x}\left(\dfrac{1}{T}\right)$	$P = Q\dfrac{\partial}{\partial x}\left(\dfrac{1}{T}\right) \geq 0$
Chemische Reaktion	Umwandlungsrate v der i-ten Reaktion: v_i	Affinität der i-ten Reaktion dividiert durch die absolute Temperatur T: A_i / T	$P = \dfrac{1}{T}\sum_i A_i v_i \geq 0$

Abb. 5.4 Das Verhalten eines offenen (linearen) Systems in Gleichgewichtsnähe: Es strebt spontan einem Zustand entgegen, in dem die Entropieproduktion P möglichst klein ist, um in diesem Zustand minimaler Entropieproduktion zu verharren ($\mathrm{d}P = 0$), sofern sich die äußeren Bedingungen nicht mehr ändern: stationärer Zustand (In Anlehnung an Ebeling 1976)

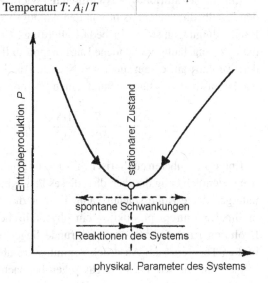

le Entropieproduktion charakterisiert. Die Entropieproduktion nimmt solange ab, bis sie ihren Minimalwert im stationären Zustand erreicht (Abb. 5.4).

außerhalb des stationären Zustands:

$$P = \frac{\mathrm{d}_i S}{\mathrm{d}t} > \mathrm{Min}; \quad \frac{\mathrm{d}P}{\mathrm{d}t} < 0 \quad \text{(sog. Evolutionsbedingung)}$$

im stationären Zustand:

$$P = \frac{\mathrm{d}_i S}{\mathrm{d}t} = \mathrm{Min}; \quad \frac{\mathrm{d}P}{\mathrm{d}t} = 0 \quad \text{(Stationaritätsbedingung)}$$

Hintergrundinformationen
Die Entropieproduktion eines Systems setzt sich generell aus der Summe der Produkte der an ihr beteiligten Flüsse J_i mit den mit ihnen korrespondierenden verallgemeinerten Kräften X_i zusammen (Kammer und Schwabe 1984, S. 77):

$$P = \sum_i J_i X_i.$$

Ist nur *ein* entropieerzeugender Fluss beteiligt (Tab. 5.5), so entfällt selbstverständlich das Summenzeichen. Ihr totales Differenzial lässt sich als Summe aus einem Anteil, der durch Variation der allgemeinen thermodynamischen Kräfte (bei konstantem Strömen), und einen anderen, der durch Variation der Flüsse (bei konstanten Kräften) hervorgerufen wird, schreiben:

$$\mathrm{d}P = \sum_i J_i \mathrm{d}X_i + \sum_i X_i \mathrm{d}J_i \equiv \mathrm{d}_X P + \mathrm{d}_J P.$$

Ein solcher **stationärer Nichtgleichgewichtszustand** im *linearen* Bereich hängt von den Randbedingungen, nicht von den Anfangsbedingungen ab und ist bei unveränderten Randbedingungen stabil. Er bedarf allerdings zu seiner Aufrechterhaltung Energie. Die damit zwangsläufig verbundene Entropieproduktion geht also nicht auf Null zurück, sondern verharrt auf einem niedrigen Niveau. Das bedeutet, dass der Entropieüberschuss – wie bereits betont – ständig durch einen Entropieexport entsorgt werden muss.

$$\frac{\mathrm{d}S}{\mathrm{d}t} = \frac{\mathrm{d}_\mathrm{i}S}{\mathrm{d}t} + \frac{\mathrm{d}_\mathrm{e}S}{\mathrm{d}t} = 0 \quad \text{also:} \quad \frac{\mathrm{d}_\mathrm{i}S}{\mathrm{d}t} = -\frac{\mathrm{d}_\mathrm{e}S}{\mathrm{d}t}$$

Entgegen früheren euphorischen Äußerungen (Stoward 1962, S. 977–978), ist man sich heute ziemlich einig darüber, dass dieses Prigogine-Theorem im Lebewesen nur eine sehr untergeordnete Rolle spielen kann. Es war durchaus verlockend, in dem Theorem der minimalen Entropieproduktion ein physikalisches Ökonomieprinzip zu sehen, das der Evolution lebendiger Systeme zugrunde liegen könnte. Eine solche Stabilität, wie sie in dem Theorem zum Ausdruck kommt, wäre aber mit der Herausbildung immer neuer Strukturen, wie wir sie im Organischen beobachten können, nicht vereinbar. Sie offenbart, im Gegenteil, geradezu eine Entwicklungsfeindlichkeit.

Bei weiterer **Entfernung vom Gleichgewichtszustand** durch Änderung der Randbedingungen werden Zustände erreicht, bei denen irreversible Prozesse auftreten, die nicht mehr den linearen Ansätzen entsprechen. Unter diesen Bedingungen der *Nichtlinearität* sind, wie GLANSDORFF und PRIGOGINE zeigen konnten, Instabilitäten möglich, die in einen neuen stationären Zustand mit räumlichen, zeitlichen oder raumzeitlichen Strukturen einmünden können (Ebeling und Feistel 1982, S. 42). Dieser Zustand lässt sich allerdings nicht mehr durch den Extremwert eines bestimmten Potenzials (maximale Entropie in abgeschlossenen Systemen im Gleichgewicht oder minimale Entropieproduktion im stationären Zustand offener Systeme in Gleichgewichtsnähe) charakterisieren. Er zeigt deshalb auch nicht mehr das stabile Verhalten „immun" gegenüber Fluktuationen, wie wir es von Systemen im oder in der Nähe des Gleichgewichts kennen.

Bei diesem stationären Zustand nimmt nicht mehr die Entropieproduktion P insgesamt, sondern nur noch derjenige Anteil, der durch Variation der allgemeinen thermodynamischen Kräfte X_i (bei konstanten allgemeinen Strömen J_i) verursacht wird, einen Minimalwert an:

$$\delta_x P / \mathrm{d}t \leq 0 \quad \text{(sog. universelles Evolutionskriterium).}$$

Abb. 5.5 Stationäre Zustände offener Systeme fernab vom thermodynamischen Gleichgewicht. Positive Abweichungen der Entropieproduktion bei konstanten Flüssen ($\delta_X P > 0$) vom stationären Zustand werden automatisch kompensiert (universelles Evolutionskriterium). Bei negativen Abweichungen wird das System dagegen instabil. Der stationäre Zustand (I) wird verlassen und kann in einen neuen stationären Zustand (II) mit geringerer innerer Entropie einmünden. (Nach Schuster 1982)

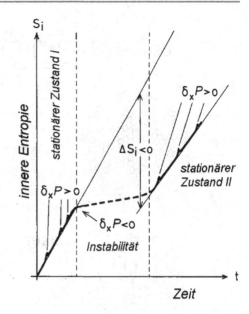

Die Entwicklung eines beliebigen makroskopischen Systems mit zeitlich konstanten Randbedingungen erfolgt somit immer nach den Bedingungen (Kammer und Schwabe 1984, S. 78):

$$\delta_X P / \mathrm{d}t < 0 \quad \text{(sog. Evolutionsbedingung)},$$

$$\delta_X P / \mathrm{d}t = 0 \quad \text{(Stationäritätsbedingung)}.$$

Die Entropieproduktion ist nicht mehr insgesamt minimal, sondern nur derjenige Teil, der durch die Variation der Kräfte bestimmt wird.

Da sich die Entropieproduktion auch durch Variation der Ströme (bei konstanten allgemeinen Kräften) verändern kann, ist die Stabilität des Zustands durch das universelle Evolutionskriterium nicht mehr gesichert. Eine Störung ist nicht mehr zwangsläufig mit einer Erhöhung von $\delta_x P$ verbunden, die durch die mit der Erhöhung automatisch verbundene rückstellende Kraft mehr oder weniger schnell kompensiert werden würde, sondern kann auch in einer Erniedrigung bestehen. In dem Fall, der beispielsweise bei autokatalytischen Prozessen auftritt, wird das System instabil. Der stationäre Zustand wird verlassen und kann unter Entropieabnahme in einen neuen stationären Zustand mit geringerer innerer Entropie einmünden (Abb. 5.5).

5.7 Dissipative Strukturen

PRIGOGINE bezeichnete solche makroskopische Strukturen, die vom Zustand des thermodynamischen Gleichgewichts durch Instabilitäten getrennt sind, als „dissipativ", weil sie durch dissipative (entropieerzeugende) Prozesse aufrechterhalten werden müssen. **Dissi-**

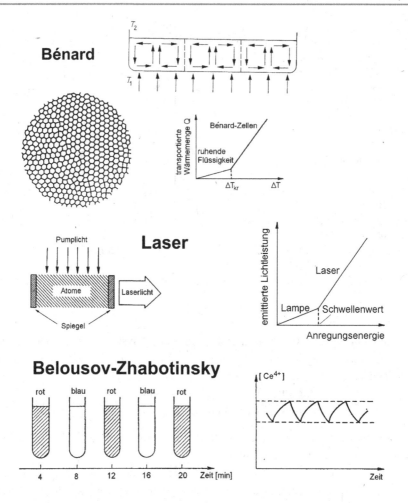

Abb. 5.6 Drei Beispiele dissipativer Strukturen: Die „Bénard-Rollzellen", der Laser und die Belousov-Zhabotinsky-Reaktion

pative Strukturen können deshalb im Gegensatz zu den Gleichgewichtsstrukturen nur durch Austausch von Energie und, in anderen Fällen, auch von Stoffen mit der Umgebung aufrechterhalten werden. Beispiele dafür sind die Bénard-Zellen, die Belousov-Zhabotinsky-Reaktion oder auch der Laser (Abb. 5.6). Sie entstehen als Reaktion auf überkritische *externe* „**Zwangsbedingunge**n" (PRIGOGINE; Nicolis und Prigogine 1987, S. 88). Bei den Bénardschen „Rollzellen" ist die treibende Kraft ein Temperaturgradient, bei den zeitlichen bzw. räumlichen Oszillationen einer Belousov-Zhabotinsky-Reaktion sind es Konzentrationsgefälle und beim Laser ist es die „Pumpenergie".

Die **Bénardschen „Rollzellen"** (Abb. 5.6) entstehen in einer horizontalen Flüssigkeitsschicht (z. B. Silikonöl), die von unten erhitzt wird. Bei unterkritischen Temperaturgradienten (Gleichgewichtsnähe) verharrt die Flüssigkeit in Ruhe. Die Wärme fließt durch Konduktion dem Gradienten folgend vertikal durch die Schicht. Oberhalb einer kritischen Temperaturdifferenz treten nichtlineare Effekte auf, die Wärmeleitung wird instabil, das System geht in einen neuen, stabilen Zustand über. Es erscheinen charakteristische makroskopische, hexagonale „Rollzellen" bestimmter Größe, in denen die Wärme jetzt mit höherer Effektivität durch Konvektion transportiert wird. Das bedeutet, dass sich mehr als etwa 10^{21} Moleküle in jeder Rollzelle kohärent verhalten. Im Zentrum jeder Zelle steigt die Flüssigkeit auf, breitet sich auf der Oberfläche der Flüssigkeitsschicht aus und sinkt am Rand der Zellen wieder ab. Das gesamte System zeigt einen höheren Ordnungsgrad als vorher, der durch den Energieaustausch mit der Umgebung aufrechterhalten und stabilisiert wird. Es handelt sich um eine typische dissipative Struktur im Sinn PRIGOGINES. Der gesamte Entropiestrom durch die Grenzflächen des Systems berechnet sich zu (Ebeling und Feistel 1982, S. 107):

$$\frac{\mathrm{d}_e S}{\mathrm{d}t} = \frac{q}{T_1} - \frac{q}{T_2} = q\,\frac{T_2 - T_1}{T_2 \cdot T_1} < 0.$$

Das bedeutet: Das System exportiert im stationären Fall genau so viel Entropie, wie in seinem Innern durch Leitungs- und Reibungsverluste entsteht. Bliebe noch zu ergänzen, dass das Auftreten der Rollzellen beim Überschreiten eines kritischen ΔT-Werts zwangsläufig, also deterministisch ist.

Für das Auftreten dissipativer Strukturen ist die Offenheit des Systems zwar eine notwendige, aber noch nicht hinreichende Bedingung. In **chemischen Reaktionssystemen**, die den Biologen besonders interessieren, müssen neben der Offenheit des Systems folgende Bedingungen erfüllt sein (Jetschke 1983, S. 73–92):

1. Genügender Abstand von der thermodynamischen Gleichgewichtslage
2. Auftreten von Nichtlinearitäten der inneren Dynamik durch autokatalytische Prozesse
3. Kooperativität der Mikroprozesse
4. Auftreten geeigneter Fluktuationen

In diesem Zusammenhang hat die Anfang der 50er-Jahre des vergangenen Jahrhunderts von dem russischen Chemiker Boris P. BELOUSOV erstmals beschriebene und von seinem Landsmann Anatol ZHABOTINSKY genauer analysierte sog. **Belousov-Zhabotinsky-Reaktion** starke Beachtung gefunden (Zhabotinsky 1974; Epstein 1984, S. 187). Bei der Reaktion wird in vielen Teilschritten Malonsäure durch Kaliumbromat in schwefelsaurer Lösung bei Gegenwart von Cer-Ionen oxidiert. Nach Zugabe des Ferroitin-Indikators (rot bei Überschuss von Ce^{3+}, blau bei Überschuss von Ce^{4+}) kann man bei bestimmter Zusammensetzung des Reaktionsgemischs beobachten, wie sich in einer Petrischale (quasi-zweidimensionale Schicht von weniger als 1 mm Tiefe) blaue „Erregungswellen" in der roten Lösungsschicht in Form konzentrischer Kreise oder auch rotierender Spiralen ausbreiten. Im Gegensatz zu den stationären Mustern (sog. Turing-Muster) haben wir es hier – und das macht sie auch für den Biologen besonders interessant – mit wandern-

Abb. 5.7 Ring- und Spi-
ralwellen, wie sie bei der
Belousov-Zhabotinsky-Re-
aktion auftreten (**a**; nach
Winfree 1972), im Vergleich
zu den konzentrischen Kreisen
und Spiralen aggregierender
Myxamöben des Schleimpilzes
Dictyostelium discoideum (**b**;
nach Newell aus Nicolis und
Prigogine 1987), die *hell*, während die ruhenden Myxamöben
dunkel erscheinen

Belousov-Zhabotinsky   *Dictyostelium discoideum*

den, raumzeitlichen Strukturen unter Nichtgleichgewichtsbedingungen zu tun. Analogien zu verschiedenen biologischen Phänomenen tun sich hier auf (Abb. 5.7; Müller 1994, S. 227–245).

Es hat – insbesondere von physikalischer Seite – nicht an Versuchen gefehlt, die Theorie der dissipativen Strukturen durch Einbeziehung der biologischen Evolution zum allgemeinen Entwicklungsprinzip in der Natur zu erheben, worauf schon die Kennzeichnung des Prigogine-Theorems als „universelles Evolutionskriterium" (s. Abschn. 5.6) hinweist. Hier sind neben PRIGOGINE (Nicolis und Prigogine 1987) insbesondere die Schriften von Manfred EIGEN (Eigen und Winkler 1975), Werner EBELING (Ebeling 1990) und Hermann HAKEN (Haken 1981; Haken und Haken-Krell 1989) zu nennen.

Dabei wird von Werner EBELING die Evolution „als eine unbegrenzte Folge von Prozessen der Selbstorganisation" aufgefasst: Durch zeitliche Änderungen von Rand- oder auch inneren Bedingungen kann der jeweilige Evolutionszustand n eines Systems aus seiner relativ stabilen Lage herausgedrängt werden. Das System reagiert mit dynamischen Selbstorganisationsprozessen, die schließlich in einen neuen Ordnungs-(Evolutions-)zustand $(n+1)$ einmünden. Im Sinn einer strikten Orthogenese geht EBELING darüber hinaus davon aus, dass durch jeden dieser Selbstorganisationsprozesse in Folge das System auf eine „höhere Evolutionsstufe" gehoben wird (Spiralstruktur des Gesamtprozesses), was mit Sicherheit nicht generell zutrifft (s. Abschn. 4.4).

Die Frage, die sich hier stellt, ist, ob die sich bei oberflächlicher Betrachtung zeigenden *Analogien* zwischen Evolutionsprozessen und den Phasenübergängen der Thermodynamik tatsächlich einer tiefergehenden Analyse standhalten. Das muss in Zweifel gezogen werden, weil die Population als System auf Änderungen ihrer Randbedingungen in Form äußerer Lebensbedingungen (Selektionsdruck) überhaupt nicht aktiv „reagiert", nicht mit einer höheren Mutationsrate und schon gar nicht mit gerichteten Mutationen, sondern ihnen völlig passiv ausgesetzt ist. Der Genpool der Population ändert sich schrittweise in seiner Zusammensetzung (Anpassung) nicht aufgrund eines internen Selbstorganisationsprozesses, sondern aufgrund der stattfindenden Selektion (s. Abschn. 4.6).

5.8 Biologische dissipative Strukturen

Die Existenz lebendiger Systeme ist nur in Bereichen fernab vom thermodynamischen Gleichgewicht möglich, wo nichtlineare Beziehungen zwischen den allgemeinen thermodynamischen Kräften X_i und Flüssen J_i herrschen. Die oben genannten Bedingungen für das Auftreten dissipativer Strukturen in chemischen Reaktionssystemen sind in lebendigen Systemen erfüllt:

1. Es sind offene Systeme, denn sie unterhalten einen ständigen Stoff- und Energieaustausch mit ihrer Umgebung.
2. Sie existieren unter gleichgewichtsfernen Bedingungen und zeigen eine nichtlineare Dynamik infolge autokatalytischer Prozesse.
3. Die in ihnen ablaufenden biochemischen und physikalischen Prozesse zeigen einen hohen Grad an Kooperativität durch netzartige Verknüpfungen untereinander.

Deutlicher Ausdruck für die Existenz biochemischer Systeme mit nichtlinearer Dynamik sind die zahlreichen Beispiele periodischer Konzentrationsschwankungen (**Oszillationen**) von Zwischenprodukten eines Stoffwechselwegs in der Zelle oder auch in zellfreien Extrakten (Hess et al. 1978, S. 363–413). Sie stellen keine Randerscheinungen dar, sondern sind diesen Systemen auf jeder Stufe ihrer Organisation zutiefst inhärent, denn wir haben es in jedem Fall mit hochkomplexen, dynamischen Strukturen zu tun, die durch viele Rückkopplungs- (*feed-back*) bzw. Vorwärtskopplungsschleifen (*feed-foreward*) gekennzeichnet sind und einen hohen Grad an Kooperativität aufweisen.

Es sind insbesondere die verschiedenen Formen **allosterischer Kontrolle** (s. Abschn. 7.10), die den Reaktionssystemen eine in hohem Grad nichtlineare Kinetik verleihen. Hinzu kommt, dass viele Enzyme an Membranen gebunden vorliegen oder sog. Multienzymkomplexe bilden (s. Abschn. 7.12). Es ist nicht mit Sicherheit bekannt, ob überhaupt oder – wenn ja – welche funktionelle Bedeutung den chemischen Oszillationen in der Zelle zukommt (Nicolis und Portnow 1973, S. 365). RENSING vermutet eine koordinierende Funktion der Fluktuationen (Rensing 1973).

Hintergrundinformationen

In Abb. 5.8. sind die gegenläufigen periodischen Konzentrationsschwankungen der Glykolyseintermediate (s. Abschn. 6.7) Glucose-6-phosphat (G6P) bzw. Fructose-6-phosphat (F6P) und Fructose-1,6-bisphosphat (FBP) wiedergegeben, wie sie nach Zugabe von Glucose in den Hefezellen zu beobachten sind (Ghosh und Chance 1964, S. 174). Wenn die Konzentrationen von G6P bzw. F6P zunehmen, sinken die von FBP und aller folgenden Glykolyseintermediate ab und umgekehrt. Das „Schlüsselenzym" ist dabei die **Phosphofructokinase**, die die Umwandlung von F6P in FBP katalysiert:

$$\text{Fructose-6-phosphat} + \text{ATP} \rightarrow \text{Fructose-1,6-bisphosphat} + \text{ADP}.$$

Der Grund dafür, dass diese Reaktion exergon, d. h. unter Abnahme freier Enthalpie, ablaufen kann, besteht darin, dass innerhalb der Zelle Bedingungen herrschen und aufrechterhalten werden, die weit entfernt von der Gleichgewichtslage liegen. Die Phosphofructokinase ist das wichtigste

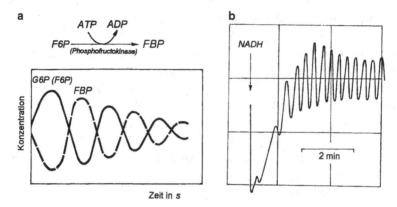

Abb. 5.8 Oszillationen der Glykolyse bei Hefezellen. **a** Beim Übergang von einem metabolischen Zustand in einen anderen nach Zugabe von Glucose zeigen Glucose-6-phosphat (G6P) und Fructose-1,6-bisphosphat (FBP) gegenläufige periodische Konzentrationsschwankungen. Wenn die Konzentrationen von G6P bzw. Fructose-6-phosphat (F6P) zunehmen, nehmen die von FBP und aller folgenden Glykolyseintermediate ab und umgekehrt. Das „Schlüsselenzym" ist die Phosphofructokinase, die die Umwandlung von F6P in FBP katalysiert. (Nach Ghosh et al. 1964). **b** Periodische Konzentrationsänderungen von reduziertem Pyridinnukleotid (NADH), dargestellt mithilfe der Fluoreszenzspektrophotometrie. Zunahme der Konzentration nach unten. (Aus Hess 1974)

Kontrollelement der Glykolyse, durch das nicht nur ATP sondern auch Bausteine für Synthesereaktionen (z. B. für langkettige Fettsäuren) bereitgestellt werden. Die Phosphofructokinase besitzt mehrere regulatorische Bindungsstellen (Regulationszentren) für allosterische Aktivatoren (ADP und AMP, Fructose-2,6-bisphosphat) bzw. Inhibitoren (ATP, Citrat; s. Abschn. 7.11).

Ausgehend von der Pionierarbeit des leider viel zu früh verstorbenen englischen Mathematikers Alan M. TURING (Turing 1952, S. 37–72), hat die Theorie dissipativer Strukturen auf dem Gebiet der Musterbildung in biologischen Entwicklungsprozessen eine fruchtbare Anwendung gefunden (Meinhardt 1982). Mit Computermodellen von **Reaktions-Diffusions-Systemen** konnte gezeigt werden, dass eine Vielzahl morphogenetischer Strukturen und Ereignisse mit ihnen simuliert werden kann.

Im einfachsten Fall geht man von zwei antagonistischen Substanzen aus, einem Aktivator (a) und einem Inhibitor (i) (Abb. 5.9). Beide sollen sich in einem homogenen Raum durch Diffusion ausbreiten können, der Inhibitor allerdings mit wesentlich höherer Geschwindigkeit als der Aktivator. Für die Diffusionskoeffizienten D_a und D_i gilt also: $D_i \gg D_a$. Dadurch diffundiert der Inhibitor über den aktivierten Bereich hinaus und schafft dort eine nichtaktivierte Randzone. Die Zerfallsrate der Stoffe soll direkt proportional zur Anzahl der vorhandenen Moleküle sein: $r_a \cdot a$ bzw. $r_i \cdot i$, wobei der Inhibitor eine deutlich kürzere „Lebensdauer" haben soll als der Aktivator ($r_i > r_a$). Der Aktivator fördert seine eigene Produktion (örtlich begrenzte Selbstverstärkung, Autokatalyse) aber auch die des Inhibitors (Kreuz- oder Heterokatalyse), wird jedoch durch den Inhibitor selbst gehemmt

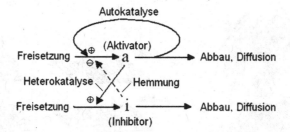

Abb. 5.9 Gierer-Meinhardt-Modell der Musterbildung: Ein, seine Bildung autokatalytisch (nicht-linear) beschleunigender Aktivator interagiert mit einem wesentlich schneller diffundierenden Antagonisten (Inhibitor), dessen Bildung ebenfalls vom Aktivator beschleunigt wird (Heterokata-lyse)

$(s \cdot a^2 / i)$. Es ist also, wie es Alfred GIERER formulierte, „ein selbstverstärkender, auto-katalytischer Prozess mit kurzer Reichweite an eine Hemmwirkung längerer Reichweite gekoppelt" (Gierer 1985, S. 139). Zusammenfassend kann man die Wechselwirkungen beider Stoffe wie folgt durch partielle Differenzialgleichungen beschreiben (s, r_a, r_i: Kon-stanten; D_a, D_i: Diffusionskoeffizienten; Gierer und Meinhardt 1972, S. 30–39):

$$\frac{\partial a}{\partial t} = \frac{sa^2}{i} - r_a a + D_a \frac{\partial^2 a}{\partial x^2},$$

$$\frac{\partial i}{\partial t} = sa^2 - r_i i + D_i \frac{\partial^2 i}{\partial x^2}.$$

Da nicht die Konzentrationsänderung selbst entscheidend ist, sondern die Änderung der Konzentrationsänderung im Raum, steht in der Gleichung die zweite Ableitung: $\partial^2 a / \partial x^2$ bzw. $\partial^2 i / \partial x^2$.

Zunächst kann sich, wie das Modell zeigt, eine homogene Verteilung beider Stof-fe (Gleichgewichtszustand) herausbilden, die aber sehr labil ist. Eine zufällige minima-le Zunahme der Aktivatorkonzentration wächst durch die starke positive Rückkopplung örtlich begrenzt schnell weiter an (lokale Selbstverstärkung), wird aber durch den sich schnell ausbreitenden, weitreichenden Inhibitor, der ebenfalls aktiviert wird, daran gehin-dert, „über alle Grenzen" zu wachsen und sich beliebig weit auszubreiten. Es entsteht ein neuer Gleichgewichtszustand der Inhomogenität, bei dem sich Selbstaktivierung und Inhibition die Waage halten.

Durch vielfältige Variation der Formalismen oder der Randbedingungen entstehen die verschiedensten Muster (Meinhardt 1982; Abb. 5.10). Der Mathematiker Jim MURRAY konnte z. B. an seinen Modellen zeigen, dass Muster resultieren können, die den Fell-mustern von Zebra, Leoparden etc. weitgehend entsprechen (Murray 1981, S. 161–199). Hans MEINHARDT untersuchte auf diese Weise die Muster tropischer Meeresschnecken mit überraschenden Ergebnissen (Meinhardt 1997). Vorläufig sind es noch mathematische Modelle, die allerdings eine solide biologische Grundlage haben. Die Bedeutung und der hohe Wert der Theorie dissipativer Strukturen für das Verständnis einer Reihe vorher rät-

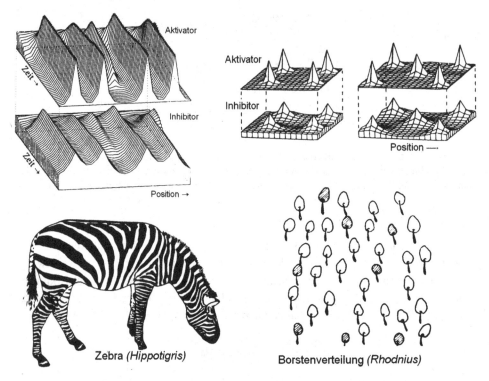

Abb. 5.10 Durch geeignete Wahl der Parameter können mit dem Gierer-Meinhardt-Modell in der Computersimulation verschiedene stabile Muster erzeugt werden. *Links*: Streifenmuster, die der Fellzeichnung eines Zebras oder der Bänderung von Schneckengehäusen ähneln. *Rechts*: Punktmuster, die der Verteilung der Borsten auf der Cuticula der Wanze *Rhodnius* ähneln. (Nach Meinhardt 1982 und 1997)

selhafter biologischer Phänomene stehen außer Frage. „Das Leben erscheint uns", um es mit PRIGOGINE zu sagen, „nicht mehr länger als eine Insel des Widerstandes gegen den zweiten Hauptsatz der Thermodynamik" (Prigogine 1969, S. 50).

5.9   Konservative Strukturen

Von den dissipativen sind die konservativen Strukturen strikt zu trennen, denn sie repräsentieren keine dynamischen, sondern **statische Ordnungszustände**. Sie werden ohne Dissipation von Energie, ohne stationäre Entropieerzeugung aufrechterhalten. Man kann sie deshalb von ihrer Umgebung trennen, ohne dass sie zerfallen. Sie kommen allein aufgrund statischer Kraftwirkungen innerhalb des Systems selbst zustande und nehmen dabei eines der möglichen Minima an potenzieller Energie an.

Als Beispiel für konservative Strukturen aus dem Bereich der Physik kann unser Planetensystem oder auch der Kristall dienen. Der **Kristallisationsvorgang** ist zwar mit einer

Entropieabnahme und Entstehung von Ordnung innerhalb des Kristalls verbunden, die Entropie des Gesamtsystems Kristall plus Mutterlauge nimmt dabei aber trotzdem zu, weil die freiwerdende Bindungswärme (Erstarrungswärme) die Entropieabnahme mehr als kompensiert. Das „Wachstum" des Kristalls in der Mutterlauge erfolgt bekanntlich durch Anlagerung immer neuer Atome, ist also mit dem Wachstum organischer Strukturen überhaupt nicht vergleichbar.

Hintergrundinformationen

Die **Kristalle** sind in der Geschichte bis auf den heutigen Tag gern modellhaft mit den Lebewesen verglichen worden, weil sie – wie behauptet wird – wie Lebewesen wachsen können und einen hohen Grad an Ordnung aufweisen. Theodor SCHWANN entwickelte in seiner „Theorie der Zellen" die Vorstellung, dass die Bildung der Elementarteile der Organismen nichts als eine „Kristallisation imbibitionsfähiger Substanz", der Organismus nichts als ein „Aggregat solcher imbibitionsfähiger Kristalle" sei (Schwann 1839, S. 220–257). Ernst HAECKEL sah in den Kristallen „die höchst entwickelten anorganischen Individuen", die „eine innere Struktur besitzen wie der Organismus" (Haeckel 1866, S. 132–136). „Wenn wir die Zusammensetzung des Körpers aus verschiedenen Teilen als Hauptcharakter der Organismen hervorheben wollten", so HAECKEL weiter, „so würde die Kluft zwischen jenen einfachen, lebenden Plasmaklumpen [gemeint sind die sog. ‚Moneren' HAECKELs] und den höheren, aus Individuen verschiedener Ordnung zusammengesetzten Organismen viel größer sein als die Kluft zwischen den Ersteren einerseits und den Kristallen andererseits."

Zu den **konservativen Strukturen** in der Biologie zählen – erstens – Strukturen, die durch intramolekulare Umlagerungen in Makromolekülen entstehen (Konformationen), und – zweitens – solche, die durch **Selbstaggregation** oder Selbstassemblierung (*self-assembly*) aus vorgebildeten Bausteinen zustande kommen. Viele Autoren, wie der Pflanzenphysiologe Hans MOHR und andere, beschränken den Begriff der „Selbstorganisation" (s. Abschn. 11.1) auf diese Phänomene des „self-assembly" (Holmes 1976, S. 31–39).

Von entscheidender Bedeutung für die biologischen Funktionen der Proteine als Enzyme, Hormone, Neuropeptide, Antikörper etc. ist deren **räumliche Konformation**, d. h. die dreidimensionale Anordnung ihrer Atome im Raum, denn ihre Wirkung setzt voraus, dass sie sich mit dem zu ihnen „passenden" Partner (Substrat, Rezeptor, Antigen usw.) mit komplementärer Oberfläche nichtkovalent verbinden (s. Abschn. 7.7). Ein Verlust der räumlichen Struktur durch Erhitzen, extreme pH-Werte oder Chemikalien (Denaturierung) hat unweigerlich auch den Verlust der Funktionstüchtigkeit des Eiweißes zur Folge. Die räumliche Konformation eines Proteins wird, wie es erstmals für die Ribonuklease gezeigt wurde, allein durch die genetisch fixierte Sequenz der Aminosäuren im Proteinmolekül (Primärstruktur) bestimmt, benötigt also keinerlei zusätzliche Informationen. Das bedeutet, dass über die genetisch fixierte Primärstruktur gleichzeitig auch die Tertiärstruktur und damit die spezifische Funktionalität des Proteins zwingend bestimmt wird.

Hintergrundinformationen

Die im nativen Zustand eingenommene dreidimensionale Gestalt (sog. **Tertiärstruktur**) der Proteine wird durch nichtkovalente schwache Wechselwirkungen (Wasserstoffbrücken sowie hydrophobe und ionische Wechselwirkungen) stabilisiert (s. Abschn. 7.7). Disulfidbrücken spielen, mit Ausnahme der thermophilen Bakterien und Archaebakterien, eher eine untergeordnete Rolle, da das i. d. R.

stark reduzierende intrazelluläre Milieu ihrer Ausbildung entgegenwirkt. Gewöhnlich ist jeweils die Konformation mit der niedrigsten freien Enthalpie nicht nur die stabilste, sondern auch diejenige mit den meisten schwachen Wechselwirkungen. Obwohl jede einzelne Wechselwirkung sehr schwach, viel schwächer als eine kovalente Bindung, ist, kann die Gesamtwirkung vieler solcher Wechselwirkungen erheblich sein. Jede einzelne Bindung trägt ihren Teil zur Abnahme der freien Enthalpie des Systems bei. Besondere Bedeutung kommt den hydrophoben Wechselwirkungen zu. Sie führen im Proteinmolekül dazu, dass sich i. d. R. die hydrophoben Aminosäureseitenketten im Inneren des Proteins zusammenlagern.

Bei der **Selbstaggregation** handelt es sich um einen *spontanen* Zusammenschluss vorgefertigter molekularer Untereinheiten (Monomeren) durch nichtkovalente Bindungen zu einer mehr oder weniger komplexen Struktur. Die Gegenwart eines Enzyms ist dabei nicht erforderlich. Die dazu notwendigen „Informationen" liegen bereits potenziell in den Monomeren vor. Zusätzliche Informationen „von außen" werden nicht benötigt. Die auf diese Weise entstandenen komplexen Strukturen zeigen Eigenschaften, wie beispielsweise die Infektionsfähigkeit der Viren oder die Aktivität der Enzymkomplexe, die keine der Untereinheiten vorher bereits auch nur andeutungsweise besessen hat. Man kann deshalb von „emergenten" Eigenschaften (s. Abschn. 11.3) sprechen, die sich erst auf einer bestimmten Stufe der Komplexität offenbaren. Bei aller Bedeutung, die die Selbstaggregationen in der Biologie haben, sind sie doch nicht geeignet, als „Paradigma" biologischer Formbildung zu dienen, die nach ganz anderen Prinzipien organisiert wird (s. Abschn. 10.3).

Die vielleicht interessantesten Beispiele für **Selbstaggregation** finden wir bei den Viren. Manche einfachen Formen unter ihnen aggregieren spontan aus ihren molekularen Untereinheiten zum vollen, aktiven Virion, wenn man die Bausteine in einer geeigneten Lösung gut durchmischt. In dieser Hinsicht am besten untersucht ist das 300 nm lange, stäbchenförmige **Tabakmosaikvirus** (TMV; Butler et al. 1977, S. 217–219). Es besitzt einen zylindrischen Proteinmantel, der ein einzelsträngiges RNA-Molekül einschließt (Abb. 5.11). Der Mantel besteht aus einer einzigen Lage dicht in helikaler Anordnung gepackter, identischer Proteinbausteine. Jeder der insgesamt 2130 Proteinbausteine weist dieselben 158 Aminosäuren auf. Gerhard SCHRAMM entdeckte, dass man das Virus durch Behandlung mit Essigsäure oder Alkali in seine Bestandteile zerlegen kann. Wenn man anschließend die gereinigten Partikel bei neutralem pH in Lösung gibt, finden sie sich spontan wieder zum infektiösen Virion zusammen (Fraenkel-Conrat und Williams 1955, S. 690). Dabei bilden die Hüllproteine zunächst eine aus zwei übereinander gelagerten, geschlossenen Ringen von je 17 Untereinheiten bestehende Einheit. In die zentrale Höhle dieser zweilagigen Proteinscheibe dringt anschließend die „Initiationsschleife" der RNA vor und löst dort die Umwandlung der Proteinscheibe in die „helikale Federringform" aus (Butler und Klug 1978, S. 52–59). Durch Anlagerung weiterer Proteinscheiben wächst in Wechselwirkung mit der RNA das Virus schrittweise heran.

Auch die **Ribosomen** (s. Abschn. 9.7) können sich aus ihren Bestandteilen (Proteine und Ribonukleinsäuren) selbst *in vitro* aufbauen. Die kleinere (30S) Untereinheit des Bakteriums *E. coli* setzt sich, wie Masayasu NOMURA 1968 erstmals zeigen konnte, in einer Mischung, die die 16S-RNA und die 21 verschiedenen Proteine (S1–S21) enthält,

Abb. 5.11 Strukturmodell des Tabakmosaikvirus (TMV). Voll infektiöse Viruspartikel können sich selbsttätig im Reagenzglas aus ihren Bausteinen (gereinigte RNA plus isolierte Hüll-Proteinmoleküle) aufbauen. Dabei lagern sich jeweils zweilagige Scheiben aneinander, nachdem diese unter dem Einfluss der „Initialschleife der RNA" zur „helikalen Federringform" umgewandelt worden sind

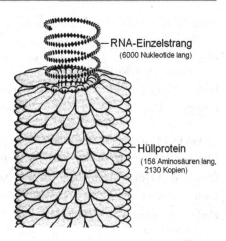

RNA-Einzelstrang
(6000 Nukleotide lang)

Hüllprotein
(158 Aminosäuren lang, 2130 Kopien)

von selbst wieder neu zur voll funktionsfähigen Einheit zusammen (Nomura 1969, S. 28). Dasselbe gelang wenig später auch mit der größeren 50S-Untereinheit. Diese Vorgänge der Selbstaggregation vollziehen sich in geordneter Weise über einzelne Stufen.

Hier könnten auch die verschiedenen **Multienzymkomplexe** genannt werden, die im Stoffwechsel von großer Bedeutung sind (s. Abschn. 7.12), weil sie durch die strukturelle Integration die koordinierte Katalyse komplexer Reaktionsfolgen erst ermöglichen und die Gesamtumsatzrate wesentlich erhöhen. Als Beispiel sei der **Pyruvatdehydrogenasekomplex** erwähnt. Er ermöglicht die oxidative Decarboxylierung von Pyruvat zu Acetyl-CoA, die in insgesamt vier Teilschritten abläuft:

$$\text{Pyruvat} + \text{CoA} + \text{NAD}^+ \rightarrow \text{Acetyl-CoA} + \text{CO}_2 + \text{NADH}.$$

Der Komplex besteht aus drei Enzymen: Pyruvatdehydrogenase, Dihydrolipoyltransacetylase und Dihydrolipoyldehydrogenase. Diese Teilkomponenten schließen sich spontan zusammen, wenn sie in Abwesenheit von Harnstoff und bei neutralem pH zusammengebracht werden. Sie werden durch nichtkovalente Bindungen zusammengehalten.

Literatur

Auerbach F (1917) Die Grundbegriffe der modernen Naturlehre. Einführung in die Physik, 4. Aufl. Teubner Verlagsges., Leipzig, S 143

Bachmair A, Finley D, Varshavsky A (1986) In vivo half-life of a protein is a function of its amino-terminal residue. Science 234:179–186

Bauer ES (1982) Teoretičeskaja biologija. Izd Akad Nauk Vengrïi, Budapest

Bernard C (1878–1879) Leçons sur les phénomènes de la vie communs aux animeaux et aux végétaux

v Bertalanffy L (1951) Theoretische Biologie: Stoffwechsel, Wachstum Bd. 2. A. Francke AG Verlag, Bern

Broda E (1980) Die Entwicklung der bioenergetischen Prozesse. Ernst-Haeckel-Vorlesung. Friedrich-Schiller-Universität Jena, Jena, S 11

Butler PJG, Klug A (1978) The assembly of a virus. Scientific American 239:52–59

Butler PJG, Finch JT, Zimmern D (1977) Configuration of Tobacco Mosaic Virus RNA during virus assembly. Nature 265:217–219

Callois R (1973) La dissymétrie. In: Cohérences aventureuses. Paris, S 198

Dice JF, Goldberg AL (1975) Arch Biochem Biophys 170:214

Ebeling W (1976) Strukturbildung bei irreversiblen Prozessen. Teubner, Leipzig

Ebeling W (1990) Physik der Evolutionsprozesse. Akademie-Verlag, Berlin

Ebeling W, Feistel W (1982) Physik der Selbstorganisation und Evolution. Akademie-Verlag, Berlin, S 67–73

Eigen M, Winkler R (1973/74) Ludus vitalis. Mannheimer Forum, S 58

Eigen M, Winkler R (1975) Das Spiel. Naturgesetze steuern den Zufall. R. Piper, München, Zürich

Epstein IR (1984) Complex dynamical behavior in „simple" chemical systems. J Phys Chem 88:187

Flamm D (1979) Der Entropiesatz und das Leben: 100 Jahre Boltzmannsches Prinzip. Naturwiss Rundschau 32:225–239

Fraenkel-Conrat H, Williams RC (1955) Reconstitution of active protein and nucleic acid components. Proc Nat Acad Sci USA 41:690

Fuchs D, Berges C, Naujokat C (2008) Das Ubiquitin-Proteasom-System. Biol Unserer Zeit 18:168–174

Ghosh A, Chance B (1964) Oscillations of glycolytic intermediates in yeast cells. Biochem Biophys Res Commun 16:174

Gierer A (1985) Die Physik, das Leben und die Seele. Piper Verlag, München, S 139

Gierer A, Meinhardt H (1972) A theory of biological pattern formation. Kybernetik 12:30–39

Haeckel E (1866) Generelle Morphologie der Organismen, 1. Band: Allgemeine Anatomie der Organismen. Georg Reimer Verlag, Berlin, S 132–136

Haeckel E (1904) Die Lebenswunder. Gemeinverständliche Studien über biologische Philosophie. Körner Verlag, Stuttgart, S 32

Haken H (1981) Erfolgsgeheimnisse der Natur – Synergetik: Die Lehre vom Zusammenwirken. Deutsche Verlags-Anstalt, Stuttgart

Haken H, Haken-Krell M (1989) Entstehung biologischer Information und Ordnung. Wissenschaftliche Buchgesellschaft, Darmstadt

Heisenberg W (1959) Physik und Philosophie. S. Hirzel Verlag, Stuttgart, S 90

Hess B (1963) In: Funktionelle und morphologische Organisation der Zelle. Springer, Berlin

Hess B (1974) Ernährung – Ein Organisationsproblem der biologischen Energieumwandlung. Jahrbuch der Max-Planck-Gesellschaft. Max-Planck-Gesellschaft, München, S 62–85

Hess B, Goldbeter A, Lefever R (1978) Temporal, spatial, and functional order in regulated biochemical and cellular systems. In: Rice SA (Hrsg) Advances in chemical physics, Bd. 38. Wiley, New York, S 363–413

Holmes KC (1976) Selbstorganisation biologischer Strukturen. Verhdlg. Ges. Dtsch. Naturforscher u. Ärzte 1974. Springer Verlag, Berlin, S 31–39

Hopkins FG (1913) The dynamic side of biochemistry. Nature 92:213–223

Jetschke G (1983) Prinzipien der spontanen Strukturbildung in Physik, Chemie und Biologie. Biologische Rundschau 21:73–92

Kammer H-W, Schwabe K (1984) Einführung in die Thermodynamik irreversibler Prozesse. Akademie-Verlag, Berlin

Kaplan (1972) Der Ursprung des Lebens. Georg Thieme Verlag, Stuttgart

Meinhardt H (1982) Models of biological pattern formation. Academic Press, London, New York

Meinhardt H (1997) Wie Schnecken sich in Schale werfen. Springer Verlag, Berlin, Heidelberg

Monod J (1975) Zufall und Notwendigkeit. Philosophische Fragen der modernen Biologie, 2. Aufl. Deutscher Taschenbuch Verlag, München, S 109

Müller SC (1994) Chemie der Musterbildung. In: Deutsch A (Hrsg) Muster des Lebendigen. Faszination ihrer Entstehung und Simulation. Verlag Vieweg, Braunschweig, S 227–245

Murray JD (1981) A pre-pattern formation mechanism for animal coat markings. J Theor Biol 88:161–199

Nicolis G, Portnow J (1973) Chemical oscillations. Chem Rev 73:365

Nicolis G, Prigogine I (1987) Die Erforschung des Komplexen. Auf dem Wege zu einem neuen Verständnis der Naturwissenschaften. R. Piper, München, Zürich

Nomura M (1969) Ribosomes. Scientific American 221:28

Onsager L (1931a) Reciprocal relations in irreversible processes I. Phys Rev 37:405

Onsager L (1931b) Reciprocal relations in irreversible processes II. Phys Rev 38:2265

Ostwald W (1926) Zur biologischen Grundlegung der Inneren Medizin. Medizinisch-biologische Schriftenreihe, Bd. 1. Madaus, Radebeul, S 5–27

Penzlin H (2005) Lehrbuch der Tierphysiologie, 7. Aufl. Spektrum Akademischer Verlag, München

Planck M (1944) Wege zur physikalischen Erkenntnis, 4. Aufl. S. Hirzel Verlag, Leipzig

Prigogine I (1947) Étude thermodynamique des phénomènes irréversibles. Desoer, Paris et Liége

Prigogine I (1969) Structures, dissipation and life. In: Marois M (Hrsg) Theoretical physics and biology. North Holland Publ. Comp., Amsterdam, London, S 50

Prigogine I (1989) What is entropy? Naturwissenschaften 76:1–8

Prigogine I, Stengers I (1986) Dialog mit der Natur. Neue Wege naturwissenschaftlichen Denkens, 5. Aufl. Verlag R. Piper, München, S 128

Rensing L (1973) Biologische Rhythmen und Regulationen. Fischer Verlag, Jena

Roux W (1915) Das Wesen des Lebens. In: Die Kultur der Gegenwart, 3. Teil, 4. Abt.: Allgemeine Biologie, Bd. 1. Verlag BG Teubner, Leipzig, S 174

Schrödinger E (1952) Was ist Leben? Die lebende Zelle mit den Augen des Physikers betrachtet, 2. Aufl. Leo Lehnen Verlag, München, S 99

Schuster P (1982) In: Hoppe W, Lohmann W, Markl H, Ziegler H (Hrsg) Biophysik, 2. Aufl. Springer Verlag, Berlin, Heidelberg

Schwann T (1839) Mikroskopische Untersuchungen. Reimer, Berlin, S 220–257 (3 Abschnitt: Theorie der Zellen)

Siems WG, Schmidt H, Gruner S, Jakstadt M (1992) Balancing of energy-consuming processes of K562 cells. Cell Biochem Funct 10:61–66

Spencer H (1876) System der synthetischen Philosophie. II. Band: Die Principien der Biologie. Schweitzerbart'sche Verlagsbuchhandlung, Stuttgart, S 22

Spiegelman S (1970) Extracellular evolution of replicating molecules. In: Schmitt FO (Hrsg) The neuro sciences: A second study program Rockefeller. University Press, New York, S 927–945

Stahl GE (1708) Theoria medica vera. Halle, S 254–255 (Sec. 1)

Stoward PJ (1962) Thermodynamic of biological growth. Nature 194:977–978

Turing A (1952) The chemical basis of morphogenesis. Phil Trans B 237:37–72

Weizsäcker CF (1974) Evolution und Entropiezunahme. In: von Weizsäcker E (Hrsg) Offene Systeme I. Ernst Klett Verlag, Stuttgart, S 201–203

Winfree AT (1972) Spiral waves of chemical activity. Science 175:634–636

Zhabotinsky AM (1974) Self-oscillating concentrations. Nauka, Moskau

Energetik

6

*Die biochemische Einheit alles Lebendigen geht viel weiter und ist
in sehr viel mehr Einzelheiten begründet, als man selbst vor hundert
Jahren noch vermutete. Die ungeheure Vielfalt der Natur beruht in
chemischer Hinsicht auf einem gemeinsamen Grundplan
(Francis Crick, 1983).*

Inhaltsverzeichnis

Für das tiefere Verständnis des Phänomens „Leben" ist es notwendig zu reflektieren, dass
das Lebendige bei den Temperaturen seiner Existenz ein äußerst **unwahrscheinlicher
Zustand** ist. Lebewesen weisen eine dynamische Struktur auf, die – so der russische
Biophysiker TRINTSCHER – „bei der Temperatur ihrer thermischen Zerstörung arbeitet"
(Trintscher 1967, S. 102). Permanent wird Energie allein schon aus dem Grund benötigt,
den eigenen Zerfall zu kompensieren, den lebendigen Zustand gegen die zerstörerischen
Kräfte aufrechtzuerhalten, die das System ins thermodynamische Gleichgewicht führen

© Springer-Verlag Berlin Heidelberg 2016
H. Penzlin, *Das Phänomen Leben*, DOI 10.1007/978-3-662-48128-8_6

Abb. 6.1 Der Energiefluss in Watt · m^{-2} zur und von der Erde. Die effektive Sonnenstrahlungsleistung pro Quadratmeter der Erdoberfläche beträgt im langjährigen Durchschnitt bei mittlerem Sonnenabstand 342 W · m^{-2}. Nur 0,05 % der Sonnenenergie, das sind 0,17 W · m^{-2}, gehen in die Photosynthese (Biomasseproduktion) ein. (Unter Benutzung von Werten von Hubbert)

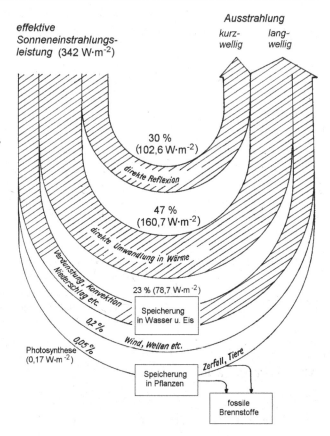

würden. Organismen benötigen auch dann Energie, wenn sie keinerlei äußere Arbeit leisten.

Ihren Energiebedarf können die Organismen nicht durch Entzug von Wärme aus ihrer Umgebung decken, denn sie funktionieren unter quasi isothermen und isobaren Bedingungen, d. h. größere Temperaturdifferenzen treten nicht auf. Lebewesen sind deshalb keine kalorisch arbeitenden Systeme, die die zugeführte Energie zunächst in Wärme überführen, um sie dann erst in einer zweiten Transformation zur Arbeitsleistung heranzuziehen. Sie arbeiten vielmehr als **chemodynamische Systeme**, wie es der deutsche Mediziner Adolf FICK als erster in der zweiten Hälfte des 18. Jahrhunderts richtig erkannt hat. Sie überführen die chemisch gebundene Energie der Nahrungsstoffe ohne den Umweg über die Bildung von Wärme direkt in Arbeit. Das alles kann selbstverständlich nur im Rahmen des Energieerhaltungssatzes geschehen. Auch Organismen können keine Energie produzieren, sondern nur umsetzen und verwerten.

Im Gegensatz zur Materie zeigt die Energie (die Energiequanten) keinen Kreislauf, sondern unterliegt einer ständigen „Abwertung", einer **Degradation**. Sie durchläuft die physikalischen, chemischen und biologischen Prozesse nur einmal und endet schließlich in einer „unbrauchbaren" Form. Sie muss deshalb ständig nachgeliefert werden, um den „Betrieb" auf der Erde aufrechtzuerhalten. Die zentrale Energiequelle für die Erde ist die Strahlungsenergie des **Sonnenlicht**s (s. Abschn. 6.10), und das nicht nur für die Organismenwelt. Sie beruht auf Kernfusionsprozessen („Wasserstoffbrennen") im Inneren der Sonne, wobei Materie in Energie umgewandelt wird. Die Erde erreichen jährlich etwa $1,5 \cdot 10^{18}$ kWh = $5,4 \cdot 10^{24}$ J Energie von der Sonne. Davon tritt ein minimaler Bruchteil von etwa 0,05 % über die Photosynthese in den Aufbau von Biomasse (Abb. 6.1) ein, die sich jährlich auf etwa $3 \cdot 10^{21}$ J beläuft. Von dieser Energiemenge hängt – unmittelbar oder mittelbar – fast das gesamte Leben auf unserer Erde (mit Ausnahme der chemoautotrophen Bakterien) ab.

6.1 Ernährungsstrategien

Ohne permanente Energiezufuhr kann kein Lebewesen auf die Dauer existieren. Hinsichtlich der primären Energiequelle, die das Lebewesen zur Aufrechterhaltung seines lebendigen Zustands zu nutzen versteht, lassen sich alle Organismen zwei großen Gruppen zuordnen, den Phototrophen und den Chemotrophen (Abb. 6.2). Die **Phototrophen** können, worauf der Name bereits hindeutet, die Energie des Sonnenlichts als primäre Energiequelle nutzen. Die **Chemotrophen** sind dagegen darauf angewiesen, ihre Energie aus chemischen Verbindungen, die sie in ihrer Umgebung finden und oxidativ umsetzen, zu gewinnen.

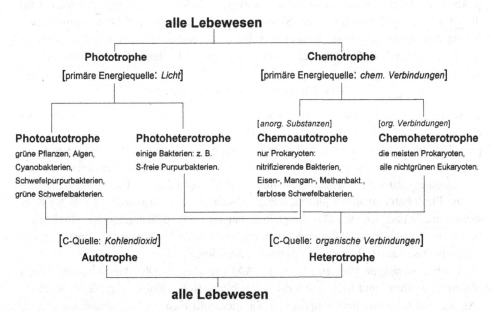

Abb. 6.2 Übersicht über die Ernährungsformen

Die Lebewesen benötigen aber nicht nur Energie, sondern auch Stoffe, unter denen der Kohlenstoff eine zentrale Position einnimmt. Genügt den Organismen das Kohlendioxid als primäre Kohlenstoffquelle, spricht man von **Autotrophen**, muss der Kohlenstoff in Form energiereicher organischer Verbindungen aufgenommen werden, von **Heterotrophen**. Die heterotrophen Organismen – dazu gehören alle Tiere und Pilze, viele Bakterien sowie die wenigen nichtgrünen Pflanzen, aber auch alle Zellen der grünen Pflanzen, die kein Chlorophyll besitzen – sind auf die von den Autotrophen hergestellten reduzierten Kohlenwasserstoffverbindungen angewiesen. Sie sind Konsumenten, die auf Kosten der autotrophen Produzenten leben. Vielen heterotrophen Pilzen und Bakterien genügt die Glucose als einzige Energiequelle. Den ebenfalls notwendigen Stickstoff gewinnen sie aus NH_4^+ oder NO_3^-.

Die **Photoautotrophen** betreiben Photosynthese (s. Abschn. 6.10), d. h. das Licht dient ihnen als primäre Energiequelle und Kohlendioxid als Kohlenstoffquelle:

$$2H_2O + CO_2 \rightarrow [CH_2O] + H_2O + O_2.$$

Das Wasser fungiert dabei als primärer Elektronen-(H_2)-Lieferant (Donator). Die grünen Pflanzen und andere photosynthetisierende Eukaryoten, wie beispielsweise die Algen, sowie die Cyanobakterien gehören zu dieser Gruppe. Sie benutzen alle **Chlorophyll a** als wichtigstes Pigment zur Absorption von Lichtquanten im Rahmen der Photosynthese und produzieren Sauerstoff.

Einige photosynthetisch aktive Bakterien verwenden **Bacteriochlorophyll** als primären Photosynthesefarbstoff. Sie bilden zwar auch Kohlenhydrate aus Kohlendioxid, produzieren dabei aber keinen Sauerstoff, weil sie kein Wasser als Elektronendonator für die CO_2-Reduktion nutzen können. Sie betreiben eine „anoxygene" Photosynthese, wobei sie statt Wasser reduzierte Schwefelverbindungen, insbesondere Schwefelwasserstoff (H_2S), einsetzen und den dabei entstehenden Schwefel in ihren Zellen vorübergehend ablagern:

$$2H_2S + CO_2 \rightarrow [CH_2O] + H_2O + 2S.$$

Sie verfügen auch nicht über zwei Photosysteme (s. Abschn. 6.10), sondern nur über eines. Es handelt sich meistens um obligat *anaerobe* Formen, zu denen die Schwefelpurpurbakterien und grünen Schwefelbakterien zählen. Das Bacteriochlorophyll absorbiert langwelligeres Licht als das Chlorophyll a. Deshalb finden diese Formen selbst noch im Wasser unter relativ dichten Algenschichten mit Chlorophyll a eine Existenzgrundlage.

Die **Photoheterotrophen** nutzen, wie alle Heterotrophen, organische Stoffe als Kohlenstoffquelle und, wie alle Phototrophen, Licht als primäre Energiequelle. Hierher gehören die schwefelfreien Purpurbakterien, die auf organische Wasserstoffdonatoren, wie beispielsweise Lactat, Pyruvat oder Ethanol, angewiesen sind.

Aerobe, anoxygene Photoheterotrophe (AAP) spielen im Oberflächenwasser flacher oligotropher Meere und Seen eine nicht unerhebliche Rolle (Kolber et al. 2001, S. 2492–95). Sie sind *fakultativ* photoheterotroph. Sie metabolisieren – falls vorhanden – organischen Kohlenstoff, sind aber auch in der Lage, bei Nahrungsmangel auf Photosynthese

umzuschalten. Sie sind, obwohl mit den photosynthetisierenden schwefelfreien Purpurbakterien verwandt, obligate Aerobier mit gewöhnlich hohem Carotinoid-, aber niedrigem
Bacteriochlorophyll a-Gehalt (Fuchs 2011, S. 631–658). Unter anaeroben Bedingungen
sind sie unfähig, photosynthetisch zu wachsen. Die meisten von ihnen scheinen bevorzugt
heterotroph in Habitaten zu leben, die reich an organischen Stoffen sind.

Die **Chemoautotrophen** oder **Chemolithotrophen** kommen ohne Licht und vorgefer-
tigte organischen Verbindungen aus. Sie können CO_2 ohne Sonnenenergie im Prozess der
Chemosynthese assimilieren. Die dazu notwendige Energie gewinnen sie aus der mithilfe des Luftsauerstoffs (streng aerobe Lebensweise!) erfolgenden exergonischen Oxidation
anorganischer Substanzen, wie z. B. des H_2S zu Schwefel bzw. des Schwefels weiter zu
Sulfat (sulfurizierende Bakterien) oder des NH_4^+ zu Nitrit bzw. des Nitrit weiter zu Nitrat
(nitrifizierende Bakterien):

$$\textit{Nitrosomonas:} \quad NH_4^+ + 1{,}5O_2 \rightarrow NO_2^- + 2H^+ + H_2O \quad (\Delta G^{o\prime} = -274\,\text{kJ}),$$
$$\textit{Nitrobacter:} \quad NO_2^- + 1/2O_2 \rightarrow NO_3^- \quad\quad\quad\quad (\Delta G^{o\prime} = -77\,\text{kJ}).$$

Auch die Eisen-, Wasserstoff- und Methanbakterien können hier genannt werden:

$$\textit{Ferrobacillus:} \quad 4Fe^{2+} + 4H^+ + O_2 \rightarrow 4Fe_3^+ + 2H_2O \quad (\Delta G^{o\prime} = -67\,\text{kJ}).$$

Die prokaryotischen Mikroorganismen haben mindestens fünf verschiedene Wege zur
CO_2-Fixierung in ihrer Evolution entwickelt, was besonders für die Überlegungen zur
Entstehung des Lebens auf unserer Erde eine Rolle spielt (Fuchs 2011, S. 631–658).

Hierher gehören auch die **hyperthermophilen** *Sulfolobus*-Arten. Das sind Archaebakterien, die bei Temperaturen um 80 °C, wie sie beispielsweise in den Schwefelquellen
des Yellowstone-Parks herrschen, am besten gedeihen und bereits bei Temperaturen unter
60 °C in „Kältestarre" fallen. Auf Island findet man sie auch in Gewässern, die einen pH-
Wert unter 1 aufweisen! Sie oxidieren den in den Quellen reichlich vorhandenen Schwefel
oder Schwefelwasserstoff mithilfe des Luftsauerstoffs zu Schwefelsäure. Wenn der Sauerstoff knapp wird, kann *Sulfolobus brierleyi* allerdings auch sechswertiges Molybdän oder
dreiwertiges Eisen als Elektronenakzeptor bei der Schwefeloxidation nutzen (Stetter und
König 1983, S. 26–40).

Hintergrundinformationen

Am Anfang der Nahrungskette der Ökosysteme submariner Hydrothermalquellen vom Typ „**Lost-
City-System**" (s. Abschn. 4.13), wo ein pH von 9–11 und eine Temperatur zwischen 40 und 90 °C
herrschen, stehen ebenfalls chemoautotrophe Mikroorganismen. Sie können den dort reichlich austretenden molekularen Wasserstoff (H_2) als zentrale chemische Energiequelle (Elektronendonator)
nutzen.

Die **Chemoheterotrophen** – schließlich – müssen sowohl ihre primäre Energie als
auch ihren Kohlenstoff aus organischen Verbindungen beziehen. Hierher gehören alle
nichtgrünen Eukaryoten, insbesondere alle Tiere, Pilze und viele Protisten sowie die

Mehrzahl der Prokaryoten. Das Darmbakterium *Escherichia coli* benötigt neben ein paar Salzen in wässriger Lösung, wie NH_4Cl, $MgSO_4$ und einem Phosphat-Puffer-Gemisch, Glucose als einzige Energie- und Kohlenstoffquelle, um am Leben zu bleiben und sich zu vermehren.

6.2 Lebewesen ernähren sich von freier Enthalpie

Das Maß für den aus einer chemischen Umsetzung freisetzbaren und für Arbeitsleistungen einsetzbaren Energiebetrag ist nicht die Wärmetönung, d. h. die Änderung der Enthalpie (ΔH), sondern die Änderung der sog. **freien Enthalpie** (ΔG, Gibbssches thermodynamisches Potenzial). Beide Größen hängen wie folgt zusammen:

$$\Delta G = \Delta H - T\Delta S$$

[T = absolute Temperatur; ΔS = Änderung der Entropie, s. Abschn. 5.4].

Sowohl ΔG als auch ΔH werden in Joule pro Mol angegeben. Übereinkunftsgemäß wird jede dem System zugeführte Wärme- oder Arbeitsmenge positiv und jede das System verlassende negativ gerechnet. Man nennt die Reaktionen, bei denen ΔH negativ ist, exotherm, solche mit positivem ΔH endotherm. Umsetzungen, bei denen G abnimmt, heißen exergonisch. Der Gegensatz ist endergonisch. Exergonische Reaktionen verlaufen – vorausgesetzt, es wird die nötige Aktivierungsenergie hineingesteckt – freiwillig.

Das **Thomson-Berthelotsche Prinzip**, wonach jede chemische Umsetzung im Sinn einer maximalen Wärmetönung verlaufen soll, ist nur am absoluten Nullpunkt ($T = 0$) streng gültig. Bei unseren Temperaturen gibt es freiwillig verlaufende Reaktionen, die endotherm sind. Strenggenommen geht die **Kalorienlehre** (Max RUBNER), die die Wärmetönung ΔH der Reaktion und nicht ΔG zur Grundlage ihrer Bilanzbetrachtungen macht, von einer falschen Grundlage aus. Da jedoch die Differenz zwischen ΔG und der Wärmetönung ΔH bei der vollständigen Oxidation der wichtigsten Nahrungsstoffe unter physiologischen Bedingungen nicht sehr groß ist, resultiert daraus kein großer Fehler. Bei anaeroben Abbauprozessen und bei vielen Teilreaktionen des intermediären Stoffwechsels ist es allerdings anders (Tab. 6.1).

Die Abnahme der freien Enthalpie ($\Delta G < 0$) drückt den Anteil der Energie aus, der bei einer Reaktion unter isothermen ($\Delta T = 0$) und isobaren ($\Delta p = 0$) Bedingungen, wie sie im

Tab. 6.1 Wärmetönung (ΔH) und Änderung der freien Enthalpie (ΔG) bei biochemischen Reaktionen. (Aus Penzlin 2005)

	Wärmetönung (ΔH, kJ/mol)	Änderung der freien Enthalpie (ΔG, kJ/mol)	Differenz (%) $\Delta G = 100$
Alkoholische Gärung	−88,0	−230,3	61,8
Glykolyse	−100,5	−150,7	33,3
Glucoseveratmung	−2817,7	−2872,1	1,9

Organismus nahezu erfüllt sind, in der Lage ist, Arbeit zu leisten. Er entspricht bei einer chemischen Umsetzung der **maximalen Arbeit** (A_{max}), die man bei reversibler Führung des Vorganges erhalten kann:

$$-\Delta G = A_{max}.$$

ΔG ist umso größer (negatives Vorzeichen!), je stärker die Exothermie ($-\Delta H$) und je größer die Entropiezunahme ($+\Delta S$) während der Reaktion ist (s. obige Gleichung).

Befindet sich ein Reaktionssystem außerhalb des **thermodynamischen Gleichge-wicht**s, so zeigt es eine mehr oder weniger starke Tendenz, sich der Gleichgewichtslage zu nähern, um im Gleichgewicht selbst zur Ruhe zu kommen, das durch ein relatives Minimum an freier Enthalpie G und ein relatives Maximum der Entropie S (bei gegebener Temperatur und gegebenem Druck; T, p = konstant) charakterisiert ist:

$$\{dG/dt\}_{T,p} < 0 \quad \text{in Gleichgewichtsnähe} \quad G > \text{Minimum,}$$

$$\{dG/dt\}_{T,p} = 0 \quad \text{im Gleichgewicht} \quad\quad G = \text{Minimum,}$$

$$\{dS/dt\}_{T,p} > 0 \quad \text{in Gleichgewichtsnähe} \quad S < \text{Maximum,}$$

$$\{dS/dt\}_{T,p} = 0 \quad \text{im Gleichgewicht} \quad\quad S = \text{Maximum.}$$

Zwischen der Gleichgewichtskonstanten K einer Reaktion

$$A + B \leftrightarrow C + D$$

und der Änderung der freien Enthalpie (ΔG) besteht folgende wichtige Beziehung:

$$\Delta G = RT \ln \frac{K}{\alpha}; \quad \alpha = \frac{c_C \cdot c_D}{c_A \cdot c_B}; \quad K = \frac{[C] \cdot [D]}{[A] \cdot [B]}.$$

c_A, c_B, c_C und c_D sind die Konzentrationen im Ausgangsreaktionsgemisch, $[A]$, $[B]$, $[C]$ und $[D]$ die Gleichgewichtskonzentrationen der beteiligten Stoffe A, B, C und D. Aus der Gleichung folgt: Je kleiner α gegenüber K ist, desto größer ist die zu gewinnende Arbeit $-\Delta G$. Ist $K = \alpha$, ist ΔG folgerichtig gleich Null. Ist $K < \alpha$ wird ΔG positiv.

Für den Fall, dass alle Stoffe im Ausgangsgemisch in der Konzentration 1 mol/l vor-liegen ($\alpha = 1$) – das bedeutet bei Beteiligung von Protonen (H^+) an der Reaktion pH 0 – vereinfacht sich die Beziehung zu

$$\Delta G^\circ = -RT \ln K.$$

Bei einer Temperatur von 25 °C ($T = 298$ K) und einem pH 7,0 ($[H^+] = 10^{-7}$ mol $\cdot$ l^{-1}), was den Bedingungen im Organismus besser entspricht, und 1-molaren Ausgangskonzen-trationen der beteiligten Reaktanten und Produkte erhält man die Änderung der freien Enthalpie unter **Standardbedingungen**:

$$\Delta G^{\circ'} = -RT' \cdot \ln K' = -RT' \cdot 2{,}303 \cdot \lg K' = -5{,}707 \cdot 10^3 \cdot \lg K' \quad \text{(in J} \cdot \text{mol}^{-1}\text{)}.$$

Die Änderung der freien Enthalpie einer chemischen Reaktion unter Standardbedingungen entpuppt sich somit als ein anderer Ausdruck für die Gleichgewichtskonstante K'.

Die **Gesamtarbeitsfähigkeit** einer Reaktion (in $J \cdot mol^{-1}$) setzt sich somit aus $\Delta G^{\circ\prime}$
und der „Restreaktionsarbeit" zusammen

$$\Delta G = \Delta G^{\circ\prime} + RT' \cdot \ln \alpha = \Delta G^{\circ\prime} + 5{,}707 \cdot 10^3 \cdot \lg \alpha.$$

Bei jeder Erhöhung der Konzentration eines Ausgangsstoffs auf das 10-Fache bzw. Verminderung der Konzentration eines Reaktionsprodukts auf ein Zehntel (in beiden Fällen
wird α auf ein Zehntel reduziert) ändert sich ΔG um $-5{,}707\, kJ \cdot mol^{-1}$.

Erwin SCHRÖDINGER vertrat in seinem berühmten Buch „Was ist Leben?" die unzutreffende These, worauf ihn bereits der deutsch-britische Physiker Franz SIMON kurz nach
Erscheinen des Buchs – allerdings ohne Erfolg – hingewiesen hatte, dass sich die Organismen nicht von freier Energie (Enthalpie), sondern von **negativer Entropie** (Negentropie)
ernähren (Schrödinger 1952, Kap. 57). Dabei griff er eine alte Idee seines Landsmanns
Ludwig BOLTZMANN auf, den er zwar sehr verehrte, in seinem Buch aber nicht zitierte (Boltzmann 1886). BOLTZMANN schrieb im Jahr 1886 (zit. bei Broda 1975, S. 3):
„Der allgemeine Lebenskampf der Lebewesen ist [...] nicht ein Kampf um die Grundstoffe – auch nicht um Energie, welche in Form von Wärme, leider unverwandelbar, in
jedem Körper reichlich vorhanden ist – sondern ein Kampf um die Entropie, welche durch
den Übergang der Energie von der heißen Sonne zur kalten Erde disponibel wird. Diesen
Übergang möglichst auszunützen, breiten die Pflanzen die unermesslichen Flächen ihrer
Blätter aus und zwingen die Sonnenenergie in noch unerforschter Weise, ehe sie auf das
Temperaturniveau der Erdoberfläche herabsinkt, chemische Synthesen auszuführen, von
denen man in unseren Laboratorien noch keine Ahnung hat."

Diesem interessanten Gedankengang muss man allerdings entgegenhalten, dass sich
die Organismen, wie oben ausgeführt, in erster Linie von freier Energie (genauer: freier Enthalpie) ernähren, die sie aus den Nahrungsstoffen im Stoffwechsel freisetzen. Ihre
interne Ordnung „saugen" sie nicht mit der Nahrung aus ihrer Umgebung auf, sondern
müssen sie auf der Grundlage ihrer im Genom gespeicherten Informationen unter Nutzung der mit der Nahrung aufgenommenen Energie kontinuierlich *aus sich heraus* selber
neu schaffen und erhalten.

6.3 Der Energieerhaltungssatz

Alle Energieformen können ineinander überführt werden. So wird beispielsweise bei der
Photosynthese die Strahlungsenergie des Lichts in die potenzielle Energie der chemischen Bindungen zwischen den Atomen eines Glucose- oder Stärkemoleküls umgewandelt (s. Abschn. 6.10). Potenzielle chemische Energie wird in den Muskelzellen in mechanische Energie, in den Nervenzellen in elektrische Energie umgewandelt. In allen Zellen
wird die in den chemischen Bindungen der Nährstoffe vorliegende potenzielle Energie

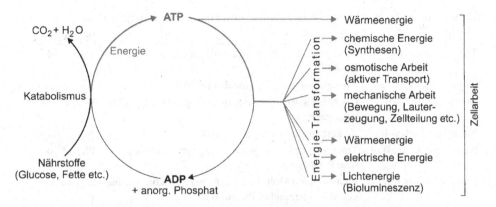

Abb. 6.3 Die Energietransformationen in der Zelle. Nähere Erläuterungen im Text

bei deren Abbau freigesetzt, um in die verschiedensten Zellleistungen, wie den Aufbau eines Konzentrationsgradienten, den Aufbau von Strukturen etc., eingespeist zu werden (Abb. 6.3).

Bei jeder **Transformation der Energie** aus einer in eine andere Form geht weder Energie verloren, noch entsteht Energie neu. Die Energieerhaltung ist ein Gesetz, das alle Naturvorgänge beherrscht. Der Energieerhaltungssatz (erster Hauptsatz der Thermodynamik) lautet in allgemeiner Form wie folgt:

• Bei allen makroskopischen Vorgängen in der Natur wird Energie weder zerstört noch erzeugt, sondern nur von einer Form in eine andere transformiert.

Oder mit anderen Worten:

• Bei allen in einem abgeschlossenen System verlaufenden Änderungen bleibt die Gesamtenergie des Systems konstant.

Die Änderung der **inneren Energie** U eines geschlossenen Systems bei einer Zustandsänderung setzt sich aus der dabei mit der Umgebung ausgetauschten Wärmemenge Q und der vom System geleisteten Arbeit W zusammen:

$$\Delta U = \Delta Q + \Delta W.$$

[Definitionsgemäß wird die Wärmemenge bzw. Arbeit, die dem System zugeführt wird, positiv, diejenige, die an die Umgebung des Systems abgeführt wird, negativ gezählt (Vorzeichenregelung!)]. Bei infinitesimal kleinen Umsetzungen schreibt man entsprechend:

$$dU = dQ + dW.$$

Tab. 6.2 Arbeit als Produkte aus einem Intensitätsfaktor und einem Kapazitätsfaktor

Arbeit	Erläuterung	Produkt
Transportarbeit W_T	Bewegung eines Körpers um die Strecke ds gegen die Kraft f	$W_T = f \cdot \mathrm{d}s$
Expansionsarbeit W_{Exp}	Ausdehnung um dV gegen den Druck p	$W_{Exp} = p \cdot \mathrm{d}V$
Oberflächenarbeit W_O	Oberflächenverkleinerung um do gegen eine Oberflächenspannung σ	$W_O = \sigma \cdot \mathrm{d}o$
Kontraktionsarbeit W_K	Verkürzung um dl gegen die Kraft f	$W_K = f \cdot \mathrm{d}l$
Elektrische Arbeit W_{El}	Transport der Ladungsmenge dq gegen das elektrische Potenzial E	$W_{El} = E \cdot \mathrm{d}q$
Chemische Arbeit W_{Ch}	Transportierte Molzahl dn_i der i-ten Stoffkomponente gegen ihr chemisches Potenzial μ_i	$W_{Ch} = \mu_i \cdot \mathrm{d}n_i$

Die einzelnen Arbeitsbeträge dW_i kann man nach OSTWALD jeweils als Produkt aus einem Intensitätsfaktor und einem Kapazitätsfaktor darstellen (Ostwaldsche Zerlegung; Tab. 6.2), sodass wir für die Änderung der inneren Energie dU eines Systems folgende Formulierung erhalten:

$$\mathrm{d}U = \mathrm{d}Q + \mathrm{d}W = \mathrm{d}Q - p\mathrm{d}V + \sigma\mathrm{d}o + f\mathrm{d}l + E\mathrm{d}q + \sum \mu_i \mathrm{d}n_i + \dots$$

Auch dQ lässt sich als Produkt aus einem Intensitätsfaktor (Temperatur T) und einem Kapazitätsfaktor (Entropieänderung dS) darstellen, sodass wir die fundamentale **Gibbs-Gleichung** erhalten:

$$\mathrm{d}U = T\mathrm{d}S - p\mathrm{d}V + \sigma\mathrm{d}o + f\mathrm{d}l + E\mathrm{d}q + \sum \mu_i \mathrm{d}n_i + \dots$$

Sie ist sowohl für offene wie auch für geschlossene oder adiabatische Systeme gültig. Sie berücksichtigt alle möglichen Veränderungen der extensiven Größen (Entropie, Volumen, Ladungsmenge, Molzahl usw.) und setzt die totale Änderung der inneren Energie in Beziehung zur Summe der Produkte aus den intensiven Größen (T, p, E, μ_i etc.) mit den Änderungen ihrer Kapazitäten.

Hintergrundinformationen

Eine direkte Konsequenz aus dem ersten Hauptsatz ist der Satz von Germain H. HESS, das **Gesetz der konstanten Wärmesummen** (1840). Es besagt: Die Wärmetönung (Reaktionsenthalpie) einer chemischen Umsetzung hängt nur von der Energiedifferenz zwischen dem Anfangs- und Endzustand ab. Sie ist unabhängig von dem Weg, auf dem diese Umsetzung erfolgt ist. Dieses Gesetz berechtigt uns, die bei direkter Verbrennung der Stoffe im Kalorimeter gemessenen Verbrennungswärmewerte (physikalische Brennwerte) auch auf die Vorgänge im Organismus zu übertragen, wo bekanntlich der Abbau nicht direkt, sondern über viele Zwischenstufen erfolgt. Es bildet somit die Grundlage der sog. **Kalorienlehre**, die mit solchen Werten rechnet.

Bei den Umwandlungen der Energie von einer Form in eine andere verschwindet zwar keine Energie, es geht aber immer ein mehr oder weniger großer Prozentsatz der zu transferierenden Energie für den Organismus in Form von Wärme verloren (**Wärmeverlust**), weil die Wärme nicht mehr zu Arbeitsleistungen herangezogen werden kann. Die gesamte freie Energie, die die Organismen ihrer Umgebung mit den Nährstoffen oder aus dem Licht entziehen, kehrt letztlich als Wärme wieder in die Umwelt zurück. Die von den Organismen abgegebene Wärmemenge setzt sich aus zwei Anteilen zusammen. Da ist – erstens – diejenige Wärme, die bei den irreversiblen Aufbauprozessen, wie beispielsweise bei der Synthese von Bau- und Betriebsstoffen oder beim Aufbau und der Aufrechterhaltung von Ungleichgewichten (Potenzialdifferenzen, Konzentrationsgradienten etc.), notwendigerweise „abfällt". Carl OPPENHEIMER kennzeichnete sie als **primäre Wärme** (Oppenheimer 1931, S. 403–429), weil sie mit den primären Energietransformationen, durch die im Organismus Ordnung geschaffen wird, verbunden ist. Der zweite Anteil, die sog. **sekundäre Wärme**, resultiert aus sekundären Energietransformationen im Betriebsstoffwechsel, wenn die aufgebauten Potenziale und Ordnungszustände zum Zweck der Arbeitsleistung wieder abgebaut werden. Im Endresultat wird die Ordnung, die die Organismen permanent produzieren, durch die Unordnung, die sie in ihrer Umwelt hinterlassen, mehr als kompensiert.

Hintergrundinformationen

Ein Maß für die Effektivität einer Energieumsetzung oder eines Energietransfers ist der **Wirkungsgrad** η. Das ist das Verhältnis der geleisteten Arbeit bzw. der tatsächlich „angekommenen" Energie (Output) zur insgesamt umgesetzten (hineingegebenen) Energie (Input) in Prozent:

$$\eta = \{\text{geleistete Arbeit/umgesetzte Energie}\} \cdot 100.$$

Die Differenz {umgesetzte Energie − geleistete Arbeit} entspricht dem Wärmeverlust. Von der in der Zelle unter Standardbedingungen durch vollständige „Verbrennung" von Glucose freigesetzten Energiemenge von 2872 kJ/mol findet man 1100 kJ/mol in den 36 synthetisierten ATP-Molekülen wieder. Dies entspricht einem Wirkungsgrad von 1100/2872 oder 38 %. Der maximale Wirkungsgrad der Skelettmuskulatur des Menschen unter *In-vivo*-Bedingungen beläuft sich auf etwa 25 %.

6.4 Energiebilanzen

Bereits für seine Entdecker J. R. MAYER und Hermann von HELMHOLTZ galt es als sicher, dass der erste Hauptsatz auch für die Vorgänge im Lebewesen zutrifft. Die Gültigkeit dieses Satzes im Bereich des Organischen wurde um 1900 durch exakte Messungen von Max RUBNER an Hefezellen und Hunden, von RODEWALD an Äpfeln, von ATWATER und RONA am Menschen etc. eindeutig belegt. Es zeigt sich, dass erwartungsgemäß die im Lebewesen in einem bestimmten Zeitraum aus den aufgenommenen Nährstoffen freigesetzte Energiemenge (Input) innerhalb der Messgenauigkeit im Betrag identisch ist mit der im gleichen Zeitraum produzierten Wärmemenge plus der geleisteten Arbeit plus dem Energieinhalt der in der Zeitspanne abgegebenen Kot- und Exkretmengen (Output) (Abb. 6.4). Dabei geht man davon aus, dass in dem Zeitraum keine ins Gewicht fallenden Reserven angelegt bzw. verbraucht worden sind. Sollte das der Fall sein, so muss das ebenfalls positiv bzw. negativ in die Gesamtbilanz einbezogen werden:

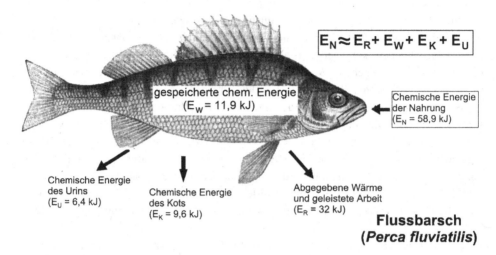

$$E_N \approx E_R + E_W + E_K + E_U$$

gespeicherte chem. Energie
(E_W = 11,9 kJ)

Chemische Energie
der Nahrung
(E_N = 58,9 kJ)

Chemische Energie
des Urins
(E_U = 6,4 kJ)

Chemische Energie
des Kots
(E_K = 9,6 kJ)

Abgegebene Wärme
und geleistete Arbeit
(E_R = 32 kJ)

**Flussbarsch
(Perca fluviatilis)**

Abb. 6.4   Die Energiebilanz eines Flussbarschs (*Perca fluviatilis*) in einem Zeitraum von 28 Tagen. Die Bilanz geht nicht 100%ig auf (58,9 ≈ 32 + 11,9 + 9,6 + 6,4 = 59,9), was auf Messungenauigkeiten zurückzuführen ist. (Nach Bradfield und Llewellyn 1982, verändert)

▶ **Energie-Input** (chemische Energie der aufgenommenen Nahrung)
ist gleich dem im gleichen Zeitraum erfolgten

▶ **Energie-Output** (abgegebene Wärme + geleistete Arbeit + chemische Energie des Kots und der Exkrete + gespeicherte chemische Energie)

Hintergrundinformationen

Als ein quantitatives Beispiel einer Energiebilanz diene das Myzel des Schimmelpilzes *Aspergillus niger*. Man ließ es in einer Nährlösung wachsen, die neben einigen essenziellen Salzen als einzigen Nährstoff 15 % Glucose enthielt. Nach sechs Tagen ergab die Untersuchung folgende Werte (zit. bei Bünning 1948, S. 3):

Verbrennungswärme des Myzels	5606 cal
Während des Versuchs entwickelte Wärmemenge	3299 cal
Verbrennungswärme der restlichen Nährlösung	10.750 cal
Summe	19.655 cal
Verbrennungswärme der ursprünglichen Nährlösung	19.560 cal

In Übereinstimmung mit dem Energieerhaltungssatz entspricht in guter Näherung (innerhalb der Fehlergrenze) die Summe aus der während des Versuchs im Myzel gespeicherten plus der in Form von Wärme abgegebenen Energie (5606 + 3299 = 8905 cal) der im gleichen Zeitraum aus der Nährlösung verschwundenen (19.560 − 10.750 = 8810).

In einem **Ökosystem** sind die einzelnen Arten über ihre Ernährung netzartig miteinander verknüpft. Man unterscheidet verschiedene **Trophiestufen**. Die unterste Ebene bilden

Abb. 6.5 Die „ökologische Pyramide" in der Antarktis. (Nach Vaughan 1978)

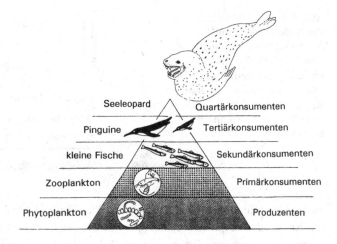

die Produzenten, die die energiereiche Nahrung für alle anderen Organismen aufbauen. Auf ihr baut die Ebene der Pflanzenfresser (Herbivora) auf: Primärkonsumenten. Die fleischfressenden Tiere (Carnivora), die sich von den Pflanzenfressern ernähren, bilden die nächste Stufe. Man bezeichnet sie als Sekundärkonsumenten. Darauf können Tertiärkonsumenten folgen, die wiederum den Sekundärkonsumenten nachstellen. Es kann noch eine weitere Trophiestufe existieren (Abb. 6.5). Aus energetischen Gründen sind allerdings mehr als vier bis fünf Trophiestufen selten. Die höchste Stufe bilden die feindlosen Räuber.

Die heterotrophen Bakterien und Pilze bilden eine eigene Gruppe, die der **Destruenten**. Sie beziehen ihre Nahrung aus allen Trophiestufen und sind hauptsächlich dafür verantwortlich, dass die energiereichen organischen Stoffe letztlich wieder in ihre energiearmen anorganischen Bestandteile zerlegt und damit dem Naturhaushalt wieder zugeführt werden (Mineralisierung): **Stoffkreislauf** im Ökosystem. Dieser Kreislauf betrifft hauptsächlich den Kohlenstoff, den Sauerstoff und den Stickstoff.

Während die Stoffe in einem **Ökosystem** ständig zirkulieren, stellt jeder Organismus als Einzelwesen ein „Durchflusssystem", ein dynamisches (offenes) System im stationären Zustand dar. Die im Prozess der Photosynthese eingefangene und in den organischen Molekülen primär niedergelegte Sonnenenergie wird von Trophiestufe zu Trophiestufe mit Verlust weitergegeben, da jedes Mal ein Teil der Energie – hauptsächlich in Form von Wärme – verloren geht. Man rechnet grob auf jeder Trophiestufe mit einem Verlust von 90 %, d. h. einem Wirkungsgrad von 0,1 (die realen Werte liegen zwischen 0,05 und 0,25). Das bedeutet, dass auf der Stufe der Sekundärkonsumenten (Carnivoren erster Ordnung) nur noch 10 % der von den Primärkonsumenten (Phytophaga) oder gar nur 1 % der von den Primärproduzenten inkorporierten Energie zu finden ist.

Da jeder Organismus einen bestimmten Energieumsatz pro Zeiteinheit für die Erhaltung seiner Lebensfunktionen aufrechterhalten muss und die Population eine gewisse Mindestgröße nicht unterschreiten darf, wird verständlich, dass – erstens – von Trophiestufe

Abb. 6.6 Die trophische
Pyramide. Die horizontale
Ausdehnung der verschiedenen
trophischen Stufen gibt deren
Produktivität innerhalb des
Ökosystems wieder. In diesem
Beispiel beträgt das Verhältnis
100 : 20 : 3 : 0,3. (Nach Rick-
lefs 1990)

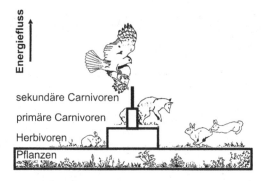

zu Trophiestufe die Individuenzahl (Biomasse) abnimmt (Abb. 6.6) und dass – zweitens –
die Anzahl der Trophiestufen auf vier bis fünf begrenzt bleibt: **Ökologische Pyramide**.
Damit hängt auch zusammen, dass i. d. R. mit abnehmender Arealgröße des Ökosystems
die Zahl der Trophiestufen ebenfalls abnimmt. So findet man z. B. auf kleinen Inseln oft
nur zwei oder drei Trophiestufen.

6.5   Die biologische Oxidation und die Elektronen-Carrier

Die Zellen und Organismen mit aerobem Stoffwechsel schöpfen ihre Energie, durch die
sie sich am Leben erhalten und ihre verschiedenen Verrichtungen, wie Wachstum, Mobilität und Vermehrung, tätigen, aus dem stufenweisen **oxidativen Abbau** energiereicher
Nährstoffe, wie Zucker, Fettsäuren etc. Diese Nährstoffe müssen sie entweder in ihrer natürlichen Umgebung finden (Heterotrophe) oder selbst aus anorganischen Stoffen mithilfe
der Energie des Sonnenlichts (Photosynthese, s. Abschn. 6.10) oder mithilfe der Oxidation
anorganischer Substanzen (Chemosynthese, s. Abschn. 6.1) herstellen (Autotrophe).

   Die Nährstoffe, wie beispielsweise der Zucker, werden im Prozess der **Atmung** oxidativ bis zum Kohlendioxid und Wasser abgebaut:

$$\text{Zucker} + O_2 \rightarrow H_2O + CO_2 \uparrow .$$

   Das geschieht allerdings im Gegensatz zur direkten Verbrennung nicht in einem einzigen gewaltigen Akt, sondern in vielen kleinen enzymüberwachten Reaktionsschritten.
Dadurch wird gewährleistet, dass die bei dem Prozess freiwerdende Energie, die in der
Summe in beiden Fällen gleich groß ist, nicht restlos als Wärme „verpufft", wie bei
der Verbrennung, sondern in hohem Umfang in Form kleiner Portionen von energiereichen Transport- und Trägermetaboliten, wie Adenosintriphosphat (ATP) und Nikotinamid-Adenin-Dinukleotid (NADH), aufgefangen wird.

   Unter **Oxidation** versteht man generell Vorgänge, bei denen ein Atom (Molekül) Elektronen abgibt. Demgegenüber werden Vorgänge, bei denen Elektronen vom Atom (Mo-

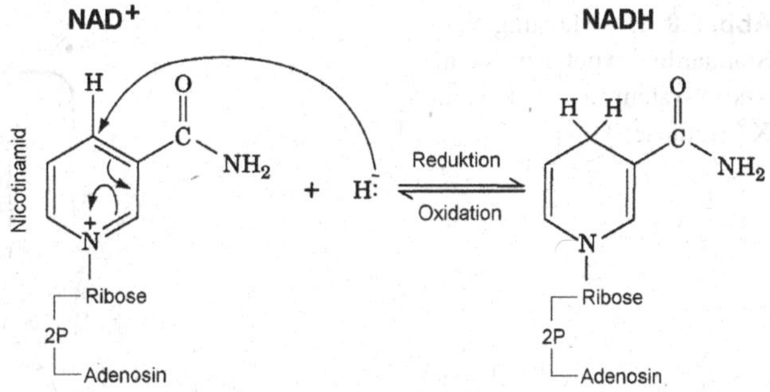

Abb. 6.7 Die reversible Reduktion des NAD$^+$ zu NADH formal als Hydridionübertragung dargestellt

lekül) aufgenommen werden, als Reduktion bezeichnet. In den lebenden Zellen ist die Oxidation, also die Abgabe eines Elektrons, sehr oft mit der Abgabe eines Protons (H$^+$) verknüpft:

$$
\begin{aligned}
\text{X--H} &\rightarrow \text{[X--H}^+\text{]} + e^- \\
\text{[X--H}^+\text{]} &\rightarrow \text{X} + \text{H}^+ \\
\hline
\text{X--H} &\rightarrow \text{X} + e^- + \text{H}^+
\end{aligned}
$$

Sie besteht also in einer Dehydrogenierung. Der umgekehrte Vorgang, die Hydrogenierung, stellt eine **Reduktion** dar:

$$
\begin{aligned}
\text{Y} + e^- &\rightarrow \text{[Y}^-\text{]} \\
\text{[Y}^-\text{]} + \text{H}^+ &\rightarrow \text{Y--H} \\
\hline
\text{Y} + \text{H}^+ + e^- &\rightarrow \text{Y--H}
\end{aligned}
$$

Da bei einer Reaktion keine Elektronen verschwinden können, treten Oxidation und Reduktion immer miteinander gekoppelt auf. Wenn ein Stoff einer Reaktion oxidiert wird, also Elektronen abgibt (**Elektronendonator**), muss gleichzeitig ein anderer reduziert werden, also Elektronen aufnehmen (**Elektronenakzeptor**). Man spricht von Redoxreaktionen. Entscheidend für den Ablauf der Redoxreaktion sind die relativen Affinitäten, die die beteiligten Moleküle zu den Elektronen haben.

Innerhalb der Zellen sind das Nikotinamid-Adenin-Dinukleotid (**NAD$^+$**) und das nahe mit ihm verwandte Nikotinamid-Adenin-Dinukleotid-Phosphat (**NADP$^+$**) sehr wichtige **Elektronentransporter**. Beide können zwei energiereiche Elektronen zusammen mit einem Proton (H$^+$), also formal ein Hydridion (ein Proton mit zwei Elektronen: H$^-$ = H$^+$ + 2 e^-), aufnehmen, wobei sie selbst zu NADH bzw. NADPH reduziert werden (Abb. 6.7). In einer sich anschließenden Reaktion wird das Proton mit seinen beiden Elektronen wieder abgegeben, wobei NADH bzw. NADHP wieder in ihre oxidierte Form (NAD$^+$ bzw. NADP$^+$) zurückkehren. Diese Elektronentransfers gehen mit einer erheblichen Änderung an freier Enthalpie einher ($\Delta G^{0'} < 0$).

Bei den meisten katabolen Prozessen sind die Produkte stärker oxidiert als die Ausgangsstoffe. Es fällt nicht nur Energie an, die in Form von ATP gebunden werden muss,

Abb. 6.8 Die Messung eines
Standardredoxpotenzials eines
Redoxsystems X (oxidiert) und
X⁻ (reduziert)

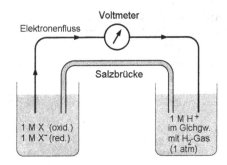

um nicht verloren zu gehen, sondern es fallen auch energiereiche Elektronen an, die von
Elektronenakzeptoren aufgenommen werden müssen. Bei den Biosynthesen ist es umgekehrt, die Produkte sind stärker reduziert als die Ausgangsstoffe. Es wird nicht nur Energie
in Form von ATP benötigt, sondern es müssen auch Elektronendonatoren bereitgestellt
werden.

Aufgrund ihrer etwas unterschiedlichen Molekülform binden NADH und NADPH an
unterschiedliche Enzymklassen, das NADH mehr an solche des katabolen (abbauenden)
Metabolismus, das NADPH vornehmlich an solche des anabolen (aufbauenden). Auf diese
Weise hat die Zelle die Möglichkeit, ana- und katabole Prozesse unabhängig voneinander durch Regulierung der Elektronenflüsse zu kontrollieren. In der Zelle liegt das
Gleichgewicht zwischen NAD^+ und NADH stark auf der Seite von NAD^+, das damit als
Oxidationsmittel in relativ hoher Konzentration für den oxidativen Abbau der Nahrungsstoffe bereitsteht und dabei selbst zu NADH reduziert wird. Beim vollständigen Abbau
eines Glucosemoleküls werden insgesamt zehn NADH gebildet, die ihre Elektronen an
die Atmungskette (s. Abschn. 6.8) weitergeben. Das Gleichgewicht zwischen $NADP^+$ und
NADPH liegt dagegen stark auf der Seite von NADPH, das demzufolge in der Zelle in hoher Konzentration als Reduktionsmittel für die Biosyntheseprozesse bereitsteht.

Die Affinität eines Redoxpaars für Elektronen wird als Spannungsdifferenz (sog. **Redoxpotenzial**) zwischen der äquimolaren Mischung beider Partner und einer Bezugs-
oder Standardelektrode gemessen. Als Standardelektrode verwendet man übereinkunftsgemäß eine einmolare H^+-Lösung, die im Gleichgewicht mit einem H_2-Gas unter dem
Druck von 1 atm steht (Abb. 6.8). Redoxpaare mit stark negativem Redoxpotenzial haben eine verhältnismäßig schwache Elektronenaffinität, geben ihre Elektronen also leicht
ab. Redoxpaare mit positivem Potenzial neigen dagegen dazu, Elektronen aufzunehmen.
NAD^+/NADH mit einem Redoxpotenzial von $-315\,mV$ ist deshalb ein hervorragender
Elektronendonator (Reduktionsmittel). Dagegen ist ½ O_2/H_2O mit einem Redoxpotenzial von $+815\,mV$ ein hervorragender Elektronenakzeptor (Oxidationsmittel). So speist
beispielsweise das NADH seine Elektronen leicht in die Atmungskette ein, während der
Sauerstoff die Elektronen am Ende der Kette aufnimmt (s. Abschn. 6.8).

6.6   Das ATP als „universelle Energiewährung"

Die Freisetzung an freier Enthalpie beim Abbau der Nahrungsstoffe geschieht nicht in einem großen Schritt, sondern in vielen kleinen. Die dabei anfallenden Energiepakete müssen sofort wieder in geeigneter Form „konserviert" werden, um nicht für den Organismus verlorenzugehen. Das geschieht durch energiereiche Zwischenprodukte. Dazu gehören phosphorylierte Verbindungen, wie beispielsweise das Adenosintriphosphat oder das Phosphokreatin, aber auch Thioester, wie das Acetyl-CoA. Die in ihnen vorübergehend gespeicherte Energie kann dann bei den verschiedensten „energiezehrenden" (endergonen) Prozessen in der Zelle wieder zum Einsatz kommen.

Die wichtigste energiereiche Verbindung ist das in allen Lebewesen anzutreffende **Adenosintriphosphat** (ATP; Abb. 6.9). Seine Triphosphat-Einheit weist zwei energiereiche Phosphorsäureanhydridbindungen (~) auf:

$$\text{ATP} = \text{AMP} \sim \text{P} \sim \text{P} \quad (\text{AMP} = \text{Adenosinmonophosphat}, \text{P} = \text{Phosphat}).$$

Die hydrolytische Spaltung der terminalen Phosphorsäureanhydridbindung trennt eine der negativ geladenen Phosphate ab, es entsteht Adenosindiphosphat (ADP) und Orthophosphat (P_i):

$$\text{ATP} + H_2O \leftrightarrow \text{ADP} + P_i + H^+ \quad (\Delta G^{\circ\prime} = -30{,}5 \, \text{kJ} \cdot \text{mol}^{-1}).$$

Dabei wird unter Standardbedingungen (25 °C, 1 bar, einmolare Konzentrationen) die Energiemenge von $30{,}5 \, \text{kJ} \cdot \text{mol}^{-1}$ frei. Derselbe Energiebetrag wird frei, wenn ATP zu Adenosinmonophosphat (AMP) und Pyrophosphat (PP_i) hydrolysiert.

Hintergrundinformationen

Bindungen, bei deren Hydrolyse mehr als $25 \, \text{kJ} \cdot \text{mol}^{-1}$ freigesetzt werden, werden seit Fritz LIPMANN als „energiereich" bezeichnet und mit einer Schlangenlinie (~) gekennzeichnet. Außer dieser Eigenschaft ist allerdings nichts Besonderes an diesen Bindungen.

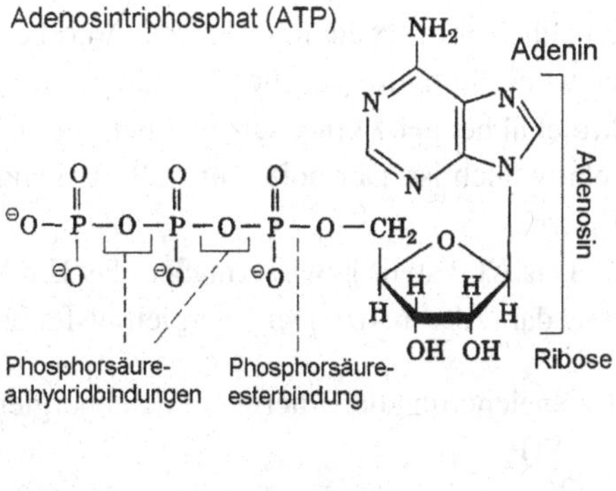

Abb. 6.9 Das Adenosin-5'-triphosphat (ATP) mit seinen beiden energiereichen Phosphorsäureanhydridbindungen

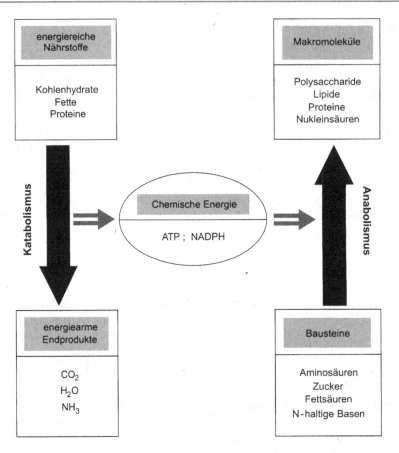

Abb. 6.10 Im Metabolismus sind der Anabolismus (aufbauend) und der Katabolismus (abbauend) aufs Engste miteinander verknüpft, wobei die Energieübertragung in erster Linie durch das Adenosintriphosphat (ATP) geleistet wird. Nikotinamid-Adenin-Dinukleotid-Phosphat (NADPH) ist der wichtigste Elektronendonator bei den reduktiven Biosynthesen

Unter den in der Zelle herrschenden Bedingungen, die von den Standardbedingungen erheblich abweichen, liegt der ΔG-Wert bei etwa $-48\,\mathrm{kJ \cdot mol^{-1}}$ (Voet et al. 2010, S. 500). Obwohl die hydrolytische Abspaltung des Phosphats stark exergonisch ist, ist das ATP-Molekül bei pH 7 kinetisch ziemlich stabil, weil die Aktivierungsenergie für die Reaktion relativ hoch ist. Der hohe intrazelluläre Umsatz von ATP benötigt deshalb unbedingt ein Enzym.

Das ATP stellt gewissermaßen das Bindeglied zwischen Katabolismus und Anabolismus dar (Abb. 6.10). Der Energietransfer erfolgt in zwei Schritten:

1. Speicherung der Energie in den energiereichen Phosphorsäureanhydridbindungen des ATP,
2. Freisetzung der Energie durch Hydrolyse der Phosphorsäureanhydridbindungen für diverse Arbeitsleistungen.

Durch Kopplung einer exergonen Reaktion ($\Delta G_1 < 0$) mit einer endergonen ($\Delta G_2 > 0$), die normalerweise nicht spontan abläuft, kann Letztere ermöglicht werden, wenn die Summe beider Enthalpien ($\Delta G_1 + \Delta G_2$) negativ, also $|\Delta G_1| > |\Delta G_2|$ ist: **energetische Kopplung**.

Die Zellen eines vielzelligen Organismus werden zwar mit dem „Rohmaterial" für die „Prägung" der Energiemünze ATP in Form von Nährstoffen versorgt, die Prägung selbst müssen sie jedoch in eigener Regie tätigen. Es gibt auch keinen „Münztransfer" *zwischen* den Zellen, sodass jede einzelne Zelle dafür Sorge tragen muss, dass ihr das „Geld nicht ausgeht". Dazu dient ein leistungsfähiges **Antiport-System** (ADP/ATP-Translokator) in der inneren Mitochondrienmembran (Klingenberg 1979, S. 249–252; s. Abschn. 6.9). Es sorgt dafür, dass das im Zytosol bei den zahlreichen energiefressenden Verrichtungen aus der ATP-Hydrolyse hervorgegangene ADP sehr schnell in die mitochondriale Matrix gelangt, um dort erneut für die ATP-Synthese zur Verfügung zu stehen. Gleichzeitig werden über denselben Translokator im Austausch mit dem ADP die durch oxidative Phosphorylierung (s. Abschn. 6.9) entstandenen und in der Matrix sich ansammelnden ATP-Moleküle zurück ins Zytosol befördert, wo sie für die verschiedensten Zellleistungen herangezogen werden können: **ATP/ADP-Zyklus**

Hintergrundinformationen
Da der Vorrat an ATP in der Zelle nicht sehr groß ist, ist der **ATP-Durchsatz** umso höher. Im menschlichen Körper pendelt jedes ATP/ADP-Molekül täglich einige tausend Mal zwischen Mitochondrium und Zytoplasma hin und her. Man hat abgeschätzt, dass der ruhende Mensch eine ATP-Turnover-Rate von etwa 1,7 kg pro Stunde hat. Bei intensiver Arbeit kann sich dieser Wert auf 30 kg pro Stunde erhöhen.

Das für den Energietransfer in der Zelle so wichtige ATP/ADP-System wird auf einem Niveau gehalten, das sich um den Faktor 10^8–10^{10} vom thermodynamischen Gleichgewicht unterscheidet. Die stationäre intrazelluläre ATP-Konzentration liegt bei 2–10 mM und ist etwa zehnmal höher als die ADP-Konzentration, deren Werte allerdings größeren Schwankungen unterliegen. Nur so kann verhindert werden, dass die „Batterie" der Zelle einmal leer wird, was den Tod der Zelle bedeuten würde.

Das intrazelluläre Mengenverhältnis von ATP, ADP und AMP ist ein wesentlicher regulativer Faktor im Energiehaushalt der Zelle. Während wichtige biochemische Reaktionen im Rahmen der Bereitstellung verwertbarer Energie in Form von ATP (Energiestoffwechsel) durch ATP gehemmt und durch ADP und/oder AMP gefördert werden, ist es bei vielen Reaktionen des energieverbrauchenden Leistungsstoffwechsels gerade umgekehrt, nämlich Stimulation durch ATP und Hemmung durch ADP und/oder AMP. Als Maßzahl hat sich die von ATKINSON eingeführte **Energieladung** x bewährt:

$$x = \frac{[ATP] + 0{,}5\,[ADP]}{[ATP] + [ADP] + [AMP]} \quad (0 \leq x \leq 1).$$

Sie ist dem Molbruch des ATP plus dem halben Molbruch des ADP (im Gegensatz zum ATP mit nur einer Anhydridbindung!) proportional und kann Werte zwischen 1,0

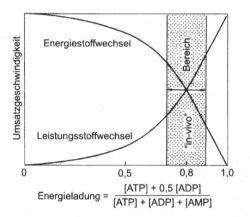

Abb. 6.11 Die Regulation und Abstimmung des Energie- und Leistungsstoffwechsels der Säugetiere aufeinander durch die Energieladung der Zelle über Veränderungen der Enzymaffinitäten. Viele Enzyme des Energiestoffwechsels (Hexokinase, Phosphofruktokinase, Pyruvatkinase und Isocitratdehydrogenase) werden durch ATP gehemmt und durch ADP und/oder AMP stimuliert. Beim Leistungsstoffwechsel ist es umgekehrt: viele ihrer Enzyme (ATP-abhängige Citratlyase und Phosphoribosylpyrophosphatsynthetase) werden durch ATP stimuliert und durch ADP/AMP gehemmt. (Aus Jungermann und Möhler 1980)

(alle Adeninnukleotide liegen als ATP vor) und 0 (kein ATP und ADP, nur AMP) annehmen. Ihr Normalwert liegt in der Zelle zwischen 0,8 und 0,95. Er wird über Selbstregulationsmechanismen relativ konstant gehalten. Steigt er an, so werden ATP-zehrende Prozesse (Leistungsstoffwechsel) stimuliert und gleichzeitig energieliefernde (Energiestoffwechsel) gehemmt. Ein Abfall der Energieladung hat die entgegengesetzten Effekte (Abb. 6.11). Auf diese Weise werden – im Zusammenspiel mit anderen Mechanismen – Energie- und Leistungsstoffwechsel kontinuierlich aufeinander abgestimmt.

6.7 Glykolyse: Substratkettenphosphorylierung

Das für den Zellmetabolismus so zentrale, energiereiche ATP-Molekül kann auf zweierlei Weise aus ADP gebildet werden:

1. Auf direktem Weg durch Übertragung einer Phosphorylgruppe von einem Stoff mit höherem Phosphorylübertragungspotenzial (Phosphatdonator) im Zytosol (**Substratkettenphosphorylierung**).
2. Auf indirektem Weg durch Aufbau eines elektrochemischen Protonengradienten über eine Membran (Plasmamembran der Bakterien, innere Mitochondriummembran, Thylakoidmembran) im oxidativen Stoffwechsel (**oxidative Phosphorylierung**, s. Abschn. 6.9) oder im Rahmen der Photosynthese (**Photophosphorylierung**, s. Abschn. 6.10).

Tab. 6.3 Die freien Standardenthalpien ($\Delta G^{0\prime}$) der Phosphathydrolyse einiger wichtiger Verbindungen in kJ $\cdot$ mol^{-1}. (Aus Fasman 1976)

Verbindung	$\Delta G^{0\prime}$ (kJ $\cdot$ mol^{-1})
Phosphoenolpyruvat	−61,9
1,3-Bisphosphoglycerat	−49,4
ATP ($\rightarrow$ AMP + PP$_i$)	−45,6
Acetylphosphat	−43,1
Phosphokreatin	−43,1
ATP ($\rightarrow$ ADP + P$_i$)	−30,5
Glucose-1-phosphat	−20,9
Glucose-6-phosphat	−13,8
Glycerin-3-phosphat	−9,2

Die Substratkettenphosphorylierung wird dadurch möglich, dass das ATP nur eine *mittlere* Stellung unter den Phosphatverbindungen einnimmt. Es gibt energieärmere, aber auch – und das ist in diesem Zusammenhang wichtig – energiereichere Verbindungen, von denen das ADP ohne weiteres eine Phosphorylgruppe erhalten kann. Dazu gehören insbesondere das Phosphoenolpyruvat, aber auch das 1,3-Bisphosphoglycerat und das Phosphokreatin (Tab. 6.3). Die insgesamt exergone Reaktion wird jeweils von einer spezifischen Kinase katalysiert.

Als Beispiel einer Substratkettenphosphorylierung kann die **Glykolyse** dienen. Sie läuft im Zytoplasma ab. In ihr wird die aus dem Abbau von Polysacchariden oder durch Synthese aus Nichtkohlenhydraten (Gluconeogenese) entstandene Glucose (C6-Einheit) in zehn enzymatisch gesteuerten Teilschritten zu zwei C3-Einheiten (Pyruvat) abgebaut (Emden-Meyerhof-Parnas-Weg; Abb. 6.12).

Der erste und der dritte Teilschritt der Glykolyse sind energiebedürftig und benötigen deshalb jeweils ein Molekül ATP. Diese beiden Moleküle werden im siebten und zehnten Teilschritt zurückgewonnen. Da diese beiden Teilreaktionen insgesamt zweimal durchlaufen werden (von jeder der beiden C3-Einheiten!), ergibt sich eine Gesamtbilanz von vier minus zwei gleich zwei gewonnenen ATP-Molekülen pro Glucose-Molekül.

Der 6. Teilschritt der Glykolyse ist eine Oxidation, wobei NAD$^+$ zu NADH reduziert wird. Da dieser Teilschritt, wie bereits betont, ebenfalls zweimal durchlaufen wird, entstehen insgesamt 2 NADH-Moleküle pro Molekül Glucose. So ergibt sich folgende Gesamtbilanz der Glykolyse:

$$\text{Glucose} + 2\text{NAD}^+ + 2\text{ADP} + 2\text{P}_i \rightarrow 2\text{Pyruvat} + 2\text{NADH} + 2\text{ATP} + 2\text{H}_2\text{O} + 4\text{H}^+.$$

NAD$^+$ als Hauptoxidationsmittel in der Glykolyse muss kontinuierlich nachgeliefert werden, damit die Glykolyseaktivität nicht zum Erliegen kommt. Dazu muss das entstandene NADH wieder zurück zu NAD$^+$ oxidiert werden. Das geschieht unter anaeroben Bedingungen im Rahmen der sog. **Gärung**. Bei der Milchsäuregärung erfolgt die Reoxidation des NADH zum NAD$^+$ zusammen mit der Reduktion des Pyruvats zu Lactat

Abb. 6.12 Übersicht über die Glykolyse: In den ersten fünf Schritten wird ein Molekül Glucose in zwei Moleküle Glycerinaldehyd-3-phosphat umgewandelt. Dabei werden zwei ATP verbraucht. In den nachfolgenden 5 Schritten werden diese beiden Moleküle Glycerinaldehyd-3-phosphat zu Pyruvat umgesetzt. Dabei entstehen vier ATP und zwei NADH. Die Gesamtausbeute der Glykolyse beträgt dann $4 - 2 = 2$ ATP plus 2 NADH

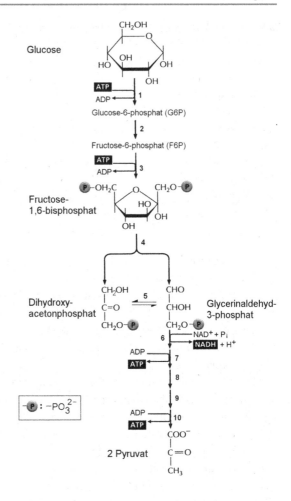

(Milchsäure). Bei der alkoholischen Gärung entsteht zunächst Acetaldehyd durch Decarboxylierung des Pyruvats, das dann anschließend durch NADH zu Ethanol reduziert wird, wobei NAD^+ entsteht:

$$CH_3-CO-COO^- \text{ (Pyruvat)} \rightarrow CH_3-CHO \text{ (Acetaldehyd)} \rightarrow CH_3-CH_2OH \text{ (Ethanol)}.$$

Die energiereichen Lieferanten des Phosphats für das ATP sind einmal das 1,3-Bisphosphoglycerat im 7. Schritt, das dabei zu 3-Phosphoglycerat wird, und zum anderen das Phosphoenolpyruvat im 10. und letzten Schritt, das zu Pyruvat wird. Das ATP entsteht in diesen Fällen ohne Beteiligung von molekularem Sauerstoff. Deshalb sprechen wir nicht von einer oxidativen, sondern von einer Substratkettenphosphorylierung.

Die **Energieausbeute** der Gärung, an deren Ende Milchsäure, Ethanol oder ein anderes Produkt stehen kann, ist mit zwei ATP relativ gering. Insgesamt werden bei der Milchsäuregärung unter Normalbedingungen 196 kJ pro Mol Glucose freigesetzt, von denen

$2 \cdot 30{,}5 = 61$ kJ, das sind 31 %, in Form von ATP gespeichert werden, um für Arbeitsleistungen der Zelle zur Verfügung zu stehen. Der Rest geht in Form von Wärme verloren. Unter physiologischen Bedingungen kann sich der Wert allerdings auf über 50 % erhöhen. Im Vergleich zum vollständigen Abbau der Glucose bis zum Kohlendioxid und Wasser unter aeroben Bedingungen, bei dem 32 Moleküle ATP durch oxidative Phosphorylierung entstehen, ist die Ausbeute der Gärung gering. Deshalb müssen die Anaerobier sehr viel mehr Glucose pro Zeiteinheit umsetzen als die Aerobier, um ihren Energiebedarf zu decken. Damit hängt zusammen, dass die anaerobe ATP-Bildung etwa 100-mal schneller als die aerobe erfolgt.

6.8   Citratzyklus und Atmungskette

Die Aerobier, dazu gehören die meisten eukaryotischen Zellen, bauen die Glucose vollständig bis CO_2 und H_2O ab und erzielen dabei eine Ausbeute von 32 ATP-Molekülen. Dazu benötigen sie allerdings Sauerstoff und etwa 100-mal mehr Zeit als die Anaerobier für ihre Glykolyse.

Das **Pyruvat**, das auch die Anaerobier im Zytosol über die Glykolyse produzieren, muss – ebenso wie die Fettsäuren – zum weiteren Abbau bis zum CO_2 und H_2O in die Matrix der Mitochondrien befördert werden, wo der größte Teil der Energie freigesetzt wird. Die Mitochondrien werden deshalb gerne als die „Kraftwerke" der Zelle bezeichnet.

Unmittelbar nach Eintritt in die Mitochondrienmatrix reagiert das Pyruvat mit dem Coenzym A (HS-CoA), wobei CO_2 und Acetyl-CoA gebildet werden. Diese zentrale Reaktion, die vom **Pyruvat-Dehydrogenase-Komplex** (s. Abschn. 7.12) katalysiert wird, ist stark exergon und irreversibel. Die Acetylgruppe (C_2-Einheit) tritt, gebunden an CoA, in den sog. Citratzyklus ein (Abb. 6.13), indem es mit einer C_4-Einheit (Oxalacetat) zu einer C_6-Einheit (Citrat) kondensiert.

$$^-OOC-CO-CH_2-COO^- + CH_3-CO-S-CoA + H_2O$$
$$\rightarrow {}^-OOC-CH_2-COH(COO^-)-CH_2-COO^- + HS-CoA + H^+.$$

Über den insgesamt neun Reaktionen umfassenden **Citratzyklus** wird das Acetyl letztendlich zu 2 Molekülen CO_2 oxidiert. Die im Rahmen dieser Oxidation (an der kein Sauerstoff teilnimmt!) freigesetzten, energiereichen Elektronen werden von den Coenzymen NAD^+ und FAD übernommen, wobei sie selbst zu NADH und $FADH_2$ reduziert werden.

Sowohl das NADH als auch das $FADH_2$ sind energiereiche Verbindungen, die ein hohes Elektronen-Übertragungspotenzial besitzen. Insgesamt entstehen bei der Glucoseoxidation im Rahmen der Glykolyse und des Citratzyklus 12 Elektronenpaare. Zehn werden vom NAD^+ und zwei vom FAD übernommen. Dagegen entsteht im ganzen Prozess nur ein Guanosintriphosphat-Molekül (GTP) durch Substratkettenphosphorylierung, das leicht in ATP umgewandelt werden kann.

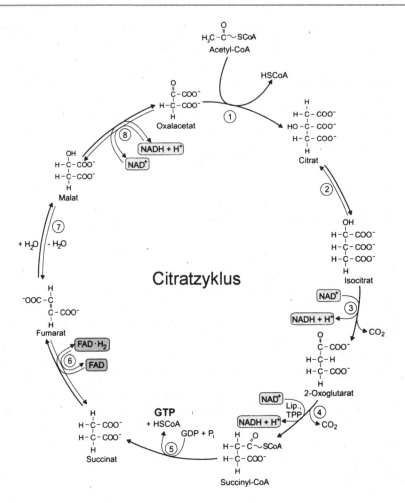

Abb. 6.13 Der Citratzyklus (Krebszyklus) läuft bei den Eukaryoten in den Mitochondrien ab. Er stellt bei aeroben Organismen einen zentralen Stoffwechselweg dar und besteht aus acht, in einem Zyklus angeordneten enzymatischen Reaktionen. In ihm erfolgt die vollständige Oxidation der Acetylgruppe (C_2-Gruppe) vom Acetyl-CoA zu Kohlendioxid. Die dabei freiwerdende Energie wird zum großen Teil in die Synthese energiereicher aktivierter Transportmetabolite gesteckt. Dabei handelt es sich bei jeder Zyklusrunde um drei Moleküle NADH (reduziertes Nikotinamid-Adenin-Dinukleotid), ein Molekül $FADH_2$ (reduziertes Flavin-Adenin-Dinukleotid) und ein Molekül GTP (Guanosintriphosphat)

Die Elektronenpaare werden anschließend in eine mitochondriale Elektronentransportkette (**Atmungskette**) eingespeist, wobei NADH wieder zu NAD^+ und FADH zu FAD reoxidiert werden. Diese Kette (Hosler et al. 2006, S. 165–187; Abb. 6.14) besteht aus drei, die innere Mitochondrienwand durchspannenden, asymmetrisch orientierten Proteinkomplexen (Redoxzentren I, III und IV) steigender Elektronenaffinität, d. h. steigender Standardreduktionspotenziale $\Delta E^{\circ\prime}$ (von $-0{,}315$ bis $+0{,}815\,V$).

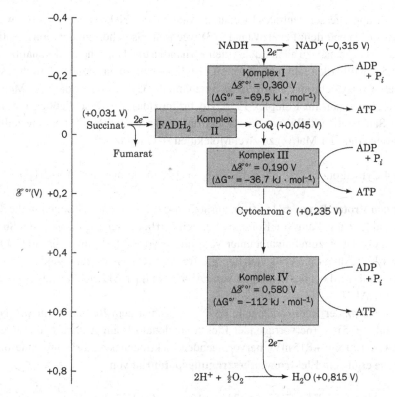

Abb. 6.14 Änderung des Standardreduktionspotenzials und der freien Enthalpie innerhalb der Atmungskette. An drei Stellen ist die Änderung groß genug, um die Bildung jeweils eines ATP-Moleküls zu gewährleisten. Das geschieht nicht auf direktem Weg, sondern über die Ausbildung eines Protonengradienten über die innere mitochondriale Membran. (In Anlehnung an Voet et al. 2010, mit freundlicher Genehmigung)

Im **Proteinkomplex I**, der bei Säugetieren nicht weniger als 46 Untereinheiten enthält, treten jeweils zwei Elektronen in die Kette ein, indem sie von NADH auf Coenzym Q (CoQ, wegen seines breiten Vorkommens in allen atmenden Organismen auch als „Ubichinon" bezeichnet) übertragen werden. Gleichzeitig werden vier Protonen aus der Matrix in den Intermembranraum des Mitochondriums überführt. Das CoQ ist im Gegensatz zu allen anderen Komponenten innerhalb der Proteinkomplexe nicht permanent gebunden, sondern liegt in der inneren Mitochondrienwand in gelöster Form vor. Man hat es auch als „Elektronensammelstelle" bezeichnet, denn es nimmt alle Elektronen auf, die über den Komplex I vom NADH, über den Komplex II vom Succinat oder von den Fettsäuren stammen.

Vom CoQ werden die Elektronen weiter auf den **Proteinkomplex III** übertragen und von diesem über das Cytochrom c auf den **Proteinkomplex IV**. Dabei werden jeweils weitere Protonen in den Intermembranraum überführt. Das Cytochrom c hat ein Häm als prosthetische Gruppe, dessen zentrales Eisenatom während des Elektronentransports zwischen dem Ferro- (+2) und dem Ferritzustand (+3) wechselt. Es gehört zu den konservativsten Proteinen. Es ist in nahezu allen Eukaryoten vorhanden und hat seine Funktionalität in den letzten 1,5–2 Milliarden Jahren seit seiner Entstehung nahezu unverändert bewahrt, sodass noch heute das Cytochrom c aus Weizenkeimen mit der Cytochromoxidase des Menschen zu reagieren vermag. Im Komplex IV (Cytochromoxidase) wird schließlich jeweils ein Molekül Sauerstoff mithilfe von vier Elektronen (von Cytochrom c bereitgestellt) und vier Protonen (aus der Matrix) zu zwei Molekülen H_2O reduziert:

$$4 \text{ Cytochrom c } (Fe^{2+}) + 4H^+ + O_2 \rightarrow 4 \text{ Cytochrom c } (Fe^{3+}) + 2H_2O.$$

Über den **Proteinkomplex II** ist ein zusätzlicher Eintritt von Elektronen in die Transportkette, unter Umgehung von Komplex I, möglich. Hier treten Elektronen vom Succinat bei dessen Oxidation zum Fumarat unter Vermittlung von $FADH_2$ ebenfalls auf CoQ über. Dabei wird allerdings nicht so viel Energie freigesetzt, dass es zur Synthese von ATP reicht. Deshalb wird bei der Oxidation von $FADH_2$ weniger ATP gebildet als bei der Oxidation des NADH.

Die Differenz der Redoxpotenziale ($\Delta E^{0\prime}$) zwischen dem Redoxsystem von NAD^+/NADH mit $-315\,\text{mV}$ (hervorragender Elektronendonator!) am Anfang und demjenigen von $1/2\ O_2/H_2O$ mit $+815\,\text{mV}$ (hervorragender Elektronenakzeptor!) am Ende der Atmungskette ergibt ein **Elektronenübertragungspotenzial** von

$$\Delta E^{0\prime} = 815 - (-315)\,\text{mV} = 1130\,\text{mV} = 1,13\,\text{V}.$$

Es entspricht der treibenden Kraft, mit der die Elektronen in der Atmungskette weitergegeben werden. Daraus ergibt sich eine Änderung der freien Standardenthalpie $\Delta G^{0\prime}$ von

$$\Delta G^{o\prime} = -nF\Delta E^{0\prime} = -2 \cdot 96{,}5 \cdot 1{,}13\,\text{kJ/mol} = -218\,\text{kJ/mol}$$

[n = Anzahl der übertragenen Elektronen, F = Faraday-Konstante].

Beim Durchlaufen der Elektronen durch die Stationen der Atmungskette wird insgesamt viel Energie (freie Enthalpie) frei, die zu einem nicht unerheblichen Teil in Form des ATP gespeichert wird. Der Rest geht als Wärme verloren. Dieser große Energiebetrag wird nicht in einem Schritt, sondern in drei Portionen freigesetzt. Er reicht für die Synthese von jeweils 2,5 ATP aus. Der **biochemische Wirkungsgrad** der oxidativen Phosphorylierung ($\Delta G^0 = 30{,}5\,\text{kJ/mol}$ für das Phosphorylgruppenübertragungspotenzial des ATP) errechnet sich dann unter Standardbedingungen zu:

$$\frac{2{,}5 \cdot 30{,}5 \cdot 100}{218} = 35\,\%.$$

Unter physiologischen Bedingungen rechnet man allerdings mit einem wesentlich höheren Wirkungsgrad von etwa 70 %.

6.9   ATP-Synthase: oxidative Phosphorylierung

Wie letztendlich die Übertragung der Energie auf das ATP, die sog. oxidative Phosphorylierung, tatsächlich erfolgt, war lange Zeit ein Rätsel. Ein „energiereiches Intermediat",
das zwischen dem Elektronentransport auf der einen Seite und der ATP-Synthese auf der
anderen vermittelt, wurde nie gefunden. Heute herrscht Einigkeit darüber, dass die Vermittlung zwischen Elektronentransport und ATP-Synthese über einen **Protonengradienten** erfolgt, der über die innere Mitochondrienmembran aufgebaut wird (chemiosmotische
Theorie, Peter MITCHELL; Mitchell 1961, S. 144–148).

Während Elektronen durch die Atmungskette fließen, werden an den Proteinkomplexen I, III und IV (nicht bei II) Protonen aus der mitochondrialen Matrix (pH 8), wo der
Citratzyklus und die Fettsäureoxidation ablaufen, in den Intermembranraum (pH 7) gegen den Protonengradienten gepumpt (Hinkle und McCarty 1978, S. 104–123; Schultz
und Chan 2001, S. 23–65; Abb. 6.15). Das ist ein endergonischer Prozess. Über die innere
Mitochondrienwand wird auf diese Weise ein elektrochemischer Protonengradient (**protonenmotorische Kraft**, PMK) von etwa 200 mV (Nicholls und Ferguson 1992) aufgebaut
und aufrechterhalten, die einer freien Energie von etwa 20 kJ/mol Protonen entspricht.

Diese Kraft setzt sich aus zwei Beiträgen zusammen, einem elektrischen und einem
chemischen, d. h. aus dem Membranpotenzial $\Delta\Psi$ (außen 140 mV positiver als innen) und
dem H^+-Konzentrationsgradienten ΔpH (außen etwa 1,4 Einheiten niedriger als innen):

$$PMK = \Delta\Psi - (2,3\ RT/F)\ \Delta pH = 0,14 - 0,06\,(-1,4) = 0,224\,V$$

(R = allgemeine Gaskonstante: $8,3145\,J \cdot K^{-1} \cdot mol^{-1}$, T = absolute Temperatur: 298 K,
F = Faraday-Konstante: $96,494\,J \cdot V^{-1} \cdot mol^{-1}$). Dem entspricht eine freie Enthalpie G von
21,6 kJ/mol Protonen.

Da die innere Mitochondrienwand für nahezu alle Ionen und polaren Moleküle quasi
undurchlässig ist, können die Protonen, getrieben von der protonenmotorischen Kraft, nur

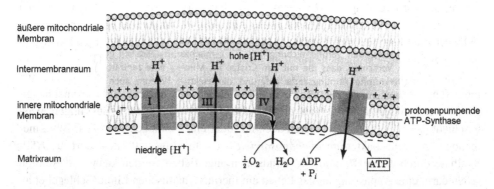

Abb. 6.15 Aufbau des Protonengradienten über die innere mitochondriale Membran. Nähere Erläuterungen im Text. (In Anlehnung an Voet et al. 2010, mit freundlicher Genehmigung)

Abb. 6.16 Modell der protonenpumpenden ATP-Synthase (F_1F_0-ATPase) aus der inneren mitochondrialen Membran mit der protonenleitenden F_0- und der ATP-synthetisierenden F_1-Einheit. Die F_0-Einheit bildet einen transmembranären Kanal für den Protonentransport und ist mit der F_1-Einheit über ein Zwischenstück verbunden

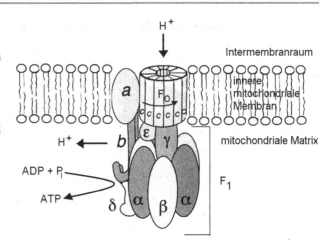

durch die ATP-Synthase wieder zurück in die Matrix gelangen. Dabei wird über einen „Rotationsmechanismus" die ATP-Synthese angekurbelt (Stock et al. 2000, S. 692–697; Noji und Yoshida 2001, S. 1665–1668). Diese protonenpumpende **ATP-Synthase** (auch als F_1F_0-ATPase bezeichnet, Abb. 6.16) ist ein Proteinkomplex, der aus einer transmembranären, protonenleitenden, hydrophoben F_0-Einheit und einer ATP-synthetisierenden hydrophilen F_1-Einheit, die in die mitochondriale Matrix hineinragt, besteht. Sie ist ein „Erbstück" der Prokaryoten und ist über die Mitochondrien und Plastiden auch in die eukaryotische Zelle gelangt (Endosymbiontentheorie, s. Abschn. 4.14). In ihrer Verbreitung sind die ATP-Synthasen auf die Plasmamembranen der Prokaryoten, die Thylakoidmembranen und die inneren Mitochondrienmembranen beschränkt. Beide Einheiten der ATP-Synthase sind über einen Proteinstiel miteinander verbunden. Die F_0-Einheit ist für die Protonentranslokation verantwortlich. Die dabei freigesetzte freie Enthalpie fließt in die Synthese von ATP aus ADP plus P_i ein, die in der F_1-Einheit abläuft.

Bei den aeroben **Bakterien**, die bekanntlich keine Mitochondrien besitzen, wird, wie man es auf der Grundlage der Endosymbiontentheorie (s. Abschn. 4.14) auch vermuten würde, der elektrochemische Protonengradient über die Plasmamembran aufgebaut, in der sich auch die Elektronentransportkette befindet. Die Protonen werden aus dem Zytosol an die Außenseite der Plasmamembran transportiert und fließen über eine ATP-Synthase zurück in die Zelle, wobei sie die Energie zur ATP-Synthese liefern (Abb. 6.17). Auch bei ihnen fungiert das CoQ als Sammelstelle für die Elektronen, die über cytochromabhängige Oxidoreduktasen schließlich auf den Sauerstoff übertragen werden. Bei einigen Arten geschieht das über zwei, bei anderen auch nur über einen einzigen Komplex. Beim methanogenen Archaebakterium *Methanosarcina* hat man festgestellt, dass dort die ATP-Synthase durch einen H^+- und Na^+-Gradienten angetrieben werden kann. Die Autoren sehen darin eine Anpassung an das Leben am thermodynamischen Limit (Schlegel et al. 2012, S. 947–952).

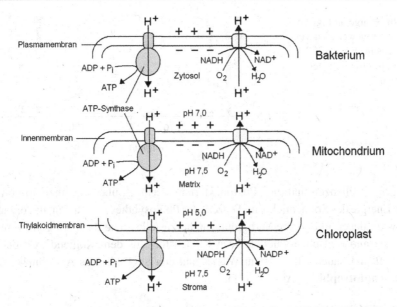

Abb. 6.17 Der Aufbau eines Protonengradienten zur ATP-Synthese bei Bakterien, Mitochondrien und Chloroplasten im Vergleich. Der Protonengradient ist immer von dem exoplasmatischen Bereich (Bakterienaußenseite, mitochondrialer Zwischenmembranraum bzw. Thylakoidraum in den Chloroplasten) in den zytosolischen (Bakterienzytosol, mitochondriale Matrix bzw. Chloroplastenstroma) hinein gerichtet

Die Energieübertragung durch Protonengradienten ist ein grundlegendes Prinzip im Stoffwechsel der Organismen, nicht nur im Rahmen der ATP-Synthese in Mitochondrien und Bakterien, sondern auch im Rahmen der Photosynthese im Chloroplasten (s. Abschn. 6.10). Protonengradienten liefern auch die Energie für den aktiven Transport von Ca^{2+} in die Mitochondrien, für die Einschleusung von Aminosäuren und Zucker in die Bakterien, für die Rotation der Bakteriengeißel sowie für den Transfer von Elektronen vom NADH zum NADPH (Stryer 1990).

6.10 Licht als primäre Energiequelle: Photophosphorylierung

Wie oben ausgeführt, ist die Energieform, die die Zellen im intermediären Stoffwechsel zur Erhaltung ihres lebendigen Zustands und für ihre diversen Leistungen nutzen können und müssen, die freie Enthalpie G, die sie aus dem Abbau organischer Nährstoffe, wie Kohlenhydrate und Fette, gewinnen. Die Vorräte an diesen organischen Stoffen wären in der Biosphäre in kürzester Zeit erschöpft, wenn nicht die autotrophen Organismen (s. Abschn. 6.1) ständig für Nachschub sorgen würden.

Abb. 6.18 Einige biologisch wichtige Energiewerte im Vergleich. (Aus Berg et al. 2007, verändert; mit freundlicher Genehmigung)

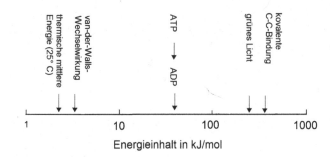

Die grünen Pflanzen und die „Photobakterien" verfügen über die einzigartige Fähigkeit, die Energie des Sonnenlichts im Prozess der Photosynthese zu nutzen, um organische Stoffe, wie Zucker und andere Verbindungen, herzustellen. Die dazu nötigen Atome entnehmen sie anorganischen Quellen: Den Kohlenstoff aus dem Kohlendioxid der Luft, Wasserstoff und Sauerstoff aus dem Wasser und den Stickstoff aus Ammoniak und Nitrat (**Photoautotrophie**, s. Abschn. 6.1).

Hintergrundinformationen
Die Energie eines einzelnen Photons grünen Lichtss ($\lambda = 525$ nm) beträgt

$$E = h \cdot v = h \cdot c / \lambda = 6{,}63 \cdot 10^{-34} \cdot 3 \cdot 10^{17} / 525 = 3{,}79 \cdot 10^{-19} \, \text{J}.$$

Dem entspricht eine Energiemenge von

$$3{,}79 \cdot 10^{-19} \cdot 6 \cdot 10^{23} \, \text{kJ/mol} = 227 \, \text{kJ/mol}.$$

Sie ist deutlich höher als die bei der Hydrolyse von phosphoryliertem ATP zu ADP in der Zelle freigesetzte Energiemenge von etwa $50 \, \text{kJ} \cdot \text{mol}^{-1}$, aber niedriger als diejenige Energiemenge, die zur Spaltung kovalenter Bindungen (z. B. $348 \, \text{kJ} \cdot \text{mol}^{-1}$ für Lösung von C-C-Bindungen) notwendig ist (Abb. 6.18). Dagegen weisen nichtkovalente Bindungen (s. Abschn. 7.7) nur Energien von wenigen $\text{kJ} \cdot \text{mol}^{-1}$ auf. Die van der Waals-Wechselwirkungen zwischen jeweils zwei eng benachbarten Atomen sind mit $4 \, \text{kJ} \cdot \text{mol}^{-1}$ die schwächsten unter ihnen. Sie liegen nur knapp über dem mittleren thermischen Energieniveau der Moleküle bei 25 °C mit $2{,}5 \, \text{kJ} \cdot \text{mol}^{-1}$.

Die Photosynthese läuft in den grünen Pflanzen zum großen Teil in besonderen Zellorganellen, den **Chloroplasten**, ab, die gleichzeitig auch die Syntheseorte für die Fettsäuren, die meisten Aminosäuren sowie für die Purine und Pyrimidine sind. Nur sie enthalten das für die Photosynthese essenzielle Chlorophyll. Diese speziellen Zellorganellen sind, wie die Mitochondrien auch, von einer durchlässigen Außenmembran und einer weniger durchlässigen Innenmembran mit vielen eingelagerten Transportproteinen umschlossen. Dazwischen liegt ein schmaler Intermembranraum. Im Gegensatz zu den Mitochondrien befinden sich im Inneren der wesentlich größeren Chloroplasten, das man als Stroma (Plastoplasma) bezeichnet, zahlreiche flache Beutel (sog. Thylakoide), die sich zu Stapeln (Grana) vereinigen können. Die jedes einzelne Thylakoid umschließende Thylakoidmembran weist zahlreiche ATP-Synthase-Komplexe auf.

Die zahlreichen, intensiv miteinander verwobenen Vorgänge im Rahmen der **Photo-synthese** laufen nur zum Teil in den Chloroplasten ab. Man kann sie in zwei Gruppen unterteilen, die man in nicht ganz korrekter Weise als „Lichtreaktion" und „Dunkelre-aktion" gekennzeichnet hat. Der erste Schritt betrifft die lichtinduzierte Produktion von Reduktionsäquivalenten, wie beispielsweise NADPH, und von energiereichem Adenosin-triphosphat (ATP). Im zweiten Schritt werden aus Kohlendioxid (CO_2) Kohlenhydrate synthetisiert (CO_2-Fixierung).

Die sog. **Lichtreaktion** (Gesamtheit der photosynthetischen Elektronentransferreak-tionen) beginnt mit der Absorption eines Photons durch ein Chlorophyllmolekül in einem Multiproteinkomplex innerhalb der Thylakoidmembran, dem sog. Lichtsammelkomplex (*light harvesting complex*, LHC). Dabei wird das Chlorophyll durch Anhebung eines Elektrons auf ein Orbital mit höherer Energie in einen „angeregten" Zustand versetzt. Diese Energie wird allerdings sofort an eine Reihe benachbarter Moleküle weitergege-ben bis sie schließlich ein spezielles Paar von Chlorophyllmolekülen (Chlorophylldimer P680) im photochemischen Reaktionszentrum erreicht. Dieses Paar speist sein energierei-ches Elektron sofort über ein Chinon in eine aus drei Proteinkomplexen (Photosystem II, Cytochrom-b_6-f-Komplex und Photosystem I; Abb. 6.19) bestehende Elektronentrans-portkette ein, an deren Ende i. d. R. das NADP$^+$ als letzter Elektronenakzeptor steht, das dabei selber zu NADPH reduziert wird. Diese „Weiterreichung" der Energie von den sog. „Antennenchlorophyllen" im Lichtsammelkomplex auf das Chlorophylldimer P680 im Reaktionszentrum erfolgt mit außerordentlicher hoher Geschwindigkeit innerhalb von 10^{-10} s und auch mit erstaunlich hoher Effizienz von 90 %.

Das **Photosystem II** enthält auf seiner Lumenseite ein Sauerstoff erzeugendes Zentrum (*oxygen evolving center*, OEC). In ihm findet, angeregt durch das Reaktionszentrum des Photosystems II, eine lichtinduzierte Wasserspaltung (Hydrolyse) statt:

$$2H_2O \rightarrow O_2 + 4H^+ + 4e^-.$$

Der Sauerstoff und die Protonen treten ins Thylakoidlumen über, während die Elektro-nen zum P680 weitergeleitet werden, wo sie die Elektronen ersetzen, die nach Absorption von Photonen abgegeben worden sind. So dient das Wasser letztendlich als universeller Elektronendonator für die Reduktion des Kohlendioxids unter gleichzeitiger Freisetzung von Sauerstoff. Der Sauerstoff stammt also nicht, wie man früher annahm, aus dem Koh-lendioxid, sondern aus dem Wasser!

Der Elektronentransport durch die Transportkette ist mit einem weiteren wichtigen Vor-gang verbunden, nämlich mit einer Verlagerung von Protonen (H$^+$) in das Thylakoidlumen hinein. Auf diese Weise wird eine **protonenmotorische Kraft** aufgebaut, die die in der Thylakoidmembran vorhandenen ATP-Synthasen zur Synthese von ATP aus ADP und P$_i$ antreibt:

$$H^+ + ADP^{3-} + P_i^{2-} \rightarrow ATP^{4-} + H_2O.$$

Die **ATP-Synthese** in den Chloroplasten wird (ebenso wie in den Mitochondrien) durch einen elektrochemischen Protonengradienten angetrieben, der hier über die intak-

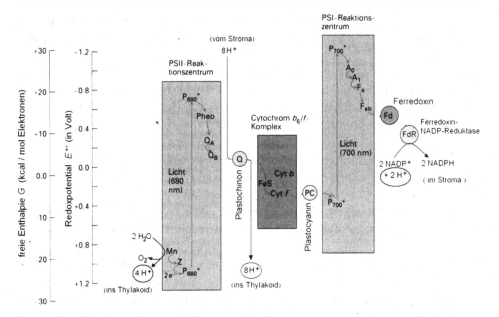

Abb. 6.19 Schematische Darstellung des Photosynthesesystems. Der Elektronenfluss durch die drei Proteinkomplexe in der Thylakoidmembran, das Photosystem II (PSII), den Cytochtom-b_6-f-Komplex und das Photosystem I (PSI), erfolgt stets von Zuständen höherer zu Zuständen niedrigerer Energie. Nähere Erläuterungen im Text. (In Anlehnung an Lodish et al. 1996, verändert, mit freundlicher Genehmigung)

ten Thylakoidmembranen innerhalb der Chloroplasten aufgebaut wird (Abb. 6.17). Im Stroma des Chloroplasten herrscht ein pH-Wert von 8. Die Protonen werden aus dem Stroma in den Thylakoidraum (pH 5) gepumpt. Auf diese Weise entsteht ein pH-Gradient von 3–3,5 Einheiten, der die protonenmotorische Kraft von etwa 200 mV erzeugt. Der pH-Gradient ist also wesentlich höher als bei den Mitochondrien, ohne dass die protonenmotorische Kraft gleichermaßen höher ausfällt. Das ist darauf zurückzuführen, dass sich die protonenmotorische Kraft (PMK in Volt) aus zwei Beiträgen zusammensetzt, aus dem Membranpotenzial $\Delta\Psi$ und dem H^+-Konzentrationsgradienten (ΔpH; s. Abschn. 6.9). Im Fall der Chloroplasten überwiegt der Beitrag des pH-Gradienten, im Fall des Mitochondriums der des Membranpotenzials. Das hängt damit zusammen, dass die Thylakoidmembran im Gegensatz zur inneren Mitochondrienmembran für verschiedene Ionen, wie Mg^{2+} und Cl^-, durchlässig ist, was zur Folge hat, dass durch die Wanderung dieser Ionen (Mg^{2+} heraus und Cl^- hinein) der Aufbau eines deutlichen Membranpotenzials $\Delta\Psi$ verhindert wird. Die protonenmotorische Kraft wird deshalb bei den Pflanzen fast ausschließlich durch den pH-Gradienten hervorgerufen. Wie in der inneren Mitochondrienwand gelangen auch in der Thylakoidmembran die Protonen, angetrieben von der protonenmotorischen Kraft, durch die in der Thylakoidmembran verankerten protonenspezifischen Kanäle (CF_0-Komplex, C steht für Chloroplast) der ATP-Synthase wieder zurück ins Stroma. Dabei wird die ATP-Synthese vom CF_1-Komplex katalysiert.

Abb. 6.20 Schematische Darstellung der Verknüpfung von Hell- und Dunkelreaktion in der Photosynthese innerhalb des Chloroplasten

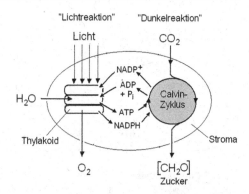

In der sich anschließenden „**Dunkelreaktion**", die im Gegensatz zur „Lichtreaktion" nur indirekt, aber nicht direkt vom Licht abhängig ist, erfolgt die Biosynthese von Hexosen aus CO_2 und H_2O (CO_2-Fixierung). Sie läuft über den Calvin-Zyklus (Kohlenstofffixierungszyklus) nicht mehr in der Thylakoidmembran, sondern im Stroma bzw. Zytosol ab (Abb. 6.20). Die dazu notwendige Energie liefert das ATP, die ebenfalls notwendigen Reduktionsäquivalente das NADPH:

$$6CO_2 + 18ATP^{4-} + 12NADPH + 12H_2O$$
$$\rightarrow C_6H_{12}O_6 + 18ADP^{3-} + 18P_i^{2-} + 12NADP^+ + 6H^+.$$

Energetisch betrachtet, so hat es schon Julius Robert MAYER, der Entdecker des Energieerhaltungssatzes, im 19. Jahrhundert richtig erkannt, nimmt die Pflanze „eine Form der Energie, das Licht, auf und produziert eine andere, die chemische Differenz der Materie." Die dem Vorgang zugrunde liegenden Einzelprozesse waren ihm selbstverständlich noch völlig unbekannt. Heute wissen wir, dass die Photosynthese nicht nur aus einem, sondern aus einer Sequenz von **Energietransformationen** besteht. Ausgehend von der elektromagnetischen Energie der Photonen des Sonnenlichts führt der Weg zur chemischen Bindungsenergie des ATP über elektrische (ΔE) und elektrochemische Energien ($\Delta \mu$; Kleinig und Sitte 1999, S. 305):

$$h\nu \rightarrow \Delta E \rightarrow \Delta \mu H \rightarrow \Delta G_{ATP}.$$

Es wird Lichtenergie in chemische Energie der Phosphorsäureanhydridbindungen des Adenosintriphosphats (ATP) überführt, um anschließend – in einem weiteren Schritt – in die energiebedürftige Synthese von Kohlenhydraten eingespeist zu werden. Dabei wird Sauerstoff in die Atmosphäre freigesetzt, sodass die Gesamtreaktion wie folgt beschrieben werden kann:

$$h\nu \text{ (Lichtenergie)} + 6CO_2 + 6H_2O \rightarrow C_6H_{12}O_6 \text{ (Zucker)} + 6O_2 \uparrow + \text{Wärmeenergie}.$$

Die Photosynthese liefert also nicht nur die energiereichen Nährstoffe (Kohlenhydrate) für die Heterotrophen, sondern ermöglicht auch durch die Bereitstellung des **atmosphäri-**

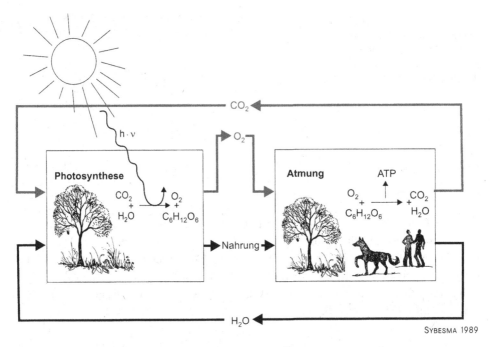

SYBESMA 1989

Abb. 6.21 Der biologische Stoff- und Energiezyklus im Überblick. (Aus Sybesma 1989)

schen Sauerstoffs den vollständigen (oxidativen) Abbau der Nährstoffe bis zum CO_2 und H_2O im Prozess der Atmung (Abb. 6.21). Dabei wird die obige Gleichung in umgekehrter Richtung durchlaufen:

$$C_6H_{12}O_6 + 6O_2 \rightarrow 6H_2O + 6CO_2 \uparrow + \text{Energie.}$$

Wahrscheinlich waren es ursprüngliche Cyanobakterien, die vor mindestens 3 Mrd. Jahren die Fähigkeit erwarben, photosynthetisch aktiv zu werden, d. h. Wasser als Elektronenquelle für die Reduktion des Kohlendioxids zu nutzen. Das bedeutete, dass von diesen Organismen in zunehmendem Maß Sauerstoff freigesetzt wurde, der bekanntlich hochtoxische Eigenschaften besitzt. Noch heute ist für viele obligat anaerob lebende Bakterien der Sauerstoff innerhalb kurzer Zeit tödlich. Die Organismen waren darauf angewiesen, gegen den aggressiven Sauerstoff Schutzmaßnahmen zu entwickeln. Dafür blieb ihnen relativ viel Zeit, weil der Sauerstoffgehalt der Atmosphäre zunächst nur sehr langsam anstieg (Abb. 6.22). Der größte Teil des anfallenden Sauerstoffs wurde von den im damaligen Meer reichlich vorhandenen Fe^{2+}-Ionen abgefangen, die dabei zum Fe^{3+} oxidiert wurden. Vor etwa 2 Mrd. Jahren war der Vorrat an Fe^{2+} erschöpft. Erst dann kam es zu einem massiven Anstieg des Sauerstoffgehalts in der Luft, der etwa vor einer Milliarde Jahren seinen Jetztzustand erreicht haben dürfte.

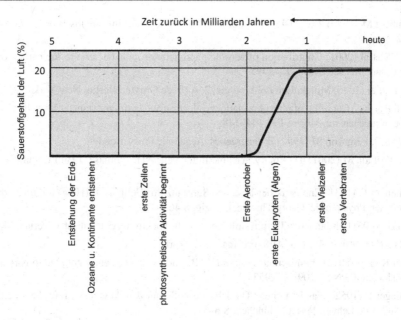

Abb. 6.22 Die Änderung des atmosphärischen Sauerstoffgehalts (in Prozent) in der Erdgeschichte und das Auftreten der einzelnen Organismenstufen im Verlauf der Evolution

Literatur

Berg, Tymoczko, Stryer (2007) Biochemie, 6. Aufl. Springer-Spektrum, Heidelberg

Boltzmann L (1886) Der zweite Hauptsatz der mechanischen Wärmetheorie. Sitzungsber. Kaiserl Akad Wissensch. Rohrer, Wien

Broda E (1975) The evolution of the bioenergetic processes. Pergamon Press, Oxford, New York, S 3

Bünning E (1948) Entwicklungs- und Bewegungsphysiologie der Pflanzen. Springer Verlag, Berlin, S 3

Crick F (1983) Das Leben selbst – ein Ursprung, seine Natur. Piper Verlag, München

Fasman GD (Hrsg) (1976) Handbook of Biochemistry and Molecular Biology, 3. Aufl. Bd. 1. CRC Press, Cleveland, Ohio

Fuchs G (2011) Alternative pathways of carbon dioxide fixation: Insights into the early evolution of life? Ann Rev Microbiol 65:631–658

Hinkle PC, McCarty RE (1978) How cells make ATP. Sci Amer 238:104–123

Hosler JP, Ferguson-Miller S, Mills DA (2006) Energy transduction: Proton transfer through the respiratory complexes. Annu Rev Biochem 75:165–187

Jungermann K, Möhler H (1980) Biochemie: ein Lehrbuch für Studierende. Springer, Berlin

Kleinig H, Sitte P (1999) Zellbiologie, 4. Aufl. Fischer Verlag, Stuttgart, S 305

Klingenberg M (1979) The ADP, ATP shuttle of the mitochondrium. Trends Biochem Sci 4:249–252

Kolber ZS et al (2001) Contribution of aerobic photoheterotrophic bacteria to the carbon cycle in the ocean. Science 292:2492–2495

Lodish H et al (1996) Molekulare Zellbiologie, 2. Aufl. de Gruyter, Berlin, New York

Mitchell P (1961) Coupling of phosphorylation to electron and hydrogen transfer by a chemiosmotic type of mechanism. Nature 191:144–148

Nicholls DG, Ferguson SJ (1992) Bioenergetics. Academic Press, London

Noji H, Yoshida M (2001) The rotary machine in the cell, ATP synthase. J Biol Chem 276:1665–1668

Oppenheimer C (1931) Energetik der lebenden Substanz. In: Gellhorn E (Hrsg) Lehrbuch der Allgemeinen Physiologie. Georg Thieme, Leipzig, S 403–429

Penzlin H (2005) Lehrbuch der Tierphysiologie, 7. Aufl. Spektrum Akademischer Verlag, München

Ricklefs RE (1990) Ecology, 3. Aufl. Freeman, New York

Schlegel K et al (2012) Promiscuous archaeal ATP synthase concurrently coupled to Na+ and H+ translocation. PNAS 109:947–952

Schrödinger E (1952) Was ist Leben? Die lebende Zelle mit den Augen des Physikers betrachtet, 2. Aufl. Leo Lehnen Verlag, München, S 6–57

Schultz BE, Chan SI (2001) Structures and proton-pumping strategies of mitochondrial respiratory enzymes. Annu Rev Biophys Biomol Struct 30:23–65

Stetter KO, König H (1983) Leben am Siedepunkt. Spektrum der Wissenschaften H1/1983:26–40 (Oktober)

Stock D et al (2000) The rotary mechanism of ATP synthase. Curr Opin Struct Biol 10:692–697

Stryer L (1990) Biochemie. Spektrum Verlagsgesellschaft mbH, Heidelberg

Sybesma C (1989) Biophysics: an Introduction. Kluwer, Dordrecht

Trintscher KS (1967) Biologie und Information. Teubner Verlagsges., Leipzig, S 102

Vaughan TA (1978) Mammalogy. WB Saunders, Philadelphia

Voet D, Voet JC, Pratt CW (2010) Lehrbuch der Biochemie, 2. Aufl. Wiley VCH, Weinheim, S 500

Organisation

7

Die organischen Prozesse unterscheiden sich also von den anorganischen nicht durch den Grad der Zwangsläufigkeit und thermodynamischen Wahrscheinlichkeit, sondern nur dadurch, dass jene eben durch eine besondere Art der Organisation ein vom anorganischen so tiefgreifend verschiedenes Geschehen physikalisch ermöglichen
(Erwin Bünning 1945).

Inhaltsverzeichnis

Die Lebewesen werden gerne durch eine Trias von Eigenschaften charakterisiert. Bei Alexander OPARIN (Oparin 1961), Manfred EIGEN u. a. sind es „Metabolismus, Selbstreproduktivität und Mutabilität", bei Reinhard W. KAPLAN (Kaplan 1972, S. 1) in etwas abgeänderter Form „Stoffwechsel, Vermehrung und Entwicklung" und bei Konrad LORENZ (Lorenz 1992, S. 152) „Ganzheitlichkeit, Finalität und historisches Gewordensein".

© Springer-Verlag Berlin Heidelberg 2016
H. Penzlin, *Das Phänomen Leben*, DOI 10.1007/978-3-662-48128-8_7

Versuchen wir demgegenüber nicht das Lebewesen, sondern seinen lebendigen *Zustand* in seinem *Wesen* zu kennzeichnen, so bleibt von diesen drei Merkmalen nur der „organisierte" Metabolismus übrig.

Hintergrundinformationen
Es ist vielleicht wichtig, in diesem Zusammenhang darauf hinzuweisen, dass damit keine „Definition des Lebens" gegeben, sondern lediglich eine *Kennzeichnung* des lebendigen Zustands im Unterschied zu allem Nichtlebendigen versucht worden ist. Der Begriff „Definition" ist in der Literatur mehrdeutig. Beschränken wir ihn auf die sog. Nominaldefinitionen, so kann sich eine Definition niemals auf konkrete Dinge, sondern immer nur auf Begriffe oder deren Symbole beziehen (Mahner und Bunge 2000, S. 94 ff., S. 138). Deshalb kann es, streng genommen, gar keine „Definition des Lebens" im Sinn einer „Definition des Lebewesens", sondern höchstens eine Definition des Begriffs „Leben" geben.

Lebewesen verharren auch dann im Zustand des Lebendigseins, wenn sie nicht wachsen oder sich nicht fortpflanzen, ihr Wachstum eingestellt haben oder keine Mutabilität aufweisen sollten. Von vielen Hybriden ist bekannt, dass sie steril sind. Trotzdem leben sie! Für den lebendigen *Zustand* ist es auch irrelevant, ob oder welche Geschichte er hinter sich hat.

Die Fähigkeit zur Evolution, von Henri BERGSON einst zum „Prinzip des Lebens" hochstilisiert, zählt zwar zu den charakteristischen Merkmalen der Lebewesen, nicht aber zu den Wesensmerkmalen des lebendigen Zustands. Sie beruht – im Gegenteil – auf der „Unvollkommenheit des Erhaltungsmechanismus", wie es Jacques MONOD einst formulierte (Monod 1975, S. 109), die allerdings durch leistungsfähige Reparaturmechanismen auf niedrigem Niveau gehalten wird; womit erreicht wird, dass sich die Individuen einer Population eine gewisse genetische Variabilität und damit ihre Fähigkeit zur Anpassung an sich ändernde Lebensbedingungen, d. h. zur schöpferischen Evolution bewahren. Es gibt zwar keine Organismen ohne eine solche Fähigkeit zur Adaptation und Evolution, die „Evolutionsfähigkeit ist jedoch weder eine notwendige noch eine hinreichende Eigenschaft von Biosystemen", wie Mario BUNGE mit vollem Recht herausstellte (Mahner und Bunge 2000, S. 140). In diesem Zusammenhang sei an die bekannten „lebenden Fossilien" (Abb. 4.14) erinnert, die uns vor Augen führen, dass bestimmte Arten über viele, viele Jahrmillionen nahezu unverändert existieren können.

7.1 Der Metabolismus als Daseinsweise der Organismen

Organismen sind Systeme, die bei den Temperaturen ihrer Existenz labil sind. Grundlage und Ausdruck der molekularen Erhaltung lebendiger Systeme ist deren Metabolismus als Einheit aufeinander abgestimmter stofflicher, energetischer *und* informationeller Umsätze. Er garantiert den Fortbestand des lebendigen Zustands über die Zeit, die permanente Selbsterneuerung ebenso wie das Wachstum und die Reproduktion. Metabolismus ist damit kein „Attribut" des Lebens neben anderen, sondern die **Daseinsweise des Lebens**

selbst, die zu jedem Zeitpunkt und in jeder Entwicklungsphase persistiert. Nicolai HART-
MANN sprach in diesem Zusammenhang von der „Urfunktion der Lebendigkeit". Der
Metabolismus ist die unverzichtbare Grundlage für die Kontinuität des Lebens und die
permanente und aktive Selbsterhaltung des lebendigen Zustands. Er ist mehr als die Summe der in ihm ablaufenden chemischen Reaktionen.

Es ist falsch, den Stoffwechsel auf „nichts anderes als den Umsatz an freier Energie
(Küppers 1986, S. 202)" zu reduzieren, wie es nicht selten geschieht. Die Energiegewinnung ist zweifellos eine sehr wichtige Funktion des Stoffwechsels, aber keineswegs seine
einzige. Wie bereits betont, trifft es nicht zu, wenn behauptet wird, eine Flamme, ein
wachsender Kristall in der Mutterlauge oder eine Maschine habe bereits „so etwas wie"
einen Stoffwechsel. Selbst die *In-vitro*-Replikationssyteme (Mills et al. 1967, S. 217), bestehend aus einem RNA-Strang als Matrize, einer RNA-Polymerase (Qβ-Replikase) und
den energiereichen Bausteinen (Ribonukleosidtriphosphate), haben keinen Stoffwechsel.
Sie repräsentieren lediglich einen irreversiblen „Bergabkatabolismus" und unterscheiden
sich deshalb in ihrem Wesen nicht von einer beliebigen exergonischen Reaktionskette, die
in einem Reagenzglas bis zum thermodynamischen Gleichgewicht „von selbst" abläuft.

Hintergrundinformationen

Großes Aufsehen haben in den 60er-Jahren des vergangenen Jahrhunderts die *In-vitro*-Evoluti-
onsexperimente von Sol SPIEGELMAN und seinen Mitarbeitern erregt. Sie hatten die Replikase
des Bakterienvirus Qβ (Qβ-RNA-Replikase) isoliert und gereinigt. Brachten sie diese in eine ge-
pufferte Lösung, die gleichzeitig die radioaktiv (P^{32}) markierten RNA-Bausteine (Nukleotide) in
ihrer energiereichen Form als Triphosphate (ATP, CTP, GTP, UTP) und die einsträngige Qβ-RNA
(4200 Nukleotide) enthielt, dann entstanden unter Einbau der energiereichen Nukleotide neue RNA-
Kopien, die infektiös waren wie ihre Vorgänger auch.

Dieses Resultat wurde zu einem „**Evolutionsexperiment** *in vitro*" (Abb. 7.1) ausgebaut. Man
übertrug nach einer gewissen Zeit der Inkubation die erhaltenen RNA-Kopien in ein neues frisches
Medium mit den Triphosphaten und der Replikase und wiederholte diese Prozedur vielfach hintereinander (Mills et al. 1967, S. 217). Nach einer Reihe solcher Passagen erhielt man schließlich
evolutiv veränderte Produkte. Die RNA-Kopien waren auf schnelle Reproduktion hin ausgelesen
worden. Nach 74 solcher serieller Transfers replizierten sie die RNA-Moleküle 15-mal schneller als
zu Beginn des Experiments. Das war darauf zurückzuführen, dass sie deutlich an Länge verloren
hatten. Sie besaßen nur noch 550 statt der ursprünglich 3600 Nukleotide. Außerdem hatten sie ihre
Infektiosität eingebüßt.

Durch diese erste Demonstration einer „**Darwinschen Evolution im Reagenzglas**" vor nunmehr
etwa 50 Jahren war der erfolgreiche Weg für viele weiterführende Experimente geebnet worden
(Joyce 2007). Die Evolution wird dabei als chemischer Prozess in drei aufeinanderfolgenden Schritten gesehen: 1. „Amplifikation" (genetische Replikation), 2. Mutation und 3. Selektion.

All diesen Systemen fehlt die für den Stoffwechsel so charakteristische, permanente
*Selbst*erneuerung durch intensive energetische, stoffliche und kommunikative Vernetzung
der vielen Einzelprozesse des abbauenden Katabolismus mit dem aufbauenden Anabolismus zu einer ganzheitlichen Ordnung, die wir in jeder lebenden Zelle vorfinden. Das
einzige Ziel der immer wieder anzutreffenden Versuche, den nicht zu leugnenden Graben
zwischen lebendigen und nichtlebendigen Systemen durch tendenziös-simplifizierende

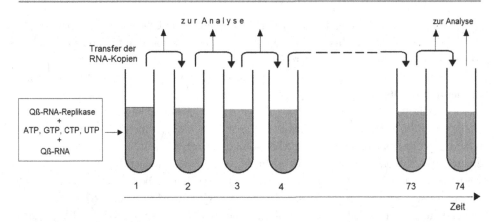

Abb. 7.1 Das Evolutionsexperiment mit der Qβ-RNA-Replikase *in vitro* von Sol SPIEGELMAN und seinen Mitarbeitern aus dem Jahr 1967. Nähere Erläuterungen im Text

Behauptungen kleiner und unwesentlicher erscheinen zu lassen als er tatsächlich ist, kann nur darin gesehen werden, dass die Autoren ihrer reduktionistischen Grundthese größere Glaubwürdigkeit verleihen möchten. Dem Problem „Leben" kommt man aber nicht dadurch näher, dass man die Spezifika simplifiziert oder gar ignoriert, sondern dass man sie gründlich reflektiert und analysiert.

Der Stoffwechsel hat bei allen Organismen folgende wichtige Aufgaben zu erfüllen:

1. Den schrittweisen Abbau energiereicher Nährstoffe (**Katabolismu**s, Abb. 7.2), wie Fette, Kohlenhydrate und Eiweiße. Damit sind drei wichtige Ereignisse verbunden:
   - Erzeugung von **Adenosintriphosphat** (ATP) (s. Abschn. 6.6): Die beim Abbau (Oxidation) der Nährstoffe freigesetzte Energie (freie Enthalpie) wird auf das Adenosintriphosphat (ATP) übertragen, das anschließend als „universelle Energiewährung" für die verschiedensten Lebensprozesse zur Verfügung steht.
   - Erzeugung sog. **Reduktionsäquivalente** (s. Abschn. 6.5) für die reduktive Biosynthese, denn die Ausgangsstoffe der Biosynthese sind i. d. R. höher oxidiert als die Produkte. Als wichtigster Elektronendonator (Reduktionsmittel) fungiert das Nikotinamid-Adenin-Dinukleotidphosphat (NADPH).
   - Erzeugung von **Bausteinvorstufen**: Die Abbauwege der Kohlenhydrate, Fettsäuren und Aminosäuren münden in verhältnismäßig wenige gemeinsame Zwischenprodukte, die wiederum zum Ausgang für die Biosynthese verschiedener körpereigener Moleküle dienen können. Eine zentrale Stellung nehmen dabei das Pyruvat und das aus ihm durch oxidative Decarboxylierung hervorgegangene Acetyl-Coenzym A (Acetyl-CoA) (s. Abschn. 6.8) ein:

$$\text{Pyruvat} + \text{CoA} + \text{NAD}^+ \rightarrow \text{Acetyl-CoA} + CO_2 + \text{NADH}.$$

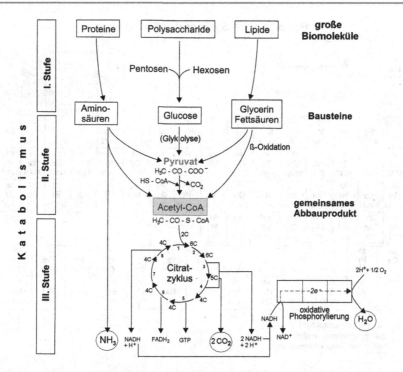

Abb. 7.2 Der Katabolismus im Überblick. *Stufe I*: Die komplexen Nahrungsstoffe (Proteine, Polysaccharide, Lipide) werden zunächst im Rahmen der Verdauung in ihre Bausteine (Aminosäuren, Glucose, Glycerin und Fettsäuren) zerlegt, um anschließend resorbiert zu werden. *Stufe II*: Die Bausteine werden weiter bis zum gemeinsamen Zwischenprodukt, dem Acetyl-CoA, einer 2C-Einheit, abgebaut. *Stufe III*: Weiterer gemeinsamer Abbau im Citratzyklus bis zu den Endprodukten CO_2 und H_2O sowie – direkt – zum NH_3. HS-CoA = Coenzym A

2. Die Biosynthese körpereigener Moleküle (**Anabolismus**). Sie ist gewöhnlich keine Umkehr des Abbaus, sondern erfolgt auf eigenen Wegen, wodurch eine unabhängige Steuerung beider Vorgänge, des Abbaus und des Aufbaus, ermöglicht wird.
3. Bei den autotrophen Organismen kommt noch die Synthese von Nährstoffen durch Ausnutzung des Sonnenlichts (**Photosynthese**, s. Abschn. 6.10) bzw. durch Oxidation anorganischer Moleküle (**Chemosynthese,** s. Abschn. 6.1) hinzu.

Es gehört zweifellos zu den interessantesten Entdeckungen biochemischer Forschung des vergangenen Jahrhunderts, dass der immensen Formen- und Verhaltensvielfalt im Organischen, mit der sich die Naturforscher in den Jahrhunderten davor vorrangig beschäftigt haben, eine überraschende **Beschränkung und Einheitlichkeit** der biochemischen Mittel gegenüberstehen. Nur eine winzige Auswahl an chemischen Umsetzungen aus der unüberschaubaren Menge prinzipiell möglicher ist im Stoffwechsel der Organismen tatsächlich realisiert. In allen Zellen finden wir die gleichen oder doch sehr ähnlichen Hauptwege des intermediären Stoffwechsels und des Energietransfers. Alle Zellen

Periodisches System der Elemente

1 **H** 1,01																	2 **He** 4
3 **Li** 6.94	4 **Be** 9.01	■ "Mengenelemente"										5 **B** 10.81	6 **C** 12.01	7 **N** 14.01	8 **O** 16	9 **F** 19	10 **Ne** 20.18
11 **Na** 22,99	12 **Mg** 24,31	▨ "Spurenelemente"										13 **Al** 26.98	14 **Si** 28,09	15 **P** 30.97	16 **S** 32.07	17 **Cl** 35.45	18 **Ar** 39.95
19 **K** 39.1	20 **Ca** 40.08	21 **Sc** 44.96	22 **Ti** 47.88	23 **V** 50,94	24 **Cr** 52	25 **Mn** 54,94	26 **Fe** 55,85	27 **Co** 58,93	28 **Ni** 58,69	29 **Cu** 63,55	30 **Zn** 65,39	31 **Ga** 69.72	32 **Ge** 72.61	33 **As** 74,92	34 **Se** 78,96	35 **Br** 79.9	36 **Kr** 83.8
37 **Rb** 85.47	38 **Sr** 87.62	39 **Y** 88.91	40 **Zr** 91.22	41 **Nb** 92.91	42 **Mo** 95,94	43 **Tc** 98	44 **Ru** 101.07	45 **Rh** 102.91	46 **Pd** 106.42	47 **Ag** 107.87	48 **Cd** 112.41	49 **In** 114.82	50 **Sn** 118,71	51 **Sb** 121.76	52 **Te** 127.6	53 **I** 126,9	54 **Xe** 131.29
55 **Cs** 132.91	56 **Ba** 137.33	57 *· **La** 138.91	72 **Hf** 178.49	73 **Ta** 180.95	74 **W** 183.85	75 **Re** 186.21	76 **Os** 190.2	77 **Ir** 192.22	78 **Pt** 195.08	79 **Au** 196.97	80 **Hg** 200.59	81 **Tl** 204.38	82 **Pb** 207.2	83 **Bi** 208.98	84 **Po** 209	85 **At** 210	86 **Rn** 222
87 **Fr** 223	88 **Ra** 226.03	89 **··Ac** 227	104 **Rf** 261	105 **Db** 262	106 **Sg** 263	107 **Bh** 262	108 **Hs** 265	109 **Mt** 265									

*Lan-thani-den	58 **Ce** 140.12	59 **Pr** 140.91	60 **Nd** 144.24	61 **Pm** 145	62 **Sm** 150.36	63 **Eu** 151.97	64 **Gd** 157.25	65 **Tb** 158.93	66 **Dy** 162.5	67 **Ho** 164.93	68 **Er** 167.26	69 **Tm** 168.93	70 **Yb** 173.04	71 **Lu** 174.97
**Acti-niden	90 **Th** 232.04	91 **Pa** 231.04	- 92 **U** 238.03	93 **Np** 237.05	94 **Pu** 244	95 **Am** 243	96 **Cm** 247	97 **Bk** 247	98 **Cf** 251	99 **Es** 252	100 **Fm** 257	101 **Md** 258	102 **No** 259	103 **Lr** 260

Beispiel:
4	← Ordnungszahl
Be	← Elementsymbol
9.01	← mittlere Atommasse

Abb. 7.3 Das Periodische System der Elemente. Dunkel unterlegt sind die sog. Mengenelemente, etwas heller die Spurenelemente. Die vier Elemente Wasserstoff (H), Kohlenstoff (C), Stickstoff (N) und Sauerstoff (O) zusammen machen mengenmäßig allein schon 99 % aller, im menschlichen Körper vorhandenen Atome aus. Zählt man die restlichen sieben Mengenelemente (Na, K, Mg, Ca, P, S und Cl) noch hinzu, so kommt man bereits auf 99,9 %. Es ist auffällig, dass das Lebendige vorwiegend aus leichten Elementen aufgebaut ist

benutzen dieselben 20 Aminosäuren für den Aufbau ihrer Proteine und dieselben vier Nukleotide für die Speicherung und Transmission ihrer genetischen Information. Alle Zellen weisen denselben bzw. doch sehr ähnlichen genetischen Code auf. Obwohl es gewisse Unterschiede in der Art der Transkription und Translation gibt, sind auch diese Prozesse in allen Zellen sehr ähnlich. Schließlich weisen alle Aminosäuren in den Proteinen mit Ausnahme des Glycins, das optisch inaktiv ist, übereinstimmend nur die stereochemische L-Konfiguration auf. Diese **Homochilarität** stellt ein weiteres, rein chemisches Indiz für das Leben dar, dessen Ursprung und Bedeutung allerdings bis heute noch ziemlich rätselhaft ist. Eine Ausnahme bilden lediglich einige relativ kleine bakterielle Proteine, die D-Aminosäuren besitzen.

Die **Universalien** im Reich des Organischen beziehen sich nicht allein auf die organischen Stoffe und ihre Umsetzungen im Stoffwechsel, sondern offenbaren sich auch schon auf der Ebene der elementaren Bestandteile. Von den insgesamt 109 Elementen ist nur ein geringer Teil für das Leben essenziell und in allen Lebewesen anzutreffen (Abb. 7.3).

Tab. 7.1 Die Zusammensetzung des menschlichen Körpers (70 kg schwer; Aus Rauen 1956)

Element	Anteil (%)	Anteil (kg)
Sauerstoff	63,0	44
Kohlenstoff	20,0	14
Wasserstoff	10,0	7
Stickstoff	3,0	2,1
Kalzium	1,5	1,0
Phosphor	1,0	0,7
Kalium	0,25	0,17
Schwefel	0,20	0,14
Chlor	0,10	0,07
Natrium	0,10	0,07
Magnesium	0,04	0,03
Summe	99,19	69,28

Hintergrundinformationen

- Zu den regelmäßig in allen Organismen in relativ großen Mengen vorkommenden sog. **Mengenelementen** (Makroelementen) gehören: Sauerstoff (O), Kohlenstoff (C), Wasserstoff (H), Stickstoff (N), Kalzium (Ca), Phosphor (P), Schwefel (S), Magnesium (Mg), Kalium (K) und (besonders bei Tieren noch) Natrium (Na) und Chlor (Cl). Diese 11 Elemente machen beim Menschen bereits 99,2 % des Körpergewichts aus (Tab. 7.1). Sie gehören alle zu den Elementen mit einer Ordnungszahl zwischen 1 (Wasserstoff) und 20 (Kalzium).

- Zu den jeweils nur in geringeren Mengen, aber dennoch weitgehend regelmäßig anzutreffenden **Spurenelementen** (Mikroelementen) zählen: Eisen (Fe), Kupfer (Cu), Mangan (Mn), Zink (Zn), Molybdän (Mo), Kobalt (Co), Fluor (F), Jod (J), Silizium (Si), Selen (Se), Vanadium (V), Chrom (Cr), Nickel (Ni), Arsen (As) und Zinn (Sn). Unter ihnen ist das J das Element mit der höchsten Ordnungszahl (53).

Der Kohlenstoffanteil im Menschen ist fast 200-mal höher, der Eisenanteil dagegen 300-mal niedriger als in der anorganischen Welt (Festland + Hydroshäre + Atmosphäre).

Es ist sehr wahrscheinlich, dass alle gegenwärtigen Organismen auf einen *„last common ancestor"* zurückgehen (s. Abschn. 4.15). Es ist aber nicht klar, ob dieser Urahn bereits alle wesentlichen biochemischen Stoffwechselwege besessen hat, wie wir sie heute bei den Organismen vorfinden. Wir müssen auch in Betracht ziehen, dass einige dieser Eigenschaften erst später aufgetreten und durch horizontalen Gentransfer verbreitet worden sein können. J. Peter GOGARTEN und andere gehen allerdings davon aus, dass der Urahn sich nicht wesentlich von den heutigen Prokaryoten unterschieden hat (Gogarten 1995, S. 147–151).

7.2 Der Metabolismus als Interaktom

Der Zellstoffwechsel umfasst hunderte bis tausende verschiedene Reaktionen, die simultan und sukzessiv in abgestimmter Weise ablaufen. All das findet in einem unvorstellbar kleinen Raum statt. Das Volumen einer prokaryotischen Zelle erreicht etwa 10^{-15} l, das einer eukaryotischen bis zu 10^{-12} l. Das sind Größenordnungen, bei denen die unreflektierte Anwendung der thermodynamischen und reaktionskinetischen Gesetze bereits an ihre Grenzen stößt. Die Konzentrationen der in die Reaktionen involvierten Verbindungen sind in vielen Fällen extrem niedrig. Sie liegen zwischen 10^{-3} und 10^{-6} mol$\cdot$l^{-1}. Dem-

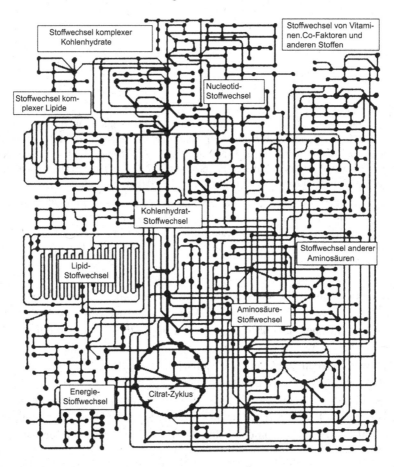

Abb. 7.4 Schematische Darstellung der metabolischen Schritte (*Linien*) zwischen etwa 600 kleinen Molekülen (*Punkte*) im intermediären Stoffwechsel einer Zelle (metabolisches Netzwerk). Es liefert nur ein sehr schwaches Abbild von dem tatsächlichen Netz der Abläufe und Abhängigkeiten im Stoffwechsel einer Zelle. (Aus BMBF Publik 2000, verändert)

gegenüber sind die Konzentrationen der Enzyme relativ hoch. Sie weichen nicht deutlich von denjenigen ihrer Substrate ab. Da die Moleküle in der Zelle gewöhnlich nicht homogen verteilt sind, sind überdies summarische Angaben über die Konzentrationen in der Zelle i. d. R. wenig aussagekräftig.

Das in der Abb. 7.4 dargestellte „metabolische Netzwerk" zwischen etwa 520 verschiedenen kleinen organischen Molekülen (Metaboliten) liefert nur ein sehr schwaches Abbild von den tatsächlichen, in der Zelle stattfindenden Abläufen und Abhängigkeiten. Man kennt heute etwa 4000 verschiedene Stoffwechselreaktionen, von denen jede von einem bestimmten Enzym katalysiert wird (s. Abschn. 7.8), das selbst das Produkt einer Serie synthetischer Schritte ist. Ein und dasselbe Molekül kann an verschiedenen Stoffwechselwegen des Ab-, Um- oder Aufbaus beteiligt sein. Das heißt, dass mehrere Enzyme um dasselbe Substrat konkurrieren. Als Beispiel kann das **Pyruvat** dienen, ein wichtiger Knotenpunkt im Stoffwechsel. Folgende Umwandlungen des Pyruvats sind möglich:

1. in Acetyl-CoA durch den Pyruvat-Dehydrogenase-Komplex, das anschließend irreversibel in den Citratzyklus (s. Abschn. 6.8) eingeschleust wird;
2. in Oxalacetat durch die Pyruvatcarboxylase;
3. in Alanin durch eine Transaminase. Diese leicht reversible Reaktion stellt ein wichtiges Bindeglied zwischen Kohlenhydrat- und Aminosäurestoffwechsel dar;
4. in Lactat durch eine Lactatdehydrogenase zur Regenerierung des NAD^+ und damit weiteren Gewährleistung der glykolytischen Aktivität;
5. in Acetaldehyd und weiter zu Ethanol (alkoholische Gärung) bei der Hefe und einigen anderen Mikroorganismen durch eine Pyruvatdecarboxylase.

Der Stoffwechsel repräsentiert eine „konzertierte Aktion" vieler, innig miteinander verwobener Stoff- und Energietransfers, die nur dadurch ein **harmonisches Ganzes** ergeben, weil sie über einen ebenso intensiven Informationstransfer ständig aufeinander abgestimmt werden. Ohne dieses kommunikative Netzwerk käme nur Chaos, aber kein Metabolismus zustande. Man geht heute davon aus, dass in jeder eukaryotischen Zelle rund 4000–5000 verschiedene funktionelle Proteine permanent als Enzyme, Transportproteine, Rezeptorproteine etc. tätig sind, um den lebendigen Zustand aufrechtzuerhalten, die sog. *house keeping proteins*.

Während die zentralen Stoffwechselwege inzwischen gut bekannt sind, sind unsere Kenntnisse hinsichtlich der Regulation des Stoffwechsels und ihrer Prinzipien noch recht unbefriedigend. Auf diesem Gebiet wird intensiv geforscht. Ausgangsstoffe, Zwischen- und Endprodukte des Stoffwechsels bezeichnet man summarisch als Metabolite. Die Gesamtheit der kleinen Moleküle und metabolischen Intermediate der Zelle bezeichnet man in Analogie zum Genom als **Metabolom**. Durch Anwendung verschiedener isotopenmarkierter Reagenzien (ICATs: *isotope coded affinity tags*) gelingt es heute bereits, alle Proteine zu erfassen, die unter bestimmten Bedingungen in der Zelle synthetisiert werden: **Proteomik** (Campbell und Heyer 2007).

Dank modernerer Analysetechniken und des Einsatzes von Computern ist es heute möglich, das Netzwerk der Interaktionen zwischen den chemischen Komponenten detaillierter zu studieren mit dem noch fernen Ziel, das komplexe „**Interaktom**" innerhalb der Zelle einst zu verstehen (Rual et al. 2005, S. 1173–1178; Stelzl et al. 2005, S. 957–968). Mit einer genetischen Methode, die es gestattet, diejenigen Proteine zu identifizieren, die mit einem bekannten Protein interagieren (Fields und Song 1989, S. 245–246), gelang es am Hefepilz (*Saccharomyces cerevisiae*), von den insgesamt etwa 2700 bekannten Proteininteraktionen 1548 zu einem einzigen Netzwerk zu vereinigen (Abb. 7.5; Schwikowski et al. 2000, S. 1257–1261). Dabei zeigte sich, dass die Proteine mit ähnlichen Funktionen vielfach Cluster bilden. Weiterführende Untersuchungen haben ergeben, dass im Durchschnitt auf jedes Protein etwa fünf Interaktionen entfallen. Das gesamte interaktive Verhalten der Zelle ist mit Sicherheit noch wesentlich komplexer als es in solchen zweidimensionalen Darstellungen zum Ausdruck kommen kann, in denen die transkriptionalen und translationalen Regulationen ebenso wenig Berücksichtigung finden, wie die

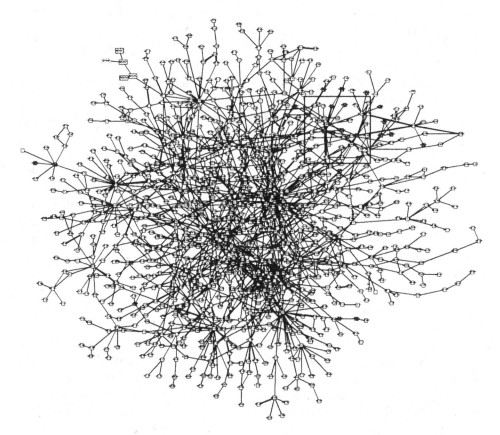

Abb. 7.5 Das interaktive Netzwerk von etwa 1200 Proteinen in der Hefezelle (*Saccharomyces cerevisiae*). (Aus Tucker et al. 2001, S. 102)

posttranslationalen Modifikationen oder die örtlich und zeitlich sich ändernden Expressionsmuster in der Zelle (Tucker et al. 2001, S. 102–106). Sie geben auch keine Auskunft
darüber, wie stark die Interaktionen im Einzelnen sind. Sehr viel bleibt noch zu tun, ehe
wir ein einigermaßen reales Bild von dem tatsächlichen „Interaktom" einer Zelle werden
zeichnen und verstehen können.

7.3   Erscheinungen der Kryptobiose

Mit der Kennzeichnung des Metabolismus als Daseinsweise des Lebens, steht die bekannte Tatsache, dass Bakterien und Pilzsporen, Samen höherer Pflanzen, Larven bestimmter
Insekten, „Wintereier" einiger Krebse (*Artemia* u. a.) sowie Trockenstadien von Nematoden, Rotatorien und Tardigraden lange Zeitspannen unter unwirtlichen Bedingungen in
einem (nahezu) ametabolen Zustand der **Kryptobiose**, des „latenten Lebens", überdau-
ern können, keineswegs im Widerspruch. Rotatorien und Tardigraden ziehen sich vorher zu einer tonnenähnlichen, Nematoden zu einer dichten Spirale zusammen, wobei sie
gleichzeitig den Anteil an flüssigem Wasser in ihrem Körper drastisch reduzieren (Anhy-
drobiose). Ihr oxidativer Stoffwechsel – und nicht nur er – wird dabei auf ein Minimum
($< 0{,}5 \cdot 10^{-6}$ µl O_2/h bei Tardigraden) reduziert. In anderen Fällen läuft durch Synthese
spezifischer Kohlenhydrate eine Art „Vitrifikation" im Körper ab. In diesen, stets *aktiv* her-
beigeführten Zuständen der Kryptobiose wird der Stoffwechsel – der Anabolismus ebenso
wie der Katabolismus – auf ein Minimum (bis zum Stillstand?) reduziert und dort „eingefroren". Unter diesen Bedingungen sind die Lebewesen oft gegenüber extremen Faktoren,
wie hohen Strahlendosen, hohen und tiefen Temperaturen, Einwirkung von Giften oder
Aufenthalt in einem Vakuum, außerordentlich widerstandsfähig.

Die japanischen Forscher SEKI und TOYOSHIMA setzten Bärtierchen (Tardigrada) der
Art *Macrobiotus occidentalis* im „Tönnchenzustand" (Abb. 7.6) in Fluorkohlenwasser-
stoff für 20 Minuten einem Druck von 6000 atm aus (Seki und Toyoshima 1998, S. 853).
Nicht weniger als 95 % der Tiere überlebten diese extreme Belastung. Auch 189 Erd-

Abb. 7.6 Tönnchen vom
Tardigraden *Macrobiotus
hufelandi* (Dorsalansicht) In
diesem Zustand der Anhydro-
biose können die Tiere extreme
Umweltbedingungen, wie hohe Röntgendosen oder sieben
Monate bei −272 °C, schadlos überstehen. (Nach Greven
1971)

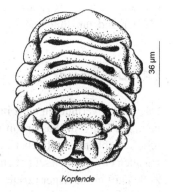

Kopfende

umkreisungen im Weltraum überstanden diese kleinen Tierchen problemlos, wenn man sie vor zu starker Strahlung schützte (Jönsson 2008, R729). BECQUEREL entzog verschiedenen Organismen, darunter Rotatorien, Tardigraden, Algen, Hefen und Bakterien, behutsam große Teile ihres Körperwassers und kühlte sie anschließend für zwei Stunden auf 0,05 bis 0,008 K ab (Becquerel 1951, S. 326). Nach vorsichtiger Rückführung der Organismen in normale Bedingungen, hatten alle Versuchsobjekte diese extremen Temperaturen unbeschadet überlebt. Man kann davon ausgehen, dass bei diesen niedrigen Temperaturen nahe am absoluten Nullpunkt der Stoffwechsel völlig zum Erliegen kommt, es sich also um eine echte „Anabiose" handelt. Das betrifft natürlich nicht nur die katabolen, sondern auch die anabolen Prozesse, sodass die molekulare Ordnung des Systems unter den extremen Bedingungen nicht irreversibel verändert, sondern lediglich „eingefroren" wird.

Wie allerdings die publizierten Befunde, dass verschiedene halotolerante Bakterien, die vor 200–500 Mio. Jahren in Salz eingeschlossen wurden, als der See, in dem sie lebten, austrocknete, in der Gegenwart wieder zur Vermehrung gebracht werden konnten (Dombrowski 1963, S. 477–484; Vreeland et al. 2000, S. 897–900), einzuschätzen sind, ist immer noch eine heiß umstrittene Frage. Es besteht durchaus die Möglichkeit, dass es sich dabei um Artefakte handelt, die durch übersehene Kontamination im Laboratorium erzeugt wurden (Kennedy et al. 1994, S. 2513–2529). CANO und BORUCKI berichteten, dass sie Bakteriensporen aus 25–40 Mio. Jahre altem Bernstein „wiederbeleben" konnten (Cano und Borucki 1995, S. 1060–1064).

Kürzlich wurde berichtet, dass Moos (*Chorisodontium aciphyllum*) aus 1533–1697 Jahre alten Permafrostschichten auf dem Signy Island im Südpolarmeer im Labor wieder zu neuem Leben „erwacht" ist (Roads et al. 2014). Die ältesten Pflanzensamen, die noch fähig waren zu keimen, wurden auf das erste und achte Jahrhundert unserer Zeitrechnung datiert. Das betraf Samen der Dattelpalme (*Phoenix dactylifera*) aus einer Region nahe am Toten Meer (Sallon et al. 2008, S. 1464) und der Lotosblume (*Nelumbo nucifera*) aus dem Nordosten Chinas (Shen-Miller et al. 2002, S. 236–247). Diese Angaben wurden kürzlich weit übertroffen. Russischen Forschern gelang es mithilfe einer *In-vitro*-Gewebekultur, aus 30.000 Jahre altem Fruchtgewebe von *Silene stenophylla*, einem Vertreter der Leingewächse, aus den Permafrostsedimenten des späten Pleistozäns Sibiriens eine Pflanze zu züchten und zur Blüte und Fortpflanzung zu bringen (Yashina et al. 2012, S. 1–6).

7.4   Das Wasser

Das Leben, vermutlich einst im Wasser auf unserem Planeten entstanden, ist bis auf den heutigen Tag vom Wasser mit seinen besonderen physikalischen und chemischen Eigenschaften abhängig geblieben. Leben ist ohne Wasser nicht denkbar. Der Wasseranteil ist bei allen Organismen sehr hoch (Tab. 7.2). Die Mehrheit der Stoffwechselreaktionen in der Zelle läuft in wässriger Lösung ab. Dabei ist das Wasser nicht nur Lösungsmittel, sondern nimmt auch aktiv an verschiedenen Stoffwechselreaktionen teil. Die Struktur der meisten

Tab. 7.2 Wassergehalt verschiedener Tiere und Gewebe in Prozent des Gesamtgewichts (Aus Schlieper 1965)

Tierart	Anteil Wasser am Gesamtgewicht (%)	Gewebe	Anteil Wasser am Gesamtgewicht (%)
Rhizostoma (Meduse)	96	Gehirn	70
Ascaris (Spulwurm)	79	Niere	83
Helix (Weinbergschnecke)	84	Bindegewebe	80
Astacus (Flusskrebs)	74	Muskeln	76
Bombyx (Seidenraupe)	77	Leber	70
Mus (Maus)	67	Knorpel	55
Homo (Mensch, erwachsen)	60	Knochen	22

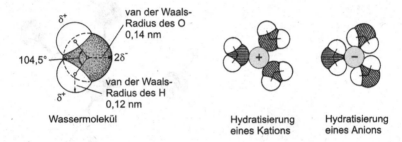

Abb. 7.7 Modell des Wassermoleküldipols und die Hydratisierung eines Kations bzw. Anions

Biomoleküle (und damit ihre Funktionstüchtigkeit) hängt wesentlich von der Interaktion mit Wassermolekülen ab. Es wäre allerdings falsch, im Zytoplasma ein homogenes wässriges Milieu zu sehen, in dem chemische Reaktionen nach der Michaelis-Menten-Kinetik ablaufen. In der Zelle herrschen oft besondere Bedingungen, die zu erheblichen Abweichungen gegenüber der Michaelis-Menten-Kinetik, wie wir sie im Reagenzglas beobachten, führen können.

Von besonderer Bedeutung für die hervorragende Rolle des Wassers ist – *erstens* – die **Dipolnatur** des Moleküls, das bekanntlich aus einem Sauerstoff- und zwei Wasserstoffatomen besteht. Die beiden kovalenten Sauerstoff-Wasserstoff-Bindungen schließen einen Winkel von 104,5° ein (Abb. 7.7). Durch die starke Tendenz des Sauerstoffatoms, die Bindungselektronen vom Wasserstoff weg an sich zu ziehen (Elektronegativität 3,5), entsteht eine ungleiche Elektronenverteilung im Molekül. Beide Regionen um das Wasserstoffatom erhalten eine partielle positive Nettoladung (δ^+) von +0,33 e (e ist die Ladung des Elektrons) und die Region um das Sauerstoffatom eine partielle negative Nettoladung ($2\delta^-$) von −0,66 e. Das Gesamtmolekül erhält dadurch eine Polarität, wird zu einem Dipol mit einem relativ hohen Dipolmoment von 4,8 Debye, was sehr weitreichende Folgen für die besonderen Eigenschaften des Wassers hat.

Die *zweite* wichtige Eigenschaft der Wassermoleküle besteht darin, dass sie eine große Affinität zueinander entwickeln, indem sie **Wasserstoffbrückenbindungen** (s. Ab-

Abb. 7.8 a Wasserstoff-brückenbindung zwischen zwei Wassermolekülen, **b** das kurzlebige Aggregat von einem Wassermolekül mit vier anderen

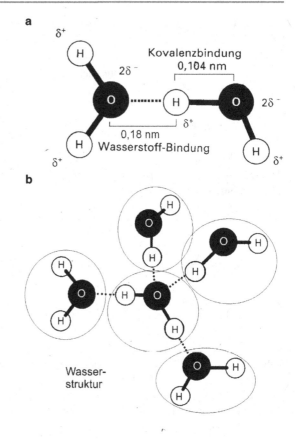

schn. 7.7) zwischen sich ausbilden. Solche Bindungen können generell zwischen einer schwach sauren Donator(D)-Gruppe (O–H, N–H oder gelegentlich auch S–H) und einem schwach basischen Akzeptor(A)-Atom (O, N oder gelegentlich auch S) geknüpft werden:

$$\text{Donator} - \text{H} \cdots \text{Akzeptor.}$$

Der Abstand der beiden Partner beträgt etwa 0,18 nm und ist damit deutlich geringer als der sog. Van-der-Waals-Abstand (der kleinste Abstand zwischen zwei *nicht* gebundenen Atomen) mit 0,26 nm. Die stärkste Bindung liegt dann vor, wenn Donatorgruppe und Akzeptoratom linear zueinander angeordnet sind. Im Fall zweier Wassermoleküle ist die Donatorgruppe das Sauerstoffatom mit dem kovalent gebundenen Wasserstoffatom und das Akzeptoratom der Sauerstoff des anderen Partners (Abb. 7.8).

Da jedes Wassermolekül zwei Wasserstoffatome, die „abgegeben" werden können, und zwei freie Elektronenpaare besitzt, die Akzeptoren sein können, kann jedes einzelne Wassermolekül maximal vier Wasserstoffbrückenbindungen mit anderen Wassermolekülen aufbauen, was auch im Fall des Eises geschieht. Infolge dieser offenen Struktur des Eises dehnt sich Wasser beim Gefrieren aus, was ungewöhnlich, für das Leben auf unserer Er-

Abb. 7.9 Die Hydratation einiger wichtiger Ionen. Die Angaben der Durchmesser der Kationen (nicht hydratisiert und hydratisiert) in nm. Die Zahl im Hydratationsmantel gibt die durchschnittliche Zahl der Wassermoleküle pro Ion an

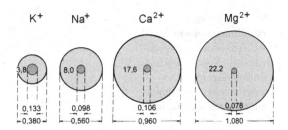

de aber von sehr großer Bedeutung ist. Im flüssigen Zustand sind nur etwa 15 % weniger Brücken ausgebildet, über die permanent dreidimensionale Netzwerke („Cluster") aufgebaut werden, die allerdings auch sehr schnell, innerhalb von $2 \cdot 10^{-11}$ s, wieder zerfallen. Mit dieser **„kohäsiven" Natur** des Wassers hängen seine hohe Oberflächenspannung, hohe spezifische Wärme und hohe Verdampfungswärme zusammen. Obwohl jede einzelne Wasserstoffbrückenbindung mit etwa $20\,kJ \cdot mol^{-1}$ wesentlich weniger Energie enthält als beispielsweise eine kovalente Bindung, ist es die Menge an Wasserstoffbrückenbindungen zwischen den Wassermolekülen, die diese bemerkenswerten Eigenschaften hervorruft.

Die polaren Eigenschaften des Wassers machen es auch zu einem ausgezeichneten **Lösungsmittel** für ionische und ungeladene polare Substanzen, die man deshalb als „hydrophil" bezeichnet. In der Nachbarschaft von Ionen orientieren sich die Wasserdipole in charakteristischer Weise. Im Fall von Anionen weisen die Wassermoleküle mit ihren positiven Partialladungen (Wasserstoffatomen) zum Ion, im Fall von Kationen mit ihren negativen Partialladungen (Sauerstoffatomen). So bilden sich Hüllen von Wassermolekülen um die einzelnen Ionen, die dadurch gleichzeitig voneinander getrennt werden (Solvation oder **Hydratation**). Die Dicke dieser Hydrathülle ist umso größer, je stärker die elektrostatische Ladung des Ions ist. Bei Ionen mit gleicher elektrostatischer Ladung (z. B. Na^+ und K^+) ist sie umso mächtiger, je kleiner der Ionendurchmesser ist (Abb. 7.9), denn die elektrostatische Anziehungskraft nimmt sehr schnell mit der Entfernung zwischen Ion und Wassermolekül ab. Durch die Ausbildung von Hydrathüllen schwächt das Wasser die elektrostatische Anziehungskraft zwischen den Ionen beträchtlich ab.

Ebenso wie ionische Substanzen lösen sich auch ungeladene **polare Moleküle** in Wasser. Ihre Löslichkeit (**Hydrophilie**) hängt von der Existenz funktioneller („hydrophiler") Gruppen ab, mit denen das Wassermolekül Wasserstoffbrückenbindungen auszubilden vermag (Abb. 7.10). Da die Proteine, Nukleinsäuren und Zucker eine Menge solcher hydrophilen Gruppen im Molekül aufweisen, sind sie auch wasserlöslich. In der Reihenfolge abnehmender Wasserlöslichkeit sind das die Gruppen:

$$-COOH > -OH > -CHO > \mathord{>}C=O > -NH_2 > -SH.$$

Apolare Moleküle, wie z. B. Fette und Öle, lösen sich dagegen nicht im Wasser. Sie sind „hydrophob". Sie können keine Wasserstoffbrückenbindungen ausbilden, können aber in apolaren Lösungsmitteln (CCl_4, Äther, Chloroform, Hexan u. a.) gelöst werden.

Abb. 7.10 Beispiele von Wasserstoffbrückenbindungen über „funktionelle Gruppen": Hydroxyl-, Keto-, Carboxyl- bzw. Aminogruppe. Die Wassermoleküle sind durch Umrandungen hervorgehoben

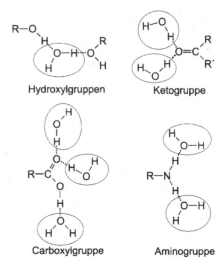

Auch der Grad der **Hydrophobie** einer Verbindung hängt von dem Besitz hydrophober Gruppen im Molekül ab. In der Reihenfolge steigender Hydrophobie sind es:

$$-CH_3 < =CH_2 < -C_2H_5 < -C_3H_7 < -C_nH_{2n+1} < -C_6H_5.$$

Apolare Substanzen werden in der wässrigen Phase nicht nur nicht gelöst, sondern in gewissem Sinn „ausgestoßen" und bilden Aggregate. Dieser hydrophobe Effekt ist z. B. bei der Formbildung von Proteinen und Membranen von großer Bedeutung. Der spontane Übergang (Transfer) einer apolaren Verbindung aus der wässrigen Phase in ein apolares Medium ist nur mit einer geringen Enthalpieänderung (Wärmetönung ΔH), aber mit einer starken Zunahme der Entropie (ΔS) verbunden, d. h. die damit verbundene Änderung der freien Enthalpie (ΔG)

$$\Delta G = \Delta H - T\Delta S < 0$$

wird in erster Linie durch die Entropieänderung angetrieben.

Die meisten Biomoleküle besitzen gleichzeitig hydrophile und hydrophobe Gruppen. Sie sind, wie man sagt, amphiphil (amphipathisch) und bilden im wässrigen Medium gern geordnete Aggregate. Das können kugelförmige Gebilde, sog. **Mizellen**, aus mehreren tausend amphiphilen Molekülen sein. Die hydrophilen Gruppen liegen dabei an der Oberfläche, wo sie mit den Wassermolekülen interagieren können, und die hydrophoben Gruppen füllen das innere der Kugel aus.

Zu den bedeutendsten amphiphilen Substanzen im Lebewesen zählen die Phospholipide. Sie bestehen aus einem hydrophilen„Kopfende" und einem hydrophoben „Schwanzende" (Abb. 3.2). Im wässrigen Medium können sie sich spontan zu Doppelschichten zusammenlagern. Die etwa 3 nm dicken **Lipiddoppelschichten** (*bilayer*) bilden die Grundlagen für alle Membranstrukturen der Zelle (s. Abschn. 3.3). Sie können plan ausgebreitet sein oder Bläschen (Vesikel) formen. Dabei liegen jeweils die polaren „Kopfgruppen" der Phospholipide oberflächlich, während ihre hydrophoben, apolaren „Schwänze" ins Innere der Doppelschicht gerichtet sind. Die enge Packung der Moleküle in der Membran wird durch Van-der-Waals-Bindungen zwischen den Kohlenwasserstoffketten benachbarter Phospholipide stabilisiert. Auch die Wasserstoffbrückenbindungen der „Köpfe" mit dem Wasser tragen zur Stabilität der Strukturen bei.

7.5 Die Proteine als die „intelligenten" Moleküle

Die Proteine oder Eiweiße spielen in den Lebewesen als Funktionsträger *die* zentrale Rolle. Sie sind in fast alle biologischen Prozesse in irgendeiner Weise integriert. Aufgrund ihrer nahezu unendlichen Mannigfaltigkeit an molekularen Formen und chemischen Reaktivitäten sind sie die „funktionstragenden" Moleküle im Organismus, die „molekularen Träger der teleonomischen Leistungen" (Monod 1975, S. 55).

Die Proteine machen etwa zwei Drittel der organischen Masse einer Zelle aus. Die Molekulargewichte der meisten zellulären Proteine liegen zwischen 30.000 und 50.000 (Kiehn und Holland 1970, S. 544–545), nur wenige Proteine haben ein Molekulargewicht > 80.000, dabei handelt es sich entweder um Strukturproteine oder um „multifunktionelle" Enzyme. Relativ kleine Proteine mit Molekulargewichten < 20.000 sind ebenfalls recht selten. Es sind hauptsächlich sekretorische Proteine, Hormone oder extrazelluläre Proteasen (Srere 1984, S. 387–390).

Eine typische Zelle benötigt Tausende verschiedener Proteine, die in Abhängigkeit von den jeweiligen Bedürfnissen der Zelle in hinreichender Menge bereitgestellt werden müssen. Das Bakterium *Escherichia coli* enthält etwa 2500 ± 500 verschiedene Proteine. Bei den Eukaryoten ist die Zahl wesentlich höher. Jedes Protein hat seine spezifische Aufgabe. Sie fungieren nicht nur als Biokatalysatoren (Enzyme, s. Abschn. 7.8). Sie können auch Transport- und Speicherfunktionen (Hämoglobin, Myoglobin, Transferrin, Ferritin etc.), mechanische Stützfunktionen (Kollagen) oder Bewegungsfunktionen (Myosin, Aktin, Tubulin etc.) ausüben. In den Zellmembranen steuern zahlreiche „Transporter" den Durchtritt von Stoffen. Antikörper sind hochspezifische Proteine, die der immunologischen Abwehr von Viren, Mikroorganismen und fremden Zellen dienen. Außerordentlich vielfältig werden Proteine auch als Botenstoffe zur Kontrolle von Organfunktionen, Wachstum und Differenzierung eingesetzt, seien es nun Neurotransmitter, Neuromodulatoren, Hormone, Wachstumsfaktoren o. ä. Schließlich sind auch die Rezeptormoleküle, an die die Botenstoffe spezifisch binden, Proteine. Zusammenfassend lässt sich sagen, dass die Mehrzahl der Proteine in den Transport von Substanzen und die Verarbeitung von Informationen integriert ist und nur die Minderheit als Enzyme in die chemische Umsetzung der metabolischen Intermediate oder in die Strukturbildung.

Die Proteine bestehen aus einer einzigen oder mehreren langen, unverzweigten Ketten von Untereinheiten, den **Aminosäuren**, mit einem Molekulargewicht von rund 100. Man findet überraschenderweise in nahezu allen Organismen von den Bakterien bis zum

Menschen übereinstimmend in der Hauptsache nur 20 verschiedene Aminosäurebaustei-
ne. Diese natürlichen Aminosäuren bilden sozusagen das Alphabet, in dem die Proteine
„geschrieben" sind. Wir können allerdings auf die Frage, warum gerade diese Aminosäuren und keine anderen, und diese außerdem ausschließlich in ihrer L-Form, ausgewählt
wurden, um die verschiedenen Proteine der Organismen aufzubauen, keine definitive Antwort geben.

Hintergrundinformationen

Die Anzahl möglicher Polypeptidsequenzen ist nahezu unbegrenzt. In einem Protein mit 100 Aminosäuren steigt der Wert bereits auf

$$20^{100} = 100^{130}.$$

Das ist eine unvorstellbar hohe Zahl, die unser Fassungsvermögen bei Weitem überschreitet.
Zum Vergleich: Das ganze Universum mit einem Durchmesser von 10 Mrd. Lichtjahren enthält
„nur" 10^{108} Kubik-Ångström (EIGEN 1987). Nur ein winziger Bruchteil der möglichen Proteine
ist tatsächlich in den Organismen verwirklicht. Ein kleines Bakterium enthält beispielsweise nicht
mehr als einige Tausend Proteinarten, die allerdings – jede für sich – perfekt an ihre verschiedenen
Funktionen angepasst sind.

Die Aminosäurereste werden über **Peptidbindungen** (Amidbindungen) zwischen jeweils der α-Carboxylgruppe der einen Aminosäure und der α-Aminogruppe der anderen
miteinander zur Polypeptidkette verknüpft (Abb. 7.11). Bei der Knüpfung einer Peptidbindung wird jeweils ein Molekül Wasser frei. Sie hat einen partiellen Doppelbindungs-
charakter, ist eine starre, planare Einheit. Die immer wiederkehrende Folge von

$$N[\text{Amidstickstoffatom}] - C_\alpha - C[\text{Carbonylkohlenstoffatom}]$$

bildet das „Rückgrat" der Polypeptidkette, von dem die Seitenketten der Aminosäuren ab-
stehen, die sich hinsichtlich ihrer Größe, Gestalt, Ladung und chemischen Aktivität, auch

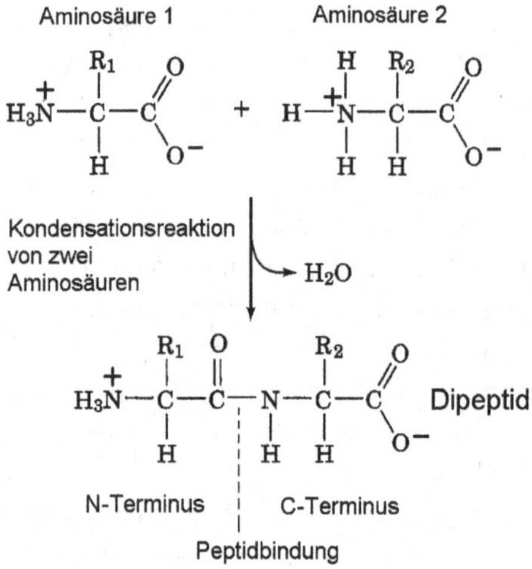

Abb. 7.11 Die Peptidbindung
zwischen zwei Aminosäuren

hinsichtlich ihrer Kapazität, Wasserstoffbrücken zu bilden, unterscheiden. Jede Polypeptidkette zeigt an ihrem einen Ende eine freie, unverknüpfte Aminogruppe (N-Terminus)
und an ihrem anderen Ende eine freie Carboxylgruppe (C-Terminus). Vereinbarungsge-
mäß schreibt man sie immer so, dass sie mit dem N-Terminus beginnt und mit dem C-
Terminus endet.

Bestimmend für die Funktion eines Eiweißes, mit anderen Worten: für seine „Intelligenz", ist die dreidimensionale Anordnung der Atome im Proteinmolekül, seine spezifische **Konformation,** die bei einem bestimmten pH und einer bestimmten Temperatur
primär durch die Aminosäuresequenz bestimmt wird. Nur in der korrekten Konformation besitzt das Protein seine volle Wirksamkeit. Die für jedes Protein spezifische Sequenz
der Aminosäuren nennt man seine Primärstruktur. Sie ist genetisch festgelegt. Als Sekun-
därstruktur bezeichnet man die durch Wasserstoffbrückenbindungen stabilisierte räumliche Anordnung der Aminosäuren zueinander. Dazu gehören beispielsweise so typische
Strukturen, wie die α-Helices, β-Faltblattstrukturen oder Schleifen („turns"). Die Tertiärstruktur bezieht sich auf die räumliche Anordnung der Aminosäuren in der gesamten
Polypeptidkette. Sie bildet sich hauptsächlich durch hydrophobe Wechselwirkungen zwischen unpolaren Seitenketten und nicht durch Wasserstoffbrückenbindungen heraus. Die
Tertiärstruktur großer Proteine kann man in kleinere globuläre oder faserförmige Ab-
schnitte untergliedern, die man als Domänen bezeichnet. Schließlich können mehrere
Polypeptidketten als Untereinheiten zu einer Quartärstruktur zusammentreten.

Proteine wirken nicht dadurch, dass sie echte, kovalente chemische Bindungen eingehen, sondern dadurch, dass sie sich vorübergehend über **nichtkovalente Bindungen**
(s. Abschn. 7.7) mit „ihren" spezifischen chemischen Partnern verbinden. Ihre räumliche Struktur verleiht ihnen die einzigartige Fähigkeit, ihre Partner (Liganden, Substrate,
Rezeptoren usw.) und nur sie aus einem extrem heterogenen Gemisch von chemischen
Verbindungen zu erkennen und auszuwählen, um mit ihnen spezifisch zu interagieren.
Zusammenfassend kann man sagen, dass die Proteine die „intelligenten" Moleküle sind,
die das „Wissen" besitzen, die Organisation lebendiger Systeme über die Zeit aufrechtzuerhalten.

Damit die Proteine jederzeit ihre vielfältigen, lebenswichtigen Funktionen erfüllen
können, muss nicht nur dafür gesorgt werden, dass sie ständig in hinreichendem Maß
nachgeliefert werden, sondern auch darauf geachtet werden, dass sie so schnell wie möglich wieder verschwinden, wenn sie ihre Aufgabe erfüllt haben oder durch Defekte unbrauchbar geworden sind. Seit langem weiß man, dass in den **Lysosomen,** die zahlreiche
Proteasen mit einem sauren pH-Optimum (sog. Cathepsine) in ihrem Innern beherbergen,
ein umfangreicher Proteinabbau stattfindet. Diese Proteolyse läuft unabhängig vom ATP
ab und ist relativ unspezifisch, sodass man frühzeitig vermutete, dass es einen weiteren,
wichtigen Ort des Proteinabbaus in der Zelle geben müsse, der deutlich spezifischer ist als
derjenige in den Lysosomen.

Dieser gezielte, ATP-abhängige Proteinabbau findet, wie man heute weiß, im sog. **Ubiquitin-Proteasom-System** der eukariotischen Zellen statt (Fuchs et al. 2008, S. 168–
174), über das mehr als 90 % der intrazellulären Proteine prozessiert, aktiviert, inaktiviert

oder abgebaut werden. Es handelt sich dabei um eine zentrale Regulationseinheit, über die insbesondere solche kurzlebigen Proteine, die bei der Regulation verschiedener zellulärer Vorgänge eine wichtige Rolle spielen, abgebaut oder durch proteolytische Prozessierung in ihrer Aktivität verändert werden können.

Dieses System arbeitet, was von großer Bedeutung ist, im Unterschied zu den Lysosomen *selektiv* und endergonisch. Es setzt sich, zumindest bei Eukaryoten, aus zwei Untereinheiten zusammen, dem Ubiquitinsystem und dem 26S-Proteasom (Ciechanover et al. 1978, S. 1100–1105). Das **Ubiquitinsystem** besteht aus dem unter Eukaryoten ubiquitär (daher der Name!) verbreiteten und extrem konservierten Protein Ubiquitin und drei verschiedenen Enzymklassen. Diese Enzyme katalysieren über eine dreistufige Kaskade (Ubiquitinierungskaskade) ATP-abhängig die kovalente Bindung des carboxyterminalen Glycins eines Ubiquitinmoleküls an die ε-Aminogruppe eines Lysinrests des Substratproteins (Isopeptidbindung). Durch mehrfaches Durchlaufen dieser Enzymkaskade können weitere Ubiquitinmoleküle an das bereits vorhandene Ubiquitin angehängt werden, sodass „polyubiquitinierte" Substratproteine entstehen. Diese mit der Ubiquitinierung verbundene „Markierung" der Substratproteine ist eine Voraussetzung für ihre anschließende proteolytische Degradation bei fast neutralem pH im **26S-Proteasom** (Wolf und Hilt 2004, S. 19–31). Es handelt sich dabei um einen Multienzymkomplex mit zylindrischem Mittelstück (20S-Proteasom) und zwei 19S-Kappen an seinen beiden Enden (Abb. 7.12), über die die ubiquitinierten Proteine ATP-abhängig in das Mittelstück eingeschleust bzw. die Produkte wieder aus ihm entlassen werden. Auch Vertreter der Archaebakterien besitzen – im Gegensatz zu den Eubakterien – Proteasomen (20S-Proteasomen), aber keine Ubiquitinpolypeptide.

Abb. 7.12 Schema des Ubiquitin-Proteasom-Systems. *UCH* Ubiquitin-C-terminale Hydrolase. Nähere Erläuterungen im Text. (In Anlehnung an Fuchs et al. 2008, S. 171, mit freundlicher Genehmigung)

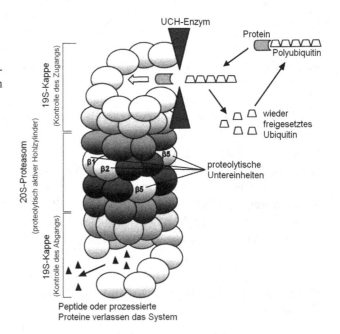

Ubiquitin-Proteasom-Systeme prozessieren gezielt die verschiedensten Regulations-proteine – bekannt sind bereits mehrere hundert – im Zusammenhang mit der Transkription (s. Abschn. 9.5), der Signaltransduktion, der Apoptose (Naujokat und Hoffman 2002, S. 965–980; s. Abschn. 10.13), der Reproduktion, der Fertilisation, der Differenzierung, der Seneszenz und der Stressabwehr. Von besonderer Bedeutung ist es auch für den exakten Ablauf des Zellzyklus (s. Abschn. 3.8), weil es für den zeitlich präzisen Abbau der Cycline und anderer wichtiger Proteinfaktoren während des Zyklus sorgt. Allein diese Aufzählung erhellt die eminent wichtige Funktion dieser Maschinerie für die Zellfunktionen.

7.6 Der Metabolismus ist organisiert

Offenheit der Systeme im stationären Zustand fernab vom thermodynamischen Gleichgewicht ist zweifellos eine notwendige, aber noch keineswegs hinreichende Bedingung für die Existenz von „Leben". Wesentlich für alle Organismen ist, wie bereits betont, ihr Metabolismus, den wir als die „Daseinsweise der Organismen" bezeichnen konnten. Dieser Metabolismus zeigt eine innere, auf das Ganze, auf die Erhaltung des Ganzen orientierte funktionelle Ordnung, die man als **Organisation** bezeichnet.

Bereits im Jahr 1900 brachte Oscar HERTWIG auf der Versammlung der Gesellschaft Deutscher Naturforscher und Ärzte in Aachen den Sachverhalt auf den Punkt. Er sagte: „Ebenso unberechtigt wie der Vitalismus ist das mechanische Dogma, dass das Leben [...] nichts anderes sei als ein chemisch physikalisches Problem, unberechtigt wenigstens so lange, als man unter Chemie und Physik nicht ganz anders geartete Wissenschaften versteht, als sie uns jetzt nach Inhalt und Umfang aufgrund ihrer historischen Entwicklung entgegentreten. [...] Was Lebewesen und was Leben ist, lässt sich in einer kurzen Definition kaum zum richtigen Ausdruck bringen. Nur das lässt sich sagen, dass das Leben auf einer besonderen eigentümlichen Organisation des Stoffs beruht und das mit dieser Organisation wieder besondere Verrichtungen und Funktionen verknüpft sind, wie sie in der leblosen Natur niemals angetroffen werden."

Der Organisationsbegriff ist seit ARISTOTELES in der Biologie ein zentrales Konzept. Für LAMARCK ist „jedes im Lebewesen zu beobachtende Phänomen gleichzeitig ein physikalisches Faktum als auch ein Resultat der Organisation" (zit. bei Hall 1969). Bei GOETHE in seinem „Versuch einer allgemeinen Vergleichungslehre" können wir lesen, dass „ein jedes Ding, das leben soll, ohne eine vollkommene Organisation gar nicht gedacht werden kann". Und Immanuel KANT kennzeichnete das Lebewesen „als organisiertes und sich selbst organisierendes Wesen" (Kant 1968, § 65).

Im Gegensatz zur Biologie kennt man in der Physik, wo Fragen nach Zwecken und Funktionen irrelevant sind, den Begriff der Organisation nicht (Penzlin 1988). Wenn Physiker im Zusammenhang mit der „Selbstorganisation" dennoch den Begriff „Organisation" verwenden, so ist das in hohem Grad irreführend, denn sie haben dabei lediglich das „Von-selbst-Entstehen" von Ordnung aus Unordnung unter bestimmten äußeren „Zwangsbedingungen" im Auge (s. Abschn. 11.1), nicht aber den *selbsttätig* aufrechterhaltenen Zustand einer funktionellen (teleonomen) Ordnung. So nimmt es nicht wunder, dass selbst ein Kristall als „organisiertes System" eingestuft und diskutiert wird (Atlan 1974, S. 295–304).

Lebendige Systeme unterscheiden sich nicht von anorganischen Dingen, indem sie eine andere Physik oder Chemie besitzen, sondern darin, dass sie eine interne Organisation verkörpern und selbsttätig aufrechterhalten. Diese „organisierten" Systeme gehören einer anderen, höheren Seinsstufe gegenüber dem Anorganischen im Sinn Nicolai HART-NANNs an, die neue Gesetzlichkeiten hervorbringt und einer eigenen Terminologie bedarf (s. Abschn. 11.2). Diese Organisation ist in ihrem Wesen teleonom, denn sie erfüllt eine Funktion und damit einen Zweck. Man kann kurz und bündig mit François JACOB feststellen (Jacob 1972): „Die Wesen unterscheiden sich in ihrer Organisation von den Dingen." Der Biochemiker Dirk PETTE sprach in diesem Zusammenhang vom „Plan und Muster" im zellulären Stoffwechsel und bezeichnete den Metabolismus einer Zelle treffend als „allgemeinen Plan der Organisation" (Pette 1965, S. 597–616).

Grundlage des „Lebens" ist nicht eine „lebendige Substanz" und auch nicht ein bestimmtes Stoffgemisch, sondern seine dynamische interne **Organisation**, für die wir in der „Brockhaus Enzyklopädie" folgende Bestimmung finden (Brockhaus 1971, 13. Band): Sie ist „das den Lebensanforderungen entsprechende Baugefüge und Funktionsgetriebe der Teile eines Lebewesens, das System des lebenden Organismus, welches das Leben und seine Erhaltung ermöglicht". In diesem Sinn ist die „Organisation" in ihrer Verbreitung in der Natur auf die „Organismen" beschränkt. In ähnlicher Weise wird die Organisation im „semiotischen Thesaurusindex" als „eine harmonisch aufeinander abgestimmte und gewachsene Ordnung von Elementen zu einem Gesamtsystem (Organismus), entsprechend der ursprünglichen Bedeutung des griechischen Wortes *organon*" definiert.

Organisiert ist ein System niemals schlechthin, sondern immer in Bezug auf etwas, auf ein Ziel. Organisation ist deshalb ein **Relationsbegriff**. Dieses „Ziel", dem alles andere untergeordnet ist, ist bei allen lebendigen Systemen die *Selbst*erhaltung ihres lebendigen Zustands. „Alle Eigenschaften des Lebens" beruhen, wie Jacques MONOD es einmal formulierte, „auf einem grundlegenden Mechanismus der molekularen Erhaltung" (Monod 1975). Organisation bedeutet funktionelles, d. h. zweckvolles Zusammenwirken der einzelnen Elemente mit dem Ziel der Selbsterhaltung. Sie ist in dem Sinn ebenso finalistisch wie teleonom. Der berühmte Mathematiker John von NEUMANN, auf den Unterschied zwischen Ordnung und Organisation angesprochen, formulierte kurz und knapp (Pittendrigh 1993, S. 17–54): *„Organization has purpose, order does not."* Jacques MONOD spricht völlig zu Recht von der „Teleonomie der Organisation" (Monod 1975). Und sein Kollege am Pasteur Institut in Paris, François JACOB, pflichtete ihm bei, wenn er feststellte, dass die „Organisation ohne das Postulat eines Zieles nicht vorstellbar" sei (Jacob 1993).

Organisation ist notwendig ein *qualitatives* Konzept. Es benötigt Strukturen und die wiederum Informationen zu ihrer Spezifikation. Das ist auch der Grund dafür, dass die Organisation mathematisch so schwer fassbar ist. Jeffrey S. WICKEN definierte Organisation kurz und bündig als *„informed constraint for functional activity"* (Wicken 1987,

S. 41). Lebewesen existieren im Rahmen dieser **Trias von Organisation, Struktur und Information**. Im Konzept der Organisation sind all jene Eigenschaften integriert, die die lebendigen Systeme als einzigartig in unserer natürlichen Welt charakterisieren, nämlich ein autonomes, ganzheitliches, d. h. zweckmäßiges Verhalten, zweckmäßig im Sinn einer Selbsterhaltung. Die Organisation liefert die innere Gesetzlichkeit, die für die Existenz von Lebendigem notwendig ist und das Lebendige in seiner Eigenheit bestimmt.

Im Gegensatz zu allen **menschlichen Artefakten** hat die Organisation der Lebewesen ihren Ursprung im System selbst. Sie ist kein Attribut neben oder unter anderen, sondern das Leben selbst. Ludwig von BERTALANFFY kennzeichnete die Organisation als die „Grundlage des Lebens" (Bertalanffy 1932, S. 115). Deshalb kann man Jacob VON UEXKÜLL nur beipflichten, wenn er die Biologie als „die Lehre von der Organisation" bezeichnete (Uexküll 1928, S. 145). Eine Definition der Organisation, wie wir sie bei allen Organismen vorfinden, käme einer Definition des Lebens gleich. Deshalb muß das Konzept der Organisation im Zentrum jeder gegenwärtigen und zukünftigen theoretischen Biologie stehen (Penzlin 1993, S. 100–107), die die *Wesens*züge zu ergründen und verstehen versucht, durch die sich *alle* lebendigen Systeme in charakteristischer Weise auszeichnen. Ludwig von BERTALANFFY formulierte deshalb bereits 1960 völlig zu Recht: „Das Problem des Lebens ist das Problem der Organisation" (Bertalanffy 1960, S. 12). Wir kennen inzwischen viele Details über die Strukturen und Vorgänge in lebendigen Systemen, sind aber immer noch recht hilflos bei der Beantwortung der Frage, was eine Zelle schließlich lebendig macht.

7.7 Molekulare Komplementarität

Wie bereits betont, macht man einen groben Fehler, wenn man den Metabolismus auf Stoff- und Energieumsätze reduziert, was zu völlig falschen Schlussfolgerungen führen muss. Die chemischen Reaktionen im Stoffwechsel, das Aufbrechen und das Knüpfen neuer kovalenter Bindungen, wobei zwischen den beteiligten Atomen gemeinsame Elektronenbahnen hergestellt werden, und die damit verbundenen Energie- und Stoffumsätze sind eine wesentliche Seite des Metabolismus, aber eben nur eine. Sie sind Gegenstand der klassischen Biochemie, die im vergangenen Jahrhundert ein eindrucksvolles Bild der komplexen Reaktionsabläufe im intermediären Stoffwechsel der Zelle entworfen hat.

Ein zentrales Merkmal der chemischen Umsetzungen im Stoffwechsel ist, dass die einzelnen chemischen Schritte in *spezifischer* Weise von Enzymen und Signalstoffen kontrolliert und geregelt werden. Die **Spezifität** gehört ohne Zweifel zu den Grundphänomenen lebendiger Systeme. So betrachtete Paul WEISS „das Verständnis der physischen Grundlage der Spezifität" sowie „der Wirkungsmechanismen, durch die spezifische molekulare Strukturen entwickelt, aufrechterhalten und ausdifferenziert werden" mit Recht als ein „Hauptproblem der modernen Biologie" (zit. bei Monod 1947, S. 68–289). Die Spezifität beruht, wie wir heute wissen, auf dem Prinzip einer räumlichen Komplementarität (**Stereokomplementarität**), der „Passung" zwischen den Partnern. Von Emil FISCHER (1894) stammt das Gleichnis vom „Schlüssel-Schloss-Prinzip", das bis heute seine Gültigkeit behalten hat. Heute sprechen wir allerdings besser von der „molekularen Erkennung" durch die Partner. Sie ist die Voraussetzung für die selektive Bindung eines Enzyms an „sein" Substrat, ist aber keineswegs auf sie beschränkt. Das Prinzip der Spezifität beherrscht auch die Bindung eines Signalstoffs (s. Abschn. 8.5) an „seinen" Rezeptor oder die Komplementarität zwischen Antigen und Antikörper.

In all diesen und anderen Fällen beruht die Spezifität auf einer **molekularen Komplementarität** zwischen den Partnern, d. h. auf der in dem betreffenden Molekül, in seinem „Design", gespeicherten Strukturinformation. Mit dem für die Biologie so zentralen Konzept der Spezifität kommt die Beziehung zwischen Form (Information) und Funktion (Organisation) deutlich zum Ausdruck. Grundlage der molekularen „Erkennung" ist die reversible Knüpfung **nichtkovalenter Bindungen** zwischen den Partnern. Sie spielen auch bei der Faltung von Polypeptidketten (Proteinen) zu ihren funktionstüchtigen dreidimensionalen Strukturen und bei der Stabilisierung der DNA-Doppelhelix eine entscheidende Rolle.

In wässriger Lösung sind nichtkovalente Bindungen um das 30–300-Fache schwächer als die typischen kovalenten Bindungen der molekularen Chemie. Deshalb können sie nur dann eine gewisse Stabilität erreichen, wenn sie gleichzeitig in größerer Anzahl geknüpft werden. Von Wichtigkeit ist außerdem, dass sie – im Gegensatz zu den kovalenten Bindungen – bei den Temperaturen der Existenz spontan und sehr schnell ohne Beteiligung eines Katalysators (Enzyms) entstehen und auch wieder gelöst werden können, während die kovalenten Bindungen bekanntlich wegen der hohen Aktivierungsenergien eines Katalysators bedürfen (s. Abschn. 7.8).

Hintergrundinformationen

Mit den nichtkovalenten Bindungen beschäftigt sich ein neuer Zweig der Chemie, für den Jean-Marie LEHN den Begriff **„supramolekulare" Chemie** geprägt hat (Lehn 1995), d. h. eine Chemie „jenseits der Moleküle". Er kennzeichnete diese neue Disziplin auch gerne als „chemische oder molekulare Informationswissenschaft" oder „molekulare Informatik" (Lehn 1990, S. 1304–1319). Die individuellen Rezeptormoleküle speichern nach seiner Auffassung durch ein bestimmtes „Moleküldesign" „molekulare Information", wobei die Komplementarität die „optimale Information im Rezeptor für ein gegebenes Substrat" darstelle (Lehn 1995b, S. 163–193). Es handelt sich dabei allerdings lediglich um „potenzielle" Information, die erst dann zur „effektiven", d. h. „funktionellen" Information (s. Abschn. 8.5) wird, wenn die Bindung des Substrats an den Rezeptor eine im Kontext der betreffenden Zelle oder des Organismus „funktionelle" Antwort zur Folge hat.

Die wichtigsten **nichtkovalenten Bindungs-** oder **Wechselwirkungstypen** sind: 1. Van-der-Waals-Bindungen, 2. elektrostatische Bindungen und 3. Wasserstoffbrücken (Abb. 7.13).

Die **Van-der-Waals-Wechselwirkungen** zwischen jeweils zwei eng benachbarten Atomen sind mit $4 \, kJ \cdot mol^{-1}$ die schwächsten unter den genannten nichtkovalenten Bindungen. Sie liegen nur knapp über dem mittleren thermischen Energieniveau der Moleküle bei $25 \, °C$ ($2,5 \, kJ \cdot mol^{-1}$). Deshalb können sie nur dann wirklich effektiv werden, wenn nicht nur ein einzelnes Atompaar, sondern viele Atome eines Moleküls gleichzeitig an viele Atome eines anderen Moleküls genügend nahe herantreten können, sodass in der

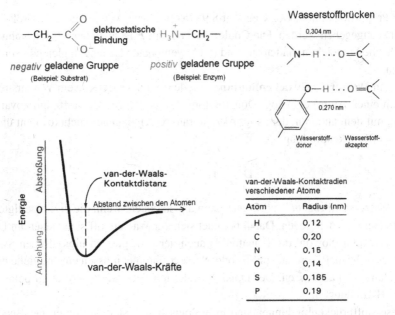

Abb. 7.13 Nichtkovalente Wechselwirkungen: Elektrostatische Bindung, Wasserstoffbrücken und Van-der-Waals-Wechselwirkung. (Nach verschiedenen Autoren zusammengestellt)

Summe eine namhafte und relativ dauerhafte Wechselwirkung entsteht. Van-der-Waals-Kontakte sind beispielsweise bei Enzym-Substrat- und Antigen-Antikörper-Bindungen von großer Bedeutung.

Hintergrundinformationen

Die Anziehungskraft zwischen zwei Atomen nimmt aufgrund permanenter oder vorübergehend in ihren Elektronenwolken auftretender Dipolmomente bei Annäherung zu, um bei der sog. Van-der-Waals-Kontaktdistanz von 0,3–0,4 nm ein Maximum zu erreichen. Bei weiterer Annäherung beider Atome nimmt die Anziehung dann schnell wieder ab, um schließlich in eine Abstoßung umzuschlagen, wenn sich die beiden Partner so weit einander genähert haben, dass sich die äußeren Elektronenschalen bereits beginnen zu überlappen. Für jede Atomart kann man einen charakteristischen Abstand („Van-der-Waals-Radius") angeben, der bei einer Van-der-Waals-Wechselwirkung mit einem anderen Atom eingehalten wird. Bei einer kovalenten Bindung treten die Partneratome wesentlich enger zusammen als bei einer Van-der-Waals-Wechselwirkung. Der notwendige enge Kontakt zwischen den Atomen der Molekülpartner kann nur erreicht werden, wenn beide Moleküle sterisch komplementär zueinander strukturiert sind, zueinander „passen". Dadurch erhält die zunächst unspezifische Van-der-Waals-Anziehung doch noch eine Spezifität.

Die **elektrostatische Bindung** (sog. Ionenbindung) kommt aufgrund elektrostatischer Anziehungen zustande, die dem Coulombschen Gesetz gehorchen. Die Coulombsche Kraft F ist dem Produkt der beiden beteiligten Ladungen q_1 und q_2 dividiert durch das Quadrat des Abstands r zwischen den beiden Ladungen proportional:

$$F = k \cdot (q_1 \cdot q_2 / r_2).$$

Der Proportionalitätsfaktor k beträgt $8{,}9875 \cdot 10^9$ Nm^2 As^{-2}, wenn alle Größen in SI-Einheiten angegeben werden. Die Coulombsche Kraft F ist anziehend (< 0), wenn q_1 und q_2 ungleiche Vorzeichen, und abstoßend (> 0), wenn beide Ladungen gleiches Vorzeichen besitzen.

Bei den **Wasserstoffbrückenbindungen** teilen sich zwei Atome ein Wasserstoffatom. Mit dem einen Atom, dem sog. Donatoratom (D), ist das Wasserstoffatom kovalent gebunden, mit dem anderen, dem sog. Akzeptoratom (A), dagegen nichtkovalent über eine Wasserstoffbrückenbindung ($\cdots$):

$$D^{\delta-} - H^{\delta+} \cdots A^{\delta-}.$$

Die Wasserstoffbrücken sind immer dann am stärksten, wenn die drei beteiligten Atome auf einer Geraden liegen. Dabei befindet sich der Wasserstoff stets näher am Donator als am Akzeptor. Sowohl der Donator als auch der Akzeptor, in biologischen Systemen handelt es sich i. d. R. um Sauerstoff- oder Stickstoffatome, müssen eine partielle negative Nettoladung (δ^-) aufweisen. Der Donator bildet mit dem Wasserstoffatom polare O–H- bzw. N–H-Bindungen.

Wasserstoffbrückenbindungen sind in biologischen Systemen von großer Bedeutung, wie zum Beispiel bei der Herausbildung und Stabilisierung von α-Helix-Strukturen innerhalb einer Polypeptidkette von Proteinen. Dabei bilden sich zwischen den Amid- (–NH–) und Carbonylgruppen (–CO–) Wasserstoffbrücken aus. Ebenso wird die DNA-Doppelhelix durch Wasserstoffbrücken zwischen den Basen der beiden komplementären Stränge stabilisiert (s. Abschn. 9.2).

7.8   Ohne Enzyme geht es nicht

Unter den Existenzbedingungen der Organismen würden die notwendigen chemischen Stoffwechselumsätze viel zu langsam erfolgen. Um Leben zu ermöglichen, müssen die Reaktionsgeschwindigkeiten deshalb erhöht werden. Da das nicht durch Erhöhung der Temperatur erzielt werden kann, bleibt den Organismen nur die Möglichkeit, die Reaktionsgeschwindigkeit durch Herabsetzung der Aktivierungsenergie E_A herbeizuführen. Das erreichen die Organismen durch den Einsatz leistungsfähiger **Katalysatoren**. Das sind Stoffe, die, ohne selbst im Endprodukt zu erscheinen, chemische Reaktionen durch ihre Anwesenheit zu beschleunigen vermögen. Katalysatoren sorgen für eine schnellere Einstellung des Reaktionsgleichgewichts, das durch die von der Temperatur abhängige Gleichgewichtskonstante K des Massenwirkungsgesetzes bestimmt wird. Eine Verschiebung der Gleichgewichtslage durch den Katalysator tritt nicht ein.

Die im Organismus wirksamen „Biokatalysatoren" bezeichnet man als Fermente oder **Enzyme**. Gegenwärtig sind mehr als 2000 bekannt. Ihre oft sehr hohe und spezifische Wirksamkeit stellt eine sehr wichtige Voraussetzung für die Herausbildung und Kontrolle von Fließgleichgewichten im Organismus dar. Die Reaktionsgeschwindigkeiten können durch sie gegenüber nichtkatalysierten Reaktionen unter sonst gleichen Bedingungen auf das 10^6- bis 10^{12}-Fache gesteigert werden. Die meisten Enzyme sind entweder Proteine (Eiweiße) oder Proteide, d. h. sie bestehen aus einem Eiweiß (Protein) und einem nichteiweißartigen Anteil, den man generell als Wirkgruppe oder prosthetische Gruppe bezeichnet. In der Skelettmuskulatur sind mehr als 40 % der löslichen Proteine Enzymproteine. Auch einige RNA-Moleküle, darunter ribosomale RNA, zeigen eine enzymatische Aktivität (sog. **Ribozyme**). Man vermutet, dass es sich dabei um „Überbleibsel" aus einer präzellulären „RNA-Welt" (s. Abschn. 4.12) handelt, die später durch die wesentlich leistungsfähigeren Proteinenzyme ersetzt wurden.

Als **Reaktionsgeschwindigkeit** v bezeichnet man die Zunahme der Konzentration eines Reaktionsprodukts oder die Abnahme der Konzentration eines Reaktanden pro Zeiteinheit. Sie ist gewöhnlich der Konzentration c der Reaktanden in einer bestimmten Potenz proportional. Der Proportionalitätsfaktor heißt Geschwindigkeitskonstante k. Sie hängt von der betreffenden Substanz und der Temperatur ab. Das Geschwindigkeitsgesetz für die Substanz A lässt sich dann folgendermaßen schreiben:

$$v_A = dc_A/dt = k \cdot c_A^x.$$

Sowohl die Konstante k als auch der Exponent x können nur experimentell bestimmt werden. Bei einer Reaktion 0. Ordnung ist $x = 0$ und damit $v_A = k$, bei einer Reaktion 1. Ordnung ist $x = 1$ und damit $v_A = k \cdot c_A$ und bei einer Reaktion 2. Ordnung ist $x = 2$, also $v_A = k \cdot c_A^2$.

Hintergrundinformationen

Die Abhängigkeit der Reaktionsgeschwindigkeit von der Konzentration kann man sich so erklären, dass es bei höheren Konzentrationen häufiger zu Kollisionen zwischen den Reaktanden kommt, bei denen die reagierenden Moleküle in die Reaktionsprodukte umgewandelt werden (**Kollisionstheorie der Reaktionsgeschwindigkeit**). Das bedeutet, dass die Reaktionsgeschwindigkeit während einer Reaktion nicht konstant bleibt, sondern kontinuierlich abnimmt, weil die Konzentration der Reaktanden sinkt. Allerdings führt nicht jede Kollision zur Reaktion, sondern nur die sog. „effektiven" Kollisionen. Die beteiligten Moleküle müssen – erstens – ein gewisses Energieniveau überschreiten und – zweitens – eine günstige Ausrichtung zueinander aufweisen.

Nach der **Theorie des Übergangszustands** geht man davon aus, dass bei einer effektiven Kollision die Reaktanden einen sehr kurzlebigen „Verband" miteinander bilden, den sog. aktivierten Komplex (Übergangszustand), aus dem erst in einem zweiten Schritt durch Zerfall die Reaktionsprodukte hervorgehen:

$$A + B \leftrightarrow (AB)^* \rightarrow C + D.$$

Bei der Bildung eines solchen aktivierten Komplexes erfolgt eine Umwandlung von kinetischer Energie der beteiligten Partner im Rahmen ihrer thermischen Bewegung in potenzielle Energie des Komplexes. Die Differenz zwischen der potenziellen Energie des aktivierten Komplexes und der potenziellen Energie der Reaktanden (Summe der inneren Energien) wird als **Aktivierungsenergie** E_A (freie Aktivierungsenthalpie) bezeichnet. Der Übergangszustand wird innerhalb von 10^{-13} und 10^{-14} s wieder verlassen. Beim Zerfall des Komplexes wird seine potenzielle Energie in Form der kinetischen Energie der Reaktionsprodukte wieder frei.

Je größer der mit der Komplexbildung notwendig verbundene Energiebetrag im Vergleich zu der im Mittel zur Verfügung stehenden thermischen Energie ist, umso kleiner ist die Chance, dass es zur Bildung von aktivierten Komplexen kommt, umso kleiner ist die Geschwindigkeitskonstante k der Reaktion. Die Aktivierungsenergie stellt somit eine „Energiebarriere" auf dem Weg von den Reaktanden zu den Reaktionsprodukten dar, die überwunden werden muss, damit die Reaktion ablaufen kann. Bei vielen Reaktionen liegt sie zwischen 60 und 250 kJ · mol^{-1}.

Bezeichnet man mit f denjenigen Bruchteil aller Moleküle bei einer bestimmten Temperatur, der mindestens die Aktivierungsenergie E_A besitzt, so gilt nach Ludwig BOLTZMANN:

$$f = e^{-E_A/RT}.$$

Das bedeutet, dass die maximale Geschwindigkeitskonstante k_{max} (wenn jeder Stoß erfolgreich wäre) auf

$$k = f \cdot k_{max}$$

verkleinert werden würde. Vereinigt man beide Gleichungen, so erhält man die bekannte **Arrhenius-Gleichung** (1889):

$$k = k_{max} \cdot e^{-E_A/RT}.$$

Logarithmiert man die Arrhenius-Gleichung:

$$\ln k = \ln k_{max} - (E_A/RT),$$

so erkennt man sofort, dass zwischen dem Logarithmus der Geschwindigkeitskonstanten k der Reaktion und der reziproken absoluten Temperatur ein *linearer* Zusammenhang existiert. Trägt man $1/T$ auf der Abszisse und $\ln k$ auf der Ordinate auf, so erhält man eine Gerade, die die Ordinate bei $\ln k_{max}$ schneidet (Arrhenius-Diagramm). Die Neigung der Geraden beträgt $-E_A/R$.

Der Arrhenius-Gleichung kann man entnehmen, dass die Reaktionsgeschwindigkeitskonstante durch zwei Faktoren erhöht werden kann, nämlich durch Erhöhung der Reaktionstemperatur T (Vergrößerung des Anteils hinreichend energiereicher Moleküle) oder durch Verminderung der notwendigen Aktivierungsenergie E_A (Abbau der Energiebarriere). Da k exponentiell von diesen beiden Größen abhängt, sind die Effekte relativ groß. Eine Erniedrigung der Aktivierungsenergie von 63 kJ · mol^{-1} auf 12 kJ · mol^{-1} hat bereits eine Steigerung der Reaktionsgeschwindigkeit auf das $8 \cdot 10^8$-Fache zur Folge! Da die Erhöhung der Reaktionstemperatur im Organismus, wie bereits betont, als Möglichkeit zur

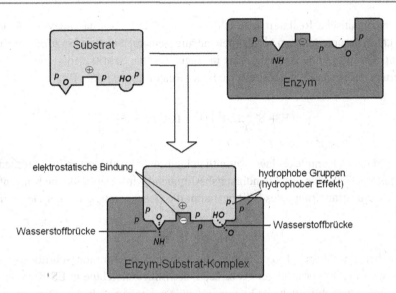

Abb. 7.14 Die Enzym-Substrat-Bindung beruht auf nichtkovalenten Kräften (Komplementarität). Durch ein „*h*" sind hydrophobe Gruppen und durch *gestrichelte Linien* Wasserstoffbrücken angedeutet

Umsatzsteigerung wegfällt, bleibt nur die zweite Möglichkeit, die notwendige Aktivierungsenergie herabzusetzen. Das geschieht in sehr effektiver Weise durch den Einsatz von **Enzymen**.

Charakteristisch für die Enzyme ist ihre hohe **Substratspezifität**. Darunter versteht man die Erscheinung, dass das betreffende Enzym nur ganz bestimmte Stoffe umsetzt, andere dagegen unbeeinflusst lässt. Man bezeichnet die umgesetzten Stoffe als Substrate. Auf der Oberfläche des Enzymmoleküls existiert ein besonderer Bezirk (aktives oder katalytisches Zentrum, Substratbindungsstelle), zu dem nur bestimmte Substratmoleküle „passen", die in ihrer Form und in ihrem Oberflächenmuster an hydrophoben Gruppen, Ladungen und Orten zur Bildung von Wasserstoffbrücken komplementär zum aktiven Zentrum sein müssen („Schlüssel-Schloss-Prinzip", Abb. 7.14). Absolut substratspezifisch ist z. B. die Urease, die nur Harnstoff und keinen anderen Stoff spaltet. Verhältnismäßig unspezifisch sind manche Hydrolasen.

Die enzymatische Katalyse (Biokatalyse) läuft gegenüber der chemischen nicht nur unter milderen Bedingungen (Temperatur, Druck, pH) ab, sondern unterscheidet sich auch in anderen wesentlichen Punkten von ihr. Die durch Biokatalyse ausgelöste Steigerung der Reaktionsgeschwindigkeit übertrifft diejenige bei chemischer Katalyse um einige Größenordnungen. Weiterhin ist die Substratspezifität der Enzyme wesentlich größer als die chemischer Katalysatoren. Schließlich ist die Katalyse durch Enzyme – und das ist für den Organismus von besonderer Bedeutung – auf verschiedene Weise steuerbar (s. Abschn. 7.9).

Eine enzymatische Reaktion wird dadurch eingeleitet, dass das Enzym (E) sich mit seinem katalytischen Zentrum vorübergehend mit „seinem" Substrat (S) zu einem **Enzym-Substrat-Komplex** (*ES*) verbindet. Erst in einem zweiten Schritt erfolgt die katalytische Aktivierung der Reaktion unter Freisetzung der Reaktionsprodukte (P):

$$\text{E} + \text{S} \underset{k_{-1}}{\overset{k_{+1}}{\rightleftarrows}} \text{ES} \xrightarrow{k_{+2}} \text{E} + \text{P}_1 + \text{P}_2.$$

Der Zerfall des Komplexes läuft wesentlich langsamer ab als dessen Bildung, sodass er für die gesamte Reaktion geschwindigkeitsbestimmend wird. Das heißt, die Konzentration des Enzym-Substrat-Komplexes [ES] bestimmt die Geschwindigkeit v der Gesamtreaktion

$$v = k_{+2} \cdot [\text{ES}].$$

Wenn bei einer festen Enzymmenge die Substratkonzentration schrittweise erhöht wird, so wird ein immer größerer Prozentsatz der Enzymmoleküle in ES-Komplexe eingebaut werden bis schließlich alle Enzymmoleküle gebunden vorliegen. Dann kann durch eine weitere Steigerung der Substratkonzentration keine weitere Steigerung der Reaktionsgeschwindigkeit mehr erreicht werden, es ist die maximale Reaktionsgeschwindigkeit v_{max} erreicht:

$$v_{\text{max}} = k_{+2} \cdot [\text{E}_\text{G}] \quad \text{mit } [\text{E}_\text{G}] = \text{Gesamtkonzentration des Enzyms.}$$

Diese sog. Sättigungskonzentration, bei der v_{max} erreicht wird, nimmt bei den einzelnen Enzymen und bei den verschiedenen Substraten desselben Enzyms unterschiedliche Werte an.

Da sich die Reaktionsgeschwindigkeit mit zunehmender Substratkonzentration asymptotisch ihrem Maximalwert v_{max} nähert, ist die Sättigungskonzentration schwer exakt zu bestimmen. Deshalb geht man von $0{,}5\,v_{\text{max}}$ aus und bestimmt die dazugehörige Substratkonzentration $[\text{S}]_{0,5v\text{max}}$. Unter diesen Bedingungen der halbmaximalen Reaktionsgeschwindigkeit befindet sich jeweils die Hälfte der vorhandenen Enzymmoleküle in komplexer Verbindung mit dem Substrat, die andere Hälfte ist frei, d. h.

$$[\text{ES}] = [\text{E}].$$

Dann folgt aus dem Massenwirkungsgesetz:

$$\frac{[\text{E}]\,[\text{S}]}{[\text{ES}]} = K_M = \frac{k_{-1}}{k_{+1}},$$
$$[\text{S}]_{0,5v\,\text{max}} = K_M \text{ (in mol/l)}.$$

K_M bezeichnet man als **Michaelis-Konstante**. Sie ist ein Maß für die Affinität des betreffenden Enzyms zum Substrat. Hat sie einen hohen Wert, so ist erst bei einer relativ hohen

Substratkonzentration Halbsättigung erreicht. Das Enzym wird bevorzugt dasjenige Substrat umsetzen, mit dem es die kleinste Michaelis-Konstante hat.

Bezeichnet man die Gesamtkonzentration des Enzyms wieder mit $[E_G]$, dann ist

$$[E] = [E_G] - [ES]$$

und das Massenwirkungsgesetz lässt sich folgendermaßen schreiben:

$$K_M = \frac{[E][S]}{[ES]} = \frac{([E_G] - [ES])[S]}{[ES]} = \frac{[E_G][S]}{[ES]} - [S].$$

Nach $[ES]$ aufgelöst ergibt:

$$[ES] = \frac{[E_G][S]}{K_M + [S]}.$$

Da $v = k_{+2} \cdot [ES]$ ist, kann man die Gleichung auch so schreiben:

$$v = k_{+2}\frac{[E_G][S]}{K_M + [S]}$$

(**Michaelis-Menten-Gleichung**). Sie drückt die Abhängigkeit der Reaktionsgeschwindigkeit v von der Substratkonzentration $[S]$ aus. Unter Berücksichtigung, dass $v_{max} = k_{+2} \cdot [E_G]$ ist, kommt man zu einer anderen Form der Michaelis-Menten-Gleichung:

$$v = \frac{v_{max}[S]}{K_M + [S]}.$$

Durch einfache Umformung dieser Gleichung in ihre reziproke Form erhält man die **Lineweaver-Burk-Gleichung**:

$$\frac{1}{v} = \frac{K_M + [S]}{v_{max}[S]} = \frac{K_M}{v_{max}} \cdot \frac{1}{[S]} + \frac{1}{v_{max}}.$$

Sie stellt eine lineare Funktion dar, wenn man auf der Ordinate die reziproke Reaktionsgeschwindigkeit $(1/v)$ und auf der Abszisse die reziproke Substratkonzentration $(1/[S])$ als Variable abträgt. Aus so einem Lineweaver-Burk-Diagramm (Abb. 7.15) lassen sich v_{max} und K_M leicht ermitteln.

Zu einer Hemmung der Enzymaktivität kann es kommen, wenn der Hemmstoff (Inhibitor) infolge seiner chemischen Ähnlichkeit mit dem Substrat die Substratbindungsstelle (das aktive Zentrum) des Enzyms zu besetzen und damit zu blockieren vermag. In dem Fall kommt es zu einer Konkurrenz zwischen Substrat und Hemmstoff um das Enzym. Man spricht von einer konkurrierenden oder **kompetitiven Hemmung**, die durch einen Überschuss an Substrat weitgehend kompensiert werden kann. Das heißt, v_{max} ist ohne und mit Inhibitor gleich groß. Im Lineweaver-Burk-Diagramm wird die Neigung der Geraden bei unverändertem Ordinatenabschnitt $1/v_{max}$ steiler (Abb. 7.15).

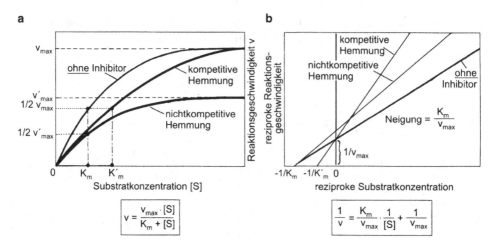

Abb. 7.15 a Normale Sättigungskurve eines Enzyms nach Michaelis-Menten sowie deren Verlauf bei kompetitiver und nichtkompetitiver Hemmung. **b** Die dazugehörigen Lineweaver-Burk-Kurven. Im Fall der kompetitiven Hemmung Zunahme von K_M (*links*) bzw. Abnahme von $1/K_M$ (*rechts*) bei unverändertem v_{max} (*links*) bzw. $1/v_{max}$ (*rechts*). Im Fall der nichtkompetitiven Hemmung Abnahme von v_{max} (*links*) bzw. Erhöhung von $1/v_{max}$ (*rechts*) bei unverändertem K_M (*links*) bzw. $1/K_M$ (*rechts*)

Anders ist es bei der **nichtkompetitiven Hemmung**. Hier ist v_{max} bei Anwesenheit des Hemmstoffs stets kleiner als im Normalfall. Der Inhibitor konkurriert nicht mit dem Substrat um das katalytische Zentrum, sondern bindet direkt an den Enzym-Substrat-Komplex, wodurch das Enzym seine katalytische Aktivität verliert. Im Lineweaver-Burk-Diagramm wird die Neigung der Geraden bei unverändertem Abszissenabschnitt $-1/K_M$ steiler (Abb. 7.15).

7.9 Der Metabolismus ist reguliert

Die zentrale Bedeutung der Enzyme für den Metabolismus und damit für das „Leben" erschöpft sich nicht darin, dass durch sie die vielen Stoffwechselreaktionen mit der notwendigen Geschwindigkeit ablaufen können. Das allein würde auch nur zum Chaos, aber nicht zu der funktionellen Ordnung lebendiger Systeme führen, die wir überall beobachten können. Es ist von essenzieller Bedeutung für das „Leben", dass mit den Enzymen **funktionelle Einheiten** entstanden sind, die in vielfältiger und komplexer Weise in ihrer Aktivität reguliert und aufeinander abgestimmt werden können, sodass das Gesamtsystem mit der notwendigen Effizienz im Sinn einer Selbsterhaltung arbeiten kann. In der Zelle laufen hunderte von Reaktionen gleichzeitig ab. Die Zelle muss über Möglichkeiten verfügen, die verschiedenen biochemischen Reaktionen und Stoffwechselwege aufeinander abzustimmen und ihren Stoffwechsel in bestimmten Grenzen den jeweiligen Bedürfnissen anzupassen. Ordnung und Ökonomie des Stoffwechsels sind eine notwendige Bedingung für die Existenz lebendiger Systeme.

Der Metabolismus ist ein höchst sensibles und trotzdem bemerkenswert stabiles System, das in der Lage ist, auf Störungen in „sinnvoller" Weise zu reagieren und sich schnell auf neue Anforderungen einzustellen. Das alles ist nur möglich, weil die involvierten verschiedenen chemischen Reaktionen von einem effizienten „kybernetischen Netzwerk" (J. MONOD) kontrolliert werden, das die funktionelle Kohärenz der intrazellulären chemischen Maschinerie garantiert. Ein volles Verständnis dessen, wie lebende Systeme funktionieren, setzt eine genaue Kenntnis darüber voraus, wie die Zellen auf der molekularen Ebene operieren.

Die Regulation des Stoffwechsels kann auf zweierlei Ebenen erfolgen: 1. durch Kontrolle der Enzymsynthese und/oder des Enzymabbaus (Enzymverfügbarkeit) und 2. durch Kontrolle der Enzymaktivität. Die Kontrolle der Synthese von Enzymen (**genetische Kontrolle**) ist zwar sehr wirkungsvoll, aber wegen ihrer relativen Trägheit – insbesondere bei Eukaryoten – doch nur von sekundärer Bedeutung. Bei Bakterien benötigt sie nur Minuten, bei höheren Organismen aber bereits Stunden!

Hintergrundinformationen

Patrick O. BROWN und seine Gruppe an der Stanford Universität haben mithilfe einer besonderen Fluoreszenztechnik den Aktivitätszustand von fast 6000 Genen in Hefezellen (*Saccharomyces cerevisiae*) während des anaeroben bzw. aeroben Stoffwechsels simultan gemessen (DeRisi et al. 1997, S. 680–686). Wenn Glucose in hinreichender Menge vorliegt, wächst die Kultur exponentiell. Die Hefe bezieht ihre gesamte Energie aus dem Abbau von Glucose zu Ethanol (Gärung). Dabei sind etwa 2100 Gene aktiv, die die notwendigen Transkriptionsfaktoren und Enzyme exprimieren. Wenn die Glucose im Medium knapp wird und unter einen kritischen Wert absinkt, erfolgt eine drastische Umorganisation des Stoffwechsels. Fast 900 Gene zeigen einen Anstieg ihrer Aktivität, während bei etwa 1200 anderen die Aktivität abfällt. Ethanol und Acetat werden jetzt komplett durch Oxidation metabolisiert (Atmung).

So wie andere Proteine unterliegen auch die Enzyme einem bestimmten *Turnover*. Das bedeutet, dass die Enzymverfügbarkeit nicht allein von der Synthese-, sondern auch von der Abbaurate bestimmt wird. Die Syntheserate gehorcht einer Reaktion 0. Grades (s. Abschn. 7.8):

$$\frac{dc_E}{dt} = k_S,$$

die Abbaurate dagegen einer Reaktion 1. Grades:

$$-\frac{dc_E}{dt} = k_A \cdot c_E.$$

Im stationären Zustand gilt:

$$\frac{dc_E^{stat}}{dt} = 0 = k_S - k_A \cdot c_E^{stat} \quad \text{und damit:} \quad c_E^{stat} = \frac{k_S}{k_A}.$$

Abb. 7.16 Die Abhängigkeit der stationären Enzymkonzentration von der Syntheserate bei konstanter Abbaurate

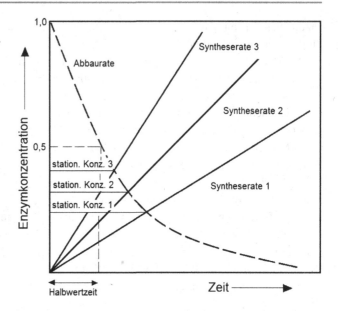

Das bedeutet, dass die Enzymkonzentration im stationären Zustand nicht von den Anfangsbedingungen, sondern allein vom Verhältnis der Synthese- und Abbaukonstanten abhängt. Sie kann deshalb – bei konstanter Abbaurate (Halbwertzeit) – leicht durch Änderung der Syntheserate verändert werden (Abb. 7.16). Das kann bereits auf der Ebene der DNA-Transkription im Kern (Regulation der Genaktivität) oder erst auf der Ebene der Translation am Ribosom geschehen.

Die schnelle Stoffwechselregulation bei Eukaryoten ist in erster Linie eine **Regulation der Enzymaktivität** bei konstantem Enzymgehalt. Jedes Enzym besitzt gewisse Fähigkeiten zur Selbstregulation. Bei einfachen Enzymen und konstanter Enzymkonzentration hängt die Enzymaktivität (Reaktionsgeschwindigkeit v) von der Substratkonzentration in hyperbolischer Form ab. Das bedeutet, dass mit Erhöhung des Angebots an Substrat „automatisch" auch dessen Umsatz ansteigt. Das ist natürlich nur unterhalb der Enzymsättigung der Fall, insbesondere im steilen Anfangsteil der Kurve. Deshalb liegen auch für die Mehrzahl der Enzyme die intrazellulären Substratkonzentrationen unterhalb des K_M-Werts (zwischen 0,05 und 1 K_M).

Einige „Schlüsselenzyme" des Stoffwechsels werden durch die reversible Anlagerung (kovalente Bindung) von Gruppen (Phosphorylierung, Adenylierung, Uridylierung etc.) aktiviert bzw. inaktiviert. Man spricht von der **kovalenten Modifikation** oder Interkonversion. In vielen solchen Fällen handelt es sich um eine **reversible Proteinphosphorylierung**. Man schätzt, dass beim Menschen etwa 30 % der insgesamt 10.000 Zellproteine auf diese Weise gesteuert werden. Dabei werden Serin-, Threonin- oder auch Tyrosinreste mithilfe spezifischer Enzyme reversibel phosphoryliert (durch Proteinkinasen) bzw. dephosphoryliert (durch Proteinphosphatasen). Bei Enzymen kommt es im Zusammenhang mit der reversiblen Phosphorylierung zu Veränderungen der Aktivität (Abb. 7.17). Man-

Abb. 7.17 Kontrolle der Enzymaktivität durch reversible Phosphorylierung (durch das Enzym Proteinkinase) und Dephosphorylierung (durch das Enzym Proteinphosphatase)

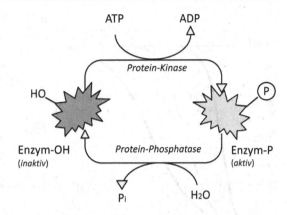

che Enzyme, wie z. B. die Glykogenphosphorylase, sind im phosphorylierten Zustand, andere, wie z. B. die Glykogensynthase, im dephosphorylierten Zustand aktiv.

Die Kontrolle und Steuerung durch reversible Proteinphosphorylierung erfordert insgesamt viel Energie, die aus der ATP-Hydrolyse bereitgestellt werden muss. Jede Phosphorylierung „kostet" ein ATP. Sie verläuft praktisch irreversibel. Jede Zelle enthält hunderte verschiedener Proteinkinasen, die jeweils für andere Proteine zuständig sind. Der Phosphorylierungszustand eines bestimmten Proteins wird durch die relativen Aktivitäten der Proteinkinase und Proteinphosphatase bestimmt. Dadurch, dass diejenigen Enzyme, die andere Zielenzyme kovalent modifizieren, selbst unter dem Einfluss allosterischer Effektoren (s. Abschn. 7.10), wie z. B. cAMP, stehen können, kann insgesamt eine sehr effiziente Kontrolle erzielt werden.

7.10 Allosterische Enzyme

Wesentlich empfindlicher als die „einfachen", nichtregulatorischen Enzyme mit hyperbolischer Aktivitätskurve reagieren die regulatorischen **allosterischen Enzyme** mit sigmoiden Aktivitätskurven (Abb. 7.18) auf Änderungen der Substratkonzentration. Das trifft insbesondere in den mittleren, sehr steil verlaufenden Abschnitten der Aktivitätskurve zu. Solche leicht steuerbaren Enzyme sind vornehmlich an Schlüsselpositionen wirksam, wie beispielsweise an den Start-, End- oder Verzweigungspunkten von Stoffwechselwegen. Gut bekannt ist die Regulation durch negative Rückkopplung: Das Finalprodukt des Stoffwechselwegs hemmt rückwirkend das Enzym, das den ersten Schritt dieser Kette kontrolliert.

Von besonderer Bedeutung für die Funktion der allosterischen Enzyme ist, dass sie mindestens zwei verschiedene Bindungsorte auf ihrer Oberfläche aufweisen, nämlich ein „aktives Zentrum", das das Substratmolekül erkennt, bindet und umsetzt, und einen oder auch mehrere davon unabhängige Bindungsorte für Effektoren, sog. „allosterische" Zentren. An die allosterischen Zentren können kleine Moleküle (allosterische Effektoren)

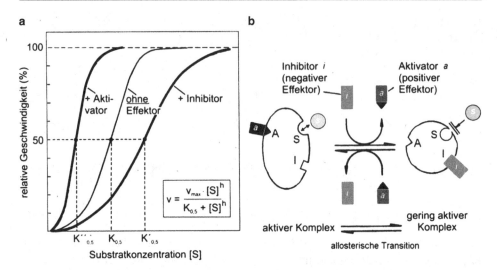

Abb. 7.18 a Sigmoide Aktivitätskurven eines allosterischen Enzyms bei Gegenwart bzw. Abwesenheit allosterischer Effektoren. Der Aktivator erhöht die Enzymaktivität ($K''_{0,5} < K_{0,5}$), der Inhibitor erniedrigt sie ($K'_{0,5} > K_{0,5}$). **b** Das Enzymmolekül besitzt von seinem aktiven Zentrum (Substratbindungsstelle S) räumlich getrennte Bindungsstellen für einen positiven allosterischen Effektor (*A*) und negativen allosterischen Effektor (I). Bei Bindung eines Effektors ändert sich die Konfiguration des Enzymmoleküls (allosterische Transition) und damit seine Affinität zum Substrat. Bei Andockung eines Aktivators *a* (*links*) entsteht eine Konformation, bei der die Substratbindungsaffinität am aktiven Zentrum S hoch ist. Eine Andockung eines Inhibitors führt umgekehrt zu einer Konformation mit geringer Substratbindungsaffinität. Je nach Angebot des einen oder des anderen Effektors ist die Gleichgewichtslage mehr nach links oder mehr nach rechts verschoben. – Viele Enzyme bestehen aus mehreren gleichen oder ungleichen Untereinheiten, sind also multimer. Die bei Bindung eines Effektors auftretende Konformationsänderung kann sich von einer Untereinheit auf die anderen übertragen. Man spricht dann von einer kooperativen Wechselwirkung. Dadurch können bereits geringe Konzentrationsänderungen eines Effektors große Änderungen der katalytischen Aktivität zur Folge haben. *h* Kooperativitäts- oder Hill-Koeffizient

nichtkovalent andocken. Geschieht das, so wird die dreidimensionale Molekülstruktur (Konformation) des betreffenden Enzymmoleküls und damit auch dessen Oberflächenkontur verändert (**allosterische Transition**), was zur Folge hat, dass die Affinität zum Substrat im aktiven Zentrum (K_M), d. h. die enzymatische Aktivität, erhöht oder erniedrigt wird (Abb. 7.18). Sehr selten ist mit der Bindung eines Effektors eine Veränderung des v_{max}-Werts verbunden. Handelt es sich um eine Aktivitätssteigerung, spricht man von einem positiven allosterischen Effektor (Aktivator), im umgekehrten Fall von einem negativen (Inhibitor). Man weiß heute, dass sehr viele Proteine allosterisch sind, nicht nur Enzyme, sondern auch Rezeptorproteine (s. Abschn. 8.6), Strukturproteine und Motorproteine.

Bei den **allosterischen Effektoren** handelt es sich i. d. R. um kleine Moleküle. Sie brauchen im Gegensatz zu den isosterischen Effektoren, die aufgrund ihrer ähnlichen

Struktur am aktiven Zentrum mit dem natürlichen Liganden in Konkurrenz treten (kompetitive Hemmung, s. Abschn. 7.8), keinerlei strukturelle Ähnlichkeit mit dem natürlichen Substrat des Enzyms mehr zu besitzen, weil sie nicht an das aktive, sondern an das allosterische Zentrum binden. Auf diese Weise entstand eine **Freiheit in der Wahl der Mittel** zur Regulation der Enzymaktivität, die es ermöglichte, „dass die Evolution der Moleküle ein ungeheures Netz von Steuerkontakten aufbauen konnte, die den Organismus zu einer autonomen Funktionseinheit machen, dessen Leistungen die Gesetze der Chemie zu übertreten, wenn nicht gar ihnen sich zu entziehen scheinen" (Monod 1975, S. 80).

Die allosterischen Enzyme können mehrere solcher allosterischen Zentren besitzen, können also auf verschiedene Effektoren gleichzeitig reagieren, wobei sich die einzelnen Wirkungen potenzieren oder auch aufheben können. Dabei ist wichtig festzuhalten, dass es keinerlei direkte Wechselwirkungen zwischen den einzelnen Effektoren gibt, sondern nur solche indirekter Art über den Umweg des Enzymproteins, das beide Effektoren bindet.

Über den allosterischen Mechanismus können die allosterischen Enzyme sehr leicht an- bzw. abgeschaltet werden (Koshland 1987, S. 225–229). Diese allosterischen Regulationen über die Knüpfung schwacher, nichtkovalenter Bindungen zwischen dem Effektor und dem allosterischen Zentrum verbrauchen selber so gut wie keine Energie. Die von ihnen ausgelösten katalytischen Aktivitäten können dagegen mit erheblichen Energieumsetzungen verbunden sein. Der Vergleich mit einem elektronischen **Schalter** drängt sich auf. Ein solcher Schalter arbeitet immer dann am effektivsten, wenn seine Kennlinie nichtlinear ist, was sowohl beim Relais als auch beim allosterischen Enzym der Fall ist.

Die allosterischen Enzyme weisen, wie bereits betont, eine **sigmoide Aktivitätskurve** auf, denn sie bestehen i. d. R. aus mehreren gleichen oder ungleichen Untereinheiten (Protomeren), sind also oligomer. Zwischen den Protomeren herrscht eine positive Kooperation, d. h. die bei Bindung eines Effektors auftretende Konformationsänderung kann sich von einer Untereinheit auf eine benachbarte übertragen und dort die Affinität zur Bindung des gleichen Effektors fördern. Man spricht in solchen Fällen von einer **kooperativen Wechselwirkung**. Dadurch wird erreicht, dass bereits bei sehr geringfügigen Änderungen der Effektorkonzentration in kurzer Zeit die große Mehrheit der zur Verfügung stehenden Enzymmoleküle in den aktiven bzw. inaktiven Zustand überführt wird. Zum Vergleich: Bei Enzymen mit nur einer Untereinheit (hyperbolischer Kurvenverlauf) führt erst eine Verhundertfachung der Inhibitorkonzentration zur Senkung der Aktivität von 90 auf 10 %. Bei tetrameren Enzymmolekülen wird dieselbe Aktivitätsabnahme bereits bei einer Verdopplung bis Verdreifachung der Inhibitorkonzentration erreicht.

Für die oligomeren allosterischen Enzyme gilt nicht mehr die bekannte Michaelis-Menten-Kinetik, sondern die sog. Hill-Gleichung mit dem Exponenten h (Hill- oder Kooperationskoeffizient). Er ist i. d. R. nicht ganzzahlig und gibt das Ausmaß der Abweichung vom hyperbolischen Verlauf der Michaelis-Menten-Kurve an. Im extremsten Fall entspricht er der Anzahl der Protomeren im Enzymmolekül, meist ist er kleiner.

Hintergrundinformationen

Der sigmoide Verlauf der Aktivitätskurve ist von großer physiologischer Bedeutung. Bei einem Enzym mit hyperbolischer Aktivitätskurve (Michalis-Menten-Gleichung)

$$v = \frac{v_{max} \cdot [S]}{K_M + [S]} \quad \text{oder:} \quad [S] = \frac{v}{v_{max}} \cdot K_M / \left(1 - \frac{v}{v_{max}}\right)$$

muss die Substratkonzentration um den Faktor 81 erhöht werden, um eine Aktivitätssteigerung von 10 auf 90 % der Maximalaktivität zu erreichen:

$$[S]_{90\%} : [S]_{10\%} = (0{,}9/0{,}1) : (0{,}1/0{,}9) = 81.$$

$[S]_{90\%}$ bzw. $[S]_{10\%}$ sind diejenigen Substratkonzentrationen, die für eine 90 %ige bzw. 10 %ige Sättigung benötigt werden.

Bei Enzymen mit sigmoider Aktivitätskurve (Hill-Gleichung)

$$v = \frac{v_{max} \cdot [S]^h}{K_{0,5} + [S]^h} \quad \text{oder:} \quad [S]^h = \frac{v}{v_{max}} \cdot K_{0,5} / \left(1 - \frac{v}{v_{max}}\right) \quad (h = \text{Hill-Faktor})$$

genügt (für $h=4$) bereits eine Erhöhung der Substratkonzentration um den Faktor 3, um denselben Effekt zu erzielen:

$$[S]_{90\%} \div [S]_{10\%} = \sqrt[4]{81} = 3.$$

7.11 Schrittmacherreaktionen

Lange bekannt ist, dass Stoffwechselwege **Schrittmacherreaktionen** aufweisen, die von spezifischen Schlüsselenzymen kontrolliert werden und damit die Durchflussrate von Metaboliten an diesem Punkt regulieren. Häufig findet man die Schrittmacherreaktionen am Anfang des Stoffwechselwegs. Sie laufen im Gegensatz zu den meisten anderen Reaktionsschritten der Kette fernab vom thermodynamischen Gleichgewicht ab. Sie sind deshalb irreversibel und stark exergon. Das bedeutet, dass mit ihnen die Freisetzung eines erheblichen Betrags an Freier Enthalpie verbunden ist ($\Delta G < 0$; Hess und Boitev 1971, S. 237–258).

Im Fall der Glykolyse hat die **Phosphofructokinase** (PFK), die die Umwandlung des Fructose-6-phosphats in Fructose-1,6-bisphosphat katalysiert (Abb. 7.19)

Fructose-6-phosphat + ATP → Fructose-1,6-bisphosphat + ADP + P_i

($\Delta G = -22{,}2$ kJ/mol)

eine Schlüsselfunktion inne. Die in der Glykolyse (s. Abschn. 6.7) stattfindende Umwandlung der Glucose in Pyruvat muss so reguliert werden, dass beide Funktionen der Glykolyse hinreichend befriedigt werden, nämlich die Gewinnung von ATP als auch von Bausteinen für Synthesen, wie beispielsweise von langkettigen Fettsäuren.

Die Regulation der **ATP-Gewinnung** über die Glykolyse erfolgt über den ATP-Spiegel. Steigt er an, so wird die Affinität der tetrameren Phosphofructokinase für ihr Substrat, das

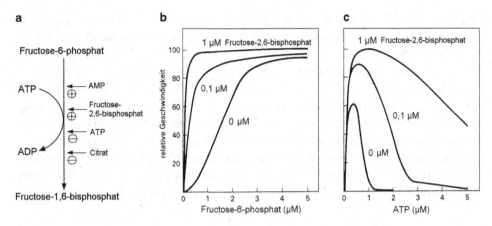

Abb. 7.19 a Die Phosphofructokinase ist ein Schlüsselenzym innerhalb der Glykolyse. Es katalysiert die Phosphorylierung des Fructose-6-phosphats zum Fructose-1,6-bisphosphat (Schrittmacherreaktion). Sie wird von mehreren Aktivatoren und Inhibitoren allosterisch kontrolliert. **b** Fructose-2,6-bisphosphat, ein Signalmolekül, das aus Fructose-6-phosphat gebildet wird, steigert die Phosphofructokinaseaktivität. **c** ein hoher ATP-Spiegel hemmt sie. Diese Hemmung kann durch Citrat noch verstärkt, durch AMP oder Fructose-2,6-bisphosphat dagegen weitgehend aufgehoben werden. (Nach van Schaftingen und Hers 1981, S. 2862)

Fructose-6-phosphat, allosterisch gesenkt, die hyperbolische Bindungskurve erhält einen sigmoiden Verlauf (Abb. 7.19). Dieser Effekt kann durch hohe AMP-Spiegel wieder aufgehoben werden. Das bedeutet, dass bei steigender Energieladung (s. Abschn. 6.6) der Zelle die glykolytische Aktivität sinnvollerweise gesenkt und – umgekehrt – bei fallender Energieladung erhöht wird.

Die Regulation der **Gewinnung von Synthesebausteinen** über die Glykolyse erfolgt über die Citratkonzentration. Ein hoher Citratspiegel signalisiert reichliches Vorhandensein von Bausteinen und hemmt die Aktivität der Phosphofructokinase. Als allosterischer Aktivator des Enzyms hat sich Fructose-2,6-biphosphat erwiesen, dessen Synthese durch Fructose-6-phosphat beschleunigt wird. Ein Überschuss an Fructose-6-phosphat führt deshalb automatisch über die Erhöhung der Fructose-2,6-biphosphat-Konzentration zur Steigerung der Phosphofructokinaseaktivität.

Bei der Fettsynthese soll die Acetyl-CoA-Carboxylase die Schrittmacherfunktion innehaben. Eine Steuerung von Stoffwechselwegen durch *einzelne* Schrittmacherreaktionen scheint aber, wie es immer deutlicher wird, eher die Ausnahme zu sein. Es mehren sich Hinweise, dass die Kontrolle der Durchflussrate durch einen Stoffwechselweg an verschiedenen oder gar allen Teilschritten des Wegs simultan erfolgt, wenn auch mit unterschiedlicher Effizienz: **Theorie der distributiven regulatorischen Kontrolle** (Srere 1993, S. 833–842). In diesen Fällen wird die Kontrolle nicht mehr durch ein einzelnes Enzym, sondern von allen Enzymen gemeinsam ausgeübt. Der Molekulargenetiker Henry KACSER sprach in diesem Zusammenhang von einer „molekularen Demokratie" (Kacser und Burns 1979, S. 1149–1160). Bringt man beispielsweise Hefezellen in Bedingungen, die einen höheren Energieumsatz erfordern, so werden die Aktivitäten *aller* glykolytischen Enzyme gleichzeitig erhöht. PETTE und Mitarbeiter beobachteten, dass in verschiedenen Zelltypen die absolute Menge und Aktivität der einzelnen Enzyme des Citratzyklus oder des Kohlenhydratstoffwechsels (Embden-Meyerhof-Weg) variieren können, dass das Verhältnis ihrer Aktivitäten zueinander aber überraschend konstant bleibt: Erscheinung konstanter Proportionen (Pette 1965, S. 597–616). NIEDERBERGER beobachtete an Pilzen dasselbe (Niederberger et al. 1992, S. 473–479). Regulierte er nur eines der insgesamt fünf Enzyme, die die Tryptophanbiosynthese steuern, herab oder herauf, so blieb die Syntheserate insgesamt unverändert. Nur wenn vier oder fünf Enzyme gleichzeitig in ihrer Aktivität verändert wurden, veränderte sich auch die Syntheserate in erwarteter Weise.

7.12   Der Metabolismus erfordert Strukturen

Eine solche funktionelle Ordnung, wie wir sie in jeder Zelle, in jedem Organismus – ein- oder vielzellig – vorfinden, erfordert als *„conditio sine qua non"* **Strukturen**. Es ist völlig undenkbar, dass der Zellstoffwechsel in seiner ganzheitlichen Ordnung und Effektivität in freier Lösung im Zytosol als *„bag of enzymes"* ablaufen kann, wie es beispielsweise L. V. HEILBRUNN noch 1926 am Beispiel des Seeigeleis angenommen hatte (Heilbrunn 1926, S. 143–156). In den 60er-Jahren des vergangenen Jahrhunderts hat man im Rahmen von Zentrifugationsexperimenten zeigen können, dass in der sog. zytosolischen Fraktion keine Proteine vorhanden sind, was darauf hindeutet, dass nahezu alle zytosolischen Proteine in der Zelle an strukturelle Elemente der Zelle gebunden sind oder in Form von Multienzymaggregaten vorliegen (Zalokar 1960, S. 114–132; Kempner und Miller 1968, S. 141–149).

In der eukaryotischen Zelle sind zwei Wege zur Strukturierung des allgemeinen Stoffwechselpools realisiert worden, ein physikalischer und ein chemischer. Die **physikalische Strukturierung** besteht darin, dass in der eukaryotischen Zelle verschiedene subzelluläre Reaktionsräume in Form von „Kompartimenten" geschaffen wurden. Jedes Kompartiment wird von einer einzelnen oder zwei Membranen („Doppelmembran" bei Mitochondrien, Plastiden und Zellkern) umgeben. Jede Biomembran ist asymmetrisch, denn sie trennt jeweils cine plasmatische Phase (Zytoplasma, Karyoplasma, Matrix der Mitochondrien oder Stroma der Plastiden) von einer nichtplasmatischen (Inhalt des endoplasmatischen Retikulums, der Golgi-Zisternen, Lysosomen, Vesikel, Vakuolen oder auch der Raum zwischen den beiden Lagen einer Doppelmembran): Kompartimentierungsregel von E. SCHNEPF. In jedem Kompartiment laufen – vom Rest der Zelle abgeschirmt – bestimmte Stoffwechselwege ab (Tab. 7.3).

Chemische Strukturierung: Da die Wirkungen der Enzyme in einer Reaktionskette additiv sind, kann die Turnover-Rate des gesamten Stoffwechselwegs leicht unter die noch tolerierbare Grenze absinken, wenn die Distanz von einem zum nächsten Reaktionsort zu groß wird. Die Diffusion kleiner Moleküle läuft im Zytosol etwa 2- bis 3-mal langsamer

Tab. 7.3 Den Kompartimenten der eukaryotischen Zelle sind verschiedene Zellfunktionen zugeordnet. (Aus Voet et al. 2010, verändert)

Kompartiment	Funktionen
Zytosol	Glykolyse, Pentosephosphatweg, Fettsäurebiosynthese, Teilreaktionen der Gluconeogenese
Nukleus	DNA-Replikation, Transkription, RNA-Prozessierung
Mitochondrien	Citratzyklus, oxidative Phosphorylierung, Fettsäureoxidation, Aminosäureabbau
Chloroplasten	Photosynthese, Synthese von Chlorophyllen, Carotinoiden, Fettsäuren und Stärke
Golgi-Apparat	Posttranslationale Modifikation von membrangebundenen und sekretorischen Proteinen, Bildung von Plasmamembranen und sekretorischen Vesikeln
Raues endoplasmatisches Retikulum	Synthese von membrangebundenen und sekretorischen Proteinen
Glattes endoplasmatisches Retikulum	Lipid- und Steroidbiosynthese
Lysosomen	Enzymatischer Abbau von Zellmaterial sowie von endozytierten bzw. phagozytierten Makromolekülen bis zu ihren Monomeren
Peroxisomen	Durch Aminosäureoxidasen und Katalase katalysierte oxidative Reaktionen, wobei Wasserstoffsuperoxid entsteht

(Mastro und Keith 1984, S. 180S–187S), in der mitochondrialen Matrix sogar 30-mal langsamer ab (Scalettar et al. 1991, S. 8057–8061) als im freien Wasser. Sie kann also sehr schnell zum limitierenden Faktor werden. Deshalb ist es sehr wichtig, die Diffusionswege so klein wie möglich zu halten.

Das kann dadurch erfolgen, dass sich die Enzyme, die mehrere aufeinander folgende Schritte eines Stoffwechselwegs katalysieren, durch nichtkovalente Bindungen zu einem **Multienzymkomplex** (Metabolom) zusammenschließen. Durch die räumliche Nähe der in den Komplex einbezogenen Enzyme werden nicht nur die Diffusionswege zwischen ihnen deutlich verkürzt, sondern es wird auch ein Abdriften der Intermediate aus der Reaktionskette weitgehend verhindert (Verhinderung kollateraler Reaktionen). Für die im Komplex auftretenden Intermediate existiert kein „freier Pool". Sie werden sukzessiv von einem aktiven Zentrum zum nächsten weitergegeben bis das Endprodukt fertiggestellt ist. Das ist allerdings nur dann von Vorteil, wenn die Zwischenprodukte keine andere Zellfunktion haben, als die innerhalb des Syntheseswegs. Ihre Freisetzung in den gemeinsamen „Stoffwechselpool" wäre dann nur Verschwendung von Energie, Zeit und Lösungsraum. Man spricht vom *„metabolic channeling"*. Ein weiterer wichtiger Vorteil ist, dass die in dem Komplex ablaufenden Schritte *in summa* besser reguliert werden können.

Beim *Bacillus subtilis* fand man, dass die Enzyme der Glykolyse zu einem sog. **Glykosom** aggregiert sind (Abb. 7.20), wodurch die Durchflussrate in dem betreffenden Stoffwechselweg wesentlich erhöht wird (Commichau et al. 2009, S. 1350–1360). Inzwischen

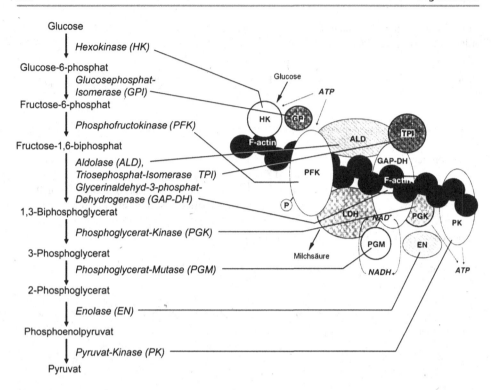

Glucose
↓ *Hexokinase (HK)*
Glucose-6-phosphat
↓ *Glucosephosphat-Isomerase (GPI)*
Fructose-6-phosphat
↓ *Phosphofructokinase (PFK)*
Fructose-1,6-biphosphat
↓ *Aldolase (ALD),*
Triosephosphat-Isomerase TPI)
Glycerinaldehyd-3-phosphat-
Dehydrogenase (GAP-DH)
1,3-Biphosphoglycerat
↓ *Phosphoglycerat-Kinase (PGK)*
3-Phosphoglycerat
↓ *Phosphoglycerat-Mutase (PGM)*
2-Phosphoglycerat
↓ *Enolase (EN)*
Phosphoenolpyruvat
↓ *Pyruvat-Kinase (PK)*
Pyruvat

Abb. 7.20 *Links*: Die einzelnen Schritte der Glykolyse (Glucose → Pyruvat) mit den dabei aktiven Enzymen. *Rechts*: Die supramolekulare Assoziation der Enzyme am F-Aktin. *LDH* Lactatdehydrogenase. (Nach Bereiter-Hahn et al. 1997)

weiß man, dass das nicht nur für die Glykolyse und den Citratzyklus zutrifft, sondern auch für die Nukleotid-, Harnstoff- und Steroidbiosynthese sowie für die Fettsäureoxidation. Hingewiesen sei in diesem Zusammenhang auch auf die drei großen Enzymkomplexe der oxidativen Phosphorylierung innerhalb der inneren Mitochondrienmembran (s. Abschn. 6.9). Bereits 1967 schrieb Fritz LIPMANN, der Entdecker der „energiereichen" Verbindungen (s. Abschn. 6.6), dass die komplexen Biosynthesewege zielgerichtete Prozesse seien, die einer Struktur bedürfen (Lipmann 1967).

Hintergrundinformationen
Ein bekanntes Beispiel eines solchen Multienzymkomplexes ist der **Pyruvat-Dehydrogenase-Komplex**. Er katalysiert die Bildung von Acetyl-CoA aus Pyruvat durch oxidative Decarboxylierung:

$$\text{Pyruvat} + \text{CoA} + \text{NAD}^+ \rightarrow \text{Acetyl-CoA} + \text{CO}_2 + \text{NADH}.$$

Diese Reaktion, durch die der Citratzyklus (s. Abschn. 6.8) mit Substrat aus dem Kohlenhydratstoffwechsel versorgt wird, läuft in fünf Teilschritten ab. Beteiligt sind neben der Pyruvat-Dehydrogenase selbst jeweils mehrere Kopien zweier weiterer Enzyme, der Dihydrolipoyltransacetylase und der Dihydrolipoyldehydrogenase. Beim Bakterium *E. coli* ist der Komplex etwa 4600 kD (Durchmesser etwa 30 nm), bei Hefen und Säugetieren etwa 10.000 kD groß.

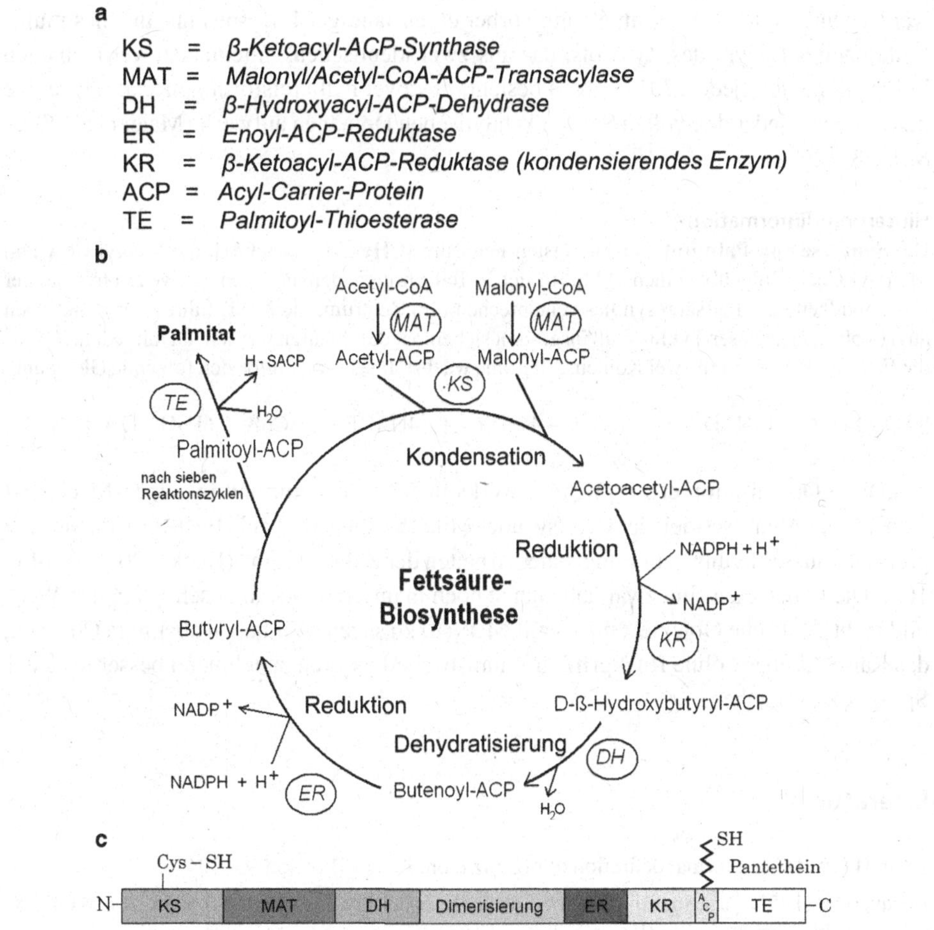
a
KS = β-Ketoacyl-ACP-Synthase
MAT = Malonyl/Acetyl-CoA-ACP-Transacylase
DH = β-Hydroxyacyl-ACP-Dehydrase
ER = Enoyl-ACP-Reduktase
KR = β-Ketoacyl-ACP-Reduktase (kondensierendes Enzym)
ACP = Acyl-Carrier-Protein
TE = Palmitoyl-Thioesterase
b
Acetyl-CoA
Malonyl-CoA
MAT
MAT
Palmitat
H-SACP
Acetyl-ACP
Malonyl-ACP
KS
TE
H2O
Palmitoyl-ACP
Kondensation
nach sieben Reaktionszyklen
Acetoacetyl-ACP
Reduktion
NADPH + H+
Fettsäure-
Biosynthese
NADP+
Butyryl-ACP
KR
NADP+
Reduktion
D-ß-Hydroxybutyryl-ACP
Dehydratisierung
DH
NADPH + H+
ER
Butenoyl-ACP
H2O
c
SH
Cys – SH
Pantethein
N-
KS
MAT
DH
Dimerisierung
ER
KR
ACP
TE
-C

Abb. 7.21 Fettsäurebiosynthese. **a** Die in den Zyklus integrierten Enzyme, **b** der Zyklus, **c** die Folge der enzymatischen Aktivitäten in der Polypeptidkette der Fettsäuresynthase bei Säugetieren

Wahrscheinlich liegen der Mehrzahl der zellulären Leistungen solche Enzymaggregate zugrunde, die darüber hinaus untereinander in Form von „Superkomplexen" zusammengeschlossen sein können. Erinnert sei in diesem Zusammenhang auch an die zentrale Proteolyse-Maschinerie eukaryotischer Zellen, das sog. Ubiquitin-Proteasom-System (s. Abschn. 7.5, Abb. 7.12), oder an die Proteinsynthese-Maschinerie in den Ribosomen (s. Abschn. 9.7).

Eine andere Form der chemischen Strukturierung besteht darin, dass die verschiedenen Enzyme eines Stoffwechselwegs in einem einzigen **multifunktionellen Protein** kovalent miteinander verknüpft sind. Als Beispiel kann hier das Enzymsystem, das die Synthese gesättigter langkettiger Fettsäuren aus Acetyl-CoA, Malonyl-CoA und NADPH bei Säugetieren katalysiert, kurz als **Fettsäuresynthase** bezeichnet, dienen. Sie ist ein, wahrscheinlich durch Verschmelzung vorher eigenständiger Enzyme entstandenes multi-funktionelles Enzym des Zytosols, das aus zwei identischen, miteinander verflochtenen Polypeptidketten (jede 270 kD groß) besteht, die zwei halbkreisförmige Reaktionsräume bilden, wobei jeder den vollen Satz an katalytischen Domänen aufweist (Maier et al. 2002, S. 1258–1262).

Hintergrundinformationen

Die **Synthese von Palmitat**, der häufigsten Fettsäure [$CH_3(CH_2)_{14}COOH$], aus Acetyl-CoA und Malonyl-CoA erfolgt über einen Zyklus in sieben Teilschritten, dem nur sechs aktive Zentren auf der Polypeptidkette der Fettsäuresynthase entsprechen (ein Zentrum, die MAT, führt zwei Reaktionen aus) (Abb. 7.21). Dieser Zyklus muß insgesamt siebenmal durchlaufen werden, da mit jedem Zyklus die Fettsäurekette nur um zwei Kohlenstoffatome wächst. Insgesamt ergibt sich folgende Gleichung:

$$8\text{Acetyl-CoA} + 14\text{NADPH}^+ + 7\text{ATP} \rightarrow \text{Palmitat} + 14\text{NADP}^+ + 8\text{CoA} + 6H_2O + 7\text{ADP} + 7P_i.$$

„Diese Organisation des Proteinnetzwerks in seiner Kinetik und in seinen Mechanismen zu begreifen", schrieb der Greifswalder Mikrobiologe Michael HECKER, „dürfte eine große Herausforderung zellbiologischer Arbeiten der Zukunft sein" (Hecker 2011, S. 143–165). Die Lebewesen sind zwar auch heute noch in unserem physikalisch geprägten Weltbild recht „seltsame Objekte", um es mit MONOD zu sagen. Wir haben aber gute Chancen, das Rätsel „Leben" ohne Rückgriff auf vitalistische Faktoren zunehmend besser in seiner Spezifik zu verstehen.

Literatur

Atlan H (1974) On a formal definition of organization. J theor Biol 45:295–304

Becquerel P (1951) Ça suspension de la vie au confines du zero absolu entre 0,0075 °K et 0,047 °K. Proc. 8th internat. Congr Réfrig, S 326

Bereiter-Hahn et al (1997) Supramolecular associations with the cytomatrix and their relevance in metabolic control. Zoology 100:1–24

v Bertalanffy L (1932) Theoretische Biologie Bd. 1. Gebr. Borntraeger, Berlin, S 115

v Bertalanffy L (1960) Problems of life. Harper & Row, New York, S 12

BMBF Publik 2000 (verändert)

Brockhaus F A (Hrsg) (1971) Brockhaus Enzyklopädie in zwanzig Bänden, 17. Aufl. Bd. 13. F A Brockhaus, Wiesbaden

Bünning E (1945) Theoretische Grundfragen der Physiologie. G. Fischer, Jena

Campbell AM, Heyer LJ (2007) Discovering genomics, proteomics and bioinformatics, 2. Aufl. Cummings, San Francisco

Cano RJ, Borucki MK (1995) Revival and identification of bacterial spores in 25- to 40 million-year-old Dominican amber. Science 19:1060–1064

Ciechanover A, Hold Y, Hershko A (1978) A heat-stable polypeptide component of an ATP-dependent proteolytic system from reticolocytes. Biochem Biophys Res Commun 81:1100–1105

Commichau FM et al (2009) Novel activities of glycolytic enzymes in Bacillus subtilis: interactions with essential proteins involved in mRNA processing. Mol Cell Proteomics 8:1350–1360

DeRisi JL, Vishwanath RI, Brown PO (1997) Exploring the metabolic and genetic control of gene expression on an genomic scale. Science 278:680–686

Dombrowski HJ (1963) Lebende Bakterien aus dem Paläozoikum. Biol Zbl 82:477–484

Fields S, Song O (1989) A novel genetic system to detect protein-protein interactions. Nature 340:245–246

Fuchs D, Berges C, Naujokat C (2008) Das Ubiquitin-Proteasom-System. Biol Unserer Zeit 18:168–174

Gogarten JP (1995) The early evolution of cellular life. Trends Ecol Evol 10:147–151

Hall TS (1969) History of general physiology. 2 vols. Univ. Chicago Press, Chicago

Hecker M (2011) Von der Proteomanalyse zur Systembiologie bakterieller Modellorganismen. Nova Acta Leopoldina NF 110(377):143–165

Heilbrunn LV (1926) The physical structure of the protoplasma of Sea Urchin eggs. Amer Naturalist 60:143–156

Hess B, Boitev A (1971) Oscillatory phenomena in biochemistry. Ann Rev Biochem 40:237–258

Jacob F (1972) Logik des Lebendigen. Von der Urzeugung zum genetischen Code. S. Fischer, Frankfurt a. M

Jacob F (1993) The logic of life. A history of heredity. Princeton University Press, Princeton NY

Jönsson KI (2008) Current Biology 18:R729

Joyce GF (2007) Forty years of in vitro evolution. Angew Chem Int Ed 46:6420–6463

Kacser H, Burns JA (1979) Molecular democracy: who shares the controls? Biochem Soc Trans 7:1149–1160

Kant I (1968) Kritik der Urteilskraft. Philipp Reclam, Leipzig (§ 65)

Kaplan RW (1972) Der Ursprung des Lebens. Thieme Verlag, Stuttgart, S 1

Kempner ES, Miller JH (1968) The molecular biology of Euglena gracilis IV. Cellular stratification by centrifuging. Exp Cell Res 51:141–149

Kennedy MJ, Reader SL, Swierczynski LM (1994) Preservation records of microorganisms: Evidence of the tenacity of life. Microbiol 140:2513–2529

Kiehn ED, Holland JJ (1970) Size distribution of polypeptide chains in cells. Nature 226:544–545

Koshland DE (1987) Switches, thresholds and ultrasensitivity. Trends Biochem Sci 12:225–229

Küppers B-O (1986) Der Ursprung biologischer Information. Piper Verlag KG, München, S 202

Lehn J-M (1990) Perspectives in supramolecular chemistry – From molecular recognition towards molecular information processing and self-organization. Angew Chem 29:1304–1319

Lehn J-M (1995a) Supramolecular chemistry. Verlag VCH, Weinheim

Lehn J-M (1995b) Supramolekulare Chemie – Chemische Grundlagenforschung auf neuen Wegen. Vhdlg. Ges. Deutscher Naturforscher und Ärzte. Wiss. Verlagsges., Stuttgart, S 163–193

Lipmann F (1967) „Organizational Biosynthesis". In: Vogel HJ, Lampen JO, Bryson V (Hrsg) Organizational Biosynthesis. Academic Press, New York

Lorenz K (1992) Die Naturwissenschaft vom Menschen. Piper Verlag, München, Zürich, S 152

Mahner M, Bunge M (2000) Philosophische Grundlagen der Biologie. Springer Verlag, Heidelberg, S 94–138

Maier T, Jenni S, Ban N (2002) Architecture of mammalian fatty acid synthase at 4.5 Å resolution. Science 311:1258–1262

Mastro A, Keith AD (1984) Diffusion in the aqueous compartment. J Cell Biol 99:180S–187S

Mills DR, Petersen RL, Spiegelman S (1967) An extracellular Darwinian experiment with a self-duplicating nucleic acid molecule. Proc Natl Acad Sci USA 58:217

Monod J (1947) The phenomenon of enzymatic adaptation and its bearings on problems of genetics and cellular differentiation. Growth Symposium X, S 68–289

Monod J (1975) Zufall und Notwendigkeit. Philosophische Fragen der modernen Biologie, 2. Aufl. Deutscher Taschenbuch Verlag, München

Naujokat C, Hoffman S (2002) Role and function of the 26S proteasome in proliferation and apoptosis. Lab Inv 82:965–980

Niederberger P, Prasad R, Miozzari G, Kacser H (1992) A strategy for increasing an in vivo flux by genetic manipulations. The tryptophan system of yeast. Biochem J 287:473–479

Oparin A (1961) Life: its nature, origin and development. Academic Press, New York

Penzlin H (1988) Ordnung – Organisation – Organismus. Zum Verhältnis zwischen Physik und Biologie Sitzungsber. der Sächsischen Akad. der Wissenschaften, Mathem.-naturwiss. Klasse, Bd. 120. Akademie-Verlag, Berlin (Heft 6)

Penzlin H (1993) Was ist Theoretische Biologie? Biol Zentralblatt 112:100–107

Pette D (1965) Plan und Muster im zellulären Stoffwechsel. Die Naturwissenschaften 52:597–616

Pittendrigh CS (1993) Temporal organization: Reflection of a Darwinian clock-watcher. Ann Rev Physiol 55:17–54

Rauen HM (1956) Biochemisches Taschenbuch. Springer Verlag, Berlin

Roads E et al (2014) Millennial timescale regeneration in a moss from Antarctica. Current Biology 24:R222–R223

Rual JF et al (2005) Towards a proteome scale map of the human protein-protein interaction network. Nature 437:1173–1178

Sallon S et al (2008) Germination, genetics, and growth of an ancient date seed. Science 320:1464

Scalettar BA, Abney JR, Hackenbrock CR (1991) Proc Nat Acad Sci USA 88:8057–8061

v Schaftingen E, Hers HG (1981) Inhibition of fructose-1,6-biphosphate by fructose-2,6-biphosphate. PANS 78:2861–2863

Schlieper C (1965) Praktikum der Tierphysiologie, 3. Aufl. Gustav Fischer, Jena

Schwikowski B et al (2000) A network of interacting proteins in yeast. Nat Biotechnol 18:1257–1261

Seki K, Toyoshima M (1998) Preserving tardigrades under pressure. Nature 395:853

Shen-Miller J et al (2002) Long-living lotus: Germination and soil γ-irradiation of centuries-old fruits, and cultivation, growth, and phenotopic abnormalities of offspring. Am J Botany 89:236–247

Srere PA (1984) Why are enzymes so big? Trends Biochem Sciences 9:387–390

Srere PA (1993) Wanderings (Wonderings) in Metabolism. Biol Chem Hoppe-Seyler 374:833–842

Stelzl U et al (2005) A human protein-protein interaction network: a source for annotation the proteome. Cell 122:957–968

Tucker CL, Gera JF, Uetz P (2001) Towards an understanding of complex protein networks. Trends Cell Biol 11:102–106 v Uexküll J (1928) Theoretische Biologie, 2. Aufl. Springer Verlag, Berlin, S 145

Voet D et al (2010) Lehrbuch der Biochemie, 2. Aufl. Wiley VCH, Weinheim

Vreeland RH, Rosenzweig WD, Powers DW (2000) Isolation of a 250 million-years-old halotolerant bacterium from a primary salt crystal. Nature 407:897–900

Wicken JS (1987) Evolution, thermodynamics, and information. Oxford Univ. Press, New York, S 41

Wolf DH, Hilt W (2004) The proteasome: a proteolytic nanomachine of cell regulation and waste disposal. Biochim Biophys Acta 1695:19–31

Yashina S et al (2012) Regeneration of whole fertile plant from 30.000-y-old fruit tissue buried in Siberian permafrost. PNAS early edition, Bd. 1–6.

Zalokar M (1960) Cytochemistry of centrifuged hyphae of Neurospora. Exp Cell Res 19:114–132

Information

8

> Leben kann nicht auf Thermodynamik reduziert werden. Was die
> Lebewelt einzig macht, ist, dass die Lebewesen „Sensibilität"
> haben. Diese „innere" Welt, in der Wahrnehmung, Bewusstsein
> und Wollen entstehen, hat keine Korrelate in den physikalischen
> Wissenschaften
> (Jeffrey S. Wicken, 1987).

Inhaltsverzeichnis

Die Existenz lebendiger Systeme ist nicht allein aus ihren stofflichen und energetischen Vorgängen und Wandlungen heraus, aus der Physik und Chemie, erklärbar. Voraussetzung für die funktionelle Ordnung lebendiger Systeme, für ihre Organisation, ist ein intensiver Informationsaustausch auf allen Ebenen, innerhalb der Zellen ebenso wie zwischen den Zellen eines Vielzellers oder zwischen den Individuen. Darüber hinaus gehört die Fähigkeit der Lebewesen, bestimmte Ereignisse in der Umgebung rechtzeitig zu registrieren, um darauf in „nützlicher" Weise reagieren zu können, zu den notwendigen Eigenschaften

© Springer-Verlag Berlin Heidelberg 2016
H. Penzlin, *Das Phänomen Leben*, DOI 10.1007/978-3-662-48128-8_8

aller Organismen vom Bakterium bis zum Menschen. Die lebendigen Systeme sind nicht nur thermodynamische, sie sind auch **kommunikative Systeme**.

Francis CRICK sah mit Recht in der Proteinsynthese im Wesentlichen einen Materie-, Energie- *und* **Informationsfluss**. In diesem Sinn war die Information für ihn eine grundlegende Eigenschaft lebendiger Systeme und damit ein zentraler Begriff in der Biologie. Es ist schwer zu verstehen, dass Francis CRICK trotz dieser richtigen Einschätzung des Lebendigen in seiner Eigenart ein Vertreter des radikalen Physikalismus bleiben konnte, denn der Begriff der Information existiert bekanntlich in der Physik nicht. Es liegt eine gewisse Ironie der Geschichte darin, dass die „Väter der Molekularbiologie" – ursprünglich angetreten, das Phänomen „Leben" auf molekularer Ebene zu erklären – erkennen mussten, dass mit der „molekularbiologischen Revolution" genau das Gegenteil eingetreten ist. Es wird immer deutlicher, dass bei allen Lebensfunktionen Informationsprozesse eine wichtige und unerlässliche Rolle spielen, die ihre eigene Gesetzlichkeit besitzen und ihre eigene Begrifflichkeit erfordern.

Mit der **Information** trat „eine völlig neue Qualität auf, die in der physikalisch-chemischen Begriffswelt, in der von materiellen Wechselwirkungen, von Atomen, Molekülen oder Kristallen, von Energieformen und deren Umwandlungen die Rede ist, nicht vorkommt", hob einst Manfred EIGEN mit Recht hervor (Eigen 1987, S. 151), es sei denn, man entstellt den Informationsbegriff bis zur Unkenntlichkeit und bezeichnet das kohärente Laserlicht als „Informationsquelle", die „die einzelnen Atome" darüber „informiere", „wie sie im Takt zu schwingen haben", und gleichzeitig die Umwelt „über den inneren Zustand des Lasers" (Haken und Haken-Krell 1989, S. 55).

8.1 Die molekularbiologische Revolution und die neue Begrifflichkeit

Die am Anfang des 20. Jahrhunderts durch die Quantentheorie und Relativitätstheorie eingeleiteten „Wandlungen in den Grundlagen der exakten Naturwissenschaft" – so ein Aufsatztitel Werner HEISENBERGs – fanden Mitte desselben Jahrhunderts ihr Pendant auf dem Gebiet der Biologie durch die **molekularbiologische Revolution**, der die Begründung der Kybernetik und mathematischen Informationstheorie vorausgingen. Damit ging ein Umdenken einher, das sich besonders in einer neuen Begrifflichkeit äußerte, die nicht mehr der zeitgenössischen Physik und Chemie, sondern der Technik und Alltagssprache entlehnt war. Termini, wie Information, Programm, Botschaft und Text, Kontrolle, Regelung und Kommunikation, Codierung, Code und Decodierung, Buchstabe, Botschaft und Text, beherrschten fortan den wissenschaftlichen Disput innerhalb der Biologie. Sie werden, und das sollte man niemals vergessen, größtenteils metaphorisch gebraucht. In den 50er-Jahren wurden sie deshalb noch manchmal in Anführungsstriche gesetzt, mit der Zeit dann aber immer weniger und heute gar nicht mehr.

Das Informationskonzept drang Ende der 40er-Jahre in erster Linie über die neu entstandene Denk- und Arbeitsrichtung der Kybernetik in die Biologie ein (Wiener 1948). In diesem Kontext wird der **Informationsbegriff** gewöhnlich operational als *Metapher*,

d. h. in qualitativ-funktionellem, nichtstochastischem Sinn, nach dem, was Information bewirkt, verwendet (Sarkar 2000, S. 208–213; Griffith 2001, S. 394–412; Boniolo 2003, S. 255–273). In dieser Form erwies er sich bei der Beschreibung biologischer Zusammenhänge und Funktionen als „ungeheuer nützlich" (Medawar 1972, S. 51), was zu seiner schnellen Verbreitung nicht unwesentlich beitrug. Der Shannonsche Informationsbegriff als mathematisches *Maß* des Informationstransfers hat sich dagegen in der Biologie als wenig brauchbar erwiesen. Der Versuch Henry QUASTLERs und seiner Mitarbeiter in den 50er-Jahren, also zu einem Zeitpunkt, zu dem die Sequenzierung der Aminosäuren im Protein noch in den Kinderschuhen steckte, über die Spezifizierung der Aminosäuresequenzen innerhalb der Proteine zu einem quantitativen Ausdruck für deren informationelle Eigenschaften zu gelangen (Quastler 1956, S. 41–74), muss als gescheitert betrachtet werden.

In die **Molekularbiologie** war der Informationsbegriff im Jahr 1953 durch EPHRUSSI, LEOPOLD, WATSON und WEIGLE im Zusammenhang mit ihren Untersuchungen zu den Transformations- und Transduktionsvorgängen bei Bakterien eingeführt worden (Ephrussi et al. 1953, S. 701). Eine zentrale Position nahm dabei die Gruppe um Max DELBRÜCK ein, die von Gunther STENT als „die Wiege des Informationsdenkens in der Molekularbiologie" gekennzeichnet wurde (Stent 1968, S. 390–395). Sehr bald sollte der Informationsbegriff auch die Diskussionen auf anderen Gebieten der Biologie, wie der Verhaltens-, Sinnes- und Neurobiologie, beherrschen. Norbert WIENER stellte zusammenfassend fest, dass sich das Darstellungssystem für Organismen von einem materialistischen und energetischen hin zu einem informatischen verschoben habe (Kay 2005, S. 233). François JACOB und Jacques MONOD am Pasteur-Institut in Paris verwendeten ab dem Jahr 1958 in umfangreichem Maß Begriffe aus der Kybernetik, Schaltkreistechnik, Kommunikations- und Informationswissenschaft, um ihre experimentellen Ergebnisse zu interpretieren und in Modelle zur Enzyminduktion (z. B. Operonmodell) umzusetzen.

Diese **neue Sprache** war keineswegs nur Ausdruck einer Modeströmung, sondern Kennzeichen einer neuen Denkweise. MONOD widmete in seinem Buch „Zufall und Notwendigkeit", das national und international ein starkes Echo gefunden hatte, ein ganzes Kapitel der „mikroskopischen Kybernetik" (Monod 1975, S. 68 ff.). In ihm arbeitet er heraus, dass die intrazellulären chemischen Abläufe nur deshalb mit so hoher Effizienz arbeiten können und nicht zum Chaos führen, weil sie durch ein kybernetisches Netz in komplexer Weise miteinander verbunden sind und so die erforderliche „funktionale Kohärenz" erreichen, die wir überall beobachten können. Alle Tätigkeiten, die zum Fortbestand und zur Vermehrung der Zelle beitragen, sind ausnahmslos direkt oder indirekt voneinander abhängig. Auf diese und nur auf diese Weise wird die Zelle zu einer *funktionellen Einheit* (Elementarorganismus, s. Abschn. 3.1), die durch ein komplexes System von Kommunikationen charakterisiert ist.

Damit im Zusammenhang stand eine **epistemologische Wende**, die sich äußerlich in der Umbenennung der „Enzymadaptation" in eine „Enzyminduktion" kundtat (Cohn et al. 1953, S. 1096). Die Induzierbarkeit von Enzymen wird jetzt als Eigenschaft enzymbildender Systeme und nicht als Eigenschaft der Enzyme selbst gesehen, darf also auch „nur

in einem biologischen Bezugsrahmen verwendet werden, nicht in einem chemischen."
Diese Abtrennung des Chemischen vom Biologischen deutet einen tiefgreifenden Wandel im biologischen Denken an und erforderte auch eine neue Einstellung zur Frage des Zweckmäßigen im Lebendigen. Die „alte" Teleologie wurde durch eine Teleonomie, die Zweckursache durch eine Zielgerichtetheit ohne Zielsetzer abgelöst (s. Abschn. 2.10).

Die „**Informationsmetapher** wurde", wie die Wissenschaftshistorikerin Lily E. KAY es einmal ausdrückte, „zu einer allgemeinen sprachlichen Währung" unter den Molekularbiologen und Biochemikern am Ende der 50er-Jahre, gleich, ob sie sich um die Aufklärung des genetischen Codes oder der Proteinsynthese und Enzymregulation bemühten (Kay 2005, S. 260). Man spricht von Informationsspeicherung, Informationsverschlüsselung, Informationsfreisetzung, Informationstransfer und Informationsverarbeitung, ohne sich dabei immer ganz im Klaren zu sein, in welchem Sinn der Informationsbegriff in dem betreffenden Zusammenhang verwendet werden soll. Heinz VON FOERSTER kennzeichnete die Situation einmal als „Fall pathologischer Semantik" (Foerster 1985, S. 99). Paul WEISS und Conrad Hal WADDINGTON hatten schon recht, als sie beanstandeten, dass man die Formulierung des Problems bereits für dessen Lösung halte, wenn man Molekülen in anthropozentrischer Weise die Fähigkeit zur Steuerung und Informationsübertragung zuschreibe (Weiss 1969; Waddington 1975).

Es ist leider richtig, dass der Informationsbegriff in der Literatur mit sehr unterschiedlichem Inhalt und Bezug gebraucht wird, auf der einen Seite im Sinn der klassischen Informationstheorie mit Signal oder Nachricht, in anderen Fällen mit Negentropie, „Bedeutung" einer Nachricht oder auch mit „Spezifität" bzw. schlechthin mit „Wissen". Martin MAHNER und Mario BUNGE unterschieden nicht weniger als sechs verschiedene Bedeutungen des Informationsbegriffs, von denen – nach Meinung der Autoren – für die Biologie keine uneingeschränkt in Frage kommt (Mahner 2000, S. 275 ff.; Bunge und Ardila 1990).

Dessen ungeachtet ist der Informationsbegriff bei manchen Autoren geradezu zum Dreh- und Angelpunkt ganzer Weltanschauungen avanciert. So verstieg sich beispielsweise der Philosoph Bernd-Olaf KÜPPERS zu der Aussage, „dass, trotz aller Komplexitätsunterschiede, sowohl die genetische Molekularsprache als auch die menschliche Sprache Ausdruck ein und desselben universellen Informationsprinzips sind, das für den Aufbau, den Erhalt und die Evolution komplexer Systeme unabdingbar ist" (Küppers 1996, S. 195–219). Ähnlich euphorisch äußerte sich der französische Chemiker Jean-Marie LEHN, der in der von ihm aus der Taufe gehobenen „supramolekularen Chemie" (s. Abschn. 7.7) einen Schlüssel sah, den Graben zwischen dem Lebendigen und Nichtlebendigen „durch eine Art präbiotischen Darwinismus" zu schließen. Er vermutete, dass die langsame, aber kontinuierliche Progression vom Urknall bis zum denkenden Wesen „unter dem Druck der Information" erfolgt sei (Lehn 2007, S. 151–160).

Hintergrundinformationen

In seinem Bemühen, die Elementarteilchenphysik und die Kosmologie aus der Quantentheorie herzuleiten, entwickelte der Physiker und Philosoph Carl-Friedrich VON WEIZSÄCKER seine Theorie

von den „**Urobjekten**", die „durch eine einzige einfache Mess-Alternative", eine „Ja-Nein-Entscheidung", definiert seien. Die Elementarteilchen werden dabei als Komplexe solcher Urobjekte und
damit als ineinander umwandelbar aufgefasst (Weizsäcker 1984, S. 222, 269). Sein Postulat: Alle
Objekte bestehen aus letzten zweidimensionalen Objekten (Urobjekten). Der amerikanische Physiker John Archibald WHEELER entwickelte die Gedanken WEIZSÄCKERS im Sinn einer „**digitalen
Physik**" weiter. Er ging davon aus, dass der Kosmos im Grunde genommen durch Information – hier
im Sinn von Ja-Nein-Entscheidungen, von *bits* – beschreibbar und damit berechenbar sei (**Pancom-
putationalismus**). Diese Anschauung hat in der bekannten *It-from-bit*-Doktrin WHEELERs ihren
markanten Niederschlag gefunden (Wheeler 1990). Es wird die Information unter Vernachlässigung
ihrer syntaktischen, semantischen und pragmatischen „Dimension" im Shannonschen Sinn auf die
Auswahl unter zwei Alternativen, auf Ja-Nein-Entscheidungen reduziert, obwohl von WEIZSÄCKER
auch einmal in einem anderen Zusammenhang mit Recht darauf hingewiesen hat, dass Information
nicht schlechthin, sondern nur dann existiert, wenn seine Botschaft auch von Jemandem verstanden
wird: „Information ist nur, was verstanden wird" (s. Abschn. 8.2). Der australische Philosoph Da-
vid J. CHALMERS sah diese digitale Weltsicht in ihrer Bedeutung nicht auf die Physik beschränkt,
sondern auch als fundamental für die Theorie des Bewusstseins an (Chalmers 1996).

Es kann hier nicht meine Aufgabe sein, die Tragfähigkeit dieser Denkansätze, von denen es in der
Geschichte schon sehr viele gegeben hat, zu bewerten. Es gibt auch ernst zu nehmende Einsprüche
von Physikern gegen sie (Smolin 2005). „Manche Physiker meinen scherzhaft", wie Lee SMOLIN
einmal schrieb, „dass keine Idee zur Quantengravitation auch nur die geringste Chance auf Erfolg
hat, wenn sie nicht verrückt genug ist" (Smolin 1999, S. 327).

Der Gebrauch von **Metaphern** ist keineswegs grundsätzlich verwerflich. Keine Wissenschaft kommt letztlich ohne sie aus. Manche Metaphern, wie Information und Code,
erweisen sich sogar als sehr nützlich, andere aber auch als wenig hilfreich oder gar schädlich, weil sie falsche Bezüge suggerieren. Zu den letzteren zählt die Metapher von der
„Sprache" im Zusammenhang mit dem DNA-Code. George BEADLE sprach davon, dass
die Entzifferung des DNA-Codes zutage gebracht habe, „dass wir im Besitz einer Sprache sind, … die so alt sei wie das Leben selbst" (Beadle und Beadle 1969, S. 215). Die
im Kern niedergelegte genetische Information zeigt keine Merkmale einer Sprache. Es
wäre deshalb ratsam, den Begriff „Sprache" in diesem Zusammenhang nicht weiter zu
benutzen, wie es der Biochemiker Marcel FLORKIN schon 1974 empfohlen hat (Florkin
1974, S. 13). Erfahrungsgemäß sind allerdings Schlagworte in der Wissenschaft äußerst
zählebig.

8.2 Signal, Nachricht und Information

Information ist selbst weder materiell noch energetisch, bedarf aber zu ihrer Über-
mittlung eines materiellen (Papier, Magnetband, Nukleinsäuren etc.) oder energetischen
(Strom, Spannung, Druck etc.) Trägers, den man als **Signal** bezeichnet. Die Signale
besitzen, wie sich MORRIS ausdrückte, jeweils drei „Dimensionen":

- Jedes Signal *ist* etwas: hat Struktur (syntaktische Dimension).
- Jedes Signal *steht für* etwas: hat Bedeutung (semantische Dimension).
- Jedes Signal *besitzt* etwas: hat einen Wert bzw. Zweck (pragmatische Dimension).

Signale sind zunächst nur physikalische Größen, wie beispielsweise Licht- oder Schallwellen, chemische Substanzen, elektrische Impulse etc., und bleiben es auch, solange kein „Empfänger" vorhanden ist, der sie erkennt, ihre Bedeutung erfasst und in entsprechende Reaktionen umsetzt. Man kann deshalb sagen, dass die Information in den Signalen nicht nur in codierter, sondern auch in *latenter* Form vorliegt. Signale sind die materielle Verkörperung *potenzieller* Information, aber nicht die Information selber, die, wie bereits betont, weder materiell noch energetisch ist. Carl Friedrich VON WEIZSÄCKER brachte es auf die Kurzformel: „Information ist nur, was verstanden wird" (Weizsäcker 1984, S. 351). Man darf deshalb im strengen Sinn nicht von „Informationsträgern" schlechthin sprechen, sondern – genauer – nur von Trägern potenzieller Information. Die Lichtimpulse eines Leuchtkäfers werden nur und erst dann zu Signalen, wenn ein Partner zugegen ist, der sie „versteht" und die Botschaft in spezifischer Weise verarbeitet.

Die **Nachrichtenübermittlung** erfolgt in codierter Form mithilfe von Signalen vom „Sender" über einen „Kanal" zum „Empfänger". Mit der Erzeugung einer bestimmten Nachricht auf der Senderseite ist nicht nur eine Codierung der Nachricht, sondern auch ein *Auswahlakt* aus einem Repertoire ebenfalls möglicher Nachrichten verbunden. Ein „Verstehen" der übermittelten Nachricht nach deren Decodierung auf der Empfängerseite setzt ebenfalls einen Auswahlakt voraus. Das bedeutet, dass Sender und Empfänger über dasselbe Repertoire möglicher Nachrichten verfügen, dieselbe „Sprache sprechen" müssen, um eine richtige Zuordnung vornehmen zu können.

Hintergrundinformationen

Die erwachsenen **Grünen Meerkatzen** (Abb. 8.1) verfügen beispielsweise über ein Repertoire von mindestens drei verschiedenen Alarmrufen, die von den Artgenossen „verstanden" und in jeweils richtiger Weise beantwortet werden. Erklingt der Alarmruf, der einen Leoparden ankündigt, so fliehen die Artgenossen auf die Bäume. Erreicht sie der Alarmruf, der einen Adler meldet, so schauen sie zunächst nach oben, um dann so schnell wie möglich im Gebüsch zu verschwinden. Erhalten sie, schließlich, die Meldung, dass eine Schlange gesichtet worden ist, so stellen sich die Tiere auf ihre Hinterbeine, um die Schlange zu suchen und anschließend in ihrem weiteren Verhalten genau zu beobachten (Cheney und Seyfarth 1990). Wird der Adler-Alarmruf eines Gruppenmitglieds vom Tonband abgespielt, so reagieren die Tiere zunächst in gleicher Weise. Sie schauen nach oben, laufen aber nicht gleich weg, weil sie keinen Adler erblicken können, sondern schauen stattdessen den vermeintlichen Rufer an. Wird dieser Versuch mehrfach wiederholt, so verliert die betreffende Meerkatze schließlich ihre Glaubwürdigkeit als Warner. Ihre Rufe werden ignoriert.

Oft werden Information und **Nachricht** synonym verwendet. Das ist nicht richtig. Man kann eine Nachricht erhalten, von der man schon vorher Kenntnis hatte. In dem Fall besitzt sie keinen Neuigkeitswert und damit auch keine Information. Eine Nachricht ist nur dann mit Information verbunden, wenn vor dem Empfang der Nachricht eine gewisse Unsicherheit über den übermittelten Gegenstand geherrscht hat, die mit dem Erhalt der Nachricht

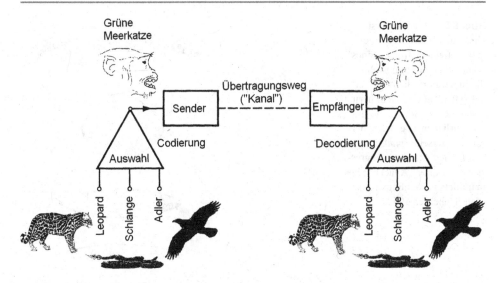

Abb. 8.1 Stationen der Nachrichtenübertragung: Die Grünen Meerkatzen stoßen unterschiedliche Alarmrufe bei Sichtung eines Leoparden, eines Adlers oder einer Schlange aus. Durch sie werden bei den Artgenossen entsprechende Reaktionen ausgelöst. Beim Leopardenruf flüchten sie auf die Bäume, beim Adlerruf schauen sie in die Luft und verstecken sich in den Büschen und beim Schlangenruf stellen sie sich auf die Hinterbeine, um die Bewegung der Schlange zu verfolgen

beseitigt wurde. Nach SHANNON (s. Abschn. 8.3) erhält man mit einer Nachricht umso mehr Information, je weniger man sie erwartet hat. Diese „Subjektbezogenheit" der Shannonschen Information bereitet dem Biologen bei seinen Problemen Schwierigkeiten. Wilhelm KÄMMERER ging sogar so weit, den Begriff der Nachricht mit der Existenz von Bewusstsein zu verknüpfen (Kämmerer 1977, S. 18): „Dass aus einem Signal eine Nachricht wird", so der Jenaer Mathematiker, „verlangt die Mitwirkung eines Bewusstsein besitzenden Individuums [...], dem dieses Signal Veranlassung gibt, sich für eine bestimmte der ihm möglichen Verhaltensweisen zu entscheiden, zu reagieren."

Legt man diese enge, ausschließlich auf den Menschen bezogene Begriffsbestimmung zugrunde, so ist die Verwendung des Begriffs „Nachricht" in der Biologie problematisch, weil wir nicht wissen, ob und – wenn ja – welche Tiere ein Bewusstsein haben. Fest steht, dass den Tieren generell die Fähigkeit zur **sprachlichen Kommunikation** fehlt, die auf einer Grammatik als notwendige Bedingung (N. CHOMSKY) beruht. Im Gegensatz zu den geschlossenen „Rufsystemen" der Tiere, die jeweils aus einem mehr oder weniger umfangreichen Repertoire in ihrer Bedeutung festgelegter Zeichen oder Zeichenkombinationen bestehen, ist die menschliche Sprache offen. Sie macht, wie Wilhelm VON HUMBOLDT es einmal formulierte, unendlichen Gebrauch von endlichen Mitteln. Mit der Sprache kann man Dinge mitteilen, die vorher noch niemand gesagt hat, die vorher noch niemand erfahren hat (Penzlin 1996, S. 1–35).

Abb. 8.2 Attrappenversuche: Im Gegensatz zu einer naturgetreuen Attrappe eines männlichen Stichlings ohne die in der Fortpflanzungszeit auftretende rote Bauchfärbung lösen die vier unteren, völlig unnatürlichen, aber mit einer roten Unterseite (*punktiert*) versehenen Attrappen aggressives Verhalten (Attacken) bei männlichen Stichlingen aus. (Aus Tinbergen 1952)

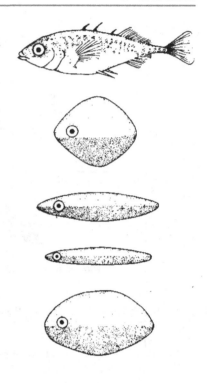

Die geschlossenen **Rufsysteme** der Tiere bedienen sich einer beschränkten Anzahl von Zeichen oder Zeichenkombinationen, die man allgemein als „Signalreize" bezeichnet (Lorenz 1935, S. 137–213). Diese können sehr einfach aber auch hochkomplex sein, wenn man beispielsweise an den Gesang der Vögel denkt. Wichtig für ihre Funktion ist nur, dass sie spezifische Eigenschaften besitzen, die in ihrer Kombination nicht „alltäglich" sind. Für das Männchen des Dreistachligen Stichlings, dessen Bauch sich während der Fortpflanzungszeit rot färbt, ist genau diese Rotfärbung auf der Unterseite bei territorial benachbarten Männchen der Signalreiz und Auslöser für aggressives Verhalten, wie durch Attrappenversuche gezeigt werden konnte (Abb. 8.2). Besäßen alle Stichlinge zu jeder Jahreszeit eine Rotfärbung, könnte der Signalreiz „rot" seine Funktion nicht erfüllen. Der reaktionsrelevante Signalreiz muss vom Empfänger aus vielen gleichzeitig eintreffenden Reizen aufgrund seiner Besonderheiten „herausgefiltert" werden können (Reizfilterung), um ihn in das entsprechende Verhalten umzusetzen. Grundsätzlich können sich die mithilfe der Signalreize übermittelten Nachrichten nur auf das „Hier" und „Jetzt" beziehen. Nachrichten über Vergangenes oder Zukünftiges sind absolut unmöglich.

Konrad LORENZ und Nikolaas TINBERGEN führten in diesem Zusammenhang den Begriff des **Auslösemechanismus** ein, der zwischen der rezeptorischen und der effektorischen Ebene angesiedelt ist, und sprachen von auslösenden „Schlüsselreizen", weil sie wie der Schlüssel ins Schloss zum entsprechenden Auslösemechanismus passen müssen. Jeder Auslösemechanismus besitzt seinen eigenen, nur auf ihn passenden Schlüsselreiz

(Signalreiz). Die Schlüsselreize sind im Verlauf der Evolution so herausselektiert worden, dass sie eine hinreichende Gewähr dafür geben, dass tatsächlich diejenige Umweltsituation vorliegt, in der die von ihnen ausgelöste Verhaltensweise „sinnvoll" erscheint. Die Auslösemechanismen können angeboren sein (angeborener Auslösemechanismus, AAM), können aber auch sekundär durch Erfahrung modifiziert werden (durch Erfahrung modifizierter angeborener Auslösemechanismus, EAAM; Lorenz 1950, S. 221–268; Tinbergen 1950, S. 305–312).

Keineswegs besteht zwischen dem Schlüsselreiz und dem durch ihn ausgelösten Verhalten immer eine mehr oder weniger feste, unveränderliche Beziehung. Die AAMs sind in vielen Fällen alles andere als stereotype Reflexe und die Empfangsstrukturen mehr als ein „Schalter", der nur ein- und wieder abgeschaltet werden kann. Jede Charakterisierung der Tiere als „**Reflexmaschinen**", wie man es in der Vergangenheit nicht selten versucht hat, ist unzutreffend. Auch bei Tieren existieren, wie es Erich VON HOLST an verschiedenen Beispielen überzeugend gezeigt hat, zentrale „Instanzen", in denen aufgrund anderer eintreffender Informationen „entschieden" wird, welche Verhaltensweise in dem Moment unter den jeweiligen Bedingungen freigegeben werden soll, während andere gleichzeitig unterdrückt werden. So können die Antworten in Abhängigkeit vom inneren physiologischen Zustand des Tiers, beispielsweise während der Fortpflanzungszeit, bei Hunger etc., oder in anderem Kontext völlig verschieden ausfallen.

Die **biologische Information** ist in erster Linie Information *für* etwas und nicht *über* etwas. Sie ist im Gegensatz zur strukturellen (entropischen) Information SHANNONs (s. Abschn. 8.3) eine *funktionelle* Information, hat deshalb eine Bedeutung, ist „auf etwas gerichtet", ist zweckbestimmt und damit intentional (Maynard Smith 2000, S. 177–194). Die Reaktion des Empfängers auf das Signal erfüllt i. d. R. eine Funktion im Gesamtgefüge des Organismus. S. BRAKMANN sprach in diesem Zusammenhang von einer „pragmatischen" und Evelyn Fox KELLER von einer „effektiven Information" (Brakmann 1997, S. 133–143; Keller 2011, S. 174–179). Zur Beantwortung der Frage, wie viel der verfügbaren strukturellen Information tatsächlich „effektiv" sei, müsse man, so die Autorin weiter, den materiellen Kontext in Betracht ziehen, in den die Information eingebettet sei. Ob ein Bit an Information effektiv ist oder nicht, hängt entscheidend von der internen Dynamik des betreffenden Systems und seinen Beziehungen zur Umwelt ab. Demgegenüber ist die Shannonsche Information das, „was übrig bleibt, wenn man vom materiellen Aspekt der physikalischen Realität abstrahiert", schrieb Howard RESNIKOFF (Resnikoff 1989).

8.3   Shannons mathematische Theorie der Kommunikation

Das Bemühen, die mit einer Nachricht übertragene Information zu quantifizieren, ist alt, erweist sich aber als außerordentlich schwierig. Man kann nicht behaupten, dass das Problem für den Biologen gelöst sei. Der amerikanische Mathematiker Claude E. SHANNON ging bei seiner bekannten „Mathematischen Theorie der Kommunikation" ausschließlich von den Belangen der Nachrichtentechnik aus, sie ist eine auf die *technischen* Belange der Nachrichtenübertragung ausgerichtete **Kommunikationstheorie** (Shannon und Weaver 1949).

Information hat für SHANNON etwas mit Wahrscheinlichkeit zu tun, denn sie sei „Beseitigung von Ungewissheit". Die Informations*menge*, die man beim Empfang einer bestimmten Nachricht erhält, ihr „Neuigkeitswert", sei umso größer, je weniger man diese Nachricht erwartet habe, d. h. je geringer die *A-priori*-Wahrscheinlichkeit für diese Nachricht beim Empfänger im Vergleich zu anderen, prinzipiell ebenfalls möglichen, vor Empfang gewesen sei.

Zwischen beiden Größen, der **Informationsmenge** I_i einer bestimmten Nachricht x_i und ihrer *A-priori*-Wahrscheinlichkeit $p(x_i)$ herrsche somit ein reziprokes Verhältnis:

$$I_i \sim 1/p(x_i) \quad \left(\sum p(x_i) = 1; \ 0 \le p(x_i) \le 1 \right).$$

Der Informationsgehalt einer Nachricht ist umso größer, je unwahrscheinlicher ihr Eintreffen eingeschätzt wurde. Aus mathematischen Gründen, wie

- Additivität von Informationsmengen,
- Verschwinden von I_i ($I_i = 0$) für $p(x_i) = 1$ (keine *a-priori*-Ungewissheit, sondern Sicherheit),
- $I_i = 1$ für $p(x_i) = 1/2$ (Definition der binären Einheit, des „*Bit*"),

wählte man zweckmäßigerweise einen logarithmischen Zusammenhang mit der Basis 2. Dann lautet die Shannonsche Beziehung für den Informationsgehalt einer Einzelnachricht:

$$I_i = \mathrm{ld}\,\{1/p(x_i)\} = -\mathrm{ld}\,p(x_i).$$

Die Einheit des Informationsgehalts ist das „Bit" (aus „**bi**nary digi**t**" zusammengezogen). Sie entspricht einer Ja-Nein-Entscheidung.

Der **mittlere Informationsinhalt** H pro Signal (auch als Entropie bezeichnet) beträgt dann:

$$H = \sum p(x_i)\mathrm{ld}\,\{1/p(x_i)\} = -\sum p(x_i)\mathrm{ld}\,p(x_i) \quad \text{(Bit pro Signal)}.$$

Sind alle Signale gleich wahrscheinlich: $p(x_1) = p(x_2) = \cdots = p(x_n) = 1/n$, erreicht H sein Maximum:

$$H_{\max} = n(1/n \cdot \mathrm{ld}\,n) = \mathrm{ld}\,n.$$

Man bezeichnet den Ausdruck ld n auch gerne als **Entscheidungsgehalt**, denn er drückt die Anzahl der notwendigen Binärentscheidungen aus, die zur Auswahl einer Nachricht aus den n möglichen erforderlich ist.

In der Shannonschen Informationstheorie ist, wie SHANNON und WEAVER ausdrücklich betonen (Shannon und Weaver 1976, S. 8), der **semantische Aspekt** der Kommunikation irrelevant. Warren WEAVER wies ausdrücklich darauf hin, dass der Informationsbegriff in ihrer Theorie „in einem besonderen Sinne verwendet wird, der nicht mit dem gewöhnlichen Gebrauch verwechselt werden darf" (Shannon und Weaver 1976, S. 18). Insbesondere darf Information nicht mit Bedeutung gleichgesetzt werden. Insofern weicht der Shannonsche Informationsbegriff von dem umgangssprachlichen ab, für den Information immer Information *über* etwas bedeutet, also einen Inhalt hat. „Zwei Nachrichten", fügte er an anderer Stelle erläuternd hinzu, „die eine stark mit Bedeutung behaftet, die andere reiner Unsinn, können im Hinblick auf die Information äquivalent sein" (Weaver 1949, S. 11). Auf die Biologie übertragen heißt das: Völlig verschiedene, aber gleich lange DNA-Abschnitte (Gene) haben im Shannonschen Sinn alle denselben Informationsinhalt unabhängig von ihrer Nützlichkeit oder gar Schädlichkeit.

Hintergrundinformationen
Wenn jedes der vier Nukleotide (A, G, C, T) an jeder beliebigen Stelle der Kette mit gleicher Wahrscheinlichkeit auftreten kann, so erhält jedes Nukleotid

$$I = \mathrm{ld}\,4 = 2$$

zwei Bit Information. Die **Strukturinformation** des bisher kleinsten bekannten Genoms, des endosymbiontisch lebenden Bakteriums *Carsonella ruddii* mit insgesamt etwa 160.000 Basenpaaren (Nakabachi et al. 2006, S. 267) beläuft sich dann auf $3{,}2 \cdot 10^5$ Bit, was allerdings für den Biologen mit keinerlei Aussagewert verbunden ist. Die gleiche Informationsmenge hätte jede der

$$4^{320.000} \approx 10^{200.000}$$

möglichen Frequenzalternativen dieses Moleküls, von denen allerdings nur eine einzige (oder einige wenige) tatsächlich realisiert sein dürfte, d. h. die für das Lebendigsein essenziellen, abrufbaren und „verständlichen" Informationen in codierter Form besitzt.

   Dessen ungeachtet wurde die Kommunikationstheorie von den Biologen, Biophysikern, Genetikern und Vertretern anderer Disziplinen zunächst euphorisch begrüßt, versprach man sich doch von ihr, endlich eine brauchbare Grundlage für die Berechnung biologischer Informationsmengen und -transfers in der Hand zu haben. Harald J. MOROWITZ berechnete den Informationsgehalt einer typischen Bakterienzelle mit $4{,}6 \cdot 10^{10}$ Bit (Morowitz 1955, S. 81). DANCOFF und QUASTLER schätzten den Informationsinhalt eines erwachsenen Menschen auf $5 \cdot 10^{25}$ Bit, wenn sie bei ihren Berechnungen von den Molekülen ausgingen (Dancoff und Quastler 1953, S. 263–273). Legten sie die Atome zugrunde, so erhöhte sich der Wert auf $2 \cdot 10^{28}$ Bit. Schon dieses Beispiel macht deutlich, dass die Shannonsche Information in diesen und ähnlichen Abschätzungen keine objektive Größe darstellt, sondern von der vom Untersucher (also subjektiv) zugrunde gelegten Bezugsebene abhängt. Das trifft auch für RAVEN zu, der den Informationsgehalt eines Säugetiereis mit 10^{15} Bit angab (Raven 1961).
   Bei diesen und ähnlichen Berechnungen bleibt unberücksichtigt, dass man nicht nur Kenntnisse über die Bausteine selbst benötigt, um eine Struktur aufzubauen, sondern auch darüber, welche Position die einzelnen Bausteine im Gesamtgefüge einzunehmen haben. DANCOFF und QUASTLER räumten zwar ein, dass ihre Berechnungen „rohe Approximationen" und „äußerst grob", aber dennoch „besser als keine" seien. Dem hielten APTER

und WOLPERT mit Recht entgehen, dass sie nicht besser als keine – weil irreführend – seien, die falsche Hoffnungen und Einsichten schüren (Apter und Wolpert 1965, S. 244–257). Dasselbe gilt in noch stärkerem Ausmaß für die Bemühungen, die Änderungen des Informationsgehalts im Zusammenhang mit der Ontogenese abzuschätzen. Man kann zusammenfassend schlicht sagen, dass solche und ähnliche Berechnungen für den Biologen uninteressant sind (Oyama 1985).

Sehr bald musste deshalb der anfänglichen Euphorie die Ernüchterung folgen, weil man die engen Grenzen der Theorie, die sich ausdrücklich auf die „syntaktische Dimension" beschränkte, in ihrer Anwendung auf biologische Phänomene erkannte (Johnson 1970, S. 1545–1550). Der litauisch-amerikanische Mikrobiologe Martynas YČAS resümierte deshalb 1961 mit vollem Recht (Yčas 1961, S. 245–258, zit. bei Kay 2005): „Die in der Forschung Tätigen haben von der Informationstheorie Kenntnis genommen, und sie haben eine qualitative Verwendung für einige ihrer Begriffe gefunden; allerdings wurde in der Praxis kein expliziter, und insbesondere kein quantitativer Gebrauch von der Informationstheorie gemacht".

8.4 Information und Entropie

Die Informationsentropie H nach SHANNON (s. Abschn. 8.3)

$$H = -K \sum p_i \ln p_i$$

ist ebenso wie die Boltzmannsche Entropie S (s. Abschn. 5.5)

$$S = -k_B \sum p_i \ln p_i \quad (k_B = \text{Boltzmann-Konstante})$$

eng mit dem Wahrscheinlichkeitsbegriff verknüpft. Über die Frage, ob beide Beziehungen tatsächlich einander entsprechen oder nur formal analog sind, ist viel nachgedacht und geschrieben worden. Die Beantwortung dieser Frage ist für die theoretische Biologie von erheblicher Bedeutung, gestaltet sich aber als sehr schwierig, weil beide Begriffe, die Entropie und die Information, in mehrdeutiger Weise benutzt werden. Ludwig von BERTALANFFY hat sie deshalb als eines der fundamentalsten, ungelösten Probleme in der theoretischen Biologie bezeichnet (Bertalanffy 1968).

Der schottische Physiker James Clerk MAXWELL entwickelte 1871 ein Gedankenexperiment (Abb. 8.3; Maxwell 1871, S. 328). Er stellte sich ein intelligentes „Mikrowesen" (Maxwell-Dämon) vor, das in der Lage sein sollte, jedes einzelne Molekül in zwei zunächst gleichtemperierten, gasgefüllten Kammern A und B, die durch eine nicht wärmeleitende Wand voneinander getrennt sind, in seiner Bahn und Geschwindigkeit zu verfolgen. Immer, wenn sich ein Molekül mit höherer als der mittleren Geschwindigkeit aus der Kammer A der Wand nähert, wurde von ihm eine winzige Klappe für einen kurzen Moment geöffnet, um dem Teilchen den Zutritt in die Kammer B zu gewähren.

Abb. 8.3 Maxwell-Dämon. Erläuterungen im Text. (Nach Lerner 1970)

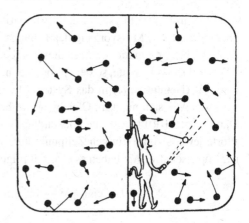

Dasselbe machte er, wenn ein relativ langsames Molekül aus dem Raum B sich der Pforte näherte, um es in den Raum A übertreten zu lassen. Auf diese Weise könnte das Wesen im Widerspruch zum 2. Hauptsatz der Thermodynamik langsam einen Temperatur- und Druckgradient zwischen den beiden Kammern aufbauen, ohne dabei selber Arbeit zu leisten.

In der Folgezeit haben sich viele namhafte Physiker mit dem „Maxwellschen Dämon" beschäftigt. Da der zweite Hauptsatz nur für abgeschlossene Systeme gilt, muss der Dämon in die Berechnungen einbezogen werden. Seine Entropie muss um den Betrag zunehmen, wie die Entropie des Zweikammersystems im Zusammenhang mit dem Aufbau einer Temperaturdifferenz abnimmt. Der polnische Physiker Marian VON SMOLUCHOWSKI (1912) wies zwar nach, dass der Dämon nicht rein mechanisch funktionieren könne, ließ aber noch offen, dass ein „intelligentes" Wesen durchaus imstande sein könnte, den zweiten Hauptsatz zu verletzen.

Der aus Ungarn stammende Physiker Leo SZILARD unterzog bereits in seiner vielbeachteten Habilitationsschrift aus dem Jahre 1929 den Maxwellschen Dämon am Beispiel einer von ihm erdachten idealisierten Wärmekraftmaschine mit einem einzigen Gasmolekül erstmals einer quantitativen Analyse (Szilard 1929, S. 840). Weit vor SHANNON entdeckte er den Zusammenhang zwischen Entropie und Information. Der „mittlere Wert der bei einer Messung erzeugten Entropiemenge" beträgt nach ihm

$$\Delta S = k_B \ln 2.$$

Er reiche, so SZILARD weiter, völlig aus, „die auf der Grundlage der Messung erzielbare Entropieverminderung" zu kompensieren, was viel später von Göran LINDBLAD exakt bestätigt wurde (Lindblad 1974, S. 231–255). Leo SZILARD wandte sich später in den Vereinigten Staaten in Anbetracht der wachsenden „Atommächte" ganz von der „Todeswissenschaft" Physik ab und den „Lebenswissenschaften" zu. Er wurde als „Wander-Professor" bis zu seinem Tod im Jahr 1964 zu einem gefragten, weil äußerst ideen- und kenntnisreichen Gesprächspartner in der aufkommenden Molekularbiologie.

Der französische Physiker Léon BRILLOUIN konzentrierte sich in seinen Überlegungen ebenfalls auf den Messvorgang des Dämons, der nur über einen physikalischen Prozess (z. B. Licht) Informationen über die Moleküle erhalten könne (Brillouin 1951, S. 334–337, 1971). Das bedeute, so der Autor, aber nichts anderes als einen Eintrag von negativer Entropie (**Negentropie**) in das System, denn die Quelle könne nur dann Licht aussenden, wenn sie sich nicht im Gleichgewicht befinde. Aus dieser Negentropie gewinne der Dämon nach BRILLOUIN die notwendige Information, die er seinerseits benutze, um die Pforte jeweils zum richtigen Zeitpunkt kurzfristig zu öffnen, wodurch er wiederum Negentropie schaffe. Wir haben es also mit folgendem Zyklus zu tun:

$$\text{Negentropie} \rightarrow \text{Information} \rightarrow \text{Negentropie}.$$

Da in Übereinstimmung mit dem zweiten Hauptsatz der Verlust an Negentropie in der Lampe stets größer sein muss als der Gewinn durch die Tätigkeit des Dämons (Demers 1944, S. 27), nimmt auch hier die Entropie im System insgesamt zu. Auch Information ist nicht „umsonst" zu haben! Gewinn an Information bedeutet immer Verlust an Entropie, muss also durch Entropiezunahme an anderer Stelle auf Heller und Pfennig bezahlt werden.

Jacques MONOD vermutete in Übereinstimmung mit seinem Kollegen François JACOB, wie es vor ihnen schon Hans DRIESCH (Driesch 1909) und Charles Scott SHERRINGTON (Sherrington 1963, S. 70) in ihren *Gifford Lectures* getan haben, dass es die **Enzyme** seien, und da insbesondere die allosterischen (s. Abschn. 7.10), die im Sinn des Maxwellschen Dämons wirken. Sie, so die Begründung MONODs, „zapfen das chemische Potenzial auf den Wegen an, die das Programm festgelegt hat, dessen Ausführende sie sind" (Monod 1975, S. 67). Ilya PRIGOGINE kritisierte diese Rolle der Enzyme als „mikroskopische Gleichrichter" für Entropieschwankungen zu Recht (Prigogine 1973, S. 561), und Manfred EIGEN stimmte ihm darin zu (Eigen und Winkler 1975, S. 184). Die Enzyme sind insofern nicht richtunggebend, weil sie die Gleichgewichtslage der Reaktionen, deren Umsatz sie beschleunigen, nicht zu verändern vermögen. Sie können also unter bestimmten Bedingungen die Reaktion auch umkehren. Vielleicht ist es falsch, den „Dämon" in spezifischen Komponenten des Organismus zu suchen. Der Dämon ist vielmehr die Essenz lebendiger Systeme, ihre Organisation selbst. So, wie wir nicht zwischen Produzenten und Produkt, Sein und Werden, Struktur und Prozess im Organismus unterscheiden können, so auch nicht zwischen dem Dämon und dem „Rest" des lebendigen Systems.

BRILLOUIN, DEMERS, WIENER u. v. a. identifizieren Information mit Wissen und Entropie mit Nichtwissen, korrelieren also Informationsgewinn mit Negentropie. „Gerade wie der Informationsgehalt eines Systems ein Maß des Grades der Ordnung ist, ist die Entropie eines Systems ein Maß des Grades der Unordnung; und das eine ist einfach das Negative des anderen", hieß es bei Norbert WIENER (Wiener 1963, S. 38). Gilbert N. LEWIS formulierte schon 1930, also weit vor der Begründung einer mathematischen Kommunikationstheorie durch SHANNON und WEAVER, kurz und bündig: *„Gain in entropy means loss of information, and nothing more"* (Lewis 1930, S. 569–577).

Während Leo SZILARD die durch BRILLOUIN vollzogene Analogie zwischen Information und Negentropie begrüßte, wurde sie von SCHRÖDINGER zurückgewiesen (Kay 2005, S. 100). Der Vergleich der obigen Gleichungen für die Shannonsche Informationsentropie H und die Boltzmannsche statistische Entropie S belehrt uns darüber, dass beide Gleichungen auch dem Vorzeichen nach gleich sind. Dieser scheinbare Widerspruch löst sich allerdings auf, worauf Carl Friedrich von WEIZSÄCKER hingewiesen hat (Weizsäcker 1972), wenn man berücksichtigt, dass die Wahrscheinlichkeiten sowohl bei SHANNON als auch bei BOLTZMANN *A-priori*-Wahrscheinlichkeiten repräsentieren, also Wissen, das ich haben könnte, aber noch nicht habe. Stehen hier die Wahrscheinlichkeiten für mögliches, *potenzielles* Wissen, also eine gewisse Form des Noch-nicht-Wissens, so legen BRILLOUIN u. a. ihren Kalkulationen ein faktisches, tatsächlich bereits vorhandenes, *aktuelles* Wissen zugrunde und kommen so zu dem Schluss, dass Information mit Negentropie und nicht mit Entropie gleichzusetzen sei.

Hintergrundinformationen
Neuerdings erhielt die Diskussion um den Maxwell-Dämon im Zusammenhang mit Untersuchungen zur Thermodynamik der Datenverarbeitung eine unerwartete Wendung. PENROSE und – unabhängig von ihm – Rolf LANDAUER von IBM kamen zu dem Resultat, dass nicht jeder Datenverarbeitungsprozess zwangsläufig im thermodynamischen Sinn irreversibel verlaufen muss (Bennett und Landauer 1985). Für viele gilt diese thermodynamische Einschränkung nicht. Demgegenüber ist das Löschen gespeicherter Informationen immer mit Wärmeentwicklung und einem Anstieg der Entropie in der Umgebung verbunden. LANDAUER bezeichnet diesen Prozess deshalb als nicht nur thermodynamisch, sondern auch „logisch irreversibel". Charles H. BENNETT war es, der darauf aufmerksam machte, dass diese neuen Erkenntnisse auch das alte Problem des Maxwell-Dämons in neuem Licht erscheinen lassen. Er resümierte (Bennett 1982, S. 905–940): „Der essentielle irreversible Schritt, der den Dämon daran hindert, den zweiten Hauptsatz zu durchbrechen, ist nicht die Messung (die im Prinzip reversibel durchgeführt werden kann), sondern der irreversible Akt des Löschens der gespeicherten Messwerte, um Raum für einen nächsten Messvorgang zu schaffen." Durch die Tätigkeit des Dämons nimmt tatsächlich die Entropie des Systems ab, aber um den Preis, dass die Speicherkapazität aufgebraucht wird. Das bedeutet, dass von Zeit zu Zeit eine Löschung der gespeicherten Daten erfolgen muss, wobei, wie LANDAUER nachgewiesen hat, Entropie erzeugt und damit die Abnahme mindestens wieder wettgemacht wird.

Das letzte Wort über die Frage, ob beide Entropiebeziehungen, die Shannonsche und die Boltzmannsche, tatsächlich einander entsprechen oder nur formal analog sind, ist wahrscheinlich noch nicht gesprochen. Es bleiben die von dem amerikanischen Biochemiker Jeffrey S. WICKEN erhobenen Bedenken bestehen, dass die Boltzmannsche Entropie eine Zustandsfunktion ist, die bei irreversiblen Prozessen zunimmt, was für die Shannonsche Entropie keineswegs zutrifft. Die Formel für die thermodynamische Entropie, so der Autor weiter, beschreibe die „Im-Prinzip"-Unbestimmbarkeit des zwischen Mikrozuständen fluktuierenden Systems, während diejenige für die informationstheoretische Entropie die *A-priori*-Ungewissheit einer *Struktur* beschreibe (Wicken 1986, S. 22–36). Er plädiert deshalb dafür, zwischen einer thermodynamischen (makroskopischen) und einer strukturell-funktionellen (mikroskopischen) Entropie zu unterscheiden. Dabei kämen jedem Organismus *beide* Entropien zu, als thermodynamisch offene Nicht-Gleichgewichtssysteme die thermodynamisch-makroskopische und als informationell geschlossene Systeme die strukturell-mikroskopische.

8.5   Die interzelluläre Kommunikation

Keine Zelle kann auf Dauer in völliger Isolierung von ihrer Umgebung existieren. Sie ist nicht nur auf einen Stoff- und Energieaustausch angewiesen, sondern muss auch in der Lage sein, lebenswichtige Signale aus ihrer Umgebung aufzunehmen und zu verarbeiten. Das gilt schon für einzellige Prokaryoten (Bakterien) und Eukaryoten (Hefezellen), die auf Änderungen ihres Milieus in angemessener Weise schnell reagieren müssen, um zu überleben.

Das **Bakterium** *Escherichia coli* reagiert beispielsweise nicht nur auf den pH-Wert und die Temperatur seiner Umgebung, sondern auch auf 50 verschiedene Substanzen, besitzt aber nur vier Rezeptortypen (Ames 2002, S. 7060–7065). Verschiedene Bakterien geben Signalstoffe, sog. **Autoinduktoren**, an ihre Umgebung ab, die von den Artgenossen „wahrgenommen" werden können. Die Konzentration dieses Stoffs steigt zwangsläufig mit der Populationsdichte an. Werden bestimmte Grenzwerte überschritten, so werden über spezifische membranständige Proteinrezeptoren intrazelluläre Mechanismen in Gang gesetzt, die zu typischen Verhaltensänderungen, wie Änderung der Mobilität, Sporenbildung etc., führen können. Man spricht vom sog. *Quorum sensing*.

Hintergrundinformationen
Solche und ähnliche Beispiele einer chemischen Kommunikation sind bereits bei Einzellern weit verbreitet. Paarungsbereite haploide **Hefezellen** (*Saccharomyces cerevisiae*) scheiden einen Paarungsfaktor (*mating factor*) aus, der Zellen des anderen Paarungstyps veranlasst, ihr Wachstum einzustellen und die Paarung zu vollziehen. Kollektive **Amöben** (*Dictyostelium discoideum*) scheiden, wenn die Nahrung im Medium knapp wird, einen Botenstoff (in diesem Fall ist es zyklisches Adenosinmonophosphat, cAMP) aus, der die benachbarten Zellen chemotaktisch anlockt. Die Zellen aggregieren in einem Zentrum, ohne miteinander zu verschmelzen, und bilden ein sog. Pseudoplasmodium, das sich später in einen Sporenträger umwandeln kann (s. Abschn. 10.14).

Bei den vielzelligen Organismen erreicht die interzelluläre Kommunikation eine neue Dimension. Das ganzheitliche Agieren und Reagieren der vielen, vielen Zellen in einem höheren Organismus setzt ein hochkomplexes Netz aufeinander abgestimmter und kontrollierter Interaktionen zwischen den Zellen und Organen als eine *conditio sine qua non* voraus.

In der überwiegenden Mehrzahl der Fälle erfolgt der Informationstransfer zwischen den Zellen über den chemischen „Kanal", d. h. mithilfe chemischer Substanzen unterschiedlicher Komplexität, den sog. Mediatoren oder **Signalstoffen**. Zu ihnen zählen Proteine, kleinere Peptide, Aminosäuren, Nukleotide, Steroide, Retinoide und Fettsäurederivate, ja sogar – wie beispielsweise im peripheren vegetativen Nervensystem – gelöste Gase, wie Stickstoffmonoxid (NO) und Kohlenmonoxid (CO). Die Signalstoffe erfüllen ihre zentralen Funktionen nicht dadurch, dass sie chemische Reaktionen eingehen, sondern dass sie sich vorübergehend mit ihren spezifischen, komplementären **Rezeptor-molekülen** nichtkovalent verbinden, die dadurch in ihren Eigenschaften verändert werden. Signalmolekül und Rezeptorprotein müssen wie „Schlüssel und Schloss" zueinander passen. Die Rezeptorproteine binden „ihren" spezifischen Liganden i. d. R. mit hoher Affinität ($K_a \geq 10^8$ L · mol^{-1}). Das menschliche Genom enthält über 1500 Gene, die für Rezeptorproteine codieren. Deren Anzahl wird durch alternatives Spleißen des primären RNA-Transkripts und posttranslationale Modifikation nochmals wesentlich erhöht.

In den meisten Fällen wirken die Signalstoffe bereits in sehr niedrigen Konzentrationen von weniger als 10^{-8} mol/L. Da sie oft hydrophil sind, können sie die Zellmembran der Zielzelle nicht passieren. Das bedeutet, dass sie nur an solchen Target-Strukturen (Zielzellen) wirksam werden können, die die entsprechenden Rezeptorproteine an ihrer Oberfläche präsentieren. Eine Ausnahme bilden kleine, lipophile (hydrophobe) Substanzen, wie beispielsweise die Steroidhormone und Retinoide. Sie passieren die Zellmembran und binden direkt an intrazelluläre Rezeptorproteine, die im inaktiven Zustand gewöhnlich an einen inhibitorischen Proteinkomplex gebunden vorliegen. Bei Bindung eines Liganden trennt sich dieser Komplex vom Rezeptor, wobei dessen Fähigkeit, die Transkription bestimmter Gene zu steuern, verändert wird. Der Rezeptor ist also in diesem Fall gleichzeitig Effektor.

Signalstoffe müssen folgende Kriterien erfüllen:

1. Sie sind etwas (syntaktischer Aspekt), nämlich chemische Moleküle mit spezifischer Struktur (Form), die vom „Sender" produziert und i. d. R. kontrolliert abgegeben werden.
2. Sie gelangen über eine mehr oder weniger große Distanz (oft als „Kanal" bezeichnet) zum „Empfänger" (Rezeptor).
3. Sie werden vom Rezeptor aufgrund ihrer komplementären Struktur „erkannt" und gehen mit ihm vorübergehend eine nichtkovalente Bindung ein.
4. Sie werden anschließend vom Rezeptor *funktionell* „beantwortet" (semantischer und pragmatischer Aspekt).
5. Sie müssen nach gewisser Zeit wieder beseitigt werden können, damit die Empfangsstrukturen nicht dauerhaft in ihrer Empfangskompetenz blockiert bleiben.

Man könnte den Eindruck gewinnen, dass die Signalstoffe – nach deren Bindung an den „passenden" membranständigen Rezeptor – der Zielzelle „Anweisungen" erteilen. In diesem Sinn interpretiert man den Gesamtvorgang gern als **Informationstransfer**. Die mit dem Signal transportierte Information soll zunächst lediglich latent vorliegen (potenzielle Information) und wird erst in dem Moment „effektiv", wenn sich ein entsprechender Empfänger in Form eines Rezeptors findet, der die Information „erkennt" und funktionell – d. h. im Sinn des Gesamtsystems, von dem er ein Teil ist – umsetzt („interpretiert"; Jablonka 2002, S. 578–605). Das bedeutet: Die potenzielle Information wird zur aktuellen.

Dabei darf man allerdings nicht aus dem Auge verlieren, dass die vom Signal ausgelöste „Antwort" weder energetisch noch stofflich vom Signal, sondern einzig und allein von der „Empfängerzelle" bestimmt wird. Deren Zustand kann sich rhythmisch oder auch sprunghaft unter dem Einfluss anderer Eingangssignale ändern. Das geht schon daraus hervor, dass dieselbe Wirkung auch von einem ganz anderen Stoff als dem natürlichen Liganden ausgelöst werden kann, wenn er nur die Fähigkeit besitzt, an den Rezeptor anzudocken. Man denke beispielsweise an die sog. „Mimetica" der Pharmakologie. Das vielleicht bekannteste „Parasympathomimeticum" an den postganglionären Neuronen ist das Nicotin, also ein vom natürlichen Liganden, dem Acetylcholin, völlig verschiedener Stoff.

Andererseits kann ein und dasselbe Signalmolekül an verschiedenen Zellen – vorausgesetzt sie haben den entsprechenden Rezeptor – ganz unterschiedliche Reaktionen hervorrufen. Das Acetylcholin löst beispielsweise an der Herzmuskelfaser eine Erniedrigung der Schlagfrequenz und Kontraktionskraft, an Speicheldrüsenzellen dagegen eine Steigerung der Sekretionsaktivität aus. Das Hormon Insulin fördert in den Muskel- und Fettzellen durch vermehrten Einbau von Glucosetransportern in die Zellmembran die Glucoseaufnahme, während es in den Leberzellen durch Aktivierung des Enzyms Glucokinase zur vermehrten Glykogensynthese kommt. Der Neurotransmitter Noradrenalin schließlich, steigert die Schlagkraft und Frequenz des Herzens, erniedrigt aber die Spannkraft der glatten Muskulatur in den Gefäßen und Bronchien. Dabei fällt auf, dass die verschiedenen Effekte desselben Signals zusammengenommen – aus der Sicht des Organismus – oft erstaunlich **synergistisch** ausfallen.

Die Signalstoffe wirken – streng genommen – nicht „informativ", sondern lediglich „induktiv". Sie übermitteln keine Botschaft aus einem Repertoire mit bestimmter Wahrscheinlichkeit ebenfalls möglicher, die zunächst codiert und dann wieder decodiert wird. Da jedes Rezeptorprotein sich jeweils nur mit *einem* natürlichen, zu ihm „passenden" Liganden verbinden kann, gibt es auf Empfängerseite auch keine „Ungewissheit" zwischen verschiedenen, ebenfalls möglichen Nachrichten, die bei Bindung des Signalstoffs beseitigt werden können. Es gibt nur die Zustände „Signal anwesend" oder „Signal nicht anwesend". Die Signalmoleküle wirken deshalb schlicht als **Auslöser** einer bestimmten Reaktion in der Empfängerzelle. Die Rezeptormoleküle können deshalb in ihrer Funktion am ehesten mit einem elektronischen **Schalter** verglichen werden. Die Verwendung der Terminologie aus der Informationstheorie ist also immer metaphorisch zu verstehen, was man nicht vergessen sollte, um unnötige Missverständnisse zu vermeiden.

Im einfachsten Fall werden die Signalstoffe von der sie produzierenden Zelle nicht abgegeben, sondern lediglich an der Oberfläche „präsentiert". Ein Signaltransfer kann dann nur bei **direktem Kontakt** mit der Zielzelle zustande kommen. Ein solcher kontaktabhängiger Signaltransfer ist besonders im Rahmen der Immunantwort und während der Embryonalentwicklung (s. Abschn. 10.3) von großer Bedeutung. In besonderen Fällen können die „präsentierenden" Zellen durch Ausbildung langer Fortsätze auch weiter entfernte Zellen erreichen.

In der Mehrzahl der Fälle werden die Signalmoleküle jedoch kontrolliert freigesetzt. Die Mediatoren können sich innerhalb des Interstitiums durch Diffusion ausbreiten, bleiben dann aber in ihrer Wirkung mehr oder weniger auf die unmittelbare Nachbarschaft

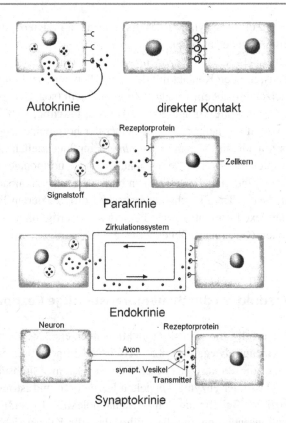

Abb. 8.4 Verschiedene Formen des interzellulären Signaltransfers. Bei der Autokrinie ist die Zelle gleichzeitig Sender und Empfänger. Bei der Parakrinie diffundiert der Signalstoff durchs Interstitium, um zur Empfängerzelle mit den entsprechenden membranständigen Rezeptoren zu gelangen. Die Reichweite ist sehr gering. Bei der Endokrinie werden die Signalstoffe (Hormone) der zirkulierenden Flüssigkeit (Blut, Lymphe) übergeben, mit deren Hilfe sie sich im ganzen Organismus ausbreiten können. Die Reichweite ist sehr groß. Bei der Synaptokrinie bildet die Senderzelle (Neuron) einen langen Ausläufer (Axon) und erreicht auf diese Weise die Empfängerzelle. Der Signalstoff (Transmitter) wird in den schmalen Synapsenspalt hinein abgegeben. Schließlich gibt es noch den Signaltransfer von einer zur benachbarten Zelle über den direkten Kontakt (*rechts oben*)

ihres Freisetzungsorts beschränkt (Abb. 8.4). Man spricht von einer **Parakrinie**. Sind Sender- und Empfängerzelle identisch, handelt es sich um eine **Autokrinie**. Die Mediatoren können aber auch durch Konvektion, d. h. gemeinsam mit einem Flüssigkeitsstrom (Blut- oder Lymphkreislauf bei Tieren bzw. über das Xylem und Phloëm bei höheren Pflanzen) im Organismus verbreitet werden und so weiter entfernte Zielorte erreichen (**Endokrinie**). Gewöhnlich werden in mehrzelligen Organismen von einer Zelle auch jeweils nur ein Signalstoff (Hormon, Wachstumsfaktor etc.) und nicht eine Vielfalt verschiedener freigesetzt. So werden beispielsweise die drei Hormone der Langerhans-Inseln im Pankreas in drei verschiedenen Zelltypen synthetisiert, das Glucagon in den α-, das Insulin in den β- und das Somatostatin in den δ-Zellen.

Einen Sonderfall stellen die Nervenzellen (Neuronen) der Tiere dar. Sie bilden lange Fortsätze (Axone) aus, um den Kontakt mit den Zielzellen herbeizuführen. Zwischen der Sender- und der Zielzelle bleibt ein winziger Zwischenraum (sog. Synapsenspalt), in den hinein der Mediator (Transmitter) freigesetzt wird (**Synaptokrinie**; Abb. 8.4). Der wesentliche funktionelle Vorteil der neuronalen gegenüber der hormonalen Signaltransmission besteht darin, dass mit ihr die Nachricht *einzelnen* Empfängerzellen zugeführt werden kann, sie ist „individuell adressiert". Demgegenüber ist die hormonale Signaltransmission „gruppenadressiert". Individuelle Adressaten bilden die unverzichtbare Voraussetzung und Grundlage für die für Tiere so charakteristischen differenzierten Bewegungsabläufe sowie für die komplexe Informationsverarbeitung in netzartig miteinander verknüpften Neuronenpopulationen (Gehirnen). Ohne sie wäre das komplexe Verhalten der höheren Tiere nicht denkbar.

8.6   Signaltransduktion durch membranständige Rezeptorproteine

Im einfachsten Fall erfolgt die Signaltransduktion über ein Zweikomponentensystem (**Zwei-Komponenten-Signalweg**; Abb. 8.5; Tetsch und Eitner 2012, S. 42–48), das in seiner Verbreitung auf die Prokaryoten beschränkt ist. Das membranständige Rezeptorprotein gehört zur Klasse der enzymgekoppelten Rezeptoren und ist meistens mit einer Histidinkinase assoziiert. Bei Bindung eines Signalmoleküls (Ligand) erfährt das Protein eine Konformationsänderung, die dazu führt, dass die Kinase sich selbst an einem Histidinrest phosphoryliert. Die Phosphatgruppe wird anschließend unmittelbar an den Aspartatrest eines intrazellulären Botenproteins weitergegeben, das dadurch in die Lage versetzt wird, mit der DNA zu interagieren und auf diese Weise die Genexpression zu steuern. Auch der chemotaktischen Antwort der Bakterien auf einen Lock- bzw. Schreckstoff liegt ein solches Zweikomponentensystem zugrunde (Baker et al. 2006, S. 9–22). Dabei bindet das phosphorylierte intrazelluläre Botenprotein allerdings nicht an die DNA, sondern an den Geißelmotor und zwingt ihn zur Rotation.

Bei den Eukaryoten gestaltet sich die Signaltransduktion wesentlich komplexer. Man unterscheidet drei Klassen **membranständiger, ligandengesteuerter Rezeptoren** (Transmembranproteine), die sich in ihrer Art der Signalübertragung unterscheiden:

1. G-Protein-gekoppelte Rezeptoren (GPCR),
2. Enzymgekoppelte Rezeptoren,
3. Ionenkanalgekoppelte Rezeptoren.

Bei den Tieren sind die G-Protein-gekoppelten Rezeptoren am weitesten verbreitet. Beim Menschen sind nicht weniger als 800 verschiedene GPRC bekannt. Die Hälfte von ihnen ist im Rahmen des Geruchssinns von zentraler Bedeutung. Ein Drittel reagiert auf

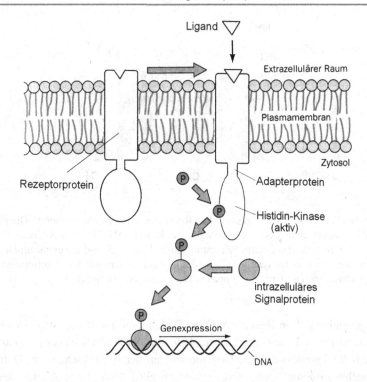

Abb. 8.5 Zweikomponentensystem der Signaltransduktion bei Bakterien. Erläuterungen im Text. (Nach Tetsch und Eitner 2012, verändert, mit freundlicher Genehmigung)

hormonähnliche Botenstoffe. Manche empfangen auch Lichtreize und Geschmacksstoffe. Bei den Pflanzen fehlen GPRC. Sie besitzen hauptsächlich enzymgekoppelte Rezeptoren vom Serin/Threonin-Typ.

Die **G-Protein-gekoppelten Rezeptoren** (GPCR; Abb. 8.6) bestehen aus einer einzigen Polypeptidkette, die die Plasmamembran insgesamt siebenfach in Form transmembraner α-Helices mit 22–24 hydrophoben Aminosäuren durchspannt (Pierce et al. 2002, S. 639–650). Das N-terminale Ende des Proteins befindet sich auf der Außenseite und das C-terminale auf der Innenseite der Membran. Die Liganden der GPCR gehören den verschiedensten Stoffklassen an. Nach Bindung eines spezifischen Liganden regulieren die Rezeptoren über ein aus drei unterschiedlichen Untereinheiten (α, β, γ) zusammengesetztes (also heterotrimeres) GTP-Bindungsprotein (kurz: **G-Protein**) die Aktivität eines mit der Membran verbundenen Zielproteins (Neves et al. 2002, S. 1636–1639; Luttrell 2006, S. 3–49). Das kann ein Ionenkanal oder ein Enzym sein. Je nach ihrer Wirkung unterscheidet man verschiedene G-Proteine: das Adenylatcyclase-stimulierende G_s-, das Adenylatcyclase-inhibierende G_i- und das Phospholipase-C-stimulierende G_q-Protein. Alle sind heterotrimer und können den gleichen $\beta\gamma$-Komplex besitzen, unterscheiden sich aber in ihrer α-Untereinheit.

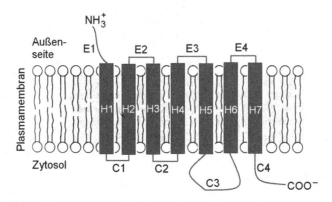

Abb. 8.6 Schema eines G-Protein-gekoppelten Rezeptors in der Plasmamembran. Die Peptidkette durchspannt die Membran insgesamt siebenmal mit α-Helices (H1–H7). Das N-terminale Ende des Peptids liegt extrazellulär, das C-terminale intrazellulär. E1 bis E4 sind die extrazellulären und C1 bis C4 die intrazellulären Schleifen. Die C3-Schleife ist gemeinsam mit dem C-terminalen Segment für die Wechselwirkung mit dem angekoppelten G-Protein verantwortlich

Die **enzymgekoppelten Rezeptoren** sind Proteine mit meist nur einer einzigen α-helikalen Transmembrandomäne pro Untereinheit. Auf der Außenseite der Plasmamembran befindet sich die ligandenbindende Domäne und auf der zytosolischen eine Domäne, die entweder selbst katalytisch wirkt oder direkt an ein Enzym gekoppelt ist, dessen Aktivität sie kontrolliert. In den meisten Fällen handelt es sich dabei um Proteinkinasen, die bestimmte Proteine phosphorylieren (kovalente Modifikation durch reversible Proteinphosphorylierung, s. Abschn. 7.9).

Unter den enzymgekoppelten Rezeptoren sind bei den Tieren die **Rezeptor-Tyrosinkinasen** (RTK) am häufigsten (Schlessinger 2000, S. 211–225). Sie besitzen nur ein einziges Transmembransegment und sind im inaktiven Zustand monomer. Bei Bindung eines Liganden erfolgt deshalb die Signaltransduktion von der Außen- zur Innenseite der Membran nicht durch Konformationsänderung, sondern durch Zusammenlegung zweier benachbarter Monomeren zu einem Dimer (Dimerisierung). Dabei phosphorylieren sie wechselseitig ein bis drei Tyrosinreste ihrer zytoplasmatischen Tyrosinkinasedomänen (Kreuzphosphorylierung; Abb. 8.7; Yaffe 2002, S. 177–186). Das hat zwei Effekte zur Folge: 1. wird die Aktivität der Tyrosinkinasedomäne selbst erhöht und 2. werden durch Phosphorylierung von Tyrosinresten außerhalb der Domäne hochaffine Andockstellen für Signalproteine geschaffen, die entweder bereits durch ihre Andockung oder erst nach ihrer Phosphorylierung ebenfalls aktiv werden. Die angedockten Signalproteine bilden einen Komplex, von dem Signale zu den verschiedensten Zielorten innerhalb der Zelle ausgehen können.

Bei den Pflanzen überwiegen die **Rezeptor-Serin-/Threonin-Kinasen**. Eine besondere Gruppe dieser Kinasen zeichnet sich dadurch aus, dass sie in ihrer extrazellulären Domäne viele tandemartig miteinander verbundene, leucinreiche Wiederholungen aufwei-

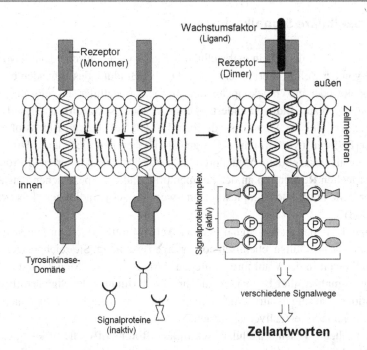

Abb. 8.7 Rezeptor-Tyrosinkinase (RTK): Bei Bindung eines Liganden (z. B. eines Wachstumsfaktors) erfolgt eine Dimerisierung und Autophosphorylierung des Rezeptors. Das in dieser Weise phosphorylierte Rezeptordimer bindet zelluläre Proteine, die dadurch aktiviert werden. Nähere Erläuterungen im Text

sen und deshalb als leucinreiche Wiederholungsrezeptorkinasen (LRR-Rezeptorkinasen) bezeichnet werden. Überraschend ist, dass die Brassinosteroide, eine wichtige Gruppe pflanzlicher Wachstumsregulatoren, nicht – wie die tierischen Steroidhormone – ins Zellinnere vordringen, sondern bereits an der Zelloberfläche an eine LRR-Rezeptorkinase binden und von dort aus eine Signalkaskade zur Regulierung spezifischer Gentranskriptionen in Gang setzen.

Die **ionenkanalgekoppelten Rezeptoren** – schließlich – sind Teil eines Ionenkanals, der von mehreren Untereinheiten gebildet wird. Er erfährt bei Bindung eines Liganden (z. B. eines Neurotransmitters) eine Konformationsänderung, wodurch sich der Kanal kurzfristig – d. h. im Millisekundenbereich – öffnet: ionophorischer Rezeptor. Handelt es sich speziell um Kationenkanäle (z. B. für K^+), resultiert gewöhnlich eine Abnahme des Membran-Ruhepotenzials (Depolarisation) und damit eine erregende (exzitatorische) Wirkung, sind es Chloridkanäle, so entsteht umgekehrt eine Hyperpolarisation und damit eine Erregungshemmung. Ionenkanalgekoppelte Kanäle spielen im Nervensystem eine zentrale Rolle.

8.7   Intrazelluläre Signalkaskaden

Die Antwort einer Zelle auf ein extrazelluläres Signal hängt entscheidend davon ab, wie das Signal von der Zelle „interpretiert" wird. Die bei Bindung des Liganden über G-Protein-gekoppelte oder enzymgekoppelte Rezeptoren intrazellulär ausgelösten Ereignisse führen gewöhnlich zur Bildung mindestens eines kleinen „**sekundären**" **Signalstoffs** (*second messenger*), der die Signalkaskade fortführt. Die sekundären Botenstoffe reichern sich in der Zelle an (Verstärkung des Signals!) und breiten sich durch Diffusion aus. Sie fungieren als intrazelluläre Mediatoren, die zwischen den aktivierten G-Protein- bzw. enzymgekoppelten Rezeptoren an der Zellmembran und den spezifischen Antworten innerhalb der Zelle in oft hochkomplexer, keineswegs immer geradliniger Weise vermitteln (Krauss 2008).

Zwischen dem chemischen Signal und der Antwort durch den Empfänger (Funktion) besteht keine zwangsläufige, chemisch notwendige Beziehung. Sie zeichnet sich vielmehr durch eine Freiheit in der Wahl ihrer Mittel aus (Abschn. 7.10). Man kann die Rezeptorproteine als **Signalwandler** betrachten, die ihre durch Bindung des Signalstoffs erfahrene Konformationsänderung in intrazelluläre Signale bzw. Signalkaskaden umwandeln, an deren Ende ein verändertes Zellverhalten steht.

Man kennt heute vier intrazelluläre **sekundäre Botenstoffe**, die in komplexer Weise voneinander abhängen und über die wichtige Schritte des Wachstums und Stoffwechsels reguliert werden (Abb. 8.8).

1. die cyclischen Nukleotide: cyclisches Adenosin-3′,5′-monophosphat (cAMP) und cyclisches Guanosin-3′,5′-monophosphat (cGMP),
2. das Inositol-1,4,5-triphosphat (IP₃),

Abb. 8.8 Die vier wichtigsten organischen sekundären Botenstoffe

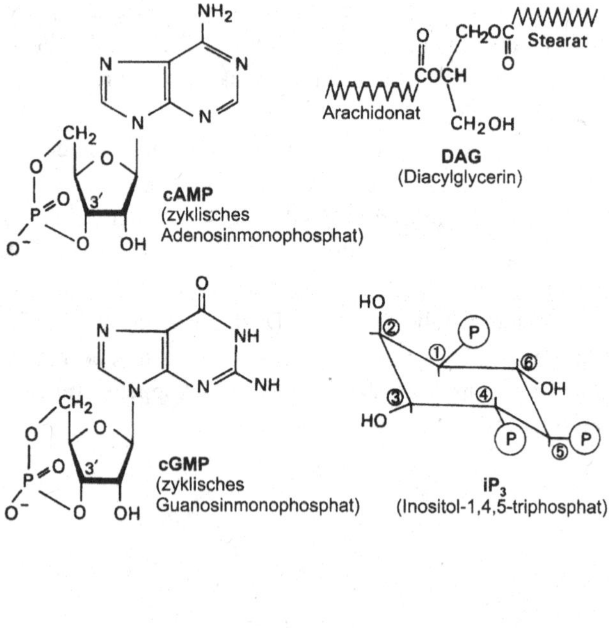

3. das Diacylglycerin (DAG),
4. das Kalziumion (Ca^{2+}).

Während die cyclischen Nukleotide, das Kalzium und das IP_3 aufgrund ihrer Wasserlöslichkeit ins Plasma diffundieren können, verbleibt das lipidlösliche DAG-Molekül innerhalb der Plasmamembran. Pflanzen nutzen cGMP und Ca^{2+} ebenfalls als sekundären Botenstoff, aber überraschenderweise kein cAMP.

Die Konzentration der **Kalziumionen** wird im Zytoplasma durch Ca^{2+}-Pumpen, Ca^{2+}-ATPasen und Ca^{2+}-bindende Moleküle auf sehr niedrigem Niveau ($< 2 \cdot 10^{-7}$ mol/L) gehalten. Sie ist im extrazellulären Raum, im endoplasmatischen Retikulum und in den Mitochondrien um Größenordnungen höher. Geringfügige Änderungen der Membranpermeabilität führen deshalb zu massiven Ca^{2+}-Einströmen ins Plasma, die Konzentration steigt an, was wiederum verschiedene Folgeprozesse auszulösen vermag.

cAMP-Signalkaskade

Viele **G-Protein-gekoppelten Rezeptoren** (GPCR) (s. Abschn. 8.6) werden über eine kurzfristige Änderung des intrazellulären cAMP-Spiegels wirksam: cAMP-Signalkaskade. Bei Ligandenbindung erleidet der GPCR eine Konformationsänderung, die dazu führt, dass die α-Untereinheit des mit ihm gekoppelten heterotrimeren G-Proteins (Abb. 8.9) ihr gebundenes GDP gegen GTP austauscht, was wiederum zur Folge hat, dass sich die α-Untereinheit und die $\beta\gamma$-Untereinheit des G-Proteins funktionell und in vielen Fällen auch räumlich voneinander trennen, sodass anschließend beide Untereinheiten unabhängig voneinander mit verschiedenen Zielproteinen (Enzymen, Ionenkanälen etc.) in Wechselwirkung treten können. Auf diese Weise können zahlreiche intrazelluläre Signalwege aktiviert werden, darunter auch solche, die ursprünglich von enzymgekoppelten Rezeptoren in Gang gesetzt worden waren. Da die α-Untereinheit selber eine GTPase-Aktivität besitzt, die durch Bindung an ein für sie spezifisches GTPase-aktivierendes Protein (GAP) noch gesteigert werden kann, hydrolysiert die α-Untereinheit ihr eigenes GTP, sodass sie nur kurze Zeit aktiv bleibt.

In vielen Fällen bindet die mit GTP beladene α-Untereinheit mit hoher Affinität an das Enzym Adenylatcyclase, das die Synthese von cAMP aus ATP katalysiert und durch diese Bindung aktiviert wird: **Adenylatcyclase-stimulierendes $G_{s\alpha}$-Protein**. In anderen Fällen wirkt das G-Protein inhibierend: **Adenylatcyclase-inhibierendes $G_{i\alpha}$-Protein**. Die Adenylatcyclase ist ein Transmembranprotein mit seiner katalytischen Domäne auf der Zytosolseite. Das entstandene cAMP kann ebenso schnell wie es entsteht durch eine cAMP-Phosphodiesterase zu Adenosin-5′-monophosphat hydrolysiert und damit wieder „außer Gefecht" gesetzt werden.

Das **cyclische AMP** (cAMP) ist ein polarer, frei diffundierender „sekundärer Botenstoff" von zentraler Bedeutung. Über ihn kann eine Vielzahl zellulärer Ereignisse gesteuert werden. In sehr vielen Fällen werden von ihm cAMP-abhängige Proteinkinasen [Proteinkinase A (PKA)] aktiviert. Sie übertragen das endständige Phosphat vom ATP auf die Hydroxylgruppe eines Serin- oder Tyrosinrests eines Substratproteins (oft sind es

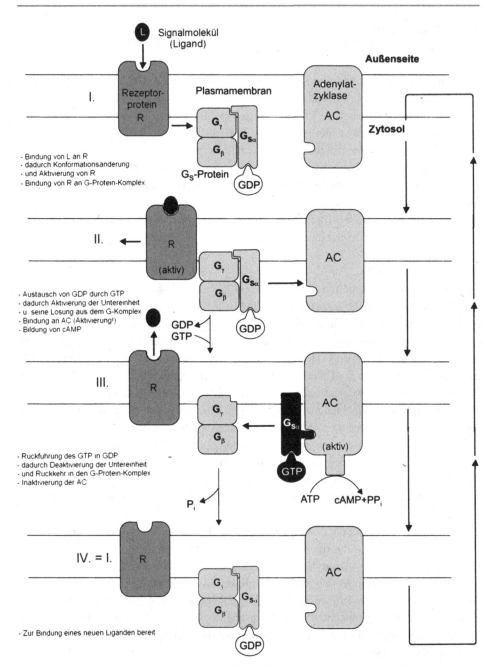

Abb. 8.9 Die cAMP-Signalkaskade. Nähere Erläuterungen im Text. (In Anlehnung an Lodish et al. 1996; mit freundlicher Genehmigung)

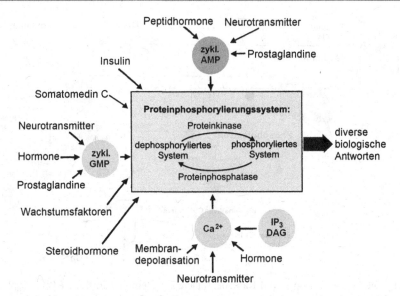

Abb. 8.10 Kovalente Modifikation durch reversible Proteinphosphorylierung: Viele Signalproteine innerhalb der Zelle fungieren wie molekulare Schalter. Sie werden entweder durch eine Phosphorylierung mithilfe einer Proteinkinase aktiviert und durch Dephosphorylierung mithilfe einer Proteinphosphatase wieder inaktiviert oder auch umgekehrt durch Dephosphorylierung aktiviert und durch Phosphorylierung inaktiviert. (In Anlehnung an Nestler und Greengard 1984)

Enzyme), wodurch dessen biologische Aktivität entweder erhöht oder vermindert wird. Mithilfe einer Proteinphosphatase kann das Protein anschließend wieder in seinen ursprünglichen Zustand zurückversetzt werden: **kovalente Modifikation** durch reversible Proteinphosphorylierung (s. Abschn. 7.9; Abb. 8.10). Diese Proteine verhalten sich wie **molekulare Schalter**, die je nach Bedarf an- und wieder abgeschaltet werden können (Pawson und Scott 2005, S. 286–290). Sie nehmen nicht nur im Rahmen der cAMP-Signalkaskade, sondern auch der Inositol-Phospholipid- und Ras-Signalkaskade eine zentrale Position ein.

Ein erhöhter cAMP-Spiegel kann auch die Transkription bestimmter Gene aktivieren. Verschiedene **cAMP-abhängige Gene** weisen in ihrer Regulatorregion sog. „*cAMP responsive elements*" (CRE) auf. Das sind kurze DNA-Sequenzen, die von einem spezifischen Regulatorprotein, dem CRE-Bindeprotein (CREB), erkannt werden. Eine einzige Phosphorylierung von CREB führt zur Aktivierung und zur Förderung der Transkription des betreffenden Gens.

Inositol-Phospholipid-Signalkaskade
Im Gegensatz zur cAMP-Signalkaskade kann die Inositol-Phospholipid-Signalkaskade sowohl über G-Protein-gekoppelte Rezeptoren (GPCR) als auch über Rezeptor-Tyrosinkinasen (RTK) in Gang gesetzt werden. Die Ligandenbindung am Rezeptor führt hier

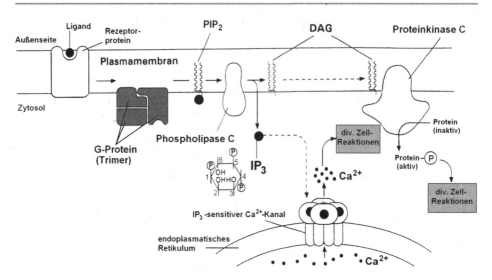

Abb. 8.11 Die Inositol-Phospholipid-Kaskade. Nähere Erläuterungen im Text. *PIP$_2$* Phosphatidylinositol-4,5-biphosphat, *IP$_3$* Inositol-1,4,5-triphosphat, *DAG* 1,2-Diacylglycerin. (Nach Lodish et al. 1996, verändert, mit freundlicher Genehmigung)

nicht zur Aktivierung einer Adenylatcyclase, sondern einer Phospholipase C (Phosphoinositidase). Dieses membrangebundene Enzym spaltet PIP$_2$ (Phosphatidylinositol-4,5-biphosphat), ein Phospholipid der Zellmembran, in IP$_3$ (Inositol-1,4,5-triphosphat) und 1,2-Diacylglycerin (DAG; Abb. 8.11).

Das **wasserlösliche IP$_3$** ist ein sekundärer Botenstoff. Er diffundiert ins Zytosol, wo er an IP$_3$-abhängige **Ca^{2+}-Kanäle** in der Wand des Ca^{2+}-reichen endoplasmatischen Retikulums bindet, die daraufhin geöffnet werden (ligandengesteuerter Ionenkanal!). Die damit eingeleitete Erhöhung der zytosolischen Ca^{2+}-Konzentration löst, nach Bindung an ein kleines Protein (Calmodulin), weitere Prozesse in der Zelle aus (Ca^{2+} als „tertiärer" Botenstoff). Dabei spielen die Ca^{2+}-/Calmodulin-abhängigen Enzyme (vielfach sind es wiederum Proteinkinasen!) eine zentrale Rolle.

Das **DAG** ist, wie das IP$_3$, ein sekundärer Botenstoff (Carrasco und Mérida 2007, S. 27–36), der allerdings im Gegensatz zum IP$_3$ nicht wasserlöslich ist und deshalb in der Membran verbleibt, von wo aus er die zytosolische Proteinkinase C (PKC) aktiviert, wenn die Ca^{2+}-Konzentration im Zytosol durch die Wirkung des IP$_3$ angestiegen ist. Die Proteinkinase C phosphoryliert – wie die Proteinkinase A – Serin- und Threoninreste mithilfe von ATP.

Ras-Signalkaskade

Die sog. Ras-Kaskade – schließlich – geht von **Rezeptor-Tyrosinkinasen** (RTK) aus. Eine Ligandenbindung löst bei diesen Rezeptoren eine Dimerisierung und Kreuzphosphorylierung der zytosolischen Protein-Tyrosinkinase(PTK)-Domäne aus (Abb. 8.7). Das auf diese Weise aktivierte Enzym führt zur Ausbildung weiterer Phosphotyrosine am Molekül,

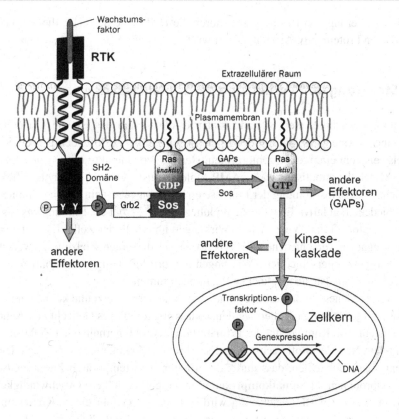

Abb. 8.12 Die Ras-Signalkaskade. Nähere Erläuterungen im Text. (Aus Voet et al. 2010, mit freundlicher Genehmigung)

die als Andockstelle für verschiedene intrazelluläre Signalproteine dienen. Die Bindung erfolgt in den meisten Fällen über eine hochkonservierte SH2-Domäne. Unter den angedockten Proteinen kann beispielsweise auch eine Phospholipase C sein, durch die die Inositol-Phospholipid-Signalkaskade aktiviert wird.

In verbreiteten Fällen wird bei Bindung eines extrazellulären Liganden (z. B. eines Wachstumsfaktors) an die Rezeptor-Tyrosinkinase ein an der Innenseite der Plasmamembran verankertes, monomeres G-Protein (eine GTPase), das sog. **Ras-Protein**, aktiviert. Dieser Vorgang geschieht allerdings nicht direkt, sondern über einen Grb2-SOS-Komplex (Grb = *growth factor receptor bound protein*). Beide Komponenten des Komplexes sind so fest miteinander verknüpft, dass sie fast nur als Komplex vorkommen. Der Grb2-Anteil des Komplexes, der fast ausschließlich aus einer SH2-Domäne besteht, bindet an das phosphorylierte Rezeptorprotein, während der SOS-Anteil an das Ras-Protein bindet, das daraufhin das vom ihm gebundene GDP gegen ein GTP austauscht und dadurch aktiviert wird. Von dem aktivierten Ras-Protein nimmt anschließend eine lineare Kaskade von Proteinkinasen ihren Ausgang, die schließlich im Kern endet, wo verschiedene Transkriptionsfaktoren durch Phosphorylierung aktiviert werden können (Abb. 8.12). Die

Wiederinaktivierung von Ras geschieht durch die Hydrolyse des GTP, die von GTPase-aktivierenden Proteinen (GAP) unterstützt wird.

8.8   Steuerung und Vernetzung der Signalkaskaden

Innerhalb der verschiedenen Signalkaskaden erfolgt – und das ist von großer Bedeutung – eine enorme **Verstärkung** des zunächst schwachen auslösenden Reizes. So kann beispielsweise ein einziges Rezeptorprotein *viele* G-Proteine aktivieren, jedes Adenylat-cyclase-Molekül synthetisiert *viele* cAMP-Moleküle usf. So wird eine hohe Effektivität bei gleichzeitiger Abstimmung der Prozesse erreicht. Da außerdem eine bestimmte Kinase verschiedene regulative Enzyme zu modulieren vermag, hat die Bindung des Liganden an den Rezeptor oft eine Vielzahl von Wirkungen innerhalb der Zelle. Es kann auch der gleiche Ligand in verschiedenen Zelltypen oder an derselben Zielzelle zu verschiedenen Zeiten ganz unterschiedliche Wirkungen hervorrufen. Umgekehrt können auch unterschiedliche Signalstoffe zu gleichen Reaktionen führen.

Die verschiedenen Signalkaskaden sind untereinander vernetzt und können in vielfältiger Weise auf jeder Stufe reguliert werden, sodass ein komplexes Geflecht von Abhängigkeiten entsteht. Die Komplexität des **Informationsnetzes** innerhalb einer Zelle ist enorm. Sie steht dem Netz der Stoffwechselwege (s. Abschn. 7.6) in keiner Weise nach. Hier wie dort kann man beobachten, dass durch dauerhaften oder temporären Zusammenschluss von Signalproteinen zu **Signalkomplexen** eine wesentlich höhere Geschwindigkeit und Effektivität erreicht wird. Gleichzeitig wird dadurch die Gefahr einer „Kreuzkommunikation" zwischen verschiedenen Signalwegen weitgehend unterbunden. Oft bilden sich solche temporären Komplexe um den durch Bindung eines Signalstoffs aktivierten Rezeptor.

Als Beispiel kann die Rezeptor-Tyrosinkinase (RTK) dienen (Abb. 8.7). Durch die Dimerisierung und Kreuzphosphorylierung (s. Abschn. 8.6) werden

1. die Kinaseaktivität des Rezeptors selbst erhöht und
2. mehrere Andockstellen geschaffen, an die verschiedene intrazelluläre Signalproteine binden können, die schon dadurch oder erst durch nachfolgende Phosphorylierung ebenfalls aktiviert werden.

Auf diese Weise wird vorübergehend auf „Knopfdruck" ein Komplex aktivierter Signalstoffe gebildet, von dem eine Vielzahl von Signalen über unterschiedliche Routen zu verschiedenen Zielstrukturen geschickt wird.

Eine weitere Parallele zwischen den intrazellulären Stoffwechsel- und Signalnetzwerken besteht darin, dass hier wie dort **Rückkopplungsschleifen** eine wichtige Rolle spielen. Positive Rückkopplungsschleifen haben zunächst nur den Effekt, die Antwort auf ein Signal zu erhöhen. Bei Überschreitung eines Schwellenwerts kann es allerdings geschehen, wie Modelluntersuchungen gezeigt haben, dass die Stärke der Antwort „schlagartig" auf ein höheres Niveau springt und dort weiterhin verharrt (Ferrell 2002, S. 140–148). Es kann sogar sein, dass es auf diesem Niveau auch dann noch verharrt, wenn die Signalstärke bereits wieder unter den Schwellenwert abgefallen ist. Man spricht in solchen Fällen von **bistabilen Systemen**. Solche An-Ausschalt-Ereignisse in Abhängigkeit von der Signalstärke spielen mit großer Wahrscheinlichkeit in der Embryonalentwicklung im Zusammenhang mit der Differenzierung von Geweben im Gradientenfeld eines Morphogens (s. Abschn. 10.11) eine wichtige Rolle.

Negative Rückkopplungen führen gewöhnlich zur Verminderung und Verkürzung der Antworten auf ein Signal, was zur Verminderung der Störanfälligkeit des betreffenden Systems beitragen kann. Eine verzögerte negative Rückkopplung kann allerdings auch zu **Oszillationen** führen, wie man sie nicht selten antrifft.

8.9   Der genetische „Informationstransfer" und die Embryogenese

Zur Kennzeichnung der genetischen Information hat sich innerhalb der Molekularbiologie frühzeitig der Begriff der **Spezifität** eingebürgert. Bereits im Jahr 1953, d. h. im Jahre der Einführung des Informationsbegriffs in die Molekularbiologie, definierte Henry QUAST-LER die Information als „Maß der Spezifität" (Quastler 1953, S. 167–181). Dem schlossen sich der aus Russland emigrierte Physiker George GAMOW, der Mikrobiologe Martynas YČAS (Lederberg 1956, S. 162), J. LEDERBERG (Lederberg 1956, S. 161–169) u. a. später an: Information ist das, so die Autoren, was man heute „Spezifität" nennt. Francis CRICK übernahm 1958 im Rahmen seiner Formulierung des „zentralen Dogmas der Molekularbiologie" (s. Abschn. 9.10) diese Interpretation der Information als „Spezifizierung der Aminosäuresequenz des Proteins" (Crick 1958, S. 138–163).

Die Einführung des Begriffs der Spezifität anstelle der Information hatte insofern seine Berechtigung, weil die Basensequenz in den Nukleinsäuren für sich genommen noch keine Information repräsentiert. Spezifität bezieht sich auf die real existierende und messbare Frequenz der Bausteine im Makromolekül, während auf die Existenz von Information nur aus der durch sie eingeleiteten Reaktion *rückgeschlossen* werden kann. Die in der DNA potenziell vorhandene Information tritt über den komplexen Transkriptions- und Translationsapparat, an dem eine Unzahl verschiedener Zellkomponenten beteiligt ist, erst mit dem Moment in Erscheinung, wird zur „aktuellen", wenn spezifische Empfangsstrukturen (Rezeptoren) die in den Signalproteinen enthaltene Botschaft „verstehen" und funktionell umzusetzen vermögen. Ohne funktionelle Umsetzung am Empfänger gibt es auch keine Information. Information ist nur, wie schon einmal hervorgehoben, was verstanden wird, schrieb Carl Friedrich VON WEIZSÄCKER einmal (Weizsäcker 1984, S. 351).

Im Prozess der **Transkription** (s. Abschn. 9.5) wird die molekulare Spezifität der DNA lediglich auf die RNA kopiert mit der Besonderheit, dass alle T durch U ersetzt werden. Bei der sich anschließenden **Translation** (s. Abschn. 9.7) ist es nicht viel anders. Es wird lediglich die Spezifität der mRNA in die Spezifität einer Polypeptidkette „übersetzt", worauf der Ausdruck „Translation" bereits hinweist. Es fehlt bei beiden Vorgängen ein spezifischer Empfänger, der die potenzielle Information funktionell umsetzt und zur aktuellen macht. Einer der Väter der Molekularbiologie, der Franzose André M. LWOFF, kam schon vor fünfzig Jahren zu der Feststellung, dass sich der Begriff der „genetischen Information" für den Biologen auf „eine gegebene aktuelle Struktur oder Ordnung des Erbmaterials und nicht auf die negative Entropie dieser Struktur" beziehe (Lwoff 1962, S. 94). Mario BUNGE fügte in diesem Zusammenhang hinzu (Mahner und Bunge 2000, S. 280): „Genetische Information bezieht sich weder auf die Nachrichtenübermittlung noch auf die Bedeutung im semantischen Sinne noch auf Wissen noch auf Kommunikation." Wenn man auch weiterhin an dem Begriff der „genetischen Information" festhalten möchte – und das wird höchstwahrscheinlich so sein – dann sollte man diese Einschränkung nicht aus dem Auge verlieren.

Im Hinblick auf die Embryonalentwicklung (**Ontogenese**) kann man wohl davon ausgehen, dass das adulte Tier einen höheren Informationsinhalt besitzt als die befruchtete Eizelle, die Zygote. RAVEN gab den Informationsinhalt des Säugetiereies mit 10^{15} Bit und den des adulten Menschen mit 10^{25} Bit an (Raven 1961). Das Problem dabei ist aber, dass auf der Grundlage der Shannonschen Informationstheorie (s. Abschn. 8.3.) die Menge der Information bei ihrer Umsetzung nur weniger werden oder im Grenzfall (ohne Störung) gleichbleiben, aber nicht zunehmen kann. Während ELSASSER daraus den Schluss zog, dass die Entwicklung nicht mit den Gesetzen der Physik erklärt werden könne (Elsasser 1958), sah RAVEN in der Entwicklung einen Vorgang der Decodierung der im Ei von den Eltern (als Informationsquelle) niedergelegten Information. Der höhere Informationsgehalt des adulten Menschen, so RAVEN, rekrutiere sich aus redundanter Information, während die „spezifische Information" unverändert bleiben soll.

Wir haben es hier mit einer interessanten Neuauflage der Epigenese-Präformation-Kontroverse (s. Abschn. 10.1) zu tun. Während ELSASSER auf einem epigenetischen Standpunkt verharrte, denn er ging davon aus, dass der Informationsinhalt während der Ontogenese real zunehmen müsse, fiel RAVEN auf eine präformistische Position zurück, indem er konstatierte, dass die „spezifische Information" nicht zunehme. Das Problem beider Autoren bestand darin, dass der Shannonsche Informationsbegriff, von dem beide ausgingen, völlig ungeeignet ist für eine Anwendung auf ontogenetische Prozesse, in der es um Interaktionen, um die Entwicklung von Komplexität und Organisation geht. Die Strukturen sind das Resultat *zellulärer* Aktivitäten. Deshalb schlussfolgern APTER und WOLPERT völlig zu Recht, dass die Bemühungen, die Shannonsche Informationstheorie auf die Ontogenese anzuwenden, gescheitert sind. Sie waren „entweder fehlerhaft, bedeutungslos oder trivial" (Apter und Wolpert 1965, S. 244–257).

Literatur

Ames P et al (2002) Collaborative signalling by mixed chemoreceptor teams in Escherichia coli. Proc Natl Acad Sci 99:7060–7065

Apter MJ, Wolpert L (1965) Cybernetics and development. I. Information theory. J Theor Biology 8:244–257

Baker MD, Wolanin PM, Stock JB (2006) Signal transduction in bacterial chemotaxis. BioEssays 28:9–22

Beadle G, Beadle M (1969) Die Sprache des Lebens. Eine Einführung in die Genetik. S. Fischer Verlag, Frankfurt a. M., S 215

Bennett CH (1982) The thermodynamics of computation – a review. Int J Theor Physics 21:905–940

Bennett CH, Landauer R (1985) Grundsätzliche physikalische Grenzen beim Rechnen. Spektrum der Wissenschaft (September)

v Bertalanffy L (1968) General System Theory. George Braziler, New York

Boniolo G (2003) Biology without information. Hist Philos Life Sci 25:255–273

Brakmann S (1997) On the generation of information as motive power for molecular evolution. Biophys Chem 66:133–143

Brillouin L (1951) Maxwell's Demon cannot operate: Information and entropy I. J Appl Phys 22:334–337

Brillouin L (1971) Science and information theory, 2. Aufl. Academic Press Inc., New York

Bunge M, Ardila R (1990) Philosophie der Psychologie. JCB Mohr, Tübingen

Carrasco S, Mérida I (2007) Diacylglycerol, when simplicity becomes complex. Trends Biochem Sci 32:27–36

Chalmers DJ (1996) The conscious mind. Oxford Univ. Press, New York

Cheney DL, Seyfarth RM (1990) How monkeys see the world. Inside the mind of another species. Univ. Chicago Press, Chicago

Cohn M, Monod J, Pollock MR, Spiegelman S, Stanier RY (1953) Terminology of enzyme formation. Nature 172:1096

Crick F (1958) On protein synthesis. Symp Soc Exp Biol 12:138–163

Dancoff SM, Quastler H (1953) The information content and error rate of living things. In: Quastler H (Hrsg) Information Theory in Biology. University of Illinois Press, Urbana, S 263–273

Demers P (1944) Les démons de Maxwell et le second principle de la thermodynamique. Cand J Research A 22:27

Driesch H (1909) Philosophie des Organischen. Quelle und Meyer, Leipzig

Eigen M (1987) Stufen zum Leben. Die frühe Evolution im Visier der Molekularbiologie. Piper Verlag, München, Zürich, S 151

Eigen M, Winkler R (1975) Das Spiel. Naturgesetze steuern den Zufall. R. Piper, München, S 184

Elsasser WM (1958) The physical foundation of biology. Pergamon Press, London

Ephrussi B, Leopold U, Watson JD, Weigle JJ (1953) Terminology in bacterial genetics. Nature 171:701

Ferrell JE Jr (2002) Self-perpetuating states in signal transduction: positive feedback, double-negative feedback and bistability. Curr Opin Cell Biol 15:140–148

Florkin M (1974) Concepts of molecular biosemiotics and molecular evolution. Elsevier Scientific, New York, S 13

v Foerster H (1985) Sicht und Einsicht. Vieweg Verlag, Braunschweig, S 99

Griffith PE (2001) Genetic information: A metaphor in search of a theory. Philos Sci 68:394–412

Haken H, Haken-Krell M (1989) Entstehung von biologischer Information und Ordnung. Wissenschaftliche Buchgesellschaft, Darmstadt, S 55

Jablonka E (2002) Information: Its interpretation, its inheritance and its sharing. Philos Sci 69:578–605

Johnson HA (1970) Information theory in biology after 18 years. Science 168:1545–1550

Kämmerer W (1977) Kybernetik. Wissenschaftliche Taschenbücher. Akademie-Verlag, Berlin, S 18

Kay LE (2005) Das Buch des Lebens. Wer schrieb den genetischen Code? Suhrkamp Taschenbuch Wissenschaft, Bd. 1746. Suhrkamp, Frankfurt a. M., S 233

Keller EF (2011) Towards a science of informed matter. History and Philosophy. Biol Biomed Sci 42:174–179

Krauss G (2008) Biochemistry of signal transduction and regulation, 4. Aufl. Wiley-VCH, Weinheim

Küppers B-O (1996) Der semantische Aspekt der Information und seine evolutionsbiologische Bedeutung. Nova Acta Leopoldina NF 294:195–219

Lederberg J (1956) Comments on the gene-enzyme relationship. In: Gaebler OH (Hrsg) Enzymes: Units of biological structure and function. Academic Press, New York, S 161–169

Lehn J-M (2007) From supramolecular chemistry towards constitutional dynamic chemistry and adaptive chemistry. Chem Soc Rev 36:151–160

Lerner AJ (1970) Grundzüge der Kybernetik, 2. Aufl. Verlag Technik, Berlin

Lewis GN (1930) The symmetry of time in physics. Science 71:569–577

Lindblad G (1974) Measurements and information for thermodynamic quantities. J Stat Phys 11:231–255

Lodish et al (1996) Molekulare Zellbiologie, 2. Aufl. de Gruyter Verlag, Berlin, New York

Lorenz K (1935) Der Kumpan in der Umwelt des Vogels. J Ornithol 83:137–213

Lorenz K (1950) The comparative method in studying innate behaviour patterns. Symp Soc Exp Biol 4:221–268

Luttrell LM (2006) Transmembrane signalling by G-protein-coupled receptors. Methods Mol Bio 332:3–49

Lwoff A (1962) Biological order. MIT-Press, Cambridge, S 94

Mahner M, Bunge M (2000) Philosophische Grundlagen der Biologie. Springer Verlag, Berlin, Heidelberg, S 275

Maxwell JC (1871) Theory of heat. Longmans, Green and Co., London, S 328

Maynard SJ (2000) The concept of information in biology. Phil Sci 67:177–194

Medawar PB (1972) Die Kunst des Lösbaren. Reflexionen eines Biologen. Vanderhoeck, Göttingen, S 51

Monod J (1975) Zufall und Notwendigkeit. Philosophische Fragen der modernen Biologie. Deutscher Taschenbuch Verlag, München

Morowitz HJ (1955) Some order-disorder considerations in living systems. B Math Biophys 17:81

Nakabachi A et al (2006) The 160-kilobase genome of the bacterial endosymbiont Carsonella. Science 314:267

Nestler, Greengard (1984)

Neves SR, Ram PT, Iyengar R (2002) G protein pathways. Science 296:1636–1639

Oyama S (1985) The ontogeny of information. Cambridge Univ. Press, Cambridge

Pawson T, Scott JD (2005) Protein phosphorylation in signaling – 50 years and counting. Trends Biochem Sci 30:286–290

Penzlin H (1996) Gehirn – Bewusstsein – Geist: Zur Stellung des Menschen in der Welt. In: Haase G, Eichler E (Hrsg) Wege und Fortschritte der Wissenschaft. Akademie Verlag, Berlin, S 1–35

Pierce KL, Premont RT, Lefkowitz RJ (2002) Seven-transmembrane receptors. Nat Rev Mol Cell Biol 3:639–650

Prigogine I (1973) Time, irreversibility and structure. In: Mehra J (Hrsg) The Physicists Conception of Nature. D. Reidel Publishing, Dodrecht, Boston, S 561

Quastler H (1953) Feedback mechanisms in cellular biology. In: v Foerster H (Hrsg) Cybernetics, 9th Conference Josiah Macy Foundation. New York, S 167–181

Quastler H (1956) The measure of specifity. In: Yockey HP (Hrsg) Symposium on information theory in biology. Pergamon Press, New York, S 41–74

Raven CP (1961) Oogenesis: The storage of developmental information. Pergamon Press, London

Resnikoff HI (1989) The illusion of reality. Springer Verlag, New York

Sarkar S (2000) Information in genetics and developmental biology. Philos Sci 67:208–213

Schlessinger J (2000) Cell signaling by receptor tyrosine kinases. Cell 103:211–225

Shannon CE, Weaver W (1949) The mathematical theory of communication. Univ. Illinois Press, Urbana

Shannon CE, Weaver W (1976) Mathematische Grundlagen der Informationstheorie. Oldenburg Verlag, München (S 8,18)

Sherrington C (1963) Man on his nature. Cambridge Univ. Press, Cambridge, S 70

Smolin L (1999) Warum gibt es die Welt? Die Evolution des Kosmos. Verlag C. H. Beck, München

Smolin L (2005) Quo vadis quatum mechanics? The frontiers collection. Springer Verlag, Heidelberg

Stent G (1968) That was the molecular biology that was. Science 160:390–395

Szilard L (1929) Über die Entropieverminderung in einem thermodynamischen System bei Eingriffen intelligenter Wesen. Z Physik 53:840

Tetsch L, Eitner P (2012) Wie Bakterien ihre Umwelt wahrnehmen. Biol Unserer Zeit 42:42–48

Tinbergen N (1950) The hierarchical organization of nervous mechanisms underlying instinctive behaviour. Symp Soc Exp Biol 4:305–312

Tinbergen (1952) Instinktlehre. Parey, Berlin

Voet D et al (2010) Lehrbuch der Biochemie, 2. Aufl. Wiley VCH, Weinheim

Waddington CH (1975) The evolution of an evolutionist. Edinburgh Univ Press, Edinburgh

Weaver W (1949) The mathematics of communication. Sci Am 181:11

Weiss P (1969) The living system: Determinism stratified. In: Koestler, Smythies (Hrsg) Beyond reductionism. London

von Weizsäcker CF (1972) Evolution und Entropiewachstum. Nova Acta Leopoldina 37(1):206

von Weizsäcker CF (1984) Die Einheit der Natur, 4. Aufl. Deutscher Taschenbuch Verlag, München, S 351

Wheeler JA (1990) Information, physics, quantum: The search for links. In: Zurek WH (Hrsg) Complexity, entropy, and the physics of information. Addison-Wesley, Redwood City

Wicken JS (1986) Entropy and evolution: Ground rules for discours. Syst Zool 35:22–36

Wicken JS (1987) Evolution, thermodynamics, and information. Oxford Univ. Press, Oxford

Wiener N (1948) Cybernetics or control and communication in the animal and the machine. Massachusetts Institute of Technology, Cambridge

Wiener N (1963) Kybernetik. Regelung und Nachrichtenübertragung im Lebewesen und in der Maschine, 2. Aufl. Econ-Verlag, Düsseldorf, Wien, S 38

Yaffe MB (2002) Phosphotyrosine-binding domains in signal transduction. Nature Rev 3:177–186

Yčas M (1961) Biological coding and information Theory. In: Lucas HL (Hrsg) The Cullowhee Conference on Training in Biomathematics. North Carolina Stage Colleg, Raleigh, S 245–258 (Zitat bei Kay L E: Das Buch des Lebens. Suhrkamp Taschenbuch Wissenschaft 1746, 2005)

Spezifität

9

*Alle Lebewesen machen von einem universellen genetischen
Code, einer universellen biochemischen Maschinerie sowie von
makromolekularen Syntheseprodukten, die nach universellen
Strukturprinzipien organisiert sind, Gebrauch
(Manfred Eigen, 1987).*

Inhaltsverzeichnis

Im sechsten Kapitel dieses Buchs haben wir den organisierten Metabolismus als die Daseinsweise lebendiger Systeme bezeichnet. Organisiert ist der Stoffwechsel im Hinblick auf seine eigene Erhaltung im Strom der Zeit gegen alle destruktiven Kräfte. Eine solche ganzheitlich orientierte dynamische, funktionelle Ordnung erfordert zu ihrer *selbsttätigen* Aufrechterhaltung nicht nur einen permanenten Stoff- und Energie-, sondern auch einen **Informationsumsatz**. Während der Organismus die notwendigen Stoffe und die Energie in seiner Umgebung findet, muss er die notwendigen Informationen aus sich selbst, aus seinem Genom schöpfen. Lebewesen repräsentieren nur im thermodynamischen Sinn offene Systeme, in informationeller Hinsicht sind sie geschlossen.

9.1   Proteine bedürfen zu ihrer Neubildung einer Matrize

Die Proteine sind die zentralen „intelligenten", funktionstragenden Moleküle (s. Abschn. 7.5), ohne die der Zellstoffwechsel nicht denkbar wäre. Keine andere Stoffklasse verfügt aufgrund ihrer variablen Anzahl und Abfolge (Sequenz) der sie aufbauenden Aminosäuren über eine so hohe Mannigfaltigkeit an dreidimensionalen Molekülstrukturen (Konformationen). In der langen Evolution wurden aus der schier unendlich großen Anzahl theoretisch möglicher Varianten diejenigen „herausgezüchtet", deren Konformation eine hinreichende Stabilität besaß und fähig war, sich vorübergehend mit bestimmten Partnern mit hoher Spezifität und Affinität über nichtkovalente Bindungen zu vereinigen. Nur so können die Proteine ihre vielfältigen zellulären Funktionen erfüllen. „*The ,actual' is an exceedingly small part of the ,possible' only*", schrieb JACOB (Jacob 1982).

Eine typische Zelle benötigt Tausende verschiedener Proteine, um am Leben zu bleiben. Diese zentrale Stellung der Proteine für das Leben hat zu der Anschauung geführt, in den Proteinen (der Name deutet bereits darauf hin!) die ursprünglichen und elementaren Träger des Lebens schlechthin zu sehen. Friedrich ENGELS kennzeichnete in seinem „Antidühring" das Leben „als die Daseinsweise der Eiweißkörper" (Engels 1975, S. 75). Auch Sir Charles SHERRINGTON sah in den Proteinen „*the very basis of the cell*" (Sherrington 1963, S. 71).

Ein Problem für jeden Organismus besteht darin, dass die Proteine – wie alle anderen Zellkomponenten auch – einer ständigen Degradation unterliegen und deshalb ebenso kontinuierlich wieder nachgeliefert werden müssen (**Protein-Turnover**, s. Abschn. 5.3). Die Halbwertszeiten eukaryotischer Proteine sind relativ niedrig. Sie liegen zwischen 30 Sekunden und einigen Tagen. Die Neusynthese der Proteine muss nicht nur mit hinreichender Geschwindigkeit, sondern auch mit hoher Präzision geschehen, denn es ist von entscheidender Bedeutung, dass die Proteine – um ihrer Funktion in der Zelle gerecht werden zu können – jeweils in der *richtigen* Aminosäuresequenz (Primärstruktur) bereitgestellt werden. Das kann aber nicht mehr von Enzymen allein geleistet werden, weil die zu knüpfenden Peptidbindungen (Abb. 7.11) zwischen den Aminosäureresten einer Polypeptidkette sich nicht unterscheiden, unabhängig von den beteiligten Aminosäuren.

Wie dieses Problem von der Zelle gelöst wird, musste bis in die Mitte des vergangenen Jahrhunderts unverstanden bleiben. Der russische Biochemiker Alexander OPARIN betont bei seinen Überlegungen zur Entstehung des Lebens auf unserer Erde zu Recht, dass „die Ordnung der Aminosäurereste" nicht zufällig entstehen könne, flüchtete sich dann aber in nebulöse Erklärungsversuche, dass dazu „eine bestimmte Organisation der das Eiweiß erzeugenden lebenden Materie notwendig" sei (Oparin 1947). Einige Forscher, wie z. B. der Russe Nikolay K. KOLTZOFF, vermuteten bereits, dass sich in der Zelle „Schablonen" befinden, an denen sich die Stoffe in ihrer Spezifität neu bilden könnten (Koltzoff 1936, S. 634, 638). Dabei zog man gern den Vergleich mit dem Kristallwachstum heran.

Kaum jemand dachte allerdings bis 1944 daran, dass diese „Schablonenfunktion" von der DNA übernommen werden könnte. Sie galt als ein extrem „langweiliges" und uninteressantes Molekül, von dem man sich nicht vorstellen konnte, dass es als Träger der genetischen Information infrage kommen könnte. Die damals vorherrschende, von dem russisch-amerikanischen Biochemiker Phoebus A. T. LEVENE in den 20er-Jahren des vergangenen Jahrhunderts geprägte **Tetranukleotidhypothese** ging davon aus, dass sich das DNA-Molekül aus einem einzigen oder mehreren bis vielen aufeinanderfolgenden, gleichartigen Tetranukleotiden zusammensetzt (Levene und Bass 1931), die jeweils aus den vier Nukleotiden Adenin (A), Guanin (G), Cytosin (C) und Thymin (T) bzw. Uracil (U) bestehen.

Die Situation begann sich erst zu ändern, als durch Oswald T. AVERY und seine Mitarbeiter eindeutig nachgewiesen wurde, dass das transformierende Agens bei der Typtransformation von Pneumokokken tatsächlich die DNA ist (Avery et al. 1944, S. 137–158). Erwin CHARGAFF war einer der Ersten, der die große Bedeutung der Befunde AVERYs erkannte. Er machte sich unverzüglich daran, die Nukleotidbasenzusammensetzung verschiedener DNA zu analysieren mit dem Erfolg, dass er schon 1950 zeigen konnte, dass entgegen der Tetranukleotidhypothese in den verschiedenen DNA die Mengenverhältnisse der vier Basen beträchtlich variieren können, wobei allerdings immer das Verhältnis zwischen A und T bzw. G und C nahezu 1 betrug (Chargaff-Regel; Chargaff 1950, S. 201–240). Die Rolle der DNA als potenzieller Träger der genetischen Spezifität kehrte zurück in das Bewusstsein der Forscher. Man akzeptierte, dass die Proteine nicht in herkömmlichem Sinn aus herkömmlichen chemischen Reaktionen entstehen können, sondern zu ihrer Bildung einer „Matrize" bedürfen, was gleichzeitig bedeutet, dass ein gewisser Vorrat an spezifischer Information vorhanden sein muss. Als Träger dieser Information in jedem Organismus, in jeder einzelnen Zelle erwies sich die Desoxyribonukleinsäure (DNA), deren Doppelhelixstruktur man inzwischen entdeckt hatte. Der Weg in die molekularbiologische Revolution in der zweiten Hälfte des vergangenen Jahrhunderts mit ihren weitreichenden Konsequenzen war geebnet.

9.2   DNA als Träger genetischer Spezifität

Die Desoxyribonukleinsäure (DNA) besteht aus zwei unverzweigten Strängen, die schraubenförmig umeinander gewunden sind: **Doppelhelixstruktur** (Abb. 9.1) mit einem Durchmesser von etwa 2 nm. Die DNA-Helix ist normalerweise rechtsgängig. Jeder Strang ist ein Heteropolymer, in dem die sog. Nukleotide kettenartig miteinander verknüpft vorliegen. Jedes **Nukleotid** besteht aus einer N-haltigen Base, einem Pentosezucker (Desoxyribose) und einem Phosphatrest, die kovalent durch eine Phosphodiesterbindung miteinander verbunden sind (Abb. 9.2). Das „Rückgrat" der Nukleinsäure besteht

Abb. 9.1 Schematische Darstellung einer DNA-Doppelhelix mit ihren zwei antiparallelen Strängen. Je Windung findet man etwa zehn G–C- bzw. A–T-Basenpaarungen

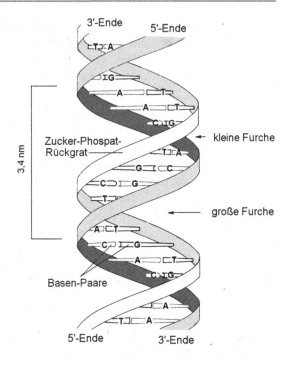

aus repetitiven Desoxyribose- und Phosphatresten, stellt also ein Phosphat-Pentose-Polymer dar, an dem die Basen in gleichen Abständen von 0,34 nm als Seitengruppen auftreten. Das eine Ende des Polynukleotidstrangs besitzt eine freie Phosphatgruppe am Kohlenstoffatom C-5′ des Zuckers (5′-Ende), das andere eine freie Hydroxylgruppe am Kohlenstoffatom C-3′ des Zuckers (3′-Ende). Die Basen sind heterozyklische Verbindungen. Im Fall der DNA sind es die Purine Adenin (A) und Guanin (G) sowie die Pyrimidine Thymin (T) und Cytosin (C). Sie sind über N-glykosidische Bindungen mit der Desoxyribose verbunden, die selbst nicht sehr reaktionsfreudig ist und dadurch der DNA eine relativ hohe Stabilität verleiht.

In der Doppelhelix verlaufen die beiden Pentose-Phosphat-Stränge oberflächlich, während die Basen ins Innere der Spirale hineinragen. Dabei sind beide Stränge „antiparallel" zueinander orientiert, d. h. ihre 5′-3′-Polaritäten sind entgegengesetzt. Die jeweils gegenüberliegenden Basen beider Stränge stehen paarweise über nichtkovalente Wasserstoffbrücken miteinander in Verbindung, und zwar immer das Guanin mit einem Cytosin über jeweils drei Brücken (G≡C) bzw. das Adenin mit einem Thymin über zwei Brücken (A=T). Das bedeutet, dass in einer DNA-Doppelhelix bei sehr unterschiedlicher Nukleotidzusammensetzung die Anzahl der A-Basen immer der der T-Basen und die der G-Basen der der C-Basen entspricht (**Chargaff-Regel**).

Alle **Basenpaarungen**, die immer aus einer größeren Purinbase (A oder G) und einer kleineren Pyrimidinbase (C oder T) bestehen, haben exakt dieselbe Breite, was von großer Bedeutung ist. Sie können deshalb ausgetauscht werden, ohne dass sich die Konformation

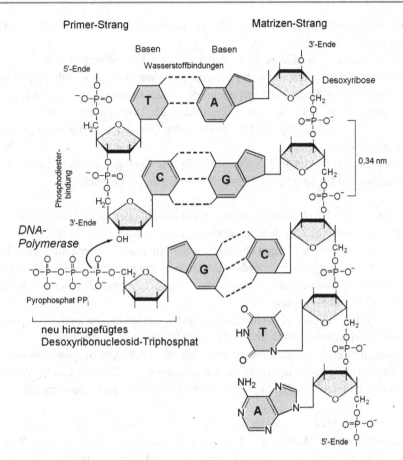

Abb. 9.2 DNA-Synthese: An einem DNA-Einzelstrang als Matrize werden freie Desoxyribonu-kleosidtriphosphatpräkursoren von der DNA-Polymerase sequenziell an das 3′-Ende des wachsen-den (replizierten) Polynukleotidstrangs angeheftet. Dabei reagiert die OH-Gruppe am 3′-Ende des wachsenden Strangs jeweils mit der α-Phosphatgruppe des hinzutretenden Präkursors, der mit der Matrizen-DNA ein Basenpaar ausbildet. Dabei wird gleichzeitig ein Pyrophosphatrest (PP$_i$) vom Präkursor abgespalten. Auf diese Weise wächst der neue Strang stets in 5′ → 3′-Richtung

der Zucker-Phosphat-Kette gleichzeitig ändern muss. Alle anderen, denkbaren Paarungen würden die Geometrie der Doppelhelix in einem Maß stören, dass sie wegen ihrer ungüns-tigen freien Energien unter physiologischen Bedingungen praktisch nicht vorkommen.

Die DNA-Doppelhelix erweist sich als ziemlich **stabil**, was weniger auf die Wasser-stoffbrücken zurückgeht als vielmehr darauf, dass die ins Helixinnere gerichteten Basen dazu neigen, planare Stapel zu bilden. Da die Stapel aus G und C stärker interagieren als diejenigen aus A und T, sind diejenigen Doppelhelices mit höherem G-C-Anteil gewöhn-lich auch thermostabiler. Man bezeichnet diejenige Temperatur, bei der sich bereits 50 %

der komplementären Stränge der Doppelhelix voneinander getrennt haben, als Schmelz-
temperatur T_m.

An der Oberfläche der Doppelhelix verlaufen zwei **Längsfurchen**, eine größere und
eine kleinere. In ihnen befinden sich Bereiche, an denen die Gen-Regulatorproteine ihre
spezifischen Nukleotidsequenzen erkennen und binden können, ohne dass sich die Doppelhelix zu öffnen braucht. Auf diese Weise kann die DNA selektiv abgelesen werden,
was z. B. bei der Stimulierung der Transkription von Genen durch Transkriptionsfaktoren
eine wichtige Rolle spielt.

Die Polynukleotidketten der DNA besitzen einzigartige Eigenschaften, die für ihre Rolle als Speicher und Lieferant genetischer Informationen unerlässlich sind:

- Ihre spezifischen Nukleotidsequenzen werden ständig überwacht, auftretende Schäden
  werden von leistungsfähigen Reparaturmechanismen weitgehend beseitigt.
- Sie besitzen neben einer hohen chemischen Stabilität auch – durch die vielen Wasserstoffbrückenbindungen sowie hydrophoben Wechselwirkungen zwischen aufeinander
  folgenden Nukleotidpaaren („*stacking forces*") in der Doppelhelix – eine hohe räumliche Stabilität und Steifigkeit.
- Sie besitzen die Fähigkeit, sich selbst vor jeder Zellteilung zu replizieren, wenn bestimmte Bedingungen innerhalb der Zelle erfüllt sind (s. Abschn. 3.8).
- Sie können in einer schier unbegrenzten Anzahl von Varianten existieren und damit
  ein hinreichend großes Repertoire an verschiedenen Programmen für den Aufbau der
  lebensnotwendigen Proteine in ihren spezifischen Aminosäuresequenzen anbieten.

Auch das DNA-Molekül erleidet durch thermische Zusammenstöße mit anderen Molekülen ständig Schäden. Man schätzt, dass sich in menschlichen Zellen auf diese Weise täglich etwa 5000 Purinbasen (Adenin, Guanin) aus dem Molekülverband herauslösen (De-
purinierung). Im gleichen Zeitraum werden etwa 100 Cytosine spontan desaminiert. Außerdem ist das DNA-Molekül einem permanenten oxidativen Stress durch Sauerstoffra-
dikale [*reactive oxygen species* (ROS)] ausgesetzt, die normale Nebenprodukte des oxidativen Zellstoffwechsels sind. Das besonders empfindliche Guanin kann auf diese Weise
in 8-Oxoguanin (OxoG) umgewandelt werden, das sich nicht nur mit Cytosin, sondern
auch mit Adenin paaren kann. Wird dieser Schaden nicht rechtzeitig repariert, so kann es
bei der nachfolgenden Replikation zu einer G-C- $\rightarrow$ A-T-Transition kommen. Diese und
viele andere Veränderungen hätten unausweichlich letale Folgen, wenn nicht verschiedene, außerordentlich leistungsfähige, enzymatische DNA-**Reparaturmechanismen** zur
Erhaltung der genetischen Invarianz am Werk wären. In der Hefezelle codieren mehr als
100 Gene für Komponenten dieser Reparatursysteme. Für die RNA und Proteine stehen
keine solchen Reparatursysteme zur Verfügung.

Ein großes Problem für jede Zelle besteht darin, den langen DNA-Faden richtig zu
verpacken. Seine Länge beträgt bei den Bakterien etwa das Tausendfache des Zelldurch-
messers. Bei den Eukaryoten erreicht die Gesamtlänge der DNA im Zellkern bereits das
10^5-Fache des Durchmessers einer typischen Zelle. Sie besitzen besondere Proteine (Hi-

stone und Nichthiston-Proteine), mit deren Hilfe die DNA verpackt wird. Dabei entstehen DNA-Protein-Strukturen, wie sie während der Mitose als **Chromosomen** sichtbar gemacht werden können.

Die zweifellos – neben den Proteinen – zentrale Rolle der DNA im Geschehen des Lebendigen darf nicht, wie es leider nicht selten geschieht, in der Weise hochstilisiert werden, dass man die DNA als „**Faden des Lebens**" kennzeichnet und vom „Buch des Lebens" spricht, das in der Sprache der DNA geschrieben sei. Der Nobelpreisträger Walter GILBERT, Molekularbiologe in Harvard, ging in seiner Prognose sogar so weit, dass es bald möglich sein werde, die drei Milliarden DNA-Basen des menschlichen Genoms auf einer einzigen CD zu speichern, und fuhr dann emphatisch fort (Gilbert 1992, S. 96): „Man wird in der Lage sein, eine CD aus der Tasche zu ziehen und zu sagen: Hier ist ein menschliches Wesen. Das bin ich!" Solche Formulierungen sind zwar griffig, aber, wie in diesem Fall auch, nicht zutreffend. Auch die DNA ist – für sich genommen – zu gar nichts fähig, sie erhält ihre Funktionstüchtigkeit erst im Betrieb einer lebenden Zelle. Leben bleibt eine *Systemleistung*, die nur im Zusammenspiel der verschiedenen Komponenten realisiert werden kann.

9.3   Die Replikation der DNA

Die Herstellung einer identischen Kopie eines DNA-Moleküls (DNA-Replikation) vor jeder Zellteilung ist ein außerordentlich komplexer Vorgang, an dem viele, eng miteinander verkoppelte Zellproteine (Enzyme etc.) beteiligt sind (Nossal 1992, S. 871–878). Es ist deshalb irreführend, wenn in diesem Zusammenhang gerne von „Selbstreplikation" gesprochen wird. Die DNA repliziert sich nicht selbst, sondern wird unter Inanspruchnahme vieler „Helfer" repliziert. Es ist deshalb treffender, von einer „**Replikationsmaschinerie**" zu sprechen. Der Vorgang der Replikation läuft nicht nur mit sehr niedriger Fehlerquote, sie liegt bei einem Fehler pro 10^9 eingebauten Nukleotiden, sondern auch mit erstaunlich hoher Geschwindigkeit ab: 500 bp/s bei Bakterien, 25–60 bp/s bei Säugetieren, 2–6 bp/s bei Amphibien (Alberts et al. 1995, S. 292).

Für die **DNA-Replikation** müssen die beiden antiparallelen Stränge der Doppelhelix mithilfe von DNA-Helicasen und helixdestabilisierenden Proteinen lokal voneinander getrennt („entwunden") und in dieser Stellung durch Einzelstrangbindeproteine (SSB, *single-strand binding protein*) stabilisiert werden. Dadurch entstehen eine oder zwei **Replikationsgabeln** (uni- oder bidirektionale Replikation). Erst dann können sich die einzelnen Basen (Nukleotide) des Matrizenstrangs mit ihren jeweiligen Partnern (A mit T, T mit A, C mit G bzw. G mit C) über Wasserstoffbrücken verbinden. Anschließend werden dann die auf diese Weise gebundenen Einzelnukleotide untereinander mithilfe von **DNA-Polymerasen** im Verein mit weiteren Enzymen des sog. Replisoms zu einem komplementären Strang verknüpft. Am Ende liegen zwei identische Doppelhelices vor, die jeweils aus einem der beiden ursprünglichen DNA-Stränge und einer neu synthetisierten,

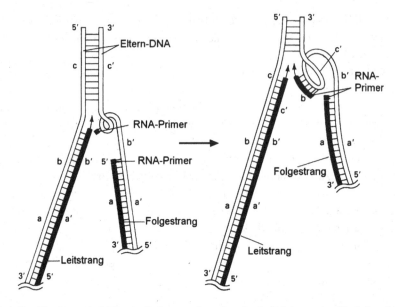

Abb. 9.3 Replikationsgabel: Nur der Leitstrang kann kontinuierlich in rascher Reaktionsfolge synthetisiert werden. Die Synthese des Folgestrangs verläuft wesentlich komplizierter. Hier wird durch eine Schleifenbildung der Matrize erreicht, dass beide Stränge, der Leit- wie der Folgestrang, parallel zueinander von dem dimeren DNA-Polymerase-III-Holoenzym synthetisiert werden können. (Aus Berg et al. 2007, verändert, mit freundlicher Genehmigung)

komplementären Kopie dieses Strangs bestehen. Man bezeichnet die Replikation deshalb als *semikonservativ*.

Die DNA-Synthese kann nur in der Richtung von 5′ nach 3′ erfolgen. Die als Desoxyribonukleosidtriphosphatpräkursoren neu herantretenden, „aktivierten" Einheiten können nämlich jeweils nur an die 3′-OH-Gruppe am Ende der wachsenden Kette angefügt werden. Dabei reagiert die OH-Gruppe mit dem α-Phosphorylrest des Präkursors, wobei gleichzeitig ein Pyrophosphatrest (PP_i) abgespalten wird (Abb. 9.2). Diese Reaktion liefert die Energie für die DNA-Synthese und macht sie damit gleichzeitig irreversibel. Die hinzutretenden Einheiten werden jeweils danach ausgewählt, ob sie mit dem Musterstrang (Matrize) eine Basenpaarung aufzubauen vermögen. Auf diese Weise entsteht ein zur Matrize komplementärer Strang, der anschließend mit der Matrize eine Doppelhelix ausbilden kann.

Da die beiden Stränge der Doppelhelix antiparallel verlaufen, kann nur an dem einen Schenkel der Replikationsgabel der Tochterstrang kontinuierlich in Wanderungsrichtung der Replikationsgabel wachsen (sog. **Leitstrang**). Am anderen Schenkel erfolgt das Wachstum diskontinuierlich. Es entstehen zunächst einzelne Fragmente in der 5′-nach-3′-Richtung (sog. Okasaki-Fragmente) von etwa 1000–2000 (Bakterien) bzw. 100–200 (Eukaryoten) Nukleotiden Länge, die erst nachträglich durch eine DNA-Ligase kovalent zum Tochterstrang (sog. **Folgestrang**) verknüpft werden (Abb. 9.3).

Die DNA-Polymerasen können nur einen Nukleinsäurestrang *verlängern*, aber nicht beginnen. Um einen neuen Strang starten zu können, ist deshalb ein sog. **RNA-Primer** nötig, der mithilfe einer RNA-Polymerase, der sog. Primase, hergestellt wird. Während für die Synthese des Leitstrangs nur einmal zu Beginn ein Primer nötig ist, benötigt der Folgestrang für jedes Okasaki-Fragment einen neuen Primer. Der fertige DNA-Strang enthält schließlich keine RNA-Primer mehr.

9.4   Die Ribonukleinsäuren (RNA)

Es gibt zwei Klassen „informationeller Moleküle", wie Carl R. WOESE ausführte (Woese 1967). Die Desoxyribonukleinsäure DNA und die Ribonukleinsäure RNA. Das DNA-Molekül speichert zwar die genetische Information, kann aber nicht als direkte Informationsquelle für die lebende Zelle dienen. Die genetische Information kann nichts aus sich heraus bewirken. Sie benötigt eine intakte Zelle, um ihre Funktion zu erfüllen. Außerhalb der Zelle bleibt das genetische Programm untätig. Nur die intakte Zelle besitzt, wie François JACOB schrieb, „beides, das Programm und die Gebrauchsanleitungen, den Plan und die Mittel, ihn mithilfe der Proteine umzusetzen" (Jacob 1993). Francis CRICK kennzeichnete noch 1983 die DNA und RNA in seiner drastischen Art als „die dummen Blondinen der biomolekularen Welt", die „in erster Linie zur Reproduktion geeignet, aber für die wirklich anspruchsvolle Arbeit kaum zu gebrauchen" seien (Crick 1983, S. 80).

Dieses Bild muss heute – zumindest für die RNA – korrigiert werden, nachdem sich herausgestellt hat, dass die RNA auch katalytische und andere wichtige Funktionen in der Zelle innehat. Die katalytische Funktion wurde erstmals von Tom CHECH am Beispiel der Prozessierung von ribosomaler RNA bei dem Ciliaten *Tetrahymena thermophila* nachgewiesen, indem er zeigte, dass sie ohne Mithilfe von Proteinen abläuft (Chech 1989). Sidney ALTMAN entdeckte unabhängig von CHECH am Bakterium *Escherichia coli*, dass in dem Enzym, das für die Reifung (Prozessierung) der primären tRNA-Transkripte verantwortlich ist, nur die RNA-Untereinheit tatsächlich katalytisch wirksam, also ein funktionsfähiges Enzym ist (Altman 1989). Man prägte für solche RNA mit katalytischen Eigenschaften den Begriff des **Ribozym**s. Beide Autoren wurden 1989 mit dem Nobelpreis für Chemie geehrt.

Inzwischen sind viele weitere Beispiele für zelluläre Funktionen von RNA-Molekülen bekannt geworden (Przybilski et al. 2007, S. 356–364), nicht nur bei der Übertragung der genetischen Information durch die mRNA und bei der RNA-Prozessierung, sondern auch bei der Decodierung der genetischen Information durch die tRNA, der Genregulation (Kuhlmann und Nellen 2004, S. 142–150) und der Stabilisierung der Chromosomen. Am Vorgang der Translation (s. Abschn. 9.7) sind neben der zu translatierenden mRNA noch zwei weitere RNA-Typen beteiligt, nämlich die spezifischen Transfer-RNA (tRNA) und die ribosomalen RNA (rRNA) im Zentrum der Ribosomen. Die molekulare Maschinerie der Ribosomen basiert ausschließlich auf RNA.

Voraussetzung für diese umfangreiche **Funktionalität der RNA** ist ihr Vermögen zur strukturellen Vielfalt. Die Ribonukleinsäure (RNA) ist i. d. R. einsträngig und besteht, wie die DNA, aus einer Kette aneinandergereihter Nukleotide. Im Unterschied zur DNA ist allerdings der Zucker in den Nukleotiden, worauf der Name schon hinweist, keine Desoxyribose, sondern eine Ribose. Dadurch wird die RNA wesentlich weniger stabil als die DNA, was den Verfechtern einer ursprünglichen RNA-Welt (s. Abschn. 4.12) gewisse Probleme bereitet. Ein weiterer Unterschied zwischen der Desoxyribo- und der Ribonukleinsäure besteht darin, dass das Thymin durch die sehr ähnliche Base Uracil (U) ersetzt ist. Die gesamte zelluläre RNA wird von den RNA-Polymerasen synthetisiert, wobei gewöhnlich die doppelsträngige DNA als Matrize fungiert.

Man unterscheidet bei Eukaryoten verschiedene Hauptklassen der RNA:

- Die **codierende RNA** in Form der messenger-RNA (mRNA), die die Matrizen für die Proteinsynthesen liefern. Für jedes Gen bzw. für jede Gengruppe, die in ein Protein „übersetzt" werden soll, muss zuvor ein mRNA-Transkript hergestellt werden. Die Länge dieser mRNA-Moleküle ist bei *E. coli* im Durchschnitt 1,2 kb lang. Sie haben eine relativ kurze Halbwertszeit. Bei Bakterien sind es wenige Minuten, bei Eukaryoten wenige Stunden. Auf sie entfallen selten mehr als 4 % der Gesamtmenge der zellulären RNA.

Den Rest von 96 % stellen die sog. **nichtcodierenden** oder „funktionellen" **RNA**. Sie werden nicht in Protein translatiert. Dazu gehören:

- Die Transfer-RNA (tRNA) (Abb. 9.8): Sie bestehen aus nur etwa 75 Nukleotiden und bringen die Aminosäuren in „aktivierter" Form zu den Ribosomen, wo die Peptidbindungen in der durch die mRNA-Matrize festgelegten Reihenfolge geknüpft werden. Für jede Aminosäure gibt es mindestens eine, nur auf sie „passende" tRNA.
- Die ribosomalen RNA (rRNA): Sie stellen mit etwa 80 % den weitaus größten Anteil an der Gesamtmenge an RNA-Molekülen in der Zelle. Sie liefern die stabilen Hauptbestandteile der Ribosomen, in denen die Translation abläuft. Man unterscheidet aufgrund ihres Sedimentationskoeffizienten (Svedberg-Einheiten) vier verschiedene Klassen (s. Abschn. 9.7).
- Die Ribozyme: Enzymatisch aktive RNA-Moleküle.
- Die kleinen Kern-RNA (*small nuclear* RNA, snRNA): Sie bilden mit spezifischen Proteinen „kleine Kern-Ribonukleoproteinpartikel" (snRNP) und spielen eine Schlüsselrolle beim „Spleißen" der primären mRNA-Transkripte innerhalb des Kerns eukaryotischer Zellen.
- Die kleinen nukleolären RNA (*small nucleolar* RNA, snoRNA).
- Die *antisense*-RNA: RNA-Transkripte mit komplementärer Basensequenz zur mRNA, mit der sie sich deshalb paaren und so deren Translation verhindern können.
- Die mikro-RNA (miRNA) sind kurze RNA-Stränge von 18 bis 25 Basenpaaren, die durch Spaltung einer doppelsträngigen RNA mithilfe eines RNA-abbauenden Enzyms

(als DICER bezeichnet) entstehen. Sie binden an mRNA und verhindern auf diese Weise deren Translation (Kronberg 2010, S. 71; Sen und Blau 2006, S. 1293–1299). Bei Säugetieren sind inzwischen Tausende solcher miRNA mit verschiedenen Wirkungen bekannt. Einige sind Prodifferenzierungsfaktoren, fördern und erhalten die Zelldifferenzierung in Mausembryonen (Melton et al. 2010, S. 621–626), andere haben einen entgegengesetzten Effekt, sie verhindern die Differenzierung und sorgen für den Erhalt des Stammzellenstatus (Slack 2010, S. 616).

9.5 Die Transkription und ihre Kontrolle

Beim **Informationsfluss** von der DNA als Träger der potenziellen Information zu den „intelligenten" Proteinmolekülen, die alle wesentlichen Funktionen in der Zelle steuern, fällt der RNA eine komplexe und entscheidende Vermittlerrolle zu. Die Informationsübertragung erfolgt in zwei Schritten.

- Im ersten Schritt wird die Information von der DNA auf eine Messenger-Ribokucleinsäure (mRNA) kopiert. Man bezeichnet diesen Vorgang als **Transkription**. Sie beginnt damit, dass sich die RNA-Polymerase an die Promotorregion des betreffenden Gens stabil anlagert. Sie läuft gewöhnlich abschnittsweise ab und immer nur von einem der beiden komplementären DNA-Stränge. In der Regel ist sie irreversibel, d. h. eine Rücktranskription der RNA-Sequenz in die DNA-Sequenz ist gewöhnlich nicht möglich (zentrales molekularbiologisches Dogma, s. Abschn. 9.10). Eine Ausnahme machen die sog. Retroviren, die es mithilfe einer reversen Transkriptase schaffen, nach Eindringen in die Wirtszelle aus ihrer einzelsträngigen RNA zunächst eine DNA/RNA- und dann eine DNA/DNA-Doppelhelix herzustellen, die in das Wirtschromosom integriert werden kann.
- Im zweiten Schritt wird die Nukleotidsequenz der mRNA in die Aminosäuresequenz des betreffenden Proteins „übersetzt". Dieser sehr komplexe Vorgang der **Translation** läuft unter Beteiligung weiterer RNA-Moleküle (t-RNA) in den Ribosomen ab (s. Abschn. 9.7).

Um den Kopiervorgang (Transkription) eines bestimmten DNA-Abschnitts in die Nucleotidsequenz der mRNA einzuleiten, muss der betreffende Abschnitt (genauer gesagt: der Startpunkt) zunächst einmal gefunden werden. Das geschieht, wie bereits betont, mithilfe einer **RNA-Polymerase**, die den entsprechenden Startpunkt auf der Oberfläche der DNA-Doppelhelix, die sog. **Promotorregion** des Gens, findet und mit ihr eine stabile Verbindung eingeht (Abb. 9.4). Erst dann kann die Transkription beginnen. Die Promotorregion befindet sich i. d. R. am 5′-Ende des Gens in unmittelbarer Nachbarschaft zur Startstelle der Transkription. Im ersten Schritt entspiralisiert die Polymerase in Gemeinschaft mit assoziierten Proteinen (allgemeine Transkriptionsfaktoren, TF-II-Faktoren), mit denen sie einen „Initiationskomplex" bildet, vorübergehend ein kurzes Stück der DNA-

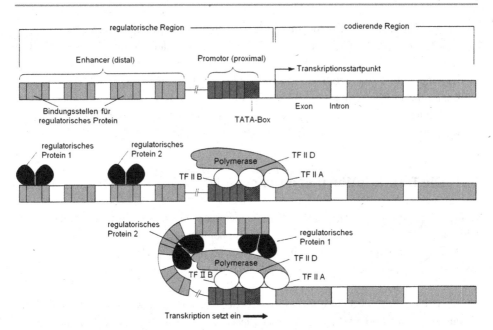

Abb. 9.4 Transkriptionssteuerung bei Eukaryoten. Die Initiation der Transkription der codierenden Region wird von der „stromaufwärts" gelegenen regulatorischen Region, die aus den distalen Enhancer-Elementen und dem proximalen Promotor besteht, kontrolliert. An der DNA-Sequenz des Promotors bilden generelle Transkriptionsfaktoren („TATA-box binding proteins") und die RNA-Polymerase-II einen Komplex („Transkriptionsapparat"). Der Promotor enthält als wichtigen Baustein die aus acht Basenpaaren (überwiegend A und T) bestehende TATA-Box. Der Startpunkt der Transkription liegt i. d. R. etwa 30 Basenpaare „stromabwärts" von der TATA-Box. An den „enhancer" binden genregulatorische Proteine. Sie beeinflussen die Geschwindigkeit der Transkriptionsinitiation und können sich in der Nachbarschaft, aber auch in weiter Entfernung (bis zu 100 kb) vom Promotor befinden. Man geht davon aus, dass die „enhancer" mit dem Promotor durch Schleifenbildung der dazwischenliegenden DNA-Sequenz Kontakt aufnehmen und einen Komplex bilden. (Aus Kandel et al. 1996)

Doppelhelix. Der Initiationskomplex heftet sich in der Promotorregion an eine bestimmte DNA-Sequenz, die sog. TATA-Box. Die Promotorregion bildet zusammen mit weiteren DNA-Abschnitten, von denen aus die Expression des Gens reguliert werden kann, die Kontrollregion.

Durch die lokal begrenzte Entspiralisierung der DNA entsteht eine „**Transkriptionsblase**" (Abb. 9.5). Am „Matrizenstrang" dieser Blase entsteht mithilfe der RNA-Polymerase Nukleotid für Nukleotid ein komplementärer Ribonukleinsäurestrang (RNA-Strang). Die Nukleotidsequenz dieses Strangs entspricht der des sog. codierenden Strangs der DNA, allerdings, wie bereits betont, mit dem Unterschied, dass das Thymin der DNA durch die Base Uracil ersetzt ist.

Der RNA-Strang trennt sich nach seiner Fertigstellung von seinem Matrizenstrang. Nur in seltenen Fällen, wie beispielsweise bei der bakteriellen mRNA, ist das primäre RNA-Transkript auch schon funktionsfähig. In den meisten Fällen muss das Primärprodukt se-

Abb. 9.5 Die RNA-Synthese in der Transkriptionsblase. Nähere Erläuterungen im Text. (Aus Clark 2006, mit freundlicher Genehmigung)

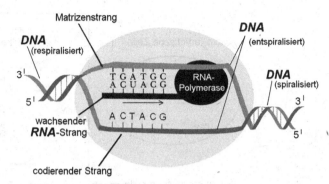

kundär verändert werden, um seine Funktionstüchtigkeit zu erlangen. Man spricht von der „Prozessierung".

Es gibt vier verschiedene **Formen der Prozessierung**, nämlich 1. durch Spleißen, 2. durch chemische Modifikation, 3. durch Modifikation der Enden oder 4. durch Spaltung:

- Bei den höheren Organismen enthält das primäre RNA-Transkript zwischen den relativ kurzen codierenden Abschnitten, den sog. Exons, zahlreiche, oft sehr lange nichtcodierende Abschnitte, sog. Introns. In einigen Fällen können die Introns 90 % und mehr der Gesamtlänge des primären Transkripts einnehmen. Sie müssen noch innerhalb des Zellkerns im Prozess des „**Spleißens**" herausgeschnitten und anschließend die einzelnen Exons miteinander verknüpft werden (Abb. 9.6). Deshalb gestaltet sich die mRNA-Bildung bei eukaryotischen Zellen wesentlich komplizierter als bei den Prokaryoten. Erst wenn dieser Prozess des Spleißens abgeschlossen ist, kann die nunmehr fertige mRNA den Kern über die Kernporen verlassen und ins Zytosol übertreten. Es hat sich gezeigt, dass durch „alternatives" Spleißen zwei oder auch mehr unterschiedliche Proteine von demselben Gen exprimiert werden können, was dazu führte, dass der Genbegriff abermals neu definiert werden musste.
- Bei der Prozessierung durch **chemische Modifikation** handelt es sich meistens um eine Methylierung der Basenbausteine, wodurch die Paarung mit bestimmten Basen verhindert, aber auch die Bindung an ribosomale Proteine unterstützt werden kann. Sie kommt bei rRNA, aber auch bei tRNA vor. Bei Letzteren findet man mehrere solcher „ungewöhnlichen" Basen.
- Eine Prozessierung durch **Modifikation der Enden** finden wir bei mRNA. Sie erhalten noch innerhalb des Kerns vor dem Spleißen an ihrem 5′-Ende ein einzelnes, als „*cap*" bezeichnetes Nukleotid (methyliertes Guanosin) und an ihrem 3′-Ende einen Poly(A)-Schwanz mit 100–200 Adeninresten.
- Die Prozessierung durch **Spaltung** ist besonders bei vielen rRNA wichtig, die zunächst in Transkriptionseinheiten synthetisiert werden, die mehrere hintereinander angeordnete rRNA-Moleküle enthalten und erst durch Spaltung des Primärproduktes freigesetzt werden.

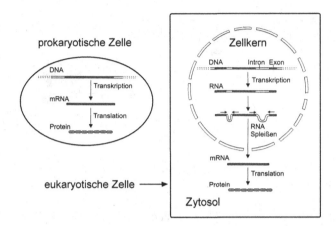

Abb. 9.6 Die Informationsübertragung von der DNA auf die mRNA (Transkription) und weiter auf die Proteine (Translation) verläuft in der prokaryotischen Zelle (ohne Zellkern) in mehrerer Hinsicht einfacher als in der eukaryotischen, wo die codierenden Exons durch nichtcodierende Introns voneinander getrennt sind. Erst im Prozess des Spleißens werden die Introns entfernt und die Exons zur mRNA zusammengefügt, die anschließend den Zellkern verlässt

Es sind niemals alle Gene in einer Zelle gleichzeitig aktiv. Nur ein kleiner Teil ist zu *jeder* beliebigen Zeit aktiv (konstitutive Genexpression). Diese Gene sind für die Aufrechterhaltung des Grundbetriebs einer Zelle verantwortlich. Man nennt sie deshalb auch **Haushaltsgene** (*housekeeper genes*). In einer typischen Bakterienzelle sind es etwa 25 % der insgesamt 1000 Gene. Bei höheren Organismen ist ihr prozentualer Anteil am Gesamtbestand an Genen wesentlich geringer. Die Mehrheit der Gene ist bei ihnen nur unter bestimmten Bedingungen, in bestimmten Geweben, auf bestimmten Entwicklungsstadien oder zu bestimmten Zeiten aktiv.

Eine **Transkriptionskontrolle** existiert bereits bei den Prokaryoten, gewinnt aber bei den vielzelligen Organismen nochmals stark an Bedeutung. Während bei den Prokaryoten i. d. R. nur ein einziges oder zwei **Gen-Regulatorproteine** beteiligt sind, sind es bei den Eukaryoten eine Vielzahl verschiedener Faktoren, die in abgestimmter Weise zusammenwirken. Sie binden mit hoher Affinität an spezifische, kurze DNA-Sequenzen, die oberflächlich in der großen Furche der DNA-Doppelhelix liegen. Dazu ist keine Öffnung der Doppelhelix notwendig.

Im Gegensatz zu den allgemeinen Transkriptionsfaktoren steuern die **spezifischen-Transkriptionsfaktoren** nur bestimmte Gene unter bestimmten Bedingungen. Ihre Bindungsorte liegen entweder ebenfalls in der Promotor- oder in der sog. **Enhancer**-Region, die sich in der Nachbarschaft oder auch in größerer Entfernung (bis zu 100 kb) vom Gen stromaufwärts (in 5′-Richtung) oder stromabwärts (in 3′-Richtung) befinden können. Die Enhancer-Elemente unterscheiden sich von Gen zu Gen sowohl hinsichtlich ihres Aufbaus als auch ihrer Lage. Durch Schleifenbildung der DNA gelangen sie innerhalb der Zelle in die unmittelbare Nachbarschaft des Promotors, um ihre Aufgabe erfüllen zu können (Abb. 9.4).

Die meisten **Gen-Regulatorproteine** binden spezifisch an den „enhancer" und wirken in Gemeinschaft mit Koaktivatoren aktivierend auf den Transkriptionskomplex am Promotor. Während es nur eine kleine Anzahl allgemeiner Transkriptionsfaktoren gibt, beläuft sich die Anzahl spezifischer Transkriptionsfaktoren auf Tausende. Dabei können die verschiedenen Transkriptionsfaktoren miteinander in komplexer Weise interagieren. Eukaryotische Gene werden also über zwei *cis*-aktive (d. h. auf demselben DNA-Doppelstrang liegende) Regulationszentren (Promotor und „enhancer") aktiviert, die von *trans*-aktiven Proteinen (weil i. d. R. von Genen codiert, die nicht mit dem zu regulierenden Gen gekoppelt sind) erkannt werden.

Gene können auch durch **äußere Signale**, wie Hormone, aktiviert werden. Steroidhormone können die Zellmembran passieren. Im Inneren der Zelle binden sie an zytoplasmatische Rezeptorproteine. Der so entstandene Komplex kann anschließend als Transkriptionsregulator fungieren, indem er sich an Kontrollsequenzen in der DNA anheftet und auf diese Weise die Transkription der dazugehörigen Gene aktiviert. So kann beispielsweise das Steroidhormon Östrogen in den Zellen des Eileiters vom Huhn die Transkription des Proteins Ovalbumin steuern. Andere Hormone, die die Zellmembran nicht passieren können, wie z. B. die Proteohormone, docken an Rezeptoren an der Zelloberfläche an, wodurch intrazelluläre Signalketten in Gang gesetzt werden (Signaltransduktion, s. Abschn. 8.6), durch die im Endeffekt auch die Transkription bestimmter Gene aktiviert werden kann.

Hintergrundinformationen

Wie alle Organismen sind auch die niederen und höheren Pflanzen darauf angewiesen, Änderungen abiotischer oder biotischer Lebensbedingungen in ihrer natürlichen Umgebung rechtzeitig zu „erfahren", um in geeigneter Weise reagieren zu können. Als Vermittler spielen bei allen Pflanzen die **Jasmonsäure** und ihre Metaboliten eine zentrale Rolle. Die biologisch aktive Form der Jasmonate ist ein Konjugat von Jasmonsäure mit der Aminosäure Isoleucin (JA-Ile). Der durch äußere Stressfaktoren hervorgerufene Anstieg der intrazellulären JA-Ile-Konzentration führt über spezifische Rezeptoren zu einem proteasomalen (s. Abschn. 7.5) Abbau von Repressorproteinen. Auf diese Weise können verschiedene Transkriptionsfaktoren aktiv werden, die wiederum eine Vielzahl von Genexpressionen auszulösen vermögen. Es hat sich herausgestellt, dass auch die anderen **Pflanzenhormone**, wie Auxin, Gibberellinsäure oder Ethylen, auf ganz ähnliche Weise wirksam werden (Wasternack und Hause 2014).

Wie aus dem Text deutlich geworden sein müsste, ist schon die Initiation der Transkription bei Eukaryoten ein ungemein komplexer Vorgang, bei dem große Abschnitte der DNA einbezogen werden und mehrere hundert sequenziell interagierende Proteine beteiligt sein können. Bryan LEMON sprach von „einer Symphonie der Transkriptionsfaktoren zur Genkontrolle" (Lemon und Tjian 2000, S. 2551–2569). Wir sind noch weit davon entfernt, das Gesamtgeschehen zu durchschauen, das die Zelle befähigt, jeweils zur rechten Zeit und in angemessener Menge diejenigen Proteine bereitzustellen, die sie gerade benötigt. Die unterschiedlichen Organisationsstufen der Organismen vom Niedrigen zum Höheren unterscheiden sich in erster Linie nicht durch die Anzahl ihrer Gene, sondern darin, wie sie es verstehen, ihre Gene zu „beherrschen", sie zum Ganzen zusammenzuführen und aufeinander abzustimmen. Die Organisationshöhe ist keine Frage der Quantität, sondern der Qualität.

9.6   Der genetische Code

Die Entschlüsselung des genetischen Codes in den Jahren zwischen 1955 und 1967 war eine wissenschaftliche Großtat, die in ihrer Bedeutung für unser Weltverständnis gar nicht hoch genug eingeschätzt werden kann. JACOB meinte 1972 (Jacob 1972, S. 343): „Die heutige Welt besteht aus Botschaften, Codes, Informationen." Gern bedient man sich im Zusammenhang mit der Entschlüsselung des genetischen Codes der keineswegs neuen, sondern – im Gegenteil – sehr alten Metapher mit dem „Buch der Natur" bzw. „Buch des Lebens", das man aufgeschlagen und in dem man zu lesen gelernt habe. War das Buch bei GALILEI noch „in der Sprache der Mathematik" verfasst, ist das „Buch des Lebens" heute in Lettern der Nukleotide niedergeschrieben. Es ist sicherlich nützlich, sich in diesem Zusammenhang der warnenden Worte Immanuel KANTs zu erinnern (zit. bei Blumenberg 1981, S. 190): „Gesetzt wir kennen alle Buchstaben darin so gut wie möglich, wir können alle Wörter syllabieren und aussprechen, wir wissen sogar die Sprache in der es geschrieben ist. – Ist das alles schon genug, ein Buch zu verstehen, darüber zu urteilen, einen Charakter davon oder einen Auszug zu machen?"

Beim genetischen Code handelt es sich, genau genommen, weniger um einen „Code" im herkömmlichen Sinn, als um ein Schema fester Zuordnungen zwischen den aus den Basen A, G, U und C zusammengesetzten Basentripletts (**Codons**) in der Nukleinsäure auf der einen Seite und jeweils einer bestimmten Aminosäure auf der anderen (Abb. 9.7). Da mit den vier Codebuchstaben A, G, U und C insgesamt nicht nur zwanzig, sondern

$$4^3 = 64$$

verschiedene „Codewörter" gebildet werden können, sind mehreren Aminosäuren mehrere Codons zugeordnet. Man spricht dann von „synonymen" Codons. Für die Aminosäuren Leucin, Serin und Arginin existieren jeweils sechs synonyme Codons. Nur Methionin und Tryptophan, zwei relativ seltene Aminosäuren in natürlichen Proteinen, werden durch jeweils ein einziges Basentriplett verschlüsselt. Der genetische Code ist also redundant. Man spricht auch von einem „degenerierten" Code. Drei der insgesamt 64 Codewörter (Tripletts), es sind UAA, UAG und UGA, codieren keine Aminosäure, sondern sind sog. Stopp- oder Terminationscodons. Sie signalisieren jeweils das Ende einer Polypeptidkette.

Hintergrundinformationen

Die DNA kann ihre Funktion als Informationsträger nur dann erfüllen, wenn ihre Ordnung physikalisch völlig unbestimmt ist. Ein Maximum an Information wird dann übermittelt, wenn für jede der vier Basen an jeder beliebigen Stelle der Sequenz die gleiche Wahrscheinlichkeit zur Inkorporation besteht. Jede Differenz in der Bindungsstärke für die vier alternativen Basen am gleichen Ort bzw. zwischen zwei Orten derselben Kette würde eine Abnahme der durch die Nukleotide übermittelten Informationsmenge unter das ideale Maximum zur Folge haben.

Abb. 9.7 Der genetische Code. Die STOPP-Codons UAA, UAG und UGA terminieren die Proteinsynthese

1. Position (5'-Ende)	2. Position				3. Position (3'-Ende)
	U	C	A	G	
U (Uracil)	Phe	Ser	Tyr	Cys	U
	Phe	Ser	Tyr	Cys	C
	Leu	Ser	STOPP	STOPP	A
	Leu	Ser	STOPP	Trp	G
C (Cytosin)	Leu	Pro	His	Arg	U
	Leu	Pro	His	Arg	C
	Leu	Pro	Gln	Arg	A
	Leu	Pro	Gln	Arg	G
A (Adenin)	Ile	Thr	Asn	Ser	U
	Ile	Thr	Asn	Ser	C
	Ile	Thr	Lys	Arg	A
	Met	Thr	Lys	Arg	G
G (Guanin)	Val	Ala	Asp	Gly	U
	Val	Ala	Asp	Gly	C
	Val	Ala	Glu	Gly	A
	Val	Ala	Glu	Gly	G

Die Aminosäuren:

Ala	Alanin	Gly	Glycin	Pro	Prolin
Arg	Arginin	His	Histidin	Ser	Serin
Asn	Asparagin	Ile	Isoleucin	Thr	Threonin
Asp	Asparaginsäure	Leu	Leucin	Trp	Tryptophan
Cys	Cystein	Lys	Lysin	Tyr	Tyrosin
Gln	Glutamin	Met	Methionin	Val	Valin
Glu	Glutaminsäure	Phe	Phenylalanin		

Der Beginn einer Polypeptidkette wird gewöhnlich durch das Start- oder Initiatorcodon AUG signalisiert. Dieses Triplett steht gleichzeitig für N-Formyl-Methionin bei den Bakterien bzw. Methionin bei Eukaryoten, weshalb die meisten Polypeptide sowohl bei Pro- wie bei Eukaryoten mit dieser Aminosäure beginnen. Die Codons werden dann in sukzessiver, nichtüberlappender Weise abgelesen, d. h. jedes Triplett wird von einem Startpunkt beginnend fortlaufend als Einheit abgelesen. Zwischen den einzelnen Tripletts gibt es keine besonderen Trennungszeichen. Man sagt, dass der Code „kommafrei" sei. Das bedeutet, dass die Punktmutation einer einzigen Base auch höchstens nur *eine* „falsche" Aminosäure in der Peptidkette hervorrufen kann und nicht zwei oder gar drei, wie es beim überlappenden Code der Fall sein würde. Durch die Start- und Stoppsignale ist gewöhnlich der Leserahmen festgelegt. Es sind aber auch schon einige Fälle von Verschiebungen des Leserahmens (*frame shifting*) bekannt geworden. Das hat zur Folge, dass von der gleichen Matrize verschiedene Proteine codiert werden können.

Der genetische Code scheint bei den meisten Lebewesen vom Bakterium über Pilze, Pflanzen bis hin zu den Nematoden, Amphibien und Primaten nahezu identisch zu sein. Diese quasi **Universalität des genetischen Codes** ist eines der bemerkenswertesten Ergebnisse der molekularbiologischen Revolution. Abweichungen vom „Standardcode" sind allerdings inzwischen auch bekannt (Fox 1987, S. 67–91). Ihre Anzahl wird wahrscheinlich noch zunehmen, da bislang nur ein winziger Bruchteil aus der Vielfalt der Organismen in dieser Hinsicht untersucht worden ist. Sie betreffen besonders die mitochondrialen Genome des Menschen sowie verschiedener Tiere (Fliegen) und Pilze, bei denen das Stoppcodon TGA für Tryptophan codiert. Abweichungen fehlen auch in Kerngenomen nicht. Das trifft beispielsweise für einige niedere Eukaryoten (einige Protozoen u. a.) und Mycoplasmen zu. Beim Wimpertierchen *Paramecium* codieren die beiden Stoppcodons TAA und TAG für Glutaminsäure.

Der Code hat sehr viel **Zufälliges** an sich. Es ist beispielsweise nicht einsichtig, warum das Triplett AGG zur Codierung von Arginin besser geeignet sein soll als irgendein anderes Triplett. Es gibt keine plausible Erklärung dafür, warum der Code so ist, wie er ist. Er ist aber offenbar auch nicht rein zufällig, ein „eingefrorener Zufall", wie sich Francis CRICK einmal ausdrückte (Crick 1968, S. 367–379). Wir müssen vielmehr davon ausgehen, dass auch er im Sinn einer Minimierung nachteiliger Auswirkungen von Mutationen eine evolutiv-adaptive Geschichte hinter sich hat (Freeland et al. 2003, S. 457–477). Computersimulierungen haben gezeigt, dass die Empfindlichkeit des natürlichen Codes gegenüber mutativen Veränderungen deutlich niedriger ist als alternative künstliche Codes. Nur ein einziger Code aus einer Million getesteten zeigte eine niedrigere Empfindlichkeit als der natürliche Code (Freeland und Hurst 1998, S. 238–248).

Es lassen sich auch **Regelmäßigkeiten** bei der Zuordnung der Aminosäuren zu ihren Codons erkennen. Die meisten Synonyme unterscheiden sich nur in ihrer dritten Basenposition. So codieren beispielsweise alle Tripletts, die mit GA beginnen, entweder für Aspartat oder für Glutamat. Das bedeutet, dass nach Punktmutationen in der dritten Position die codierte Aminosäure dieselbe bleibt (sog. „stille" Mutationen) oder eine sehr ähnliche ist (sog. konservative Mutationen). Alle Codons mit einem Uracil an zweiter Position codieren hydrophobe Aminosäuren (Phenylalanin, Leucin, Isoleucin oder Valin), Codons mit einem Purin (A oder G) an zweiter Position meistens polare Aminosäuren.

Der Besitz eines **genetischen „Programms"**, so hob Ernst MAYR mit Recht hervor, stellt „einen absoluten Unterschied zwischen Lebewesen und unbelebter Materie dar" (Mayr 1984, S. 46). Der Ursprung des heute durchgängig bei allen Lebewesen realisierten genetischen Codes muss vor etwa 3,5 Mrd. Jahren angesetzt werden, bevor die Aufspaltung in die drei Reiche der Archaea, Bacteria und Eukarya stattgefunden hat. Das braucht nicht zu bedeuten, dass das Leben nur einmal entstanden sein muss, sondern nur, dass die Lebewesen mit dem uns bekannten Code sich gegenüber Konkurrenten mit anderem Code, so es sie einmal gegeben haben sollte, durchgesetzt haben. Nach der weit verbreiteten Hypothese einer ursprünglichen RNA-Welt (s. Abschn. 4.12) enthielt der primitive genetische Code zunächst nur zwei Basen, nämlich Uracil und seinen Partner, das Adenin. Erst später wurden schrittweise zwei weitere Basen, das Guanin und das Cytosin eingeführt, wodurch sich die Informationskapazität wesentlich erhöhte (Knight et al. 1999, S. 241–247).

Dass sich der Code nach seiner Etablierung nicht mehr wesentlich verändert hat, ist bis zu einem gewissen Grad verständlich. Jeder „Bedeutungswandel" bei der Übersetzung eines Tripletts von Aminosäure A nach Aminosäure B würde nicht nur *ein* Protein, sondern *alle* Proteine, die die Aminosäure A aufweisen, betreffen. Es wäre im höchsten Grad unwahrscheinlich, wenn die Änderung der Primärstruktur dieser vielen Proteine in allen oder doch den meisten Fällen eine Verbesserung oder wenigstens keine Verschlechterung ihrer Funktionalität mit sich gebracht hätte.

9.7 Die Proteinbiosynthese (Translation)

Die Herstellung einer einsträngigen RNA-Kopie von einem Stück DNA, d. h. die Transkription (s. Abschn. 9.5), gestaltet sich noch relativ einfach. Das ist bei der sog. **Translation**, der „Übersetzung" der Abfolge der Nukleotidtripletts in der mRNA in die Aminosäuresequenz der Proteine, wesentlich anders. Sie erfordert hochspezifische, komplexe chemische Wechselwirkungen, die mit der notwendigen Effizienz nicht in freier Lösung im Plasma ablaufen können. Insgesamt kooperieren bis zu 300 verschiedene Makromoleküle bei der Synthese von Polypeptiden. Die Translation verläuft bei den Prokaryoten einfacher als bei den Eukaryoten. Man kann die Proteine mit Fug und Recht als „molekulare Artefakte" (Marcello BARBIERI) bezeichnen (Barbieri 2006, S. 233–254), denn sie sind das Produkt einer **molekularen Maschinerie** unter Nutzung von Matrizen.

Als Ort der Proteinsynthese in der Zelle haben sich die zahlreichen **Ribosomen** erwiesen. Dabei handelt es sich um Aggregate aus Proteinen und ribosomaler RNA (rRNA) mit einer sehr komplexen dreidimensionalen Struktur. Die Proteine befinden sich ausschließlich auf der Oberfläche der Ribosomen. Nur diejenigen Flächen, die als Kontaktzone zwischen den beiden Untereinheiten der Ribosomen dienen, bleiben proteinfrei, insbesondere die Areale, an die die tRNA und die mRNA binden. Demgegenüber besteht der Kern der Ribosomen ausschließlich aus RNA. Wir müssen in den Ribosomen molekulare Maschinerien zur Synthese der Proteine sehen, die wahrscheinlich allein auf der Basis von RNA funktionieren.

Die Ribosomen bestehen aus zwei **Untereinheiten**, einer größeren und einer kleineren. Bei den 70S-Ribosomen der Prokaryoten ist es die kleinere 30S- und die größere 50S-Untereinheit. Beide enthalten neben rRNA noch verschiedene Proteine, jedes von ihnen – mit einer einzigen Ausnahme – nur in einem einzigen Exemplar! Die 80S-Ribosomen der Eukaryoten sind größer und komplexer aufgebaut. Hier handelt es sich um die kleinere 40S- und die größere 60S-Untereinheit. Die kleinere Untereinheit besitzt eine Bindungsstelle für das mRNA-Molekül und das Gesamtribosom drei weitere für die Transfer-RNA (tRNA), nämlich die A- (Aminoacylstelle), P- (Peptidylstelle) und E-Stelle (Exitstelle), von denen aber jeweils nur zwei gleichzeitig mit „beladenen" tRNA besetzt sein können. Die Ribosomen der Mitochondrien und Plastiden eukaryotischer Zellen gehören – ganz in Übereinstimmung mit der Endosymbiontentheorie (s. Abschn. 4.14) – dem 70S- und nicht dem 80S-Typ an.

Abb. 9.8 Kleeblattstruktur einer Alanin-spezifischen Transfer-RNA (tRNA^Ala) aus der Hefe. Die *grau* markierten Nukleotide sind nach der Synthese modifiziert worden. Nach Bindung des Alanins an den Akzeptorstamm entsteht eine Aminoacyl-tRNA. (Aus Lodish et al. 1996, verändert, mit freundlicher Genehmigung)

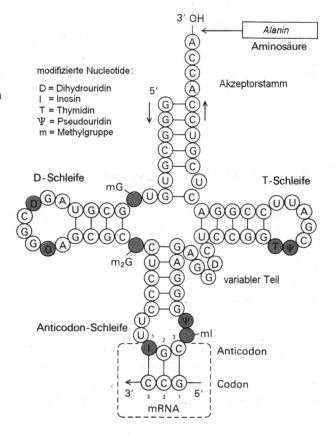

Bei den **Transfer-Ribonukleinsäuren** (tRNA-Moleküle) handelt es sich um kleine RNA-Moleküle mit etwa 70–80 Nukleotiden, die eine „Stamm-Schleifen-Struktur" (*stem loop*) bilden. In zweidimensionaler Darstellung ähnelt sie einem Kleeblatt (Abb. 9.8). Die tRNA fungieren als Adapter-Zwischenstücke zwischen der Nukleotidsequenz der mRNA und der Aminosäuresequenz der Proteine im Prozess der Translation. Jedes tRNA-Molekül kann – erstens – eine bestimmte Aminosäure chemisch binden (Aminosäurebindungsstelle) und – zweitens – ein entsprechendes Codon in der mRNA erkennen (Matrizenerkennungsregion). Letztere besteht aus einer Sequenz von drei Basen (sog. Anticodon), die die komplementäre Sequenz von drei Basen auf der mRNA, das Codon, erkennt. In der eukaryotischen Zelle gibt es etwa 50 verschiedene tRNA-Moleküle, sodass mehrere der insgesamt zwanzig natürlichen Aminosäuren nicht nur einer, sondern mehreren, verschiedenen tRNA zugeordnet sind.

Die Aminosäurebindungsstelle befindet sich am 3'-terminalen Riboserest der tRNA-Kette (Abb. 9.8). Dort wird die Carboxylgruppe der Aminosäure unter Mitwirkung einer für jede Aminosäure spezifischen **Aminoacyl-tRNA-Synthetase** (aaRS), auch als aktivierendes Enzym bezeichnet, mit der 3'-Hydroxylgruppe der Ribose der tRNA zur

Aminoacyl-tRNA verestert („Aminoacylierung"):

$$\text{Aminosäure} + \text{tRNA} + \text{ATP} \rightarrow \text{Aminoacyl-tRNA} + \text{AMP} + \text{PP}_i.$$

Die Aminoacyl-tRNA ist eine energiereiche Verbindung. Für jede der insgesamt 20 Aminosäuren existiert in der Zelle mindestens eine spezifische aaRS. Sie ist nicht nur in der Lage, eine bestimmte Aminosäure auf eine tRNA zu übertragen, sondern erkennt auch gleichzeitig, dass es die „richtige" tRNA ist, die über die zu der Aminosäure „passende" Anticodon-Schleife verfügt. Die „Beladung" der tRNA mit der „richtigen" Aminosäure erfolgt mit außerordentlich niedriger Fehlerquote. Bei der Isoleucin-RS trat in 40.000 Fällen nur ein einziges Mal eine Verwechslung des Isoleucins mit der ihm ähnlichen Aminosäure Valin auf.

Das In-Gang-Setzen des gesamten Vorgangs erfordert eine Reihe von **Initiationsfaktoren** (IF-1, IF-2, IF-3), die nicht permanent mit dem Ribosom assoziiert sind. Zuerst muss die kleine Ribosomenuntereinheit sich mit einer Initiator-tRNA in Zusammenarbeit mit Initiationsfaktoren verbinden. Das geschieht, obwohl es sich um eine Aminoacyl-tRNA handelt, an der P-Bindungsstelle, die normalerweise nur Peptidyl-tRNAs bindet (Abb. 9.9). Die Initiator-tRNA liefert die Aminosäure Methionin, mit der die Peptidkette beginnt. Das gebundene Initiator-tRNA-Molekül findet auf einem mRNA-Strang das sog. Startcodon (AUG). Daraufhin lösen sich die Initiationsfaktoren von dem Komplex und die kleine Ribosomenuntereinheit verbindet sich mit einer großen zum vollständigen, funktionsfähigen Ribosom. Erst jetzt kann die Proteinsynthese mit der Bindung eines (zweiten) Aminoacyl-tRNA-Moleküls – nun aber an der richtigen, der A-Bindungsstelle des Ribosoms – beginnen.

Die Verlängerung der Polypeptidkette im Ribosom, die **Kettenelongation**, erfolgt in drei Schritten über einen Elongationszyklus (Abb. 9.9):

1. Stufe: **Dechiffrierung**. Eine Aminoacyl-tRNA, deren Anticodon komplementär zum Codon der mRNA an der Stelle ist, wird an der A-Bindungsstelle gebunden.
2. Stufe: **Transpeptidierung**. Die Peptidylgruppe von der tRNA an der P-Bindungsstelle wird auf die Aminoacylgruppe an der A-Bindungsstelle übertragen. Diese Knüpfung einer Peptidbindung wird von einer **Peptidyltransferase** katalysiert (Abb. 9.10), die auf der großen Untereinheit des Ribosoms lokalisiert ist und vollständig aus rRNA besteht, also ein Ribozym und kein Proteinenzym ist. Thermodynamische Untersuchungen legen nahe, dass die Peptidyltransferase nicht als Katalysator im herkömmlichen Sinn wirkt, sondern dadurch, dass sie die Substrate günstig zueinander positioniert und Wasser vom aktiven Zentrum verdrängt.
3. Stufe: **Translokation**. Die jetzt wieder unbeladene tRNA wird von der P-Bindungsstelle an die sog. E-Stelle und die neue Peptidyl-tRNA von der A-Bindungsstelle – gemeinsam mit ihrer gebundenen mRNA-Matrize – an die P-Bindungsstelle weitergegeben. Das Ribosom rückt dabei genau um eine Codonlänge (drei Nukleotide) entlang der mRNA weiter. Erst dann kann ein neuer Zyklus mit der Bindung einer weiteren Aminoacyl-tRNA an der A-Bindungsstelle beginnen.

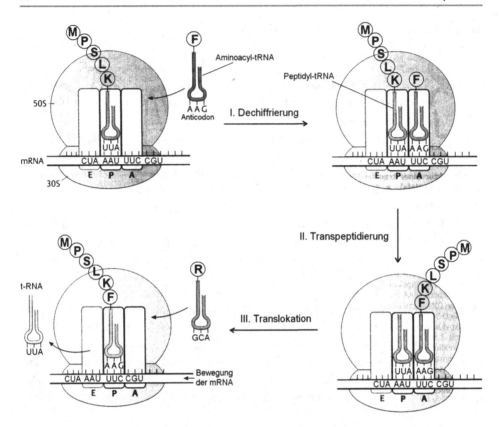

Abb. 9.9 Die drei Schritte der Verlängerung der Polypeptidkette (Kettenelongation) im Ribosom (Elongationszyklus). Nähere Erläuterungen im Text. (In Anlehnung an Wehner und Gehring 2007, mit freundlicher Genehmigung)

Die Kettenelongation über den beschriebenen dreistufigen Reaktionszyklus verläuft mit einer Geschwindigkeit von bis zu 40 Resten pro Sekunde. Sie erfordert die Mitwirkung nichtribosomaler Proteinfaktoren (**Elongationsfaktoren**: EF-Tu, EF-Ts, EF-G). Ein Peptid von 400 Aminosäuren kann also unter Umständen innerhalb von etwa 10 s fertiggestellt sein. Der ganze Prozess ist allerdings ziemlich energieaufwendig. Es müssen für jede Verknüpfung zweier Aminosäuren mindestens vier energiereiche Phosphatbindungen eingesetzt werden.

Das Ribosom schreitet, wie geschildert, auf dem mRNA-Molekül in $5' \rightarrow 3'$-Richtung Schritt für Schritt Triplett-Codon für Triplett-Codon ab. Gestoppt wird dieser Vorgang durch sog. **Stopp-Codons** (UAA, UAG, UGA). Erreicht eines der drei Stopp-Codons, für die es normalerweise keine passenden tRNA gibt, die A-Bindungsstelle am Ribosom, so werden dort zytoplasmatische Proteine, sog. Freisetzungsfaktoren (Release-Faktoren, RF), gebunden, die die Peptidyltransferase-Aktivität dahingehend verändern, dass die Polypeptidkette zwar von der tRNA gelöst, aber nicht mehr mit einer neuen Aminosäu-

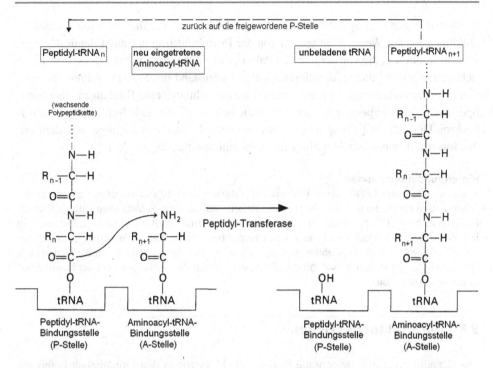

Abb. 9.10 Die ribosomale Peptidyltransferasereaktion. Die Polypeptidkette wächst, indem sie von der Peptidyl-tRNA an der P-Bindungsstelle auf eine hinzutretende Aminoacyl-tRNA an der A-Bindungsstelle transferiert wird, die dadurch zu einer um eine Aminosäure verlängerten Peptidyl-tRNA wird. Die neu hinzutretende Aminosäure wird jeweils an den C-Terminus der wachsenden Polypeptidkette angefügt

re verknüpft wird. Das Ribosom setzt daraufhin die mRNA frei und zerfällt in seine beiden Untereinheiten, die mit einer neuen mRNA eine neue Proteinsynthese starten können.

Die Proteinsynthese kann bis zu 90 % der für biosynthetische Aktivitäten in der Zelle freigesetzten Energie beanspruchen. Sie läuft mit außergewöhnlich hoher Geschwindigkeit ab. Das Darmbakterium *Escherichia coli* stellt bei einer Temperatur von 37 °C innerhalb von fünf Sekunden eine Polypeptidkette von 100 Aminosäureresten her. Ein Chemiker benötigt Stunden für die Knüpfung einer einzigen Peptidbindung! In einer normalen Säugetierzelle werden innerhalb einer Sekunde mehr als 10^6 Peptidbindungen geknüpft!

Jedes Organell führt spezifische Funktionen aus und benötigt deshalb einen besonderen Satz an Proteinen. Die meisten von ihnen werden im Zytosol synthetisiert. Spezifische Zip-codes und Signalsequenzen leiten sie zu ihren Bestimmungsorten. Auf dem Wege dorthin müssen viele von ihnen mindestens eine Membran durchqueren oder vorübergehend in Membranen eingeschlossen werden.

Einmal in der „richtigen" Aminosäuresequenz entstanden, falten sich die Proteine in dreidimensionaler Weise. Man spricht von der **Proteinfaltung** und fasst damit alle Teilschritte zusammen, die von der linearen Polypeptidkette bis zum biologisch aktiven, in der richtigen Weise gefalteten, dreidimensionalen Endzustand des Proteins führen. Sie wird von der Aminosäuresequenz bestimmt und durch nichtkovalente Bindungen stabilisiert. Spezifische, als **Chaperone** bekannte Proteine helfen, eventuelle Falschfaltungen zu verhindern. Die richtige Faltung hängt außerdem vom intrazellulären Milieu, wie dem pH, den Ionenstärken und den Metallionenkonzentrationen etc., ab.

Hintergrundinformationen

Es können auch einmal Fehler durch Einbau einer „falschen" Aminosäure auftreten, was schwerwiegende Folgen für die Funktionstüchtigkeit des Proteins haben kann. Schätzungen zufolge liegt die Fehlerquote bei $1 : 10^4$. Das bedeutet, dass bei einem Peptid mit 400 Aminosäuren im Durchschnitt jeweils jedes 25. Molekül mit einem solchen Fehler behaftet ist. Die Zelle besitzt „Korrekturlesemechanismen", um die Fehlerhäufigkeit zu reduzieren. Die einen kontrollieren die Genauigkeit der Verknüpfung der Aminosäure mit der tRNA, die anderen die Genauigkeit bei der Paarung von Codon und Anticodon.

9.8   Die Struktur des Genoms

Die Grundlage für das „teleonome Projekt" (J. MONOD) in den Organismen liefert ein gewisses Quantum an gespeicherten Informationen, das in der DNA gespeichert vorliegt. Die Gesamtheit aller Gene einer Zelle bezeichnet man als **Genom**. Jede Zelle des vielzelligen Organismus besitzt, mit nur wenigen Ausnahmen, das vollständige Genom.

Das Vorhandensein eines Genoms, d. h. eines Ensembles an genetischen Botschaften, das in der Lage ist, die Summe der biochemischen und genetischen Ereignisse im Organismus so zu steuern und aufeinander abzustimmen, dass die Lebensfunktion über die Zeit erhalten bleibt, ist eine notwendige Bedingung für das Leben und stellt gleichzeitig einen fundamentalen Unterschied zwischen lebendigen und nichtlebendigen Naturobjekten dar. Es ist eine Illusion anzunehmen, dass die Organisation lebender Systeme ohne ihr Genom auf die Dauer existieren kann. Kein Genom kann heute mehr neu entstehen, sondern muss in seiner Gänze jeweils von Generation zu Generation weitergegeben werden.

Wir kennen heute die totalen Genome von verschiedenen höheren Organismen einschließlich des Menschen sowie von diversen Mikroorganismen (Tab. 9.1). Wir wissen aber noch sehr wenig darüber, wie die gespeicherten und transferierten Informationen in ihrer Gesamtheit und in ihrer gegenseitigen Bedingtheit und Abhängigkeit die Entstehung und Erhaltung der biotischen Organisation gewährleisten, wie die Expressionen der Gene zum harmonischen Ganzen zusammengeführt werden. Wir kennen die Buchstabenfolge, in denen das „Buch des Lebens" geschrieben ist, können aber den Text noch nicht lesen und verstehen.

Die Funktionseinheiten des Genoms sind die **Gene**. Sie bestehen aus einem Segment des DNA-Moleküls, das die gesamte Information für die Synthese eines funktionellen RNA-Moleküls enthält, das – wie im Fall der mRNA – weiter für ein Protein codiert

Tab. 9.1 Anzahl der Arten, deren Genom vollständig bzw. fast vollständig sequenziert vorliegt. (Stand: September 2012)

Gruppe	Sequenzierte Arten	Gruppe	Sequenzierte Arten
Archaea	48	Pilze	25
Bacteria	541	Pflanzen	6
Protisten	13	Tiere	41

Tab. 9.2 Die Anzahl der Basenpaare und die Anzahl der Gene bei verschiedenen Organismen. (Nach verschiedenen Autoren zusammengestellt)

Organismenart	Basenpaare	Gene	Erläuterungen
Prokaryoten			
Carsonella ruddii	160.000	?	Kleinstes bekanntes Genom
Buchnera aphidicola	420.000	?	Bakterium
Nanoarchaeum equitans	490.885	552	Archaebakterium
Mycoplasma genitalium	580.000	470	Grampositives Eubakterium
Mycoplasma pneumonia	816.394	677	Erreger einer atypischen Pneumonie
Rickettsia prowarzekii	1.111.523	834	Gramnegatives Bakterium, Erreger des Typhus
Methanococcus jannashii	1.664.976	1738	Archaebakterium
Haemophilus influenzae	1.830.137	1743	Gramnegatives Bakterium
Archaeglobus fulgidus	2.178.400	2436	Archaebakterium
Mycobacterium tuberculosis	4.411.532	3959	Erreger der Tuberkulose
Escherichia coli	4.639.221	4288	Enterobakterium
Eukaryoten			
Tetrahymena pyriformis	190.000.000	?	Ciliat
Amoeba dubia	670.000.000.000	?	Protozoon
Saccharomyces cerevisiae	12.068.000	5885	Hefepilz
Zea mays	2.500.000.000	?	Mais
Pisum sativum	4.800.000.000	?	Erbse
Triticum aestivum	16.000.000.000	30.000	Weizen
Caenorhabtitis elegans	100.258.171	19.099	Nematode
Drosophila melanogaster	122.653.977	13.472	Taufliege
Takifuga rubripes	365.000.000	Etwa 38.000	Kugelfisch
Mus musculus	3.300.000.000	?	Maus
Homo sapiens	Etwa 3.200.000.000	Etwa 22.000	Mensch

oder – wie im Falle der tRNA, rRNA und anderer kleiner RNAs – andere Aufgaben hat. Jedes einzelne Gen wird von einer Vielzahl von Transkriptionsfaktoren reguliert. Die Menschen unterscheiden sich vom *E.-coli*-Bakterium nicht durch eine andere oder effektivere Chemie, nicht durch einen grundsätzlich anderen Code, sondern durch den Besitz von mehr Informationen, d. h. einer höheren **Anzahl von Genen** (Tab. 9.2), und, was noch wichtiger ist, einer **Intensiveren Verflechtung** der Gene untereinander (s. Abschn. 9.9).

Abb. 9.11 Das menschliche Genom in seinen verwandtschaftlichen Beziehungen zu anderen Organismengruppen aufgrund der zurzeit bekannten Genome. (Aus Brown 2007, mit freundlicher Genehmigung)

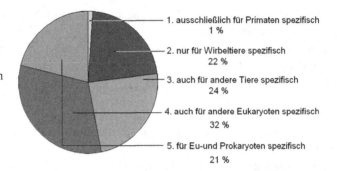

1. ausschließlich für Primaten spezifisch
1 %

2. nur für Wirbeltiere spezifisch
22 %

3. auch für andere Tiere spezifisch
24 %

4. auch für andere Eukaryoten spezifisch
32 %

5. für Eu-und Prokaryoten spezifisch
21 %

Hintergrundinformationen

Jedes Genom hat seine eigene Geschichte und weist deutliche, dauerhafte **Spuren seiner Vorfahren** auf, die in der langen Geschichte von mehr als drei Milliarden Jahren ihren nachhaltigen Niederschlag gefunden haben. Obwohl die Menschen ein sehr spätes Produkt der Evolution sind, sind große Teile ihres Genoms sehr alt. Von den 1278, in einem frühen Screeningverfahren identifizierten Proteinfamilien waren nur 94, das sind knapp 7,4 %, für Wirbeltiere typisch. Neuere vergleichende Studien ergaben, dass nur knapp ein Viertel des menschlichen Genoms (22 %) Gene sind, die für Wirbeltiere spezifisch sind. Nochmals knapp ein Viertel (24 %) sind Gene, die auch für andere Tiere spezifisch sind. Nur 1 % der menschlichen Gene sind ausschließlich für Primaten spezifisch (Abb. 9.11).

Während die Anzahl der Gene bei den Lebewesen nur um zwei Größenordnungen differiert, steigt die **Genomgröße** (Tab. 9.2) von 160.000 bp bei *Carsonella ruddii* (Nakabachi 2006, S. 267) auf $3,2 \cdot 10^9$ bp beim Menschen, also auf etwa das $2 \cdot 10^4$-Fache an! Zwischen der Genomgröße, der Menge des genetischen Materials (dem sog. C-Wert), und der Organisationshöhe existiert keine strenge Korrelation. Verschiedene Protozoen, Pflanzen, Lungenfische und Amphibien übertreffen die Genomgröße des Menschen und anderer Säugetiere um ein bis zwei Größenordnungen (Abb. 9.12). Auch zwischen verwandten Formen derselben systematischen Gruppe variiert die DNA-Menge oft erheblich.

Abb. 9.12 Die Anzahl der Basenpaare im haploiden Genom verschiedener Organismengruppen im Vergleich. Die Pflanzen und Amphibien fallen durch eine ungewöhnlich hohe Anzahl von Basenpaaren in ihrem Genom auf. (Aus Storch et al. 2007)

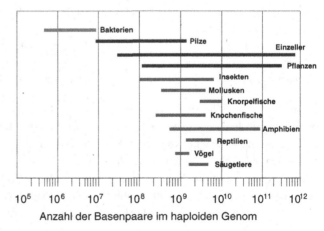

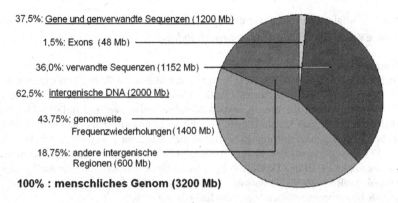

37,5%: Gene und genverwandte Sequenzen (1200 Mb)

1,5%: Exons (48 Mb)

36,0%: verwandte Sequenzen (1152 Mb)

62,5%: intergenische DNA (2000 Mb)

43,75%: genomweite Frequenzwiederholungen (1400 Mb)

18,75%: andere intergenische Regionen (600 Mb)

100% : menschliches Genom (3200 Mb)

Abb. 9.13 Das menschliche Genom in seiner Zusammensetzung

Dieses sog. **C-Wert-Paradoxon** kann nicht in jedem Fall, wie beispielsweise bei verschiedenen Pflanzen, auf Polyploidie zurückgeführt werden, sondern beruht oft darauf, dass der Anteil anscheinend funktionsloser DNA, sog. *„Junk*-DNA", stark zunimmt. Darunter fallen repetitive und hochrepetitive DNA-Sequenzen, die wahrscheinlich nie transkribiert werden. Der Anteil kann mehr als 90 % des Genoms ausmachen. Beim Menschen mit $3{,}2 \cdot 10^9$ Basen (3200 Mb) in seinem haploiden Genom entfallen beispielsweise gerade 1,5 % (48 Mb) auf die proteincodierenden Exons (Abb. 9.13). Fast die Hälfte des Genoms (43,75 %; 1400 Mb) nehmen genomweite Wiederholungen von Basensequenzen, sog. *„repeats"*, ein. Darunter sind die SINE (*short interspersed elements*) mit 1,8 Mio. und die LINE (*long interspersed elements*) mit 1,4 Mio. Kopien, die einen großen Teil der repetitiven und hochrepetitiven DNA bei Säugetieren ausmachen. Der größte Teil der DNA in vielzelligen Organismen wird nicht exprimiert. Er liegt gewöhnlich in stark kondensierter Form als sog. Heterochromatin vor, während die transkriptionsaktive DNA deutlich weniger kondensiert ist (sog. Euchromatin), um der Transkriptionsmaschinerie einen leichteren Zutritt zu ermöglichen.

Das **menschliche Kerngenom** umfasst $3{,}2 \cdot 10^9$ DNA-Nukleotide. Wenn man die Nukleotide als Buchstaben ansieht, bedeutet das: Eine Bibliothek von 3200 Bänden von jeweils tausend Seiten Umfang mit 1000 Buchstaben pro Seite. Diese Nukleotide sind auf 24 verschiedene lineare Moleküle verteilt, das kürzeste mit $5 \cdot 10^7$, das längste mit $26 \cdot 10^7$ Nukleotiden. Von ihnen sind $3{,}0 \cdot 10^9$ bp vollständig sequenziert. Ein überraschendes Ergebnis des Humangenomprojektss war, dass das menschliche Genom nicht zwischen 100.000 und 140.000 Gene umfasst, wie man früher geschätzt hatte, sondern nur etwa 30.000 Gene aufweist. Kürzlich musste diese Zahl nochmals auf 22.000 nach unten korrigiert werden (Pertea und Salzberg 2010, S. 206). Damit liegt seine Größe viel näher bei den von anderen höheren Tieren bekannt gewordenen Beträgen. Die Zahl der Gene gibt uns allerdings keinerlei Antwort auf die brennende Frage, was den Menschen schließlich zum Menschen macht. Im Hinblick auf die Anzahl der Gene wären wir Menschen nur 2,23-mal so komplex wie die Taufliege *Drosophila* und nicht einmal doppelt so komplex wie der kleine Fadenwurm *Caenorhabditis*.

Hintergrundinformationen

Die **mitochondriale DNA (mtDNA)** liegt innerhalb der Matrix i. d. R. in Form sog. Nukleoide als zirkulärer Doppelstrang vor. Eine Ausnahme bilden beispielsweise der Ciliat *Tetrahymena* und die Grünalge *Chlamydomonas*, die lineare mtDNA-Moleküle aufweisen. Die mtDNA-Moleküle sind hinsichtlich ihrer Größe und Anzahl bei den verschiedenen Organismen erstaunlich vielfältig. Die menschliche mtDNA gehört mit nur 16.569 bp zu den kleinsten bekannten ihrer Art. Sie weist insgesamt 37 Gene auf, von denen 13 für Proteine der in der Mitochondrienwand verankerten Atmungskettenkomplexe I, III und IV (s. Abschn. 6.8), 22 für tRNA-Arten, die für die Translation der mitochondrialen mRNA-Moleküle notwendig sind, und – schließlich – zwei für die beiden mitochondrialen Ribosomenuntereinheiten (s. Abschn. 9.7) codieren.

Von etwas mehr als der Hälfte der menschlichen Gene kennt man heute auch die Funktion. Die Genomanalyse hat ergeben, dass sowohl hinsichtlich der Reihenfolge der Gene wie auch der Nukleotidsequenzen eine weitgehende **Übereinstimmung zwischen Menschen und Schimpansen**, unseren nächsten Verwandten, besteht. In den nichtcodierenden Regionen beträgt die Übereinstimmung selten weniger als 97 %. Die Nukleotidfrequenz der codierenden DNA ist bei Menschen im Vergleich zum Schimpansen zu etwa 98,5 % identisch. Viele Proteine, darunter z. B. die α- und β-Protomeren des Hämoglobinmoleküls, sind in ihrer Aminosäuresequenz (Primärstruktur) beim Menschen und Schimpansen völlig identisch. Beim Gorilla unterscheiden sie sich in beiden Ketten nur in einer einzigen Aminosäure vom Menschen. Es ist nicht zu erwarten, dass sich die Sonderstellung des Menschen gegenüber seinen nächsten Verwandten in denjenigen Proteinen und RNA-Molekülen kundtut, die für den „Grundbetrieb" jeder Zelle notwendig sind, d. h. in seinen Strukturgenen. Größere Unterschiede werden in den Regulatorgenen auftreten, die die Genexpression steuern und regeln.

Nur 1,5 % des menschlichen Genoms codieren mRNA, deren Nukleotidsequenzen später in die Aminosäuresequenzen der Proteine „übersetzt" wird (sog. codierende RNA). Diesen **proteincodierenden Genen**, die über das gesamte Genom verteilt sind, stehen weniger als 2500 Gene gegenüber, die verschiedene Typen nichtcodierender RNA codieren, die nicht weiter translatiert werden. Von den zurzeit bekannten proteincodierenden Genen des Menschen (Abb. 9.14) sind etwa ein Viertel (23,2 %) an der Replikation, der Expression und der Erhaltung des Genoms beteiligt. Weitere 21,1 % codieren Proteine, die als Rezeptorproteine an der Zelloberfläche oder in anderer Weise an der Signaltransduktion beteiligt sind und so der Steuerung zellulärer Aktivitäten (Genexpression etc.) in Abhängigkeit von Signalen, die aus der Umgebung der Zelle eintreffen, dienen. Das bedeutet, dass nahezu die Hälfte aller bisher bekannten proteincodierenden Gene auf irgendeine Weise im Dienst der Erhaltung und Regulierung der Genomaktivität stehen. Nur 17,5 % der bekannten Gene codieren für Enzyme, die für den intermediären Stoffwechsel der Zelle notwendig sind. Der verbleibende Rest von 38,2 % der Gene ist für andere zelluläre Aktivitäten, wie Transportvorgänge, korrekte Faltung der Proteine, Synthese von Strukturproteinen, Immunantworten etc., verantwortlich. Diese Prozentzahlen

Abb. 9.14 Die Verteilung der bisher bekannten proteincodierenden Gene des Menschen in ihrer funktionellen Zuordnung. (Aus Brown 2007, mit freundlicher Genehmigung)

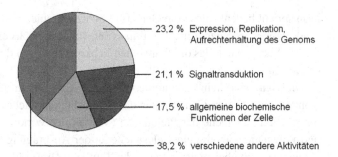

23,2 % Expression, Replikation, Aufrechterhaltung des Genoms

21,1 % Signaltransduktion

17,5 % allgemeine biochemische Funktionen der Zelle

38,2 % verschiedene andere Aktivitäten

können sich zukünftig noch etwas verschieben, weil, wie bereits betont, nur etwa die Hälfte der Gene bisher in ihrer Funktion bekannt ist. Sie weisen aber schon jetzt auf die große Bedeutung hin, die die **Regulierung** der Genomaktivität für die Aufrechterhaltung des Zellbetriebs einnimmt.

9.9   Das Genom als interaktives Netzwerk

Das Genom ist alles andere als eine Ansammlung einiger tausend selbständiger Gene. Es stellt ein hochkomplexes *System* dar, in dem die Aktivitäten der verschiedenen Gene in gegenseitiger Abhängigkeit aufeinander abgestimmt und den jeweiligen Bedingungen immer wieder von neuem angepasst werden können.

Der Genomvergleich zwischen Menschen und Schimpansen hat uns keinerlei Hinweise geliefert, was den Menschen letztendlich zum Menschen macht. Man kann es auch positiv dahingehend formulieren, dass der Vergleich uns in aller Deutlichkeit darauf hinweist, dass nicht die Anzahl der Gene, sondern die Komplexität ihrer funktionellen Verknüpfungen, die Art, wie die Expressionen der Gene in ihrer Gesamtheit gesteuert und aufeinander abgestimmt werden, für die Leistungen des Organismus entscheidend ist. Die Forschung wird sich verstärkt von den einzelnen Genomen weg den „**Transkriptomen**" und „**Proteomen**" zuwenden müssen, um einer „Postgenomik" den Weg zu bereiten. Die genaue Analyse des Einzelnen, so wichtig sie auch ist, führt uns nicht automatisch zum Verständnis des Ganzen, die Kenntnisse der einzelnen Gene und ihrer Leistungen nicht zum Verständnis, wie aus einer Eizelle ein vielzelliger Organismus entstehen kann. Die Forschung darf bei ihren Analysen des Einzelnen nie das Ganze in seiner Besonderheit aus ihrem Gesichtsfeld verlieren. Der Organismus kann nicht als Summe von Merkmalen bzw. von den mit ihnen korrelierten Genen verstanden werden. Das hat schon Wilhelm JOHANNSEN, der einst den Genbegriff einführte, klar gesehen. Er schrieb 1911: „Die gesamte Organisation wird wohl nie in Gene ‚segregiert' werden können" (Johannsen 1911, S. 129–159).

Man kann nur hoffen, dass das Denken in Eins-zu-eins-Entsprechungen zwischen Genen und Eigenschaften nun endlich und unwiderruflich sein Ende gefunden hat. In der Genetik ist nach wie vor der Ausdruck „Gen für" dieses oder jenes Merkmal gebräuchlich,

Man spricht bedenkenlos vom Gen „für" Schizophrenie, „für" Brustkrebs usw., wohlwissend, dass es sich dabei nicht um *das Gen*, sondern höchstens um ein bestimmtes *Allel* dieses Gens handelt, das die Wahrscheinlichkeit erhöht, an der betreffenden Krankheit zu erkranken.

Die **Gene** sind keine autonomen Akteure, wirken nicht als Solisten, sondern nur im Konzert mit anderen Genen unter der Kontrolle zahlreicher interner und externer Faktoren. Die Phänomene der Pleiotropie (Vielfalt der Wirkungen eines bestimmten Gens) und Polygenie (Beteiligung vieler Gene an der Ausprägung eines Merkmals) sind lange bekannt. So sind beispielsweise bei der Taufliege *Drosophila* nicht weniger als 2000 Gene an der Ausprägung der Augen beteiligt. Das sind etwa 15 % des gesamten Genoms! Umgekehrt ist jedes einzelne Gen gewöhnlich an vielen verschiedenen Prozessen beteiligt. DNA-Sequenzen oder Gene sind auch keineswegs, wie man es oft lesen kann, die *Ursachen* (Sober und Lewontin 1982, S. 157–180; Walton 1991, S. 417–435), sondern lediglich entscheidende Bedingungen für die Ausprägung von phänotypischen Merkmalen bzw. Verhaltensweisen. „Es gibt viele genabhängige, aber keine gengeleiteten Prozesse", hob Mario BUNGE mit Recht hervor (Mahner und Bunge 2000, S. 282).

Der Wissenschaftshistoriker Hans-Jörg RHEINBERGER schilderte den Wandel, der sich vollzogen hat, wie folgt (Rheinberger und Müller-Wille 2009, S. 259): „Codierende DNA-Sequenzen wandelten sich von Determinanten bestimmter Merkmale – von ‚Genen für' – in Ressourcen, die im Entwicklungs- und Stoffwechselprozess des Organismus zu höchst variablem und differenziellem Einsatz kamen." Das Gen „begann am Ende des Jahrhunderts seine Konturen zu verlieren. Wurde zu Beginn des Humangenom-Projektes noch ‚das Gen' beschworen, so etablierte sich an seinem Ende die Sprache der Postgenomik und Epigenetik, die das Gen seinen beherrschenden Platz kosten sollte." Genome sind keine Konglomerate von Genen, sondern hierarchisch strukturierte, hochkomplexe interaktive Netzwerke. Das **genozentristische Bild** von den Genen als elementare und unabhängige Struktureinheiten, die in linearer Anordnung auf dem Chromosom aufgereiht sind und für bestimmte „Merkmale" stehen, gehört unwiederbringlich der Vergangenheit an. Ihre Definition ist „heute unmöglich geworden", stellte Michel MORANGE fest (Morange 1998, S. 43).

Die Synthese eines Proteins wird nicht durch ein einziges Gen bestimmt, wie es einst in der „Ein-Gen-ein-Enzym-Hypothese" angenommen wurde, sondern ist das Produkt mehrerer bis vieler Faktoren des genetischen und biochemischen „Kontexts" in der Zelle. Die einzelnen Gene werden durch ein komplexes **interaktives System** in ihrer Aktivität kontrolliert, gesteuert und aufeinander abgestimmt. Nur in der Gemeinschaft der vielen beteiligten Faktoren wird der Weg vom Gen zum Phän geebnet. Da bei vielzelligen Eukaryoten die verschiedenen Zelltypen jeweils ganz unterschiedliche Funktionen zu erfüllen haben und damit auch unterschiedliche Muster der Genaktivität aufweisen, sind bei ihnen die Anforderungen an das Steuerungssystem noch wesentlich höher als bei den Prokaryoten. Ihre Genome sind deshalb nicht nur größer, sondern auch wesentlich komplexer.

Die Genexpression kann auf allen Ebenen zwischen der Bildung des Primärtranskripts bis zur Proteinbiosynthese geregelt und auf die jeweiligen Anforderungen abgestimmt werden. In den meisten, aber keineswegs allen Fällen geschieht das schon auf der Ebene der Transkription (Transkriptionskontrolle), was auch am ökonomischsten erscheint, weil dann erst gar keine unnötigen Zwischenprodukte mehr gebildet werden. Sämtliche Prozesse der Replikation, Transkription und Translation, des Prozessierens, der positiven oder negativen Genregulation usw. usw. laufen in ihrer gegenseitigen Abhängigkeit nicht spontan ab, sondern benötigen die chemische Maschinerie einer intakten Zelle. Sie sind fest eingegliedert in den Metabolismus der Zelle und benötigen Energie. Jeder Versuch, das „Leben" von seiner systemischen Abhängigkeit zu isolieren und auf die molekulare Ebene zu reduzieren, wie es Richard DAWKINS und andere versucht haben, führt zwangsläufig in die Irre. Gene sind weder egoistisch noch sind sie in irgendeiner anderen Weise „motiviert".

Die heute existierenden Organismen repräsentieren einen **kausalen Zirkelschluss**: Proteine (Enzyme, Transkriptionsfaktoren, Rezeptoren etc.) können nur auf der Grundlage der DNA in ihrer spezifischen, funktionstüchtigen Form nachgebildet werden, und die DNA kann sich nur mithilfe von Proteinen replizieren und wirksam werden. Die Maschinerie, mit deren Hilfe die Information übersetzt wird, besteht aus Komponenten, die selbst ein Produkt der Maschinerie sind. Heute sind bei allen Organismen Nukleinsäuren *und* Proteine essenziell. Nur auf dieser Grundlage können sie ihre vitale Organisation aufrechterhalten. Weder die „Enzym-(Protein-)theorie des Lebens" mit ihrem Höhepunkt in den 30er-Jahren des vergangenen Jahrhunderts und später, die viele prominente Anhänger, darunter auch Jacques MONOD, hatte, noch die sie ablösende „Gen-(Nukleinsäure-)theorie des Lebens" konnten das Lebensproblem adäquat lösen. Sie müssen heute *ad acta* gelegt werden. Ob in ferner Vergangenheit zur Zeit des Lebensursprungs einmal eine „RNA-Welt" (s. Abschn. 4.12) existiert hat, bleibt weiterhin fraglich.

9.10   Das zentrale molekularbiologische Dogma

Im Jahr 1958 formulierte Francis CRICK auf der Jahrestagung der Gesellschaft für Experimentelle Biologie erstmals sein „zentrales Dogma der Molekularbiologie" (Abb. 9.15; Crick 1958, S. 138–163), das bis in die Gegenwart die molekularbiologischen Diskussionen beschäftigen sollte. Es besagt, dass bei allen Lebewesen einheitlich die Information von der DNA, in der sie gespeichert vorliegt, über die mRNA zu den Proteinen fließt, die – schließlich – den Phänotyp der Zelle oder des Organismus bestimmen. Sobald die „Information" am Ziel bei den Proteinen angekommen ist, d. h. in ihrer spezifischen Aminosäuresequenz ihren Niederschlag gefunden hat, kann „sie nicht wieder heraus". Einen Informationsfluss von Protein zu Protein oder zurück zur Nukleinsäure soll es nicht geben. Der Begriff der „Information" steht hier für die genaue Bestimmung („Spezifität") der Sequenz der Basen in der Nukleinsäure bzw. der Aminosäurereste in den Proteinen.

Eine eindeutige „Rückübersetzung" einer Aminosäuresequenz eines Proteins in die Nukleotidsequenz einer Nukleinsäure ist schon deshalb nicht möglich, weil der genetische Code „degeneriert" (s. Abschn. 9.6) ist. Einer bestimmten Aminosäure können zwei,

Abb. 9.15 Schemata zum zentralen Dogma der Molekularbiologie

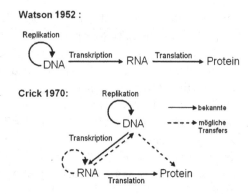

drei oder, in anderen Fällen, sogar sechs verschiedene „synonyme" Codons, wie beispielsweise bei den Aminosäuren Leucin, Serin und Arginin, zugeordnet werden. Hubert P. Yockey hat berechnet, dass die Aminosäuresequenz des Cytochrom c des Hefepilzes *Candida krusei* in nicht weniger als 10^{52} verschiedene DNA-Sequenzen „rückübersetzt" werden könnte (Yokey 1978, S. 149–152).

Im Jahre 1970 befasste sich Crick nochmals in einer separaten Arbeit mit seinem „zentralen Dogma", dessen „spekulative Natur" er durchaus sah (Crick 1970, S. 561–563). Man könne es, so Crick, auch „zentrale Hypothese" nennen (Judson 1979). In dem dort gelieferten Schema (Abb. 9.15) findet man die bereits bekannten, gerichteten Übertragungen von Sequenzinformationen (solide Pfeile) von der DNA über die RNA zum Protein wieder. Zusätzlich zu dem Replikationsvermögen der DNA (solider Kreispfeil) wird auch eine Replikation der RNA in bestimmten Fällen, wie man sie beispielsweise bei RNA-Viren findet, für möglich gehalten (gestrichelter Kreispfeil). Als weitere „mögliche Transfers" (gestrichelte Pfeile) weist das Schema denjenigen von der RNA zur DNA, wie er bei Retroviren anzutreffen ist (reverse Transkription), sowie von der DNA zum Protein, der wahrscheinlich aber in der Natur nicht vorkommt, auf. Eine Übertragung von Sequenzinformationen vom Protein zur Nukleinsäure (DNA bzw. RNA) schloss Crick dagegen weiterhin als extrem unwahrscheinlich aus.

Die molekularbiologischen Forschungen der letzten vier Dezennien haben eine Menge von Entdeckungen zu Tage gefördert, die die Aufrechterhaltung des „Dogmas" in seinem Alleinigkeitsanspruch nicht mehr gestatten. Die Möglichkeit einer inversen Transkription von RNA in DNA wurde bereits 1964 von H. M. Temin im Rahmen seiner Studien über RNA-Tumorviren vorausgesagt (Temin 1964, S. 486–494). Vier Jahre später entdeckte er die RNA-abhängige DNA-Polymerase (Temin und Mizutani 1970, S. 1211–1213), die wir heute als **reverse Transkriptase** bezeichnen. Dieses Enzym stellt eine Doppelstrang-DNA-Kopie von einer Einzelstrang-RNA-Matrize her. Heute weiß man, dass diese reverse Transkriptase in ihrer Verbreitung keineswegs auf die Retroviren beschränkt ist, sondern auch bei Prokaryoten und Eukaryoten vorkommt.

Weitere Überraschungen traten zu dem Zeitpunkt zutage, als man in den 70er-Jahren begann, Eukaryoten in die Analysen einzubeziehen. Man entdeckte 1977, dass die eukaryotischen Gene aus kleinen Stücken exprimierender Sequenzen (**Exons**) und dazwischen eingestreuten, längeren intervenierenden Sequenzen (**Introns**) bestehen. Der codierende Bereich macht dabei oft nur einen kleinen Bruchteil der Gesamtlänge des Gens aus. Zunächst werden sowohl die Introns als auch die Exons transkribiert. Erst in einem zweiten Schritt werden die Introns durch den Vorgang des **RNA-Spleißen**s (prä-mRNA-Spleißen) entfernt, wodurch die mRNA entsteht. Da die primären Transkripte auf verschiedene Weise gespleißt werden können, können aus ein und demselben Gen verschiedene mRNAs und damit auch verschiedene Proteine entstehen. Wir wissen heute, dass das **alternative Spleißen** eine wichtige Rolle bei verschiedenen biologischen Regulationen (House und Lynch 2008, S. 1217–1221; Tarn 2007, S. 517–522) und bei der differenziellen Genexpression (Smith et al. 1989, S. 527–577) spielen kann. Durch diese Entdeckungen, dass 1. die Sequenz der Aminosäurereste des Proteins in der DNA diskontinuierlich codiert ist, und 2. eine Rückkopplung über regulatorische Proteine dafür sorgt, dass das RNA-Spleißen in der gewünschten Weise geschieht, ist die zentrale Aussage des „Dogmas", dass die Sequenz der Aminosäurereste im Protein allein von der Basensequenz der DNA bestimmt wird, in ihren Grundfesten erschüttert.

Ein anderer Aspekt betrifft die in den 80er-Jahren entdeckte „**RNA-Editierung**", die besonders, aber nicht ausschließlich, bei Protozoen beobachtet worden ist. Dabei handelt es sich um posttranskriptionale Veränderungen der codierenden Sequenz von mRNA-Molekülen durch Hinzufügen, Entfernen, Verändern oder Austausch von Basen. Bei der sog. Substitutionsedierung kann z. B. durch Desaminierung von Cytosin Uracil oder durch Desaminierung von Adenin Inosin entstehen, was zur Proteindiversität führen kann. Diese Beispiele machen deutlich, dass es in vielen Fällen unmöglich ist, aus dem primären Transkript bereits mit Sicherheit die Sequenz der Aminosäurereste im finalen Protein voraussagen zu wollen.

Wir müssen heute feststellen, dass die im Rahmen des zentralen molekularbiologischen Dogmas lange vorherrschende Vorstellung von linearen Informationsflüssen von den Nukleinsäuren zu den Proteinen zugunsten einer systemischen Auffassung aufgegeben werden muss, denn dieser Prozess entpuppt sich als ein komplexes regulatives Netzwerk unter Beteiligung zahlreicher Proteine. Es liegt eine gewisse Ironie der Molekularbiologie darin, wie James A. SHAPIRO einmal schrieb, „dass sie uns unerbittlich von der *mechanischen* Sicht des Lebendigen, die sie zu festigen meinte, zu einer *informativen* führte, was für CRICK und viele seiner Gefolgsleute völlig unerwartet kam" (Shapiro 2009, S. 6–28). Nach „Entschlüsselung" des menschlichen Genoms war die Frage nach der Herausbildung des Phänotyps keineswegs beantwortet. Im Gegenteil, es stellten sich in zunehmendem Maß Fragen nach nichtgenetischen, d. h. nicht unmittelbar auf Änderungen der DNA-Sequenz (Genotyp) zurückzuführenden Veränderungen der Genomfunktion, die im Rahmen der sich rasch entwickelnden Epigenetik (s. Abschn. 10.7) zu beantworten versucht werden.

Die DNA wird – insbesondere von Molekularbiologen, aber auch in der Öffentlichkeit – in ihrer zweifellos zentralen Bedeutung für das Leben immer noch gerne zu einseitig und überhöht dargestellt. So kennzeichnete beispielsweise Renato DULBECCO das Leben als „die Verwirklichung codierter Anweisungen", die in der DNA enthalten seien. Die DNA ist für ihn „die heimliche Herrscherin des Lebens", [...] „der Lebensfaden" (Dulbecco 1991, S. 11). Walter GILBERT sprach im Zusammenhang mit dem menschlichen Genom vom „heiligen Gral" der Wissenschaften, der Menschheit schlechthin (Gilbert 1992, S. 83). Die Nukleinsäuren sind zwar eine notwendige aber keineswegs hinreichende Bedingung für das Funktionieren des Lebendigen. Vielleicht kommt Francis CRICK in seiner Einschätzung der Wahrheit näher, als er die Nukleinsäuren als „dumme" Moleküle kennzeichnete, die „in erster Linie zur Reproduktion geeignet, aber für die wirklich anspruchsvolle Arbeit kaum zu gebrauchen" seien (Crick 1983, S. 80).

Literatur

Alberts B, Bray D, Lewis J, Raff M, Roberts K, Watson JD (1995) Molekulare Biologie der Zelle, 3. Aufl. VCH Verlagsgesellschaft, Weinheim, S 292

Altman S (1989) Enzymatic cleavage of RNA by RNA. Noble Lecture

Avery OT, MacLeod TC, McCarty M (1944) Studies on the chemical transformation of pneumococcal types. J Exp Med 79:137–158

Barbieri M (2006) Life and semiosis: The real nature of information and meaning. Semiotica 158:233–254

Berg, Tymoczko, Stryer (2007) Biochemie, 6. Aufl. Springer-Spektrum, Heidelberg

Blumenberg H (1981) Die Lesbarkeit der Welt. Suhrkamp, Frankfurt a. M., S 190

Brown TA (2007) Genome und Gene, 3. Aufl. Springer Spektrum, Heidelberg

Chargaff E (1950) Chemical specifity of nucleic acids and mechanism of their enzymatic degradation. Experientia 6:201–240

Chech TR (1989) Self-splicing and enzymatic activity of an intervening sequence RNA from Tetrahymena. Noble Lecture

Clark DP (2006) Molecular Biology. Springer Spektrum, Heidelberg

Crick F (1958) On protein synthesis. Symp Soc Exp Biol 12:138–163

Crick F (1968) The origin of the genetic code. J Mol Biol 38:367–379

Crick F (1970) Central dogma of molecular biology. Nature 227:561–563

Crick F (1983) Das Leben selbst. Sein Ursprung, seine Natur. Piper Verlag München, Zürich, S 80

Dulbecco R (1991) Der Bauplan des Lebens. Die Schlüsselfragen der Biologie. Piper Verlag, München, Zürich, S 11

Eigen M (1987) Stufen zum Leben. Die frühe Evolution im Visier der Molekularbiologie. Piper Verlag, München

Engels F (1975) Herrn Eugen Dührings Umwälzung der Wissenschaft. Dietz Verlag, Berlin, S 75

Fox TD (1987) Natural variation in the genetic code. Ann Rev Genet 21:67–91

Freeland SJ, Hurst LD (1998) The genetic code is one in million. J Mol Evol 47:238–248

Freeland SJ, Wu T, Keulmann N (2003) The case for an error minimising standard genetic code. Orig Life 33:457–477

Gilbert W (1992) A vision of the Grail. In: Kevles DJ, Hood L (Hrsg) „The code of codes: Scientific and social issues in the human genome project". Harvard Univ. Press, Cambridge, S 96

House AE, Lynch KW (2008) Regulation of alternative splicing: more than just the ABCs. J Biol Chem 283:1217–1221

Jacob F (1972) Die Logik des Lebenden. Von der Urzeugung zum genetischen Code. S. Fischer Verlag, Frankfurt a. M., S 343

Jacob F (1982) The possible and the actual. Pantheon, New York

Jacob F (1993) The logic of life. A history of heredity. Princeton University Press, Princeton

Johannsen W (1911) The genotype conception of heredity. Amer Nat 45:129–159

Judson HF (1979) The eighth day of creation: Makers of the revolution in biology. Simon and Schuster, New York

Kandel ER et al (1996) Neurowissenschaften – Eine Einführung. Spektrum Verlag, Heidelberg

Knight RD, Freeland SJ, Landweber LF (1999) Selection, history, and chemistry: the three faces of the genetic code. Trends Biochem Sci 24:241–247

Koltzoff NK (1936) Organizacija kletki (Organisation der Zelle, russ.). Biomedgis, Moskau, S 634–638

Kronberg I (2010) Mega-Rolle für microRNAs. Biol Unserer Zeit 40:71

Kuhlmann M, Nellen W (2004) RNAinterferenz. Biol Unserer Zeit 34:142–150

Lemon B, Tjian R (2000) Orchestrated response: A symphony of transcription factors for gene control. Genes Dev 14:2551–2569

Levene PA, Bass LW (1931) Nucleic acids. Chemical Catalog Co., New York

Lodish H et al (1996) Molekulare Zellbiologie, 2. Aufl. Walter de Gruyter, Berlin

Mahner M, Bunge M (2000) Philosophische Grundlagen der Biologie. Springer Verlag, Berlin, Heidelberg, S 282

Mayr E (1984) Die Entwicklung der biologischen Gedankenwelt. Vielfalt, Evolution und Vererbung. Springer Verlag, Berlin, Heidelberg, S 46

Melton C, Judson RL, Blelloch R (2010) Opposing microRNA families regulate self-renewal in mouse embryonic stem cells. Nature 463:621–626

Morange M (1998) A history of molecular biology. Harvard Univ. Press, Cambridge, S 43

Nakabachi A et al (2006) The 160-kilobase genome of the bacterial endosymbiont Carsonella. Science 314:267

Nossal NG (1992) Protein-protein interactions at a DNA replication fork: Bacteriophage T4 as a model. FASEB J 6:871–878

Oparin AI (1947) Die Entstehung des Lebens auf unserer Erde. Volk und Wissen Verlag, Berlin, Leipzig

Pertea M, Salzberg SL (2010) Between a chicken and a grape: estimating the number of human genes. Genome Biol 11:206

Przybilski R, Bajaj P, Hammann C (2007) Molekulare Fossilien der Evolution? Katalytische RNA. Biol Unserer Zeit 37:356–364

Rheinberger H-J, Müller-Wille S (2009) Vererbung und Kultur eines biologischen Konzepts. Fischer Taschenbuch Verlag, Frankfurt a. M., S 259

Sen GL, Blau HM (2006) A brief history of RNAi: the silence of the genes. FASEB J 20:1293–1299

Shapiro JA (2009) Revising the central dogma in the 21st century. Ann N Y Acad Sci 1178:6–28

Sherrington C (1963) Man and his nature. The Gifford Lectures Edinburgh 1937/38. Cambridge University Press, Cambridge, S 71

Slack FJ (2010) Big roles for small RNAs. Nature 463:616

Smith CW, Patton JG, Nadal-Ginard B (1989) Alternative splicing in the control of gene expression. Annu Rev Genet 23:527–577

Sober E, Lewontin RC (1982) Artifact, cause, and genic selection. Philos Sci 49:157–180

Storch, Welsch, Wink (2007) Evolutionsbiologie, 2. Aufl. Springer Verlag, Berlin, Heidelberg

Tarn WY (2007) Cellular signals modulate alternative splicing. J Biomed Sci 14:517–522

Temin HM (1964) The participation of DNA in Rous sarcoma virus production. Virology 23:486–494

Temin HM, Mizutani S (1970) RNA-dependent DANN polymerase in vitions of Rous sarcoma virus. Nature 226:1211–1213

Walton D (1991) The units of selection and the bases of selection. Philos Sci 58:417–435

Wasternack C, Hause B (2014) Jasmonsäure – ein universelles Pflanzenhormon. Biol unserer Zeit 44:164–171

Wehner, Gehring (2007) Zoologie, 24. Aufl. Thieme Verlag, Stuttgart

Woese K (1967) The genetic code: The molecular basis of genetic expression. Harper and Row, New York

Yokey HP (1978) Can the central dogma be derived from information theory? J Theor Biol 74:149–152

Formbildung

10

> *Es ist vollkommen richtig, dass die embryonale Entwicklung offenbar eines der wunderbarsten Phänomene der gesamten Biologie ist*
> *(Jaques Monod 1975).*

Inhaltsverzeichnis

Gibt dem suchenden und forschenden Geist die bloße *Existenz* organisierter Wesen auf unserer Erde bereits genügend Rätsel auf, die in ihrer Vielzahl und Sonderheit nicht hätten größer sein können, so muss uns das planmäßige *Werden* dieser Organismen aus sich selbst heraus in unglaublich kurzer Zeit auch heute noch in unserer „aufgeklärten" und

© Springer-Verlag Berlin Heidelberg 2016
H. Penzlin, *Das Phänomen Leben*, DOI 10.1007/978-3-662-48128-8_10

wissenschaftsgläubigen Zeit geradezu wie ein „Wunder" erscheinen. Wie kommt es, dass sich die verschiedenen Organe jeweils zum richtigen Zeitpunkt, am richtigen Ort und in der richtigen Größe herausbilden? Wieso entsteht aus einem menschlichen Ei immer wieder ein Mensch und niemals eine andere Art?

Die Erfahrung der Entwicklung eines neuen vielzelligen Organismus, wie beispielsweise eines Menschen mit seinen 10^{14} Zellen und über 200 verschiedenen Zelltypen, aus einer befruchteten Eizelle innerhalb von nur neun Monaten ist uns andererseits so geläufig, so alltäglich, dass wir das Staunen und Sich-Wundern darüber weitgehend verlernt haben. Erst bei fehlerhaften Entwicklungen wird uns auf schreckliche Weise wieder bewusst, wie komplex und risikobehaftet jede Entwicklung ist. Die embryonale Entwicklung ist ohne Zweifel der komplexeste Vorgang, den wir in der Natur vorfinden, der uns auch heute noch – trotz gewaltiger Fortschritte in der experimentellen Analyse – viele Rätsel aufgibt.

Kein Wunder, dass dieser zielstrebige Prozess, der mit unglaublicher Präzision und Sicherheit in erstaunlich kurzer Zeit *selbsttätig* abläuft, vielen Forschern in allen Zeiten immer wieder Veranlassung gegeben hat, in ihm das Wirken einer alles lenkenden Vitalkraft (*vis vitalis*), eines „ganzmachenden" Faktors oder einer „Entelechie" (Hans DRIESCH; Driesch 1908) zu sehen, womit allerdings nichts im wissenschaftlichen Sinn erklärt wird (**Vitalismus**, s. Abschn. 2.14). Es bringt aber auf der anderen Seite auch nichts, das bei nüchterner Betrachtung nicht zu übersehende Faktum der autonomen Planmäßigkeit organischen Geschehens einfach nicht zur Kenntnis zu nehmen, weil es sich einer Eingliederung in ein physikalisch geprägtes Weltbild weitgehend widersetzt (**Mechanismus**, s. Abschn. 2.13). Der richtige Weg kann nur darin bestehen – und er zeigt bereits beeindruckende Erfolge –, in geduldiger und gewissenhafter experimenteller *und* theoretischer Arbeit den komplexen Vorgang der autonomen Formbildung in seinem internen Wirkungsgefüge gegenseitiger Abhängigkeiten und in seiner *Besonderheit* besser verstehen zu lernen. Die Formbildung ist – ebenso wie das Leben selbst – eine *System*leistung und kann deshalb in ihrem Wesen auch nur unter diesem Aspekt voll verstanden werden. Jedes erreichte Entwicklungsstadium ist gleichzeitig das Resultat vorangegangener Aktionen und Interaktionen wie der Ausgangspunkt darauf folgender.

10.1 Epigenese vs. Präformation

Bereits ARISTOTELES diskutierte im 4. Jahrhundert vor Christus zwei Möglichkeiten, wie ein neuer Organismus entstehen könnte. Entweder liegen alle Teile des späteren Organismus bereits von Anbeginn vorgebildet („präformiert") vor und müssen nur ausgewickelt („evolviert") und vergrößert werden. Oder aber, die Strukturen entstehen jeweils *de novo* im Prozess einer „Epigenese". ARISTOTELES favorisierte die epigenetische Vorstellung, die bis ins 17. Jahrhundert auch relativ unangefochten gängige Lehrmeinung blieb. Das änderte sich allerdings grundlegend mit der Mechanisierung des Weltbilds durch DESCARTES. Die Vorstellung einer Epigenese wurde mit der Verbannung spezifischer,

Abb. 10.1 *Links*: Die Präformation des menschlichen Embryos in einem Spermienkopf nach den Vorstellungen von Nicholas Hartsoeker 1694. *Rechts*: „Epigenese in der Sanduhr" zur Veranschaulichung der kausalanalytischen Problematik epigenetischer Formbildung. (Aus Gilbert 1985)

 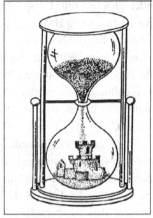

Präformation   Epigenese

formbildender Lebenskräfte und der Forderung nach einer mechanistischen Erklärung des Lebendigen zum Problem.

Den Ausweg suchte man in der **Präformationslehre**. Die sog. Ovulisten sahen den späteren Embryo bereits in der Eizelle, die Animalkulisten in den Spermien (Abb. 10.1) „präformiert". Um ihre Theorie allerdings glaubwürdig vertreten zu können, mussten sie von der zusätzlichen Annahme ausgehen, dass in jedem, einst im Rahmen der Schöpfung entstandenen Individuum alle zukünftigen Generationen bereits eingeschachtelt enthalten gewesen sein müssen (**Einschachtelungstheorie**, „*Emboîtement*"). So berechnete man, dass in Evas Ovarium etwa 200 Millionen Keime vorhanden gewesen sein müssten, das Ende der Menschheit also nicht mehr fern sein könnte. Karl Ernst VON BAER brandmarkte den Präformismus in seinen „Vorlesungen über die Zeugung" als eine Idee, die „fast an Wahnsinn" grenze. Sie sei „ein redender Beweis, bis zu welchem Unsinn man gelangen kann, wenn man unkonsequent statt der Beobachtung Annahmen gelten lässt" (zit. bei Raikov 1968, S. 122).

Eine Entscheidung zugunsten der **epigenetischen Theorie** konnte erst im 19. Jahrhundert mit der Entwicklung der Mikroskopie und – damit im Zusammenhang – der Entdeckung der Zelle als allgemeinen Baustein allen Lebens herbeigeführt werden. Das geniale Werk „*Theoria generationis*" von Caspar Friedrich WOLFF aus dem Jahr 1759, in dem er bereits die Grundlagen für eine Epigenesislehre legte, blieb noch mehr als ein halbes Jahrhundert unbeachtet, bis der Hallenser Anatom Johann Friedrich MECKEL es wiederentdeckte.

Die gewaltigen Schwierigkeiten, die mit einer mechanistischen Erklärung der Epigenese verbunden waren und noch sind, mag die Zeichnung aus dem hervorragenden Lehrbuch GILBERTs illustrieren (Abb. 10.1). Man darf den Begriff der Epigenese (Betrachtung der Embryonalentwicklung als progressiven Differenzierungsprozess aus einer anfänglich relativ undifferenzierten Eizelle) nicht mit der Epigenetik (s. Abschn. 10.7) verwechseln oder gleichsetzen. Entsprechend hilflos fielen auch die ersten Erklärungsversuche aus. Karl Ernst VON BAER spekulierte über „elektromagnetische Kräfte" (Baer 1828) und Theodor SCHWANN ging von „schöpferischen Eigenschaften der Materie" aus. Der Leipziger Anatom Wilhelm HIS sah in der ontogenetischen Entwicklung in erster Linie eine Abfolge von Erhebungen, Faltungen und Verwachsungen bereits in der „Keimschicht" vorgebildeter „organbildender Keimbezirke" (sog. „Faltungstheorie"; His 1874). Nicht wenige Biologen, darunter auch MECKEL selbst, kehrten zu vitalistischen Vorstellungen zurück.

Einen ersten umfassenden und vielbeachteten Versuch zur mechanistischen Erklärung der Entwicklung unternahm August WEISMANN zwischen 1883 und 1892 mit seiner **Keimplasmatheorie**, die allerdings in ihrem Kern eine „modifizierte Präformationstheorie" war (Sander 1990, S. 133–177). Er ging von erbungleichen Teilungen der Zellen aus, wonach den Tochterzellen jeweils nur eine bestimmte Auswahl der im „Keimplasma" der Zelle in molekularer Form präformiert vorliegenden „Determinanten" zuteilwerden soll, durch die das weitere Schicksal der Zelle festgelegt wird. Schließlich bleibt nur eine einzige Determinante übrig, womit der Charakter der betreffenden Zelle endgültig und irreversibel festgelegt wird. Mit dieser „atomistischen" Lehre lag WEISMANN voll im Trend seiner Zeit.

Eine gezielte kausalanalytische Erforschung von Entwicklungsvorgängen setzte erst Ende des 19. Jahrhunderts mit Wilhelm ROUX („Entwicklungsmechanik") und Hans DRIESCH („Entwicklungsphysiologie") ein (Penzlin 2000, S. 441–460). Eines ihrer ersten Ergebnisse war der experimentelle Nachweis der Unhaltbarkeit der Keimplasmatheorie WEISMANNS. Hans DRIESCH trennte die frühen Blastomeren des Seeigelkeims voneinander und stellte fest, dass sie einzeln immer noch in der Lage waren, vollständige Larven hervorzubringen. Mit seinen Worten: Die „prospektive Potenz" der Keimteile ist größer (nicht gleichgroß!) als dessen „prospektive Bedeutung". Diese „Regulationsfähigkeit" junger Keimteile stand im krassen Widerspruch zu WEISMANNS Postulat einer erbungleichen Teilung mit sukzessiver, irreversibler Festlegung der Differenzierung.

Hatte Hans DRIESCH im Jahre 1896 – allerdings nur noch halbherzig, wie er in seinen „Lebenserinnerungen" gestand (Driesch 1951, S. 108) – noch versucht, seine Ergebnisse und die anderer zu einer „Maschinentheorie des Lebens" im Sinne eines „**teleologischen Mechanismus**" zusammenzufügen (Driesch 1896, S. 353), so trat in den Folgejahren eine vollkommene Wende in seinem Denken hin zum Vitalismus ein, zu einer „Lehre von der Autonomie, der Eigengesetzlichkeit des organischen Geschehens", wie er sie selbst bezeichnete. Es ist in diesem Zusammenhang vielleicht nicht unwichtig, darauf hinzuweisen, dass DRIESCH im Rahmen seines Vitalismus den aus der Physik entliehenen und heute in der Biologie zentralen Begriff des „Systems" in die Diskussionen einführte, denn Entwicklung – wie „Leben" allgemein – ist eine Systemleistung und nicht die Summe von Einzelleistungen. Dass DRIESCH sich veranlasst sah, ein „*nicht*mechanisches kausales Agens", das er in Anlehnung an ARISTOTELES als Entelechie („das, was das Ziel in sich trägt") bezeichnete, einführen zu müssen, kann man aus dem damaligen Stand der Kenntnisse bis zu einem gewissen Grade verstehen. Auf jeden Fall sah DRIESCH die mit der Komplexität des Geschehens verbundenen Probleme schärfer als die meisten seiner Zeitgenossen und Nachfahren, die in vielen Fällen auf untauglichen, stark reduktionistischen Modellen und Standpunkten verharrten.

DRIESCHs ursprünglicher Versuch einer mechanistischen Interpretation biologischer Strukturbildung wurde von ihm selbst als nicht durchführbar aufgegeben, dem nicht so schnell ein nächster folgen sollte. Neue Impulse entstanden erst, als man begann, eine Brücke zur inzwischen entwickelten **Genetik** zu schlagen. Viele erfolgreiche Entwicklungsbiologen in der ersten Hälfte des vergangenen Jahrhunderts, wie beispielsweise der Nobelpreisträger Hans SPEMANN und sein amerikanischer Freund Ross G. HARRISON, betrachteten die Rolle der Genetik bei der Lösung entwicklungsphysiologischer Probleme allerdings noch recht skeptisch. Sie erklärten – einem Bonmot MORGANs folgend – die Kernhülle zur Demarkationslinie, die kein Genetiker zu überschreiten habe (zit. bei Sander 1990, S. 133–177). Das ist insofern verständlich, weil die Genetik sich zu der Zeit noch vornehmlich mit der Aufklärung der Verteilung und Lokalisation der Gene und nicht mit der Umsetzung der in den Genen niedergelegten Informationen beschäftigte. Dies änderte sich erst, als man lernte, dass Gene die Synthese von Proteinen und Proteine bestimmte Entwicklungsprozesse steuern.

10.2   Auf dem Wege zu einer Theorie der Entwicklung

Hans SPEMANN, der für die Entdeckung des „Organisatoreffekts" den Nobelpreis erhielt, schrieb nur ein einziges Buch (Spemann 1936). Den weitergehenden theoretischen Spekulationen seiner Zeit über morphogenetische Gradienten und Felder schenkte er keine starke Beachtung. Demgegenüber erkannte Leopold VON UBISCH, wie SPEMANN ein Schüler Theodor BOVERIs, sehr früh die entscheidende Bedeutung von **Gradientensystemen** für die Differenzierung, beklagte allerdings, dass man noch zu wenig darüber wisse, worin sie bestehen und wie sie entstehen (Ubisch 1953). Er war es auch, der nachdrücklich darauf hinwies, dass „alle Versuche als unbefriedigend angesehen werden" müssen, die „die Differenzierung lediglich aufgrund der Plasmaverhältnisse unter Vernachlässigung der Mitwirkung des Genoms analysieren" wollen. Er sprach in dem Zusammenhang schon davon, dass die Aktivierung der Gene „stufenweise im Lauf der Entwicklung" erfolgen müsse, wobei er Gedankengängen Conrad H. WADDINGTONs folgte (Waddington 1940): „Gewisse Gene werden früh, andere später aktiviert." Man spricht heute von der „differenziellen Genaktivierung", eine Vorstellung, die man bereits bei MORGAN finden kann (Morgan 1935).

Erst diese enge Verflechtung genetischer Analysen mit embryologischen Experimenten, wie sie in den 40er-Jahren des vergangenen Jahrhunderts zögernd einsetzte und durch die **molekularbiologische Revolution** in der zweiten Hälfte des Jahrhunderts in breiter Front so erfolgreich fortgeführt wurde, machte den Weg für ein tieferes Verständnis der embryonalen Differenzierung frei, ohne dass wir heute schon sagen können, im Besitz einer „Theorie der Entwicklung" zu sein. Eine solche Theorie zu erarbeiten ist eine riesige Herausforderung, von der wir noch nicht wissen, ob oder wann sie gelingen wird. Sie betrifft das größte und zentralste Rätsel der Biologie schlechthin.

Ein ebenso überraschendes wie wichtiges Ergebnis **molekularbiologischer Analyse** war, dass bestimmte Entwicklungsschritte bei verschiedenen Tieren vom Fadenwurm *Caenorhabditis* über die Taufliege *Drosophila* bis hin zum Menschen von sehr ähnlichen Genprodukten gesteuert werden. Das geht so weit, dass die Faktoren zwischen den Organismen ausgetauscht werden können, ohne dass die Funktion verlorengeht.

Als Beispiel sei das Genregulatorprotein Ey (Abkürzung für *eyeless*) genannt. Dieses Protein – im richtigen Zusammenhang und zum richtigen Zeitpunkt exprimiert – löst bei der Fliege ein **Augenentwicklungsprogramm** aus, indem es viele andere Gene reguliert, die z. T. selbst wieder Genregulatorproteine sind, die die Expression weiterer Gene kontrollieren. Einige dieser Kontrollgene bauen positive Rückkopplungsschleifen auf, sodass ein komplexes regulatives Netzwerk von Aktivitäten resultiert, in das mehr als 2000 Gene integriert sind. Es bildet die Grundlage für die Ausbildung der zusammengesetzten Struktur des Insektenauges. Von der Maus und dem Menschen ist ein homologes „Masterkontroll-Gen" mit dem Namen *Pax-6* bekannt, das für die Ausbildung des Linsenauges (!) verantwortlich ist. Experimentell konnte gezeigt werden, dass dieses *Pax-6*-Gen der Maus das *Ey*-Gen in der Taufliege ersetzen kann und dort die Genkaskade in Gang setzt, die zur Ausbildung des Insektenauges führt. *Pax-6*-homologe Gene findet man auch bei Schnecken, Kraken und Rundwürmern, und überall erfüllen sie eine ähnliche Aufgabe, was darauf hinweist, dass die verschiedenen Augentypen im Tierreich nicht unabhängig voneinander entstanden, sondern auf einen gemeinsamen Vorläufer zurückzuführen sind.

Das wohl eindrucksvollste und bekannteste Beispiel für die **Konservierung von Entwicklungsgenen** innerhalb des Tierreichs liefern die sog. Homöobox-Gene (s. Abschn. 10.12). Der konservative Charakter vieler genetischer Programme (z. B. Apoptose-Programm, s. Abschn. 10.13) und auch der Signalwege gestattet dem Experimentator, seine experimentellen Analysen an solchen „Modellobjekten" durchzuführen, die die besten Voraussetzungen dafür bieten. Die bisher erzielten Ergebnisse machen deutlich, dass die Suche nach basalen Entwicklungsmechanismen erfolgreich ist, und lassen hoffen, dass weiterführende Analysen und theoretische Verallgemeinerungen sich einst zu einem Gesamtbild des Entwicklungsprozesses werden zusammenfügen lassen. Dabei ist der Beitrag, den die im Umfeld der Biologie entstandenen theoretischen Disziplinen wie Informationstheorie, allgemeine Systemtheorie, Theorie dissipativer Systeme („Selbstorganisation"), Bioinformatik u. a. liefern konnten, bisher eher noch bescheiden ausgefallen. Der „Durchbruch" ist ausgeblieben, was nicht bedeuten muss, dass er nicht doch einmal gelingen könnte.

Was den bisherigen Beitrag der Theorie dissipativer Strukturen zum tieferen Verständnis der Entstehung biologischer Strukturen (Formbildung) betrifft, muss nüchtern eingeschätzt werden, dass er ziemlich gering geblieben ist. Die Entwicklung eines vielzelligen Organismus ist nicht allein im Rahmen von Energie und Stoff, von Physik und Chemie zu begreifen, nicht das Produkt von Stoff- und Energieumsetzungen allein. Sie verkörpert vielmehr das *organisierte* Ineinandergreifen vieler Teilprozesse in ihrer räumlichen und zeitlichen Ordnung. Dieses Regelwerk in seiner Gesamtheit bringt erst das ganzheitliche und teleonome Verhalten hervor, das wir bei der Neubildung eines Organismus mit Recht so bewundern. Die Vielfalt biologischer Formen ist nicht das Produkt molekularer Kräfte, sondern hochorganisierter Systeme. Sie lassen sich, wie Alfred GIERER schrieb, „ebenso wenig direkt aus der Struktur von Molekülen ablesen wie die Form von Wolken und Wellen aus der chemischen Formel für Wasser" (Gierer 1981, S. 245–251). Lebewesen, und nur sie, sind im wahrsten Sinn des Worts „*selbst*organisierend" (s. Abschn. 11.1).

Lebende Systeme sind nicht nur *offene* Systeme in einem stationären Zustand fernab vom thermodynamischen Gleichgewicht, sondern auch – und das sollte man nie aus dem Auge verlieren – **informationell** *geschlossene* **Systeme**. Die biologische Strukturbildung stellt eine komplexe Leistung des *gesamten* Systems auf der Grundlage der in seinem Genom gespeicherten Informationen im Wechselspiel mit epigenetischen Faktoren dar und ist nicht auf eine oder wenige Kräfte bzw. Prinzipien rückführbar. Sie ist zielgerichtet (teleonom) und autonom. Äußere Bedingungen können den Verlauf der Ontogenese wohl beeinträchtigen oder gar verhindern, sie können ihn aber – von wenigen Ausnahmen im Detail abgesehen – nicht organisieren. Jacques MONOD spricht von der „**autonomen Morphogenese**" und zählt sie, gemeinsam mit der Teleonomie und der genetischen Invarianz, zu den „drei charakteristischen Eigenschaften der Lebewesen" (Monod 1975, S. 32 f.). Aus einem Froschei entsteht immer wieder ein Frosch und nichts anderes. Da ist nichts dem Zufall überlassen, wie es bei der Bildung von Wolken am Himmel und von Turbulenzen im Wasserstrahl der Fall ist. Die „Entscheidungen" sind vorgegeben, sie stellen keinen zufälligen „Symmetriebruch" dar (Penzlin 1988).

10.3 Entwicklung ist progressives, koordinatives Zellverhalten

Als das zentrale Ergebnis der analytischen Forschung kann man die Erkenntnis ansehen, dass die ontogenetische Entwicklung stets „**progressiv**" verläuft, d. h. das bereits erreichte Stadium schafft jeweils die Voraussetzung für das nächstfolgende. Ein Organismus entsteht niemals durch Zusammenfügung bereits vorgefertigter Teile, wie wir es aus dem Maschinenbau kennen. Das Auftreten eines bestimmten Entwicklungsschrittes erfolgt i. d. R. auch nicht spontan und automatisch, sondern ist stets die Reaktion auf bestimmte innere und äußere Bedingungen, die inzwischen eingetreten sind. Das Genom bestimmt die Entwicklungs*möglichkeiten*, für die Umsetzung dieser Möglichkeiten muss unter den gegebenen Umständen jeweils die gesamte Zelle (der Organismus) sorgen.

Die entwicklungsphysiologische Forschung der letzten 130 Jahre hat zahllose Kausalzusammenhänge und Abhängigkeiten im Verlauf der Morphogenese, des **Sich-selbst-Konstruieren**s, aufgeklärt, aber die „Aufgabe ist unendlich", wie Alfred KÜHN in seinen „Vorlesungen" schrieb, denn „das Wesen der Entwicklung eines Organismus liegt nicht in ihren Teilvorgängen, sondern in ihrer Ordnung" (Kühn 1955, S. 4). So gesehen ist Entwicklung „kombinative Einheitsleistung" (F. E. LEHMANN). Diese in ihrer inneren Dynamik richtig zu verstehen, ist noch ein fernes Ziel.

Die tierische Entwicklung schließt – im Gegensatz zur pflanzlichen – gerichtete Wanderungen, Umlagerungen und Zusammenführungen von Zellen bzw. Zellverbänden ein. Dabei ist das Verhalten der Zellen im Verband des heranwachsenden Embryos niemals chaotisch, sondern stets von wechselseitiger Abhängigkeit und Abstimmung getragen. So gesehen ist die Entwicklung auch „**koordiniertes Zellverhalten**", wie es Lewis WOLPERT ausdrückte (Wolpert 1999). Es schließt Zellteilungen, Zellbewegungen, Zelladhäsionen und -abstoßungen, Zelldifferenzierungen und auch den programmierten Zelltod (Apoptose, s. Abschn. 10.13) ein. Ein solches koordiniertes Verhalten bei rasch zunehmender Anzahl von Zellen erfordert in erster Linie zweierlei: Einen intensiven **Signalaustauch** zwischen den Zellen des Embryos und – zweitens – die Haftung der Zellen untereinander (**Zelladhäsion**) zu Verbänden und deren fallweise Wiederlösung als wichtige Grundlage von Gestaltungs- und Sonderungsprozessen (Steinberg 1998, S. 49–59).

Der **interzelluläre Informationsfluss** kann auf dreierlei Weise erfolgen:

1. Über Botenstoffe (Signalstoffe), die von einer Zelle (Sender) sezerniert und von anderen Zellen (Empfänger) durch membranständige Rezeptormoleküle gebunden werden können. Dabei wird die „Botschaft" in der Empfängerzelle über Reaktionskaskaden funktionell umgesetzt (Informationstransfer über Distanz).
2. Über membranständige Moleküle bei direktem Kontakt der beteiligten Zellen, wobei wiederum Reaktionskaskaden innerhalb der Empfängerzelle ausgelöst werden (Informationstransfer bei direktem Kontakt).
3. Über Proteinporen (*gap junctions*), die beide Zellen miteinander verbinden. Über sie können kleinere Moleküle ausgetauscht werden.

Die **Signalstoffe** können nur an denjenigen Zielzellen wirksam werden, die über die entsprechenden (komplementären) Empfangsstrukturen in Form von Rezeptormolekülen verfügen. Bei Bindung des Liganden an den Rezeptor werden intrazellulär oft sehr komplexe Signaltransduktionskaskaden in Gang gesetzt, die schließlich zur An- oder Abschaltung von Genen führen können.

Zwischen den Zellen eines heranwachsenden Organismus werden nicht nur Informationen ausgetauscht, es werden auch vorübergehend oder dauerhaft festere Kontakte (Zell-Zell-Adhäsionen) geknüpft, die durch spezifische Transmembranproteine, sog. **Zelladhäsionsmoleküle** (CAM), gewährleistet werden. Die **Cadherine** (Edelman 1984, S. 62–74; Abb. 10.2), von denen bei den Wirbeltieren etwa 30 verschiedene Typen bekannt sind, verbinden sich kalziumabhängig mit identischen Cadherinen anderer Zellen. Die früheste strukturelle Differenzierung beim Mäuseembryo kann man auf dem Acht-Zellen-Stadium beobachten. Bis zum frühen Acht-Zellen-Stadium kann man die nur locker miteinander verbundenen Blastomeren noch voneinander trennen und acht genetisch identische Mäuschen aus ihnen gewinnen. Dann setzt ziemlich abrupt eine Abflachung der Blastomeren ein, die dabei großflächig in engeren Kontakt miteinander treten (sog. **Kompaktion**). Bei

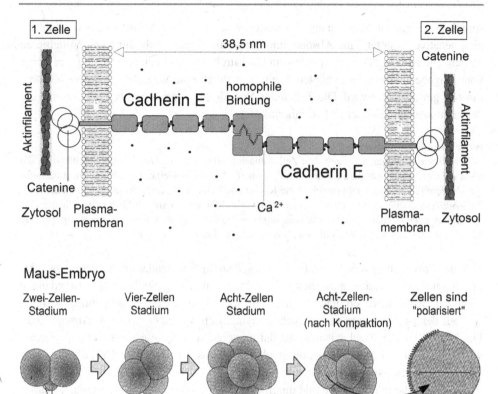

Abb. 10.2 *Oben*: Das Zelladhäsionsmolekül (CAM) Cadherin E: Es besteht aus fünf „Wiederho-lungseinheiten" (Domänen), die flexibel miteinander verknüpft sind. Für die Steifigkeit in diesen gelenkartigen Verbindungen sorgen dort gebundene Ca^{2+}-Ionen. Die jeweils gegenüberliegenden, zwei benachbarten Zellen angehörenden Adhäsionsmoleküle werden homophil (Gleiches mit Glei-chem) miteinander verknüpft. Im Inneren der Zelle stehen die Cadherine über Ankerproteine (β-Catenin u. a.) mit Aktinfilamenten in Verbindung. Erst viele, dicht an dicht gepackte Cadherinmo-leküle beider Zellen können gemeinsam eine Ankerverbindung von hinreichender Stärke herstellen (die Größenverhältnisse der Strukturen sind in dem Schema nicht immer exakt wiedergegeben). *Un-ten*: Die ersten Furchungsstadien der Maus. Auf dem Acht-Zellen-Stadium werden die vorher nur locker miteinander verbundenen Blastomeren durch Zelladhäsionsmoleküle unter Abflachung en-ger und fester „aneinandergeschmiedet" (Kompaktion oder Verdichtung). Gleichzeitig werden die zunächst auf der gesamten Zelloberfläche anzutreffenden Mikrovilli in ihrer Verbreitung auf die apikale Zelloberfläche beschränkt (Polarisierung)

diesem Prozess spielen Zelladhäsionsmoleküle vom Cadherin-E-Typ (Uvomorulin) die entscheidende Rolle.

Im Verlauf der Entwicklung kann der Cadherintyp einer Zelle sich unter dem Einfluss induktiver Reize durchaus auch einmal ändern (Takeichi 1988, S. 639–655). Die Zellad-häsion kann in eine Zellabstoßung (Absonderung) umschlagen. Johannes HOLTFRETER sprach in diesem Zusammenhang von positiver und negativer **Affinität**. Als Beispiel für eine negative Affinität, eine Absonderung, kann die Neuralrohrbildung bei Wirbeltieren dienen. Die Faltung der Neuralplatte zum Neuralrohr muss von einer Ablösung des Rohrs vom umgebenden Ektoderm begleitet sein, was durch eine Veränderung des Adhäsionsmusters gewährleistet wird. Die Zellen des Neuralrohrs exprimieren N-Cadherin und die des angrenzenden Ektoderms E-Cadherin.

Hintergrundinformationen

Neben dieser kalziumabhängigen Zell-Zell-Adhäsion gibt es auch eine kalziumunabhängige, die nicht auf Cadherinen, sondern auf anderen Proteinen – Mitgliedern einer Immunglobulinsuperfamilie – basieren. Schließlich gibt es eine dritte Klasse von Zelladhäsionsmolekülen, die nicht die Zell-Zell-Adhäsion, sondern die Zell-Matrix-Adhäsion ermöglichen. Es sind die **Integrine**, die die Zellen an ihre extrazelluläre Matrix, wie beispielsweise Kollagen, Laminin oder Fibronectin, binden. Man kennt inzwischen bei Wirbeltieren 20 verschiedene Integrinrezeptoren.

Jedes Entwicklungsstadium stellt ein sich selbsttätig erhaltendes und weiterentwickelndes, harmonisches und organisiertes System dar, das im „ausgewachsenen" Zustand einen gewissen „Ruhepunkt" erreicht, bei dem nur noch so viele Zellen nachgebildet werden, wie auf der anderen Seite verlorengehen (dynamisches Gleichgewicht, s. Abschn. 5.2). Die Frage nach den Mechanismen, die dafür sorgen, dass die einzelnen Teile des heranwachsenden Organismus in abgestimmter Weise nur bis zur „richtigen" Größe heranwachsen, ist noch weitgehend ungeklärt.

Stört man die interne Harmonie durch Amputation bestimmter Körperteile, so haben viele Organismen die Fähigkeit, den Verlust durch **Regeneration** wieder zu ersetzen. Amputiert man beispielsweise das Bein einer Schabe an der präformierten Autotomiestelle zwischen Trochanter und Femur, so wird es innerhalb von nur 14 Tagen vollständig regeneriert (Abb. 10.3; Penzlin 1963, S. 434–465). Auslöser des Regenerationsprozesses ist nicht ein „Wundreiz", wie man früher glaubte, denn die Regeneration unterbleibt, wie man aus anderen Experimenten weiß, wenn man das amputierte Stück nicht entfernt, sondern sofort wieder zurück auf die frische Wunde pfropft. Der Auslöser ist vielmehr der Verlust, das Nicht-mehr-Vorhandensein der amputierten Struktur. Es genügt, ein Stück aus der Tibia herauszuschneiden und die beiden Enden wieder zu vereinigen, um einen Regenerationsprozess in Gang zu setzen, durch den der fehlende Abschnitt des Beins wieder ersetzt und die Normallänge der Tibia wieder hergestellt wird (interkalierende Regeneration). In diesem Fall ist offenbar die „falsche" Nachbarschaft von Zellen mit unterschiedlichem „**Positionswert**" (WOLPERT; Wolpert 1971, S. 183–224) der eigentliche Auslöser. Das wird noch deutlicher bei solchen Experimenten, bei denen gar nichts mehr entfernt wird, sondern lediglich die räumliche Zuordnung der Gewebe gestört wird: Amputiert man das Bein im letzten Drittel der Tibia und pfropft es sofort wieder um 180° gedreht auf die frische Wunde, so entstehen an der Pfropfstelle gleich zwei Regenerate, sowohl von der proximalen als auch von der distalen Schnittfläche aus wächst ein Stück Tibia mit dem Tarsus heran (Abb. 10.3).

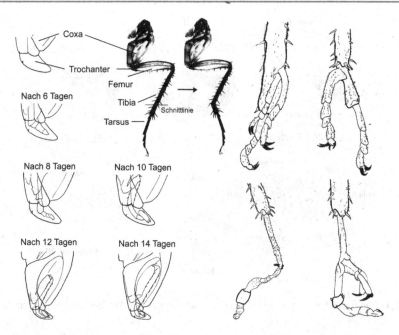

Abb. 10.3 Regenerationsexperimente am Bein von Schaben. Nach Amputation des Hinterbeins an der Autotomiestelle zwischen Trochanter und Femur entwickelt sich innerhalb von 14 Tagen in der Coxa ein neues und vollständiges Bein, das bei der nächsten Häutung zum Vorschein kommt. Amputiert man das Bein im letzten Drittel der Tibia und setzt das isolierte Stück um 180° gedreht wieder auf die Wundfläche, so wird – obwohl nichts verlorengegangen ist – sowohl von der proximalen wie auch von der distalen Wundfläche aus ein neues distales Tibiastück mit Tarsus gebildet. (Nach Penzlin 1963 und unveröffentlicht)

Was sich hinter dem Positionswert verbirgt und wie wir ihn zu verstehen haben, bleibt trotz großer Fortschritte in der experimentellen Analyse und zahlreicher theoretischer Modelle auch weiterhin noch ein Rätsel, sodass sich an WOLPERTs Einschätzung aus dem Jahre 1989 nicht viel geändert hat (Wolpert 1989): *„The simple models have gone and there is a sense of knowing more and understanding less."*

10.4 Furchung

Jede Entwicklung setzt nach der Befruchtung mit einer schnellen Abfolge mitotischer Zellteilungen ein, wobei die Tochterzellen (**Blastomeren**) immer kleiner werden, weil zwischen den einzelnen Teilungen keine, wie beim normalen Zellzyklus (s. Abschn. 3.8) üblich, Wachstumsphasen eingeschaltet werden. Man hat diesen Vorgang als Furchung bezeichnet und – später – beibehalten, als klar wurde, dass es sich dabei nicht um oberflächliche „Furchen" handelt, sondern um durchgehende Teilungen des Eis.

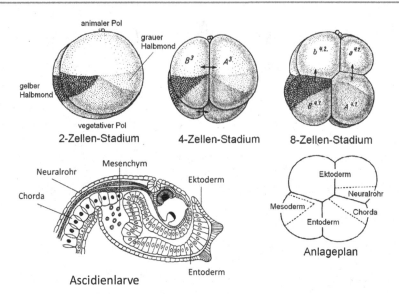

Abb. 10.4 Furchung des Eis von *Styela partita* (Ascidia) und der Anlageplan. (Nach Conklin 1905)

Nach der Befruchtung setzt i. d. R. im Ei eine mehr oder weniger deutliche und intensive Umverteilung zytoplasmatischer Komponenten (**ooplasmatische Segregation**) ein, in deren Gefolge charakteristische Verteilungsmuster entstehen können. Bei den Komponenten kann es sich um differenzierungsbestimmende „Determinanten" handeln. So erhält beispielsweise das gelbe „Myoplasma" des Seescheideneis (*Styela*; Abb. 10.4) eine Determinante, die eine muskelspezifische Entwicklung einleitet. Insbesondere entlang der animal-vegetativen Achse des Eis sind solche asymmetrischen Verteilungen von Determinanten zu beobachten (bipolare Differenzierung, SPEK). Wenn durch die Furchungsteilungen die ursprünglich im einzigen Eikern konzentrierte genetische Information vervielfältigt und auf das gesamte Eiplasma verteilt wird, bedeutet das, dass die Furchungskerne in unterschiedliche Plasmabereiche gelangen und damit zu unterschiedlichen Entwicklungswegen determiniert werden können.

Nach einer gewissen Anzahl von Teilungen – bei Amphibien nach 12 Zyklen innerhalb von 7 Stunden, wenn der Embryo aus $2^{12} = 4096$ Zellen besteht – bricht die synchrone, schnelle Zellteilungsfolge mehr oder weniger abrupt ab. Dafür sind weder die Anzahl der erfolgten Zellteilungen noch Zell-Zell-Interaktionen verantwortlich, sondern, zumindest beim Seeigel, bei Amphibien und einigen anderen Tieren, das Erreichen einer kritischen Kern-Plasma-Relation, denn das Plasmavolumen nimmt mit den Teilungen im Verhältnis zum Kernvolumen rapide ab.

Zu demselben Zeitpunkt werden gewöhnlich auch die Gene des Embryos – und damit zum ersten Mal auch die Gene des Vaters – aktiv. Bis dahin hatte der Keim noch von den vom Muttertier in reichlichem Maß während der Oogenese mitgegebenen mRNA-

Molekülen (**maternale mRNA**) zehren können. Das hatte den großen Vorteil, dass er mit einer eigenen Transkriptionsaktivität keine Zeit zu verlieren brauchte und deshalb die Zellzyklen sehr schnell aufeinander folgen lassen konnte. Eine gewisse Ausnahme bilden die Säugetiere, bei denen eine zygotische Transkription bereits sehr früh einsetzt und der embryonale Zellzyklus deshalb auch entsprechend lang ist.

Nach der Furchung des Eis werden die Zellzyklen nicht nur länger, sondern auch abhängiger von extrazellulären Signalen und damit asynchron. Gleichzeitig werden die Zellen beweglicher. Man hat diese Übergangsphase als **Mittblastulaübergang** bezeichnet, obwohl sie später, unmittelbar vor der Gastrulation, liegt. Aus Untersuchungen am Zebrafisch geht hervor, dass verschiedene Mikro-RNAs zu den mit dem Mittblastulaübergang neu auftretenden Transkripten gehören, die spezifisch die maternalen Transkripte erkennen und deren schnellen Abbau regeln.

Muster und Ablauf der Furchungsteilungen sind für jede Tierart charakteristisch, unterscheiden sich aber von Tiergruppe zu Tiergruppe oft erheblich. Man unterscheidet verschiedene **Furchungstypen**. Bei der holoblastischen (totalen) Furchung wird bei jeder Teilung das gesamte Eiplasma durchschnürt. Dazu gehört beispielsweise der Seeigelkeim (Abb. 10.5). Im Gegensatz dazu wird bei der meroblastischen (partiellen) Furchung nicht mehr das gesamte, sondern nur noch ein relativ dotterarmer Teil des Eies geteilt. Dazu zählen auf der einen Seite die Vögel und Fische und auf der anderen die Insekten. Bei Vögeln und Fischen ist der Dotter am vegetativen Eipol stark angereichert. Die Furchung beschränkt sich in den Fällen auf die „Keimscheibe", die am animalen Pol des Eis der großen vegetativen Dottermasse aufliegt („discoidale" Furchung). Bei den Insekten liegt die Dottermasse im Zentrum des Eis, die Furchung verläuft oberflächlich (superfiziell; Abb. 10.22).

Die Furchung läuft in den überwiegenden Fällen nach einem artspezifischen, in seiner raum-zeitlichen Abfolge mehr oder weniger streng determinierten Muster ab. Eine gewisse Ausnahme bilden die Schwämme und Cnidarier, aber auch der Amphibienkeim, bei dem eine erhebliche Variabilität zwischen den Schwesterkeimen auftreten kann. Sonst beruht das **Furchungsmuster** auf einer bestimmten zeitlichen Abfolge in der Orientierung der jeweiligen Teilungsspindeln, wodurch Größe und Lage der Blastomeren zueinander bestimmt werden. Dabei nehmen die Zentrosome eine entscheidende Steuerfunktion ein. Bei der sog. Spiralfurchung (Anneliden, Mollusken u. a.) stellen sich die Teilungsspindeln schräg zur animal-vegetativen Eiachse ein, sodass die Tochterzellen in animaler Richtung jeweils auf Lücke zu ihrer Ursprungszelle zu liegen kommen (Abb. 10.6). Von Teilungsschritt zu Teilungsschritt alterniert die Richtung der Teilungsspindel zwischen dexiotrop (vom animalen Pol betrachtet im Uhrzeigersinn) und laeotrop (gegen den Uhrzeigersinn).

Die Furchung des **Seeigelkeim**s (*Paracentrotus lividus*), ein bevorzugtes Objekt entwicklungsphysiologischer Untersuchungen (Hörstadius 1928), verläuft vollständig nach dem sog. Radiärtypus. Sie beginnt mit zwei meridionalen Teilungen. Dabei nimmt die Spindel jeweils eine horizontale Lage in der Mittelebene des Eis ein. Die sich anschließenden dritten Furchungsteilungen verlaufen äquatorial (vertikale Spindelstellung). Es entsteht ein Quartett animaler und ein Quartett vegetativer, gleich großer Zellen. Die

Abb. 10.5 Die ersten Tei-
lungsstadien (Furchung) des
Seeigeleis (*Strongylocentrotus
lividus*). (Nach Boveri)

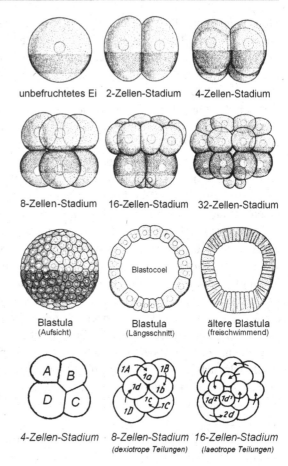

unbefruchtetes Ei   2-Zellen-Stadium   4-Zellen-Stadium

8-Zellen-Stadium   16-Zellen-Stadium   32-Zellen-Stadium

Blastocoel

Blastula   Blastula   ältere Blastula
(Aufsicht)   (Längsschnitt)   (freischwimmend)

Abb. 10.6 *Nereis* (Polychaet):
Die ersten Stadien der Spiralfurchung (vom animalen Pol
her betrachtet)

4-Zellen-Stadium   8-Zellen-Stadium   16-Zellen-Stadium
                   (dexiotrope Teilungen)   (laeotrope Teilungen)

Zellen des animalen Quartetts teilen sich anschließend meridional (horizontale Spindeleinstellungen), wodurch ein Kranz von acht gleich großen Zellen (sog. „Mesomeren")
entsteht. Die Zellen des vegetativen Quartetts teilen sich dagegen stark inäqual (vertikale Spindeleinstellungen) in vier große „Makromeren" und vier kleine „Mikromeren" am
vegetativen Pol (Abb. 10.7a).

Isoliert man die beiden Blastomeren des Zwei-Zellen-Stadiums, so teilt sich jede Blastomere so weiter, wie sie es auch im Verband getan hätte (1/2-Furchung; Abb. 10.7b).
Dasselbe ist auch noch der Fall, wenn man die vier Blastomeren des Vier-Zellen-Stadiums
voneinander trennt (1/4-Furchung; Abb. 10.7c). Unterdrückt man die erste Furchungsteilung, so findet anschließend nur noch *eine* meridionale Teilung (horizontale Spindelstellung) statt, und die nächstfolgende Teilung ist bereits eine äquatoriale (vertikale Spindelstellung). Der Keim verhält sich wie eine 1/2-Blastomere (Abb. 10.7d). Unterdrückt man
die ersten beiden Furchungsteilungen, so beginnt der Keim seine Entwicklung gleich mit
einer äquatorialen Teilung, verhält sich also wie eine 1/4-Blastomere (Abb. 10.7e). Aus
diesen Beobachtungen geht hervor, dass die Abfolge der jeweiligen Teilungsspindelori-

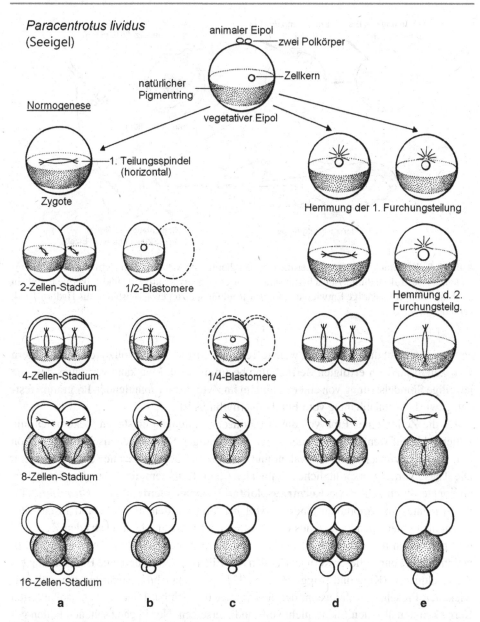

Abb. 10.7 **a** Schematische Darstellung der normalen Furchung eines Seeigeleis (*Paracentrotus lividus*) bis zum 16-Zellen-Stadium, das aus einem Ring von acht „Mesomeren" (*weiß*), einem Quartett aus „Makromeren" (*dunkel punktiert*) und vier „Mikromeren" am vegetativen Eipol besteht: Normogenese. **b** Die Entwicklung einer isolierten Blastomere des Zwei-Zellen-Stadiums (sog. „1/2-Blastomere"). **c** Die Entwicklung einer isolierten Blastomere des Vier-Zellen-Stadiums (sog. „1/4-Blastomere"). **d** Bei Unterdrückung der ersten Furchungsteilung entwickelt sich der Keim anschließend wie eine 1/2-Blastomere weiter. **e** Hemmt man auch die zweite Furchungsteilung, verhält sich der Keim anschließend hinsichtlich seines Furchungsmusters wie eine 1/4-Blastomere. (Nach Hörstadius 1928, verändert)

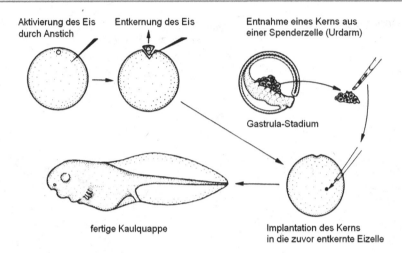

Abb. 10.8 Kerntransplantationsexperiment am Krallenfrosch *Xenopus*. Ein Kern aus dem Urdarmboden des Gastrulastadiums ist nach Transplantation in eine zuvor aktivierte und entkernte Eizelle in der Lage, eine vollständige Entwicklung bis zur Kaulquappe zu gewährleisten. (Aus Hadorn 1974, verändert)

entierungen nicht davon abhängt, welche Teilungsschritte bereits vollzogen sind, sondern vom Zeitabstand zur erfolgten Befruchtung bestimmt wird. Man kann vermuten, dass die jeweilige Spindelstellung von einem autonom im Zytoplasma ablaufenden Programm festgelegt wird, das unabhängig vom Furchungsrhythmus ist.

Da die Zellen eines Embryos durch mitotische Teilungen entstehen, bekommen alle Zellen – bis auf wenige Ausnahmen – den vollständigen Satz an genetischer Information mit, sind also zunächst alle äquivalent und, wie die befruchtete Eizelle selbst, totipotent. Die These von der ursprünglichen Äquivalenz und Totipotenz tierischer Furchungskerne konnte durch zahlreiche **Kerntransplantationsexperimente** (*Nuclear-transfer*(NT)-Experimente) an Amphibien eindrucksvoll bestätigt werden. BRIGGS und Mitarbeiter entnahmen einer Spenderzelle aus der Blastula oder Gastrula des Froschs den Kern und transplantierten ihn anschließend in eine zuvor kernlos gemachte Eizelle (Abb. 10.8). In vielen Fällen konnte dieser Kern tatsächlich den Eikern ersetzen und eine Entwicklung bis zur Kaulquappe (King und Briggs 1955, S. 321–325), manchmal sogar bis zum voll entwickelten Frosch, gewährleisten, der aber immer unfruchtbar blieb. Die transplantierten Kerne konnten also den Eikern nicht vollständig ersetzen. Nur in ganz seltenen Fällen gelang das Experiment noch mit Kernen aus adulten Geweben, wie Haut, Herz oder Lunge. Es wurde deutlich, dass die Potenz der Kerne, noch eine Vollentwicklung zu gewährleisten, umso geringer war, je ausgereifter die Spenderzelle zum Zeitpunkt des Experiments bereits war (DiBerardino 1980, S. 17–30). Inzwischen ist auch bei Insekten und selbst bei Seescheiden (Ascidién) die Äquivalenz der Kerne aus verschiedenen Entwicklungsstadien experimentell nachgewiesen worden. Dasselbe gilt für verschiedene Säugetiere (Maus, Schaf, Rind, Kaninchen etc.).

10.5 Gastrulation

Die Furchung endet bei vielen Tieren in Form einer Hohlkugel aus Zellen, die man als **Blastula** bezeichnet. Die oberflächliche, epitheliale Zellschicht nennt man Blastoderm, den inneren, mit Flüssigkeit angefüllten Raum Blastocoel. Im Verlauf der Gastrulation wird die Blastula in eine **Gastrula** umgewandelt. Dieser komplexe Vorgang führt durch Verlagerung von Zellen bzw. Zellschichten zu einer durchgreifenden Neuordnung des Keims, wobei die einzelnen Gewebe erst an die für sie vorgesehenen Orte gelangen. Die Gastrulation bringt die Keimblätter hervor und legt die Körperachsen fest. Die Zellzahl nimmt dabei bei verschiedenen Tieren gar nicht oder nur geringfügig zu. Entscheidend ist ein räumlich und zeitlich wohl aufeinander abgestimmtes Muster an Bewegungsaktivitäten und Formveränderungen der beteiligten Zellen im Zusammenhang mit Änderungen ihrer Adhäsionsaktivitäten. Über die genetische Steuerung des Gesamtprozesses sind unsere Kenntnisse allerdings immer noch sehr unvollständig. Der Anfang des vergangenen Jahrhunderts vielbeachtete Versuch von Otto BÜTSCHLI (Bütschli 1915), Josef SPEK u. a., die „Mechanik" der Gastrulainvagination auf *einen* Faktor, nämlich auf „lokalisierte und streng regulierte Quellungsprozesse" (Spek 1931, S. 457–596), zurückzuführen, muss als gescheitert betrachtet werden. Zur Untermauerung ihrer These führten sie Modellversuche mit Gelatinehohlkugeln durch (Abb. 10.9; Spek 1919, S. 13–23).

Bei den **Amphibien** (*Xenopus laevis*) – als Beispiel – ist die Blastulawand mehrschichtig. Während das spätere Ektoderm die animale Hälfte der Blastula einnimmt, erstreckt sich das spätere Entoderm über die vegetative Hälfte. Das zukünftige (prospektive) Mesoderm wird vollständig vom prospektiven Entoderm überdeckt und erstreckt sich oberhalb des Urmunds als schmales äquatoriales Band (Marginalzone) um den Keim (Abb. 10.10). Der Beginn der Gastrulation zeigt sich äußerlich darin, dass sich ein zunächst halbmondförmiger Urmund (**Blastoporus**) auf der späteren Dorsalseite des Keims einsenkt, der sich im weiteren Verlauf zu einem Kreis schließt, in dessen Inneren noch für einige Zeit ein

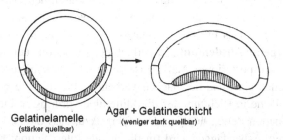

Gelatinelamelle 　　Agar + Gelatineschicht
(stärker quellbar)　　(weniger stark quellbar)

Abb. 10.9 Von Josef SPEK durchgeführter Modellversuch mit einer Gelatinehohlkugel (Blastulamodell) zur Nachahmung der Invagination durch unterschiedliche Quellung. Die Kugelwand bestand an ihrem einen Pol (im Bild *unten*) aus einer doppelschichtigen Lamelle mit einer stärker quellbaren Schicht an der Innen- und einer weniger stark quellbaren an der Außenseite. Brachte man diese Kugel ins Wasser, so stülpte sie sich von selbst zu einer „Invaginationsgastrula" ein

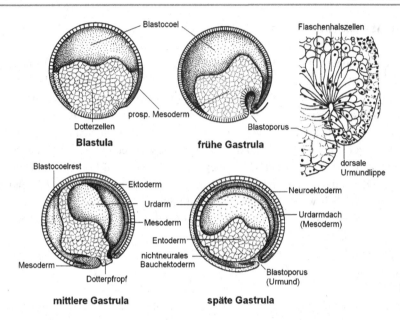

Abb. 10.10 Schematische Darstellung der Gastrulation beim Amphibienkeim. *prosp* prospektives. Nähere Erläuterungen im Text. (Nach verschiedenen Autoren zusammengestellt)

Pfropf großer, dotterreicher Zellen („Dotterpfropf") sichtbar bleibt, bis auch dieser im Inneren der Gastrula verschwindet und der Urmund zu einem schmalen Loch zusammenschrumpft.

An der Gastrulation sind in erster Linie drei Prozesse beteiligt: Involution, konvergente Ausdehnung und Epibolie. Sie beginnt damit, dass sich die Zellen am primären Blastoporus (in ähnlicher Weise wie beim Seeigel) *aktiv* zu sog. „Flaschenhalszellen" umformen. Das prospektive Entoderm und Mesoderm verlagern sich anschließend über die dorsale Urmundlippe, später von allen Seiten her, durch den Blastoporus ins Innere der Blastula in Richtung auf den animalen Pol (**Involution**) (Shih und Keller 1994, S. 85–90; Abb. 10.10). Das in der Marginalzone vorliegende Mesoderm „strömt" dabei durch „**konvergente Ausdehnung**" unterhalb des Ektoderms auf der Dorsalseite des Keims in der anterior-posterioren Achse zusammen. Dieser komplexe Vorgang besteht darin, dass die Zellen am Rand des flachen Verbands *aktiv* mithilfe sog. Lamellipodien parallel zur Oberfläche in Richtung auf die Mittellinie vordringen, indem sie sich zwischen die benachbarten Zellen drängen. Das führt dazu, dass die Zellschicht insgesamt schmaler, gleichzeitig aber länger wird (mediolaterale Interkalation; Keller et al. 1992, S. 81–91).

Zeitgleich mit der Verlagerung des prospektiven Entoderms in das Innere des Keims breitet sich das spätere Ektoderm oberflächlich allseitig aktiv aus und bedeckt schließlich als dünnes Blatt den gesamten Embryo. Bei diesem Prozess des „Umwachsens" (**Epibolie**) schieben sich Zellen des mehrschichtigen Ektoderms jeweils senkrecht zur Oberfläche zwischen benachbarte Zellen, wodurch die Oberfläche der Zellschicht zwar vergrößert wird, ihre Dicke aber abnimmt (radiale Interkalation).

Bereits im unbefruchteten Ei werden verschiedene **maternale mRNA-Matrizen** abgelagert, die später in entscheidender Weise die Gastrulation und andere frühe Ereignisse beeinflussen sollen. Während die *VegT*-Matrize sich im vegetativen Bereich des Keims ansammelt, gelangt die *Wnt11*-Matrize durch die kortikale Rotation nach der Befruchtung in den dorsalen Bereich. Das VegT-Protein wirkt genregulatorisch. Es aktiviert die Expression des Signalproteins Xnr („Xenopus nodal-related") und anderer Mitglieder der TGFβ-Superfamilie und induziert auf diese Weise die Bildung des Mesodermbands in der Marginalzone des Keims. Das Wnt11-Protein spielt gemeinsam mit dem Xnr-Protein eine entscheidende Rolle bei der Induktion des „Spemann-Organisators" in der dorsalen Urmundlippe (s. Abschn. 10.10). Dieses Entwicklungszentrum regelt anschließend die dorsoventrale Achse über mindestens sechs verschiedene diffusible Signalstoffe, die z. T. Antagonisten zum Wnt11 und TGFβ-ähnlichen Proteinen sind und auf diese Weise dafür sorgen, dass der Organisator in seiner Ausdehnung begrenzt bleibt.

10.6 Determination

Die ursprüngliche Totipotenz erfährt in den meisten Zellen des Embryos während der Embryogenese eine mehr oder weniger frühe, drastische und endgültige Einschränkung im Zusammenhang mit der Festlegung der Zellen oder Zellgruppen auf ein bestimmtes Entwicklungsschicksal. Diesen Vorgang bezeichnet man als **Determination**, die Hans SPEMANN in Anlehnung an Karl HEIDER (1900) als „Bestimmung – und zwar sowohl das Bestimmtwerden als auch das Bestimmtsein – eines Keimteils zu seinem späteren Schicksal" definierte (Spemann 1936, S. 131).

Hintergrundinformationen
Manche niedere Tiere, wie beispielsweise die Hydrozoen, Turbellarien (Abb. 2.12) und Anneliden, bewahren sich eine Reserve an omnipotenten Zellen (interstitielle Zellen bzw. **Neoblasten**) auf, die die Grundlage für das hohe Regenerationsvermögens dieser Tiere sind. Die Pflanzen unterscheiden sich von den Tieren darin, dass, wie allgemein bekannt, aus kleinen Stücken vom Stamm, Blatt oder einer Wurzel in Kultur wieder ganze Pflanzen gezüchtet werden. Die pflanzlichen somatischen Zellen scheinen zum großen Teil ihre Totipotenz zu behalten.

Durch die Determination wird das Entwicklungspotenzial der Zellen eines tierischen Keims im Verlauf der Embryogenese schrittweise eingeschränkt. Hans DRIESCH hat es so ausgedrückt, dass das mögliche Schicksal einer Blastomere, ihre „**prospektive Potenz**", zunächst umfangreicher ist als ihr natürliches Schicksal, ihre „**prospektive Bedeutung**". Eine 1/4-Blastomere des Seeigelkeims hat noch die prospektive Potenz, einen Ganzkeim zu bilden, während ihre prospektive Bedeutung in der Bildung eines 1/4-Keims besteht. Die prospektive Potenz der meisten Zellen wird im Verlauf der Differenzierung schrittweise in Richtung auf die prospektive Bedeutung eingeschränkt, mit der sie schließlich zusammenfällt.

Der **Potenzbegriff**, wie er von DRIESCH (1896) eingeführt worden ist, kennzeichnet, streng genommen, worauf SPEMANN hingewiesen hat (Spemann 1936, S. 128), nicht das „mögliche Schicksal" eines Keimteils, sondern die „Möglichkeit dieses Schicksals", also ein „entwicklungsmechanisches Vermögen" (W. ROUX). Man sollte den Begriff der Potenz auf keinen Fall mit dem der Erbanlagen gleichsetzen, wie es gelegentlich geschehen ist (PETERSEN; Petersen 1922, 1. und 2. Abschnitt) sondern nicht aus dem Auge verlieren, dass „entwicklungsmechanisches Vermögen" nicht nur eine Frage der Genetik, sondern des gesamten Systems ist, d. h. Fragen nach den auslösenden Faktoren für das Vermögen und Bedingungen zu seiner Realisierung mit einschließt. Alfred KÜHN setzte deshalb den Begriff der Potenz mit „Reaktionsfähigkeit" gleich (Kühn 1955, S. 3). Waldemar SCHLEIP führte in diesem Zusammenhang den Begriff der „Systempotenz" ein (Schleip 1929).

Man bezeichnet solche Keime, bei denen die prospektive Potenz der Zellen noch relativ lange die prospektive Bedeutung übersteigt, als **Regulationsembryonen**. Dazu gehören beispielsweise neben dem Seeigel auch die Amphibien und Säugetiere. Im Gegensatz zu ihnen sind bei den sog. **Mosaikembryonen** die Zellen bereits auf sehr frühem Stadium in ihrem Schicksal festgelegt. Die Teile des Embryos entwickeln sich relativ unabhängig voneinander; Zell-Zell-Interaktionen spielen eine geringere Rolle. Zu ihnen gehören die Rippenquallen (Ctenophoren, Abb. 10.11), Seescheiden (Ascidien) und Fadenwürmer (Nematoden).

Hintergrundinformationen

Zwischen diesen beiden Entwicklungstypen besteht kein prinzipieller Unterschied. Sie stellen vielmehr die Endglieder einer kontinuierlichen Kette von Übergangsformen dar. Es gibt weder „reine" Regulations- noch „reine" Mosaikembryonen. Eine Entwicklung ohne Zell-Zell-Interaktionen ist nicht denkbar. Die Frage ist lediglich, in welchem Umfang sie eine Rolle spielen und wie früh die Determinationsereignisse einsetzen.

Die Entwicklungspotenz der Furchungszellen (Blastomeren) lässt sich durch **Isolationsexperimente** leicht feststellen. Trennt man bei Mosaikkeimen, wie beispielsweise bei der Rippenqualle (Ctenophoren), die beiden Blastomeren des Zwei-Zellen-Stadiums voneinander, so entstehen zwei 1/2-Larven mit nur vier statt der acht „Rippen". Macht man dasselbe Experiment auf dem Vier-Zellen-Stadium, so entstehen 1/4-Larven mit zwei, und auf dem Acht-Zellen-Stadium 1/8-Larven mit einer einzigen Rippe. Eine Regulation der Entwicklung zur Ganzbildung ist bereits auf diesem Entwicklungsstadium nicht mehr möglich. Das ist bei den Regulationskeimen anders. Bei der Maus kann sich beispielsweise noch aus einer isolierten Blastomere des Acht-Zellen-Stadiums ein vollständiger Embryo entwickeln. Trennt man die vier Blastomeren des Vier-Zellen-Stadiums beim Seeigel voneinander, so entstehen ebenfalls vier verkleinerte, aber dennoch vollständige Pluteuslarven (Abb. 10.11). Es ist bemerkenswert, dass diese Regulation der Entwicklung im Sinn einer Ganzbildung erfolgt, obwohl, wie oben beschrieben, eine „1/4-Furchung"

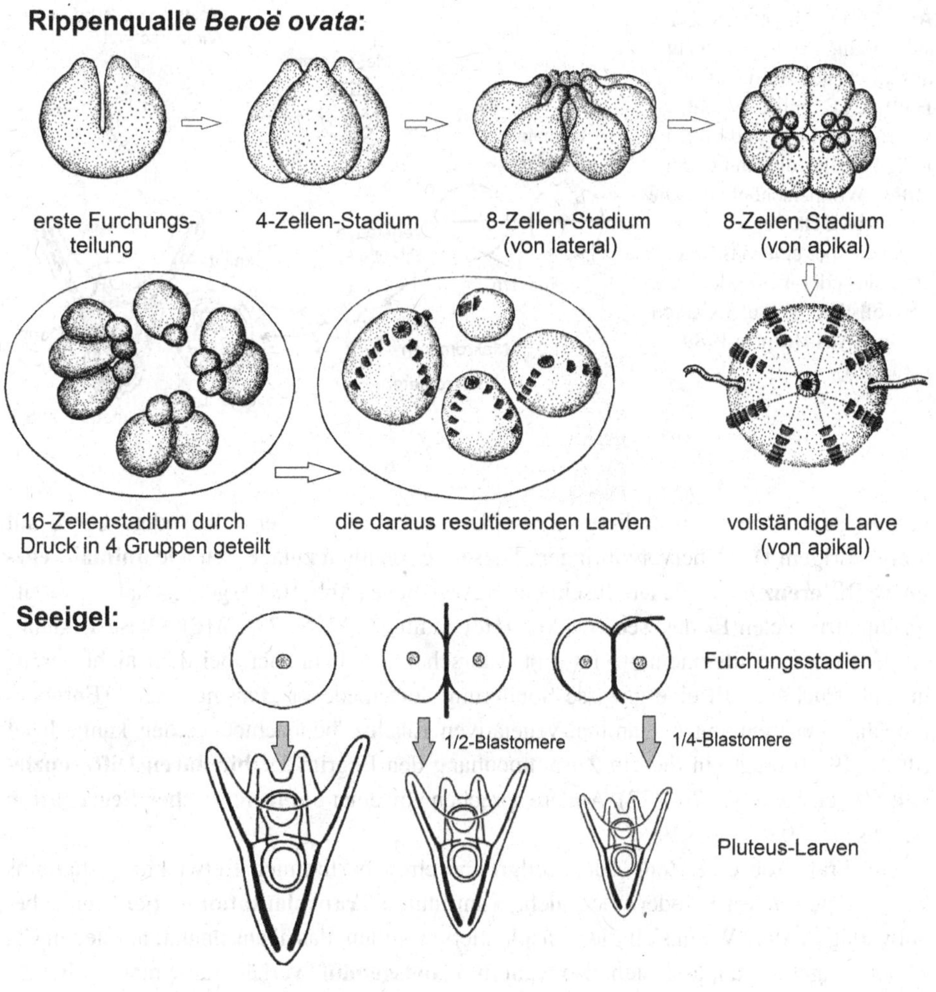

Rippenqualle *Beroë ovata*:

erste Furchungs-
teilung

4-Zellen-Stadium

8-Zellen-Stadium
(von lateral)

8-Zellen-Stadium
(von apikal)

16-Zellenstadium durch
Druck in 4 Gruppen geteilt

die daraus resultierenden Larven

vollständige Larve
(von apikal)

Seeigel:

Furchungsstadien

1/2-Blastomere

1/4-Blastomere

Pluteus-Larven

Abb. 10.11 *Oben*: Mosaikfurchung am Beispiel der Rippenqualle *Beroë ovata*. Das ausgewachsene, disymmetrisch organisierte Tier zeigt acht Reihen von Wimperplatten (sog. Rippen). Erzeugt man auf dem 16-Zellen-Stadium (mit acht Makro- und acht Mikromeren) durch leichten Druck mehrere Bruchstücke (im Beispiel: vier), so entsteht aus jedem Teilstück entsprechend seiner Größe ein 3/8-, zwei 2/8- und ein 1/8-Keim. *Unten*: Regulationsfurchung beim Seeigelkeim: Sowohl aus der 1/2- als auch aus der 1/4-Blastomere entsteht eine vollständige, normale Pluteuslarve, nur die Größen unterscheiden sich. Von verschiedenen Autoren zusammengestellt

abläuft. Ein relativ festgelegtes Furchungsmuster, wie beim Seeigelkeim, ist also noch kein hinreichendes Indiz für das Fehlen eines Regulationsvermögens.

Es ist interessant, dass bei einer Trennung des animalen Blastomerenquartetts von dem vegetativen Pol auf dem Acht-Zellen-Stadium des Seeigelkeims keine Totipotenz mehr besteht. Beide isolierten Hälften bilden zwar noch Blastulae aus, aber nur die vegetati-

Abb. 10.12 Äquatoriale Zer-
schneidung des Seeigeleis und
anschließende Befruchtung der
Hälften. Die animalen Hälften
gastrulieren nicht und bilden
lediglich Blastulae mit erwei-
tertem Wimperschopf aus. Die
vegetativen Hälften können
dagegen über eine Gastrula
„ovoide" oder mehr oder weniger vollständige Pluteuslarven
bilden. (Aus Duspiva 1989,
verändert)

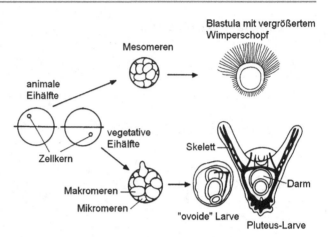

ve ist in der Lage zu gastrulieren und eine mehr oder weniger vollständige Larve mit
dreigliedrigem Darm hervorzubringen. Diese hier deutlich zutage tretende **animal-vege-
tative Differenz** liegt, wie Durchschneidungsversuche (Abb. 10.12) gezeigt haben, bereits
im unbefruchteten Ei des Seeigels vor (Hörstadius 1937, S. 295–316). Diese Erkenntnis lässt sich verallgemeinern. Es gibt wahrscheinlich kein Tier, bei dem nicht bereits
im unbefruchteten Ei eine gewisse Sonderung verschiedener „Plasmasorten" (Entwick-
lungsfaktoren) entlang der animal-vegetativen Eiachse beobachtet werden kann. Josef
SPEK (1930) prägte in diesem Zusammenhang den Begriff der **bipolaren Differenzierung** (Spek 1930, S. 370–427). Andere sprechen von einer **ooplasmatischen Segregation**
(s. Abschn. 10.9).

Die Frage, ob eine Zelle oder Zellgruppe eines bestimmten Entwicklungsstadiums
bereits determiniert ist oder noch nicht, kann durch **Transplantationsexperimente** beantwortet werden. Wenn sich die transplantierten Zellen, das Transplantat, am neuen Ort
seiner Umgebung anpasst, sich also weiterhin „ortsgemäß" verhält, kann man schließen,
dass sein Schicksal noch nicht definitiv festgelegt worden war. Verhält es sich dagegen am
neuen Ort „herkunftsgemäß", d. h. so, wie es seinem Ursprungsort entspricht, so waren
diese Zellen bereits in ihrer weiteren Entwicklung festgelegt, also determiniert.

Transplantiert man beispielsweise auf dem Stadium der späten Blastula bzw. frühen Gastrula eines Amphibienkeims ektodermales Gewebe aus dem Bereich, aus dem
sich normalerweise Nervengewebe entwickeln würde (präsumtive Medullarplatte), auf
die Bauchseite des Embryos, so entsteht dort „ortsgemäß" Bauchepidermis und kein
Medullarplattengewebe (Abb. 10.13). Dasselbe beobachtet man bei umgekehrter Transplantation: Aus der präsumtiven Epidermis wird ortsgemäß Medullargewebe. Führt man
entsprechende Transplantationen auf dem Stadium der *späten* Gastrula durch, so verhalten
sich die Transplantate nicht mehr orts-, sondern herkunftsgemäß, aus dem präsumtiven
Neuralplatten(Augenbecher)-Gewebe entwickelt sich auch am fremden Ort (Bauchseite
des Keims) durch Selbstdifferenzierung Neuralgewebe in Form eines zusätzlichen Au-

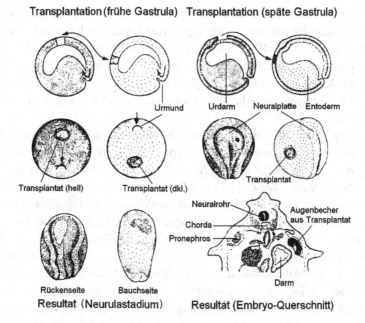

Transplantation (frühe Gastrula)   Transplantation (späte Gastrula)

Urmund   Urdarm   Neuralplatte   Entoderm

Transplantat (hell)   Transplantat (dkl.)

Transplantat

Neuralrohr   Augenbecher
                    aus Transplantat
Chorda
Pronephros

Darm

Rückenseite   Bauchseite
Resultat (Neurulastadium)   Resultat (Embryo-Querschnitt)

Abb. 10.13 Die klassischen Experimente SPEMANNs an Amphibienkeimen (1918): Bei Transplantationen auf dem frühen Gastrulastadium (*links*) verhalten sich die Transplantate in der neuen Umgebung „ortsgemäß", bei Transplantationen auf dem späten Gastrulastadium dagegen „herkunftsgemäß". Die Determination des dorsalen embryonalen Ektoderms zur Bildung von Neuralgewebe (Augenbecher) muss zwischen der frühen und späten Gastrula, also im Zusammenhang mit der Gastrulation, erfolgt sein. Nähere Erläuterungen im Text. (Aus Hadorn 1974, verändert)

genbechers (Abb. 10.13), der allerdings keine Linse enthält, weil der dazu notwendige Kontakt mit der darüber liegenden Epidermis fehlt. Zwischen diesen beiden Stadien – der frühen und der späten Gastrula – muss die Determination erfolgt sein.

10.7 Differenzierung

Die zielgerichteten Entwicklungsprozesse, wie wir sie beobachten können, sind in ihrer inneren Logik nur auf der Grundlage leistungsfähiger Kontroll- und Steuermechanismen denkbar, an denen eine Vielzahl von Faktoren beteiligt ist, die in verschiedener Weise mit der DNA interagieren. Die wichtigste, aber keineswegs alleinige Kontrolle läuft auf der Ebene der Transkription ab (Transkriptionskontrolle, s. Abschn. 9.5), ist eine Regulation der Genexpression. Bereits 1934 stellte Thomas Hunt MORGAN die damals gewagte These auf, dass nicht alle Gene einer Zelle ständig aktiv seien, sondern dass zu verschiedenen Zeiten und in verschiedenen Zellen unterschiedliche Gensätze aktiv sein könnten. Die Richtigkeit dieser „**Theorie der differenziellen Genaktivität**" konnte erst Jahrzehnte später experimentell belegt werden. Mit der Aktivierung (Anschalten) eines Gens ist allerdings noch nicht garantiert, dass das zugehörige Protein auch wirklich erscheint. Auf dem Weg dorthin kann die mRNA beispielsweise vorzeitig abgebaut oder vorübergehend in inaktiver Form abgelagert werden. Einige Proteine müssen posttranslational erst noch modifiziert werden, um ihre biologische Aktivität zu erhalten. Aus dem Gesagten geht hervor, dass für die Entwicklung besonders solche Gene wichtig sind, die Transkriptionsfaktoren codieren.

Mit dem Begriff der **differenziellen Genexpression** soll ausgedrückt werden, dass in den verschiedenen Zellen zu bestimmten Zeitpunkten zusätzlich zu den Tausenden von Haushaltsgenen (s. Abschn. 9.5.), deren Aktivität für die Aufrechterhaltung der metabolischen Grundbedürfnisse *jeder* Zelle notwendig ist, bestimmte Gene selektiv angeschaltet oder gegebenenfalls auch wieder abgeschaltet werden. In einer typischen Bakterienzelle machen die Haushaltsgene etwa 25 % der insgesamt 1000 Gene aus. Bei höheren Organismen ist ihr prozentualer Anteil am Gesamtbestand der Gene wesentlich geringer. Die große Mehrheit der Gene ist nur unter bestimmten Bedingungen, in bestimmten Geweben, auf bestimmten Entwicklungsstadien oder zu bestimmten Zeiten aktiv. Die in der Entwicklung aktiven Gene weisen besonders komplexe Kontrollregionen mit Bindungsstellen für Transkriptionsfaktoren auf. Es hat sich herausgestellt, dass die dabei wirksamen „molekularen Schalter" von den Nematoden (*Caenorhabditis elegans*) über Insekten und Fischen bis zu den Säugetieren hochkonserviert sind.

Das im Rahmen der Differenzierung erreichte spezifische **Genexpressionsmuster** der Zellen ist i. d. R. recht stabil und kann auch in unveränderter Form an die Tochterzellen weitergegeben werden. Das kann beispielsweise durch ständige Präsenz der entsprechenden Genregulatorproteine gewährleistet werden. Bei der Muskeldifferenzierung – und wahrscheinlich auch in vielen anderen Fällen – wird diese ständige Präsenz dadurch erreicht, dass ein übergeordnetes Gen, ein sog. **Master**- oder **Selektorgen**, mehrere nachgeordnete Effektorgene („*downstream genes*"), die zur vollständigen Differenzierung der Muskelzelle notwendig sind, kontrolliert. Das Produkt dieses als *myoblast-determining gene 1 (MyoD1)* bezeichneten Mastergens wirkt nicht nur als Transkriptionsregulator an den Effektorgenen, sondern gleichzeitig auch autokatalytisch auf seine eigene Produktion. Damit wird erreicht, dass nach der DNA-Replikation und erfolgter Zellteilung die im Plasma verbliebenen MyoD1-Faktoren erneut in den Kern vordringen und ihre eigene Produktion zur Erhaltung des Differenzierungsstatus in Gang setzen können. Inzwischen sind drei weitere myogene Schlüsselgene identifiziert worden, die alle zusammenarbeiten. Trotzdem dürfte dieses Beispiel der Muskeldifferenzierung noch zu den relativ einfachen gehören. In der Regel ist eine Reihe unterschiedlicher Transkriptionsfaktoren in hierarchischer Weise an dem Prozess beteiligt.

Hintergrundinformationen

Die Regulation der genetischen Aktivität braucht nicht immer bereits auf der Ebene der Transkription zu erfolgen. Es sind auch Fälle bekannt geworden, bei denen sie erst auf der Ebene der Translation ansetzt. Bei der im Mittelmeer verbreiteten, einkernigen siphonalen Grünalge *Acetabularia mediterranea* konnte beispielsweise beobachtet werden, dass die für die Ausprägung eines „Huts" am Ende eines zylindrischen Plasmaschlauchs („Stiel") verantwortlichen Gene bereits lange vor der Ausbildung dieser charakteristischen Struktur aktiv sind. Die entsprechenden mRNA-Moleküle liegen also zunächst latent im Plasma vor, ohne dass es zur Abrufung der in ihnen gespeicherten Informationen im Prozess der Translation und damit zur Hutbildung kommt. Das geschieht erst einige Wochen später, wobei die sich dabei abspielenden Vorgänge allerdings noch nicht voll verstanden werden (Schweiger 1976).

Bei der Regulation der Genexpression während der Differenzierung mehrzelliger Organismen spielen **epigenetische Vorgänge** eine wichtige Rolle. Die damit befasste biologische Disziplin bezeichnet man als Epigenetik. Sie gewinnt zunehmend an Bedeutung. Zu den epigenetischen Vorgängen zählt man solche erblichen Veränderungen der Genomfunktion, die ohne eine Änderung der DNA-Sequenz ablaufen. Sie sind in ihrer Verbreitung auf die Eukaryoten beschränkt, wo sie den „Zugang zur DNA" beeinflussen, über Transkription „ja" oder „nein" entscheiden können. Man vermutet, dass einst die Zunahme der Vielfalt und Menge parasitischer Elemente im Genom eukaryotischer Zellen zur Ausbildung epigenetischer Prozesse geführt haben könnte. Noch heute nimmt die RNA-Interferenz eine wichtige Position im Abwehrsystem der Pflanzen gegen RNA-Viren ein. Ähnliches ist von Pilzen, Fadenwürmern und Insekten bekannt. Typische epigenetische Vorgänge sind: 1. die DNA-Methylierung, 2. die Histon-Modifikationen und 3. die RNA-Interferenz, die wir jetzt näher betrachten wollen.

Bei den Eukaryoten wird die Genexpression vielfach durch **Methylierung** der Cytosinreste der DNA am fünften C-Atom zu 5-Methylcytosin abgeschaltet (Abb. 10.14; Johns und Takai 2001). Das geschieht vornehmlich in den CG-Dinukleotiden, die im Allgemeinen in den den Genen vorgelagerten („stromaufwärts" gelegenen) Promotorregionen (Abb. 9.5.) zu finden sind. Die Methylgruppen ragen in die große Furche der DNA hinein und können so leicht mit DNA-bindenden Proteinen interagieren, was zur Hemmung der Genaktivität führen kann. Ein anderer Aspekt ist, dass die DNA-Methylierung auch Chromosomenmutationen (Deletionen, Insertionen, Duplikationen) zu unterdrücken vermag. In menschlichen Spermien mit mangelhaft methylierter DNA stieg die Anzahl der Mutationen auf das 10-Fache an (Li et al. 2012).

Das DNA-Methylierungsmuster der Zellen variiert in der frühen Embryonalentwicklung der Säugetiere stark. Dabei ist es von großer Bedeutung, dass dieses Muster bei der nächsten Zellteilung nicht gleich wieder verlorengeht, sondern in unveränderter Form auf die Tochterzelle übertragen werden kann, also förmlich „vererbt" wird. Das wird dadurch erreicht, dass eine bereits methylierte CG-Sequenz auf dem elterlichen Strang eine Erhaltungsmethylase veranlasst, die zu ihr komplementäre CG-Sequenz auf dem Tochterstrang in gleichem Sinn zu methylieren (sog. **Erhaltungsmethylierung**, Abb. 10.14.).

Eine andere Form epigenetischer Veränderungen betrifft die kovalente **Modifikation** (Acetylierung oder Methylierung an Lysinresten) **der Histone**. Das sind kleine Proteine, von denen jeweils acht den Kern der sog. Nukleosomen bilden (Histonoktamer), um den ein kurzes Stück von 147 Basenpaaren der DNA-Doppelhelix 1,7-mal gewickelt ist. Zwischen den benachbarten Nukleosomen vermittelt eine sog. Linker-DNA von unterschiedlicher Länge (bis zu 80 Basenpaare). Die Anzahl möglicher Modifikationen und

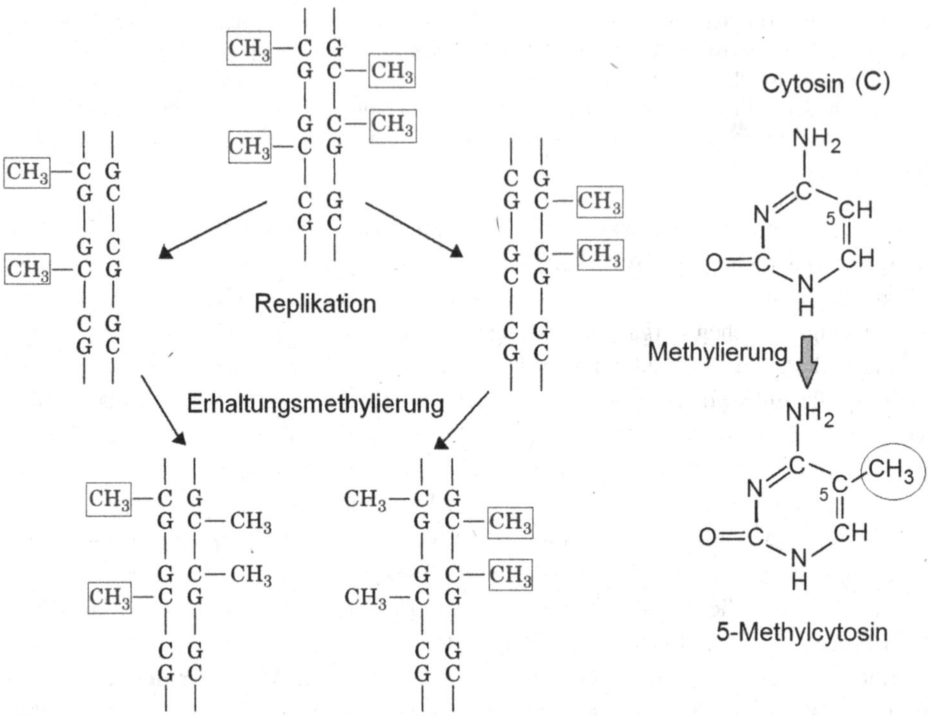

Abb. 10.14 Die Erhaltungsmethylierung: Das Methylierungsmuster auf einem elterlichen DNA-Strang veranlasst eine „Erhaltungsmethylase", ein entsprechendes Methylierungsmuster auf dem neuen, komplementären Strang herbeizuführen. Dadurch erhält sich das Muster über die Zellgenerationen hinweg

ihrer Kombinationen an einem einzigen Nukleosom ist enorm hoch. Durch sie kann geregelt werden, ob, wann oder wie auf die im Nukleosom verpackte DNA zugegriffen werden, eine Genexpression stattfinden kann, was zu der Vorstellung eines „**Histon-Codes**" (Jenuwein und Allis 2001) oder „zweiten Codes" (Spork 2009) geführt hat. Durch die aus dem Nukleosom herausragenden Histonschwänze erhält das betreffende Nukleosom sozusagen eine Markierung, die leicht gesetzt aber auch wieder abgebaut werden kann.

Die dritte Form epigenetischer Veränderungen von Genomfunktionen betrifft die **RNA-Interferenz** (RNAi), durch die unter Mitwirkung zelleigener miRNA (mikro-RNA, Abschn. 9.4) die Aktivität einzelner Gene in eukaryotischen Zellen zielgerichtet stillgelegt werden kann. Im Gegensatz zu der DNA-Methylierung (s. o.) erfolgt bei der RNA-Interferenz die Stilllegung nicht bereits auf der Stufe der Transkription direkt an der DNA, sondern erst auf der Stufe der Translation (Translationskontrolle). Dabei lagert sich ein kurzes einsträngiges RNA-Molekül an eine komplementäre RNA-Sequenz der mRNA an, wodurch eine anschließende Translation in den Ribosomen verhindert wird (*post-tran-*

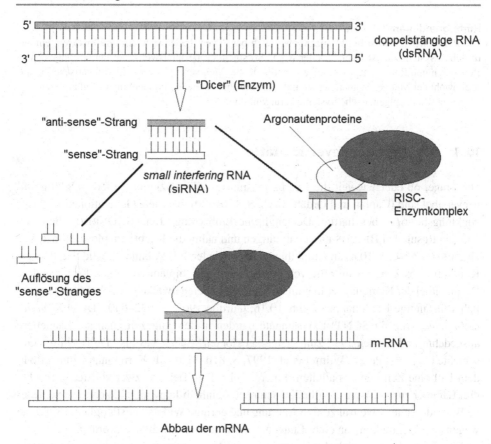

Abb. 10.15 Die Vorgänge bei der RNA-Interferenz. Nähere Erläuterungen im Text

scriptional gene silencing, PTGS). Beim Menschen wird die Aktivität von etwa 30 % der proteincodierenden Gene von etwa 1000 verschiedenen nichtcodierenden miRNAs kontrolliert (Kurreck 2009). Ihnen kommt also bei der Regulation der Genaktivität eine ähnlich große Bedeutung wie den Transkriptionsfaktoren (s. Abschn. 9.5) zu.

Die „zielerkennenden" Moleküle sind in diesem Zusammenhang relativ kurze, **einsträngige RNA-Fragmente**. Sie entstehen aus größeren doppelsträngigen RNA-Molekülen, die durch das Enzym *Dicer* in kurze doppelsträngige RNA-Fragmente (dsRNA) zerlegt werden (Abb. 10.15). Diese Fragmente werden anschließend an die Argonautenproteine des sog. RISC-Enzymkomplexes (*RNA-induced silencing complex*) übergeben und dort in ihre beiden Einzelstränge aufgetrennt. Einer der RNA-Stränge (der *Anti-sense*-Strang) verbleibt im Komplex, der durch ihn in die Lage versetzt wird, eine mRNA mit einer zum Einzelstrang komplementären Nukleotidsequenz abzubauen bzw. zu blockieren.

Hintergrundinformationen

Die RNA-Interferenz ist bei Pflanzen, aber auch bei Pilzen, Fadenwürmern und Insekten, ein natürliches System zur Abwehr fremder RNA. So spielt sie beispielsweise bei der Stilllegung von Retroviren und Retrotransposons eine wichtige Rolle. Man vermutet, dass die dramatische Zunahme sowohl der Menge als auch der Vielfalt parasitischer Elemente im Genom der Eukaryoten dazu beigetragen hat, epigenetische Systeme herauszubilden.

10.8 Die Frage der Reversibilität

Die Frage, ob oder wieweit die Expressionsmuster differenzierter Zellen endgültig und irreversibel sind (Caplan und Ordahl 1978, S. 120–130), hat viele Generationen von Entwicklungsbiologen beschäftigt. Der englische Embryologe John B. GURDON ließ sich von den Resultaten BRIGGS nicht entmutigen und nahm die **Kerntransplantationsexperimente** (s. Abschn. 10.4) an Amphibienkeimen wieder auf. Er entkernte die Eizellen des Krallenfroschs *Xenopus* mithilfe von UV-Strahlen und implantierte einen Kern aus dem Darmepithel der Kaulquappe. In einigen wenigen Fällen entwickelten sich daraus tatsächlich vollständige Kaulquappen (Abb. 10.16; Gurdon 1962, S. 622–640). Diese *Somatic-cell-nuclear-transfer*(SCNT)-Experimente wurden in der Folgezeit auch auf Säugetiere ausgedehnt und führten 1997 zum ersten „geklonten" Schaf, das als „Dolly" in die Geschichte eingegangen ist (Wilmut et al. 1997, S. 810–813). Als Kerndonator fungierte in dem Fall eine Zelllinie aus adultem Eutergewebe. Das Tier war zwar voll fertil, brachte drei Lämmer zur Welt, wurde allerdings nur sechseinhalb Jahre alt und zeigte verschiedene Besonderheiten, wie frühzeitige Alterung und geringe Widerstandsfähigkeit. Es musste wegen einer Erkrankung an einer Lungenadenomatose eingeschläfert werden.

Ein anderer Ansatz, sich der Beantwortung dieser zentralen Frage zu nähern, besteht darin, bereits ausdifferenzierte Zellen in Kultur zu nehmen und bestimmten Faktoren auszusetzen. So gelang beispielsweise eine Umwandlung von Pigmentzellen aus der embryonalen Hühnernetzhaut in Linsenzellen, die daraufhin begannen, das typische Linsenprotein Crystallin zu produzieren (Okada 1992). Man spricht von einer **Transdiffe-**

Abb. 10.16 Das von John B. Gurdon am Krallenfrosch *Xenopus laevis* durchgeführte Kerntransplantationsexperiment. In die durch UV-Licht entkernte Eizelle wird ein Kern aus einer ausdifferenzierten Darmepithelzelle einer Kaulquappe implantiert. In einigen Fällen entwickelte sich daraus eine Kaulquappe oder sogar ein Frosch

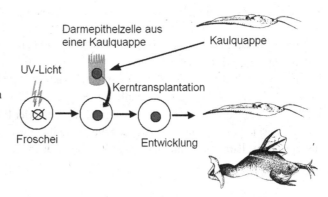

renzierung. Ein anderes Beispiel betrifft die Umwandlung von chromaffinen Zellen des Nebennierenmarks in sympathische Neuronen (Doupe et al. 1985, S. 2119–2142). In beiden Fällen erfolgte die Transdifferenzierung allerdings „nur" von einem Zelltyp in einen mit ihm ontogenetisch nahe „verwandten". Im ersten Fall sind beide Gewebe Derivate des Ektoderms, im zweiten der Neuralleiste. Schon lange war bekannt, dass Molche ihre Augenlinse aus Zellen des oberen Irisrands zu regenerieren vermögen (Wachs 1914; Yamada 1977).

Hintergrundinformationen
Von besonderem Interesse sind in diesem Zusammenhang Experimente mit der Anthomeduse *Podocoryne carnea*, weil sie zeigen, dass eine Transdifferenzierung in großem Umfang durch Kontakt mit einem anderen Zelltyp ausgelöst werden kann. Aus dem Schirm isolierte und getrennt voneinander in Kultur genommene quergestreifte Muskelzellen und Entodermzellen sind zu keiner Strukturbildung befähigt. Wenn allerdings die Entodermzellen mit Muskelzellen, die zuvor mit Kollagenase behandelt worden waren, in engen Kontakt miteinander gebracht wurden, bildeten sie gemeinsam ein Mundrohr mit Gonaden (sog. Manubrium) aus (Schmid 1980, S. 89–101), das insgesamt – einschließlich der Gameten – sieben verschiedene Zelltypen aufwies. Überraschenderweise fehlten im Regenerat quergestreifte Muskelzellen, aus denen einst die verschiedenen Zelltypen der Neubildung durch Transdifferenzierung hervorgegangen waren.

Eine Umkehrbarkeit der Genexpressionsmuster bestätigen auch **Zellfusionsexperimente**. Mithilfe von Viren oder bestimmter Chemikalien ist es gelungen, verschiedene differenzierte Zellen miteinander zu verschmelzen. Vereinigt man auf diese Weise differenzierte Leberzellen des Menschen mit Muskelzellen der Ratte, so kann man beobachten, dass die Leberzelle in ihrem neuen zytoplasmatischen Milieu ihre Produktion von Leberproteinen einstellt und stattdessen damit beginnt, ihre vorher inaktiven Gene zur Produktion menschlicher Muskelproteine zu aktivieren.

Kürzlich ist es einer japanischen Gruppe um Shinya YAMANAKA gelungen, durch das Einschleusen von vier Transkriptionsfaktorgenen (Pluripotenzgene: *cMyc*, *Klf-4*, *Oct-4*, *Sox-2*) mithilfe von Retroviren in das Genom einer differenzierten somatischen Zelle (Fibroblasten der Maus), diese in ihren pluripotenten Status zurück zu verwandeln (Reprogrammierung; Takahashi und Yamanaka 2006, S. 663–676; Okita et al. 2007, S. 313–317). YAMANAKA bezeichnete diese Zellen als „**induzierte pluripotente Stammzellen**" (iPS-Zellen). Inzwischen ist dasselbe Experiment auch mit menschlichen Körperzellen (Fibroblasten) unter Verwendung der Gene *Oct-4*, *Sox-2*, *Nanog* und *Lin-28* geglückt (Park et al. 2008, S. 141–146; Takahashi et al. 2007, S. 861–872). Man konnte dabei auf *cMyc* verzichten, von dem bekannt ist, dass es ein Protoonkogen ist. Der Prozentsatz erfolgreicher Reprogrammierungen ist allerdings noch sehr niedrig. Er liegt im Promillebereich. Die sich dabei abspielenden Teilprozesse liegen zum größeren Teil noch im Dunkeln. Mit diesen erfolgreichen Experimenten sind jedoch Möglichkeiten der Anwendung eröffnet worden, die in ihrer Tragweite für die Medizin noch gar nicht abgeschätzt werden können. Auf dem Weg dahin ist allerdings noch sehr viel experimentelle Arbeit zu leisten. Noch ist die Reprogrammierung mit so vielen Unsicherheitsfaktoren behaftet, dass mit einer breiten Anwendung in der Medizin in der nächsten Zukunft nicht gerechnet werden kann.

10.9   Asymmetrische Zellteilung – Mosaikentwicklung

Differenzierungsprozesse können über drei verschiedene Wege ausgelöst werden: 1. Durch asymmetrische Zellteilungen, 2. über Wechselwirkungen zwischen benachbarten Zellgruppen (abhängige Differenzierung, Induktion) (s. Abschn. 10.10) und 3. über die Positionsinformation innerhalb eines Gradientenfelds (s. Abschn. 10.11).

Von einer „**asymmetrischen**" Zellteilung spricht man dann, wenn aufgrund ungleicher Verteilung zytoplasmatischer Faktoren innerhalb der Mutterzelle bei deren Teilung – unabhängig von äußeren Einflüssen – zwei Tochterzellen entstehen, die in unterschiedlichem Maß mit den betreffenden Faktoren versorgt worden sind und deshalb verschiedene Entwicklungswege einschlagen.

Bereits im ungefurchten Ei vieler Tiere kann man den Vorgang einer **ooplasmatischen Segregation** von Stoffen beobachten, besonders gut beispielsweise bei der zu den Seescheiden (Ascidien) zählenden Art *Styela plicata*, weil das Ei mehrere natürliche Pigmente besitzt. Unmittelbar nach dem Eindringen des Spermiums reichern sich die unterschiedlichen Pigmente in verschiedenen Zonen des Eis an: Auf der einen Seite des Eis unterhalb des Äquators entsteht eine Plasmazone mit gelbem Pigment in Form eines sog. „gelben Halbmonds" (Abb. 10.4). Diese Stelle markiert das spätere Hinterende des Embryos, wo später auch die Gastrulation einsetzt. Während der ersten Furchungsteilung sammelt sich an der gegenüberliegenden Seite hellgraues Plasma in Form eines „grauen Halbmonds" an. Die erste Furchungsteilung verläuft meridional und teilt beide Halbmonde in zwei Hälften. Die zweite Furchungsebene verläuft senkrecht zur ersten ebenfalls meridional. Erst die dritte Furchungsebene teilt das Ei in eine animale und vegetative Hälfte, wobei der gelbe Halbmond vollständig der vegetativen Hälfte und der graue zu einem Teil der animalen und zum anderen der vegetativen Hälfte zugeschlagen wird. Aus denjenigen Blastomeren, die schließlich das gelbe Zytoplasma (sog. „Myoplasma") erhalten, entstehen später ausschließlich Muskelzellen des Larvenschwanzes.

Wenn auch aus vielen Experimenten an Ascidienkeimen eine stark ausgeprägte Fähigkeit zur Selbstdifferenzierung der Keimbezirke auf der Grundlage unterschiedlich verteilter cytoplasmatischer Faktoren hervorgeht – man sprach deshalb in der Vergangenheit gerne von einer „**Mosaikentwicklung**" –, so zeigte sich andererseits aber auch, dass abhängige Entwicklungsprozesse nicht völlig fehlen. Das trifft insbesondere für die Spezifizierung der *Chorda dorsalis* zu, die auch hier, wie bei den Wirbeltieren, eines besonderen Induktionssignals bedarf, das von vegetativen Zellen ausgeht.

Ein anderes, interessantes Beispiel einer sog. Mosaikentwicklung liefern die Fadenwürmer (**Nematoden**), deren Furchungsteilungen nach streng festgelegtem Muster ablaufen. Das Genom des nur einen Millimeter langen Fadenwurms *Caenorhabditis elegans* ist inzwischen vollständig sequenziert. Bereits durch die erste Furchungsteilung wird die

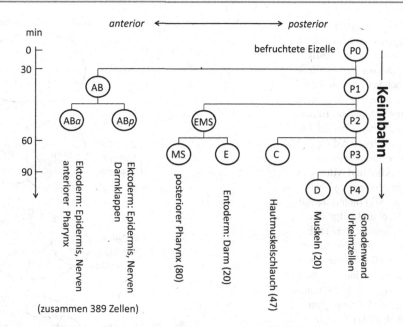

Abb. 10.17 Die Zellfolge (*cell lineage*) beim Nematoden *Caenorhabditis elegans*. Die Zahlen in Klammern geben die Anzahl der aus derjenigen Blastomere schließlich abstammenden Zellen an. Der Wurm weist nach Beendigung der Embryonalentwicklung zum Zeitpunkt des Schlüpfens konstant 556 somatische und zwei Geschlechtszellen auf

spätere Längsachse des Embryos festgelegt. Aus der größeren anterioren Zelle (AB-Zelle) geht – neben einem Teil des Pharynx-Mesoderms und einigen spezialisierten Zellen – fast das gesamte ektodermale Gewebe, wie Epidermis und Nervensystem, hervor. Aus der kleineren posterioren P_1-Zelle entstehen folgende Zellen (Abb. 10.17):

1. MS-Zelle: aus ihr entsteht später der posteriore Pharynx,
2. E-Zelle: aus ihr entsteht später der Darm (Entoderm),
3. C-Zelle: aus ihr entstehen später die kaudale Epidermis und ein Teil der Muskulatur,
4. D-Zelle: aus ihr entsteht später nur noch Muskulatur (Mesoderm),
5. P4-Zelle: aus ihr entstehen später die Gonadenwand (P5) und die Urkeimzellen.

Bereits auf dem 32-Zellen-Stadium (fünfte Furchungsteilung, Beginn der Gastrulation) ist das Schicksal der verschiedenen Zelllinien weitgehend festgelegt. Bei Verlusten von Zellen durch Abtötung oder Isolierung auf diesem Stadium erfolgt dann i. d. R. keine Regulation mehr.

Das bedeutet keineswegs, dass auf dem Weg dorthin keine zellulären Wechselwirkungen stattgefunden haben (Priess und Thomson 1987, S. 241–250). Das Gegenteil ist der Fall. Bob GOLDSTEIN wies 1992 durch Isolationsversuche nach, dass die **Entwicklung des Darms**, die bei den Nematoden normalerweise von einer einzigen Blastomere

Abb. 10.18 Die ersten
Furchungsstadien bei dem
Nematoden *Caenorhabditis
elegans*. Die von der AB-Zelle
abstammenden Blastomeren
sind grau unterlegt. Aus ihnen
geht hauptsächlich das Ektoderm des Embryos hervor. Die
Pfeile symbolisieren die *glp-1*-
abhängigen induktiven Reize
(s. Text). ABal und ABar sind
die linken und rechten Tochterzellen von ABa (anteriore AB-
Zelle). ABpl und ABpr sind
die linken und rechten Tochterzellen von ABp (posteriore
AB-Zelle). Die C-Zelle des
Acht-Zellen-Stadiums ist auf
der Figur (dorsale Sicht!) nicht
zu sehen. (In Anlehnung an
Evans et al. 1994)

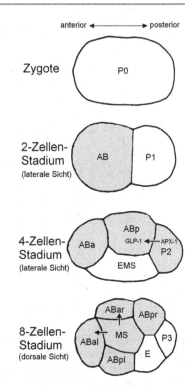

des Acht-Zellen-Stadiums, der sog. E-Zelle, geleistet wird, eines Induktionsreizes bedarf (Goldstein 1992, S. 255–257). Eine zu Beginn des Vier-Zellen-Stadiums isolierte EMS-Blastomere ist nicht in der Lage, Darm zu bilden, eine aus dem späten Vier-Zellen-Stadi-um isolierte dagegen wohl. In der Zwischenzeit muss also die Induktion zur Darmbildung erfolgt sein. Der Induktionsreiz geht, wie weiterführende Experimente gezeigt haben, von der benachbarten P2-Zelle aus (Abb. 10.18).

Experimentell konnte weiterhin eindeutig nachgewiesen werden, dass die zunächst äquivalenten AB-Tochterzellen ABa und ABp später unterschiedliche Entwicklungswege einschlagen. Entscheidend ist dabei der Kontakt zwischen der P2- und der ABp-Blasto-mere (Abb. 10.18). Bei dieser Induktion nehmen, wie wir heute wissen, zwei Proteine, das GLP-1 (ein Transmembranrezeptor) und das APX-1, eine Schlüsselposition ein. Bei-de werden von maternalen Genen (*glp-1* und *apx-1*) codiert (Mello et al. 1994, S. 95–106). Die *glp*-1 mRNA ist zunächst im gesamten Embryo gleichmäßig verteilt. Zur Ex-primierung des GLP-Rezeptorproteins kommt es allerdings nur in der AB-Zelle, weil die Translation in der P-Zelle unterdrückt wird (Evans et al. 1994, S. 183–194). Auf dem Vier-Zellen-Stadium geht von der P2-Zelle ein Induktionsreiz in Form des APX-1-Proteins aus, das sich mit dem transmembranen GLP-1-Rezeptorprotein der benachbarten ABp-Blasto-mere verbindet und dafür sorgt, dass die Tochterzellen von ABa (ABal und ABar) und ABp (ABpl und ABpr) auf spätere Signale, die von der MS-Zelle ausgehen, unterschiedlich reagieren. Unterbindet man den Kontakt zwischen der P2- und der ABp-Blastomere auf dem Vier-Zellen-Stadium, so entwickeln sich Letztere wie eine ABa-Zelle weiter.

10.10 Abhängige Differenzierung: Induktion

Die Embryonalentwicklung wurde oben als „koordinatives Zellverhalten" charakterisiert. Eine solche Koordination setzt voraus, dass die Zellen des heranwachsenden Embryos untereinander kommunizieren können. Auf diese Weise kann eine Zellgruppe die Entwicklung benachbarter Zellgruppen richtungsweisend beeinflussen. Man spricht von einer **Induktion** oder einer abhängigen Differenzierung. Induktionsvorgänge der verschiedensten Art gehören zu den grundlegendsten Ereignissen in der Embryonalentwicklung *aller* Tiere. Sie fehlen also auch bei Tieren mit einer Mosaikentwicklung keineswegs (s. Abschn. 10.9).

Das vom sog. Induktor ausgesandte **Induktionssignal** kann in seiner Wirksamkeit auf die unmittelbare Nachbarschaft begrenzt bleiben oder sich über den interzellulären Raum mehr oder weniger weit ausbreiten. Im ersten Fall treten Sender und Empfänger des Signals entweder direkt über Kommunikationskanäle („gap junctions") in einen stofflichen Austausch, oder sie kommunizieren indirekt über membranständige Rezeptormoleküle. Im zweiten Fall werden die Signalstoffe sezerniert und diffundieren anschließend über Strecken, die selten länger sind als zehn Zelldurchmesser, zur Empfängerzelle, um dort an das entsprechende Rezeptorprotein anzudocken und spezifische intrazelluläre Transduktionskaskaden (s. Abschn. 8.7) auszulösen, die bis in den Kern und das Genom hineinreichen.

Voraussetzung für eine erfolgreiche Induktion ist also nicht nur die Existenz eines Induktors, sondern auch das Vorhandensein eines Reaktionsgewebes mit entsprechender „**Kompetenz**", den Induktionsreiz empfangen und mit einer bestimmten Reaktion beantworten zu können. Das bedeutet, dass ein „passender" Membranrezeptor und eine entsprechende intakte intrazelluläre Signaltransduktionskaskade vorhanden sein müssen. Mit anderen Worten: Es müssen die für die Expression der Rezeptorproteine verantwortlichen Gene aktiv sein. In der Regel besteht eine solche Empfangsbereitschaft für das Signal beim Zielgewebe nur für eine mehr oder weniger stark begrenzte Zeitspanne (**sensible Periode**).

Die spezifische Antwort auf ein Induktionssignal ist allein eine Leistung des empfangenden Gewebes und nicht mehr des Signals, das nur als Auslöser fungiert. Die Empfängerzelle erhält mit dem Signal – genau genommen – überhaupt keine Instruktion oder Information. Die Funktion des Signals erschöpft sich in ihrer auslösenden Wirkung. Man spricht deshalb auch gerne vom „Induktionsreiz". So können durchaus gleiche Signalmoleküle an verschiedenen Zielgeweben aktiv werden und – in Abhängigkeit vom Zelltyp und seinem physiologischen Zustand – unterschiedliche Reaktionen auslösen.

Die am längsten bekannte Induktion ist diejenige durch den sog. **Spemannschen Organisator**, den Hans SPEMANN und Hilde MANGOLD in den 20er-Jahren des vergangenen

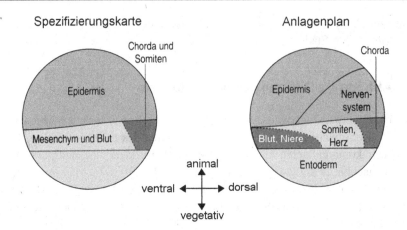

Abb. 10.19 Spezifizierungskarte und Anlageplan einer Blastula (Seitenansichten) vom Krallen-frosch *Xenopus*. (Nach Wolpert et al. 2007, mit freundlicher Genehmigung)

Jahrhunderts am Amphibienkeim entdeckten. Betrachtet man die „Spezifizierungskar-te" einer späten Blastula (frühen Gastrula) eines Krallenfroschs (*Xenopus*; Abb. 10.19), die darüber Auskunft gibt, wie sich ein kleines Gewebsstückchen nach dessen Isolie-rung als Explantat in einem entsprechenden Kulturmedium weiterentwickeln würde, und vergleicht sie mit dem „Anlageplan", der uns sagt, welche Organe aus den einzelnen Oberflächenarealen der Blastula bei normaler Entwicklung tatsächlich entstehen, so fällt folgendes auf: Neben vielen Übereinstimmungen bestehen auch auffällige Unterschiede. Es entwickelt sich beispielsweise aus Zellen, die man der animalen Hälfte des Keims ent-nommen hat, niemals Nervengewebe. Offensichtlich erfolgt die Determination eines Teils des Ektoderms zum Neuralgewebe (Neuralplatte) erst später während der Gastrulation.

Wir haben es hier mit einem typischen Fall embryonaler Induktion zu tun. Das Induk-tionszentrum liegt in der dorsalen Lippe des frühen, sichelförmigen Urmunds (Blastopo-rus). Es wurde von SPEMANN als **„Organisator"** bezeichnet, denn es ist wesentlich an der Ausformung sowohl des dorsoventralen als auch anteroposterioren Musters des Me-soderms beteiligt und induziert außerdem die Neuralplatte. Überträgt man ein Stück der dorsalen Urmundlippe, aus dem später Kopfmesoderm (prächordales Mesoderm) werden würde, aus dem Stadium der *frühen* Gastrula auf die Bauchseite einer gleichaltrigen Ga-strula, so stülpt es sich am neuen Ort selbst ein und bildet einen sekundären Urmund. Anschließend gliedert es sich autonom in Chorda und Mesoderm und veranlasst das umlie-gende Gewebe zur Bildung eines zweiten, mit dem Hauptembryo verwachsenen Embryos mit Kopf, Neuralrohr, Chorda, Somiten etc. (Abb. 10.20). Die sekundäre Embryoanlage entsteht also nur zu einem geringen Teil aus dem Transplantat selbst. Sie wird in erster Linie aus den Zellen des Wirtsembryos aufgebaut.

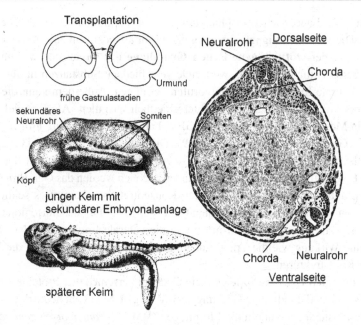

Abb. 10.20 Transplantation der dorsalen Urmundlippe (Organisator) ins Bauchektoderm der frühen Gastrula beim Amphibienkeim. Es entwickelt sich am Transplantationsort eine sekundäre Embryonalanlage. (Nach Spemann, Mangold und Holtfreter zusammengestellt)

Hintergrundinformationen

Heute wissen wir, dass der Spemannsche Organisator auch schon das Ergebnis eines noch früheren Induktionsvorgangs ist, der vom sog. **Nieuwkoop-Zentrum** ausgegangen ist. Dieses Zentrum bildet sich im Amphibienei nach der Befruchtung gegenüber der Eintrittsstelle des Spermiums infolge einer Rotation des Rindenplasmas. Mit ihm wird die Dorsalseite des Keims festgelegt.

Im Normalfall gelangt der zunächst oberflächlich gelegene Organisatorbereich im Zusammenhang mit der Gastrulation ins Innere des Keims und unterlagert so das dorsale Ektoderm, das zur Medullarplatte induziert wird, aus der sich dann das Neuralrohr mit Gehirn und Rückenmark entwickelt. Der Kontakt beider Gewebe muss mindestens zwei Stunden bestehen, um eine Induktion zu gewährleisten. Unterbindet man diese Unterlagerung, so entsteht keine Medullarplatte. Weiterführende Untersuchungen haben gezeigt, dass der Organisator sich in zwei Teilbezirke aufgliedert, einen **Kopf-** und einen **Rumpforganisator**. Ersterer liegt in der frühen Gastrula in unmittelbarer Nachbarschaft der dorsalen Urmundlippe und induziert die Kopfbildung mit Vorder- und Mittelhirn. Der Rumpforganisator liegt etwas oberhalb (animalwärts) des Kopforganisators und induziert den Rumpf. Auch bei Fischen, Reptilien, Vögeln und Säugetieren hat man entsprechende Organisationszentren gefunden. Das Zentrum des Hühnerembryos, der sog. **Hensen-**

Knoten, ist in der Lage, nach Transplantation auch bei Amphibien einen Zweitembryo zu induzieren. Die Induktionssignale scheinen nicht sehr artspezifisch zu sein.

Die Analyse der **stofflich-genetischen Grundlage** der Organisatorwirkung erweist sich als außerordentlich schwierig, weil viele verschiedene Substanzen in unterschiedlichem Maß neurale Induktionen hervorzurufen vermögen. Außerdem kann die Wirkung eines Faktors konzentrationsabhängig unterschiedlich ausfallen. Als Beispiel kann das **Aktivin**, ein Mesoderminduktor aus der TGF-β-Familie (*transforming growth factor beta*), dienen (Green et al. 1992, S. 731–739). Die Zellen der animalen Polkappe einer *Xenopus*-Blastula reagieren auf sehr niedrige Aktivinkonzentrationen mit der Differenzierung zu Epidermiszellen, bei höheren Konzentrationen werden das Gen *Brachyury* und Muskelgene aktiviert und bei noch höheren Konzentrationen kommt es schließlich zur Expression von *goosecoid*, eines der ersten Gene, das in der Organisatorregion exprimiert wird. Eine Injektion von *goosecoid*-mRNA in die ventrale Region der Blastula hat nahezu dieselbe Wirkung wie die Transplantation des Organisators, nämlich die Induktion sekundärer Kopfstrukturen.

Von der **dorsalen Urmundlippe** geht ein Cocktail verschiedener Proteine aus, die erst in ihrer Gesamtheit die induktive Wirkung hervorbringen. Man geht heute davon aus, dass die animale Blastulakappe durch die Morphogene BMP-4 (*bone morphogenetic protein*), ein weiteres Mitglied der TGF-β-Familie, und WNT-8 daran gehindert wird, sich zu Nervengewebe zu differenzieren. Die Wirkung der vom Organisator ausgehenden Substanzen besteht dann hauptsächlich darin, sich mit diesen Morphogenen zu Heterodimeren zusammenzuschließen und sie auf diese Weise daran zu hindern, sich mit ihren Rezeptoren zu verbinden, sodass Neuralgewebe entstehen kann. Während die neuralisierenden Anti-BMP-Proteine Noggin (Nog) und Chordin (Chd) für die Rückenmarksbildung notwendig sind, sind es die Anti-WNT-Proteine Cerberus und Dickkopf für die Gehirnbildung. An das Geschehen sind weitere Vertreter aus der FGF(*fibroblast growth factor*)- und WNT-Familie sowie das Nichtprotein Retinsäure in komplexer Weise eingeschaltet.

10.11 Regionalisierung durch stoffliche Gradienten

Gradienten- und **Feldkonzepte** sind bereits in der ersten Hälfte des 20. Jahrhunderts von verschiedenen Entwicklungsphysiologen aufgrund experimenteller Befunde in Erwägung gezogen worden (Penzlin 2000, S. 441–460), ohne dass man allerdings etwas über deren genetische und stoffliche Grundlagen aussagen konnte, was erst in jüngerer Zeit mit der Entwicklung molekularbiologischer Mikromethoden gelang. Man kann heute sagen, dass die Differenzierung von Strukturen auf der Grundlage stofflicher Gradienten zu den Grundprinzipien zählt, denen sich die verschiedensten Organismen in sehr unterschiedlichen Zusammenhängen bedienen. Sie spielen nicht nur bei der Herausbildung der Körperachsen eine entscheidende Rolle, sondern sind auch bei der Herausbildung der Fingerfolge an unserer Hand oder von Punktmustern auf dem Schmetterlingsflügel sowie bei der Blütenbildung von grundlegender Bedeutung.

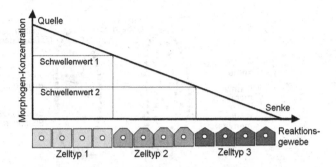

Abb. 10.21 Schema zur Veranschaulichung einer Musterbildung auf der Grundlage eines Morphogengradientenfelds. Unter der Voraussetzung, dass die Konzentrationen des Morphogens an den beiden Enden des Gradienten (Quelle und Senke) unterschiedlich hoch sind und konstant gehalten werden, differenzieren sich die Zellen je nach ihrer Position im Gefälle (Positionsinformation) aufgrund unterschiedlicher Schwellenwerte gegenüber der Morphogenkonzentration in unterschiedliche Richtungen (Zelltyp 1 bis 3). (In Anlehnung an Müller 1979, S. 139)

Lewis WOLPERT entwickelte in diesem Zusammenhang die Vorstellung, dass die embryonalen Zellen auf irgendeine Weise Informationen über ihre relative Position in einem Morphogengradientenfeld (**Positionsinformationen**) erhalten (Wolpert 1971, S. 183–224), die sie dann – sozusagen in einem zweiten Schritt – entsprechend ihrem genetischen Programm in Differenzierungsschritte umsetzen (Diffusion-Gradienten-Modell, Abb. 10.21). Mit dem von TURING eingeführten Morphogenbegriff bezeichnet man allgemein Signalmoleküle, die aufgrund ihrer unterschiedlichen Verteilung im Raum Differenzierungsmuster hervorbringen können, weil die Zellen in unterschiedlicher Weise auf unterschiedliche Schwellenkonzentrationen dieses Stoffs reagieren. Es sei in diesem Zusammenhang an den bereits erwähnten Mesoderminduktor „Aktivin" erinnert.

Besonders gut ist die Rolle stofflicher Gradienten im Zusammenhang mit der **Festlegung der Körperachsen** an der Taufliege *Drosophila* untersucht worden. Sie erfolgt sehr frühzeitig und hängt in erster Linie von maternalen (mütterlichen) Faktoren, d. h. von Produkten (Proteinen oder mRNA) mütterlicher Gene ab, die noch während der Eibildung (Oogenese) vom Muttertier ins Ei gelangt sind. Bei den Insekten beginnt die Furchung mit einer raschen Folge von Kernteilungen innerhalb der zentralen Dottermasse des Eis (plasmoidale Furchungsteilungen). Nach neun Teilungen (*Drosophila*) wandern die Furchungskerne in Richtung auf die Eirinde, wo sie sich in einer Schicht unterhalb der Eizellmembran anordnen (synzytiales Blastoderm, Abb. 10.22). Später werden die Kerne einzeln von Zellmembranen eingeschlossen, aus dem synzytialen wird ein zelluläres Blastoderm, aus dem alle Gewebe des Insekts hervorgehen.

An der Ausprägung der **anteroposterioren Achse** sind nicht weniger als acht maternale Faktoren, die bereits im Muttertier exprimiert werden (Maternaleffektgene) und 23 zygotische Gene, die im Embryo selbst exprimiert werden, beteiligt, darunter 21 Transkriptionsfaktoren, vier Signalproteine und drei Rezeptorproteine (Wolpert 1999, S. 190).

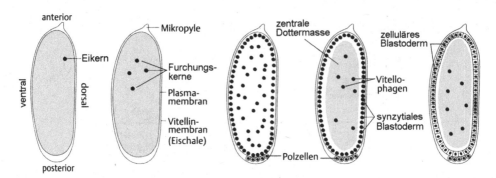

Abb. 10.22 Schematische Darstellung der superfiziellen Furchung eines Insekteneis. (Aus Wehner und Gehring 2007, verändert, mit freundlicher Genehmigung)

Die Hauptrolle spielen dabei zwei Signalproteine mit dem Namen „Bicoid"und „Nanos" (Dahm und Nüsslein-Volhard 2003, S. 2–8), die beide von maternalen mRNA translatiert werden, die bereits während der Oogenese vom Muttertier ins Ei gelangt sind (Abb. 10,23). Die *bicoid*-mRNA wird im Vorderpol des Eis deponiert und erst nach der Befruchtung in den ersten Minuten der Embryonalentwicklung translatiert. Da das **Bicoidprotein** nur eine Halbwertszeit von 30 Minuten hat, bildet sich ein Konzentrationsgradient aus, der am Vorderende des Eis seinen Höhepunkt hat und zur Eimitte hin abfällt. Dieses Protein ist ein Transkriptionsfaktor, der als Morphogen wirkt, denn es dringt in die Kerne der Blastodermzellen vor und löst dort *konzentrationsabhängig* durch Aktivierung oder Repression zygotischer Gene unterschiedliche Entwicklungsprozesse aus, am Vorderende diejenigen zur Kopf- und dahinter diejenigen zur Thoraxentwicklung. Ist das *bicoid*-Gen mutiert, so entsteht ein kopf- und brustloser Embryo. Für die Spezifizierung des Abdomens ist das Nanosprotein wichtig. Die *nanos*-mRNA ist ebenfalls maternalen Ursprungs und im äußersten hinteren Eipol angereichert. Sie wird ebenfalls sofort nach der Befruchtung translatiert. Der Gradient des Nanosproteins hat am hinteren Eipol seinen Höhepunkt und fällt zur Eimitte hin ab. Dieses Protein wirkt allerdings nicht direkt als Morphogen, sondern indirekt durch Unterdrückung der Translation noch einer anderen maternalen mRNA. Mutationen des *nanos*-Gens führen zu kleinen Larven mit Verlusten im abdominalen Bereich.

Etwa gleichzeitig mit der Herausbildung der anteroposterioren Achse wird auch die **dorsoventrale Achse** festgelegt. Auch dieser Vorgang setzt bereits im unbefruchteten Ei ein. Daran sind sieben maternale Faktoren und acht zygotische Gene beteiligt, darunter vier Transkriptionsfaktoren, vier Signalproteine und ein Rezeptorprotein. Entscheidend ist wieder ein von maternaler mRNA translatiertes Signalprotein, das mit „**Dorsal**" bezeichnet wird. Es ist zunächst gleichmäßig im Keim verteilt und nicht in der Lage, in den Zellkern vorzudringen, um seine Funktion als Transkriptionsfaktor zu erfüllen. Dazu ist ein Signal notwendig, das aus einem Proteinkomplex in der Eihülle (also außerhalb der Eizelle im sog. Perivitellinraum) auf der späteren Ventralseite des Keims freigesetzt

Abb. 10.23 Die Ausprägung der anteroposterioren Körperachse bei der Taufliege *Drosophila*. Entscheidend sind dabei die entgegengesetzt gerichteten Gradienten des Bicoid- und des Nanosproteins. Nähere Erläuterungen im Text. (In Anlehnung an Dahm und Nüsslein-Volhard 2003, S. 2–8)

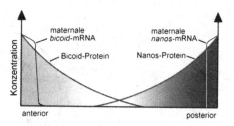

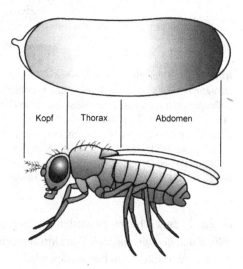

wird. Dieses Signalprotein mit dem Namen „Spätzle" bindet an spezifische Rezeptoren (Tollrezeptoren) in der Eizellmembran, wodurch eine Signaltransduktionskaskade ausgelöst wird, die am Ende „Dorsal" in die Lage versetzt, in die Kerne des noch synzytialen Blastoderms vorzudringen und seine Funktion als Transkriptionsfaktor zu erfüllen.

Hintergrundinformationen

Tollrezeptoren und Toll-ähnliche Rezeptoren sind im Tierreich weit verbreitet. Man kennt sie schon bei den Hydrozoen, wo sie – ähnlich wie bei den Insekten und Wirbeltieren – die Aufgabe haben, Krankheitserreger zu erkennen und Immunantworten einzuleiten. Diese Funktion der Tollrezeptoren scheint auch die phylogenetisch ursprünglichere zu sein, während ihre Integration in entwicklungsbiologische Prozesse offenbar erst später in der Evolution erfolgt ist (Franzenburg 2012, S. 19.374–19.379).

Da die Aktivierung der Signaltransduktionskaskade von der Ventralseite des Keims ausgeht, ist auch das Wirksamwerden von „Dorsal" dort am stärksten und in dorsaler Richtung abnehmend (Abb. 10.24). Die spezifische Wirkung von Dorsal als Transkriptionsfaktor ist von seiner Konzentration abhängig. Bei den höchsten Konzentrationen auf der Ventralseite werden die Gene *twist* und *snail* aktiviert, durch die die Entwicklung zum Mesoderm, das später invaginiert, eingeleitet wird. Weiter ventrolateral wird das Gen

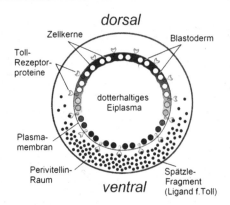

Abb. 10.24 Querschnitt durch einen frühen *Drosophila*-Embryo. Nach Freisetzung der Spätzlefragmente im ventralen Bereich des Perivitellinraums und Bindung an die membranständigen Tollrezeptoren wird eine Reaktionskaskade in Gang gesetzt, durch die letztlich der zunächst gleichmäßig im Plasma der Blastodermzellen verteilte Transkriptionsfaktor Dorsal in die Lage versetzt wird, in die Zellkerne vorzudringen, um seine Funktion zu erfüllen. Das geschieht in stärkstem Maß an der Ventralseite des Keims, wo die Spätzlefragmente freigesetzt werden, und nimmt in dorsaler Richtung ab, wo Dorsal (durch Grautönung markiert) vornehmlich im Plasma verbleibt und nicht in den Kern vordringt. (Aus Lodish 1996, verändert, mit freundlicher Genehmigung)

rhomboid angeschaltet, es entsteht Neuroektoderm. Noch weiter dorsal werden die Gene *tolloid* und *decapentaplegic* von Dorsal reprimiert, womit eine Entwicklung zum dorsalen und lateralen Ektoderm beschritten wird.

10.12 Die homöotischen Selektorgene

An der Ausprägung des Bauplans von *Drosophila* sind vier Klassen von Genen beteiligt (Ingham 1988, S. 25–34):

1. die Maternaleffektgene, durch die die Körperachsen festgelegt werden,
2. die Paarregelgene, durch die die Anzahl der Körpersegmente (Segmentierungsmuster) festgelegt wird,
3. die Segmentpolaritätsgene, durch die die Größe und genaue Position der Segmente festgelegt werden, und
4. die homöotischen Selektorgene, durch die – schließlich – die Identität und Reihenfolge der Segmente und damit der anteroposteriore Bauplan festgelegt wird.

Die homöotischen Selektorgene nehmen eine Schlüsselposition innerhalb der Hierarchie der Kontrollgene ein, d. h. sie kontrollieren Tausende nachgeschalteter Gene. Mutationen dieser Gene führen bei Insekten zu auffälligen Umwandlungen ganzer Segmente, zu sog. Homöosen, die schon lange bekannt waren. So kann sich beispielsweise bei einer

Fliege am Kopf anstelle einer Antenne ein Bein (Mutante *Antennapedia*) oder am dritten Thoraxsegment anstelle der Schwingkölbchen (Halteren) ein zweites Flügelpaar entwickeln (Mutante *Bithorax*, bereits 1915 von BRIDGE entdeckt).

Die Isolierung homöotischer Selektorgene führte zu der überraschenden Entdeckung, dass die verschiedenen Vertreter dieser Gruppe einheitlich ein nahezu identisches DNA-Segment von 180 bp, die sog. **Homöobox**, aufweisen, die die genetische Information für die DNA-Bindungsdomäne von 60 Aminosäuren, die sog. **Homöodomäne**, enthält, mit der das genregulatorische Protein an seine Zielgene andockt, um sie zu aktivieren bzw. zu reprimieren. Die Zielsequenz umfasst mindestens 14 bp und lautet:

$$5'-GAAAGCCATTAGAG-3'.$$

Die Homöodomäne enthält ein sog. Helix-Turn-Helix(HTH)-Motiv, das zunächst nur von bakteriellen DNA-bindenden Proteinen bekannt war. Es wird von zwei α-Helices gebildet, die über eine kurze Peptidkette, den „turn", miteinander verbunden sind. Zusammenfassend kann man sagen, dass alle Homöobox-Gene, kurz auch als **Hox-Gene** bezeichnet, für DNA-bindende Proteine codieren, die als Transkriptionsfaktoren zentrale Funktionen ausüben. Ihre Aminosäurefrequenzen außerhalb der Homöodomänen variieren sehr stark.

Es zeigte sich bald, dass die Homöobox-Gene in ihrer Verbreitung nicht auf die Insekten beschränkt sind, sondern im Tierreich von den Cnidariern über die Nematoden und Mollusken bis zum Menschen weit verbreitet sind (Krumlauf 1994, S. 191–201). Sowohl bei den Insekten wie auch bei den Wirbeltieren sind sie zu **Clustern** zusammengefasst (Abb. 10.25). Innerhalb des Clusters nehmen die codierenden Gensequenzen nur einen kleinen Teil ein. Die umfangreicheren, nichtcodierenden Regionen dazwischen erfüllen wichtige Funktionen bei der Regulation der Expressionsmuster der Gene innerhalb der verschiedenen Segmente.

Die Gene innerhalb des Clusters sind in der gleichen Reihenfolge angeordnet wie die seriellen Strukturen im Tierkörper (Körpersegmente bei Insekten, Somiten bei den Wirbeltieren), die von ihnen spezifiziert werden (**kolineare Anordnung**). So steht beispielsweise bei den Fliegen das Gen *labial*, das das vorderste Segment spezifiziert, an erster Stelle, während das Gen *Abdominal B*, welches für das letzte Fliegensegment verantwortlich ist, die Genkette abschließt. Dem entspricht auch das Expressionsmuster entlang der Körperachse. Diejenigen Hox-Gene am 3'-Ende des Clusters werden innerhalb der Kopfregion, die Gene der mittleren Region im Thorax und diejenigen Gene am 5'-Ende im Abdomen exprimiert. Das bedeutet, dass das Expressionsmuster der Zellen *ortsabhängig* entlang der anteroposterioren Körperachse unterschiedlich ausfällt. Die betreffenden Zellen müssen also über eine „positionelle Information" verfügen. Wie diese zustande kommt, ist allerdings noch nicht klar. Für die Festlegung der Identität der einzelnen Segmente ist nicht allein die An- oder Abwesenheit der Genprodukte entscheidend, sondern auch deren Konzentration.

Abb. 10.25 Die homöotischen Gene innerhalb eines Clusters bei der Taufliege *Drosophila* (sog. Hom-C-Komplex) auf dem Chromosom 3. Sie können zu zwei Komplexen zusammengefasst werden, dem Antennapedia- und dem Bithoraxkomplex, die durch ein langes DNA-Segment miteinander verknüpft sind. Die Reihenfolge der Expression der Gene entlang der antero-posterioren Körperachse der Fliege stimmt mit der linearen Folge der Gene auf dem Chromosom überein: *lab = labial, pb = proboscipedia, Dfd = Deformed, Scr = Sex combs reduced, Antp = Antennapedia, Ubx = Ultrabithorax, abdA = abdominal A, AbdB = Abdominal B*. Jedes Körpersegment wird von verschiedenen Hox-Genen kontrolliert. (In Anlehnung an Clark 2006, mit freundlicher Genehmigung)

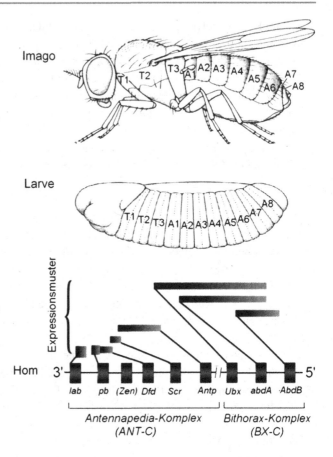

Im Gegensatz zu den Insekten, die jeweils nur einen Cluster mit acht Genen besitzen, weisen die **Säugetiere** (Maus, Mensch) vier Cluster auf (*Hoxa, Hoxb, Hoxc und Hoxd*), die auf vier verschiedenen Chromosomen lokalisiert sind. Beim Vergleich der Cluster fällt auf, dass weitgehende Sequenzübereinstimmungen zwischen den Genen an einander entsprechenden Positionen bestehen (Abb. 10.26). Die zueinander homologen Gene werden als „paralog" bezeichnet (Maconochie et al. 1996, S. 529–556). Man geht davon aus, dass es in der Evolution zu den Wirbeltieren zu Verdoppelungen ganzer Cluster verbunden mit der Duplikation bzw. dem Verlust einzelner Gene innerhalb der Cluster gekommen ist (Lemons und McGinnis 2006, S. 1988–1922). *Amphioxus*, ein primitiver Vertreter der Chordaten, besitzt nur zwei Hox-Gencluster. Bei den Strahlenflossern (Actinopterygii) unter den Knochenfischen findet man allerdings sieben Cluster.

Wir müssen in einer solchen oder ähnlichen seriellen Organisation der Genexpression entlang einer Achse ein **Grundprinzip embryonaler Entwicklung** sehen, das über viele Jahrmillionen getrennter Evolution in hohem Maß konserviert worden ist. Während bei den Insekten, wie bereits erwähnt, von den homöotischen Genen die Identität und Reihenfolge der Körpersegmente und damit letztlich der anteroposteriore Bauplan festgelegt

Abb. 10.26 Die chromosomale Anordnung der homöotischen Gene innerhalb des Clusters bei der Taufliege *Drosophila* im Vergleich zur Anordnung der homologen Hox-Gene bei der Maus in den vier Clustern *Hoxa, Hoxb, Hoxc* und *Hoxd.* Die zueinander homologen Gene (paraloge Gene) der verschiedenen Hoxkomplexe tragen dieselbe Nummer und stehen untereinander. Die Abkürzungen der *Drosophila*-Gene wie in Abb. 10.25. (Aus Wehner und Gehring 2007, verändert, mit freundlicher Genehmigung)

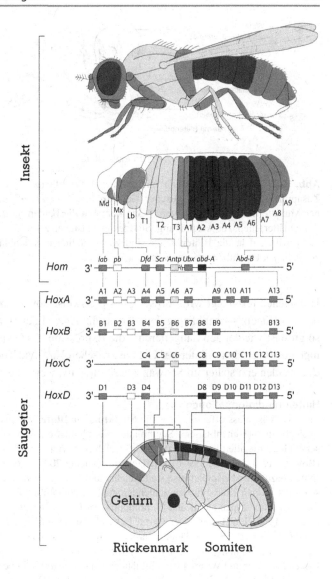

wird, wird bei den Wirbeltieren die positionelle Identität der Somiten (Mesoderm) entlang der anteroposterioren Achse durch Hox-Gene bestimmt (Wellik und Capecchi 2003, S. 363–367). Die Wirkung der Gene beschränkt sich dort allerdings keineswegs allein auf das Mesoderm. Auch das ektodermale Neuralrohr wird von ihnen in verschiedene Bereiche unterteilt. Auch bei den Wirbeltieren gilt im Großen und Ganzen, dass die Anordnung der Gene im Cluster der Abfolge ihrer Expression in den entsprechenden anatomischen Strukturen entspricht. Man geht davon aus, dass entlang der anteroposterioren Achse jeder Somit und damit jeder aus ihnen hervorgehende Wirbel in seiner regionalen Eigenart (Hals, Brust, Lenden, Kreuzbein, Schwanz) durch ein bestimmtes Expressionsmuster an

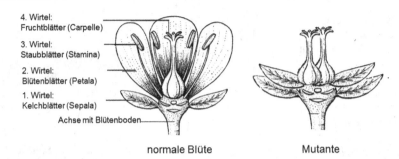

4. Wirtel:
Fruchtblätter (Carpelle)

3. Wirtel:
Staubblätter (Stamina)

2. Wirtel:
Blütenblätter (Petala)

1. Wirtel:
Kelchblätter (Sepala)

Achse mit Blütenboden

normale Blüte   Mutante

Abb. 10.27 Schema einer Blüte mit ihren vier Wirteln (tetrazyklisch), deren Ausbildung vom Zusammenspiel dreier homöotischer Gene (*apetala2*, *apetala3* und *agamous*) abhängt. Bei einer Mutante mit defektem *apetala3*-Gen kommen die beiden mittleren Wirtel (Blütenblätter und Staubblätter) nicht zur Ausprägung. Stattdessen entstehen zwei Kelchblätterwirtel und zwei Fruchtblätterwirtel, d. h. die Blütenblätter sind zu zusätzlichen Kelchblättern und die Staubblätter zu zusätzlichen Fruchtblättern geworden

Hox-Genen festgelegt wird. So setzt beispielsweise sowohl bei den Säugetieren als auch bei den Vögeln – unabhängig davon, dass die Anzahl der Halswirbel bei Vögeln doppelt so groß ist wie bei den Säugetieren – die Expression des Gens *Hoxc5* kurz vor und diejenige des *Hoxc6* kurz hinter der Grenze zwischen Hals und Thorax ein. Die Gene *d12* und *d13* werden erst später im Schwanzabschnitt aktiv, wenn dieser auswächst.

Hintergrundinformationen

Interessant ist, dass offenbar auch die **Struktur der Blüte**, die aus vier Wirteln (Zyklen) besteht (Kelchblätter – Blütenblätter – Staubblätter – Fruchtblätter; Abb. 10.27) von einer Reihe homöotischer Gene, die allerdings nicht die im Tierreich typischen Homöoboxen aufweisen, bestimmt wird (Bowman et al. 1992, S. 599–615; Krizek und Fletcher 2005, S. 688–698). Mutationen dieser Gene führen dazu, dass beispielsweise statt Kelchblätter Fruchtblätter entstehen. Eine genetische Analyse an der zu den Kreuzblütlern zählenden Acker-Schmalwand (*Arabidopsis thaliana*) ergab, dass insgesamt drei Typen (A, B und C) homöotischer Gene die Blütenentwicklung kontrollieren (Parcy et al. 1998, S. 661–566). Der Wirtel 1 (Kelchblätter) wird von den Typ-A-Genen (*apetala1* und *apetala2*), Wirtel 2 (Blütenblätter) ebenfalls von den Typ-A-Genen in Gemeinschaft mit den Typ-B-Genen (*apetala3* und *pistillata*), Wirtel 3 (Staubblätter) von den Typ-B-Genen zusammen mit dem C-Gen *agamous* und Wirtel 4 (Fruchtblätter) von *agamous* allein bestimmt. Alle translatierten Proteine mit Ausnahme von Apetala2 enthalten dieselbe DNA-Bindungsdomäne (MADS-Box; Krizek und Meyerowitz 1996, S. 11–22).

10.13 Programmierter Zelltod (Apoptose)

Die Entwicklung der Pflanzen und Tiere ist nicht nur mit Zellvermehrung und Zelldifferenzierung verbunden, sondern auch mit dem programmierten Absterben von Zellen [programmierter Zelltod (PCD), **Apoptose**; Jacobson et al. 1997, S. 347–354]. Dabei schrumpfen die Zellen zunächst, verdichten sich, um schließlich in Bruchstücke zu zerfallen, die umgehend von Nachbarzellen oder Makrophagen aufgenommen werden. Diese Apoptose unterscheidet sich deutlich vom pathologischen Zelltod (Nekrose), bei der die Zellen quellen und schließlich platzen.

Beim Wirbeltier sterben nicht weniger als die Hälfte der gebildeten **Nervenzellen** kurz nach ihrer Entstehung bereits wieder ab. Das mag zunächst als grobe Verschwendung angesehen werden, ist aber doch wohl eher ein effektives Ausleseverfahren bei der Herausbildung eines leistungsfähigen Neuronennetzes. Es überleben nur diejenigen Neuronen, denen es gelang, die „richtigen" und nützlichen Kontakte herzustellen.

An den Enden der Extremitätenknospen von Vögeln und Säugetieren sind diejenigen Regionen, aus denen sich die Hände bzw. Füße entwickeln, zunächst in Form schaufelartiger Platten ausgebildet, in denen sich die Knorpelelemente der Finger bzw. Zehen entwickeln. Zur Herausbildung der einzelnen Finger bzw. Zehen kommt es erst in einem späteren Stadium durch massives, programmiertes Absterben der Zellen in den Räumen zwischen den Fingern bzw. Zehen.

Bei *Caenorhabditis elegans* (Nematode) sterben von den in der Embryogenese entstandenen 1090 somatischen Zellen exakt 131 programmmäßig wieder ab. Das betrifft in erster Linie Nervenzellen. Von den 407 Vorläuferzellen bleiben nur 302 übrig. Bei *Caenorhabditis* ist es auch erstmalig gelungen, die dafür **verantwortlichen Gene** – unabhängig vom Zelltyp – zu identifizieren. Von essenzieller Bedeutung sind die Gene *ced3* und *ced4* (*ced* steht für „*cell death abnormal*"), die wiederum unter Kontrolle des Gens *ced9* stehen (Steller 1995, S. 1445–1449). Scheidet eines der Gene *ced3* oder *ced4* durch mutative Veränderung aus, so unterbleibt jegliche Apoptose. Die betroffenen Würmer haben dessen ungeachtet eine normale Lebensdauer von einigen Wochen. Bei Säugetieren ist ein dem *ced9* homologes Gen, das *bcl2*, im Zusammenhang mit der Apoptose aktiv.

Die intrazelluläre Maschinerie der Apoptose (Chinnaiyan und Dixit 1996, S. 555–562) läuft in allen Zellen in ähnlicher Weise ab und ist evolutionär höchst konservativ. Eine zentrale Position nehmen dabei spezielle Cys-Proteinasen, die sog. **Caspasen**, ein. Zuerst werden die sog. „Initiator"-Procaspasen durch Adapterproteine aktiviert, die dann in der Folge irreversibel viele „Effektor"-Procaspasen aktivieren können, die wiederum eine Vielzahl von Schlüsselproteinen in der Zelle aktivieren, die schließlich den Zelltod herbeiführen (Caspasekaskade).

Die Apoptose kann sowohl durch extrazelluläre Signalproteine, die an sog. „Todesrezeptoren" an der Zelloberfläche binden, als auch durch innere Faktoren ausgelöst werden. Im ersten Fall spricht man vom extrinsischen, im zweiten vom intrinsischen Weg. Besonders Letzterer ist streng reguliert, um ein unkontrolliertes Absterben von Zellen zu verhindern. Er hängt in spezifischer Weise von Mitochondrien ab, weil er mit der Freisetzung von Proteinen aus dem Intermembranraum der Mitochondrienwand ins Zytosol verbunden ist. Eine zentrale Position nehmen dabei die bereits erwähnten und in homologer Form schon von *Caenorhabditis* bekannten Bcl2-Proteine ein, von denen es antiapoptotische und proapoptotische gibt.

10.14 Das Beispiel *Dictyostelium discoideum*

Die Entwicklung des Schleimpilzes *Dictyostelium discoideum* ist aus mehreren Gründen von besonderem Interesse. Sie weist eine einzellige und eine vielzellige Phase auf, die durch Aggregation freilebender, amöboid beweglicher Zellen (Myxamöben) zustande kommt. Der in humusreichen Waldböden lebende Schleimpilz lässt sich leicht auf Agar mit einer Bakterienart als Nahrung züchten.

Die Vermehrung des Schleimpilzes erfolgt über Sporen, einzellige haploide Zellen, aus denen **Myxamöben** schlüpfen (Abb. 10.28). Diese Myxamöben vermehren sich durch Teilung. Wird das Nahrungsangebot knapp, beginnen sie zu wandern, und zwar nicht regellos, sondern periodisch in Schüben in Richtung auf ein **Aggregationszentrum**, wo sie sich miteinander über ein Membranglykoprotein verbinden, ohne allerdings miteinander zu verschmelzen. Als Chemoattraktor für die Myxamöben auf ihrer Wanderung hat sich das zyklische AMP (cAMP) herausgestellt (Gerisch 1987, S. 853–879), das von den hungernden Zellen im Aggregationszentrum alle 5–10 Minuten in synchronen Schüben ausgesandt und von den benachbarten Zellen registriert wird, denn sie besitzen auf ihrer Oberfläche cAMP-Rezeptoren.

Bei Bindung von cAMP an die Rezeptoren reagiert die Myxamöbe nicht nur mit einer positiven Chemotaxis, d. h. mit einer Bewegung in Richtung auf die Quelle, sondern auch in der Weise, dass sie mit einer gewissen Verzögerung von einigen Sekunden vorübergehend selbst damit beginnt, cAMP-Signale auszusenden. Während dieser Zeit kann die Myxamöbe keine cAMP-Signale von außen empfangen, wodurch verhindert wird, dass sie auf ihr eigenes Signal reagiert. Die pulsierende Natur des Signals erzeugt wellenförmige Wanderbewegungen, wobei sich Wirbel und Ringe bilden können, die sich in Richtung auf das Zentrum bewegen. Dabei heften sich die wandernden Amöben mit ihren Vorderenden mithilfe von Zelladhäsionsmolekülen jeweils an das Hinterende der voranschreitenden Amöbe.

Die resultierenden Bilder der Bewegungsmuster der Myxamöben ähneln denjenigen, wie man sie in dünnen Flüssigkeitsschichten beobachten kann, in denen eine Belousov-Zhabotinsky-Reaktion (Abb. 5.7) abläuft. Diese phänomenologische Ähnlichkeit hat verschiedene Forscher zu weitreichenden Überlegungen über den Zusammenhang zwischen physikalisch-chemischer „Selbstorganisation" und biologischer Ordnung geführt. PRIGOGINE identifizierte den die Aggregationsbewegung der Myxamöben auslösenden Nahrungsmangel mit der „Einführung einer Zwangsbedingung (s. Abschn. 5.7) in einem physikalischen oder chemischen Experiment", die in Folge „zu einer Strukturierung der Zelldichte führt, die den Wellenstrukturen bei der Belousov-Zhabotinsky-Reaktion sehr stark ähnelt" (Nicolis und Prigogine 1987). „Die Reaktion auf die Nahrungsknappheit" führe, so PRIGOGINE weiter, „zu einem neuen Organisationsniveau."

Der wesentliche Unterschied zwischen dem Verhalten der Myxamöben und demjenigen der Wellenstrukturen in der Belousov-Zhabotinsky-Reaktion besteht darin, dass die „Zwangsbedingung" bei den Myxamöben keineswegs auch *zwangsläufig* zu dem „neuen Organisationsniveau" führt, sondern das Resultat des Verhaltens zahlreicher lebendi-

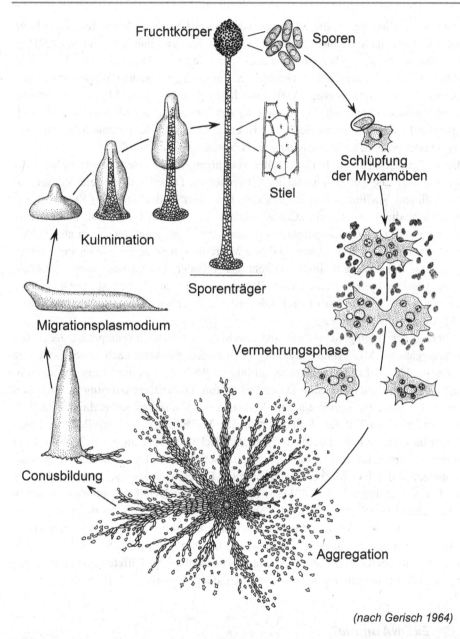

Fruchtkörper

Sporen

Schlüpfung
der Myxamöben

Stiel

Kulmimation

Sporenträger

Migrationsplasmodium

Vermehrungsphase

Conusbildung

Aggregation

(nach Gerisch 1964)

Abb. 10.28 Die einzelnen Schritte im Lebenszyklus des Schleimpilzes *Dictyostelium discoideum* innerhalb von etwa 24 Stunden. (In Anlehnung an Wolpert 2007, verändert, mit freundlicher Genehmigung)

ger Organismen ist, die auf die Nahrungsknappheit in komplexer Weise reagieren. Dazu gehört nicht nur, dass sie ihren Stoffwechsel umstellen und damit beginnen, cAMP zu synthetisieren und abzugeben, sondern auch, dass sie in der Lage sind, cAMP mithilfe membranständiger Rezeptoren zu registrieren, um in entsprechender Weise mit Chemotaxis und eigener, rhythmischer cAMP-Ausscheidung zu reagieren. Man hat festgestellt, dass im Zusammenhang mit der Umstellung des Verhaltens der Myxamöben bei Nahrungsmangel mehrere tausend Gene (das ist etwa ein Drittel des gesamten Genoms!) in Gruppen oder einzeln, gleichzeitig oder nacheinander aktiviert werden.

Bis zu 100.000 aggregierte Einzelzellen vereinigen sich zu einem „**Pseudoplasmodium**", ohne dass die Zellen miteinander verschmelzen. Dabei sind spezielle Zucker, die nur auf diesem Stadium auftreten, von entscheidender Bedeutung. Aus dem Zentrum dieses Plasmodiums wächst ein „Conus" heraus, der schließlich umkippt, sich abtrennt und als vielzelliges Wanderstadium (Migrations-Pseudoplasmodium), auch als „Schnecke" bezeichnet, weiterlebt. Während dieser Migrationsphase zeigen die vielen Amöben eine gewisse Polarität, denn immer kriecht das Apikalende des Conus voran. Nach ein oder zwei Stunden setzt sich die „Schnecke" mit einer Basalscheibe fest. Aus ihr wächst ein, von einem Stiel getragener **Fruchtkörper** heraus, der Sporen entlässt, aus denen wieder Myxamöben hervorgehen.

Während der Aggregationsphase sind alle Myxamöben noch omnipotent. Jeder Teil des Aggregationsfelds – vorausgesetzt er ist groß genug – kann nach seiner Isolierung einen normalen Stiel mit Fruchtkörper ausbilden. Wir haben es mit einem harmonisch-äquipotenziellen System im Sinn DRIESCHs zu tun. Die **Differenzierung** in Stiel- und Sporenzellen setzt erst später ein. Die Vorstufen der Stielzellen sammeln sich im vorderen bzw. erhöhten Teil der „Schnecke" an. Die Vorläufer der Sporenzellen findet man zunächst im hinteren bzw. unteren Teil der „Schnecke", von wo aus sie sich ebenfalls in Richtung zur Spitze hin ausbreiten. An der Spitze selbst wird offenbar die Differenzierung von Stielzellen durch cAMP bei Gegenwart eines Differenzierung-induzierenden Faktors (DIF; Gross et al. 1981, S. 497–508) sowie durch niedrige NH_3-Konzentration (Sussman und Schindler 1978, S. 1–5) gefördert, während gleichzeitig die Differenzierung von Sporenzellen durch Adenosin unterdrückt wird. Durch kontrollierten enzymatischen Abbau des DIF über negative Rückkopplung kann die Differenzierung der Stielzellen geregelt werden. Es gibt auch hier Hinweise auf eine positionsabhängige Differenzierung der Stielvorläuferzellen innerhalb morphogenetischer Gradienten (Early et al. 1995, S. 91–99).

10.15 *Ex DNA omnia?*

Man könnte versucht sein, HARVEYs Formel aus dem Jahr 1651 „*Ex. ovo omnia*" (Abb. 10.29) in eine modernere Fassung „*Ex DNA omnia*" zu bringen, was allerdings unzutreffend wäre. Das Rätsel der embryonalen Entwicklung lässt sich nicht auf die Frage der Gene und ihrer Steuerung reduzieren. Diese Vorgänge sind lediglich der erste Schritt, dem viele weitere auf höheren Ebenen bis zur Ausprägung der definitiven Struk-

William Harvey (1578-1657)

Gulielmus Harveus
de
Generatione Animalium

Abb. 10.29 Portrait von William HARVEY und Titelblatt seines Hauptwerks „*Exercitationes de generatione animalium*" (Amsterdam 1651) mit dem berühmten Satz: *Ex ovo omnia*

turen des Phänotyps folgen müssen, die wir in ihrer ganzheitlichen Ordnung erst recht unvollständig verstehen.

Die Euphorie der Genetiker der 20er-Jahre des vergangenen Jahrhunderts, dass das Gen „das Geheimnis des Lebens" beinhalte (Caspari 1980, S. 20), hat sich nicht bewahrheitet, auch nicht, nachdem die klassische Genetik durch die Molekulargenetik ergänzt wurde. Der Grund ist einfach: Die Formbildung – ebenso wie alle anderen Lebensäußerungen – ist eine komplexe *System*leistung, die nicht auf eine Stoffklasse reduzierbar ist. Schließlich machen nur Zellen wieder Zellen und Organismen wieder Organismen. Auch hier bewahrheitet sich ein weiteres Mal, dass ein „Atomismus" in der Biologie nicht greifen kann.

Wie an verschiedenen Stellen des Texts bereits hervorgehoben, ist die DNA für sich genommen ein Molekül wie alle anderen. Es vermag außerhalb der Zelle nichts. So wie das „Leben" insgesamt nicht eine Leistung der Desoxyribonukleinsäure (DNA), sondern eine Leistung des Systems „Zelle" ist, so gilt das im Besonderen auch für die Entwicklung. Deshalb betonte Alfred KÜHN in seinen „Vorlesungen über Entwicklungsphysiologie" völlig zu Recht, dass „das Entwicklungsgeschehen auf Zellgeschehen" beruhe (Kühn 1955, S. 2), und Lewis WOLPERT argumentierte in die gleiche Richtung, wenn er Entwicklung als „koordinatives *Zell*verhalten" verstand (Wolpert et al. 1999).

In der DNA ist weder eine Beschreibung noch ein Bauplan (Gracía-Bellido et al. 1979) oder eine Blaupause des fertigen Organismus niedergelegt. Einen solchen Plan gibt es ebenso wenig wie einen Baumeister, der diesen Plan umzusetzen versteht. Die embryonale Entwicklung verläuft zwar zielgerichtet, aber nicht vom Ziel her gesteuert (s. Abschn. 2.10). Die wichtige Rolle, die dabei der DNA zukommt, beschränkt sich darauf, dass die Gene in abgestimmter und kontrollierter Weise als Matrizen bei der Herstellung der lebenswichtigen „Werkzeuge" in Form von Proteinen und RNA-Molekülen eingesetzt werden können. Sie sind selbst Werkzeuge, die je nach Bedarf an- und abgeschaltet werden, aber aus sich heraus ohne die Mitwirkung zahlreicher zytoplasmatischer Faktoren nichts ausrichten können.

Der planmäßige, zielgerichtete und *organisation*schaffende Einsatz dieser zahlreichen Werkzeuge beim Aufbau eines Organismus ist nicht mehr die Leistung der DNA allein, sondern des *gesamten* Systems. Das System schafft *aus sich heraus* die Organisation, nicht die DNA. Auch das ist keineswegs eine neue Erkenntnis. Bereits 1927 hat es der deutsche Entwicklungsbiologe Waldemar SCHLEIP wie folgt klar formuliert (Schleip 1927, S. 1–81): „Vererbungsforschung und Entwicklungsphysiologie haben gezeigt, dass – durch den Genotypus – streng präformiert ist, was entstehen *kann*, dass aber alles, was wirklich entsteht – von den ersten Differenzierungen im Eiplasma angefangen bis zu den Eigenschaften des entwickelten Körpers –, das Reaktionsergebnis der Gene auf die Entwicklungsbedingungen darstellt, also etwas *epigenetisch* Gewordenes ist." Noch klarer hat es Alfred KÜHN 1936 formuliert (Kühn 1936, S. 1–10): „Die Ausbildung des Einzelwesens ist die Gesamtreaktion eines Systems, in welchem ein Gen nur eine von sehr vielen Systembedingungen darstellt. Die ineinandergreifenden Wirkungen der Gene stehen in jedem Augenblick der Entwicklung unter sich und mit den Außeneinwirkungen in einem dynamischen Gleichgewicht."

Es trifft nicht zu, wenn der bekannte Evolutionsbiologe MAYNARD SMITH summarisch behauptet (Maynard Smith 2000, S. 177–194): „Das Genom [...] bringt einen angepassten Organismus hervor." Es gibt nicht wenige Ereignisse während der Embryogenese, die nachweislich nicht von den Genen bestimmt werden. Lange bekannt ist, dass aus dem befruchteten Bienenei in Abhängigkeit von der Ernährung eine Königin oder eine unfruchtbare Arbeiterin werden kann. Erinnert sei in diesem Zusammenhang auch an die Tatsache, dass die dorsoventrale Achse des Amphibienkeims beispielsweise durch die Eintrittsstelle des Spermiums festgelegt wird. Von Schildkröten und Alligatoren ist bekannt, dass die Temperatur über das Geschlecht des heranwachsenden Embryos bestimmt. Allgemein kann man sagen, dass im Genom zwar das grundsätzliche „Wissen" niedergelegt ist, wie eine zunächst omnipotente Zelle sich differenzieren *kann*, ob eine Muskelzelle, Nervenzelle oder Epidermiszelle aus ihr wird. Im Genom ist aber nicht festgelegt, unter welchen Bedingungen, zu welchem Zeitpunkt und an welchem Ort das zu geschehen hat.

Die **Gene** sind zweifelsohne unverzichtbare Faktoren der Entwicklung, dürfen allerdings nicht als deren Ursache angesehen werden. Gene oder Allele sind keine „kausalen Mächte", wie man oft lesen kann (Sterelny und Kitcher 1988, S. 339–361). Sie sind für die Entwicklung insofern wichtig, weil sie die Voraussetzungen liefern, dass zur rechten Zeit am rechten Ort die jeweils notwendigen „Werkzeuge" bereitgestellt werden *können*. Es besteht kein Grund zu der weitergehenden Behauptung, dass die Gene und nur die Gene die phänotypische Struktur des Gesamtorganismus bestimmen. Es gibt keine spezifischen

Gene für Arme, Flossen, Kiemen, Herzen oder irgendetwas anderes, sondern nur Betei-
ligungen von Genen an der Ausbildung der Strukturen. Entwicklung ist *nicht* „synonym
mit Genwirkung" (Bonner 1962, S. 77). Man schätzt, dass bei höheren Tieren (Insekten,
Wirbeltieren) etwa 1000–50.000 Gene an der Entwicklung beteiligt sind (Wolpert 1999,
S. 16). Wenn man feststellt, dass bestimmte Gene an der Ausbildung bestimmter Strukturen beteiligt sind, so weiß man noch gar nichts darüber, *wie* sie es tun. Die eigentliche
„Arbeit" machen nicht die Gene, sondern die verschiedenen Proteine in ihrer differenzierten Funktionalität innerhalb und zwischen den Zellen – und auch sie nicht allein. Deshalb
wendet sich die Aufmerksamkeit der Forscher neuerdings aus gutem Grund wieder verstärkt den **Proteomen** zu, deren Vielfältigkeit die der Gene bei Weitem übertrifft.

10.16 Altern und Tod

Der Fundamentalsatz der Biologie *omne vivum e vivo* (s. Abschn. 2.6) bedeutet, dass das
Lebendige als solches potenziell unsterblich ist. Alle heute lebenden Organismen sind
durch eine niemals unterbrochene Kette von Generationen mit dem Ursprung des Lebens
verbunden. In der Ontogenese der vielzelligen Organismen sondern sich mehr oder weniger frühzeitig diejenigen Zellfolgen, die von der Ausgangszelle (oft eine befruchtete
Eizelle, eine Zygote) zu den neuen Keimzellen führen (sog. **Keimbahn**), von allen anderen Zellfolgen, die den Körper (Soma) aufbauen, ab. Die „potenzielle Unsterblichkeit"
beschränkt sich dabei auf die Zellen der Keimbahn, während die des Somas altern und
schließlich Sterben herbeiführen.

Altern und Tod sind physiologische Vorgänge und keine krankheitsbedingten, pathologischen Ereignisse, die nur mehr oder weniger zufällig bestimmte Individuen betreffen
und durch geeignete Maßnahmen dauerhaft verhindert werden könnten, wie es uns die
Anti-Aging-Bewegung immer wieder weiszumachen versucht (Heuer 2010). **Altern** ist
vielmehr ein den meisten vielzelligen Organismen zutiefst inhärentes, irreversibles, genetisch kontrolliertes und hormonal gesteuertes *aktives* komplexes Geschehen. Es handelt
sich dabei um zwangsmäßige altersbedingte Veränderungen in der Zeit, die in Summe eine Steigerung der Mortalitätsrate und eine Abnahme der Vitalität zur Folge haben. Dieser
Prozess geht bei Tieren häufig mit einer langsam fortschreitenden Akkumulation schädlicher Effekte (**Seneszenz**) einher. Wäre das Altern kein solch aktiver, sondern ein passiver
Prozess, dann müsste man sich tatsächlich mit G. C. WILLIAMS darüber wundern, „dass –
nachdem das Wunderwerk der Embryogenese vollbracht ist – ein komplexes Metazo-
on an der viel simpler erscheinenden Aufgabe scheitert, einfach das zu erhalten, was
schon geschaffen ist" (Williams 1957). Molekulargenetische Untersuchungen an Rundwürmern (*Caenorhabditis elegans*), Insekten (*Drosophila melanogaster*) und Wirbeltieren
(Mäusen) haben übereinstimmend ergeben, dass beim Altern Insulin-ähnlichen Wachstumsfaktoren (Insulin-like growth factors, IGF) eine zentrale Rolle zukommt.

Die **einzelligen Lebewesen** vermehren sich gewöhnlich durch quasi erbgleiche Zweiteilungen (Abb. 10.30), wobei keine Leiche zurückbleibt. August WEISMANN sprach von

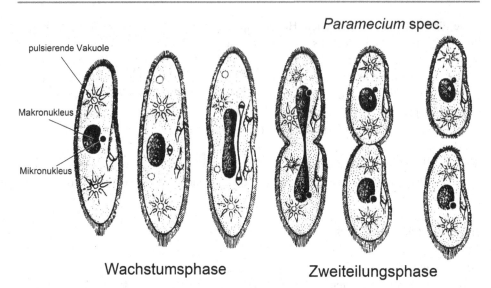

Paramecium spec.

pulsierende Vakuole

Makronukleus

Mikronukleus

Wachstumsphase **Zweiteilungsphase**

Abb. 10.30 Wachstum und anschließende Teilung des Pantoffeltierchens *Paramecium* in zwei selbständige Tochtertiere. (Prinzinger 1996)

der „potenziellen Unsterblichkeit" der Einzeller (Weismann 1882). Das trifft aber keineswegs für alle Vertreter zu. Verschiedene Protozoen vermehren sich nicht durch Zwei- sondern durch Vielteilungen, wobei sie einen zentralen „Restkörper" als Leiche zurücklassen. Selbst bei Protozoen mit Zweiteilungen können unter bestimmten Bedingungen Erscheinungen des Alterns auftreten. Das Pantoffeltierchen (*Paramecium*) lebt beispielsweise, wenn man den geschlechtlichen Akt der Konjugation verhindert, nur 4–5 Monate. Dann erlischt seine Teilungsaktivität. Bei der Konjugation legen sich zwei Tiere längsseits aneinander und tauschen wechselseitig über eine Plasmabrücke jeweils eine haploide Kleinkernhälfte (Wanderkern) aus, die mit der verbliebenen Hälfte (stationärer Kern) anschließend verschmilzt. Durch diese Neumischung des genetischen Materials erhält die Zelle ihr ursprüngliches Teilungspotenzial zurück. Bei einem anderen Ciliaten (*Tetrahymena*) kann man eine „unsterbliche" Form mit unbegrenzter Teilungsaktivität von einer sterblichen unterscheiden, die – wie das *Paramecium* – von Zeit zu Zeit darauf angewiesen ist, ihre Teilungsaktivität durch einen Konjugationsakt wieder „aufzufrischen".

Die **durchschnittliche Lebenserwartung** der mehrzelligen Organismen ist von Art zu Art sehr unterschiedlich (Tab. 10.1). Sie reicht bei Tieren von der sprichwörtlichen Eintagsfliege (*Ephemera vulgata*), die als Imago nur einige Stunden lebt (als Larve kann sie allerdings mehrere Jahre zubringen) bis zu der Seychellen-Riesenschildkröte (*Testudo gigantea*), von der man aus Radiokarbonmessungen weiß, dass sie ein Alter von 250 Jahren und mehr erreichen kann. Vom Klippenbarsch (*Sebastes aleutianus*) hat man ein 205 Jahre altes Exemplar gefunden, das keinerlei sichtbare Zeichen des Alterns zeigte [man spricht von einer vernachlässigbaren (*negligible*) Seneszenz; Guerin 2004]. Unter den Pflanzen

Tab. 10.1 Maximale Lebensdauer (t_{max}) verschiedener Organismen in Jahren (soweit nicht anders angegeben)

Pflanzen	t_{max}	Tiere	t_{max}
Pflanzen:		Stubenfliege (*Musca domestica*)	76 Tage
Bärlapp (*Lycopodium*)	7	Ameisenkönigin	30
Farn (*Botrychium lunaria*)	30	Termitenkönigin	25
Birke (*Betula nana*)	120	Goldfisch (*Carassius auratus*)	41
Fichte (*Picea abies*)	1100	Wels (*Silurio glanis*)	80
Heidelbeere (*Vaccinum myrtilis*)	28	Grasfrosch (*Rana temporaria*)	12
Mammutbaum (*Sequoia* spec.)	4000	Boa (*Boa constrictor*)	40
Platane (*Platanus* spec.)	1300	Maurische Landschildkröte	105
Ulme (*Ulmus* spec.)	600	Huhn (*Gallus* spec.)	30
Zeder (*Cedrus* spec.)	1300	Kuckuck (*Cuculus canorus*)	40
Tiere:		Zwergmaus (*Micromys minutus*)	4
Auster (*Ostrea* spec.)	12	Hausratte (*Rattus rattus*)	5
Flussperlmuschel	100	Hauspferd (Kaltblüter)	61
Weinbergschnecke (*Helix pomatia*)	35	Kaninchen (*Oryctolagus cuniculus*)	18
Spulwurm (*Ascaris* spec.)	5	Orang Utan (*Pongo pygmaeus*)	59
Regenwurm (*Lumbricus terrestris*)	10	Mensch (*Homo sapiens*)	135
Wasserfloh (*Daphnia* spec.)	108 Tage		

hält der Riesenmammutbaum (*Sequoiadendron giganteum*) den Rekord, dessen vermutliche Altersgrenze bei 3900 Jahren liegt.

Hintergrundinformationen

Eine Sonderstellung unter den Metazoen nimmt der **Süßwasserpolyp** (Abb. 10.31) insofern ein, weil er – wie die meisten Einzeller – potenziell unsterblich ist (Martinez 1998). Er regeneriert bei vorwiegend ungeschlechtlicher Vermehrung durch Knospung permanent seine verbrauchten Zellen aus einem Reservoir an omnipotenten Reservezellen (interstitiellen Zellen): Fließgleichgewicht.

Welche Mechanismen dem Altern und Sterben zugrunde liegen, ist Gegenstand intensiver Forschung. Sie scheinen sehr vielfältig und von Organismus zu Organismus auch verschieden zu sein. Sicher ist, dass diese Vorgänge stets auf einer starken **genetischen Komponente** basieren. Bei manchen Formen steht der Tod mit einem bestimmten Stadium des Lebenszyklus in unmittelbarem Zusammenhang. So sterben beispielsweise beide Geschlechter des pazifischen Lachses und anderer Fische unmittelbar nach dem Ablaichen und dem Befruchten der Eier. Die Agave blüht etwa im Alter von 8 Jahren und stirbt dann unmittelbar danach ab. Man spricht vom sog. Fortpflanzungstod. Verhindert man die Blütenbildung, so kann die Pflanze durchaus bis zu 100 Jahre alt werden.

Dem Tier entnommene Somazellen teilen sich unter optimalen Kulturbedingungen keineswegs unbegrenzt weiter, sondern stellen oft nach einer gewissen Anzahl von Teilungen (Hayflick-Limit; Hayflick 1965) ihre Fortpflanzung ein. Man spricht von einer **replika-**

Abb. 10.31 Der Süßwasserpolyp *Hydra oligactis* mit
zahlreichen Knospen. (Nach
KORSCHELT)

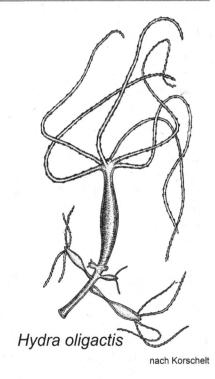

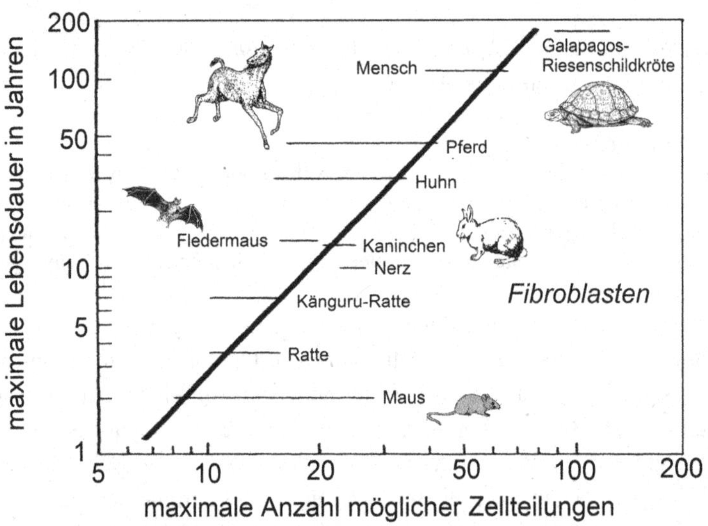

Hydra oligactis

nach Korschelt

Abb. 10.32 Die maximale Anzahl von Zellteilungen, die sog. Hayflick-Zahl, isolierter embryonaler
Fibroblasten unter optimalen Bedingungen in Kultur bei verschiedenen Vertretern der Wirbeltiere.
Sie steigt deutlich mit der maximalen Lebenserwartung des Spenders an. Während Hühnerfibro-
blasten sich nur 15- bis 35-mal teilen, erreichen menschliche Fibroblasten 40–60 Teilungen. (In
Anlehnung an Prinzinger 1996)

tiven Zellalterung (Zellseneszenz). Dieses Hayflick-Limit ist bei den Wirbeltieren von Tierart zu Tierart verschieden (Abb. 10.32). Dem Fötus entnommene menschliche Fibroblasten teilen sich in Kultur noch etwa 40- bis 60-mal (Hayflick und Moorhead 1961), Fibroblasten des Huhns dagegen nur noch 15- bis 35-mal. Im Vergleich sehr verschiedener Arten stellte sich heraus, dass die potenzielle Anzahl von Teilungen umso größer ist, je höher die maximale Lebenserwartung der betreffenden Tierart ist. Bei menschlichen Fibroblasten aus der Lunge konnte weiterhin beobachtet werden, dass die Anzahl der Teilungen in Kultur auch vom Alter des Spenders abhängt. Sie ist umso kleiner, je älter der Spender war. Stammten die Zellen beispielsweise von einem 80-jährigen Menschen, teilten sie sich nicht mehr 40- bis 60-mal, sondern nur noch 30-mal. Es sieht so aus, als ob die Zelle „weiß", wie viele Teilungen sie schon durchgeführt hat. Unterbricht man nämlich die Teilungsfolge frischer Fibroblasten durch Tieffrieren in flüssigem Stickstoff für längere Zeit, so kann man nach dem Auftauen feststellen, dass die Zellen ihre Teilungen genau dort wieder aufnehmen, wo sie gestoppt wurden, und sich nur noch so oft teilten, bis das für sie charakteristische Hayflick-Limit erreicht ist.

Hintergrundinformationen

Die replikative Zellalterung geht oft mit einer zunehmenden Verkürzung der Telomeren an den Enden der Chromosomen einhergeht. Dabei handelt es sich um Zellstrukturen, die zahlreiche repetitive Nukleotidsequenzen enthalten, durch die verhindert wird, dass sich die Chromosomen bei jeder Replikation um ein Stück verkürzen. In teilungsaktiven Zellen sorgt eine modifizierte reverse Transkriptase, die sog. **Telomerase**, dafür, dass die bei jeder DNA-Replikation am Folgestrang (s. Abschn. 9.3) zwangsläufig auftretende DNA-Verkürzung wieder rückgängig gemacht wird. Diese Telomerase wird in verschiedenen somatischen Zellen des Menschen (im Gegensatz zu denen der Nager!) nicht mehr gebildet, was zur Folge hat, dass die Telomeren ständig kürzer werden und die Teilungsfähigkeit der Zellen schließlich erlischt. Durch Einführung des Gens, das für die katalytische Untereinheit der Telomerase codiert, kann man solchen Zellen – wie z. B. menschlichen Fibroblasten in Kultur – ihre Teilungsfähigkeit zurückgeben. Das gelingt bei anderen Zelltypen allerdings wieder nicht, bei denen die Zellseneszenz auf eine Aktivierung des Kontrollsystems des Zellzyklus (s. Abschn. 3.8) zurückgeht, über das der Zellzyklus blockiert wird.

Über die **genetische Kontrolle** der Lebenserwartung ist inzwischen sehr intensiv geforscht worden. Der zellkonstante Fadenwurm *Caenorhabditis elegans* lebt unter optimalen Bedingungen etwa 14 Tage (Lithgow 1996). Ungünstige Lebensbedingungen induzieren bei ihm eine larvale Diapause („Dauerlarve"). In diesem Zustand können die Fadenwürmer ohne Nahrungsaufnahme und Wachstum mehrere Monate verharren. Ihre Lebensdauer verlängert sich dann um die entsprechende Zeit. Tiere mit einer Mutation des Gens *daf-2* (*dauer formation*-2) treten auch bei günstigen Lebensbedingungen in das Dauerlarvenstadium über. Schwache Mutanten dieses Gens bilden zwar keine Dauerlarven, verlängern das Leben der betroffenen Tiere aber dennoch auf das Doppelte. Entfernt man bei diesen Mutanten zusätzlich noch die Keimzellen, so leben sie gar 5-mal so lang wie normale Tiere, was hormonale Gründe haben dürfte. Das *daf-2*-Gen codiert den einzigen Rezeptor für die zahlreichen Insulin-ähnlichen Wachstumsfaktoren (IGF), die für das Überleben und Wachstum essenziell sind. Man kennt inzwischen mehr als 50 verschiedene Mutanten bei *Caenorhabditis*, die eine längere Lebensspanne bedingen. Das betrifft unter anderem auch die sog. „clock"-Gene in der mitochondrialen DNA (Lakowski und Hekini 1996), die unmittelbar die Energiewechselrate der Tiere steuern (Durieux et al. 2011).

Unsere Kenntnisse, wie die vielfältigen genetischen, biochemischen, hormonalen und physiologischen Faktoren in ihrer Gesamtheit und gegenseitigen Abhängigkeit bei der Kontrolle und Determination der Lebensspanne zusammenwirken, sind trotz intensiver experimenteller Arbeit noch recht lückenhaft und zum Teil auch widersprüchlich. Es sind in der Vergangenheit bis in die Gegenwart – angefangen mit August WEISMANNs „Theorie des programmierten Todes" (Weismann 1882) – sehr viele (MEDVEDEV spricht von 300!; Medvedev 1990), mehr oder weniger experimentell begründete **Theorien des Alterns** entwickelt worden, von denen allerdings bislang keine eine allgemeine Akzeptanz gefunden hat.

Die zentrale Frage, die es zu beantworten gilt, ist die nach den **evolutiven Mechanismen**, unter denen sich bestimmte Lebenserwartungen in einer Population manifestieren könnten. Eine befriedigende Antwort auf diese Frage steht noch aus. In freier Wildbahn erreicht die große Mehrzahl der Individuen einer Art das maximal mögliche Lebensalter nicht, sondern stirbt vorher durch äußere Umstände, wie Krankheit, Unfälle, Hunger, Feinde etc. Von den frei lebenden Mäusen sterben beispielsweise 90 % vor dem Alter von 10 Monaten, während sie in Gefangenschaft 24 Monate alt werden können. Aus Markierungen und Beobachtungen hat man errechnet, dass in freier Wildbahn im Durchschnitt nur eines von 60.000 Rotkehlchen (*Erithacus rubecula*) überhaupt in die Nähe seiner bisher ermittelten maximalen Lebenserwartung von 12 Jahren kommt.

Hinzu kommt, dass die natürliche Selektion ihre richtunggebende Potenz bei den älteren Mitgliedern einer Population, die keine Nachkommen mehr zeugen, ohnehin verloren hat, worauf der englische Genetiker J. B. S. HALDANE schon 1942 hingewiesen hat (Haldane 1942). Man spricht von einem „**Selektionsschatten**". Das bedeutet, dass in einer Population kein selektiver Druck aufgebaut werden kann, solche Mutationen zu eliminieren, die erst im höheren Alter Auswirkungen haben.

Hintergrundinformationen

Peter MEDAWAR sah die Ursache des Altern in einer wachsenden Anzahl schädlicher Mutationen (**Mutationsakkumulationstheorie des Alterns**; Medawar 1952). Nach dieser Theorie hat das Altern keine adaptiven Merkmale, sondern ist als ein Nebenprodukt der Evolution anzusehen, denn die kumulative Ansammlung schädlicher Mutanten erfolgt nicht unter einem selektiven Druck, sondern passiv. Das versuchte WILLIAMS in seinem „**antagonistischen Pleiotropiemodell**" zu umgehen (Williams 1957). Er ging von der bekannten Tatsache aus, dass Gene nicht nur eine, sondern vielfache Wirkungen haben können (Pleiotropie), und stellte sich solche Gene vor, die die individuelle Fitness in jungendlichem und höherem Alter in antagonistischer Weise beeinflussen. Auf diese Weise können Mutationen, die im höheren Alter schädlich sind, durch die Auslese favorisiert werden und in der Population verbleiben, wenn sie in der Jugend- und Reifezeit positive Effekte gehabt haben.

Die **Soziobiologie** hat uns gelehrt, dass das Ziel der Evolution letztlich nicht die Erhaltung des Individuums um jeden Preis ist, sondern die Garantie der Weitergabe der genetischen Information über die Keimbahn in die nächste Generation. Das mehrzellige Soma ist dabei nur ein Vehikel – Richard DAWKINS nennt es eine „Überlebensmaschine" – die ihre Schuldigkeit getan hat, wenn die Fortpflanzung gesichert ist (Dawkins 1976). Danach besteht nicht nur kein Bedarf mehr, den vielzelligen Körper weiter zu erhalten, sondern – mehr noch – ein Interesse, ihn als Futter- und Raumkonkurrenten so schnell wie möglich wieder loszuwerden. Die „Investition" in die Selbsterhaltung lohnt sich nur so lange, solange das Ziel, die Fortpflanzung, noch nicht erreicht ist (*disposable soma theory*). Später nicht mehr. KIRKWOOD kennzeichnete die vielzelligen Organismen deshalb etwas drastisch als „Einweg-Transportsysteme mit Verfallsdatum" (Kirkwood 1983). Diese „Somaentsorgungstheorie" KIRKWOODs geht aufgrund von Selektionsexperimenten mit der Fruchtfliege (*Drosophila melanogaster*) davon aus, dass ein verzögertes Altern (Langlebigkeit) mit einer Abnahme von Fitnesskomponenten (z. B. Fruchtbarkeit in früheren Lebensabschnitten) einhergeht. Das bedeutet, dass jeweils eine optimale Balance zwischen Fortpflanzungsaktivität und Langlebigkeit geschlossen werden muss. Je mehr Energie ein Organismus in die Erhaltung und Reparatur seiner Strukturen investiert, desto weniger kann er – bei naturgemäß begrenztem Energiebudget – für die Fortpflanzung bereitstellen. Das Altern besteht in einem „Herunterfahren" der Erhaltungs- und Reparaturaktivitäten.

Literatur

v Baer KE (1828) Über die Entwicklungsgeschichte der Thiere. Beobachtung und Reflexion. Verlag Bornträger, Königsberg

Bonner JT (1962) Ideas of biology. Harper, New York, S 77

Bowman JL et al (1992) Superman, a regulator of floral homeotic genes in Arabidopsis. Development 114:599–615

Bütschli O (1915) Sitzungsberichte der Heidelberger Akad. d. Wiss. 2. Abhandlung

Caplan AI, Ordahl CP (1978) Irreversible gene repression model for control of development. Science 201:120–130

Caspari EW (1980) In: Pitternick LK (Hrsg) Richard Goldschmidt – controversial geneticist and creative biologist. Birkhäuser Verlag, Basel, S 20

Chinnaiyan AM, Dixit VM (1996) The cell-death machine. Curr Biol 6:555–562

Clark DP (2006) Molecular Biology. Elsevier, München

Conklin EG (1905) Organization and cellimage of the ascidian egg I Acad Nat Sci. Philadelphia, S 13

Dahm R, Nüsslein-Volhard C (2003) Von der Eizelle zum Embryo. Wie Gene die Entwicklung steuern. Biologen heute 1:02–08

Dawkins R (1976) The selfish gene. Oxford University Press, Oxford

DiBerardino MA (1980) Genetic stability and modulation of metazoan nuclei transplanted into eggs and oocytes. Differentiation 17:17–30

Doupe AJ, Landis CS, Patterson PH (1985) Environmental influences in the development of neural crest derivatives: glucocorticoids, growth factors, and chromaffin cell plasticity. J Neurosci 5:2119–2142

Driesch H (1896) Maschinentheorie des Lebens. Biol Zentralblatt 16:353

Driesch H (1908) The science and philosophy of the organism, 2. Aufl. London (deutsch: Philosophie des Organischen, Leipzig 1909)

Driesch H (1951) Lebenserinnerungen. Ernst Reinhardt Verlag, Basel, S 108

Durieux J, Wolff S, Dillin A (2011) The cell-non-autonomous nature of electron-transport chain-mediated longevity. Cell 144:79–91

Duspiva (1989) Grundlagen der Entwicklungsbiologie der Tiere. Gustav Fischer, Jena

Early A, Abe T, Williams J (1995) Evidence for positional differentiation of prestalk cells and for morphogenetic gradient in Dictyostelium. Cell 83:91–99

Edelman GM (1984) Zelladhäsionsmoleküle und embryonale Musterbildung. Spektrum der Wissenschaft 6/84:62–74

Evans TC et al (1994) Translational control of maternal glp-1 mRNA establishes an asymmetry in the C. elegans embryo. Cell 77:183–194

Franzenburg S et al (2012) MyD88-deficient Hydra reveals an ancient function of TLR signaling in sensing bacterial colonizers. Proc Natl Acad Sci 109:19374–19379

Gerisch G (1987) Cyclic AMP and other signals controlling cell development and differentiation in Dictyostelium. Ann Rev Biochem 56:853–879

Gierer A (1981) Physik der biologischen Gestaltbildung. Naturwissenschaften 68:245–251

Gilbert SF (1985) Developmental Biology. Sinauer, Sunderland/Mass.

Goldstein B (1992) Induction of gut in *Caenorhabtitis elegans* embryos. Nature 357:255–257

Gracía-Bellido A, Lawrence PA, Morata G (1979) Kompartimentierung in der Entwicklung der Tiere. Spektrum der Wissenschaft

Green JBA, New HV, Smith JC (1992) Responses of embryonic *Xenopus* cells to activin and FGF are separated by multiple dose thresholds and correspond to distinct axes of the mesoderm. Cell 71:731–739

Gross JD et al (1981) Cell patterning in *Dictyostelium*. Phil Trans Roy Soc London B 295:497–508

Guerin JC (2004) Emerging area of aging research: long-lived animals with „negligible senescence". Ann NY Acad Sci 1019:518–520

Gurdon JB (1962) Developmental capacity of nuclei taken from intestinal epithelium cells of feeding tadpoles. J Embryol Exp Morph 10:622–640

Hadorn H (1974) Experimental studies of amphibian development. Springer Verlag, Berlin, Heidelberg

Haldane JBS (1942) New paths in genetics. Harper & Brothers, New York, London

Hayflick L (1965) The limited in vitro lifetime of human diploid cell strains. Exp Cell Res 37:614–636

Hayflick L, Moorhead PS (1961) The serial cultivation of human diploid cell strains. Exp Cell Res 25:585–621

Heuer S (2010) Altern ist eine Krankheit. Technologie Review 2

His W (1874) Unsere Körperform und das physiologische Problem ihrer Entstehung. F. C. W. Vogel, Leipzig

Hörstadius S (1928) Über die Determination des Keimes bei Echinodermen. Acta zool (Stockh) 9

Hörstadius S (1937) Investigations as tot the localization of the micromere-, the skeleton- and the entoderm-forming material in the unfertilized egg of Arbacia punctulata. Biol Bull 73:295–316

Ingham PW (1988) The molecular genetics of embryo pattern formation in Drosophila. Nature 335:25–34

Jacobson MD, Weil M, Raff MC (1997) Programmed cell death in animal development. Cell 88:347–354

Jenuwein T, Allis CD (2001) Translating the histone code. Science 293:1074–1080

Jones PA, Takai D (2001) The role of DNA methylation in mammalian epigenetics. Science 293:1068–1070

Keller R, Shih J, Domingo C (1992) The patterning and functioning of protrusive actively during convergence and extension of the *Xenopus* organizer. Develop Suppl 81–91

King TJ, Briggs R (1955) Changes in the nuclei of differentiating gastrula cells, as demonstrated by nuclear transplantation. Proc Natl Acad Sci USA 41:321–325

Kirkwood TBL (1983) Repair and its evolution: Survival versus production. In: Townsend CR, Calow P (Hrsg) Physiological ecology: An evolutionary approach to resource use. Blackwell, Oxford

Krizek BA, Fletcher JC (2005) Molecular mechanisms of flower development: an armchair guide. Nat Rev Genet 6:688–698

Krizek BA, Meyerowitz EM (1996) The Arabidopsis homeotic genes Apetala3 and Pistillata are sufficient to provide the B class organ identity function. Development 122:11–22

Krumlauf R (1994) Hox genes in vertebrate development. Cell 78:191–201

Kühn A (1936) Versuche über die Wirkungsweise der Erbfaktoren. Naturwissenschaften 24:1–10

Kühn A (1955) Vorlesungen über Entwicklungsphysiologie. Springer Verlag, Berlin, Göttingen, Heidelberg, S 2–4

Kurreck J (2009) RNA interference: from basic research to therapeutic applications. Angew Chem Int Ed Engl 48:1378–1398

Lakowski B, Hekini S (1996) Determination of the life-span in *Caenorhabditis elegans* by four clock genes. Science 272:1010–1013

Lemons D, McGinnis W (2006) Genomic evolution of *Hox* gene clusters. Science 313:1988–1922

Li J, Harris RA, Cheung SW, Coarfa C, Jeong M, Goodell MA, White LD, Patel A, Kang SH, Shaw C et al (2012) Genomic hypomethylation in the human germline associates with selective structural mutability in the human genome. PLoS Genet 8(5):1002692

Lithgow GJ (1996) Invertebrate gerontology: the age mutations of *Caenorhabditis elegans*. BioEssays 18:809–815

Lodish H et al (1996) Molekulare Zellbiologie, 2. Aufl. de Gruyter, Berlin

Maconochie M et al (1996) Paralogous Hoxgenes: Function and regulation. Ann Rev Genet 30:529–556

Martinez DE (1998) Mortality patterns suggest lack of senescence in hydra. Exp Gerontol 39:217–225

Maynard SJ (2000) The concept of information in Biology. Philosophy of Science 67:177–194

Medawar PB (1952) An unsolved problem of biology. H. K. Lewis, London

Medvedev ZA (1990) An attempt at a rational classification of theories of ageing. Biol Rev Camb Philos Soc 65:375–398

Mello GC, Draper BW, Priess JR (1994) The maternal genes *apx-1* and *glp-1* and the establishment of dorsal-ventral polarity in the early *C. elegans* embryo. Cell 77:95–106

Monod J (1975) Zufall und Notwendigkeit, 2. Aufl. Deutscher Taschenbuch Verlag, München, S 32

Morgan TH (1935) The relation of genetic to physiology and medicine (Nobel lecture). Norstedt & Söner, Stockholm

Müller WA (1979) Positionsinformation und Musterbildung. Biol in unserer Zeit 9:135–140

Nicolis G, Prigogine I (1987) Die Erforschung des Komplexen. Piper Verlag, München, Zürich

Okada TS (1992) Transdifferentiation. Clarendon Press, Oxford

Okita K, Ichisaka S, Yamanaka S (2007) Generation of germline-competent induced pluripotent stem cells. Nature 448:313–317

Parcy F et al (1998) A genetic framework for floral patterning. Nature 395:661–566

Park IH et al (2008) Reprogramming of human somatic cells to pluripotency with defined factors. Nature 451:141–146

Penzlin H (1963) Über die Regeneration bei Schaben (Blattaria). I. Das Regenerationsvermögen und die Genese des Regenerats. Roux' Archiv Entw-Mech 154:434–465

Penzlin H (1988) Ordnung – Organisation – Organismus. Zum Verhältnis zwischen Physik und Biologie Sitzungsber Sächs. Akad. Wissensch. zu Leipzig. Math.-Naturwiss. Klasse, Bd. 120. Akademie Verlag, Berlin

Penzlin H (2000) Die Entwicklungsphysiologie. In: Jahn I (Hrsg) Geschichte der Biologie. Spektrum Akademischer Verlag, Heidelberg, Berlin, S 441–460

Petersen H (1922) Histologie und mikroskopische Anatomie. J. F. Bergmann, München, Wiesbaden (1. und 2. Abschnitt)

Priess JR, Thomson JN (1987) Cellular interactions in early *C. elegans* embryos. Cell 48:241–250

Prinzinger R (1996) Das Geheimnis des Alterns. Campus Verlag, Frankfurt a. M.

Raikov BE (1968) Karl Ernst von Baer. Sein Leben und sein Werk Acta Historica Leopoldina, Bd. 5. Ambrosius Barth, Leipzig, S 122

Sander K (1990) Von der Keimplasmatheorie zur synergetischen Musterbildung – Einhundert Jahre entwicklungsbiologischer Ideengeschichte. Verh Dtsch Zool Ges 83:133–177

Schleip W (1927) Entwicklungsmechanik und Vererbung bei Tieren. In: Baur E, Hartmann M (Hrsg) Handbuch der Vererbungswissenschaften, Bd. 3. Borntraeger, Berlin, S 1–81

Schleip W (1929) Die Determination der Primitiventwicklung. Akad. Verl.-Ges., Leipzig

Schmid V (1980) The *in vitro* regeneration of a functional medusa organ from two differentiated cell types. In: Kurstak E, Maramorosch K (Hrsg) Invertebrate tissue culture. Academic Press, New York, S 89–101

Schweiger HG (1976) Nucleocytoplasmic interaction in *Acetabularia*. In: King RC (Hrsg) Handbook of genetics, Bd. 5. Plenum Press, New York

Shih J, Keller R (1994) Gastrulation in *Xenopus laevis*: Involution – a current view. Dev Biol 5:85–90

Spek J (1919) Studien über den Mechanismus der Gastrulainvagination. Biol Zentralbl 39:13–23

Spek J (1930) Zustandsänderungen der Plasmakolloide bei Befruchtung und Entwicklung des Nereis-Eies. Protoplasma 9:370–427

Spek J (1931) Allgemeine Physiologie der Entwicklung und Formbildung. In: Gellhorn E (Hrsg) Lehrbuch der Allgemeinen Physiologie. Georg Thieme Verlag, Leipzig, S 457–596

Spemann H (1936) Experimentelle Beiträge zu einer Theorie der Entwicklung. Springer Verlag, Berlin

Spork P (2009) Der zweite Code. Epigenetik oder Wie wir unser Erbgut steuern können. Rowohlt, Reinbek bei Hamburg

Steinberg MS (1998) Goal-directness in embryonic development. Integrative Biol 1:49–59

Steller H (1995) Mechanisms and genes of cellular suicide. Science 267:1445–1449

Sterelny K, Kitcher P (1988) The return of the gene. Journal of Philosophy 85:339–361

Sussman M, Schindler J (1978) A possible mechanism for morphogenetic regulation in Dictyostelium. Differentiation 10:1–5

Takahashi K et al (2007) Induction of pluripotent stem cells from adult human fibroblasts by defined factors. Cell 131:861–872

Takahashi K, Yamanaka S (2006) Introduction of pluripotent stem cells from mouse embryonic and adult fibroblast cultures by defined factors. Cell 126:663–676

Takeichi M (1988) The cadherins: Cell-to-cell adhesion molecules controlling animal morphogenesis. Development 102:639–655

v Ubisch L (1953) Entwicklungsprobleme. Gustav Fischer, Jena

Wachs H (1914) Neue Versuche zur Wolffschen Linsenregeneration. Roux' Archiv für Entwmechanik 39

Waddington CH (1940) Organizers and genes. Cambridge Biol Stud. Univ. Press, Cambridge

Wehner R, Gehring W (2007) Zoologie, 24. Aufl. Georg Thieme Verlag, Stuttgart

Weismann A (1882) Über die Dauer des Lebens. G. Fischer Verlag, Jena

Wellik DM, Capecchi MR (2003) Hox10 und Hox11 genes are required to globally pattern the mammalian skeleton. Science 301:363–367

Williams GC (1957) Pleiotropy, natural selection, and the evolution of senescence. Evolution 11:398–411

Wilmut I et al (1997) Viable offspring derived from fetal and adult mammalian cells. Nature 385:810–813

Wolpert L (1971) Positional information and pattern formation. Curr Top Dev Biol 6:183–224

Wolpert L (1989) Schlußbetrachtungen. In: Evered D, Marsh I (Hrsg) Cellular basis of morphogenesis. Ciba Foundation Symp. 144. Wiley & Sons, New York

Wolpert L et al (1999) Entwicklungsbiologie. Spektrum Akad. Verlag, Heidelberg, Berlin

Wolpert L et al (2007) Principles of development, 3. Aufl. Springer, Spektrum, Heidelberg

Yamada T (1977) Control mechanisms in cell-type conversions in newt lens regeneration. In: Awalsky (Hrsg) Monographs in developmental biology, Bd. 13. Karger, Basel

Autonomie

11

*Die Biologie ist keine angewandte Physik und Chemie, sondern
eine selbständige Wissenschaft, die nicht nur ihre eigenen Objekte,
sondern auch ihre besonderen Gesetze aufweist
(Max Hartmann, 1937).*

Inhaltsverzeichnis

„Kennzeichnend für alles Lebensgeschehen", so formulierte es ROTHSCHUH einmal, „ist das aus sich selbst Verlaufende des Geschehens, das Sich-selbst-Bewegen, das Sich-selbst-Differenzieren, kurz die Selbstbestimmung der Ordnung" (Rothschuh 1936, S. 29). Das ist keineswegs eine neue Erkenntnis. Bereits in der „Kritik der Urteilskraft" von Immanuel KANT heißt es, dass Organismen „organisierte und sich selbst organisierende Wesen" seien, in denen „ein jeder Teil, so, wie er nur durch alle übrigen da ist, auch als um der anderen und des Ganzen willen existierend gedacht" werden müsse (Kant 1790/1968, § 65, § 75).

Lebewesen zeichnen sich durch eine Autonomie im Sinn von „**Selbstbestimmung**" aus. Dieses „Sich-selbst-bewegen" im Sinn PLATONS, dieses „Aus-sich-selbst-Kommen" und „Sich-selbst-Bestimmen" lebendiger Systeme stellt ein wesentliches Kriterium aller

© Springer-Verlag Berlin Heidelberg 2016
H. Penzlin, *Das Phänomen Leben*, DOI 10.1007/978-3-662-48128-8_11

organischen Entitäten dar, durch das sie sich in grundsätzlicher Weise von allem unterscheiden, was in der anorganischen Natur existiert. Ihre Struktur beweise, so Jacques MONOD, „eine klare und uneingeschränkte Selbstbestimmung, die eine quasi totale ‚Freiheit' gegenüber äußeren Kräften und Bedingungen" einschließe.

Alle Lebewesen bauen sich selber ununterbrochen auf, erhalten, reparieren, regulieren und vervielfältigen sich selbst. Wilhelm ROUX bezeichnete diese „Selbsttätigkeit" als **Autoergie** und nannte im Einzelnen neun Selbstleistungen: Selbstveränderung, Selbstausscheidung, Selbstaufnahme, Selbstassimilation, Selbstwachstum, Selbstbewegung, Selbstvermehrung, Selbstübertragung oder Vererbung und Selbstentwicklung (Roux 1895, S. 387–416). Man könnte noch die Eigenschaften zur Selbstregulation und -reparatur hinzufügen. Der Physiologe Armin VON TSCHERMAK führte in diesem Zusammenhang explizit die Selbstveränderung, Selbstersetzung und Selbstergänzung an (Tschermak 1916).

Diese Feststellung einer umfassenden Selbstbestimmung bei Lebewesen ist noch keine Erklärung. Ganz im Gegenteil: Sie fordert eine Erklärung heraus. Sie ist das zentrale Problem der Biologie überhaupt, dem alle anderen untergeordnet sind. Diese zentrale Frage zu ignorieren hieße, in der Biologie das „Bios" zu streichen. Das Vermögen zur Selbstbestimmung bei Organismen ist die Grundlage für ihre **Autonomie**, womit nicht gesagt ist, dass die Lebewesen in jeder Hinsicht unabhängig sind. Selbstverständlich sind alle Lebewesen in ihrer Existenz von äußeren Lebens-„Bedingungen" abhängig, die allerdings das „Leben" in seiner Spezifik nicht bestimmen. Umweltfaktoren wie Temperatur, Feuchtigkeit, Sauerstoff etc. sind Voraussetzungen für die Existenz von Leben, aber keine konstitutiven Elemente. Sie können die Existenz der Lebewesen erschweren oder gar verhindern, sie können dem Lebewesen aber nicht die ihn auszeichnende und charakterisierende Organisation verleihen, die ausschließlich intern determiniert ist.

Im Organismus ist kaum etwas dem Zufall überlassen wie bei der Bildung von Wolken am Himmel oder von Turbulenzen in der Wasserströmung. Die Entscheidungen repräsentieren keine zufälligen Symmetriebrüche, alles verläuft im Sinn des Ganzen. Lebendige Systeme erhalten ihre interne Organisation gegen die zerstörenden Kräfte der Umwelt *selbst*tätig aufrecht. Von dieser Dynamik ist auch nicht eine einzige Komponente des Systems ausgeklammert. Zusammenfassend lässt sich sagen, dass der Besitz und die selbsttätige Erhaltung und Weitergabe der internen Organisation das *Wesen* des Lebendigen ausmachen. Organismen – und nur sie – sind im wahrsten Sinn des Worts „selbstorganisierend", denn sie erhalten ihre funktionelle und damit teleonome Ordnung, d. h. ihre Organisation selbsttätig aufrecht.

11.1 Das Paradigma der Selbstorganisation

Der Begriff der „**Selbstorganisation**" ist in der Thermodynamik irreversibler Prozesse im Zusammenhang mit der Theorie dissipativer Strukturen geprägt worden, was insofern etwas befremdlich ist, weil man den Begriff der Organisation aus gutem Grund in der

Physik überhaupt nicht kannte. Dessen ungeachtet, hat der Begriff sehr schnell breite Akzeptanz und Anwendung in den verschiedensten Disziplinen außerhalb der Physik bis hin zur Neurobiologie, Psychologie und Soziologie gefunden, ohne dass in jedem Fall sorgfältig geprüft wurde und wird, ob man mit dem Begriff tatsächlich vergleichbare, d. h. in ihrer inneren Dynamik übereinstimmende Vorgänge oder nur oberflächlich analog-ähnliche belegt.

Es ist nicht selten, dass ein Begriff in der Wissenschaft zum Ausgangspunkt ganzer Weltanschauungen gemacht wird, wobei der Begriff selbst in einem Maß verwässert wird, dass mit ihm schließlich alles und nichts mehr ausgesagt wird. Genau das ist mit dem Begriff der Selbstorganisation geschehen. Die Mahnung des Philosophen Mario BUNGE, wir sollten, „wenn uns etwas an Klarheit liegt, [. . .] inadäquate Begriffe und irreführende Wörter aufgeben" (Mahner und Bunge 2000, S. 357), wird leider nicht immer befolgt. „Selbstorganisation" wurde als Revolution unseres wissenschaftlichen Weltbilds gefeiert, als neues Paradigma (Kratky 1990, S. 3–17) und als durchgängiges Prinzip im Universum vom „Urknall" bis zur Erscheinung des menschlichen Geistes (Jantsch 1984). Der Physiker Paul DAVIES schreibt der Materie „eine angeborene Fähigkeit zur Selbstorganisation" zu (Davies 1998, S. 125). In ähnlicher Weise ist für den Chemiker Friedrich CRAMER Selbstorganisation „seit dem Urknall ein physikalisches Attribut von Materie, genauso wie Schwere ein physikalisches Attribut der Materie ist. [. . .] Danach war", so bei CRAMER weiter, „beim Urknall die Idee des menschlichen Bewußtseins als Möglichkeit schon vorhanden. [. . .] Zwischen Geist und Materie besteht so gesehen kein Gegensatz. [. . .] Ideenlose Materie [. . .] gibt es nicht, genausowenig wie es schwerelose Materie gibt", schließt dann aber im Platonschen Sinn nicht aus, dass „Ideen ohne Materie existieren" können (Cramer 1988, S. 228/229, 238).

Im Zusammenhang mit der Selbstorganisation von einem „neuen Paradigma" im Sinn Thomas S. KUHNs zu sprechen ist nur berechtigt (Kuhn 1967), wenn die Anwendung des Konzepts der Selbstorganisation auf die betreffenden Vorgänge mit einem tatsächlichen und nicht nur vorgegebenen Progress unserer Erkenntnisse verbunden ist. Das ist in vielen Fällen nicht der Fall. Es entbehrt einer wissenschaftlichen Grundlage, wenn beispielsweise Fritjof CAPRA behauptet (Capra 1988): „Dissipative chemische Strukturen stellen ein Bindeglied zwischen lebendiger und lebloser Materie dar. Ob wir sie als lebendige Organismen bezeichnen oder nicht, ist schließlich eine Frage der Übereinkunft." Solche und ähnliche plakativen und damit leider oft sehr wirksamen Verallgemeinerungen sind nicht hilfreich, sondern verschleiern die tatsächliche Problematik.

Wenn Physiker heute von „Selbstorganisation" im Zusammenhang mit den dissipativen Strukturen (s. Abschn. 5.7) sprechen, so ist das missverständlich, denn diese Ordnungsstrukturen verdanken ihre Entstehung und Aufrechterhaltung nicht dem System selbst, sondern einem „außen" angelegten und strikt eingehaltenen Energiegradienten (PRIGOGINE sprach von „**Zwangsbedingungen**"; Nicolis und Prigogine 1987, S. 88). Sie zerfallen sofort, wenn der externe Gradient zusammenbricht, und können jederzeit wieder neu entstehen, wenn der Gradient angelegt wird. Sie sind nicht selbst-, sondern *fremd*bestimmt. In diesem Zusammenhang wird der Begriff „selbst" im Sinn von „von selbst", aber nicht im

Sinn von „selbst*tätig*" verwendet. Es handelt sich um dynamische *Ordnungs*zustände, die sich unter den „Zwangsbedingungen" bei Überschreitung eines überkritischen Werts von selbst einstellen, um die Entstehung von „Ordnung aus Unordnung". Ihnen fehlt, strenggenommen, sowohl ein „Selbst" als auch eine „Organisation".

Der **Organisationsbegriff** (s. Abschn. 7.6) darf nicht mit dem Ordnungsbegriff gleichgesetzt oder verwechselt werden. Der Mathematiker John VON NEUMANN hat es einmal auf den Punkt gebracht, als er – auf die Frage nach dem Unterschied zwischen Ordnung und Organisation befragt – kurz und bündig antwortete (Pittendrigh 1993, S. 17–54): *„Organization has purpose, order does not."* Jacques MONOD spricht deshalb von der „Teleonomie der Organisation" (Monod 1975). Organisation ist „funktionelle" und damit „teleonome" Ordnung. Der Begriff der Organisation schließt grundsätzlich das Konzept der **Funktionalität** ein (Denbigh et al. 1975, S. 83–92). Er ist deshalb allerdings mathematisch auch schwer fassbar.

Nur lebendige Systeme sind im wahren Sinn des Worts *selbst*organisierend, denn nur sie schaffen und erhalten „aus eigener Kraft" – also selbsttätig – ihre interne Organisation aufrecht. Auch der für die Herbeiführung und Aufrechterhaltung der Ordnung notwendige Entropieexport ist eine Leistung des Organismus selbst und nicht die Folge äußerer Triebkräfte. Der theoretische Physiker Werner EBELING schrieb (Ebeling und Feistel 1982, S. 83): „Die Ordnung im Lebewesen wird nicht durch eine äußere Pumpe, sondern durch einen inneren Mechanismus aufrechterhalten." Lebewesen schaffen, wie es SCHRÖDINGER ausdrückte, „Ordnung aus Ordnung" (Schrödinger 1951, S. 114). Und mit Recht wies er in dem Zusammenhang darauf hin, dass „wir bereit sein müssen, hier (gemeint ist: im Organischen) physikalische Gesetze einer ganz neuen Art am Werk zu finden. Oder sollten wir lieber von einem nichtphysikalischen, um nicht zu sagen überphysikalischen Gesetz sprechen?" In der Tat haben wir es hier mit dem Wirken neuartiger, nur im Organischen realisierter Gesetze zu tun. Es trifft leider nicht zu, dass das Konzept der „Synergetik", wie es der Physiker Hermann HAKEN mit so großer Hingabe entwickelt hat, bereits die „neuen Gesetze" für ein besseres Verständnis der Organismen und ihrer Beziehungen mit ihrer Umgebung geliefert hat (Kelso und Haken 1997, S. 157–182).

11.2 Der Schichtenaufbau der realen Welt

Man kann in unserer realen Welt verschiedene **Seinsschichten** bzw. -ebenen unterscheiden, aber nicht in dem ausschließlichen Sinn einer „Stufenleiter" vom Niederen zum Höheren, wie bei PLATON bis Charles BONNET (Abb. 2.3), sondern in dem Sinn, dass bestimmte reale Gebilde mehreren Schichten angehören können. Nicolai HARTMANN unterscheidet nicht zwei, wie beim verbreiteten Natur-Geist-Gegensatz, sondern insgesamt vier Schichten: 1. die Schicht des Anorganischen, 2. die des Organischen, 3. die des Seelischen und 4. die des Geistigen (Hartmann 1964). Während der Fels nur der ersten Schicht angehört, muss die Pflanze sowohl der anorganischen als auch der organischen Schicht

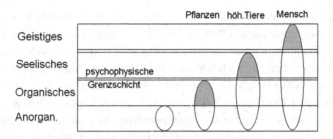

Abb. 11.1   Schema zur Veranschaulichung der Vorstellungen Nicolai HARTMANNs zum Aufbau der realen Welt aus vier Schichten, wobei die anorganische die extensivste ist. Nur auf einem kleinen Teil der anorganischen Schicht baut das Organische auf, nur auf einem kleinen Teil der organischen Schicht das Seelische und wiederum nur auf einem kleinen Teil der seelischen Schicht das Geistige. Der Mensch als materielles, organisches, psychisches und geistiges Wesen vereinigt in sich alle vier Schichten. Zwischen der anorganischen und der organischen Schicht besteht ein „Überformungsverhältnis", d. h. die höhere Schicht „überformt" die niedere. Dabei geht keine Kategorie der niederen Schicht verloren, es treten aber neue, das Wesen der höheren Schicht charakterisierende Kategorien hinzu, wie z. B. der Stoffwechsel, die Selbstregulierung, die Reproduktion etc. in der organischen Schicht. Die „psychophysische Grenzscheide" ist von besonderer, radikalerer Art als die Grenze zwischen den ersten beiden Schichten. (Nach Hartmann 1952)

zugeordnet werden. Allein im Menschen treffen sich alle vier Seinsschichten, er ist selbst ein „geschichtetes Wesen", eine physisch-bio-psycho-mentale Einheit (Abb. 11.1).

Die umfangreichste Seinsschicht ist die des Anorganischen, die von den Elektronen, Protonen, Atomen und Molekülen bis zu den Planetensystemen und Spiralnebeln reicht. Nur ein winziger Teil dieser Schicht nimmt in Form ausgewählter Elemente und chemischer Verbindungen am Aufbau des Organischen teil. Wiederum nur ein Teil des Organischen zeigt Psychisches und nur der Mensch zeigt zusätzlich auch Geistiges. Für den Biologen ist die Hartmannsche Schichtenfolge von besonderem Interesse, weil sie, worauf Konrad LORENZ bereits hinwies, „schlicht und einfach mit der Reihenfolge ihrer erdgeschichtlichen Entstehung" übereinstimme (Lorenz 1988). Man kann hinzufügen, dass sich viele Biologen auch deshalb die Sicht der Welt in Seinsstufen zu eigen machen, weil nur sie die Stellung des Lebendigen in dieser Welt in ihrer Abhängigkeit und Selbstständigkeit richtig wiederzugeben vermag.

Jede Schicht zeichnet sich durch den Besitz besonderer „**Seinskategorien**", d. h. durch „Grundbestimmungen in inhaltlicher Hinsicht" aus. Sie sind „das Gemeinsame, Durchgehende", wie beispielsweise Maß und Größe, Raum und Zeit, Kausalität und Gesetzlichkeit, Quantität und Qualität, Einheit und Mannigfaltigkeit usf. (Hartmann 1964, S. 2). Jede „höhere" Seinsschicht setzt die Verhältnisse und Gesetzlichkeiten der „unteren" Seinsschichten voraus, existiert nur in der „Bedingtheit von unten", wie Nicolai HARTMANN es ausdrückte, zeigt aber zugleich eine Selbständigkeit in Gestalt einer „Eigengeformtheit" und „Eigengesetzlichkeit" (Hartmann 1964, S. 182). In Kürze: Erst die Ebene schafft das Phänomen! Dieses Verhältnis ist die eigentliche Einheit der realen Welt.

Beim Übergang von der anorganischen zur organischen Seinsschicht geht keine Kategorie, wie beispielsweise die des Raums, der Zeit, der Kausalität, der Gesetzlichkeit etc., verloren. Sie wirken auch in der höheren Schicht fort. Es kommen aber neue hinzu, die in der anorganischen Schicht noch fehlten. Eine solche, neu hinzutretende Kategorie bezeichnete Nicolai HARTMANN als „**Novum**". Die Nova sind es, die erst das besondere „Wesen" organischer Entitäten gegenüber nichtorganischen, physischen Körpern hervorbringen. HARTMANN nennt in diesem Zusammenhang die Kategorien des Stoffwechsels, der Selbstregulierung, der Reproduktion und der Ontogenese. Letztere ist mehr als dissipative Strukturbildung (s. Abschn. 5.7), mehr als einfache kausale Relation, sie ist komplexe Leistung eines organisierten Systems. Die Nova beruhen nicht darauf, dass sie die Kategorien der niederen Stufe, wie beispielsweise die der Kausalität, ausschalten, sondern darauf, dass sie sie „in sich aufnehmen" und benutzen. HARTMANN spricht von einer „Überformung" der anorganischen Schicht durch die organische.

In der organischen Seinsschicht treten völlig neue Eigenschaften auf, werden neue Konzepte verwirklicht, die nicht aus den Eigenschaften ihrer Komponenten herleitbar sind. Jede Ebene in der Hierarchie hat ihren eigenen, nur ihr zugehörigen Bestand an Eigenschaften, Gesetzmäßigkeiten, Konstanten und Beschränkungen und benötigt eine nur ihr adäquate Terminologie. Diese fundamentale Feststellung ist alles andere als neu. Wir finden sie schon in John Stuart MILLs „System der Logik" (Mill 1843). Detaillierte Kenntnisse über die Bestandteile eines Systems reichen nicht aus, bereits das Gesamtsystem in seinem Verhalten zu verstehen. Auf die Biologie bezogen heißt das: Organismen sind nicht einfach „Anhäufungen von Molekülen" oder Verbände von Zellen, sondern zeigen Gesetze und Regelmäßigkeiten, die zum Verständnis des Gesamtsystems mindestens ebenso wichtig sind, wie die fundamentalen physikalischen und chemischen Zusammenhänge, die die Analysten so erfolgreich bearbeiten. Falls wir alles über jedes einzelne Molekül in der Muskelzelle wüssten, könnten wir noch keine Aussage darüber machen, wie eine Muskelzelle funktioniert.

Anders ist es beim Übergang von der organischen Schicht zur seelischen, die das **Bewusstsein** betrifft, und nochmals beim Übergang von der seelischen zur geistigen Schicht. Die sog. „psychophysische Grenzscheide" ist von besonderer Art, weil die psychische Schicht zwar die physische zur Voraussetzung hat, ohne sie nicht existieren kann, aber selber nicht aus Atomen und Molekülen besteht. Viele Kategorien der physischen und organischen Schicht treten deshalb beim Übergang in die psychische Schicht nicht mehr auf. Die Welt der *res cogitans* ist von ganz anderer Art als die der *res extensa*. Beide Welten können bekanntlich nach DESCARTES nur mithilfe Gottes überbrückt werden. HARTMANN spricht in diesem Zusammenhang nicht mehr von einem Überformungs-, sondern von einem „Überbauungsverhältnis", weil nicht alle Kategorien der niederen Schichten mit in die nächsthöhere, seelische übernommen werden.

Die Sicht des Aufbaus der realen Welt aus Schichten ist uns eigentlich völlig geläufig, haben sich doch die verschiedenen Wissenschaftsdisziplinen eben auf dieser Grundlage, man möchte sagen: mit einer gewissen Zwangsläufigkeit, in ihrer Geschichte herausgebildet. Trotzdem fehlt es nicht an Widerständen, sie in all ihren Konsequenzen anzuerkennen.

Der Grund dafür liegt in dem tief verwurzelten und weit verbreiteten „Einheitspostulat des spekulativen Denkens", um es mit Nicolai HARTMANN zu sagen (Hartmann 1964, S. 175), in dem Streben, die Welt aus wenigen oder gar einem einzigen Prinzip heraus erklären zu wollen. An solchen verlockenden Versuchen hat es in der Vergangenheit bis auf den heutigen Tag niemals gemangelt, sei es in spiritualistischer Weise „von oben nach unten" oder in materialistischer Weise in umgekehrter Richtung „von unten nach oben".

Eine Stufenleiter „von oben nach unten" vertrat beispielsweise der in England entstandene moderne **Holismus** [Jan Christiaan SMUTS (Smuts 1938), John Scott HALDANE (Haldane 1936)]. Er trat vollmundig mit dem Versprechen an, „der [...] biologischen Spezialforschung neue fruchtbare Anregungen und Problemstellungen zu vermitteln, die längst bekannte Dinge im neuen Licht erstrahlen [...] lassen, die somit von uralten Dingen eine gänzlich neue Wissenschaft lehren" (Meyer 1934). Für die Holisten ist die Ganzheit die *vera causa*, die alle Teile oder Glieder beherrscht. Sie wird zu einem allgemeinen metaphysischen Prinzip hochstilisiert, das die *gesamte* Wirklichkeit „von den unorganischen Anfängen bis zu den höchsten Schöpfungen der geistigen Welt" (SMUTS) beherrscht, und nicht nur das Organische. Die ganze Wirklichkeit wird von den Holisten in panvitalistischer Weise – obwohl von ihnen vehement bestritten – als eine „sich in ständiger aktiver Schöpfung erhaltende und entfaltende lebendige Ganzheit" gesehen.

Alle „Bereiche des Wirklichen" sind für die Holisten „nur die Glieder und Organe eines sie umgreifenden, tragenden und regierenden Weltorganismus" (Meyer-Abich 1954, S. 133–172). Wäre die Gesamtwirklichkeit nicht schon lebendig, so die Argumentation, könnte in ihr als ein Glied auch nichts Lebendiges entstehen. Jede „niedere" Seinsstufe ist als Glied in einer höheren „aufgehoben" im Sinn Hegelscher Dialektik und könne deshalb auch nur wieder aus dieser durch Vereinfachung („Simplifikation", MEYER-ABICH) erschlossen werden. Demnach sollen die physikalischen Prinzipien und Gesetze aus den universaleren und allgemeingültigen biologischen abgeleitet werden und nicht umgekehrt. Für den Holisten wird deshalb einst nicht die Biologie in der Physik aufgehen, wie es die Physikalisten prognostizieren, sondern umgekehrt die Physik in der Biologie (Haldane 1919). Für eine solche Umkehr des Begründungszusammenhangs gibt es allerdings bisher keinerlei Belege.

11.3 „Leben" als emergente Erscheinung

Das Auftreten neuer Strukturen, Konzepte, Eigenschaften und Gesetzmäßigkeiten beim Übergang von einer in die nächsthöhere Schicht, die nicht aus den Eigenschaften ihrer Komponenten hergeleitet werden können, bezeichnet man gerne als „Emergenz" und spricht von „emergenten Eigenschaften", womit der Sachverhalt gekennzeichnet, aber natürlich noch nicht erklärt ist. Konrad LORENZ benutzt in diesem Zusammenhang den Begriff der „Fulguration" (Lorenz 1988), der sich aber nicht durchgesetzt hat.

Emergente Eigenschaften resultieren aus der besonderen Weise, in der die Teile eines komplexen Systems zu einem Ganzen zusammengeschlossen sind. Von den Gegnern des

Emergenzbegriffs wird oft ins Feld geführt, dass er lediglich unsere gegenwärtig noch vorhandene Unkenntnis darüber zum Ausdruck bringe, wie qualitativ neuartige System-leistungen entstehen können, und deshalb überflüssig sei. Demgegenüber muss festgestellt werden, dass mit dem Emergenzbegriff überhaupt nichts erklärt, sondern nur gekennzeich-net werden soll. Die Emergenz ist eine reale Erscheinung und bleibt es, ob wir deren Entstehung erklären können oder nicht. Der amerikanische Philosoph Mario BUNGE wies mit Recht darauf hin, dass die Emergenz „ein ontologischer Begriff, kein erkenntnistheo-retischer" sei (Mahner und Bunge 2000, S. 32).

Das **Emergenz-Konzept** ist 1874 von G. H. LEWES in die Biologie eingeführt wor-den (Lewes 1874), findet man allerdings andeutungsweise auch schon bei LAMARCK, der – unabhängig von einigen anderen Wissenschaftlern seiner Zeit – Anfang des 19. Jahr-hunderts den Biologiebegriff eingeführt hatte. In seiner „*Philosophie zoologique*" schrieb er (Lamarck 1809): „Alle physikalischen Körper [...] sind mit nur ihnen eigenen Ei-genschaften und Fähigkeiten ausgestattet. [...] Sie neigen aber dazu, sich mit anderen Körpern in verschiedener Weise zu vereinigen. [...] So gewinnen diese Körper neue Eigenschaften in Abhängigkeit von den Bedingungen, in denen jeder von ihnen sich befin-det." Das Emergenzkonzept ist in der Biologie zu einem zentralen geworden. Es lässt sich in dem – oft allerdings missverstandenen – Satz der Gestaltpsychologen zusammenfassen: „Das Ganze ist mehr als die Summe seiner Teile."

Das Lebendigsein ist eine solche emergente Erscheinung, die erst auf dem Zellniveau als selbsttätige Systemleistung in Erscheinung tritt, aber jedem einzelnen intrazellulären Molekül oder Molekülkomplex schon im Ansatz fehlt. Mit anderen Worten: „Leben" ist, wie bereits mehrfach betont, eine Leistung, die erst auf der Höhe eines besonders ge-arteten, organisierten Systems in Erscheinung tritt. Das ist auch der Grund dafür, dass es nicht gelingen kann und wird, die Erscheinung des Lebendigen vollständig auf das Anorganische zu „reduzieren" oder, mit anderen Worten, das „Leben" restlos aus dem Physikalischen heraus zu erklären (s. Abschn. 2.13).

Lebendige Systeme – und das gilt auch für die durch Menschenhand und Menschen-geist erschaffenen Maschinen – können nur in ihrer **Funktionalität** wirklich verstanden werden, und diese setzt **Strukturen**, und Strukturen setzen **Informationen** als *conditio sine qua non* voraus. Im Organischen hat eine „Emanzipation der Form von der unmit-telbaren Identität mit dem Stoff" stattgefunden, wie es Hans JONAS einmal sehr schön formulierte (Jonas 1973). Strukturen können nicht aus den materiellen Eigenschaften ih-rer Komponenten, nicht aus den Gesetzen, die sie sich zu Nutze machen, erklärt werden. Die Augenlinse verdankt ihre Form und damit Funktion nicht den optischen Gesetzen und der Kehlkopf nicht den Gesetzen der Akustik.

Folgt man dem Physiker POLANYI, so kann man die Strukturen als **Randbedingun-gen** auffassen, die die Gesetze der anorganischen Natur aufgrund der von ihnen reprä-sentierten Strukturen in diejenige Richtung „zwingen", dass am Ende die „gewünschte" physiologische Funktion herauskommt (Polanyi 1968, S. 1308–1312): ohne Struktur kei-ne Randbedingung und ohne Information keine Struktur. Was die Organismen in ihrer Art einzigartig macht, ist weder ein Vermögen, sich der physikalischen Gesetzlichkeit entziehen zu können, noch der Besitz einer besonderen *vis vitalis* (s. Abschn. 2.14), sondern „die offensichtliche Vielzahl von Anfangs- und Randbedingungen, die festgelegt werden muss, um die Gesetze in ihrem Sinne zur Geltung zu bringen" (Rosen 1985b).

Die Randbedingungen „höherer" Ebenen schränken die Kompetenz der jeweils niedrigeren in gewisser Weise ein. Man kann sagen, dass sie eine Kontrollfunktion ausüben. Durch sie werden höhere **Prinzipien der Ordnung** realisiert, die nicht aus den physikochemischen Gesetzen und Kräften abgeleitet werden können und in diesem Sinn „irreduzibel" sind. Sie verändern nicht die Gesetze der Physik und Chemie, sondern treten zu ihnen hinzu, „überformen" sie im Sinn von Nicolai HARTMANN (Hartmann 1964). Diese Verwirklichung höherer Ordnungsprinzipien ist ein wesentliches Kennzeichen lebendiger Systeme, durch das sie sich fundamental vom Zustand des Todes unterscheiden, der durch Chaos und Autolyse gekennzeichnet ist.

Die Verwirklichung solcher Ordnungsprinzipien ist nur im Zusammenhang mit einer „ordnenden Hand", d. h. mit einer rigorosen **Beschränkung** der Möglichkeiten und Mittel, möglich. Von den insgesamt 109 Elementen ist nur ein geringer Teil für das Leben essenziell und in allen Lebewesen anzutreffen. Aus der gewaltigen Menge und Vielfalt der Stoffklassen, die der Chemiker inzwischen kennt, ist nur eine kleine, überschaubare Menge im Lebewesen tatsächlich zu finden. Im Stoffwechsel der Lebewesen läuft zu jedem Zeitpunkt nur eine winzige Auswahl aus den potenziell möglichen chemischen Reaktionen tatsächlich ab. Eine Polypeptidkette mit nur hundert Aminosäureresten kann insgesamt in

$$20^{100} \approx 10^{130}$$

verschiedenen Sequenzvarianten auftreten, eine Menge, die die Anzahl der Baryonen (Protonen, Neutronen) im gesamten Universum um das 10^{50}-Fache übertrifft! Demgegenüber besitzt ein kleines Bakterium nur einige 1000 verschiedener Proteinarten, nicht mehr.

Im Zusammenhang mit der Debatte um die Emergenz nahm und nimmt der Begriff der **Abwärtsverursachung** (*downward causation*) eine wichtige Position ein. Er wurde 1974 von Donald T. CAMPBELL mit folgender Charakteristik eingeführt (Campbell 1974, S. 179–186): „Alle Prozesse der unteren Ebene in einer Hierarchie werden beherrscht von und wirken in Übereinstimmung mit den Gesetzen der höheren Ebene." Im Sinn CAMPBELLS wirken die Gesetze der höheren Ebene selektiv-einschränkend auf die Vorgänge in der unteren Ebene ein. Die „Wirkursachen" sind dabei gewöhnlich Prinzipien (Randbedingungen) – man spricht deshalb auch gern von einer „strukturellen Verursachung" (Popper und Eccles 1982, S. 41) – und die Wirkungen selbst sind konkrete kausale Prozesse. In Übereinstimmung mit CAMPBELL und POLANYI betrachtet auch R. VAN GULICK die Abwärtsverursachung als selektive Aktivierung von Kausalprozessen auf der unteren Ebene durch Randbedingungen der höheren, die im Grunde genommen allgemeine Prinzipien darstellen (v Gulick 1993, S. 233–256).

Man darf allerdings nicht vergessen, dass es sich bei den Fällen von Abwärts-„verursachung" nicht um einen echten Kausalnexus handelt (Hulswit 2006, S. 261–287), denn weder Strukturen noch Gesetze oder Eigenschaften können in strengem Sinn kausal wirksam werden. Der Begriff ist deshalb etwas unglücklich gewählt. Der Wissenschaftstheoretiker Mario BUNGE schlug vor, von einer „funktionalen Relation" zu sprechen (Mahner und Bunge 2000, S. 40). An der Basis dieser „Abwärtsverursachung", dieser „Kette aufsteigender Prinzipien" (POLANYI), befindet sich die DNA, die selbst eine Randbedingung verkörpert. MORENO und UMEREZ sehen deshalb die „Abwärtsverursachung" zu Recht im Zentrum der lebendigen Organisation (Moreno und Umerez 2000, S. 99–117), denn die Informationskomponente der DNA, ihre Matrizenfunktion, schränkt die chemischen Vorgänge auf der tieferen Ebene auf diejenigen Ereignisse ein, die das Leben ausmachen.

Der wesentliche Unterschied zwischen **Maschine und Lebewesen** besteht darin, dass die Quelle der notwendigen Informationen im Fall menschlicher Artefakte außerhalb der Maschine im Gehirn des Konstrukteurs liegt. Demgegenüber entstehen die Strukturen in den Lebewesen und die Lebewesen selbst im Prozess der Morphogenese auf der Grundlage der im Genom gespeicherten und in den Zellen und Geweben umgesetzten „Anweisungen". Die kritiklose Gleichsetzung von Maschine und Lebewesen, wie sie in den sog. **Maschinentheorien des Lebens** zeitweilig mit großem Erfolg vorgenommen wurde, hat auch heute noch ihre Anhänger. Als Beispiel kann Richard DAWKINS, der gerne übers Ziel hinausschießt, dienen. Er schrieb (Dawkins 1990, S. 52): „Eine Fledermaus ist eine Maschine, deren innere Elektronik so verdrahtet ist, dass ihre Flügelmuskeln sie auf ein Insekt zuschießen lassen wie ein lebloses gelenktes Geschoß auf ein Flugzeug." René DESCARTES ebenso wie später Jacques LOEB im 19. Jahrhundert hätten ihre uneingeschränkte Freude an solchen Formulierungen gehabt! Man wird an Max VERWORNS „Mechanik des Geisteslebens" um die Wende vom 19. zum 20. Jahrhundert erinnert.

11.4   Biologie und Physik – Grenzen des Theorienreduktionismus

Es sind in erster Linie die Begriffe Funktion und Information, ohne die der Biologe in der wissenschaftlichen Auseinandersetzung mit seinen Objekten, den Organismen, nicht auskommt, während die Physiker und Chemiker völlig darauf verzichten können. Der theoretische Physiker Michael POLANYI brachte es seinerzeit auf den Punkt: „Alle Objekte", so schrieb er, „die Information übermitteln, sind auf die Begriffe der Physik und Chemie nicht reduzierbar" (Polanyi 1967, S. 59).

Die Physik als „die Wissenschaft von den Vorgängen und Zuständen in der unbelebten Natur" (Herder Lexikon der Physik 1991) hat ihr Forschungsprogramm über die Jahrhunderte hinweg zielstrebig verwirklicht. Das Organische in seiner Eigenart blieb dabei *ante portam*. Es kann deshalb gar nicht überraschen, dass die Theorien und Konzepte der Physik das Lebendige in seiner Eigenart nicht erfassen. Das „Leben" war und blieb etwas Fremdartiges, „bei dem sich die exakten Wissenschaften", wie Erwin CHARGAFF es einmal formulierte, „nicht recht wohl fühlen" (Chargaff 1984, S. 178). In der Physik spielen Begriffe wie Organisation, Funktion, Adaptation, Genom, Informationstransfer usw., die für die Biologie unverzichtbar sind, keine Rolle.

„Leben" sprengt den Rahmen des Physikalischen, denn es ist nicht nur „Kraft und Stoff", wie der Titel des damaligen Bestsellers von Ludwig BÜCHNER lautete (Büchner 1894), nicht nur Energie- und Stoffumsatz. „Leben" ist das Resultat aus der Trias von Kraft, Stoff und Information (Penzlin 2009, S. 1–23). Es repräsentiert eine funktionelle Ordnung (Organisation), koordiniertes, teleonomes Verhalten zellulärer Systeme, das nur auf der Grundlage eines intensiven Energie-, Stoff- *und* Informationstransfers denkbar ist. Mit solchen „Parolen", wie „Leben ist eine chemische Reaktion" oder „Leben ist in erster Linie eine Frage der Energie" (Martin 2012, S. 69–95) kann man vielleicht seine Zuhörer neugierig machen, zutreffend sind sie nicht.

Dessen ungeachtet, beharren nicht wenige Forscher, wie beispielsweise Francis CRICK, darauf, dass „das letzte Ziel der modernen Entwicklung in der Biologie darin bestünde, alle Biologie in Begriffen der Physik und Chemie zu erklären" (Crick 1966, S. 10). Dann ist es nur folgerichtig – aber keineswegs akzeptabel! – wenn CRICK weiterhin vorschlägt, „das Wort ‚lebendig' aufzugeben und stattdessen das Wort ‚biologisch' zu verwenden" (Crick 1987, S. 122). Diese Position Francis CRICKs ist schon deshalb schwer nachvollziehbar, weil er auf der anderen Seite völlig zu Recht hervorhob, dass die Proteinsynthese im Wesentlichen ein Materie-, Energie- *und* Informationsfluss sei. Die Information war also für ihn durchaus ein grundlegender Aspekt des Lebendigen, ein zentraler Begriff in der Molekularbiologie. Er ließ offen, wie er den Informationsfluss „in Begriffen der Physik und Chemie" hinreichend zu erklären beabsichtigt.

Die von CRICK vertretene These wird als **Theorienreduktionismus** bezeichnet. Sie wird mit Sicherheit niemals realisiert werden können, und die Vertreter dieser These, wie CRICK selber, versuchen es erst auch gar nicht. Sie ignorieren die Besonderheiten lebendiger Systeme, wie ihre selbsttätig erzeugte und aufrechterhaltene interne Organisation, ihre Autonomie, Funktionalität und Teleonomie, denen jeweils besondere Gesetzmäßigkeiten, Prinzipien und Abhängigkeiten zugrunde liegen und die zu ihrer Beschreibung einer eigenen Terminologie bedürfen. Man darf, worauf Alfred N. WHITEHEAD bereits nachdrücklich hingewiesen hat, „ein Problem nicht beliebig eingrenzen, nur weil man es mit einer bestimmten Methode in Angriff nehmen will" (Whitehead 1974, S. 16). Trotz der beeindruckenden Einblicke in die molekularen Mechanismen der Replikation, Transkription, Translation usw. sind die biologischen Begriffe der Meiose, des Chromosoms, der Rekombination, des „Merkmals" etc. keineswegs entbehrlich geworden. Carl Friedrich VON WEIZSÄCKER hat die Situation einmal auf folgende Weise plastisch umschrieben: „Wenn der Physikalismus korrekt ist, so ist auch eine Brüllaffenfamilie im Urwald ‚im Prinzip' eine Lösung der Schrödinger-Gleichung; niemand wird versuchen, sie rechnerisch aus der Gleichung abzuleiten."

Das Streben nach **Vereinheitlichung** unseres Wissens ist ein legitimes und wichtiges Unterfangen in der Wissenschaft seit ihrem Anbeginn im 17. Jahrhundert. Es ist in der Vergangenheit – insbesondere in der Physik – auch sehr erfolgreich gewesen. Ob es einmal eine **allumfassende Theorie** auf dem Gebiet der Physik geben wird, ist noch umstritten. Ob eine solche Theorie, sollte sie einmal existieren, automatisch auch das Lebendige in seinem Wesen und seiner Spezifik, die Biosphäre, einschließen wird, darf bezweifelt werden. Die Existenz von Lebendigem muss und wird mit den fundamentalen Prinzipien der Theorie vereinbar, wird aber nicht aus ihnen ableitbar und vorhersagbar sein. Insofern wird eine solche Theorie für die zukünftige Biologie von keinem so entscheidenden Wert sein können.

Hintergrundinformationen

Die erste große Vereinheitlichung nach NEWTON betraf Mitte des 19. Jahrhunderts die Zusammenführung von Elektrizität, Magnetismus und des Lichts unter dem „Dach" des elektromagnetischen Felds durch den schottischen Physiker James Clerk MAXWELL. Schon 1905 folgte die nächste Vereinheitlichung durch Albert EINSTEIN in seiner speziellen Relativitätstheorie. Sie betraf die Zusammenführung der klassischen Newtonschen Mechanik mit der elektromagnetischen Feldtheorie MAXWELLs. Schließlich gelang EINSTEIN 1915 im Rahmen seiner allgemeinen Relativitätstheorie auch noch die Zusammenführung der speziellen Relativitätstheorie mit der Gravitation im Rahmen des Konzepts einer „gekrümmten Raum-Zeit". Die Vereinheitlichung der Quantentheorie und Relativitätstheorie steht trotz vieler geistreicher Versuche bis in die Gegenwart hinein noch aus, wobei es noch keineswegs sicher ist, „ob das überhaupt möglich ist, ohne dass fundamentale Prinzipien einer oder sogar beider Theorien radikal abgeändert werden müssen" (Smolin 1999, S. 11).

In der **Biologie** waren es im 19. Jahrhundert zwei Theorien, die das Bild der Wissenschaft grundlegend verändern sollten, die **Zellentheorie** und die **Evolutionstheorie**. Letztere hat unzählige Einzelbeobachtungen und Phänomene aus den verschiedensten Disziplinen, wie der vergleichenden Anatomie, der Embryologie, der Physiologie, der Paläontologie, der Biochemie und der Ethologie, die vorher ohne Beziehung zueinander blieben, einer einheitlichen Erklärung zuführen können. Man kann diese Leistung nicht hoch genug einschätzen. Sie ist zu einem „einenden Band" geworden, ohne das man sich die heutige Biologie überhaupt nicht mehr vorstellen kann.

Nicolai HARTMANN nannte es das „**Einheitsbedürfnis**", das eine nicht zu unterschätzende Triebfeder wissenschaftlichen Denkens war und bleibt. Wenn allerdings das legitime Bedürfnis, der Wunsch „Alles aus Einem" abzuleiten, nur durch ein „Zauberwort" befriedigt wird, das für alles herhalten muss, es aber nicht leisten kann, wird es fragwürdig. Arthur SCHOPENHAUER sprach in diesem Zusammenhang von einem „metaphysischen Bedürfnis", das uns zu einer möglichst einfachen, übersichtlichen und „schönen" Sicht auf die Welt treibt. Die Versuchung zu einem solchen Schritt ist groß, kann man sich doch mit solchen Konstrukten i. d. R. eines breiten Anhängerpublikums sicher sein.

So hat es bis auf den heutigen Tag nie an solchen Versuchen gefehlt, „**Alltheorien**" im Überschwang der Begeisterung zu etablieren, wobei allerdings nicht immer die notwendige wissenschaftliche Strenge und Nüchternheit im Umgang mit Begriffen und Erkenntnissen geübt wird. Der Enthusiasmus ist zweifellos eine nicht zu unterschätzende Triebfeder im wissenschaftlichen Betrieb. Er kann aber auch, wie der Physikochemiker Hans PRIMAS einst mit vielen Beispielen belegt hat, zur Blindheit führen (Primas in Atmanspacher et al. 1995, S. 228). Der britische Mathematiker und Philosoph Alfred North WHITEHEAD hatte schon recht, als er einschätzte (Whitehead 1974, S 26): „Die Neigung zu übertriebenen Behauptungen ist schon immer eines der Grundlaster der Wissenschaft gewesen, und so hat man denn zahlreichen innerhalb strikter Grenzen unzweifelhaft wahren Aussagen dogmatisch eine nicht bestehende universelle Gültigkeit beigemessen." Man braucht in diesem Zusammenhang nur beispielsweise an die zahlreichen Versuche, alles mit einem Schlagwort wie beispielsweise „Evolution" (s. Abschn. 4.10), „Information" (s. Abschn. 8.1) oder „Sebstorganisation" (s. Abschn. 11.1) erklären zu wollen, zu erinnern.

Albert EINSTEIN schrieb einmal an seinen Freund Leo SZILARD: „Man kann am besten vom Studium der lebenden Dinge aus begreifen, wie primitiv die Physik noch ist." Erst in unseren Tagen entwickelt sich die Physik von einer „Wissenschaft vom Sein" zu einer „Wissenschaft vom Werden", wie es uns Ilya PRIGOGINE so anschaulich vor Augen geführt hat (Prigogine 1980). Die damit verbundene „Entdeckung der Komplexität" ist v. a. eine Herausforderung. Sie erinnert uns daran, „dass unsere Wissenschaften noch immer in ihren bewegten, bisweilen aber auch dogmatischen Anfängen stecken. Heute erkennen wir langsam, was eine innerlich aktive Welt bedeutet, und damit begreifen wir allmählich, wie unwissend wir noch immer sind" (Prigogine und Stengers 1986, S. 311). Dieser Weg vom Einfachen zum Komplexen bedeutet nicht nur einen höheren Grad an „Komplizierung", ist nicht nur ein Problem längerer Rechenprogramme, sondern ist das Betreten einer „ganz neuen theoretischen Welt mit einer damit verbundenen ganz neuen Physik" (Rosen 1985a, S. 202). Es ist unzutreffend, wenn Francis CRICK behauptet, dass „unsere *gegenwärtigen* physikalischen und chemischen Kenntnisse [...] für eine außerordentlich solide Grundlage" bereits ausreichen (Crick 1987, S. 126).

Die Physik hat sich in ihrer Geschichte gegenständlich sehr eingeschränkt, um die Klarheit und Stringenz in ihren Aussagen zu erreichen, wie wir sie heute kennen und mit Recht bewundern. Sie stelle, wie Albert EINSTEIN einmal schrieb, „die höchsten Anforderungen an die Straffheit und Exaktheit der Darstellung der Zusammenhänge, wie sie nur die Benutzung der mathematischen Sprache verleiht. Aber dafür muss sich der Physiker stofflich umso mehr bescheiden, indem er sich damit begnügen muss, die allereinfachsten Vorgänge abzubilden, die unserem Erleben zugänglich gemacht werden können, während alle komplexen Vorgänge nicht mit jener subtilen Genauigkeit und Konsequenz, wie sie der theoretische Physiker fordert, durch den menschlichen Geist nachkonstruiert werden können. Höchste Reinheit, Klarheit und Sicherheit auf Kosten der Vollständigkeit" (Einstein 1977, S. 225–226). Erwin SCHRÖDINGER charakterisierte die Physik deshalb einmal als die „bescheidenste aller Naturwissenschaften" (Schrödinger 1986). In ähnlicher Weise äußerte sich auch Carl Friedrich VON WEIZSÄCKER: „Die Physiker haben sich die einfachsten Probleme ausgesucht, die es überhaupt gibt, dagegen die Biologen vielleicht die interessantesten; aber die interessantesten Probleme sind nicht notwendigerweise die einfachsten" (v Weizsäcker 1966, S. 237–251).

Wenn es zukünftig zu einer Annäherung oder gar Verschmelzung beider Disziplinen, der Biologie und der Physik, kommen sollte, so würde das eher über eine hinsichtlich ihres Gegenstandskatalogs stark „erweiterte" und veränderte Physik als über eine auf die Physik „reduzierte" Biologie geschehen. Man kann dem theoretischen Physiker Eugene WIGNER nur zustimmen, wenn er feststellt, „dass die heutige Physik einen Grenzfall darstellt, der für unbelebte Objekte gilt" und dass sie durch neue Gesetze ergänzt werden müsse, „die auf neuen Begriffen beruhen, wenn bewusste Organismen beschrieben werden sollen" (zit. bei Burns 1991, S. 19–34). Werner HEISENBERG charakterisierte die bisherige Geschichte der physikalischen Erkenntnisse einmal als eine Folge „abgeschlossener, in sich widerspruchsfreier Begriffssysteme von Definitionen und Axiomen", die bereits „ihre endgültige Form gefunden haben" (Heisenberg 1959, S. 80 ff.). Am Anfang stand die Newtonsche Mechanik (s. Abschn. 2.4), der im 19. Jahrhundert die Theorie der Wärme und die Theorie elektrischer und magnetischer Erscheinungen folgten. Das vierte geschlossene System lieferte die Quantentheorie, durch die auch die Brücke zur Chemie geschlagen wurde. Hinsichtlich der Biologie vermutet HEISENBERG, dass es „für das Verständnis der Lebensvorgänge notwendig sein wird, über die Quantentheorie hinauszugehen und ein neues abgeschlossenes Begriffssystem zu konstruieren, zu dem Physik und Chemie vielleicht später als Grenzfälle gehören mögen." Die Lösung des Problems „Leben" liegt mit Sicherheit nicht in einer „Weltformel".

Ob wir diese zukünftige, umfassende Wissenschaft, die sich unter Überwindung der gegenwärtig noch bestehenden Kluft gleichermaßen auf die anorganische und organische Wirklichkeit bezieht, noch Physik nennen oder einen neuen Begriff dafür finden, ist unwichtig. Es gibt letztendlich nur eine Wirklichkeit und nur eine Gesetzlichkeit in dieser Welt. Wenn wir die Wirklichkeit der besseren Handhabbarkeit wegen verschiedenen Wissenschaftsdisziplinen zuordnen, so ist das immer eine vom Menschen künstlich getroffene Trennung. Wir würden uns mit dieser umfassenden Wissenschaft von unserer Welt, von allen Dingen, die „in sich ein Prinzip der Bewegung" haben, wie es Carl Friedrich VON WEIZSÄCKER einmal formulierte (Weizsäcker 1984, S. 184), wieder dem alten aristotelischen Physikbegriff nähern.

11.5 Biologie als autonome Wissenschaft

An der Wende vom 18. zum 19. Jahrhundert trat das Konzept der „**Organisation**", „die den Lebewesen erst die innere Gesetzlichkeit verleiht, die bestimmend ist für die Möglichkeit der Existenz" (Jacob 1993), in den Brennpunkt des Interesses der Naturforscher. Die Biologie als autonome wissenschaftliche Disziplin war geboren. Es genügte nicht mehr, die Gemeinsamkeiten und Unterschiede zwischen den Organismen im Detail zu beschreiben. Das Ziel hieß nun, die allgemeinen Prinzipien herauszuarbeiten, die für alle Lebewesen gültig sind: „Alles, was den Pflanzen und Tieren gemein ist, und alle Fähigkeiten, die für jedes dieser Objekte ohne Ausnahme maßgebend sind, muss den alleinigen und unermesslichen Gegenstand der Biologie bilden", forderte LAMARCK 1815 (Lamarck 1815).

Die **Autonomie** der Biologie gegenüber allen anderen Naturwissenschaften beruht darauf, dass die Objekte biologischer Forschung, die Organismen, Entitäten ganz besonderer Art mit nur ihnen eigenen Strukturen, Leistungen und Gesetzlichkeiten sind; Entitäten, die selbsttätig ihre innere Organisation, d. h. ein funktionelles Ordnungsgefüge, aufrechterhalten. Schon bei LAMARCK kann man lesen: „Jedes Phänomen, das im Lebewesen beobachtet werden kann, ist zugleich ein physikalischer Tatbestand als auch ein Produkt der Organisation." Die Begriffe Funktion und Organisation nehmen in der Biologie im Gegensatz zur Physik und Chemie eine zentrale Position ein und sind durch nichts zu ersetzen. Daraus resultieren zwei miteinander im Zusammenhang stehende Aspekte der Autonomie, ein nomistischer und ein methodischer:

Der **nomistische Aspekt** betrifft den Sachverhalt, dass in der Biologie Gesetzmäßigkeiten, sog. „All-Sätze", existieren, die nur im Bereich des Organischen, nicht aber im Anorganischen gültig sind. Ein Beispiel eines solchen All-Satzes ist das sog. „zentrale Dogma der Molekularbiologie": Die DNA steuert die Bildung von RNA, diese nachfolgend die Biosynthese von Proteinen. Man könnte in diesem Zusammenhang auch den Virchowschen Satz (1855) *„omnis cellula e cellula"* anführen, der gleichbedeutend ist mit der Aussage, dass alles Leben nur wieder aus Leben entsteht: *omne vivum e vivo* (PASTEUR 1861).

Der **methodische Aspekt** der Autonomie bezieht sich auf den Sachverhalt, dass in der Biologie und nur dort im Gegensatz zu allen anderen Naturwissenschaften ein besonderes methodisches Vorgehen nicht nur erlaubt, sondern von hohem heuristischem Wert ist. Es ist die Frage nach dem „Wozu" (s. Abschn. 2.11), nach dem Zweck, der Funktion einer Struktur oder eines Vorgangs im Rahmen des Ganzen.

Auf den Funktionsbegriff kann man in der Biologie im Gegensatz zu manchen gegenteiligen Äußerungen nicht verzichten. Es geht um Aussagen darüber, welche Rolle (Funktion) ein Molekül, eine Struktur, ein Vorgang, eine Eigenschaft oder eine Verhaltensweise für das Ganze, für die Erhaltung des Systems hat, z. B., welche Rolle das Hämoglobin bei der Versorgung der Zellen eines Organismus mit Sauerstoff oder das subkutane Fettgewebe bei der Thermoregulation der Meeressäuger spielt. Das gilt auch für die Biochemie, die sich um 1900 folgerichtig aus der *Physiologie* (zunächst als „Chemische Physiologie") und nicht aus der Chemie heraus verselbständigt hat. Ein Naturstoffchemiker sieht sein Ziel erreicht, wenn er den Stoff in seiner Struktur und Reaktivität aufgeklärt und Wege zu seiner Synthese erschlossen hat. Der Biochemiker interessiert sich nicht nur für den Stoff und seine Umwandlungen, sondern darüber hinaus für die Funktion dieses Stoffs, welche Rolle er im Gesamtstoffwechsel oder als Wirkstoff spielt.

Da es in der anorganischen Natur keine systemerhaltende Zweckmäßigkeit, keine Funktionen gibt, kann es dort auch keine sinnvollen **Fragen nach dem „Wozu"** geben. Während deshalb in der Physik die kausale Erklärung zu der *einzigen* Erklärungsform geworden ist, können die Biologen – neben den kausalen Erklärungen – bei der Wiedergabe ihrer Beobachtungen und Erklärungen auf teleonome Formulierungen nicht verzichten (s. Abschn. 2.10). Zweckmäßigkeit ist nichts dem Lebendigen irgendwie Zugeordnetes, sondern dem Lebendigen zutiefst Immanentes. Laufen die Vorgänge im Organismus, in jeder einzelnen Zelle, nicht zweckmäßig im Sinn der Funktion ab, so ist das System in seiner Existenz bedroht und stirbt.

Im Gegensatz zur Physik spielt in der Biologie das Werden – wie auch das Vergehen – eine zentrale Rolle. Die biologischen Objekte sind in ihrer Struktur und Leistung nur aus ihrer langen **evolutiven Geschichte** heraus verständlich. Wie wäre es sonst zu erklären, dass die Wale ihren Sauerstoff nicht über Kiemen aus dem Wasser, wie bei aquatischen Tieren üblich, sondern über Lungen aus der Luft aufnehmen. OCKHAMS Rasiermesser ist in der Biologie ziemlich stumpf, weil Einfachheit und Eleganz i. d. R. nicht als Richtschnur bei der Suche nach der Wahrheit dienen können. Es müssen in der Evolution oft Umwege beschritten werden, weil immer nur – bei steter Aufrechterhaltung der Lebenstüchtigkeit! – von dem ausgegangen werden kann, was schon vorhanden ist. Was herauskommt, ist zumeist nicht die aus der Sicht eines Konstrukteurs eleganteste und einfachste Lösung, sondern ein Kompromiss. Wir können deshalb bei der Analyse der Wesenszüge des Lebens nicht von theoretischen Prämissen ausgehen, sondern müssen mit dem beginnen, was vorliegt.

Alle Organismen verkörpern sowohl eine Keimes- wie auch Stammesgeschichte, sind historische Wesen und als solche nur verständlich, ihr Sosein ist gleichzeitig ein Gewordensein, die Ontologie gleichzeitig eine Onto- und Phylogenie. Dieser **historische Aspekt** ist kein Spezifikum der Biologie allein, er ist z. B. auch in der Geologie und Astronomie von Bedeutung. Eine Evolution, d. h. eine Entwicklung auf der Grundlage einer genetischen Variabilität und richtungsgebenden Selektion, gibt es allerdings nur im Organischen. Man sollte den Evolutionsbegriff deshalb auch nur in diesem Kontext verwenden und nicht auf alle möglichen Entwicklungsprozesse ganz anderer Natur anwenden, wie es heute üblich geworden ist (s. Abschn. 4.3). Weder unser Kosmos noch die menschliche Kultur zeigt eine dem Wesen der biologischen Evolution vergleichbare geschichtliche Entwicklung (s. dazu Schaller 1996, S. 136–139).

Die Biologie in ihrer umfassendsten Form als naturwissenschaftliche Disziplin könnte man etwa wie folgt charakterisieren:

▶ **Biologie** ist die Naturwissenschaft von dem So-Sein (Morphologie i. w. S.) und dem Wie-Sein (Physiologie i. w. S.) der lebendigen Naturgegenstände, den Lebewesen (Organismen), in allen ihren Aspekten. Sie betrifft das Sein (Ontologie), Werden (Ontogenie) und Gewordensein (Phylogenie) der Organismen auf allen ihren hierarchischen Strukturebenen von den Atomen und Molekülen bis hin zu den Biozönosen und der gesamten Biosphäre. Sie betrifft weiterhin die Verbreitung (Biogeographie) der Organismen in Gegenwart und Vergangenheit sowie ihre vielfältigen Beziehungen untereinander und mit der unbelebten Natur (Ökologie).

Man muss der von manchen Vertretern des *„Artificial-life"*-**Projekts** aufgestellten These, dass „die Biologie solange nicht auf gesetzliche Grundlagen gestellt werden könne, bis sie ihren Gegenstandskatalog wesentlich über diejenigen Objekte hinaus ausdehne, die uns in der Natur geboten werden" (Langton 1995), energisch widersprechen. Es ist völlig ungewiss, ob es eine solche „Lebewelt jenseits der Biologie" wirklich gibt und – wenn ja – wie sie aussehen könnte. Darüber zu spekulieren ist zwar legitim, bleibt aber *„Science fiction"*. Die von Menschen auf Computern entworfenen Systeme – hochtrabend als „künstliches Leben" verkauft – imitieren zwar bestimmte Eigenschaften und Leistungen lebendiger Systeme, sind aber weit davon entfernt, „künstlich erzeugtes" Leben zu repräsentieren. Ein voreiliger Analogieschluss von ähnlichen Verhaltensweisen auf gleiche zugrunde liegende Mechanismen ist in jedem Einzelfall problematisch und bedarf gründlicher Absicherung. Dasselbe gilt *cum grano salis* auch für das unter dem Namen „künstliche Intelligenz" bekannte Forschungsprojekt.

11.6   Wissenschaft und Erkenntnis

Wissenschaft – insbesondere Naturwissenschaft – ist die „denkende Erkundung der Zusammenhänge in der Welt" (Rescher 1985), die selbst als existent (**Realitätspostulat**) und begreiflich (**Strukturpostulat**) vorausgesetzt wird. Beide Postulate sind Grundannahmen, die für die Wissenschaft unabdingbar, aber durch die Wissenschaft weder verifizierbar noch falsifizierbar sind. Ziel der Naturwissenschaft ist gesichertes und mitteilbares Wissen, d. h. **Erkenntnisse** über unsere Welt zu gewinnen, dieses Wissen zu ordnen und zu systematisieren. In diesem Streben nach immer neuen Erkenntnissen, nach immer vollkommenerem und umfassenderem Wissen über die Welt gibt es letztendlich nur Fortschritte, aber keinen Endpunkt.

Hinsichtlich der *Quellen* unserer Erkenntnisse standen sich lange Zeit zwei Lager unversöhnlich gegenüber, das der Rationalisten und das der Empiristen. Die Rationalisten gestanden den Sinneserfahrungen eine nur untergeordnete Rolle beim Gewinn von Erkenntnissen zu und gingen primär von „Vernunftserkenntnissen" aus, wobei ihnen die Mathematik als großes Vorbild diente: *„Nihil certi in nostra scientia nisi nostram mathematicam"* (Nikolaus CUSANUS). Für die Empiristen waren dagegen die Sinneswahrnehmungen das Entscheidende bei der Gewinnung von Erkenntnissen: *Nihil est in entellectu, quod non prius fuerit in sensu* (John LOCKE).

Das große Verdienst Immanuel KANTs, seine „kopernikanische Tat", wie er es selbst formulierte, im Rahmen seiner Synthese von Rationalismus und Empirismus bestand darin, dass er erkannte, dass bereits jede einfache Sinneserfahrung eine Erkenntnis ist, die Verstand erfordere. Die dazu nötigen Verstandesregeln müssen, so KANT schon *vor* jeder Erfahrung, also *a priori*, vorhanden sein. Erst durch die Aktivität solcher apriorischen „**Anschauungsformen**" von Raum und Zeit und „**Denkkategorien**" unseres Geistes wird der „rohe Stoff sinnlicher Eindrücke" verarbeitet und geordnet, um daraus Erfahrungen werden zu lassen. „Wir können uns keinen Gegenstand denken, ohne durch Kategorien; wir können keinen gedachten Gegenstand erkennen, ohne durch Anschauungen, die jenen Begriffen entsprechen", schrieb KANT in seiner „Kritik der praktischen Vernunft" (Kant 1787/1971, S. 225 B 165).

Jede einfache Erfahrung wird nach KANT aus zwei Quellen gespeist, aus unseren sinnlichen Wahrnehmungen und den uns *a priori* gegebenen Anschauungsformen und Denkkategorien, d. h. aus der „Sinnlichkeit" und dem „Verstand" (Kant 1781/1971, S. 126 A 51): „Der Verstand vermag nichts anzuschauen, und die Sinne nichts zu denken. Nur daraus, dass sie sich vereinigen, kann Erkenntnis entspringen." Auf diese Weise bilden wir uns unsere eigene, *nur* für uns Menschen gültige Welt. Insbesondere diese letzte

Konsequenz Kantischen Denkens war es, an der viele Kritiker der Folgezeit zweifelten. Eduard VON HARTMANN argumentierte, dass es durchaus nicht zwingend sei, wenn KANT von der empirischen Geltung der Anschauungsformen und Denkkategorien *für uns* auf eine Geltung *nur für uns* schlösse. Auch Nicolai HARTMANN wirft die berechtigte Frage auf, ob es nicht denkbar wäre, dass „das Gesetz oder Prinzip der Erkenntnis zugleich Gesetz oder Prinzip des Gegenstands" sein könnte (Hartmann 1949, S. 351).

Sollte das zutreffen, so stellt sich allerdings die Frage, wie es zu dieser Übereinstimmung, zu dieser „transzendenten Identität" von „Erkenntniskategorien", die gemeinsam für alle Subjekte gelten, und „Seinskategorien" gekommen sein könnte, wie es zu erklären ist, dass die Kategorien gemeinsam für Subjekt und Objekt gelten, sowohl den Gegenstand als auch die Vorstellung bestimmen. Für die Existenz einer solchen **transzendenten Identität** spricht die Tatsache, dass wir mit dem, was uns unser Gehirn an Erkenntnissen über die Welt liefert, bei unseren täglichen Reaktionen und Aktionen in dieser Welt sehr gut zurechtkommen. Unser naives „Weltbild" kann deshalb nicht grundsätzlich „unwahr" sein, es muss schon gewisse Züge der realen Welt richtig wiedergeben. Es muss eine gewisse „Passung" unseres Weltbilds auf die Wirklichkeit geben. Die Beantwortung der Frage nach dem Ursprung der transzendenten Identität machte lange Zeit erhebliche Schwierigkeiten. Noch 1940 beklagte der Zoologe Max HARTMANN (Hartmann 1940): „So sicher für uns Menschen die Geltung dieser Verstandesgesetze für alle Erfahrung ist, so wenig können wir diese Geltung begründen oder irgendetwas über ihr Zustandekommen aussagen."

Bernhard BAVINK zog schon 1928 in Erwägung (Bavink 1928, S. 15, 28/29), „dass Anschauungsformen und Kategorien gerade deshalb so sind, wie sie sind, weil sie in irgendeinem Grade wirkliche Ordnungen der Dinge widerspiegeln. Der Mensch ist ja doch zu dem, was er ist, durch einen sehr langen Entwicklungsgang geworden. Sollte dabei nicht seine Umwelt ihn auch in dieser Hinsicht entscheidend beeinflusst haben?" In ähnlicher Weise hatte sich Ende des 19. Jahrhunderts auch schon der Physiker Ludwig BOLTZMANN, übrigens ein großer Verehrer DARWINS, geäußert (Boltzmann 1979, S. 252/253): „Denkgesetze werden im Sinne DARWINS", so schrieb er, „nichts anderes sein als ererbte Denkgewohnheiten. [...] Man kann diese Denkansätze apriorisch nennen, weil sie durch die vieltausendjährige Erfahrung der Gattung dem Individuum angeboren sind."

Im Jahr 1941 veröffentlichte Konrad LORENZ einen Aufsatz, in dem er die Kantschen Apriori „im Lichte gegenwärtiger Biologie" betrachtete (Lorenz 1941, S. 94–125). Das war die Geburtsstunde der später – nicht ganz treffend – als **„Evolutionäre Erkenntnistheorie"** bezeichneten Denkrichtung, die erkenntnistheoretische Fragen im Rahmen der Evolutionstheorie zu beantworten sucht, aber keine Erkenntnistheorie im herkömmlich-philosophischen Sinn darstellt. Hätte man das von vornherein klargestellt, so hätte sich manche emotional geladene Polemik vonseiten der „Berufsphilosophen" wahrscheinlich vermeiden lassen. Die evolutionäre Erkenntnistheorie thematisiert in erster Linie den „Erkenntnisapparat". „Sie erklärt seine Leistungen und Fehlleistungen, seine Reichweite und Beschränkung." Dabei bezieht sie sich „vor allem auf Wahrnehmung und Erfahrung und nur bedingt auf wissenschaftliche Erkenntnis" (Vollmer 1995, S. 107–132). Sie liefert uns eine überzeugende Erklärung dafür, warum wir mit der von unserem Gehirn aufgebauten mentalen Welt in den Auseinandersetzungen mit der realen Wirklichkeit um uns herum so erstaunlich gut zurechtkommen, womit gleichzeitig auch die Begrenztheit unserer kognitiven Fähigkeiten verständlich wird.

Die Hauptaussagen der evolutionären Erkenntnistheorie kann man wie folgt zusammenfassen (Penzlin 2004): Ebenso wie sich die morphologischen, physiologischen und verhaltensbiologischen Merkmale und Leistungen der Tiere und des Menschen im langen Prozess der biologischen Evolution durch Mutabilität, Rekombination und Selektion an Gegebenheiten der Umwelt „angepasst" haben und damit halfen, den Fortpflanzungserfolg gegenüber allen Hindernissen zu sichern, so ist auch unser „Erkenntnisapparat" Schritt für Schritt in Anpassung an die reale Welt geformt worden. Bewähren sich die von ihm hervorgebrachten subjektiven Erkenntnisstrukturen in der Auseinandersetzung mit der realen Umwelt, d. h. stimmten sie in gewisser Weise mit den realen Strukturen überein, so trug das zum reproduktiven Erfolg bei, bewährten sie sich nicht (enthielten sie „falsche" Annahmen), so waren die Tiere früher oder später zum Untergang verdammt. Sehr bildlich hat es einmal der amerikanische Evolutionsbiologe Georg G. SIMPSON folgendermaßen formuliert (Simpson 1963, S. 81–88): „Der Affe, der keine realistische Wahrnehmung von dem Ast hatte, nach dem er sprang, war bald ein toter Affe – und gehört damit nicht zu unseren Urahnen."

Unsere Anschauungsformen und Denkkategorien sind deshalb nur aus ontogenetischer Sicht *apriorisch*, aus phylogenetischer sind sie *aposteriorisch*. Das Kantsche Apriorische, das er als rein subjektiven Bestandteil der Erkenntnis, als vor *jeder* Erfahrung gegebene (nicht entstandene!) Denknotwendigkeit ansah, wird in der evolutionären Erkenntnistheorie zum stammesgeschichtlich entstandenen, erblich fixierten „Erkenntnisapparat" – Egon BRUNSWIK spricht vom „ratiomorphen" Apparat (Brunswik 1934) und Konrad LORENZ vom „Weltbildapparat" – uminterpretiert, der die kognitiven Leistungen ermöglicht und hervorbringt.

Mit dieser biologischen Umdeutung, der „Verfremdung" des Begriffs verliert er gleichzeitig seine Statik, Endgültigkeit und Unfehlbarkeit. Er erscheint uns nun wandelbar und beschränkt. Unser mentales Bild von der Welt bezieht sich auf die „mittleren" Dimensionen unseres Aktionsraums und unserer Zeitskala, den sog. „**Mesokosmos**" (G. VOLLMER, Vollmer 1983, S. 161 ff.), und selbst da wissen wir nicht, ob die „wirkliche" Welt tatsächlich dreidimensional ist oder nicht. Wir wissen nur, dass wir mit unserem dreidimensionalen „Weltbild" gut zurechtkommen, dass es eine gewisse „**Passung**" zwischen unserer mentalen Welt und der realen Welt „da draußen" geben muss. Eine Deckung kann es wegen der Wesensverschiedenheit beider ohnehin nicht geben. Die Passung kann sich nur auf bestimmte Teilaspekte beziehen, und das sind jeweils solche, die in der Evolution für unser Überleben in der Welt, für unseren Fortpflanzungserfolg von Bedeutung waren und sind. Hätte es diese Bedeutung nicht gegeben, so hätte es auch keinen Selektionsdruck zur Ausbildung entsprechender „Denkstrukturen" gegeben.

Unser Vorstellungsvermögen versagt sehr schnell, wenn wir in die räumlichen und zeitlichen Weiten des Makrokosmos vorstoßen oder uns in die Dimensionen des Mikrokosmos vertiefen. Es versagt unser „gesunder Menschenverstand". Keiner kann sich die kosmischen Entfernungen und Zeiträume, keiner eine „gekrümmte Raumzeit" vorstellen. Wir sind schon hoffnungslos überfordert, uns die „Doppelnatur" Korpuskel-Welle zu veranschaulichen. Wir müssen uns damit abfinden, schrieb Werner HEISENBERG einmal (Heisenberg 1976, S. 1–7), „dass die experimentellen Erfahrungen im ganz Kleinen und im ganz Großen uns kein anschauliches Bild mehr liefern können, und wir müssen lernen, dort ohne Anschauung auszukommen." Ein „Glück" ist es, dass wir in dieser Situation in der Mathematik einen hilfreichen „Bundesgenossen" haben.

Mit dem Fortschritt wissenschaftlicher Erkenntnis unter kritischem Einsatz von Beobachtung und Experiment, von Abstraktion und Logik verlassen wir sehr bald die unmittelbare **Anschaulichkeit** der uns vertrauten mentalen Welt. Diesen Prozess der „Entmenschlichung" der Wissenschaft kann man beklagen, verhindern kann man ihn nicht. Es ist aber menschlich verständlich, dass er vielen schwer fällt. So ist bekannt, dass selbst so erfolgreiche Physiker, wie Max PLANCK, Albert EINSTEIN, Max VON LAUE und Erwin SCHRÖDINGER, ihre Schwierigkeiten hatten, die „Änderungen in der Struktur des Denkens", wie sie im Zusammenhang mit der Quantentheorie erforderlich wurden, zu vollziehen. Das zeigt uns deutlich, mit welcher archaischen Kraft die in unserer Evolution herausgebildeten Anschauungsformen und Denkkategorien unser Denken auch heute noch beherrschen.

Es ist für wissenschaftlich erzielte Erkenntnisse entscheidend, dass sie durch bewusste oder auch unbewusste Anwendung einer allgemein akzeptablen und für jedermann nachvollziehbaren **wissenschaftlichen Methode** im Prozess der Forschung gewonnen worden sind. Dadurch unterscheidet sich das Wissen grundsätzlich vom „Glauben" und „Meinen". Die Methode bestimmt die Zuverlässigkeit, aber auch die Begrenztheit unseres Wissens, das ausschließlich auf intersubjektiv zugänglichen Beobachtungen unter Ausschluss gefühlsmäßiger oder subjektiver Komponenten der Erfahrung zu beruhen hat. In der Wissenschaft geht es ausschließlich darum, die Erfahrungen zu objektivieren und für jedermann nachvollziehbar zu machen. Jedes Werturteil, jedes Urteil über die Berechtigung oder subjektive Bedeutung des Gegenstands wird dabei ausgeklammert. Der englische Philosoph Ferdinand C. S. FISCHER schrieb dazu (Schiller 1934, S. 5–7): „Große Bereiche wirklicher Erfahrung werden als subjektiv unterdrückt und ausgeschlossen, um die wissenschaftliche Aufmerksamkeit auf ausgewählte und bevorzugte Ausschnitte der Erfahrung zu konzentrieren, die man für passend hält, die objektive Realität zu enthüllen." Der Mensch tritt nicht als „Person", sondern nur als „Ding" in den Gesichtskreis der Wissenschaft.

Ein wesentliches Element wissenschaftlicher Forschung ist der **Zweifel**. Die erzielten Resultate sind keine absoluten Wahrheiten, niemals vollkommen und keine Dogmen, sondern unterliegen der ständigen Anzweiflung durch die wissenschaftliche Gemeinschaft. Sie haben in der Form deshalb nur so lange Bestand, solange keine neuen Erkenntnisse vorliegen, die ihre Korrektur oder – im extremsten Fall – Löschung erforderlich machen.

Während für die Wissenschaft die Wahrheit am Ende eines in unendlicher Annäherung vollzogenen Forschungsprozesses liegt, sieht sich die Kirche bereits von Anbeginn im Besitz der Wahrheit. Eine existierende Wissenschaft kann niemals vollkommen sein, sondern befindet sich in einem ständigen Progress und Wandel. Ihre Vollkommenheit ist ein nie erreichbares Wunschziel, ein *Focus imaginarius*, der der Forschung gleichzeitig Richtung und Antrieb verleiht.

Der methodische Aspekt wissenschaftlicher Forschung bedingt, dass sich der Naturwissenschaftler bei seiner Arbeit selbst **Beschränkungen** auferlegt, auferlegen muss, worin ein wesentlicher Unterschied zwischen Einzelwissenschaft und Philosophie besteht. Er konzentriert sich vornehmlich auf solche Fragen, von denen er meint, dass er sie mit den ihm zur Verfügung stehenden Mitteln auch – zumindest teilweise – beantworten kann. Peter Brian MEDAWAR drückte es einmal so aus, dass Naturwissenschaft die „Kunst des Lösbaren" sei (Medawar 1972). Der HEIDEGGER-Schüler Hans Georg GADAMER sprach in dem Zusammenhang von einer „methodischen Askese", die der Naturwissenschaftler üben müsse (Gadamer 1977, S. 43). Das trifft allerdings nicht ganz den Kern des Sachverhalts, den die Wissenschaftler entwickeln – im Gegenteil – immer leistungsfähigere Methoden zur Beantwortung weiterführender Fragen. Die selbst auferlegte Beschränkung betrifft primär nicht die Methode als vielmehr den Kanon „zulässiger" Fragen. So bleiben beispielsweise alle „Sinn"-Fragen von der Wissenschaft prinzipiell unbeantwortet.

11.7 Wissenschaft und Weltanschauung

Jeder weiß um die Relativität, Vorläufigkeit und Begrenztheit unseres aktuellen Wissensstands und dennoch wird das gern im Schwang von Euphorie oder aber auch in vorsätzlicher, berechnender Absicht, um an Geldmittel heranzukommen, pressewirksam ignoriert. Der Mathematiker und Philosoph Hermann WEYL hat einmal anlässlich der neu entfachten Diskussionen um das Kausalproblem im Zusammenhang mit der Quantenphysik gesagt (Weyl 1927, S. 156): „Die Philosophen sind ungeduldige Leute." Und was für Philosophen gilt, gilt auch für nicht wenige Wissenschaftler, die dazu neigen, den erreichten Wissensstand – aus welchen Beweggründen auch immer – zu überschätzen.

Hintergrundinformationen

Man braucht in diesem Zusammenhang nur an den zweifellos großen Zoologen Ernst HAECKEL zu erinnern, der mit seinem Bestseller „Die Welträtsel" (1899) seine Leser davon zu überzeugen versuchte, dass mit „seinem" **Monismus**, dem er „den Charakter einer Religion" verlieh (Ziehen 1919, S. 958–961), von den sieben Welträtseln, die Emil DU BOIS-REYMOND in seiner berühmten Rede vor der Berliner Akademie der Wissenschaften aufgeworfen hatte, drei (nämlich Wesen von Materie und Kraft, Ursprung der Bewegung, Entstehen von Bewusstsein) „erledigt" und drei weitere (Entstehung des Lebens, die Zweckmäßigkeit in der Natur, Ursprung von Denken und Sprache) „endgültig gelöst" seien, das siebte (Willensfreiheit) „in Wirklichkeit gar nicht existiere" (Haeckel 1899, 1. Kap). Seinem Kollegen August WEISMANN in Freiburg warf er vor, dass er seinem Monismus schade, wenn er öffentlich die Unfehlbarkeit unseres gegenwärtigen Wissens anzweifle (Risler 1968, S. 77–93). Richtig ist, dass verschiedene dieser aufgeworfenen Fragen, wie beispielsweise die

Entstehung von Leben und Bewusstsein, bis heute – 100 Jahre später – trotz intensiven Bemühens und beachtlicher Fortschritte in der wissenschaftlichen Analyse noch nicht gelöst sind. Das Problem der Willensfreiheit wird gegenwärtig wieder heftig unter Neurobiologen und Philosophen diskutiert.

Heute ist es in dieser Beziehung nicht viel anders, wenn von Wissenschaftlern die Entschlüsselung des menschlichen Genoms mit den Worten gefeiert wird, dass wir jetzt alles über den Menschen wüssten. Die DNA wird zum „Faden des Lebens" und das Gen zum „*master molecule*" hochstilisiert. In der Mitte der 90er-Jahre des vergangenen Jahrhunderts prognostizierte French ANDERSEN, dass bereits innerhalb von nur zwanzig Jahren die medizinische Praxis gentherapeutisch völlig revolutioniert sein würde, dass dann so gut wie für jede Krankheit des Menschen eine passende Gentherapie zur Verfügung stehen würde. Heute – nach dem Verstreichen dieser zwanzig Jahre – müssen wir nüchtern feststellen, dass noch für keine einzige menschliche Erkrankung ein wirksames gentherapeutisches Routineverfahren zur Verfügung gestellt werden konnte (zit. bei Rheinberger und Müller-Wille 2009, S. 267/268). Etwas mehr Bescheidenheit wäre hier und dort am Platz. Am Ende seiner letzten Vorlesung am Caltech im Jahr 1975, sechs Jahre vor seinem Tod, erinnerte Max DELBRÜCK seine Zuhörer daran, nicht zu vergessen, „dass wir vielleicht die Kenntnisse, die wir von der Welt haben, überschätzen. Auch die Menschen in *Stonehenge* vor vielen tausend Jahren glaubten, viel zu wissen. Sie wussten nicht, wie wenig sie wussten. Und was damals für sie galt, gilt für uns immer noch" (Fischer 1985, S. 255). Man sollte das beherzigen.

Der menschliche Verstand hat uns nie geahnte, tiefe Einsichten darüber, „was die Welt im Innersten zusammenhält" (Goethe, Faust I, Nacht), beschert. Er ermächtigt uns heute, Energien aus Atomen freizusetzen, bemannte Satelliten um die Erde kreisen und auf dem Mond landen zu lassen, kranken Menschen neue Nieren, Herzen oder Lungen einzupflanzen und unser Erbgut gezielt zu verändern. Diese gewaltigen Erfolge, die nicht immer ausschließlich zum Nutzen des Menschen und seiner Natur angewandt wurden und werden, dürfen uns nicht das „Sich-Wundern" und die Ehrfurcht vor den ewigen Rätseln verlernen lassen.

Ob der wissenschaftliche Progress einmal an eine unüberwindbare Grenze stoßen wird, wissen wir nicht, und ist auch in diesem Zusammenhang nicht sonderlich interessant. Wer aber – im Sinn des **Szientismus** – glaubt, die Wissenschaft könne ihm letztendlich auf *alle* Fragen, die Welt und sein Leben in dieser Welt betreffend, eine Antwort liefern, irrt. Es bleiben Fragen, die von keiner Wissenschaft beantwortet, weil gar nicht erst gestellt werden. Dazu gehören solche nach dem Wert, dem Sinn, der Bedeutsamkeit oder der Berechtigung. Eine „wissenschaftliche" Weltanschauung, von manchen Ideologen, wie beispielsweise den Marxisten, immer wieder gepriesen, ist eine *Contradictio in adjecto*. Es gibt sie nicht. Es gibt nur ein wissenschaftliches **Welt***bild*, ein stets unvollkommenes „Bild" von unserer Welt, das uns die Wissenschaft in ihrer gegenwärtigen Ausprägung zu liefern vermag. Da dieses Bild einzig und allein auf wissenschaftlichen Tatsachen, Theorien und Hypothesen beruht, bleiben zwangsläufig solche Fragen, die die Wissenschaft sich seit Descartes' Zeiten gar nicht erst stellt, weil sie mit ihren Methoden nicht lösbar sind, – dazu gehören beispielsweise alle Sinnfragen – unberücksichtigt. Eine *wissenschaftliche* Weltanschauung müsste zwangsläufig unoptimistisch und unethisch, eine „kraftlose Weltanschauung", wie es Albert SCHWEITZER einmal formulierte, bleiben, die „nie die zur Begründung und Aufrechterhaltung von Kulturidealen notwendigen Energien hervorbringen könnte" (Schweitzer 1960, S. 22). Mit dem Begriff „Weltbild" wird, wie es das Wort „Bild" bereits zum Ausdruck bringt, etwas Fremdgestaltetes, relativ „Fertiges" zum Ausdruck gebracht, das wir passiv zur Kenntnis nehmen und reflektieren können, wie es ist.

Im Gegensatz zum Weltbild beinhaltet eine „**Weltanschauung**" etwas Aktives, Werdendes, von uns selbst Gestaltetes, Individuelles. Sie ist prinzipiell *subjektiv* und umfasst Antworten auf Fragen nach dem Sinn der Lebens, nach Zielen, Werten und nach der Moral, nach der Existenz eines Gotts etc., die den Menschen zutiefst und unmittelbar betreffen, aber von keiner Wissenschaft beantwortet werden. Die Weltanschauung, die man sich von „seiner" Welt, in der man mit Leib *und* Seele handelt, entscheidet, hofft und strebt, macht, sollte zwar wissenschaftliche Einsichten nicht ignorieren, bedarf – ob Atheist, Agnostiker oder Christ – jedoch einer Ergänzung durch Philosophie, Religion und kulturelle Tradition. Die Antworten muss sich jeder Einzelne – Wissenschaftler wie Laie – letztendlich selber geben, ob bewusst oder unbewusst, ob er es will oder nicht, denn ohne Weltanschauung, ohne Richtschnur kann man kein erfülltes Leben führen, denn der Mensch lebt nicht von Vernunft allein. „Der Mensch will nicht nur Erkenntnis und Macht, er will auch eine Richtschnur für sein Handeln, einen Maßstab für das Wertvolle und Wertlose, er will eine Weltanschauung, die ihm das höchste Gut auf Erden, den inneren Seelenfrieden, verbürgt", sagte Max PLANCK anlässlich eines Vortrags im Goethesaal des Harnack-Hauses der Kaiser-Wilhelm-Gesellschaft in Berlin im Kriegsjahr 1941.

Es gibt zwar nur *eine* Wirklichkeit. Es gibt aber verschiedene **Schichten**, Stufen oder Bereiche in dieser Wirklichkeit (s. Abschn. 11.2), die alle ihre Besonderheiten haben und mit verschiedenen Begriffssystemen zu beschreiben sind. In den sog. exakten Naturwissenschaften, die sich ausschließlich mit der „objektivierbaren Schicht der Wirklichkeit" (HEISENBERG) befassen, bleiben Frage nach ethischen Normen und Werten, nach Moral und Liebe unbeantwortet. Weder die Physik noch die Evolutionsbiologie oder eine beliebige andere naturwissenschaftliche Disziplin haben das Potenzial zur Weltanschauung. Solche Versuche einer unkritischen **Verabsolutierung** eines partikular auf einer bestimmten Seinsstufe gültigen Prinzips oder einer wissenschaftlichen Teildisziplin über alle Grenzen hinweg zum „Totalwissen" (JASPERS) gibt es immer wieder, sind aber grundsätzlich zum Scheitern verurteilt.

Die Versuchung ist auf jeden Fall groß – SCHOPENHAUER spricht von einem „metaphysischen Bedürfnis" des Menschen –, „mit dem Tatendrange einer vereinfachenden Vernunft" (Hartmann 1952, S. 135) die Grenzen zwischen den Schichten zu missachten und das Prinzip einer Wirklichkeitsschicht zu verabsolutieren und auf alle Schichten auszudehnen (sog. **Grenzüberschreitungen**). So ist beispielsweise gegenwärtig die Tendenz verbreitet, unter Lossagung von jeder religiösen Bindung die „unterste" Schicht der Wirklichkeit, die Schicht der objektivierbaren kausalen Zusammenhänge in Raum und Zeit,

Abb. 11.2 Eine zeitgenössische Karikatur aus „Lustige Blätter" von F. Jüttner. Der 71jährige HAECKEL hatte sich auf Bitten von Freunden bereiterklärt, drei Vorträge über den Entwicklungsgedanken im Saal der Sing-Akademie in Berlin zwischen dem 14. und 19. April 1905 zu halten, die von seinen Anhängern mit Begeisterung und von seinen Gegnern mit diversen Schmähungen und Verleumdungen aufgenommen wurden. (Aus dem Archiv des Ernst-Haeckel-Hauses Jena)

"Sie, kommen Sie mit Ihrer verdammten Fackel nicht unsern heiligsten Gütern zu nahe !"

zur Wirklichkeit schlechthin zu machen, sie zum „Maß aller Dinge" zu erklären, was zwangsläufig zur kulturellen, moralischen und gefühlsmäßigen Verarmung führen muss. „Es ist schon eine Verkehrung", schrieb Karl JASPERS, „das Allgemeingültige des wissenschaftlichen Wissens zu behandeln als ein Absolutes, aus dem ich leben könnte, von der Wissenschaft zu erwarten, was sie niemals leisten kann" (Jaspers 1958, S. 799).

Ein markantes *Beispiel* einer solchen Grenzüberschreitung vonseiten der Wissenschaft war der bereits erwähnte **Monismus** des bekannten Jenaer Zoologen Ernst HAECKEL. In seinem Hauptwerk „Die Welträtsel" (1899; Abb. 11.2) erklärte HAECKEL kurzerhand die Religion zu einer „abgetanen Sache", behauptete aber gleichzeitig, ein „Band zwischen Religion und Wissenschaft" knüpfen zu wollen. In Wirklichkeit verfolgte er ein ganz anderes Ziel, nämlich die weltanschauliche Vereinnahmung der Religion durch seine „monistische Religion". Am 20. September 1904 ließ er sich dann auch folgerichtig von den 2000 Teilnehmern am Internationalen Freidenkerkongress in Rom zum „Gegenpapst" küren. HAECKELs vollmündige Prophezeiung, dass seine monistische Weltsicht „nicht bloß das Kausalitäts-Bedürfnis unserer Vernunft vollkommen befriedige, sondern auch die höchsten Gefühlsbedürfnisse unseres Gemütes" (Haeckel 1899), hat sich niemals erfüllt und konnte es auch nicht. Aus dem Naturalismus heraus, aus der Philosophie, die alles Sein einschließlich das des Menschen auf das Objektsein reduziert, kann keine Weltanschauung oder Religion erwachsen. Solche Pseudoreligionen präsentieren sich gern im Gewand wirklicher Religionen. Der Mitstreiter HAECKELs, der Physikochemiker Wilhelm OSTWALD, veröffentlichte seine „Monistischen Sonntagspredigen". HAECKEL selbst erfand eine „Dreieinigkeit" des Monismus, die er als großer Verehrer GOETHEs mit dem „Wahren, Guten und Schönen" umschrieb. Es ist verständlich, dass HAECKELs Vorgehen bei vielen seiner Fachkollegen, darunter auch bei seinem langjährigen Freund und Gönner Carl GEGENBAUR aus Heidelberg, auf Unverständnis und Ablehnung gestoßen ist, was allerdings seinem breiten Zuspruch in Kreisen außerhalb seiner Fachdisziplin keinen Abbruch getan hat. Sein Buch „Die Welträtsel" wurde in etwa 30 Sprachen übersetzt, die deutsche Ausgabe erreichte eine Auflagenhöhe von einer halben Million.

Eine Grenzüberschreitung neueren Datums von der Biologie (Evolutionsbiologie) zu den Geisteswissenschaften hat der bekannte Soziobiologe Edward O. WILSON mit seinem Versuch einer mechanistischen „**Entwicklungstheorie von Ethik und Religion**" vorgelegt. Dabei ging er davon aus, dass sich die ethischen Normen „im Lauf der Evolution durch das Zusammenspiel von Biologie und Kultur herausgebildet haben" (Wilson 2009, S. 335). Die plötzliche Entstehung des menschlichen Geists führt er auf eine „Aktivierung eines Mechanismus, der physikalischen Gesetzen gehorcht", zurück (Lumsden und Wilson 1984, S. 39–41). In diesem Denkstil seiner „Philosophie des wissenschaftlichen Materialismus" fortfahrend wird schließlich behauptet, dass „Gebote und Religionsgläubigkeit zur Gänze *materielle* Produkte des Verstandes", ethische Normen „*physikalische* Produkte von Gehirn und Kultur" seien (Wilson 2009, S. 328,333). Die französischen Materialisten unter Führung DIDEROTs hatten vor 200 Jahren auch schon ihren Atheismus mit dem Versprechen eingeführt, eine objektive Grundlage für die Moral zu liefern, das sie allerdings niemals einlösen konnten. In unzulässiger Weise werden hier die *mentalen* Produkte des materiellen Gehirns, wie Gebote, ethische Normen und Religionsgläubigkeit, als *physikalisch-materiell* eingestuft. Hier wird der alte Fehler des Materialismus zum – ich weiß nicht wievielten – Male wiederholt, den bereits LEIBNIZ in seiner Auseinandersetzung mit HOBBES angeprangert hatte. Es wird aus dem „Beruhen-auf" ein „Identisch-mit" gemacht. Natürlich setzt die Religiosität, das ethische Verhalten, das Denken in Normen etc. ein funktionstüchtiges menschliches Gehirn voraus, ist aber nicht mit ihm identisch. In den provozierenden Worten LEIBNIZ': Das Leben des Menschen beruht auf Atmung, ist aber nicht Luft!

Eine durchgehende Kausalkette von den Genen bis zur Moral und Religion, wie sie WILSON vorschwebt, ist reines Wunschdenken. Es gibt sie nicht. Die Rolle, die die Evolution bei der Herausbildung der neuronalen *Voraussetzungen* für die Entwicklung von Religionen, Ethik und Moral gespielt hat, darf nicht geleugnet, aber auch nicht überschätzt werden. Religion, Ethik und Moral selbst sind ebenso wenig „Ergebnisse der Evolution des Gehirns" wie Schillers „Ode an die Freude". Sie sind Erzeugnisse des menschlichen Geists und gehören deshalb der Popperschen Welt 3 an. Mit seinen radikalen Vorstellungen reiht sich WILSON in die lange Reihe derjenigen ein, die die Evolutionstheorie zur Weltanschauung und zum Religionsersatz verunglimpfen (s. Abschn. 4.10). Nicht, wie in Aussicht gestellt, eine Annäherung der Natur- an die Geisteswissenschaften, sondern ihre Vereinnahmung ist das erklärte Ziel (Jamieson 1998, S. 90). Der Traum von der „Einheit des Universums", der „endgültige Triumph menschlicher Vernunft", der uns „Gottes Plan kennen" (Hawking 1988, S. 218) lehren wird, muss noch auf sich warten lassen – vielleicht auf immer? Eine „**theory of everything**", für die man schon die Abkürzung T.O.E. erfand, wird alle Kräfte, die das materielle Geschehen im Universum beherrschen, umfassen, aber uns nicht darüber belehren, was der Mensch ist.

Außerhalb der Wissenschaften bleibt genug Raum für *Selbst*besinnung und *Selbst*bestimmung, für weiterführende, uns selbst betreffende Fragen über Sinn, Werte, Bestimmung, Verantwortung, Glauben und Moral, die in einer Weltanschauung ihren Niederschlag finden. Diesen Freiraum jenseits der Wissenschaften auszufüllen, ist jeder Einzelne gefordert, denn „alles, was Mensch ist", so schrieb Albert SCHWEITZER, „ist bestimmt, in eigener, denkender Weltanschauung wahrhaftige Persönlichkeit zu werden" (Schweitzer 1960, S. 71). Diese Weltanschauung ist es, die unserem Dasein und unseren Entscheidungen erst Richtung und Wert verleiht. Ohne sie bleiben wir wie Treibholz auf offener See. Der Mensch ist „in Wahrheit jederzeit erst das, was er Kraft der Idee, die er von sich hat, aus sich macht", können wir bei Nicolai HARTMANN zu diesem Thema lesen (Hartmann 1944, S. 28). Es gilt für jeden Einzelnen, sein „Selbst" in einer Welt der wissenschaftlich-technischen Sachlichkeit und Kälte zu entdecken und zu formen. Und dieses „Selbst" ist ohne Hoffen, Träumen und Glauben, ohne Zuversicht kaum vorstellbar. Nachdem der religiöse Glaube in großen Teilen Europas rückläufig ist, entsteht ein weltanschauliches Vakuum, mit dessen Auffüllung viele Menschen überfordert sind. Sie suchen Halt in fragwürdigen Gruppierungen und bei selbsternannten Propheten. Hier Abhilfe zu schaffen, ist eine der größten gesellschaftlichen Herausforderungen des Abendlands, wenn wir nicht in Terror und Chaos untergehen wollen.

Diese, uns als Menschen gegebene **Freiheit** zur Selbstbestimmung ist nur dann ein wahres Geschenk, wenn sie nicht in dem Sinn missbraucht wird, nun alles tun zu dürfen, was einem beliebt, denn das würde eine Umkehrung der Freiheit in Unfreiheit bedeuten, weil man sich unter das Diktat seiner eigenen, unberechenbaren Triebe und Stimmungen begibt. In der „Göttlichen Komödie" ereilt diejenigen, die „die Vernunft der Lust zum Opfer weih'n", das verdiente Schicksal, in den zweiten Kreis der Hölle hinab verdammt zu werden (Dante, 5. Gesang, 39, Übersetzung von Otto Gildemeister). Jede persönliche Entscheidung *für* etwas ist gleichzeitig auch eine Entscheidung *gegen* etwas, sonst wäre es keine Entscheidung. Sie hat deshalb stets auch eine gesellschaftliche Komponente. Freiheit ist deshalb nur im Doppelpack mit **Verantwortung** ertragbar. Das gilt heute im Zeitalter der rasant wachsenden Bevölkerung, der Verknappung der Ressourcen und der Zerstörung unserer natürlichen Umwelt mehr denn je.

Die wissenschaftlichen und technischen Ergebnisse unermüdlicher Forschung eröffnen dem Menschen ungeahnte, ins Unermessliche reichende Möglichkeiten seines Handelns und Wirkens. Mit ihnen in verantwortungsvoller Weise umzugehen, ist die Aufgabe des Forschers, Technikers, Arztes, Politikers, Ökonomen, Pädagogen, Theologen, Arbeiters usw., jedes Einzelnen von uns, ohne Ausnahme. Es liegt ganz allein an uns, dass die Früchte der Wissenschaften ausschließlich zum Wohl des Menschen und der Natur eingesetzt werden und nicht zu ihrer Vernichtung. Um jeweils die richtigen Entscheidungen treffen zu können, sind nicht nur Kenntnisse unerlässlich, sondern auch feste ethisch-moralische Grundsätze und Normen, die uns weitgehend verloren gegangen sind. Sie werden uns nicht „in die Wiege gelegt", denn sie sind kein Produkt der Evolution. Wir müssen sie uns aktiv aneignen, denn – wie heißt es doch bei Karl JASPERS – „Menschsein ist Menschwerden" (Jaspers 1986, S. 74). Der Schlüssel für die Zukunft liegt in unser aller Hände.

11.8   Versuch eines Resümees

Ich habe versucht, die mir wichtig erscheinenden *Wesenszüge* lebendiger Systeme in ihrer Einzigartigkeit und Dynamik herauszuarbeiten. Dabei habe ich mich als Naturwissenschaftler der Traditionslinie René DESCARTES folgend auf das Physische, die *res extensa*, beschränkt und das Mentale ausgeklammert. Dieser Schritt scheint mir bei der zu behandelnden Thematik deswegen gerechtfertigt, weil die biotische Organisation – und auf die kommt es hier an – nicht durch fragwürdige psychische Faktoren, Kräfte oder Prinzipien hervorgerufen und gesteuert wird, sondern das Resultat eines komplexen, harmonischen Zusammenwirkens von Stoffen und Strukturen, Energien und Informationen ist. „Leben" ist eine Systemleistung.

Keiner kann heute sagen, wie weit **Mentales** verbreitet ist. Ist es auf uns Menschen beschränkt oder kommt es auch den Menschenaffen, Säugetieren und Vögeln zu? Oder müssen wir gar jeder Materie „eine protopsychische Natur zuerkennen", wie es der Zoologe Bernhard RENSCH vermutete (panpsychistischer Identismus; Rensch 1968, S. 236)? Man weiß, dass Mentales neuronale Aktivitäten zur Voraussetzung hat, aber keiner weiß, wie Mentales aus diesen Aktivitäten hervorgeht. Hier berühren wir das wohl rätselhafteste Problem, das uns die Natur stellt, den „Weltknoten" Arthur SCHOPENHAUERs, von dem Emil DU BOIS-REYMOND vermutete, dass er vielleicht überhaupt nicht zu lösen sei. Sein „*ignorabimus*" hörte man allerdings schon damals nicht gern und so ist es bis heute geblieben. Wenn der bekannte amerikanische Philosoph Colin MCGINN öffentlich sagt, dass das Bewusstsein zwar ein natürliches Phänomen sei, dessen Natur wir aber nicht erklären können (McGinn 2004), so wird er als „Mysteriker", eine Wortschöpfung aus Mystiker und Hysteriker, beschimpft.

Für den Lebenswissenschaftler sind es zwei Dinge, die ihn immer wieder von Neuem in Erstaunen und Bewunderung versetzen müssen, die ungeheure **Mannigfaltigkeit** der Lebensformen und Lebensleistungen in der organischen Welt auf der einen Seite und die überraschende „Bescheidenheit" und **Einheitlichkeit** der Mittel, deren sich die Lebewesen vom Bakterium bis zum Menschen bei der Gestaltung und Aufrechterhaltung ihrer Organisation bedienen, auf der anderen. Nur ein winziger Bruchteil der chemisch möglichen Stoffe und Reaktionen findet in der „Maschinerie" des Lebens tatsächlich Berücksichtigung.

Alle Lebewesen sind zellulär aufgebaut und benutzen dieselben 20 L-Aminosäuren für den Aufbau ihrer Proteine und dieselben vier Nukleotide in ihren Nukleinsäuren. In allen Organismen ist die genetische Information im DNA-Molekül niedergelegt, deren Übersetzung in die Aminosäuresequenz der Proteine auf gleichem Weg und – mit nur wenigen Ausnahmen – nach denselben „Code-Vorschriften" erfolgt. Alle Zellen sind von Lipidmembranen umschlossen und benutzen homologe ionentransportierende ATPasen zur Erzeugung von Ionengradienten. Sowohl die Hauptstoffwechselwege als auch der Energietransfer mithilfe des ATP laufen bei allen Lebewesen in nahezu gleicher Weise ab. Das kann man nur so deuten, dass diese biotische Organisation, auf der alles heutige Leben beruht, eine *extrem* frühe Errungenschaft des „Lebens" auf unserer Erde gewesen sein muss, die bereits *vor* der Aufspaltung in Archaea, Bacteria und Eukarya vorhanden war, was die Erklärung der Entstehung des Lebens auf unserer Erde nicht leichter macht.

Was alle Organismen ohne Ausnahme in ihrer Existenz kennzeichnet, ist – erstens – ihre funktionelle und damit auch teleonome (zweckmäßige) Ordnung, die man allgemein als **Organisation** bezeichnet, und – zweitens – die Fähigkeit, diese Organisation fernab vom thermodynamischen Gleichgewicht *selbsttätig* zu erzeugen, aufrechtzuerhalten und zu reproduzieren (Selbstorganisation). Das Phänomen „Leben" darf nicht primär als aus „Dingen" – Partikeln, Atomen, Molekülen und Molekülkomplexen – bestehend betrachtet werden, sondern muss in seiner inneren funktionellen, harmonisch abgestimmten und dauerhaften Ordnung, seiner Organisation, verstanden werden (Hull 1974). In lebendigen Systemen haben die Informationsprozesse in gewisser Weise die Oberhand über die dynamischen Stoff- und Energieflüsse gewonnen, die das Verhalten der anorganischen Entitäten in erster Linie bestimmen. Die Organisation lebender Systeme verdankt so gut wie nichts der Wirkung äußerer Kräfte, aber alles den internen informationellen Interaktionen. Durch diese **Autonomie** unterscheiden sich die Lebewesen von allem, was uns sonst in der Natur entgegentritt.

Die Fähigkeit der Organismen zur selbsttätigen Aufrechterhaltung der internen Organisation könnte man als „**Selbstorganisation**" bezeichnen, wenn dieser Begriff nicht bereits von den Physikern im Zusammenhang mit der Entstehung dissipativer Strukturen (PRIGOGINE) belegt worden wäre. Der von den chilenischen Neurobiologen Humberto R. MATURANA und Francisco J. VARELA seinerzeit geprägte Begriff der Autopoiese (Maturana und Varela 1987) ist in diesem Zusammenhang auch wenig hilfreich, weil er von Anbeginn mit einem erkenntnistheoretischen Bezug im Sinn eines absoluten Konstruktivismus belastet worden ist (Penzlin 2002, S. 61–87). So meinen die beiden Autoren beispielsweise allen Ernstes – trotz ihres systemtheoretischen Ansatzes! –, ohne die Begriffe Regelung, Steuerung und Information in der Beschreibung lebendiger Systeme auskommen zu können. „Jede Beschreibung, die eine semantische Kopplung zwischen strukturell gekoppelten zustandsdeterminierten Systemen behauptet", so die Autoren, sei „inadäquat und irreführend" (Maturana 1985, S. 146).

Fest steht, dass die Selbstorganisation lebendiger Wesen nicht nur Energie sondern auch **Information** erfordert. „Hier entsteht", wie Manfred EIGEN schrieb, „eine völlig neue Qualität, die in der physikalisch-chemischen Begriffswelt, in den von materiellen Wechselwirkungen, von Atomen, Molekülen oder Kristallen, von Energieformen und deren Umwandlung die Rede ist, nicht vorkommt: Information" (Eigen 1987, S. 151). Die Energie finden die Organismen in ihrer Umgebung, die Information in ihrem „Selbst". Lebewesen sind zwar thermodynamisch offene, aber informationell geschlossene Systeme. „Organisierte Systeme", so heißt es bei Jefrey S. WICKEN „werden durch strukturelle Beziehungen charakterisiert, die für ihre Spezifizierung Information benötigen" (Wicken 1987, S. 40). Vielleicht lässt sich das *Wesen* des Lebendigen in folgendem Satz zusammenfassen (nicht definieren!):

> „Leben" im Sinne von Lebendigsein ist der dynamische Zustand thermodynamisch offener Systeme im stationären Gleichgewicht, der eine interne funktionelle und damit teleonome Ordnung (Organisation) repräsentiert, die aufgrund intern gespeicherter und abrufbarer Programme selbsttätig (autonom) gegenüber Störungen aufrechterhalten und weitergegeben wird.

Eine Definition ist wahrscheinlich ohnehin nicht möglich (Tsokolov 2009).

Im Gegensatz zu den von Menschenhand und -geist geformten **Maschinen**, bei denen zwischen Existenz und Leistung grundsätzlich unterschieden werden kann, ist bei den Lebewesen die Existenz bereits deren Leistung. Existenz und Leistung bilden eine untrennbare Einheit. Maschinen benötigen keine freie Energie, um ihr Fortbestehen zu garantieren. Sie können zu jedem Zeitpunkt abgestellt und wieder in Gang gesetzt werden. Lebewesen sind unwiderruflich tot, wenn ihr Stoffwechsel zusammenbricht. Selbstorganisation ist nicht ein Attribut des Lebens neben anderen, sondern die Existenzform des Lebens selbst. In Bezug auf das Lebendigsein gibt es keinen trennenden Gegensatz zwischen Produzent und Produkt, zwischen Sein und Tun, zwischen Struktur und Funktion.

Die **Biologie** entwickelt und verändert sich gegenwärtig in einem vorher nie dagewesenen Maß, wie wir es im vergangenen Jahrhundert innerhalb der Physik erlebt haben. Es ist ein enormer Fortschritt in der Analyse und im Verstehen komplexer Zusammenhänge erreicht worden. Trotzdem bleiben noch viele Fragen für nachfolgende Generationen. Das Phänomen „Leben" ist sicherlich das interessanteste, das uns die Natur vorgibt. Es ist aber gleichzeitig auch das schwierigste unter allen Problemen. Lebewesen sind auch heute noch „fremde Objekte", wie Jacques MONOD schrieb, in unserem immer noch mechanistisch geprägten Weltbild. Man löst das Problem „Leben" nicht dadurch, dass man seine Besonderheiten ignoriert, weil sie schlecht ins mechanistische Weltbild passen.

Nur geduldige, vorurteils- und ideologiefreie Forschung führt uns Schritt für Schritt der Wahrheit näher. Dieser Weg ist alles andere als geradlinig. Er ist mit vielen Irrtümern gepflastert und gleicht eher, wie es François JACOB einmal sehr schön formuliert hat, „einem tastenden Vorgehen in einem dunklen Raum, bei dem nicht klar ist, wo sich die nächste

Tür befindet" (Jacob 1988). Fest steht, dass wir noch einen langen Weg zurückzulegen haben, um einmal sagen zu können, wir verstehen das Universum und das Phänomen „Leben" in ihm – vorausgesetzt, wir werden es überhaupt einmal können. Auch hier können wir uns – ein letztes Mal in diesem Buch – an Immanuel KANT orientieren:

> Ins Innere der Natur dringt Beobachtung und Zergliederung der Erscheinungen, und man kann nicht wissen, wie weit diese mit der Zeit führen werden.

Literatur

Atmanspacher H, Primas H, Wertenschlag-Birkhäuser E (1995) Der Pauli-Jung-Dialog und seine Bedeutung für die moderne Wissenschaft. Springer Verlag, Berlin

Bavink B (1928) Die Hauptfragen der heutigen Naturphilosophie Bd. 1. Verlag Otto Salle, Berlin, S 15

Boltzmann L (1979) Populäre Schriften. Vieweg Verlag, Braunschweig, S 252

Brunswik E (1934) Wahrnehmung und Gegenstandswelt. Psychologie vom Gegenstand her. Deuticke, Leipzig, Wien

Burns J (1991) Does consciousness perform a function independently of the brain? Frontiers perspectives 2:19–34

Büchner L (1894) Kraft und Stoff oder: Grundzüge der natürlichen Weltordnung. Verlag Theodor Thomas, Leipzig

Campbell DT (1974) Downward causation in hierarchically organized biological systems. In: Ayala F, Dobzhansky T (Hrsg) Studies in the philosophy of biology. University of California Press, Berkeley, S 179–186

Capra F (1988) Wendezeit. Bausteine für ein neues Weltbild. Droemersche Verlagsanstalt Knaur Nachf, München

Chargaff E (1984) Das Feuer des Heraklit. Skizzen aus einem Leben vor der Natur. Deutscher Taschenbuch Verlag, München, S 178

Cramer F (1988) Chaos und Ordnung. Die komplexe Struktur des Lebendigen. Deutsche Verlags-Anstalt, Stuttgart, S 228–238

Crick F (1966) Of molecules and man. Univ. of Wash. Press, Seattle, London, S 10

Crick F (1987) Die Natur des Vitalismus. In: Küppers B-O (Hrsg) „Leben = Physik + Chemie? Das Lebendige aus der Sicht bedeutender Physiker". Piper Verlag, München, S 126

Davies P (1998) Sind wir allein im Universum? Scherz Verlag, Berlin, Münnchen, Wien

Dawkins R (1990) Der blinde Uhrmacher. Ein neues Plädoyer für den Darwinismus. Deutscher Taschenbuch Verlag, München, S 52

Denbigh K, Kubat L, Zeman J (Hrsg) (1975) Entropy and information in science and philosophy. American Elsevier, New York, S 83–92

Ebeling W, Feistel R (1982) Physik der Selbstorganisation und Evolution. Akademie Verlag, Berlin, S 83

Eigen M (1987) Stufen des Lebens. Die frühe Evolution im Visier der Molekularbiologie. R. Piper, München, S 151

Einstein A (1977) Prinzipien der Forschung. Rede zum 60. Geburtstag von Max Planck (1918). In: „Mein Weltbild". Verlag Ullstein, Berlin, S 225–226

Fischer P (1985) Licht und Leben. Ein Bericht über Max Delbrück, den Wegbereiter der Molekularbiologie Konstanzer Bibliothek, Bd. 2. Universitätsverlag, Konstanz, S 255

Gadamer H-G (1977) Sein, Geist, Gott. In: Marx W (Hrsg) Heidegger. Freiburger Universitätsvorträge zu seinem Gedenken. Albert, Freiburg und München, S 43

Goethe JW v. Faust I, Nacht 382/383

v Gulick R (1993) Who is in change here? And who is doing all the work? In: Heil J, Mele A (Hrsg) Mental causation. Oxford Univ. Press, Oxford, S 233–256

Haeckel E (1899) Die Welträthsel. Gemeinverständliche Studien über Monistische Philosophie. Strauß, Bonn

Haldane JS (1919) The new physiology

Haldane JS (1936) Die Philosophie eines Biologen. Gustav Fischer, Jena

Hartmann M (1937) Die Kausalität in Physik und Biologie. In: Max Hartmann, Gesammelte Vorträge und Aufsätze II. G. Fischer, Stuttgart 1956, S 144–156

Hartmann M (1940) Naturwissenschaft und Religion. Gustav Fischer, Jena

Hartmann N (1944) Naturphilosophie und Anthropologie. B dtsch Philosophie 18:28

Hartmann N (1949) Grundzüge einer Metaphysik der Erkenntnis, 4. Aufl. Walter de Gruyter, Berlin, S 351

Hartmann N (1952) Einführung in die Philosophie, 2. Aufl. Göttingen (Vorlesungsnachschrift)

Hartmann N (1964) Der Aufbau der realen Welt, 3. Aufl. Walter de Gruyter, Berlin

Hawking SW (1988) Eine kurze Geschichte der Zeit. Rowohlt Verlag, Reinbek b. Hamburg

Heisenberg W (1959) Physik und Philosophie. S. Hirzel Verlag, Stuttgart, S 80

Heisenberg W (1976) Was ist ein Elementarteilchen? Die Naturwissenschaften 63:1–7

Herder Lexikon der Physik (1991) 7. Aufl. Herder, Freiburg

Hull DL (1974) Philosophy of biological science. Prentice Hall, Englewood Cliffs, NJ

Hulswit M (2006) How causal is the downward causation? J Gen Philosophy of Science 36:261–287

Jacob F (1988) Die innere Statur. Ammann, Zürich

Jacob F (1993) The logic of life. A history of heredity. Princeton Univ. Press, Princeton NJ

Jamieson D (1998) Cheerleading for science. Issues in science and technology 15(1):90–92

Jantsch E (1984) Die Selbstorganisation des Universums. Vom Urknall zum menschlichen Geist, 2. Aufl. Deutscher Taschenbuch Verlag, München

Jaspers K (1958) Der philosophische Glaube. Fischer Bücherei KG, Frankfurt a.M., S 79

Jaspers K (1986) Einführung in die Philosophie. In: Was ist Philosophie? Ein Lesebuch, 4. Aufl. Deutscher Taschenbuch Verlag, München, S 74

Jonas H (1973) Organismus und Freiheit. Ansätze zu einer philosophischen Biologie. Vandenhoeck & Ruprecht, Göttingen

Kant I (1968) Kritik der Urtheilskraft. Lagarde und Friedrich, Berlin und Libau 1790. Philipp Reclam jun., Leipzig (§ 65, § 75)

Kant I (1971a) Kritik der reinen Vernunft. Verlag Philipp Reclam, Leipzig, S 126

Kant I (1971b) Kritik der reinen Vernunf. Verlag Philipp Reclam, Leipzig, S 225 ((Ausgabe 1787))

Kelso JAS, Haken H (1997) Im Organismus sind neue Gesetze zu erwarten. Synergetik von Gehirn und Verhalten. In: Murphy MP, O'Neill LAJ (Hrsg) „Was ist Leben? Die Zukunft der Biologie". Spektrum Akademischer Verlag, Heidelberg, S 157–182

Kratky KW (1990) Der Paradigmenwechsel von der Fremd- zur Selbstorganisation. In: Kratky KW, Wallner F (Hrsg) „Grundprinzipien der Selbstorganisation". Wissenschaftliche Buchgesellschaft, Darmstadt, S 3–17

Kuhn TS (1967) Die Struktur wissenschaftlicher Revolutionen. Suhrkamp, Frankfurt

Lamarck (1815) Histoire naturelle des animeaux sans vertebras Bd. 1. Verdier, Paris

de Lamarck J-B (1809) Philosophie zoologique. Teil II, Einleitung. Germer Baillièr, Paris

Langton CG (1995) Editor's introduction. In Artificial life. An Overview. MIT Press, Cambridge, MA

Lewes GH (1874) Problems of life and mind. Longmans, Green, London (1975 (2 vols))

Lorenz K (1941) Kants Lehre vom Apriorischen im Lichte gegenwärtiger Biologie. Bl f Dtsch Philosophie 15:94–125

Lorenz K (1988) Die Rückseite des Spiegels. Versuch einer Naturgeschichte menschlichen Erkennens. Piper Verlag, München, Zürich

Lumsden CJ, Wilson EO (1984) Das Feuer des Prometheus. Wie das menschliche Denken entstand. Piper Verlag, München

Mahner M, Bunge M (2000) Philosophische Grundlagen der Biologie. Springer Verlag, Berlin, Heidelberg, S 32

Martin W (2012) Das Leben als kompartimentierte chemische Reaktion. Nova Acta Leopodina NF 116:69–95

Maturana HR (1985) Erkennen: Die Organisation und Verkörperung von Wirklichkeit. Ausgewählte Arbeiten zur biologischen Epistemologie, 2. Aufl. Vieweg Verlag, Braunschweig, S 146

Maturana HR, Varela FJ (1987) Der Baum der Erkenntnis, 3. Aufl. Scherz Verlag, Bern, München, Wien

McGinn C (2004) Wie kommt der Geist in die Materie? Das Rätsel des Bewußtseins, 2. Aufl. Piper Verlag, München

Medawar PB (1972) Die Kunst des Lösbaren. Reflexionen eines Biologen. Vandenhoeck & Ruprecht, Göttingen

Meyer A (1934) Ideen und Ideale der biologischen Erkenntnis. Beiträge zur Theorie und Geschichte der biologischen Ideologie Bios 1

Meyer-Abich A (1954) Holismus. Ein Weg synthetischer Naturwissenschaft. In: Organik. Beiträge zur Kultur unserer Zeit. Fritz Haller Verlag, Berlin, S 133–172

Mill JS (1843) A system of logic. Longmans, Green & Co., London

Monod J (1975) Zufall und Notwendigkeit. Philosophische Fragen der modernen Biologie. Deutscher Taschenbuch Verlag, München

Moreno A, Umerez J (2000) Downward causation at the core of living organization. In: Andersen PB, Emmeche C, Finnemann NO, Christiansen PV (Hrsg) Downward causation: mind, bodies and matter. Aarhus Univ. Press, Aarhus, S 99–117

Nicolis G, Prigogine I (1987) Die Erforschung des Komplexen. Piper Verlag, München, S 88

Pasteur L (1861) Animalcules infusoires vivant sans gaz oxygène libre et déterminant des fermentations. CR Acad Sci Paris 52:344–347

Penzlin H (2002) Warum das Autopoiese-Konzept Maturanas die Organisation lebendiger Systeme unzutreffend beschreibt. Philosophia naturalis 39:61–87

Penzlin H (2004) Für wie wahr dürfen wir unsere Wahrnehmungen nehmen? Abhdlg. der Sächs. Akademie der Wissenschaften zu Leipzig, Mathem.-naturwiss. Klasse, Bd. 60.

Penzlin H (2009) The riddle of life, a biologist's critical view. Naturwissenschaften 96:1–23

Pittendrigh CS (1993) Temporal organization: Reflection of a Darwinian clock-watcher. Ann Rev Physiol 55:17–54

Polanyi M (1967) Life transcending physics and chemistry. Chemical and Engineering News 45:59

Polanyi M (1968) Life's irreducible structure. Science 160:1308–1312

Popper KR, Eccles JC (1982) Das Ich und sein Gehirn. Piper & Co., München, S 41

Prigogine I (1980) Vom Sein zum Werden. Zeit und Komplexität in den Naturwissenschaften, 2. Aufl. R. Piper Verlag, München

Prigogine I, Stengers I (1986) Dialog mit der Natur. Neue Wege naturwissenschaftlichen Denkens, 5. Aufl. R. Piper, Verlag, München, S 311

Rheinberger HJ, Müller-Wille S (2009) Vererbung. Geschichte und Kultur eines biologischen Konzepts. S. Fischer, Frankfurt a. M

Rensch B (1968) Biophilosophie auf erkenntnistheoretischer Grundlage (Panpsychistischer Identismus). G. Fischer Verlag, Stuttgart, S 236

Rescher N (1985) Die Grenzen der Wissenschaft. Philipp Reclam jun., Stuttgart

Risler H (1968) August Weismann. Berichte der Naturforschenden Gesellschaft 58:77–93 (Freiburg im Breisgau)

Rosen B (Hrsg) (1985a) Theoretical Biology and Complexity. Academic Press Inc., New York, London, S 202

Rosen R (Hrsg) (1985b) Theoretical biology and complexity. Three assays on the natural philosophy of complex systems. Academic Press Inc., Orlando, London

Rothschuh KE (1936) Theoretische Biologie und Medizin. Junker und Dünnhaupt, Berlin, S 29

Roux W (1895) Der züchtende Kampf der Theile oder die „Theilauslese" im Organismus. V. Cap.: Über das Wesen des Organischen Bd. 1. Wilhelm Engelmann, Leipzig, S 387–416

Schaller F (1996) Evolution. Entgrenzung eines Begriffs. Naturwiss Rdsch 49:136–139

Schiller FCS (1934) Must philosophers disagree? Macmillan, London, S 5–7

Schrödinger E (1951) Was ist Leben? Die lebende Zelle mit den Augen eines Physikers betrachtet. Leo Lehnen Verlag, München, S 114

Schrödinger E (1986) Geist und Materie. Paul Zsolnay Verlag, Wien, Hamburg

Schweitzer A (1960) Kultur und Ethik. Verlag C. H. Beck, München

Smolin L (1999) Warum gibt es die Welt? Die Evolution des Kosmos. Verlag C. H. Beck, München

Simpson GG (1963) Biology and the nature of science. Science 139:81–88

Smuts JC (1938) Die holistische Welt. Alfred Metzner Verlag, Berlin

v Tschermak A (1916) Allgemeine Physiologie Bd. I. Julius Springer, Berlin (Teil I)

Tsokolov SA (2009) Why is the definition of life so elusive? Astrobiology 9:401–412

Vollmer G (1983) Evolutionäre Erkenntnistheorie, 3. Aufl. S. Hirzel, Stuttgart, S 161

Vollmer G (1995) Biophilosophie. Philipp Reclam jun., Stuttgart, S 107–132 von Weizsäcker CF (1966) Gedanken über das Verhältnis der Biologie zur Physik. Nova Acta Leopoldina NF 31(77):237–251

von Weizsäcker KF (1984) Die Einheit der Natur. 4. Aufl. Deutscher Taschenbuch Verlag, München, S 184

Weyl H (1927) Philosophie der Mathematik und Naturwissenschaft. Handbuch der Philosophie 2., S 156

Whitehead AN (1974) Die Funktion der Vernunft. Philipp Reclam jun., Stuttgart, S 26

Wicken JS (1987) Evolution, thermodynamics, and information. Extending the Darwinian program. Oxford University Press, New York, S 40

Wilson EO (2009) Die Einheit des Wissens. Goldmann Verlag, München

Ziehen T (1919) Haeckel als Philosoph. Die Naturwissenschaften 7:958–961

Sachverzeichnis

A

Abwärtsverursachung 437
Acetyl-Coenzym A (Acetyl-CoA) 207, 227
Adenosindiphosphat (ADP) 227
Adenosinmonophosphat (AMP) 151, 227, 250
Adenosintriphosphat (ATP) 227 ff.
Affinität 376
Aktinfilamente 75 ff.
Aktin-Homologe 78
Aktivierungsenergie 274
Aktivin 402
Allel sequence divergence (ASD) 133
Alltheorien 440
Altern 417 ff.
   genetische Komponente 419, 421
   Theorien 422
Aminoacylierung 351
Aminoacyl-tRNA 351
  -Synthetase 350
Aminosäuren, natürliche 263
Anabiose 258
Anabolismus 249
Anagenese 115, 117, 119
Analogien – Homologien 45, 47, 89
Anaphase (Mitose) 86
Animalkulisten 369
Ankerproteine ZipA 83
Anlagenplan 400
Anticodon 350
  -Schleife 351
Antiport 70, 229
Apoptose *siehe* Zelltod
apriorische Anschauungsformen 445
apriorische Denkkategorien 445

Aquaporine 68
Argonauten-Proteine 393
Arrhenius-Gleichung 274
Art, asexuelle 106
Artbegriff 105
   Agamospezies 106
   Biospezies 104
   Morphospezies 107
Artbildung (Speziation) 135
   sympatrische 137
artificial life 444
Artkonzept
   nominalistisches 105
   typologisches 105
Atmungskette 234
ATP/ADP-Zyklus 229
ATP-Durchsatz 229
ATP-Hydrolyse 227
ATP-Synthase 160, 238
ATP-Synthese 241
Attrappenversuch 302
Augenentwicklungsprogramm 372
Auslösemechanismus
   angeborener 303
   modifizierter angeborener 303
Autoergie 430
Autoevolution 47
Autokrinie 313
Autonomie 3, 429, 430
   methodischer Aspekt 443
   nomistischer Aspekt 443
Autopoiese 456
Autotrophe 214
Auxin 95

© Springer-Verlag Berlin Heidelberg 2016
H. Penzlin, *Das Phänomen Leben*, DOI 10.1007/978-3-662-48128-8

Personenverzeichnis